― 張 賢達◆原著／和田 清◆監訳 ―

信号処理のための
線形代数

― 楊 子江・金江 春植◆訳 ―

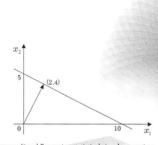
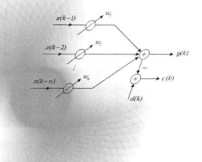

IEEE Transactions on Signal Processing statistical signal processing
adaptive signal processing
digital and multirate signal processing
nonlinear signal processing
multidimensional signal processing
machine learning
multimedia signal processing
sensor array and multichannel processing
signal processing for communications
MIMO communications and signal processing
signal processing for sensor networks
signal processing for wireless networks
biomedical signal processing
implementation of signal processing systems

森北出版株式会社

Copyright ⓒ 1997

張　賢達　「信号処理中的線性代数」科学出版社

Japanese translation rights arranged with Science Press

through Japan UNI Agency, Inc., Tokyo.

●本書のサポート情報を当社 Web サイトに掲載する場合があります．
下記の URL にアクセスし，サポートの案内をご覧ください。
　　　　　　　　http://www.morikita.co.jp/support/
●本書の内容に関するご質問は，森北出版 出版部（「書名を明記」）係宛に書面にて，もしくは下記の e-mail アドレスまでお願いします．なお，電話でのご質問には応じかねますので，あらかじめご了承ください．
　　　　　　　　editor@morikita.co.jp
●本書により得られた情報の使用から生じるいかなる損害についても，当社および本書の著者は責任を負わないものとします．

■本書に記載している製品名，商標および登録商標は，各権利者に帰属します．
■本書を無断で複写複製（電子化を含む）することは，著作権法上での例外を除き，禁じられています．複写される場合は，そのつど事前に（社）出版者著作権管理機構（電話 03-3513-6969，FAX 03-3513-6979，e-mail：info@jcopy.or.jp）の許諾を得てください．また本書を代行業者等の第三者に依頼してスキャンやデジタル化することは，たとえ個人や家庭内での利用であっても一切認められておりません．

序　　文

　線形代数は従来から数学分野の基礎的な道具だけでなく，理工学の各分野においても主要な道具である．線形代数自身は非常に創造性の富む領域であり，ほかの諸学問の発展を大いに促進してきた．例えば，信号と情報処理，システム工学と制御理論において，数多くの新しい理論，手法と技術の誕生と発展は，線形代数の創造的応用と普及によるものである．ゆえに，線形代数は，物理，力学，信号と情報処理，システムと制御，土木，エレクトロニクス，通信，電機，航空宇宙など様々な分野において，もっとも創造性と柔軟性に富み，もっとも重要な役割を果たす数学の道具であるといえよう．

　我が国でも，線形代数に関する参考書が数多く出版されている．しかし，数学の視点で書かれた参考書は，内容の説明や証明は抽象的すぎて，数学専門以外の読者にとっては難解であることは否めない．一方，工学関係者向けの参考書は，内容が浅く，より深く追求しようとする読者からみれば物足りなさを感じる．さらに，過去十年間に発展してきた線形代数の新しい理論と手法，およびそれらの応用を系統的にまとめた著作はあまり見あたらない．

　著者がさきに出版した「現代信号処理」(清華大学出版社, 1995) の中で，一般化特異値分解，全最小二乗法，直交射影行列などの理論と応用を重点的に紹介するように配慮し，大学院の講義でもこれらの内容を取り上げてきており，大学院生に線形代数の手法に対する興味を刺激することができた．しかし，内容範囲と紙面の制限で，多くの重要な内容を割愛せざるを得なかったので，線形代数に対してより幅広く，より深く勉強したい大学院生，とりわけ博士課程の大学院生にとっては，満足できるものではなかった．このような強い要請に触発され，少し無謀とは思われていたが，信号処理のための線形代数を解説する参考書を書こうと決意した．私の考えは，多くの信号処理関係の研究者および学術界で高名な先輩達に強く賛同され，支持された．彼らは書名を「信号処理中的線性代数」(中国語)と提案してくださり，信号処理工学以外の読者にとっても，参考の価値があり，有用であるような参考書にして欲しいとアドバイスしてくださった．

　工学問題の多くは連立方程式 $Ax = b$ の解を求める問題に帰着できるので，著者は，この問題を中心に，種々の解法，とりわけ最新の解法を含むように配慮した．本書は 11 章からなり，主要な内容は以下のように概括される．

1. 線形代数の基礎，特殊行列と行列の分解 (第 1，2，3，4 章)；
2. 部分空間理論：ベクトル空間，固有空間解析，部分空間追従と更新 (第 5，10，11 章)；
3. 特異値分解およびその拡張 (第 6 章)；
4. 雑音が存在する場合における連立方程式 $Ax = b$ の解法：全最小二乗法およびその拡張 (第 7 章)，最尤法と最小二乗法およびその拡張 (第 8 章)，補助変数法 (第 9 章).

著者は下記の点を配慮して本書を特色づけた.

1. 工学の視点から，線形代数の理論と手法の基本的な考え方，柔軟性と実用性を重点的に論じている．このように数学とその工学における応用を有機的に結びつけることは，工学関係者に線形代数の学習と応用に対する情熱と積極性を促進し，工学の研究と応用をより新しく，より高いレベルへ導くことができ，さらに，数学関係者に興味深い応用の背景を理解してもらい，線形代数の応用研究への興味を刺激することにも役立てると著者は確信している.

2. 内容の深さと広さを重視して本書の構成を工夫し，新規性，先進性と実用性を十分反映させている．そのため，初めての試みとして，著名な国際雑誌の中から近年の文献を 100 編以上選び，それらの基本的な考え方と手法を分類，整理して初めて成書にまとめた．また，線形代数を柔軟に応用し，信号処理の分野でいくつかの重要な問題を解決した著者自身の研究成果についても紹介している．これらの研究成果は主に IEEE Transactions に公表されている.

3. 応用背景を明確にしている．本書では，線形代数の重要な理論と手法を紹介するときに，必ず信号処理における応用例を示し，解説している．ほとんどは，線形代数を創造的に応用し，発展させるといった興味深いものである．本書で取り上げられている応用例は，ほかの専門分野の読者にも容易に理解できるように平易に説明されている．本書で紹介された重要な理論と手法のうち，特異値分解，全最小二乗法，補助変数法および固有空間解析などは，信号処理およびほかの工学分野において，既に常用の専門用語になっているので，実用性に富むといえる.

4. 重要な理論と手法の具体的アルゴリズム，大量の参考文献と用語索引を提供している．これらのアルゴリズム，参考文献と索引は，さまざまな側面から，線形代数の新しい成果と発展に関する豊富な情報を提供している．読者が教育，研究と開発の際に検索，参考と引用しやすいように配慮した.

数学科出身でない著者にとって，線形代数の参考書を書き上げることは，大変な挑戦である．そのために全力を尽くしたつもりであったが，著者の非才による不備や誤りがあることに不安を覚える．そのような箇所に関しては，読者諸賢からのご叱責を賜りたい.

本書の完成に当たって，中国科学院院士李衍達教授と保錚教授，北京大学数学研究所程乾生教授，清華大学応用数学系蔡大用教授，自動化系金以慧教授，北京航空航天大学電子工程系毛士芸教授と北京郵電大学諸維明教授から大変熱心な支持および数多くの有益な意見と提案を頂いた．この機会を借りて，心より感謝の意を表したい．

　著者は信号処理の分野における最近の研究課題で，国家自然科学基金，国家教育委員会留学帰国者特別基金，大学院博士課程特別基金，航空科学基金，宇宙飛行基礎研究基金，清華大学基礎研究基金などから助成を頂いた．総合研究課題「ARMA モデルの同定と高調波回復」は，1996 年度国家教育委員会科学技術進歩 (甲類) 一等賞を頂いた．これらの研究の成果の大半は線形代数の柔軟でかつ創造的応用と密接に関連しており，本書の中でも充分反映されている．上記の各基金による助成に感謝の意を表したい．

張　賢達

日本語版への序

最近の 10 数年間，信号と情報処理の理論と技術がめざましい発展を遂げてきた．信号処理は，情報科学と技術のみならず，ほかの工学の分野においても，広範に研究され，応用されている．

IEEE Transactions on Signal Processing の分類によれば，信号処理は，統計的信号処理 (statistical signal processing)，適応信号処理 (adaptive signal processing)，ディジタルマルチレート信号処理 (digital and multirate signal processing)，非線形信号処理 (nonlinear signal processing)，多次元信号処理 (multidimensional signal processing)，機械学習 (machine learning)，マルチメディア信号処理 (multimedia signal processing)，センサアレイとマルチチャンネル信号処理 (sensor array and multichannel processing)，通信信号処理 (signal processing for communications)，多入出力通信と信号処理 (MIMO communications and signal processing)，センサネットワーク信号処理 (signal processing for sensor networks)，無線ネットワーク信号処理 (signal processing for wireless networks)，バイオメディカル信号処理 (biomedical signal processing)，ハードウェアとソフトウェアを含む信号処理システムの実現 (implementation of signal processing systems) など，多岐にわたって，内容豊かな体系を形成している．これらの理論と応用に関する研究は，線形代数と深く関わる．信号処理の対象となる物理過程の数学的表現のためには，行列やベクトルを道具として用いることが多く，関連するモデリング方程式 (modeling equation) は，しばしば行列連立方程式になる．

本書は，大学院生，研究者および技術者を対象として，信号処理手法の勉強，研究と応用に際して，役立つようにと願いつつ書き上げたものであり，信号処理理論に対する理解を深め，代表的信号処理手法とアルゴリズムが線形代数をいかに巧妙に活用し，発展させているのかを体得して頂ければ，幸いである．

楊子江准教授と金江春植博士の熱心な翻訳のおかげで，本書の日本語版が出版できるようになった．この場を借りて，妙筆を込めて翻訳された訳者ら，および監訳された和田清教授に深謝します．翻訳作業に当たって，原著者の同意を得て，原著にあった一部の難解な章節を割愛，あるいは調整して頂いた．これらの変更は，本書の読みやすさ (readability) の向上につながると確信している．

張　賢達　於清華大学 (中国北京市)

訳者序文

　近年，情報通信技術の飛躍的発展およびその需要の迅速な拡大とともに，それに関連する信号処理の新しい理論と技術も活発に研究されてきた．とくに 1990 年代以降，ディジタル計算機のめざましい発展が大容量でかつ高速なデータ処理環境をより安価に提供することができるようになり，適応アレイアンテナ，通信チャンネルの同定・等化などに関する理論と手法の研究論文も数多く発表されてきており，注目を集めている．一方，制御工学の分野においても，より高性能で高信頼度の制御系を構築するには，モデリング問題がいっそう重要となり，高い関心を集めている．そのため，動的システムモデルの同定理論も多くの研究者によって研究され，種々の手法が開発されてきている．

　これらの理論と手法の多くは，高度な線形代数を駆使したパラメータあるいは信号の推定問題に帰着でき，多岐にわたって豊富な理論体系が形成されつつある．しかし，高度な数学知識が備わっている一部の研究者を除き，最新の理論と手法を理解し，実用化しようとする現場技術者，あるいはこれから理論的研究を行おうとする大学院生にとっては，近年 IEEE Transactions などで発表された新しい理論と手法の研究論文は難解で取っつきにくいといわれている．同定または推定問題を扱うアドバンスト信号処理あるいはシステム同定の専門書は欧米を中心に数多く出版されているが，ほとんどは工学的理論の研究成果の紹介に重点を置き，これらの理論の導出や理解に必要な線形代数の知識などが省略されることが多い．一方，数学者の手によって書かれた線形代数に関する良書もたくさんあるが，工学問題をそのまま取り上げて解説しているわけではないので，工学の研究論文の理解を直接助けてくれる参考書はほとんど見あたらない．しかも，ほとんどの数学書の展開は「理論の記述；その証明；数学的例題」といった抽象的な内容の繰り返しとなっており，具体的な工学的動機づけが見えてこないおそれがある．したがって，IEEE Transactions などの一流国際雑誌に掲載された同定または推定に関わる信号処理問題を扱う研究論文を取り上げながら，それらの基礎となる線形代数を分かりやすく解説する参考書の出版が，通信工学と制御工学に携わる方々に強く待ち望まれているであろう．しかし，このような参考書は，あまり見あたらない．

　訳者の一人である楊が，2000 年 3 月に上海市のダウンタウンにある「上海書城」という書店で偶然に本書 (原著) を見つけた．信号処理問題に関わる線形代数の重要なポイントを整理してまとめた構成に感心した．本書で平易に説明されている特異値分解，全最小二

乗法，最尤法，補助変数法，固有空間法などの内容は学際的であり，信号処理にかぎらず，ディジタル通信，自動制御，計測，応用数理，統計，数値情報処理などの工学各分野でも広範に応用されているので，本書はきっと幅広い読者層を獲得しているであろうと実感した．また，豊富な参考文献と索引，執筆した時点における最新の論文トピックスなどもふんだんに盛り込まれているので，本書は数学の参考書としてだけでなく，工学のための理論的研究あるいは技術的応用のためにも，良き参考書になるであろう．このような良書をぜひ日本の読者に読んで頂きたく，本書の日本語訳を思い立った次第である．

　そこで，楊が 2001 年 9 月に清華大学宛に電子メールで著者の張賢達教授に翻訳の可能性について打診したところ，「I am happy if you translate my book into Japanese」との快諾をくださった．その後，金江が北京で著者に会い，出版元の科学出版社との事前の版権交渉などを行った．その後幾多の紆余曲折を経て，森北出版と科学出版社に，日本語訳の出版についてのご理解を頂き，2004 年に訳書企画の成立に漕ぎ着けた次第である．

楊　子江

金江春植

目　　次

序　　文 　　　　　　　　　　　　　　　　　　　　　　　　　　　　　　i

日本語版への序 　　　　　　　　　　　　　　　　　　　　　　　　　　iv

訳者序文 　　　　　　　　　　　　　　　　　　　　　　　　　　　　　v

第 1 章　基礎事項の整理 　　　　　　　　　　　　　　　　　　　　**1**

  1.1　基本概念と記号 1

  1.2　ノルム 9

  1.3　逆行列 13

  1.4　固有値問題と一般化固有値問題 16

  1.5　一般化逆行列 21

  1.6　クロネッカー積およびその性質 26

第 2 章　特殊な行列 　　　　　　　　　　　　　　　　　　　　　　**30**

  2.1　対称行列と巡回行列 30

  2.2　交換行列と置換行列 34

  2.3　直交行列とユニタリ行列 36

  2.4　エルミート行列 38

  2.5　帯行列 42

  2.6　ヴァンデルモンド行列 44

  2.7　ハンケル行列 49

第 3 章　行列の変換と分解 　　　　　　　　　　　　　　　　　　　**53**

  3.1　直交射影 53

  3.2　ハウスホルダー変換 55

  3.3　ギブンス回転 58

  3.4　相似変換と行列の標準形 64

  3.5　行列分解の分類 66

  3.6　対角化分解 68

  3.7　コレスキー分解と LU 分解 71

  3.8　QR 分解およびその応用 74

  3.9　三角 - 対角化分解 86

viii 目 次

| 3.10 | 三重対角化分解 | 90 |
| 3.11 | 行列の対の分解 | 91 |

第4章 テープリッツ行列 93

4.1	準正定性	93
4.2	固有値と固有ベクトル	95
4.3	ユール‐ウォーカ方程式のレビンソン逐次解法	98
4.4	テープリッツ行列の高速コサイン変換	112

第5章 ベクトル空間理論とその応用 117

5.1	内積空間およびその性質	117
5.2	ヒルベルト空間	120
5.3	射影定理と線形最小分散推定	122
5.4	正規直交集合と正規直交基底	127
5.5	射影行列とその応用	128
5.6	トランスバーサルフィルタ演算子およびその応用	140

第6章 特異値分解 149

6.1	数値的安定性と条件数	149
6.2	特異値分解	152
6.3	行列積特異値分解	160
6.4	一般化特異値分解	167
6.5	制約付き特異値分解	179
6.6	構造化特異値	184
6.7	特異値分解の応用	190
6.8	一般化特異値分解の応用	199

第7章 全最小二乗法 202

7.1	最小二乗法	202
7.2	全最小二乗法の理論と手法	205
7.3	全最小二乗法の応用	216
7.4	制約付き全最小二乗法	221
7.5	構造化全最小二乗法	232

第8章 最尤法および最小二乗法の拡張 243

8.1	最尤法	243
8.2	一般化最小二乗法	250
8.3	重み付き最小二乗法	255
8.4	漸近的最小分散推定	256

第 9 章 補助変数法　261

9.1　補助変数法 261

9.2　最適補助変数法 268

9.3　過決定逐次補助変数法 274

9.4　次数逐次補助変数法 286

9.5　モデル次数決定における補助変数法の応用 289

第 10 章 固有空間の解析　296

10.1　固有空間 297

10.2　雑音部分空間法 303

10.3　多重信号分類 (MUSIC) 309

10.4　修正信号部分空間ビームフォーマ 313

10.5　ESPRIT 法 320

10.6　部分空間フィッティング法 327

10.7　一般化相関分解 331

第 11 章 部分空間の追従と更新　344

11.1　部分空間の追従と更新について 344

11.2　URV 分解に基づいた雑音部分空間追従 346

11.3　階数顕現 QR 分解に基づいた雑音部分空間の更新 354

11.4　一次摂動に基づいた適応固有値分解 362

11.5　修正固有値分解およびその逐次更新 371

11.6　確率勾配法による固有空間の推定 379

11.7　共役勾配法による固有空間の追従 384

11.8　射影近似による部分空間追従 394

11.9　高速部分空間分解 400

11.10　QR 分解に基づいた特異値分解とその更新 407

参考文献　411

監訳者あとがき　425

索　引　426

第1章

基礎事項の整理

　線形代数は，多くの工学問題を扱うのに欠かすことのできない数学的道具である．とりわけ，ノルム，逆行列，固有値と一般化逆行列などは，信号処理とシステム理論において，最も基本的な数学の道具である．本章の 1.1〜1.5 節では，本書でよく用いられる線形代数の基礎的概念と結果を簡潔に整理し，紹介する．とくに，逆行列の補題，固有値問題，一般化逆行列の次数逐次計算などの紹介に重点をおく．さらに，1.6 節では，信号処理とシステム理論において非常に重要なクロネッカー積についても紹介する．

1.1　基本概念と記号

　ここではまず，本書でよく用いられる行列 (matrix) の基本演算，独立性，ベクトル空間，部分空間，基底と次元，値域空間，零空間と階数，およびベクトル (vector) の内積とダイアド積などの基本概念と記号を与えておく．

1.1.1　行列の記号と基本演算

　R と C をそれぞれ実数集合と複素数集合とする．複素数を長方形に配列したものを複素行列と定義し，以下のように表す．

$$A \in C^{m \times n} \iff A = [a_{ij}] = \begin{bmatrix} a_{11} & \cdots & a_{1n} \\ \vdots & \ddots & \vdots \\ a_{m1} & \cdots & a_{mn} \end{bmatrix}, \quad a_{ij} \in C \qquad (1.1.1)$$

ここで，$C^{m \times n}$ はすべての $m \times n$ 複素行列のベクトル空間を表す．同じように，実行列を以下のように表す．

$$A \in R^{m \times n} \iff A = [a_{ij}], \quad a_{ij} \in R$$

2 第 1 章 基礎事項の整理

本書では，記号 $A(i_1 : i_p, j_1 : j_q)$ もよく用いられる．これは，A の第 $i_1 \sim i_p$ 行と第 $j_1 \sim j_q$ 列の要素からなる部分行列 (または小行列，submatrix) を表す．たとえば，

$$A(3 : 6, 2 : 4) = \begin{bmatrix} a_{32} & a_{33} & a_{34} \\ a_{42} & a_{43} & a_{44} \\ a_{52} & a_{53} & a_{54} \\ a_{62} & a_{63} & a_{64} \end{bmatrix}$$

とくに，$m = 1$ あるいは $n = 1$ のとき，式 (1.1.1) はそれぞれ複素行ベクトルと複素列ベクトルになる：

$$x \in C^{1 \times n} \iff x = [x_1, \cdots, x_n]$$

$$x \in C^{m \times 1} \iff x = \begin{bmatrix} x_1 \\ \vdots \\ x_m \end{bmatrix}$$

本書では，複素列ベクトル空間 $C^{m \times 1}$ と実列ベクトル空間 $R^{m \times 1}$ をそれぞれ略して C^m と R^m と記述する．

一方，ブロック行列 (block matrix) は行列を要素とする行列である：

$$A = [A_{ij}] = \begin{bmatrix} A_{11} & \cdots & A_{1n} \\ \vdots & \ddots & \vdots \\ A_{m1} & \cdots & A_{mn} \end{bmatrix}$$

行列の基本演算には，転置，加算，スカラーと行列の積 $C = \alpha A$，行列積および共役転置 (conjugate transposition) $(C^{m \times n} \to C^{n \times m})$ [1] などがある．共役転置はまたエルミート随伴，エルミート転置あるいはエルミート共役ともいう．

種々の行列演算は上記の基本演算によって構成される．ほかにも，いくつかの特殊な行列と行列積がある．

$$A = \begin{bmatrix} A_{11} & & & 0 \\ & A_{22} & & \\ & & \ddots & \\ 0 & & & A_{nn} \end{bmatrix}$$

を対角ブロック行列 (diagonal block matrix) という．このような行列はしばしば $A = A_{11} \oplus A_{22} \oplus \cdots \oplus A_{nn}$ と表現され，あるいは略して $\oplus \sum_{i=1}^{n} A_{ii}$ と記される．A は行列 $A_{11}, A_{22}, \cdots, A_{nn}$ の直和 (direct sum) ともいう．

行列の各要素間の乗算に対応する行列積もある．$n \times n$ 行列 $A = [a_{ij}]$ と $B = [b_{ij}]$ の

---

[1] 訳注: $C = A^H \iff c_{ij} = a_{ji}^*$. ここで，$*$ は複素共役を表す．

アダマール積 (Hadamard product, シューア (Schur) 積ともいう) は $A \circ B = [a_{ij}b_{ij}]$ と定義される $n \times n$ 行列である. 行列の加算と同様に, アダマール積においても, 交換則が成り立つので, 通常の行列積より簡単である. アダマール積の詳細については, 参考文献 [113] の 7.5 節を参照されたい. クロネッカー積も重要な行列積である. これについては, 1.6 節で詳しく議論する.

以下の等式は容易に証明できる.

$$(A + B)^H = A^H + B^H, \qquad (AB)^H = B^H A^H$$

ここで, 共役転置 H を普通の転置*1 T に置き換えても, 上記の等式は成り立つ.

$m \times n$ ブロック行列 A の共役転置は各ブロックの共役転置からなる $n \times m$ ブロック行列である:

$$A^H = \begin{bmatrix} A_{11}^H & \cdots & A_{m1}^H \\ \vdots & \ddots & \vdots \\ A_{1n}^H & \cdots & A_{mn}^H \end{bmatrix}$$

各要素 a_{ij} が t の関数である行列 A に対して, 行列の導関数 (derivative of matrix) を以下のように定義する.

$$\frac{dA}{dt} = \dot{A} = \begin{bmatrix} \dfrac{da_{11}}{dt} & \dfrac{da_{12}}{dt} & \cdots & \dfrac{da_{1n}}{dt} \\ \dfrac{da_{21}}{dt} & \dfrac{da_{22}}{dt} & \cdots & \dfrac{da_{2n}}{dt} \\ \vdots & \vdots & \ddots & \vdots \\ \dfrac{da_{m1}}{dt} & \dfrac{da_{m2}}{dt} & \cdots & \dfrac{da_{mn}}{dt} \end{bmatrix}$$

行列の高次導関数も同様に定義できる.

行列の積分 (integral of matrix) を以下のように定義する.

$$\int A \, dt = \begin{bmatrix} \int a_{11}dt & \int a_{12}dt & \cdots & \int a_{1n}dt \\ \int a_{21}dt & \int a_{22}dt & \cdots & \int a_{2n}dt \\ \vdots & \vdots & \ddots & \vdots \\ \int a_{m1}dt & \int a_{m2}dt & \cdots & \int a_{mn}dt \end{bmatrix}$$

行列の多重積分も同様に定義できる.

いくつかの行列関数の計算を以下に示す.

(1) 行列指数関数 (matrix exponential function):

$$\mathrm{e}^{At} = I + At + \frac{A^2 t^2}{2!} + \frac{A^3 t^3}{3!} + \cdots \tag{1.1.2}$$

---

*1 訳注: 複素共役を取らない操作, $C = A^T \iff c_{ij} = a_{ji}$.

4 第 1 章 基礎事項の整理

(2) 行列指数関数の導関数 (derivative of matrix exponential function)：

$$\frac{d}{dt}e^{At} = Ae^{At} = e^{At}A \tag{1.1.3}$$

(3) 行列積の導関数 (derivative of matrix product)：

$$\frac{d}{dt}(AB) = \frac{dA}{dt}B + A\frac{dB}{dt} \tag{1.1.4}$$

(4) ベクトル関数の導関数 (derivative of vector function)：

$$\frac{d(a^T x)}{dx} = a \tag{1.1.5}$$

$$\frac{d(x^T Ax)}{dx} = Ax + A^T x \tag{1.1.6}$$

ただし，$x = [x_1, \cdots, x_n]^T$, $a = [a_1, \cdots, a_n]^T$, $A \in R^{n \times n}$.

(5) 行列関数の偏導関数 (partial derivative of matrix function) [3, 23]：
複素ベクトル $[x_1, \cdots, x_N]^T$ の実行列関数 $P(x) \in R^{M \times M}$，およびベクトル $y = [y_1, \cdots, y_M]^T$ について，以下の式が成り立つ.*1

$$\frac{\partial P(x)^{-1}}{\partial x_i} = -P(x)^{-1}\frac{\partial P(x)}{\partial x_i}P(x)^{-1} \tag{1.1.7}$$

$$\frac{\partial P(x)}{\partial x_i}y = \begin{bmatrix} \sum_{j=1}^{M}\frac{\partial P_{1j}(x)}{\partial x_i}y_j \\ \vdots \\ \sum_{j=1}^{M}\frac{\partial P_{Mj}(x)}{\partial x_i}y_j \end{bmatrix} = \begin{bmatrix} \sum_{j=1}^{M}p_{1ji}y_j \\ \vdots \\ \sum_{j=1}^{M}p_{Mji}y_j \end{bmatrix} \tag{1.1.8}$$

$$\frac{\partial P(x)}{\partial x}y = \left[\left(\frac{\partial P(x)}{\partial x}y\right)_{mi}\right] = \left[\sum_{j=1}^{M}p_{mji}y_j\right] \tag{1.1.9}$$

ただし，$m = 1, \cdots, M;$ $i = 1, \cdots, N$ であり，

$$p_{mji} = \frac{\partial P_{mj}(x)}{\partial x_i} \tag{1.1.10}$$

信号処理とシステム理論の問題の多くは，ある評価関数の最小化に帰着できる．最小化問題において，式 (1.1.5) と式 (1.1.6) はよく用いられているので，重要な式である.

■ 例 1.1.1. 図 1.1.1 に示される最小二乗平均 (LMS, least mean square) 適応フィルタについて考える.

図 1.1.1 において，フィルタの出力は，入力の一次結合である：

$$y(k) = \sum_{i=1}^{n}w_i x(k - i)$$

所望信号を $d(k)$ とすると，出力誤差は

---

*1 複素ベクトルによる実行列関数の偏導関数およびその応用については 7.4 節を参照されたい.

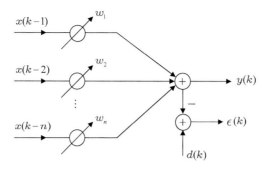

図 **1.1.1** LMS 適応フィルタ

$$\epsilon(k) = d(k) - y(k) = d(k) - \sum_{i=1}^{n} w_i x(k-i) = d(k) - w^T x = d(k) - x^T w$$

となる．ただし，$w = [w_1, \cdots, w_n]^T$, $x = [x(k-1), \cdots, x(k-n)]^T$．

誤差の二乗平均値

$$E\{\epsilon^2(k)\} = E\{d^2(k)\} - 2E\{d(k)x^T\}w + w^T E\{xx^T\}w$$

は，相互相関ベクトル (crosscorrelation vector) $r_{dx} = E\{d(k)x\}$ と自己相関行列 (autocorrelation matrix) $R_{xx} = E\{xx^T\}$ を定義すると，以下のように表現できる．

$$E\{\epsilon^2(k)\} = E\{d^2(k)\} - 2r_{dx}^T w + w^T R_{xx} w$$

式 (1.1.5) と式 (1.1.6) および二乗平均誤差の最小化条件を利用すると，

$$\frac{\partial E\{\epsilon^2(k)\}}{\partial w} = -2r_{dx} + 2R_{xx}w = 0$$

となる．R_{xx} は対称行列であるので，$R_{xx}w = R_{xx}^T w$ に注意されたい．よって，最適な重み係数ベクトルは

$$R_{xx} w_{\text{opt}} = r_{dx}$$

の解となる．この方程式は信号処理の分野でウイーナー - ホッフ (Wiener-Hopf) の方程式と呼ばれている．

行列関数の導関数も，行列関数の最小化において重要な役割を果たす．

1.1.2 ベクトル空間，独立性，部分空間，基底と次元

実数集合 R または複素数集合 C などは，加減乗除の演算，いわゆる四則演算が定義されている．このような集合を体 (field) という．体 F 上のベクトル空間 X は以下のように定義される．

6 第 1 章 基礎事項の整理

定義 1.1.1. $x, y \in X$ および $\alpha \in F$ について，$x + y \in X$ と $\alpha x \in X$ が定義され，以下の公理 (axiom) が満足されるとき，X を体 F (R あるいは C) 上の (線形) ベクトル空間 (vector space) という．

1) $x, y \in X$ に対して，$x + y = y + x$ が成り立つ．

2) $x, y, z \in X$ に対して，$x + (y + z) = (x + y) + z$ が成り立つ．

3) 要素 $0 \in X$ がただ一つ存在して，$x + 0 = x$ を満たす．

4) $x \in X$ に対して，$x + (-x) = 0$ を満たす $-x \in X$ がただ一つ存在する．

5) $x \in X$ と $a, b \in F$ に対して，$(a + b)x = ax + bx$ が成り立つ．

6) $x, y \in X$ と $a \in F$ に対して，$a(x + y) = ax + ay$ が成り立つ．

7) $x \in X$ と $a, b \in F$ に対して，$(ab)x = a(bx)$ が成り立つ．

8) $x \in X$ に対して，$1x = x$ が成り立つ．

F 上のベクトル空間 X の部分空間 (subspace) S は X の空でない部分集合であり，S 自身も同じ F 上のベクトル空間である．

定義 1.1.2. C^m 上のベクトルの組 $\{x_1, \cdots, x_k\}$ は，その一次結合

$$\alpha_1 x_1 + \cdots + \alpha_k x_k = 0$$

が $\alpha_1 = \alpha_2 = \cdots = \alpha_k = 0$ のみで成り立つならば，一次独立 (linearly independent) であるという．逆に，すべては 0 でないあるスカラーの組 $\alpha_1, \cdots, \alpha_k$ によって，$\{x_1, \cdots, x_k\}$ の一次結合が零であれば，$\{x_1, \cdots, x_k\}$ は一次従属 (linearly dependent) であるという．

定義 1.1.3. ベクトルの組 $x_1, \cdots, x_n \in C^m$ の一次結合の全体は，部分空間となり，$\{x_1, \cdots, x_n\}$ によって張られる部分空間 (subspace spanned by vectors) と呼ばれ，以下のように表される．

$$\mathrm{span}\{x_1, \cdots, x_n\} = \left\{ \sum_{j=1}^{n} \beta_j x_j, \ \ \beta_j \in C \right\} \tag{1.1.11}$$

$x_1, \cdots, x_n$ が一次独立で，かつ $b \in \mathrm{span}\{x_1, \cdots, x_n\}$ であれば，b は $x_1, \cdots, x_n$ の一次結合によって一意的に表現できる．

$S_1, \cdots, S_k$ が C^m の部分空間であれば，これらの和は $S = \{x_1 + x_2 + \cdots + x_k, \ x_i \in S_i, i = 1, \cdots, k\}$ によって定義される部分空間である．すべての $v \in S$ が $v = x_1 + x_2 + \cdots + x_k, \ x_i \in S_i$ によって一意的に表現されるとき，S を直和といい，

$$S = S_1 \oplus \cdots \oplus S_k$$

と書く．S_i の交わりもまた部分空間となり，以下のように書く．

$$S = S_1 \cap S_2 \cap \cdots \cap S_k$$

集合 $\{x_1, \cdots, x_n\}$ の部分集合 $\{x_{i_1}, \cdots, x_{i_k}\}$ が一次独立でかつ $\{x_1, \cdots, x_n\}$ のほかの任意の一次独立部分集合に含まれないならば，$\{x_1, \cdots, x_n\}$ の最大一次独立部分集合という．$\{x_{i_1}, \cdots, x_{i_k}\}$ が $\{x_1, \cdots, x_n\}$ の最大一次独立部分集合であれば，$\mathrm{span}\{x_1, \cdots, x_n\} = \mathrm{span}\{x_{i_1}, \cdots, x_{i_k}\}$ となり，一次独立なベクトルの組 $\{x_{i_1}, \cdots, x_{i_k}\}$ は，$\mathrm{span}\{x_1, \cdots, x_n\}$ の一つの基底 (basis) となる．$S \subseteq C^m$ が部分空間であれば，$S = \mathrm{span}\{x_1, \cdots, x_k\}$ となるような基底ベクトルを見つけることができる．ただし，基底の取り方は一意ではない．

ベクトル空間 X において，要素数が有限個である基底は，すべて同一の要素数を持つ．この要素数をベクトル空間 X の次元 (dimension of vector space) といい，$\dim(X)$ と記す．この場合，X は有限次元であるという．そうでないならば，X は無限次元である．

■ 1.1.3　値域空間，零空間と階数

$m \times n$ 行列 A の値域空間 (range space) と零空間 (null space) は，$m \times n$ 行列 A に深く関連する 二つの重要な部分空間であり，それぞれ以下のように定義される．

$$\mathrm{range}\ A = \left\{ y \in C^m \,\middle|\, y = Ax \text{ for some } x \in C^n \right\} \tag{1.1.12}$$

$$\mathrm{null}\ A = \left\{ x \in C^n \,\middle|\, Ax = 0 \right\} \tag{1.1.13}$$

行列 A を列ブロック行列 $A = [a_1, \cdots, a_n]$ で表現すると，以下のように表現できる．

$$\mathrm{range}\ A = \mathrm{span}\{a_1, \cdots, a_n\} \tag{1.1.14}$$

行列 A の階数 (rank) をその値域空間の次元として定義する．すなわち，

$$\mathrm{rank}\ A = \dim(\mathrm{range}\ A) \tag{1.1.15}$$

行列 A の階数について，以下の記述は等価である．

1) $\mathrm{rank}\ A = k$;

2) A の列から取れる一次独立な列ベクトルの最大数は k である；

3) A の行から取れる一次独立な行ベクトルの最大数は k である；

4) A の k 次小行列式の中には 0 でないものが存在するが，$k+1$ 次の小行列式 (minor) はすべて 0 となる；

5) A の値域空間の次元は k である；

6) 連立一次方程式 $Ax = b$ が一致 (連立一次方程式 $Ax = b$ は，最低 1 個の解を持つとき，一致 (consistent) であるという) となるような一次独立なベクトル b は最大 k 個存在する；

8　第 1 章　基礎事項の整理

7)　$k = n - (A$ の零空間の次元$)$.

階数等式 (rank equalities)　行列の階数は以下の等式を満足する.

1)　$A \in C^{m \times n}$ について, $\operatorname{rank} A^H = \operatorname{rank} A^T = \operatorname{rank} A^* = \operatorname{rank} A$ が成り立つ.

2)　任意の行列 $B \in C^{m \times n}$ について, $\operatorname{rank}(AB) = \operatorname{rank}(BC) = \operatorname{rank}(ABC)$ が成り立つ. ただし, $A \in C^{m \times m}$ と $C \in C^{n \times n}$ は正則行列である. すなわち, 行列 B に対して, 左または右から (あるいは両方から) 正則行列をかけても, 行列の階数は変化しない. もっと一般に, 行列 B に対して, 左から最大列階数 (column full rank) の行列, または右から最大行階数 (row full rank) の行列 (あるいは両方の行列) をかけても, 行列の階数は変化しない.

3)　行列 $A, B \in C^{m \times n}$ について, 行列 $X \in C^{m \times m}$ と $Y \in C^{n \times n}$ が正則で, $B = XAY$ を満足するならば, またはそのときに限って, $\operatorname{rank} A = \operatorname{rank} B$ が成り立つ.

階数不等式 (rank inequalities)　行列の階数は以下の不等式を満足する.

1)　行列 $A \in C^{m \times n}$ について, $\operatorname{rank} A \leq \min(m, n)$ が成り立つ.

2)　行列 $A \in C^{m \times k}$ と $B \in C^{k \times n}$ について, 以下が成り立つ.

$$(\operatorname{rank} A + \operatorname{rank} B) - k \leq \operatorname{rank}(AB) \leq \min(\operatorname{rank} A, \operatorname{rank} B)$$

3)　行列 $A, B \in C^{m \times n}$ について, $\operatorname{rank}(A + B) \leq \operatorname{rank} A + \operatorname{rank} B$ が成り立つ.

4)　行列の部分行列の階数はもとの行列の階数より大きくならない.

■ 1.1.4　ベクトルの内積とダイアド積

定義 1.1.4. X を体 F (R あるいは C) 上のベクトル空間とする. すべての $x, y, z \in X$ について, 以下の公理を満足する関数 $\langle \cdot, \cdot \rangle : X \times X \to F$ を内積 (inner product) という.

$\quad$ 1)　$\langle x, x \rangle \geq 0$ $\qquad\qquad\qquad$ (非負性, nonnegative)

$\quad$ 1a)　$\langle x, x \rangle = 0 \Longleftrightarrow x = 0$ $\qquad$ (正値性, positive)

$\quad$ 2)　$\langle x + y, z \rangle = \langle x, z \rangle + \langle y, z \rangle$ $\quad$ (加法性, additive)

$\quad$ 3)　$\langle cx, y \rangle = c\langle x, y \rangle, \quad \forall c \in F$ $\quad$ (斉次性, homogeneous)

$\quad$ 4)　$\langle x, y \rangle = \langle y, x \rangle^*$ $\qquad\qquad$ (エルミート性, Hermitian property)

ここでは, * は複素共役を表す.

二つの $m \times 1$ ベクトル $w = [w_1, \cdots, w_m]^T$ と $v = [v_1, \cdots, v_m]^T$ の内積を

$$\langle w, v \rangle = w^H v = \sum_{i=1}^{m} w_i^* v_i \tag{1.1.16}$$

と定義する.

$x \in C^m$ に対して, 負でないスカラー $\langle x, x \rangle^{1/2}$ をベクトル x のユークリッド長 (Euclidean length) という. ユークリッド長が 1 であるベクトルを正規化ベクトル (normalized vector) という. 零でないベクトル $x \in C^m$ に対して, ベクトル $x/\langle x, x \rangle^{1/2}$ は x と同方向の正規化されたベクトルである.

ベクトル w と v のダイアド積 (dyad product) を wv^H で表し, 以下のように定義する.

$$wv^H = \begin{bmatrix} w_1 v_1^* & \cdots & w_1 v_m^* \\ \vdots & \ddots & \vdots \\ w_m v_1^* & \cdots & w_m v_m^* \end{bmatrix} \tag{1.1.17}$$

1.2　ノルム

C^m に属するベクトルあるいは $C^{m \times n}$ に属する行列に対して, 我々はそれらの「大きさ」をいかに表現すればよいのか. 二つのベクトルが「近い」あるいは「遠く離れている」ことをいかに説明すればよいのか. そのとき, 我々は実ベクトル $z \in R^m$ のユークリッド長を思いつく:

$$(z^T z)^{1/2} = \left(\sum_{i=1}^{m} z_i^2 \right)^{1/2}$$

上記のユークリッド長が小さいときに, ベクトル z が「小さい」といえよう. 二つのベクトル x と y の差 $z = x - y$ のユークリッド長が小さければ, x と y は「近い」といえよう. ユークリッド長を一般化して, ノルム (norm) をベクトルや行列の「大きさ」を示す尺度とする.

1.2.1　ベクトルノルム

定義 1.2.1. X を体 F (実数体 R あるいは複素数体 C) 上のベクトル空間とする. すべての $x, y \in X$ について, 以下の公理を満足する関数 $\|\cdot\| : X \to R$ をベクトルノルム (vector norm) という.

10 第 1 章 基礎事項の整理

---

1) $\|x\| \geq 0$ (非負性)

1a) $\|x\| = 0 \Longleftrightarrow x = 0$ (正値性)

2) $\|cx\| = |c|\|x\|, \ \forall c \in F$ (斉次性)

3) $\|x + y\| \leq \|x\| + \|y\|$ (三角不等式, triangle inequality)

定義 1.2.2. ノルムが定義されているベクトル空間 X を，そのノルム $\|\cdot\|$ と合わせて，ノルム空間 (normed vector space) という.

平面上のユークリッド長に関しては，上述の公理はよく知られている．公理 1), 2), 3) だけを満足し，1a) を満足しない関数をベクトルの半ノルム (vector seminorm) という.

ベクトル $x = [x_1, \cdots, x_n]^T \in C^n$ に対して，以下のノルムがよく用いられている.

(1) l_1 ノルム (l_1 norm)：

$$\|x\|_1 = |x_1| + \cdots + |x_n| \tag{1.2.1}$$

このノルムは絶対和ノルム，1 ノルムともいう.

(2) l_2 ノルム (l_2 norm)：

$$\|x\|_2 = \left(|x_1|^2 + \cdots + |x_n|^2\right)^{1/2} \tag{1.2.2}$$

このノルムはユークリッドノルム (Euclidean norm) ともいう．たとえば，$\|x - y\|_2$ は二つのベクトル $x, y \in C^n$ の端点間のユークリッド距離を表す尺度であり，最も知られているノルムである.

すべてのベクトル $x \in C^n$ とユニタリ行列[*1] $U \in C^{n \times n}$ に対して，$\|Ux\| = \|x\|$ が成り立つとき，ノルム $\|\cdot\|$ はユニタリ不変 (unitary invariant) であるという [97,113].

❏ **命題 1.2.1.** ユークリッドノルム $\|\cdot\|_2$ はユニタリ不変である.

(3) l_∞ ノルム (l_∞ norm)：

$$\|x\|_\infty = \max(|x_1|, \cdots, |x_n|) \tag{1.2.3}$$

このノルムは，最大値ノルム，無限大ノルムともいう.

(4) l_p ノルム (l_p norm)：

$$\|x\|_p = \left(\sum_{i=1}^{n} |x_i|^p\right)^{1/p}, \quad p \geq 1 \tag{1.2.4}$$

このノルムはヘルダーノルム (Hölder norm) ともいう [130]．無限大ノルムは

[*1] ユニタリ行列は第 2 章の 2.3 節を参照されたい

$$\|x\|_\infty = \lim_{p \to \infty} \left(\sum_{i=1}^{n} |x_i|^p \right)^{1/p} \tag{1.2.5}$$

と定義することもできる.

■ 1.2.2　行列ノルム

行列 $A \in C^{m \times n}$ 自身は mn 次元のベクトル空間にあるので, 我々は C^{mn} におけるベクトルノルムを用いて行列の「大きさ」を表すことができる. また, 行列 $A \in C^{m \times n}, B \in C^{n \times q}$ の積 AB の「大きさ」と A および B の「大きさ」との関係も重要である.

定義 1.2.3. 行列 $A \in C^{m \times n}$ について, 以下の公理を満足する関数 $\|\cdot\|$ を行列ノルム (matrix norm) という.

1)	$\|A\| \geq 0$	(非負性)
1a)	$\|A\| = 0 \Longleftrightarrow A = 0$	(正値性)
2)	$\|cA\| = |c|\|A\|, \;\; c \in C$	(斉次性)
3)	$\|A + B\| \leq \|A\| + \|B\|, \;\; B \in C^{m \times n}$	(三角不等式)
4)	$\|AB\| \leq \|A\|\|B\|, \;\; B \in C^{n \times q}$	(劣乗法性, submultiplicative)

明らかに, 行列ノルムの公理 1)〜3) とベクトルノルムの公理 1)〜3) は同じである. 行列 $A = [a_{ij}] \in C^{m \times n}$ に対して, 前出のベクトルノルムを適用すれば, 以下の行列ノルムが得られる.

(1)　l_1 ノルム :

$$\|A\|_{m1} = \sum_{i=1}^{m} \sum_{j=1}^{n} |a_{ij}| \tag{1.2.6}$$

(2)　フロベニウスノルム (Frobenius norm) あるいは l_2 ノルム :

$$\|A\|_F = \|A\|_{m2} = \sqrt{\sum_{i=1}^{m} \sum_{j=1}^{n} |a_{ij}|^2} \tag{1.2.7}$$

このノルムは, ユークリッドノルム, シューア (Schur) ノルム, ヒルベルト‐シュミット (Hilbert-Schmidt) ノルムともいう. 行列 $A = [a_1, \cdots, a_n] \in C^{m \times n}$ において, そのフロベニウスノルムと列ベクトル $a_i \in C^m$ の l_2 ノルムとの関係は[*1]

$$\|A\|_F^2 = \|a_1\|_2^2 + \cdots \|a_n\|_2^2 \tag{1.2.8}$$

と表される.

[*1] 本書では, ベクトル a に対して, $\|a\|_2$ または $\|a\|$ はそのユークリッドノルムを表す. 一方, 行列 A に対して, $\|A\|_2$ は後述のスペクトルノルムを表す.

12　第 1 章　基礎事項の整理

❑ **命題 1.2.2.** $C^{m \times n}$ で定義されるフロベニウスノルム (l_2 ノルム) はユニタリ不変な行列ノルムである.

証明　命題 1.2.1 より, C^m で定義される l_2 ベクトルノルムはユニタリ不変であるので, 任意のユニタリ行列 $U \in C^{m \times m}$ に対して,

$$\|UA\|_F^2 = \|Ua_1\|_F^2 + \cdots + \|Ua_n\|_F^2 = \|a_1\|_2^2 + \cdots + \|a_n\|_2^2 = \|A\|_F^2 \quad (1.2.9)$$

が成り立つ.

任意の $B \in C^{m \times n}$ に対して, $\|B^H\|_F = \|B\|_F$ が成り立つので, $U \in C^{m \times m}, V \in C^{n \times n}$ がユニタリ行列であれば,

$$\|UAV\|_F = \|AV\|_F = \|V^H A^H\|_F = \|A^H\|_F = \|A\|_F$$

がつねに成り立つ. よって, 行列 A のフロベニウスノルム (l_2 ノルム) はユニタリ不変である.　　∎

以上のノルムは定義 1.2.2 の各公理を満足しているので, 行列ノルムである. 一方,

$$\|A\|_{m\infty} = \max_{1 \le i \le m, 1 \le j \le n} |a_{ij}| \quad (1.2.10)$$

が行列ノルムではないことに注意されたい. たとえば, $J = \begin{bmatrix} 1 & 1 \\ 1 & 1 \end{bmatrix}$ に対して計算を行うと, $J^2 = 2J$, $\|J\| = 1$, $\|J^2\| = \|2J\| = 2\|J\| = 2$ が得られる. これらは $\|J^2\| \le \|J\|^2$ を満足していない. すなわち, 劣乗法性の公理を満足していないので, 行列ノルムにはならない.

行列を線形写像として扱う場合, 線形写像の作用の大きさを表す作用素ノルム (operator norm) も重要な解析手段を与える. 行列 $A \in C^{m \times n}$ とベクトル $x \in C^n$ に対して, 作用素ノルムは, 次式で定義される行列ノルムである.

$$\|A\|_p = \max_{x \ne 0} \frac{\|Ax\|_p}{\|x\|_p} = \max_{\|x\|_p = 1} \|Ax\|_p, \quad p \ge 1 \quad (1.2.11)$$

このように定義されるノルムを誘導ノルム (induced norm) という. $p = 1, 2, \infty$ のときに, 行列 $A \in C^{m \times n}$ の誘導ノルムは, 以下のように与えられる.

(1)　最大列和行列ノルム (maximum column sum matrix norm)：

$$\|A\|_1 = \max_{1 \le j \le n} \sum_{i=1}^{m} |a_{ij}| \quad (1.2.12)$$

(2)　スペクトルノルム (spectral norm)：

$$\|A\|_2 = \overline{\sigma}(A) \quad (1.2.13)$$

ここで, $\overline{\sigma}(A)$ は A の最大特異値である[*1]. $\|A\|_2$ もユニタリ不変である [97]. す

[*1] 特異値について, 第 6 章を参照されたい

なわち，適切な次元を持つユニタリ行列 U, V に対して，$\|UAV\|_2 = \|A\|_2$ である．

(3) 最大行和行列ノルム (maximum raw sum matrix norm)：

$$\|A\|_\infty = \max_{1 \leq i \leq m} \sum_{j=1}^{n} |a_{ij}| \tag{1.2.14}$$

1.3 逆行列

1.1 節で紹介した行列の基本演算のほかに，逆行列を求めることも重要な演算である．とくに，逆行列の補題は適応信号処理の分野でよく用いられている．

1.3.1 逆行列

逆行列の定義を導入する前に，まず単位行列 (identity matrix) を紹介する必要がある．$n \times n$ 単位行列 I_n を列ブロック行列 $I_n = [e_1, \cdots, e_n]$ と定義する．ただし，e_k は標準正規直交基底ベクトル (standard orthonormal basis vector) $e_k = [0, \cdots, 0, 1, 0, \cdots, 0]^T$ である．すなわち，k 番目の要素は 1 で，ほかの要素はすべて 0 である．

線形変換あるいは正方行列は，零入力のみに対して零出力が得られるときに，正則であるという．そうでないならば，特異 (singular) であるという．ある行列が正則ならば，その逆行列も必ず存在する．また，特異行列には，逆行列は存在しない．$n \times n$ 正方行列 A^{-1} が $A^{-1}A = AA^{-1} = I_n$ を満足するときに，行列 A^{-1} を行列 A の逆行列 (inverse matrix) という．$n \times n$ 行列の正則性のほかの表現として，行列式 (determinant) もよく用いられている．$A = [a] \in C^{1 \times 1}$ であるときに，その行列式は $\det A = a$ となる．$n \times n$ 行列の行列式は，$(n-1) \times (n-1)$ 行列の行列式を用いて定義できる．すなわち，

$$\det A = \sum_{j=1}^{n} (-1)^{j+1} a_{1j} \det A_{1j}$$

ここで，A_{1j} は A から第 1 行と第 j 列を消去して得られた $(n-1) \times (n-1)$ 行列である．

行列式には，以下のような有用な性質がある．

$$\det(AB) = \det A \det B, \qquad A, B \in C^{n \times n}$$
$$\det(A^T) = \det A, \qquad A \in C^{n \times n}$$
$$\det(cA) = c^n \det A, \qquad c \in C, A \in C^{n \times n}$$
$$\det A \neq 0 \Leftrightarrow A \text{ は正則である}, \qquad A \in C^{n \times n}$$

$n \times n$ 行列は，$\det A = 0$ ならば，またそのときに限って，特異である．したがって，$\det A \neq 0$ ならば，行列は正則 (invertible) である．さらに，行列 $A \in C^{n \times n}$ に対しては，以下の記述は等値である．

1) A は正則である；

2) A^{-1} は存在する；

3) rank $A = n$；

4) A の行は一次独立である；

5) A の列は一次独立である；

6) det $A \neq 0$；

7) A の値域空間の次元は n である；

8) A の零空間の次元は 0 である；

9) すべての $b \in C^n$ に対して，$Ax = b$ は一致である；

10) すべての $b \in C^n$ に対して，$Ax = b$ の解は一意である；

11) $Ax = 0$ の一意解は $x = 0$ である；

12) A の固有値は零にならない (1.4 節参照)；

最後に，A, B, C のすべてが正則ならば，以下が成り立つ．

$$(ABC)^{-1} = C^{-1}B^{-1}A^{-1}$$

■ 1.3.2 逆行列の補題

逆行列に対して，以下の二つの補題が重要である．

❑ **補題 1.3.1.** (逆行列の補題, matrix inversion lemma) A と C をそれぞれ正則な $n \times n$，$m \times m$ 行列とし，B と D をそれぞれ $n \times m, m \times n$ 行列とする．$DA^{-1}B + C^{-1}$ が正則ならば，行列 $A + BCD$ の逆行列は以下のようになる．

$$(A + BCD)^{-1} = A^{-1} - A^{-1}B(DA^{-1}B + C^{-1})^{-1}DA^{-1} \tag{1.3.1}$$

とくに，v, w を $n \times 1$ 列ベクトルとすると，次式が成り立つ．

$$(A + vw^H)^{-1} = A^{-1} - \frac{A^{-1}vw^H A^{-1}}{1 + w^H A^{-1}v} \tag{1.3.2}$$

❑ **補題 1.3.2.** (ブロック行列の逆行列補題, block matrix inversion lemma) $n \times n$ 行列 Y を部分ブロック行列 A, B, C, D によって

$$Y = \begin{bmatrix} A & D \\ C & B \end{bmatrix} \tag{1.3.3a}$$

のように分割する．ただし，A, B, C, D はそれぞれ $m \times m$, $(n-m) \times (n-m)$, $(n-m) \times m$, $m \times (n-m)$ 行列である．行列 A と $\Delta = B - CA^{-1}D$ が正則，あるいは行列 B と $\Lambda = A - DB^{-1}C$ が正則ならば，行列 Y の逆行列は次式で与えられる．

$$Y^{-1} = \begin{bmatrix} A^{-1} + A^{-1}D\Delta^{-1}CA^{-1} & -A^{-1}D\Delta^{-1} \\ -\Delta^{-1}CA^{-1} & \Delta^{-1} \end{bmatrix} \tag{1.3.3b}$$

$$= \begin{bmatrix} \Lambda^{-1} & -\Lambda^{-1}DB^{-1} \\ -B^{-1}C\Lambda^{-1} & B^{-1} + B^{-1}C\Lambda^{-1}DB^{-1} \end{bmatrix} \tag{1.3.3c}$$

ここで, Δ と Λ はそれぞれ A と B のシューア補元 (Schur complement) である.

とくに, 行列 Y が

$$Y = \begin{bmatrix} A & v \\ w^H & \alpha \end{bmatrix} \tag{1.3.4a}$$

で与えられるとき, その逆行列は

$$Y^{-1} = \begin{bmatrix} A^{-1} + \beta A^{-1}vw^H A^{-1} & -\beta A^{-1}v \\ -\beta w^H A^{-1} & \beta \end{bmatrix} \tag{1.3.4b}$$

となる. ただし, A は $(n-1) \times (n-1)$ 行列, v と w は $(n-1) \times 1$ 列ベクトル, α と $\beta = (\alpha - w^H A^{-1}v)^{-1}$ はスカラーである.

上記の二つの補題は, 逆行列の定義で容易に確かめられる.

式 (1.3.2) より, 行列 A にベクトル v と w のダイアド積を加えたときに, $A + vw^H$ の逆行列は容易に計算できる. 式 (1.3.4b) より, 行列 A にさらに 1 行と 1 列を付け加えたときに得られる行列 Y の逆行列も容易に計算できる.

信号処理, 自動制御やシステム理論などにおいて, 逆行列の補題の最も代表的な応用は逐次最小二乗 (recursive least-squares, RLS) パラメータ推定アルゴリズムである.

■ **例 1.3.1.** 観測データ $x(k) = s(k) + n(k)$ を M 次のフィルタ W に通し, フィルタの出力 $\hat{s}(k)$ が信号 $s(k)$ の予測値となるようにしたい. ベクトル

$$w_k = [w_k(1), w_k(2), \cdots, w_k(M)]^T$$
$$x_k = [x(k-1), x(k-2), \cdots, x(k-M)]^T$$

を定義すると, $\hat{s}(k) = w_k^T x_k$ となる. そこで, 予測誤差

$$e(k) = x(k) - w_k^T x_k \tag{1.3.5}$$

を定義し, 評価関数 $\epsilon(k, w) = \sum_{i=1}^{k} \lambda^{k-i}|e(k)|^2$ の最小化を考える. ここで, $0 < \lambda \le 1$ は忘却係数 (forgetting factor) である. そこで, $\frac{\partial \epsilon(k,w)}{\partial w} = 0$ とし, 式 (1.1.5) を利用すると [98, 247], フィルタのパラメータは

$$w_k = w_{k-1} + R_k^{-1} x_k e(k) \tag{1.3.6}$$

で推定できる. ただし,

$$R_k = \sum_{i=1}^{k} \lambda^{k-i} x_i x_i^T = \lambda R_{k-1} + x_k x_k^T \tag{1.3.7}$$

16 第1章 基礎事項の整理

式 (1.3.6) は，予測誤差 $e(k)$ に基づいた適応フィルタリングアルゴリズムであり，逐次最小二乗 (RLS) アルゴリズムという．x_k は観測データベクトルであり，R_k^{-1} の逐次計算が可能ならば，RLS アルゴリズムが実現できる．式 (1.3.7) に逆行列の補題 1.3.1 を適用すれば，R_k^{-1} の逐次計算アルゴリズムが得られる：

$$R_k^{-1} = \frac{1}{\lambda} R_{k-1}^{-1} - \frac{R_{k-1}^{-1} x_k x_k^T R_{k-1}^{-1}}{\lambda + x_k^T R_{k-1}^{-1} x_k} \tag{1.3.8}$$

まとめると，RLS アルゴリズムは，式 (1.3.5)，(1.3.8) と (1.3.6) によって構成される．

RLS アルゴリズムの性能解析は文献 [98, 141, 247] を参照されたい．文献 [46, 247] では，ロバストな RLS アルゴリズムが提案されている．

1.4 固有値問題と一般化固有値問題

工学の応用問題において，ある行列の固有値とそれに対応する固有ベクトルを求めることは重要である．これを固有値問題という．たとえば，信号処理においては，ピサレンコ (Pisarenko) 法による高調波回復や，多重信号分類 (MUSIC) 法などの核心は対称行列の固有値問題である．また，アドバンスト信号処理手法の発展とともに，二つの行列からなる行列ペンシルの固有値問題も注目されてきた．これを一般化固有値問題という．

1.4.1 固有値問題

定義 1.4.1. 行列 $A \in C^{n \times n}$ と ベクトル $x \in C^n$ に対して，スカラー λ と零でないベクトル x が以下の方程式を満足するとする．

$$Ax = \lambda x, \quad x \neq 0 \tag{1.4.1}$$

λ と x をそれぞれ行列 A の固有値 (eigenvalue) とそれに対応する固有ベクトル (eigenvector) という．さらに，$Ax = \lambda x$ ならば，x を λ に対応する右固有ベクトルといい，$x^H A = \lambda x^H$ ならば，x を λ に対応する左固有ベクトルという．今後，とくに断らない限り，固有ベクトルを右固有ベクトルとする．

式 (1.4.1) を固有値-固有ベクトル方程式 (eigenvalue-eigenvector equation) という．固有値 λ と固有ベクトル x はつねに対となっているので，(λ, x) を行列 A の固有対 (eigen pair) という．固有値は零となることがあるが，固有ベクトルは零にならない．

定義 1.4.2. 行列 $A \in C^{n \times n}$ のすべての固有値 $\lambda \in C$ による集合を行列 A のスペクトル (spectrum) といい，$\lambda(A)$ と表す．行列 A のスペクトル半径 (spectral radius) は

$$\rho(A) = \max\{|\lambda| : \lambda \in \lambda(A)\} \tag{1.4.2}$$

と定義される負でない実数である.

$\rho(A)$ は，複素平面上で原点を中心とし，A のすべての固有値を含む円盤の最小半径であるので，スペクトル半径という.

固有値-固有ベクトル方程式 (1.4.1) は等価的に

$$(\lambda I - A)x = 0, \quad x \neq 0 \tag{1.4.3}$$

と書ける．明らかに，$\lambda I - A$ が特異な正方行列であれば，すなわち，

$$\det(\lambda I - A) = 0 \tag{1.4.4}$$

が成り立つならば，またそのときに限って，$\lambda \in \lambda(A)$ となる．したがって，以下を定義できる.

定義 1.4.3. 行列 $A \in C^{n \times n}$ の特性多項式 (characteristic polynomial) を

$$p(z) = \det(zI - A) \tag{1.4.5}$$

と定義する．ここで，$p(z) = 0$ の n 個の根は A の固有値にほかならない.

$\lambda(A) = \{\lambda_1, \cdots, \lambda_n\}$ とすると，

$$\det A = \lambda_1 \cdots \lambda_n \tag{1.4.6}$$

が成り立つ．明らかに，A の固有値が零であれば，$\det A = 0$，すなわち，行列 A が特異となる．逆に，A のすべての固有値が零でないならば，$\det A \neq 0$，すなわち，行列 A が正則となる.

正方行列 A のトレース (trace) を trace A あるいは tr(A) と記し，

$$\text{trace } A = \sum_{i=1}^{n} a_{ii} \tag{1.4.7}$$

と定義する．以下に行列のトレースの性質を示す (証明は文献 [113] を参照されたい).

1)　トレースは固有値の和と等しい：

$$\text{trace } A = \lambda_1 + \cdots + \lambda_n \tag{1.4.8}$$

この性質は特性多項式の z のべき乗の係数を調べることによって導出できる.

2)　積が正方行列となるような行列 $A \in C^{n \times m}$, $B \in C^{m \times n}$ について，

$$\text{trace}(AB) = \text{trace}(BA) \tag{1.4.9}$$

が成り立つ．ここで，A, B 自身は正方行列である必要がないことに注意されたい.

3) 任意の正の整数 k に対して,

$$\text{trace } A^k = \sum_{i=1}^{n} \lambda_i^k \tag{1.4.10}$$

が成り立つ. 上式の右辺を A の固有値の k 次モーメントという.

4) 行列 $A^H A$ と AA^H のトレースは等しい:

$$\text{trace}(A^H A) = \text{trace}(AA^H) = \sum_{i=1}^{n} \sum_{j=1}^{n} |a_{ij}|^2 \tag{1.4.11}$$

5) トレースは相似不変量 (similarity invariants) である:正則行列 X に対して,

$$\text{trace}(X^{-1}AX) = \text{trace } A \tag{1.4.12}$$

が成り立つ.

固有ベクトルは,行列 $A \in C^{n \times n}$ を左からかけても不変であるような一次元の部分空間を定義する. 部分空間 $S \subset C^n$ に対して,

$$x \in S \Longrightarrow Ax \in S$$

が成り立つならば,S は A-不変 (A-invariant) であるという. また,

$$AX = XB, \quad A \in C^{n \times n}, B \in C^{k \times k}, X \in C^{n \times k}$$

が成り立つならば,X の値域空間 range X は不変であり,しかも以下が成り立つ.

$$By = \lambda y \Longrightarrow A(Xy) = \lambda(Xy)$$

X が最大列階数を持てば,$AX = XB$ は $\lambda(B) \subseteq \lambda(A)$ を意味する. とくに,X が正則な正方行列であれば,$\lambda(B) = \lambda(A)$ となる. このとき,A と $B = X^{-1}AX$ は相似 (similar) であるという. よって,X を相似行列 (similarity matrix) という.

行列 $A \in C^{n \times n}$ の固有値には,以下の性質が成り立つことが明らかである. 行列 A の固有値を $\lambda_i, i = 1, \cdots, n$ とすると,行列 kA (ただし,k はスカラーである) の固有値は $k\lambda_i$ である. A が正則ならば,A^{-1} の固有値は $1/\lambda_i$ である.

行列 $A + kI$ の固有値は $\lambda_i + k$ である. これについて,以下のような典型的な信号処理問題の例をあげる. 実数値の観測データ

$$y(n) = x(n) + w(n)$$

が得られたとする. ここで,$x(n)$ は平均零の信号であり,$w(n)$ は平均零,分散 σ^2 で,$x(n)$ と統計的に無相関な加法性白色観測雑音である. $r_y(\tau) = E\{y(n)y(n+\tau)\}$, $r_x(\tau) = E\{x(n)x(n+\tau)\}$, $r_w(\tau) = E\{w(n)w(n+\tau)\}$ をそれぞれ観測信号 y,信号 x と雑音 w の自己相関関数 (autocorrelation function) とし,$w(n)$ の白色性を用いると,以下の関係を容易に証明できる.

$$r_y(\tau) = r_x(\tau) + r_w(\tau) = r_x(\tau) + \sigma^2 \delta(\tau)$$

ただし，$\delta(\tau)$ は クロネッカー (Kronecker) のデルタ関数

$$\delta(\tau) = \begin{cases} 1, & \tau = 0 \\ 0, & \tau \neq 0 \end{cases}$$

よって，観測データの自己相関行列は実対称行列となる：

$$R_y = R_x + R_w = \begin{bmatrix} r_x(0) & r_x(1) & \cdots & r_x(n) \\ r_x(1) & r_x(0) & \cdots & r_x(n-1) \\ \vdots & \vdots & \ddots & \vdots \\ r_x(n) & r_x(n-1) & \cdots & r_x(0) \end{bmatrix} + \begin{bmatrix} \sigma^2 & 0 & \cdots & 0 \\ 0 & \sigma^2 & \cdots & 0 \\ \vdots & \vdots & \ddots & \vdots \\ 0 & 0 & \cdots & \sigma^2 \end{bmatrix}$$

信号の自己相関行列 R_x の階数を p とすると，観測データの自己相関行列 R_y の固有値 $\lambda_i(R_y)$，信号の自己相関行列 R_x の固有値 $\lambda_i(R_x)$，および加法性白色雑音の分散 σ^2 の三者の間には，以下の関係が成り立つ.

$$\lambda_i(R_y) = \begin{cases} \lambda_i(R_x) + \sigma^2, & i = 1, \cdots, p \\ \sigma^2, & i = p+1, \cdots, n \end{cases}$$

信号／雑音比が十分高ければ，σ^2 は $\lambda_i(R_x) + \sigma^2$ より十分小さくなる. 信号処理の問題では，主要な影響を持つ大きな固有値を主固有値 (princple eigenvalues) という. それらに比較して小さな固有値をマイナー固有値 (minor eigenvalues) という. 主固有値に対応する固有ベクトルを主固有ベクトル (princple eigenvectors) といい，マイナー固有値に対応する固有ベクトルをマイナー固有ベクトル (minor eigenvectors) という. とくに，主固有ベクトルとマイナー固有ベクトルがそれぞれ信号部分空間 (signal subspace) と雑音部分空間 (noise subspace) を構成することに注意されたい. よって，データサンプルに基づいた自己相関行列の推定値 $\widehat{R}$ の固有値を求めれば，信号固有空間と雑音固有空間を分離することができる. これは信号処理における固有空間解析の基本思想である. 固有部分空間解析の手法は，多くの典型的な信号処理問題 (信号のモデリング，高調波回復など) において，重要な役割を果たす. これについては，第 10 章で詳しく議論する.

固有値の計算問題において，元の問題をいくつかの小規模の固有値問題に分割する場合もよくある. そのためには，以下の補題が有用である.

❑ **補題 1.4.1.** 行列 $T \in C^{n \times n}$ を

$$T = \begin{bmatrix} T_{11} & T_{12} \\ 0 & T_{22} \end{bmatrix} \begin{matrix} p \\ q \end{matrix}$$
$$\quad\;\; p \quad\;\; q$$

のようにブロック分割すると，$\lambda(T) = \lambda(T_{11}) \cup \lambda(T_{22})$ となる．

証明 ベクトル $x \in C^n$ に対して，以下が成立する．

$$Tx = \begin{bmatrix} T_{11} & T_{12} \\ 0 & T_{22} \end{bmatrix} \begin{bmatrix} x_1 \\ x_2 \end{bmatrix} = \lambda \begin{bmatrix} x_1 \\ x_2 \end{bmatrix}$$

ただし，$x_1 \in C^p$, $x_2 \in C^q$ である．$x_2 \neq 0$ ならば，$T_{22}x_2 = \lambda x_2$ が成り立つので，$\lambda \in \lambda(T_{22})$ となる．$x_2 = 0$ ならば，$T_{11}x_1 = \lambda x_1$ が成り立つので，$\lambda \in \lambda(T_{11})$ となる．よって，$\lambda(T) \subseteq \lambda(T_{11}) \cup \lambda(T_{22})$ となる．しかし，$\lambda(T)$ と $\lambda(T_{11}) \cup \lambda(T_{22})$ の要素の数は等しいので，集合 $\lambda(T)$ と集合 $\lambda(T_{11}) \cup \lambda(T_{22})$ は等価である． ∎

■ 1.4.2　一般化固有値問題

A と B を $n \times n$ 正方行列とする．$A - \lambda B$, $\lambda \in C$ で表現されるすべての行列による集合を行列束 (matrix pencil) という．行列 A と B のペア (A, B) を行列の対 (matrix pair) という．行列の対の固有値を一般化固有値 (generalized eigenvalue) といい，これは以下のように定義される集合の要素である．

$$\lambda(A, B) = \{z \in C \,|\, \det(A - zB) = 0\} \tag{1.4.13}$$

$\lambda \in \lambda(A, B)$ で，かつ

$$Ax = \lambda Bx, \quad x \neq 0 \tag{1.4.14}$$

を満足すれば，x を行列の対 (A, B) の固有ベクトル（一般化固有ベクトル (generalized eigenvector)）という．

行列 B が正則ならば，またはそのときに限って，n 個の一般化固有値が存在する．行列 B が正則でなければ，集合 $\lambda(A, B)$ が有限集合，空集合あるいは無限集合のどれかになる．たとえば，

$$A = \begin{bmatrix} 1 & 2 \\ 0 & 3 \end{bmatrix}, \ B = \begin{bmatrix} 1 & 0 \\ 0 & 0 \end{bmatrix} \ \Rightarrow \ \lambda(A, B) = \{1\}$$

$$A = \begin{bmatrix} 1 & 2 \\ 0 & 3 \end{bmatrix}, \ B = \begin{bmatrix} 0 & 1 \\ 0 & 0 \end{bmatrix} \ \Rightarrow \ \lambda(A, B) = \{\emptyset\}$$

$$A = \begin{bmatrix} 1 & 2 \\ 0 & 0 \end{bmatrix}, \ B = \begin{bmatrix} 1 & 0 \\ 0 & 0 \end{bmatrix} \ \Rightarrow \ \lambda(A, B) = 任意の複素数$$

1.5 一般化逆行列

1.2 節では，正則な正方行列の逆行列 A^{-1} について紹介した．それは一意に存在し，かつ $AA^{-1} = A^{-1}A = I$ が成り立つ．正則な正方行列の逆行列を長方行列あるいは特異な正方行列の場合に拡張したものが一般化逆行列 (generalized inverse) である．一般化逆行列を用いれば，最小二乗法に対して統一した理論的解釈が可能である．著者は，一般化逆行列を適用して，二次元自己回帰移動平均モデル (autoregressive-moving average model, ARMA model) のパラメータ推定法を提案し，9 個の二次元正弦波信号のパワースペクトルの推定に成功した [251].

1.5.1 ムーア - ペンローズの逆行列

A を任意の $m \times n$ 行列とする．以下の四つの条件を満足する行列 G をムーア - ペンローズ (Moore-Penrose) の一般化逆行列という．

$$
\begin{aligned}
(1) \qquad\qquad AGA &= A \\
(2) \qquad\qquad (AG)^H &= AG \\
(3) \qquad\qquad GAG &= G \\
(4) \qquad\qquad (GA)^H &= GA
\end{aligned} \tag{1.5.1}
$$

これは擬似逆行列 (pseudo inverse) またはムーア - ペンローズの逆行列 (Moore-Penrose inverse) ともいい，A^+ で表す．一般に，行列 G が上記の四つのうちの一部 $(i), (j), (k)$, $i, j, k = 1, 2, 3, 4$ だけを満足する場合，G を行列 A の $\{i, j, k\}$ 逆行列 ($\{i, j, k\}$ inverse) という [14]．たとえば，行列 G が条件 (1),(2),(3) を満足し，条件 (4) を満足しない場合，G を行列 A の $\{1, 2, 3\}$ 逆行列という．以下に工学の分野で最もよく応用されている二つのムーア - ペンローズの逆行列について紹介する．

1. 左擬似逆行列

行列 $A \in C^{m \times n} (m > n)$ が最大列階数 (rank $A = n$) を有する場合，$n \times n$ 行列 $A^H A$ は正則であり，

$$
A^+ = (A^H A)^{-1} A^H \tag{1.5.2}
$$

が式 (1.5.1) の四つの条件を満足することが確認できる．したがって，これは一種のムーア - ペンローズの逆行列である．$(A^H A)^{-1}$ は左からかけているので，式 (1.5.2) で定義される一般化逆行列を左擬似逆行列 (left pseudo inverse) [154] という．

2. 右擬似逆行列

行列 $A \in C^{m \times n} (m < n)$ が最大行階数 (rank $A = m$) を有する場合，$m \times m$ 行列 AA^H は正則であり，

$$A^+ = A^H (AA^H)^{-1} \tag{1.5.3}$$

が式 (1.5.1) の四つの条件を満足することが確認できる．したがって，これも一種のムーア - ペンローズの逆行列である．$(AA^H)^{-1}$ は右からかけているので，式 (1.5.3) で定義される一般化逆行列を右擬似逆行列 (right pseudo inverse) [154] という．以下で示されるように，左擬似逆行列 [154] が過決定 (over-determined) 方程式の最小二乗解，右擬似逆行列が劣決定 (under-determined) 方程式の最小二乗解にそれぞれ深く関係している．

■ 1.5.2　最小二乗解

連立方程式 $Ax = y$ について考える．ただし，$A \in R^{m \times n}, x \in R^n, y \in R^m (m > n)$．このような連立方程式では，方程式の数が未知数の数より多いので，すべての方程式を厳密に満足する解は存在しない．このような連立方程式を過決定方程式という．しかし，制約条件

$$\|Ax - y\|_2^2 = \text{最小} \tag{1.5.4}$$

を設けると，過決定方程式は解を持つことになる．これはいわゆる最小二乗問題 (least-squares problem) である．任意の y に対して，最小二乗問題の解

$$x^o = Gy \tag{1.5.5}$$

を求めることは，すべての x の中で，x^o が最小二乗誤差を持つように，$n \times m$ 行列 G を係数行列 A に基づいて構成することである．すなわち，

$$\|Ax - y\|_2^2 - \|Ax^o - y\|_2^2 \geq 0 \tag{1.5.6}$$

このような解 x^o を最小二乗解 (least-squares solution) という．

係数行列 A の左擬似逆行列を用いると，

$$x^o = (A^T A)^{-1} A^T y \tag{1.5.7}$$

が最小二乗解になる．x^o が不等式 (1.5.6) を満足することは以下のように証明される．
x^o による最小二乗誤差は，

$$
\begin{aligned}
\|Ax - y\|_2^2 &= \|A(x - x^o) + Ax^o - y\|_2^2 \\
&= \left\|A(x - x^o) + \left[A(A^T A)^{-1} A^T - I_m\right] y\right\|_2^2 \\
&= \|A(x - x^o)\|_2^2 + \left\|\left[A(A^T A)^{-1} A^T - I_m\right] y\right\|_2^2 \\
&\quad + 2[A(x - x^o)]^T \left[A(A^T A)^{-1} A^T - I_m\right] y
\end{aligned} \tag{1.5.8}
$$

と計算される．しかし，最後の等式の右辺の第 3 項は零である．すなわち，

$$
\begin{aligned}
[A(x - x^o)]^T \left[A(A^T A)^{-1} A^T - I_m\right] y &= [(x - x^o)]^T \left[A^T A(A^T A)^{-1} A^T - A^T\right] y \\
&= [(x - x^o)]^T \left[A^T - A^T\right] y = 0
\end{aligned}
$$

よって，式 (1.5.8) は以下のように簡単化できる．
$$\|Ax-y\|_2^2 = \|A(x-x^o)\|_2^2 + \|A(A^TA)^{-1}A^Ty - y\|_2^2 \\ = \|A(x-x^o)\|_2^2 + \|Ax^o - y\|_2^2 \tag{1.5.9}$$
一方，$\|A(x-x^o)\|_2^2 \geq 0$ が成り立つので，式 (1.5.9) より，
$$\|Ax-y\|_2^2 \geq \|Ax^o - y\|_2^2$$
となり，x^o が最小二乗解であることが示された．

■ 1.5.3　最小ノルム最小二乗解

ここでは，連立方程式 $Ax = y$ の方程式の数が未知数の数より少ない場合，すなわち，$m < n$ の場合について考える．このような連立方程式を劣決定方程式という．劣決定方程式の解は無限に存在し，一意解は存在しない．例として，線形方程式
$$x_1 + 2x_2 = 10 \tag{1.5.10}$$
を考える．図 1.5.1 のように，直線 $x_1 + 2x_2 = 10$ 上にあるすべての点 (x_1, x_2) は方程式 (1.5.10) の解である．一意解を確定したいならば，ある制約条件を設け，その条件を満足する一意解を求めるほかない．制約条件として，解 x の (ユークリッド) ノルムを最小となるようにする．このようにして得られる一意解を最小ノルム最小二乗解 (minimal norm least-squares solution) という．x の最小ノルムが直線上の点から原点までの最短距離に等しいので，最小ノルム解は最短距離解ともいう．図 1.5.1 においては，最短距離解は直線上の点 (2,4) である．一般的な劣決定方程式 $Ax = y$ の最小ノルム最小二乗解を考える．最小ノルム最小二乗解は，$x^o = Gy$ で与えられる劣決定方程式のすべての解の中で最小ノルムを有するものである：
$$\|x\|_2 \geq \|x^o\|_2 \tag{1.5.11}$$
係数行列 A の右擬似逆行列を用いると，最小ノルム最小二乗解は

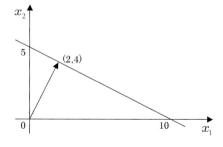

図 **1.5.1**　方程式 (1.5.10) の解

$$x^o = A^T(AA^T)^{-1}y \tag{1.5.12}$$

で与えられる．x^o が不等式 (1.5.11) を満足することは以下のように証明される．

まず，以下の式がつねに成り立つ．

$$\|x\|_2^2 = \|x^o + x - x^o\|_2^2 = \|x^o\|_2^2 + \|x - x^o\|_2^2 + 2(x^o)^T(x - x^o) \tag{1.5.13}$$

さらに，式 (1.5.12) より，x^o は $x^o = A^T(AA^T)^{-1}Ax$ と表現できるので，以下の結果が得られる．

$$\begin{aligned}
(x^o)^T(x - x^o) &= y^T(AA^T)^{-1}A\left[I - A^T(A^TA)^{-1}A\right]x \\
&= y^T\left[(AA^T)^{-1}A - (A^TA)^{-1}A\right]x = 0
\end{aligned}$$

よって，式 (1.5.13) は以下のように簡単化できる．

$$\|x\|_2^2 = \|x^o\|_2^2 + \|x - x^o\|_2^2$$

上式の右辺の第二項が非負であるので，

$$\|x\|_2 \geq \|x^o\|_2$$

となる．すなわち，x^o は最小ノルム最小二乗解である．

■ 1.5.4 一般化逆行列の次数逐次計算

システム同定では，時系列を ARMA モデルの出力とすることがよくある．しかし，実際の応用においては，ARMA モデルの次数 (p, q) が未知である場合が多いので，次数が異なる ARMA モデルの AR パラメータ (AR parameter) と MA パラメータ (MA parameter) を推定し，かつ最適な次数 (p, q) を確定する必要がある．したがって，次数逐次 (order recursive) 計算のできるシステム同定の手法が望ましい．ここでは，著者らが提案した左，右一般化逆行列の次数逐次計算手法を紹介する．

1. 左擬似逆行列の次数逐次計算 [248, 253]

❑ **定理 1.5.1.** 実行列 $F_n \in R^{m \times n}(m > n)$ の左逆行列を $F^+ = (F_n^T F_n)^{-1}F_n^T$ とし，F_n を以下のように分割する．

$$F_n = [F_{n-1}, \ f_n] \tag{1.5.14}$$

ただし，f_n は行列 F_n の第 n 列であり，rank $F_n = n$ である．このとき，F_n^+ の次数逐次計算式は以下のように与えられる．

$$F_n^+ = \begin{bmatrix} F_{n-1}^+ - F_{n-1}^+ f_n e_n^T \Delta_n^{-1} \\ e_n^T \Delta_n^{-1} \end{bmatrix} \tag{1.5.15}$$

ただし，

$$e_n = \left[I_m - F_{n-1}F_{n-1}^+\right]f_n, \quad \Delta_n^{-1} = \left[f_n^T e_n\right]^{-1} \tag{1.5.16}$$

であり，初期値は以下のように与えられる．

$$F_1^+ = f_1^T / (f_1^T f_1) \tag{1.5.17}$$

証明 行列 F_n のブロック分割より，以下の結果が得られる．

$$F_n^T F_n = \begin{bmatrix} F_{n-1}^T F_{n-1} & F_{n-1}^T f_n \\ f_n^T F_{n-1} & f_n^T f_n \end{bmatrix}$$

そこで，

$$(F_n^T F_n)^{-1} = \begin{bmatrix} X & Y \\ Z & W \end{bmatrix}$$

とする．逆行列の定義より，

$$\begin{bmatrix} F_{n-1}^T F_{n-1} & F_{n-1}^T f_n \\ f_n^T F_{n-1} & f_n^T f_n \end{bmatrix} \begin{bmatrix} X & Y \\ Z & W \end{bmatrix} = I_n$$

が成り立つので，以下の連立方程式が得られる．

$$F_{n-1}^T F_{n-1} X + F_{n-1}^T f_n Z = I_{n-1}$$
$$F_{n-1}^T F_{n-1} Y + F_{n-1}^T f_n W = 0$$
$$f_n^T F_{n-1} X + f_n^T f_n Z = 0$$
$$f_n^T F_{n-1} Y + f_n^T f_n W = 1$$

上記の連立方程式の解は

$$X = \left[F_{n-1}^T F_{n-1} \right]^{-1} \left[I_{n-1} - F_{n-1}^T f_n Z \right]$$
$$Y = -F_{n-1}^+ f_n \Delta_n^{-1}$$
$$Z = -f_n^T \left[F_{n-1}^+ \right]^T \Delta_n^{-1}$$
$$W = \left[f_n^T (I_m - F_{n-1} F_{n-1}^+) f_n \right]^{-1} = \Delta_n^{-1}$$

である．左逆擬似行列の定義より，以下の結果が得られる．

$$F_n^+ = \begin{bmatrix} X & Y \\ Z & W \end{bmatrix} \begin{bmatrix} F_{n-1}^T \\ f_n^T \end{bmatrix} = \begin{bmatrix} X F_{n-1}^T + Y f_n^T \\ Z F_{n-1}^T + W f_n^T \end{bmatrix}$$

上式に X, Y, Z, W を代入すると，ただちに式 (1.5.15) が得られる． ▪

左擬似逆行列 [154] の次数逐次計算 (定理 1.5.1) のシステム同定への応用例としては，第 8 章の一般化最小二乗法と第 9 章の補助変数法の次数逐次計算が挙げられる．

2. 右擬似逆行列の次数逐次計算 [253]

❏ **定理 1.5.2.** 実行列 $F_m \in R^{m \times n} (m < n)$ の右逆行列を $F^+ = F_m^T (F_m F_m^T)^{-1}$ とし，F_m を以下のように分割する．

$$F_m = \begin{bmatrix} F_{m-1} \\ f_m^T \end{bmatrix} \tag{1.5.18}$$

ただし，f_m^T は行列 F_m の第 m 行であり，rank $F_m = m$ である．このとき，F_m^+ の次数逐次計算式は以下のように与えられる．

$$F_m^+ = \begin{bmatrix} F_{m-1}^+ - c_m f_m^T F_{m-1}^+ \Delta_m^{-1} & c_m \Delta_m^{-1} \end{bmatrix} \tag{1.5.19}$$

ただし，

$$c_m = [I_n - F_{m-1}^+ F_{m-1}]f_m, \quad \Delta_m^{-1} = [f_m^T c_m]^{-1} \tag{1.5.20}$$

であり，初期値は以下のように与えられる．

$$F_1^+ = f_1/(f_1^T f_1) \tag{1.5.21}$$

証明　定理 1.5.1 の証明と同様であるので，省略する．　　　　　　　　　　■

■ 1.6　クロネッカー積およびその性質

行列のクロネッカー積は，信号処理やシステム理論における確率過程の定常状態解析，とくにベクトル確率変数やベクトル確率過程の解析に役立つ道具である [25, 207]．

定義 1.6.1. (クロネッカー積) [15]　以下のような $pm \times qn$ 行列 $A \otimes B$ を $p \times q$ 行列 A と $m \times n$ 行列 B のクロネッカー積 (Kronecker product) と定義する：

$$A \otimes B = \begin{bmatrix} a_{11}B & \cdots & a_{1q}B \\ \vdots & \ddots & \vdots \\ a_{p1}B & \cdots & a_{pq}B \end{bmatrix} \tag{1.6.1}$$

定義 1.6.2. (クロネッカー和) [15]　以下のような $mn \times mn$ 行列 $A \oplus B$ を $m \times m$ 行列 A と $n \times n$ 行列 B のクロネッカー和 (Kronecker sum) と定義する：

$$A \oplus B = A \otimes I_n + I_m \otimes B \tag{1.6.2}$$

定義 1.6.3. $m \times n$ 行列 A を列ブロック行列 $A = [a_1, \cdots, a_n]$ で表現する．行列 A のベクトル化関数 (vector valued function) は A の列を縦に並べた $mn \times 1$ ベクトルである：

$$\mathrm{vec}(A) = \begin{bmatrix} a_1 \\ a_2 \\ \vdots \\ a_n \end{bmatrix} \tag{1.6.3}$$

クロネッカー積には以下の性質がある [25].

性質 1.1 行列 $A, B \in R^{m \times n}, C, D \in R^{p \times q}$ に対して，以下が成り立つ.

$$(A + B) \otimes (C + D) = A \otimes C + A \otimes D + B \otimes C + B \otimes D \tag{1.6.4}$$

もっと一般に，行列 $A_1, \cdots, A_M, B_1, \cdots, B_N$ に対しては，以下が成り立つ.

$$\left[\sum_{i=1}^{M} A_i \right] \otimes \left[\sum_{j=1}^{N} B_i \right] = \sum_{i=1}^{M} \sum_{j=1}^{N} [A_i \otimes B_j] \tag{1.6.5}$$

性質 1.2 行列 $A \in R^{m \times n}, B \in R^{p \times q}, C \in R^{n \times r}, D \in R^{q \times s}$ に対して，以下が成り立つ.

$$(A \otimes B)(C \otimes D) = AC \otimes BD \tag{1.6.6}$$

もっと一般に，行列 $A_1, \cdots, A_N, B_1, \cdots, B_N$ に対しては，以下が成り立つ.

$$\prod_{i=1}^{N} [A_i \otimes B_i] = \left[\prod_{i=1}^{N} A_i \right] \otimes \left[\prod_{i=1}^{N} B_i \right] \tag{1.6.7}$$

$$\left[\bigotimes_{i=1}^{N} A_i \right] \left[\bigotimes_{i=1}^{N} B_i \right] = \bigotimes_{i=1}^{N} A_i B_i \tag{1.6.8}$$

性質 1.3 行列 $A \in R^{m \times n}, B \in R^{k \times l}, C \in R^{p \times q}, D \in R^{r \times s}$ に対して，以下が成り立つ.

$$(A \otimes B) \otimes (C \otimes D) = A \otimes B \otimes C \otimes D \tag{1.6.9}$$

性質 1.4 行列 $A \in R^{m \times n}, B \in R^{p \times q}$ に対して，以下が成り立つ.

$$(A \otimes B)^T = A^T \otimes B^T \tag{1.6.10}$$

性質 1.5 行列 $A \in R^{m \times n}$ と $B \in R^{p \times q}$ がともに擬似逆行列が存在すれば，以下が成り立つ.

$$(A \otimes B)^+ = A^+ \otimes B^+ \tag{1.6.11a}$$

とくに，行列 A と B が正則な正方行列であれば，以下が成り立つ.

$$(A \otimes B)^{-1} = A^{-1} \otimes B^{-1} \tag{1.6.11b}$$

性質 1.6 行列 $A \in R^{m \times n}, B \in R^{p \times q}$ に対して，以下が成り立つ.

$$\mathrm{rank}(A \otimes B) = \mathrm{rank}\, A \, \mathrm{rank}\, B \tag{1.6.12}$$

性質 1.7 行列 $A \in R^{m \times m}, B \in R^{n \times n}$ に対して，以下が成り立つ.

$$\det(A \otimes B) = (\det A)^n (\det B)^m \tag{1.6.13}$$

28　第 1 章　基礎事項の整理

性質 1.8　行列 $A \in R^{m \times m}, B \in R^{n \times n}$ に対して，以下が成り立つ．

$$\text{trace}(A \otimes B) = \text{trace } A \text{ trace } B \tag{1.6.14}$$

性質 1.9　行列 $A \in R^{m \times n}, B \in R^{p \times q}$ に対して，以下が成り立つ．

$$\exp(A \otimes B) = \exp A \otimes \exp B \tag{1.6.15}$$

性質 1.10　α_i を行列 $A \in R^{m \times m}$ の固有値 λ_i に対応する固有ベクトル，β_k を行列 $B \in R^{n \times n}$ の固有値 μ_k に対応する固有ベクトルとする．$\alpha_i \otimes \beta_k$ は行列 $A \otimes B$ の固有値 $\lambda_i \mu_k$ に対応する固有ベクトルであり，行列 $A \oplus B$ の固有値 $\lambda_i + \mu_k$ に対応する固有ベクトルでもある．

性質 1.11　行列 $A \in R^{p \times q}, B \in R^{m \times n}$ に対して，以下が成り立つ．

$$B \otimes A = U_{m \times p}(A \otimes B)U_{q \times n} \tag{1.6.16}$$

ただし，$U_{m \times p}$ は $mp \times mp$ 置換行列である[*1]．とくに，A と B がともに列ベクトルであれば (すなわち，$q = n = 1$)，$B \otimes A = U_{m \times p}(A \otimes B)$ となる．

性質 1.12　行列 $A \in R^{m \times p}, D \in R^{p \times q}, B \in R^{q \times n}$ に対して，以下が成り立つ．

$$\text{vec}(ADB) = (B^T \otimes A)\text{vec}(D) \tag{1.6.17}$$

行列 A のクロネッカー二乗 (Kronecker square) を

$$A^{[2]} = A \otimes A \tag{1.6.18}$$

と定義する．同じように，クロネッカーべき乗 (Kronecker power) $A^{[k]}$ を定義できる．

$t \times u$ 行列 $G = [G_1, \cdots, G_u]$ と $q \times u$ 行列 $F = [F_1, \cdots, F_u]$ (G と F の列の数は同じである) に対して，Khatri-Rao 積を以下のように定義する [122]．

$$F \odot G = [F_1 \otimes G_1, F_2 \otimes G_2, \cdots, F_u \otimes G_u] \tag{1.6.19}$$

ベクトル化関数，クロネッカーべき乗と Khatri-Rao 積の性質を以下のようにまとめる [25]．

性質 2.1

$$\text{vec}(A + B) = \text{vec}(A) + \text{vec}(B) \tag{1.6.20}$$

性質 2.2　行列 $A \in R^{p \times q}$ に対して，以下が成り立つ．

$$\text{vec}(A^T) = U_{p \times q}\text{vec}(A) \tag{1.6.21}$$

ただし，$U_{p \times q}$ は $pq \times pq$ 置換行列である．

性質 2.3　行列 $A \in R^{p \times q}, D \in R^{q \times s}$ に対して，以下が成り立つ．

$$\text{vec}(AD) = (I_s \otimes A)\text{vec}(D) = (D^T \otimes I_p)\text{vec}(A) = (D^T \otimes A)\text{vec}(I_q) \tag{1.6.22}$$

[*1] 置換行列の定義については，第 2 章の 2.2 節を参照されたい．

性質 2.4

$$A^{[k+1]} = A \otimes A^{[k]} \tag{1.6.23}$$

性質 2.5

$$(AD)^{[k]} = A^{[k]} D^{[k]} \tag{1.6.24}$$

性質 2.6　行列 $A \in R^{p \times q}, D \in R^{q \times s}, W \in R^{s \times p}$ に対して，以下が成り立つ．

$$\mathrm{trace}(ADW) = [\mathrm{vec}(A^T)]^T (I_p \otimes D)\mathrm{vec}(W) \tag{1.6.25}$$

性質 2.7

$$\mathrm{trace}(A^T D) = [\mathrm{vec}(A)]^T \mathrm{vec}(D) \tag{1.6.26}$$

性質 2.8　行列 $A \in R^{p \times q}, D \in R^{q \times s}, F \in R^{q \times u}$ に対して，以下が成り立つ．

$$A \odot (D^T \odot F^T) = (A \odot D^T) \odot F^T \tag{1.6.27}$$

性質 2.9　行列 $A \in R^{n \times n}, B \in R^{n \times n}$ に対して，以下が成り立つ．

$$(A \odot B) = U_{n \times n}(B \odot A) \tag{1.6.28}$$

性質 2.10　行列 $A \in R^{p \times q}, B \in R^{s \times t}, F \in R^{q \times u}, F \in R^{t \times u}$ に対して，以下が成り立つ．

$$(A \otimes B)(F \odot G) = AF \odot BG \tag{1.6.29}$$

　クロネッカー積の典型的な応用としては，信号処理とシステム理論における多変量時系列の高次統計量解析への適用が挙げられる．多変量時系列の高次統計量解析においては，クロネッカー積は重要な数学的道具の一つである．クロネッカー積のおかげで，多変量時系列の高次キュムラント，高次スペクトル，および多変数線形システムの入力，出力とインパルス応答の三者間の関係を記述する数式などが非常に簡潔となり，1 変数の場合における数学表現と形式的に似た形になる．詳しい内容は，参考文献 [207, 249] を参照されたい．

第2章

特殊な行列

　信号処理の分野においてしばしば特殊な構造を持つベクトルや行列に出会うが，これらのベクトルや行列は特別な性質を持っている．本章では読者が参照しやすいように，これらの特殊な行列について重点的に紹介する．また，読者の理解を深めるために信号処理の典型的な問題を例として，そこから出てくる特殊なベクトルや行列について詳細に解説する．

　次節から，信号処理においてよく使われる特殊な行列，例えば対称行列，巡回行列，交換行列，置換行列，直交行列，ユニタリ行列，エルミート行列，帯行列，ヘッセンベルグ行列，三重対角行列，ヴァンデルモンド行列，ハンケル行列などについて具体的に紹介する．テプリッツ行列については，その性質や計算方法に関する内容が非常に豊富なことから別に章を設けて，第4章で説明する．

2.1　対称行列と巡回行列

　正方行列

$$A = \begin{bmatrix} a_{11} & \cdots & a_{1n} \\ \vdots & \ddots & \vdots \\ a_{n1} & \cdots & a_{nn} \end{bmatrix}$$

において，要素 $a_{11}, a_{22}, \cdots, a_{nn}$ でできている対角線を主対角線 (principle diagonal) といい，要素 $a_{1n}, a_{2,n-2}, \cdots, a_{n1}$ でできている対角線を逆対角線 (northeast-southwest diagonal) という．

　対称行列 (symmetric matrix) A はその要素 a_{ij} が主対角線に関して対称な実正方行列であり，$A^T = A$，または $a_{ij} = a_{ji}$ が成り立つ．A が対称行列であれば，A^{-1} (逆行列)，A^m (m は正の整数) も対称行列であり，A と B が同時に対称であれば，$A + B$ も対称

である.

対称行列はその固有値によって正定行列 (positive definite matrix) , 準正定行列 (positive semi-definite matrix) , 負定行列 (negative definite matrix) , 準負定行列 (negative semi-definite matrix) , 不定値行列 (indefinite matrix) に分けられる. それらの定義を次の表にまとめる.

名　称	定　義
正定行列	すべての固有値が正の実対称行列
準正定行列	すべての固有値が非負の実対称行列
負定行列	すべての固有値が負の実対称行列
準負定行列	すべての固有値が負か零の実対称行列
不定値行列	正の固有値も負の固有値もある実対称行列

$F^2 = F$ を満たすとき, F をべき等 (idempotent) 行列という.

❏ **命題 2.1.1.** べき等行列はすべて準正定である [113].

条件 $A^T = -A$ を満たす正方行列をひずみ対称行列 (skew-symmetric matrix) , または交代行列 (alternating matrix) , 反対称行列 (antisymmetric matrix) という. 明らかに, ひずみ対称性を満足するには主対角線上の要素が零でなければならない. したがって, ひずみ対称行列の要素は次式を満たす.

$$a_{ij} = \begin{cases} 0, & i = j \\ -a_{ji}, & i \neq j \end{cases}$$

ひずみ対称行列は以下の性質を持っている.

1) もし A と B がひずみ対称行列であれば, A^{-1}, $A + B$ もひずみ対称行列であり, A^k は対称行列 (k が偶数のとき) またはひずみ対称行列 (k が奇数のとき) である.

2) 任意の正方行列 A は, 対称行列 $\frac{1}{2}(A + A^T)$ とひずみ対称行列 $\frac{1}{2}(A - A^T)$ の和に分解できる.

零行列と対角行列は対称行列の最も簡単な二つの例である. 零行列 (zero matrix) はすべての要素 a_{ij} が零である行列であり, $0 = [0]$ と表記する. 対角行列は主対角線以外の要素がすべて零の行列 (主対角線上の要素の一部は零でも可) である:

$$D = \begin{bmatrix} d_1 & 0 & \cdots & 0 \\ 0 & d_2 & \cdots & 0 \\ \vdots & \vdots & \ddots & \vdots \\ 0 & 0 & \cdots & d_n \end{bmatrix}$$

対角行列は $D = \mathrm{diag}(d_1, \cdots, d_n)$ のように略記することもある. 明らかに, 単位行列 は主対角線上の要素がすべて 1 の対角行列である. 記号 I_n で $n \times n$ 単位行列を表す. 任意の $m \times n$ 行列 A に関して, $I_m A = A I_n = A$ が成り立つ.

また, i 番目の要素のみが 1 で, その他の要素がすべて零の $p \times 1$ ベクトルを単位ベクトル (unit vector) といい, $e_i^{(p)}$ と表記する. 行列単位 (matrix unit)

$$E_{ij}^{p \times q} = e_i^{(p)} \left[e_j^{(q)} \right]^T$$

は (i, j) 要素のみが 1 で, その他の要素すべてが零の $p \times q$ 行列である.

対角行列は以下の性質を持っている.

1) A の左から D をかけるとき,

$$DA = \begin{bmatrix} d_1 & & & 0 \\ & d_2 & & \\ & & \ddots & \\ 0 & & & d_n \end{bmatrix} \begin{bmatrix} a_{11} & a_{12} & \cdots & a_{1n} \\ a_{21} & a_{22} & \cdots & a_{2n} \\ \vdots & \vdots & \ddots & \vdots \\ a_{n1} & a_{n2} & \cdots & a_{nn} \end{bmatrix} = \begin{bmatrix} d_1 a_{11} & d_1 a_{12} & \cdots & d_1 a_{1n} \\ d_2 a_{21} & d_2 a_{22} & \cdots & d_2 a_{2n} \\ \vdots & \vdots & \ddots & \vdots \\ d_n a_{n1} & d_n a_{n2} & \cdots & d_n a_{nn} \end{bmatrix}$$

$$= \begin{bmatrix} d_i a_{ij} \end{bmatrix}$$

2) A の右から D をかけるとき,

$$AD = \begin{bmatrix} a_{11} & a_{12} & \cdots & a_{1n} \\ a_{21} & a_{22} & \cdots & a_{2n} \\ \vdots & \vdots & \ddots & \vdots \\ a_{n1} & a_{n2} & \cdots & a_{nn} \end{bmatrix} \begin{bmatrix} d_1 & & & 0 \\ & d_2 & & \\ & & \ddots & \\ 0 & & & d_n \end{bmatrix} = \begin{bmatrix} d_1 a_{11} & d_2 a_{12} & \cdots & d_n a_{1n} \\ d_1 a_{21} & d_2 a_{22} & \cdots & d_n a_{2n} \\ \vdots & \vdots & \ddots & \vdots \\ d_1 a_{n1} & d_2 a_{n2} & \cdots & d_n a_{nn} \end{bmatrix}$$

$$= \begin{bmatrix} d_j a_{ij} \end{bmatrix}$$

3) 二つの対角行列の和, 差, 積もまた対角行列である.

すべての対角要素が同一な対角行列

$$D = \begin{bmatrix} d & & & 0 \\ & d & & \\ & & \ddots & \\ 0 & & & d \end{bmatrix} = dI$$

をスカラー行列 (scalar matrix) という. 明らかに, $DA = AD = dA$ が成り立つ.

交差対称行列 (persymmetric matrix) P はその要素が逆対角線に関して対称な正方行列である. 交差対称行列の例として次の 4×4 行列がある.

$$P = \begin{bmatrix} p_{11} & p_{12} & p_{13} & p_{14} \\ p_{21} & p_{22} & p_{23} & p_{13} \\ p_{31} & p_{32} & p_{22} & p_{12} \\ p_{41} & p_{31} & p_{21} & p_{11} \end{bmatrix}$$

ここで，交差対称行列 P の要素は次式のように書くことができる．

$$p_{ij} = p_{n-j+1,n-i+1}$$

中央対称行列 (centrosymmetric matrix) R は各要素が $r_{ij} = r^*_{n-i+1,n-j+1}$ の対称性を満たす $n \times n$ の正方行列である．中央対称行列の特別の場合として二重対称行列があるが，これは主対角線に関して対称なエルミート行列であると同時に，逆対角線に関しても対称な交差対称行列でもある．次の例を見てみよう．

$$R = \begin{bmatrix} r_{11} & r^*_{12} & r^*_{13} & r^*_{14} \\ r_{21} & r_{22} & r^*_{23} & r^*_{13} \\ r_{31} & r_{32} & r_{22} & r^*_{12} \\ r_{41} & r_{31} & r_{21} & r_{11} \end{bmatrix} = R^* = \begin{bmatrix} r^*_{11} & r^*_{21} & r^*_{31} & r^*_{41} \\ r_{12} & r^*_{22} & r^*_{32} & r^*_{31} \\ r_{13} & r_{23} & r^*_{22} & r^*_{21} \\ r_{14} & r_{13} & r_{12} & r^*_{11} \end{bmatrix}$$

この例では，$r_{ij} = r^*_{ji} = r_{n-j+1,n-i+1} = r^*_{n-i+1,n-j+1}$ となっている．

巡回行列 (cyclic matrix) C は n 個の複素数要素をシフトして得られた $n \times n$ 正方行列である．もし $1 \leq i,\, j \leq n$ の範囲内で，行列の要素間に次の関係

$$c_R(i,j) = \begin{cases} c_R(j-i), & j-i \geq 0 \\ c_R(n+j-i), & j-i < 0 \end{cases}$$

が成り立てば，このような巡回行列は右巡回行列といい，C_R と書く．例えば，行列

$$C_R = \begin{bmatrix} c_R(0) & c_R(1) & c_R(2) & c_R(3) \\ c_R(3) & c_R(0) & c_R(1) & c_R(2) \\ c_R(2) & c_R(3) & c_R(0) & c_R(1) \\ c_R(1) & c_R(2) & c_R(3) & c_R(0) \end{bmatrix}$$

の各行はその上の行の要素を右に一つずつシフトし，一番右の要素を左の先頭に持ってきてできた行列である．同様に左巡回行列 C_L も定義できる．

$$c_L(i,j) = \begin{cases} c_L(n+1-i-j), & j+i \leq n+1 \\ c_L(2n+1-i-j), & j+i > n+1 \end{cases}$$

次は 4×4 左巡回行列の例である．

$$
C_L = \begin{bmatrix} c_L(3) & c_L(2) & c_L(1) & c_L(0) \\ c_L(2) & c_L(1) & c_L(0) & c_L(3) \\ c_L(1) & c_L(0) & c_L(3) & c_L(2) \\ c_L(0) & c_L(3) & c_L(2) & c_L(1) \end{bmatrix}
$$

つまり，左巡回行列の各行はその一つ上の行の要素を左にシフトし，一番左の要素をその行の右端に移してできた行列である．

■ 2.2　交換行列と置換行列

交換行列，シフト行列および置換行列は単位行列と密接に関係している．交換行列 (exchange matrix) J を次のように定義する．

$$
J = \begin{bmatrix} 0 & \cdots & 0 & 1 \\ 0 & \cdots & 1 & 0 \\ \vdots & \ddots & \vdots & \vdots \\ 1 & \cdots & 0 & 0 \end{bmatrix} \tag{2.2.1}
$$

また，J のサイズを明確にする必要がある場合は，たとえば，J_n のように添え字 n をつけてサイズが $n \times n$ であることを表す．サイズが自明のときは添え字を省略する．この行列は逆対角線上の要素のみが 1 であり，その他の要素はすべて零である．ある行列に J をかけると，その行列の行あるいは列の順序が反転する．具体的にいうと，$m \times n$ 行列 A に左から $m \times m$ 交換行列 J_m をかけると，A の行の順序が反転する：

$$
J_m A = \begin{bmatrix} 0 & \cdots & 0 & 1 \\ 0 & \cdots & 1 & 0 \\ \vdots & \ddots & \vdots & \vdots \\ 1 & \cdots & 0 & 0 \end{bmatrix} \begin{bmatrix} a_{11} & a_{12} & \cdots & a_{1n} \\ a_{21} & a_{22} & \cdots & a_{2n} \\ \vdots & \vdots & \ddots & \vdots \\ a_{m1} & a_{m2} & \cdots & a_{mn} \end{bmatrix} = \begin{bmatrix} a_{m1} & a_{m2} & \cdots & a_{mn} \\ \vdots & \vdots & \ddots & \vdots \\ a_{21} & a_{22} & \cdots & a_{2n} \\ a_{11} & a_{12} & \cdots & a_{1n} \end{bmatrix} \tag{2.2.2}
$$

一方，行列 A に右から $n \times n$ 交換行列 J_n をかけると，今度は A の列の順序が反転する：

$$
A J_n = \begin{bmatrix} a_{11} & a_{12} & \cdots & a_{1n} \\ a_{21} & a_{22} & \cdots & a_{2n} \\ \vdots & \vdots & \ddots & \vdots \\ a_{m1} & a_{m2} & \cdots & a_{mn} \end{bmatrix} \begin{bmatrix} 0 & \cdots & 0 & 1 \\ 0 & \cdots & 1 & 0 \\ \vdots & \ddots & \vdots & \vdots \\ 1 & \cdots & 0 & 0 \end{bmatrix} = \begin{bmatrix} a_{1n} & \cdots & a_{12} & a_{11} \\ a_{2n} & \cdots & a_{22} & a_{21} \\ \vdots & \ddots & \vdots & \vdots \\ a_{mn} & \cdots & a_{m2} & a_{m1} \end{bmatrix} \tag{2.2.3}
$$

行列の場合と同様に，列ベクトル c に対して，Jc は c の各要素の順序を反転したものとなり，また，行ベクトル c^T に対し，$c^T J$ は c^T の各要素の順序を反転したものとなる．$J^T = J$ と $J^2 = JJ = I$ であることは容易に確認できる．とくに，$JJ = I$ となる性質は交換行列の対合性 (involutive property) という．交差対称行列 P については $P^T = JPJ$

と $P = JP^T J$ が成り立つことは容易に証明できる. 一方, ある中央対称行列 R が実行列であれば, $R = JRJ$ が成り立ち, もし R が複素行列であれば, $R = JR^* J$ が成り立つ. 中央対称行列の次数が偶数 $(n = 2r)$ であるとき, 中央対称行列 R_{even} は次のようなブロック行列で表現できる.

$$R_{even} = \begin{bmatrix} A & B \\ JB^*J & JA^*J \end{bmatrix}$$

ここで, A と B は任意の $r \times r$ 行列である. 同様に, 次数が奇数 $(n = 2r+1)$ であるとき, 中央対称行列 R_{odd} は次のように分解できる.

$$R_{odd} = \begin{bmatrix} A & x & B \\ x^H & \alpha & x^H J \\ JB^*J & Jx & JA^*J \end{bmatrix}$$

ここで, A と B は $r \times r$ 行列であり, J は $r \times r$ 交換行列, x は $r \times 1$ ベクトル, α はスカラーである.

$n \times n$ シフト行列 (shift matrix) を次のように定義する.

$$P_n = \begin{bmatrix} 0 & 1 & 0 & \cdots & 0 \\ 0 & 0 & 1 & \cdots & 0 \\ \vdots & \vdots & \vdots & \ddots & \vdots \\ 0 & 0 & 0 & \cdots & 1 \\ 1 & 0 & 0 & \cdots & 0 \end{bmatrix} \tag{2.2.4}$$

つまり, シフト行列の要素 $p_{i,i+1}$ $(1 \le i \le n-1)$ および p_{n1} は 1 であり, その他はすべて零である.

次は置換行列と一般化置換行列を定義する.

定義 2.2.1. ある正方行列において, 各行と各列それぞれに 1 の要素が一つしかなく, その他の要素がすべて零のときに, この正方行列を置換行列 (permutation matrix) という. また, ある正方行列において, 各行と各列それぞれに零でない要素が一つしかないときに, この正方行列を一般化置換行列 (generalized permutation matrix) という.

ある正方行列が一般化置換行列であるための必要十分条件は, その行列がある置換行列とある正則な対角行列の積に分解できることである. 一方, 2.1 節の行列単位を用いれば, $pq \times pq$ 置換行列は次のように表すこともできる.

$$U_{p \times q} = \sum_{i=1}^{p} \sum_{j=1}^{q} E_{ij}^{(p \times q)} \otimes E_{ji}^{(q \times p)} \tag{2.2.5}$$

便利のため, クロネッカーのデルタ (Kronecker's delta) δ_{ij} を用いる.

$$\delta_{ij} = \begin{cases} 1, & i = j \\ 0, & \text{その他} \end{cases} \tag{2.2.6}$$

単位ベクトル，行列単位と置換行列には以下のような性質がある [25].

性質 1　$(e_i^{(p)})^T e_j^{(p)} = \delta_{ij}$

性質 2　$E_{ij}^{(p \times q)} E_{mn}^{(q \times r)} = \delta_{jm} E_{in}^{(p \times r)}$

性質 3　$\left(E_{ij}^{(p \times q)}\right)^T = E_{ji}^{(q \times p)}$

性質 4　$A = \sum_{i=1}^{p} \sum_{j=1}^{q} a_{ij} E_{ij}^{(p \times q)}$

性質 5　$E_{ij}^{(s \times p)} A E_{mn}^{(q \times r)} = A_{jm} E_{in}^{(s \times r)}$

性質 6　$(U_{p \times q})^T = U_{q \times p}$

性質 7　$U_{p \times q}^{-1} = U_{q \times p}$

性質 8　$U_{p \times 1} = U_{1 \times p}^T = I_p$

性質 9　$U_{n \times n} = U_{n \times n}^T = U_{n \times n}^{-1}$

■ 2.3　直交行列とユニタリ行列

ベクトルの組 $x_1, \cdots, x_k \in C^n$ において，もし $x_i^H x_j = 0$ $(i \neq j,\ 1 \leq i, j \leq k)$ ならば，ベクトル $x_1, \cdots, x_k$ は直交系 (orthogonal set) をなす．さらに，ベクトルが正規化されていれば，すなわち $x_i^H x_i = 1$ $(i = 1, \cdots, k)$ ならば，このベクトルの組は正規直交系 (orthonormal set) である．

❏ **定理 2.3.1.** 直交系のベクトルは一次独立である．

証明　ベクトル $\{x_1, \cdots, x_k\}$ は互いに直交し，$0 = \alpha_1 x_1 + \cdots + \alpha_k x_k$ を満たすと仮定する．したがって，$0 = 0^H 0 = \sum_{i=1}^{k} \sum_{j=1}^{k} \alpha_i^* \alpha_j x_i^H x_j = \sum_{i=1}^{k} |\alpha_i|^2 x_i^H x_i$ が成り立つ．また，直交性より，$x_i^H x_i > 0$ であるので，$\sum_{i=1}^{k} |\alpha_i|^2 x_i^H x_i = 0$ となるのは，すべての α_i に対して $|\alpha_i|^2 = 0$ である場合のみである．すなわち，すべての α_i が $\alpha_i = 0$ である．ゆえに，$\{x_1, \cdots, x_k\}$ は一次独立である．　■

定義 2.3.1. ある実正方行列 $Q \in R^{n \times n}$ が $Q^T Q = I$ を満たすならば，Q を直交行列 (orthogonal matrix) という．ある複素正方行列 $U \in C^{n \times n}$ が $U^H U = I$ を満たすならば，U をユニタリ行列 (unitary matrix) という．

直交行列はユニタリ行列に属しているので，以下はユニタリ行列のみについて議論する．

2.3 直交行列とユニタリ行列　37

❑定理 **2.3.2.** (ユニタリ行列の性質) もし $U \in C^{n \times n}$ であれば，次の各項は等値である.

1)　U はユニタリ行列である.

2)　U は正則で，かつ $U^H = U^{-1}$ である.

3)　$UU^H = I$.

4)　U^H はユニタリ行列である.

5)　U の列ベクトルは正規直交系をなす.

6)　U の行ベクトルは正規直交系をなす.

7)　任意の $x \in C^n$ に対し，$y = Ux$ のユークリッド長は x のユークリッド長と等しい. つまり，$y^H y = x^H x$ である.

証明　U^{-1} は U に左からかけて単位行列になる一意的な行列であり，ユニタリ行列の定義は，U^H がこのような行列であることを保証する. したがって，1) は 2) を意味する. $BA = I$ の必要十分条件が $AB = I(A, B \in C^{n \times n})$ であるから，2) は 3) を意味する. また，$(U^H)^H = U$ であるから，3) は U^H がユニタリであるための条件を満たし，3) は 4) を意味する. また，上記 1) から 4) までの推論は逆順でも成り立つ. したがって，1) から 4) は等価である. $u^{(i)}$ が U の第 i 列を表すとする. 行列の積の定義より，$U^H U = I$ は

$$u^{(i)H} u^{(j)} = \begin{cases} 0, & i \neq j \\ 1, & i = j \end{cases}$$

を意味する. したがって，$U^H U = I$ は U の各列が正規直交であるとも解釈でき，1) と 5) が等価であることが証明される. 同様に，1) と 6) の等価性も証明できる. 1) と 7) の等価性の証明は，紙数がかかるので，文献 [113] を参照されたい. ▓

定義 **2.3.2.** ある行列 $B \in C^{n \times n}$ が $B = U^H A U$ を満たすとき，B を $A \in C^{n \times n}$ とユニタリ等値 (unitaly equivalent) であるという. もし U が実行列 (したがって U は実直交である) であれば，B は A と (実) 直交等値 (orthogonally equivalent) であるという.

❑定理 **2.3.3.** もし $n \times n$ 行列 $A = [a_{ij}]$ と $B = [b_{ij}]$ がユニタリ等値ならば，次式が成り立つ.

$$\sum_{i=1}^{n} \sum_{j=1}^{n} |b_{ij}|^2 = \sum_{i=1}^{n} \sum_{j=1}^{n} |a_{ij}|^2$$

証明　行列の積の定義より $\sum_{i=1}^{n} \sum_{j=1}^{n} |a_{ij}|^2 = \text{trace}(A^H A)$ となることがわかる. したがって，$\text{trace}(B^H B) = \text{trace}(A^H A)$ となることを証明すればよい. 行列のトレースは相似不変量であるため，A と B がユニタリ等値ならば，すなわち $B = U^H A U$ ならば，

$\mathrm{trace}(B^H B) = \mathrm{trace}(U^H A^H U U^H A U) = \mathrm{trace}(U^H A^H A U) = \mathrm{trace}(A^H A)$ が成り立つので，定理が証明される． ∎

定理 2.3.3 から $\mathrm{trace}(A^H A)$ はユニタリ相似不変量 (unitary similarity invariants) であることが分かる．

対称行列の直交変換 (第 3 章) と特異値分解 (第 6 章) はユニタリ等値性を持つ典型的な線形変換である．

▌2.4　エルミート行列

エルミート行列の話をする前に，まず簡単な例を見てみよう．仮に $f : D \to R$ をある領域 $D \subset R^n$ 内で二回連続微分可能な関数であるとする．このとき，行列

$$H(x) = [h_{ij}(x)] = \left[\frac{\partial^2 f(x)}{\partial x_i \partial x_j} \right] \in R^{n \times n}$$

を関数 f のヘッセ行列 (Hessian matrix) といい，これを用いてある極値点が極大かまたは極小かを判別することができるので，最適化理論では重要な役割を果たしている．

偏微分においては

$$\frac{\partial^2 f(x)}{\partial x_i \partial x_j} = \frac{\partial^2 f(x)}{\partial x_j \partial x_i}, \qquad \forall\, i, j = 1, 2, \cdots, n$$

の関係があるので，すべての $i, j = 1, 2, \cdots, n$ に対して $h_{ij} = h_{ji}$ が成り立つ．すなわち，$H = H^T$ である．したがって，二回連続微分可能な実関数のヘッセ行列はつねに実対称である．次に，対称行列の複素領域への拡張を考えよう．

定義 2.4.1. ある行列 $A = [a_{ij}] \in C^{n \times n}$ に関して，もし $A = A^H$ ならば，A をエルミート行列 (Hermitian matrix) という．もし，$A = -A^H$ であれば，A をひずみエルミート行列 (skew-Hermitian matrix) あるいは反エルミート行列 (anti-Hermitian matrix) という．

エルミート行列は次のような性質がある．

1) すべての $A \in C^{n \times n}$ に対して，行列 $A + A^H$，AA^H，$A^H A$ はエルミートである．

2) A がエルミートならば，すべての $k = 1, 2, 3, \cdots$ に対して，A^k もエルミートである．さらに A が正則ならば，A^{-1} もエルミートである．

3) A と B がエルミートならば，すべての実数 a と b に対して，$aA + bB$ もエルミートである．

4) すべての $A \in C^{n \times n}$ に対して，$A - A^H$ はひずみエルミートである．

5) A と B がひずみエルミートならば，すべての実数 a と b に対して，$aA + bB$ もひずみエルミートである．

6) A がエルミートならば，jA（ここで，$j = \sqrt{-1}$）はひずみエルミートである．

7) A がひずみエルミートならば，jA はエルミートである．

$n \times n$ 行列 Q は $n \times n$ 行列 A の n 個の固有ベクトル $q_1, \cdots, q_n$ から構成され，$n \times n$ 対角行列 $\Lambda = \mathrm{diag}(\lambda_1, \cdots, \lambda_n)$ は A の n 個の固有値から構成されると仮定する．このとき，行列 A に対して，n 個の固有ベクトルが互いに一次独立ならば，A は次式で表すことができる．

$$A = Q\Lambda Q^{-1}, \qquad \Lambda = Q^{-1}AQ$$

ここで Q は正則である．もし行列 A がエルミートであれば，A は一意的な分解

$$A = Q\Lambda Q^{-1} = A^H = (Q^{-1})^H \Lambda^H Q^H$$

を持つ．この関係式が成り立つためには，$Q^{-1} = Q^H$ と $\Lambda = \Lambda^H$ が必要であるが，これは次のことを意味している．つまり，あるエルミート行列が実固有値を持つならば，$QQ^H = \sum q_i q_i^H = I$ であることから，このエルミート行列の固有ベクトルは正規直交基底をなす．ここで，Q はユニタリ行列となっている．したがって，エルミート行列はユニタリ変換によって対角化できる．すなわち，$A = U\Lambda U^H$（U はユニタリ行列である）となる．このことは，次の定理にまとめられる．

❏ 定理 2.4.1. (エルミート行列のスペクトル定理, spectrum theorem of Hermitian matrix)
ある行列 $A \in C^{n \times n}$ がエルミート行列であるための必要十分条件は，あるユニタリ行列 $U \in C^{n \times n}$ とある実対角行列 $\Lambda \in R^{n \times n}$ が存在し，

$$A = U\Lambda U^H \tag{2.4.1}$$

と分解できることである．また，A が実対称行列であるための必要十分条件は，$A = P\Lambda P^T$ を満たすような実直交行列 $P \in R^{n \times n}$ と実対角行列 $\Lambda \in R^{n \times n}$ が存在することである．

式 (2.4.1) は次のベクトルのダイアド積分解表現で表せる．

$$A = \sum_{i=1}^{n} \lambda_i q_i q_i^H \tag{2.4.2}$$

一般に，この式を行列 A のスペクトル分解 (spectrum decomposition) という．

関係式 $A^{-1} = (U^H)^{-1}\Lambda^{-1}U^{-1} = U\Lambda^{-1}U^H$ より，

$$A^{-1} = \sum_{i=1}^{n} \frac{1}{\lambda_i} q_i q_i^H \tag{2.4.3}$$

が得られる．ここで，すべての固有値が零でないと仮定している．

40 第 2 章 特殊な行列

エルミート行列 A と深い関連のある 2 次形式は,実スカラー $\langle x, Ax \rangle = x^H Ax = \sum_i \sum_j a_{ij} x_i^* x_j$ である.もしすべての零でないベクトル x について,つねに $\langle x, Ax \rangle > 0$ であれば,この 2 次形式は正定といい,$\langle x, Ax \rangle \geq 0, \forall x$ であれば,準正定という.もし 2 次形式が正定あるいは準正定であれば,対応する行列 A を正定あるいは準正定という.エルミート行列が正定である必要十分条件は,その行列のすべての固有値が正であることである.エルミート行列が準正定である必要十分条件は,その行列のすべての固有値が非負である.エルミート行列の 2 次形式と密接な関係にあるレイリー商 (Rayleigh quotient, レイリー - リッツ (Rayleigh-Ritz) 商ともいう) について紹介する.

定義 2.4.2. エルミート行列 $A \in C^{n \times n}$ の レイリー商 $R(x)$ は次のように定義されるスカラーである.

$$R(x) = \frac{x^H Ax}{x^H x} \tag{2.4.4}$$

ここで,x は A の固有ベクトルである.

エルミート行列の固有値とレイリー商との間には次のような関係がある.

❑ **定理 2.4.2.** (レイリー - リッツの定理,Rayleigh-Ritz's theorem) $A \in C^{n \times n}$ はエルミートであり,A の固有値は昇順に並ぶとする.

$$\lambda_{\min} = \lambda_1 \leq \lambda_2 \leq \cdots \leq \lambda_{n-1} \leq \lambda_n = \lambda_{\max} \tag{2.4.5}$$

このとき,以下の結果が成り立つ.

$$\lambda_1 x^H x \leq x^H Ax \leq \lambda_n x^H x$$

$$\lambda_{\max} = \lambda_n = \max_{x \neq 0} \frac{x^H Ax}{x^H x} = \max_{x^H x = 1} x^H Ax$$

$$\lambda_{\min} = \lambda_1 = \min_{x \neq 0} \frac{x^H Ax}{x^H x} = \min_{x^H x = 1} x^H Ax$$

証明 A はエルミート行列であるため,$A = U\Lambda U^H$ となるようなユニタリ行列 U が存在する.ここで,Λ は $\Lambda = \mathrm{diag}(\lambda_1, \cdots, \lambda_n)$ である.任意のベクトル $x \in C^n$ に対して,以下の関係が成り立つ.

$$x^H Ax = x^H U\Lambda U^H x = (U^H x)^H \Lambda (U^H x) = \sum_{i=1}^{n} \lambda_i |(U^H x)_i|^2$$

ただし,$(U^H x)_i$ はベクトル $U^H x$ の i 番目の要素を表す.すべての項 $|(U^H x)_i|$ が非負であるので,

$$\lambda_{\min} \sum_{i=1}^{n} |(U^H x)_i|^2 \leq x^H Ax = \sum_{i=1}^{n} \lambda_i |(U^H x)_i|^2 \leq \lambda_{\max} \sum_{i=1}^{n} |(U^H x)_i|^2$$

が成り立つ.U はユニタリ行列であるから

$$\sum_{i=1}^{n} |(U^H x)_i|^2 = \sum_{i=1}^{n} |x_i|^2 = x^H x$$

となる．したがって，

$$\lambda_1 x^H x = \lambda_{\min} x^H x \leq x^H A x \leq \lambda_{\max} x^H x = \lambda_n x^H x \qquad (2.4.6)$$

が証明される．ここで，左の不等式の等号が成り立つのは，x が A の λ_1 に対応する固有ベクトルであるときに，

$$x^H A x = x^H \lambda_1 x = \lambda_1 x^H x$$

の関係があるからである．右の不等式の等号についても同様である．

その他の結論は式 (2.4.6) から容易に得られる．もし $x \neq 0$ ならば，次のレイリー商の不等式が成り立つ．

$$\frac{x^H A x}{x^H x} \leq \lambda_{\max}$$

ここで，等号が成り立つ条件は，x が A の λ_n に対応する固有ベクトルであることである．このとき，

$$\max_{x \neq 0} \frac{x^H A x}{x^H x} = \lambda_{\max} \qquad (2.4.7)$$

となる．最後に，もし $x \neq 0$ ならば，次の関係が成り立つ．

$$\frac{x^H A x}{x^H x} = \left(\frac{x}{\sqrt{x^H x}}\right)^H A \left(\frac{x}{\sqrt{x^H x}}\right), \qquad \left(\frac{x}{\sqrt{x^H x}}\right)^H \left(\frac{x}{\sqrt{x^H x}}\right) = 1$$

したがって，式 (2.4.7) は

$$\max_{x^H x = 1} x^H A x = \lambda_{\max} \qquad (2.4.8)$$

と等価である．$\lambda_{\min}$ についても同様に証明できる． ∎

信号処理において，エルミート行列 A の絶対値が最大，あるいは最小である固有値を計算する必要がしばしば出てくる．べき乗法 (power method) はこれらの固有値を求める手法の一つである．例えば，あるベクトルの初期値 x_0 を選び，次の線形方程式

$$y_{k+1} = A x_k \qquad (2.4.9)$$

を用いて繰り返し y_{k+1} を求め，さらに

$$x_{k+1} = \frac{y_{k+1}}{\sigma_{k+1}}, \qquad \sigma_{k+1}^2 = y_{k+1}^H y_{k+1} \qquad (2.4.10)$$

によって正規化する．これらの操作を x_k が収束するまで繰り返す．最後に得られる σ_k が絶対値最大の固有値であり，x_k は対応する固有ベクトルである．

絶対値最小の固有値とそれに対応する固有ベクトルを求めるためには

$$y_{k+1} = A^{-1} x_k \qquad (2.4.11)$$

すなわち，次の線形方程式

$$Ay_{k+1} = x_k \tag{2.4.12}$$

を y_{k+1} について繰り返し解けばよい.

べき乗法と減次を結合させると, 行列 A のすべての相異なる固有値と固有ベクトルを求めることができる. その求め方は次の通りである：べき乗法を用いて A のある固有値 σ を求めたとする (最初は A の絶対値最大の固有値に対応する). 次に, 減次の考え方 (これから扱う固有値の個数を減らす) に基づき, この固有値を取り除く, すなわち, 階数 k の行列 A_k を階数 $k-1$ の行列 A_{k-1} に変換する. A_{k-1} の絶対値最大の固有値が行列 A_k の σ の次に大きな固有値になる. この考え方とスペクトル分解公式 (2.4.2) を用いると, 次の新しい行列

$$(A_k - \sigma x x^H) \rightarrow A_{k-1} \tag{2.4.13}$$

が得られる. 上記のステップを繰り返すと A のすべての固有値が求まる.

定義 2.4.3. $A \in C^{n \times n}$ をエルミート行列とする. A の慣性 (inertia) $i(A)$ を次の三つの要素の組として定義する.

$$i(A) = (i_+(A), i_-(A), i_0(A))$$

ここで, $i_+(A)$ は A の正の固有値の個数, $i_-(A)$ は A の負の固有値の個数, $i_0(A)$ は零固有値の個数を表す. また, $i_+(A) - i_-(A)$ を A の符号定数 (signature) という.

明らかに, エルミート行列 A の階数は $\mathrm{rank}A = i_+(A) + i_-(A)$ で決まる.

■ 2.5 帯行列

条件 $a_{ij} = 0$, $|i-j| > k$ を満たす行列 $A \in C^{m \times n}$ を帯行列 (band matrix) という. もし $a_{ij} = 0$, $\forall i > j+p$ であれば, A は下幅 p を持つといい, もし $a_{ij} = 0$, $\forall j > i+q$ であれば, A は上幅 q を持つという. 次は下幅 1 上幅 2 を持つ 8×5 帯行列である：

$$\begin{bmatrix} \times & \times & \times & 0 & 0 \\ \times & \times & \times & \times & 0 \\ 0 & \times & \times & \times & \times \\ 0 & 0 & \times & \times & \times \\ 0 & 0 & 0 & \times & \times \\ 0 & 0 & 0 & 0 & \times \\ 0 & 0 & 0 & 0 & 0 \\ 0 & 0 & 0 & 0 & 0 \end{bmatrix}$$

ここで $\times$ は任意の零でない要素を表す.

三重対角行列という特別な形の帯行列にとくに関心を持つ. $A \in C^{n \times n}$ 行列において, もし $|i-j| > 1$ のときに $a_{ij} = 0$ であれば, A を三重対角行列 (tridiagonal matrix) と

いう．次は 6×6 の三重対角行列の例である：

$$\begin{bmatrix} \times & \times & 0 & 0 & 0 & 0 \\ \times & \times & \times & 0 & 0 & 0 \\ 0 & \times & \times & \times & 0 & 0 \\ 0 & 0 & \times & \times & \times & 0 \\ 0 & 0 & 0 & \times & \times & \times \\ 0 & 0 & 0 & 0 & \times & \times \end{bmatrix}$$

明らかに，三重対角行列は上下それぞれに幅 1 を持つ帯型正方行列である．一方，三重対角行列はまた下記のヘッセンベルグ行列 の特殊な場合でもある．もし $n \times n$ 正方行列 A が次の形式を持つならば，A を上ヘッセンベルグ行列 (upper Hessenberg matrix) という．

$$\begin{bmatrix} a_{11} & a_{12} & a_{13} & \cdots & & \cdots & a_{1n} \\ a_{21} & a_{22} & a_{23} & \cdots & & \cdots & a_{2n} \\ 0 & a_{32} & a_{33} & \cdots & & \cdots & a_{3n} \\ 0 & 0 & a_{43} & \cdots & & \cdots & a_{4n} \\ \vdots & \vdots & \ddots & \ddots & & \cdots & \vdots \\ 0 & 0 & \cdots & 0 & a_{n,n-1} & a_{nn} \end{bmatrix}$$

もし A^T が上ヘッセンベルグ行列であれば，A を下ヘッセンベルグ行列 (lower Hessenberg matrix) という．三重対角行列は上ヘッセンベルグ行列であると同時に下ヘッセンベルグ行列でもある正方行列であることは容易にわかる．

条件 $a_{ij} = 0,\ i > j$ を満たす正方行列 $A = [a_{ij}]$ を上三角行列 (upper triangular matrix) という．上三角行列の一般形は次の通りである．

$$\begin{bmatrix} a_{11} & a_{12} & \cdots & a_{1n} \\ & a_{22} & \cdots & a_{2n} \\ & & \ddots & \vdots \\ 0 & & & a_{nn} \end{bmatrix}$$

条件 $a_{ij} = 0,\ i < j$ を満たす正方行列 $A = [a_{ij}]$ を下三角行列 (lower triangular marix) という．その一般形は次の通りである．

$$\begin{bmatrix} a_{11} & & & 0 \\ a_{21} & a_{22} & & \\ \vdots & \vdots & \ddots & \\ a_{n1} & a_{n2} & \cdots & a_{nn} \end{bmatrix}$$

とくに，対角要素がすべて 1 であるとき，上 (下) 三角行列を単位上 (下) 三角行列 (unit upper/lower triangular matrix) という．もし対角要素がすべて零であれば，上 (下) 三

角行列を狭義上 (下) 三角行列 (strictly upper/lower triangular matrix) という. 上 (下) 三角行列の和, 差およびスカラー積もまた, 上 (下) 三角行列である.

三角行列 (triangular matrix) が正則であるための必要十分条件はすべての対角要素がゼロでないことである. したがって, 狭義三角行列は正則ではない. 以下三角行列と単位三角行列の積および逆行列に関する性質をまとめる.

1) 上 (下) 三角行列の逆行列も上 (下) 三角行列である.

2) 二つの上 (下) 三角行列の積も上 (下) 三角行列である.

3) 単位上 (下) 三角行列の逆行列も単位上 (下) 三角行列である.

4) 二つの単位上 (下) 三角行列の積も単位上 (下) 三角行列である.

あるヘッセンベルグ行列が与えられたとき, それに対して容易に QR 分解ができる. これはいわゆるヘッセンベルグ QR 分解である [97]. また, ある行列 A と B が与えられ, A をヘッセンベルグ行列に, B を上三角行列に変換する必要があるが, これはヘッセンベルグ三角化分解, つまり, QZ 分解である. これらの分解は行列の計算において重要な役割を果たしている [97].

■ 2.6　ヴァンデルモンド行列

$n \times n$ ヴァンデルモンド (Vandermonde) 行列は次の形式をとる.

$$
\begin{bmatrix}
1 & 1 & \cdots & 1 \\
x_1 & x_2 & \cdots & x_n \\
x_1^2 & x_2^2 & \cdots & x_n^2 \\
\vdots & \vdots & \ddots & \vdots \\
x_1^{n-1} & x_2^{n-1} & \cdots & x_n^{n-1}
\end{bmatrix}
\tag{2.6.1}
$$

すなわち, $A = [a_{ij}]$ の要素は $a_{ij} = x_j^{i-1}$ の形式をとる.

ヴァンデルモンド行列の行列式は $\det A = \prod_{n \geq i > j \geq 1}(x_i - x_j)$ となるので, ヴァンデルモンド行列が正則であるための必要十分条件は, n 個のパラメータ $x_1, x_2, \cdots, x_n$ が互いに異なることである. 式 (2.6.1) のようなヴァンデルモンド行列は補間問題によく出てくる. 多くの補間問題は

$$
\left.
\begin{aligned}
p(x_1) &= a_0 + a_1 x_1 + a_2 x_1^2 + \cdots + a_{n-1} x_1^{n-1} = y_1 \\
p(x_2) &= a_0 + a_1 x_2 + a_2 x_2^2 + \cdots + a_{n-1} x_2^{n-1} = y_2 \\
&\vdots \\
p(x_n) &= a_0 + a_1 x_n + a_2 x_n^2 + \cdots + a_{n-1} x_n^{n-1} = y_n
\end{aligned}
\right\}
\tag{2.6.2}
$$

を満たす最高次数 $n-1$ の多項式 $a_{n-1}x^{n-1} + a_{n-2}x^{n-2} + \cdots + a_1 x + a_0$ を求めることになる．ここで，$x_1, x_2, \cdots, x_n$ と $y_1, y_2, \cdots, y_n$ は既知である．補間条件 (2.6.2) は連立一次方程式であり，n 個の未知係数 $a_0, a_1, \cdots, a_{n-1}$ に対して，n 個の方程式がある．この n 個の方程式を $A^T a = y$ と書き直すことができる．ここで，$a = [a_0, a_1, \cdots, a_{n-1}]^T$，$y = [y_1, y_2, \cdots, y_n]^T$ であり，行列 A は式 (2.6.1) で与えられる．もし各データ $x_1, x_2,$ $\cdots, x_n$ が相異なっていれば，A が正則なため，補間問題はつねに一意解が存在する．

■ **例 2.6.1.** (拡張 Prony 法，extended Prony method) 高調波回復の拡張 Prony 法において，各信号のモデルは p 個の指数関数の足し合わせであり，ここで使われている指数関数は任意の振幅，位相，周波数および減衰係数を持つと仮定する．したがって，離散時間関数

$$\hat{x}_n = \sum_{i=1}^{p} b_i z_i^n, \quad n = 0, 1, \cdots, N-1 \tag{2.6.3}$$

が測定データ $x_0, x_1, \cdots, x_{N-1}$ を近似する数学モデルとして用いられる．通常，b_i と z_i は次のような複素数であると仮定する．

$$b_i = A_i \exp(j\theta), \quad z_i = \exp[(\alpha_i + j2\pi f_i)\Delta t]$$

ここで，A_i は振幅，θ_i は位相，α_i は減衰係数，f_i は周波数，Δt はサンプリング周期である．式 (2.6.3) を行列形式に書き直すと

$$\Phi b = \hat{x}$$

のようになる．ここで，

$$\Phi = \begin{bmatrix} 1 & 1 & 1 & \cdots & 1 \\ z_1 & z_2 & z_3 & \cdots & z_p \\ z_1^2 & z_2^2 & z_3^2 & \cdots & z_p^2 \\ \vdots & \vdots & \vdots & \ddots & \vdots \\ z_1^{N-1} & z_2^{N-1} & z_3^{N-1} & \cdots & z_p^{N-1} \end{bmatrix}, \quad b = \begin{bmatrix} b_1 \\ \vdots \\ b_p \end{bmatrix}, \quad \hat{x} = \begin{bmatrix} \hat{x}_0 \\ \hat{x}_1 \\ \vdots \\ \hat{x}_{N-1} \end{bmatrix} \tag{2.6.4}$$

明らかに，$z_1, z_2, \cdots, z_p$ が互いに異なるときに，式 (2.6.4) のヴァンデルモンド行列 Φ は最大列階数，つまり $\mathrm{rank}(\Phi) = p$（通常 $N \gg p$）である．

二乗誤差 $\epsilon = \sum_{n=0}^{N-1} |x_n - \hat{x}_n|^2$ が最小になるようにすると，よく知られている最小二乗解

$$b = [\Phi^H \Phi]^{-1} \Phi^H x \tag{2.6.5}$$

が得られる．上式において，$\Phi^H \Phi$ の計算はファンデルモンド行列の乗算をせずに，式

$$\Phi^H \Phi = \begin{bmatrix} \gamma_{11} & \cdots & \gamma_{1p} \\ \vdots & \ddots & \vdots \\ \gamma_{p1} & \cdots & \gamma_{pp} \end{bmatrix} \tag{2.6.6}$$

により容易に計算できることは容易に証明できる．ただし，

$$\gamma_{ij} = \frac{(z_i^* z_j)^N - 1}{(z_i^* z_j) - 1} \tag{2.6.7}$$

46   第 2 章　特殊な行列

式 (2.6.4) に示した $N \times p$ 行列 Φ は，信号処理の分野では広く使われているヴァンデルモンド行列の一種である．そのほかにも式 (2.6.4) と似たようなヴァンデルモンド行列があり，第 10 章で紹介する多重信号分類 (MUSIC) アルゴリズムの中に出てくる．ここでは，その形だけを与える：

$$
\Phi = \begin{bmatrix}
1 & 1 & \cdots & 1 \\
e^{\lambda_1} & e^{\lambda_2} & \cdots & e^{\lambda_d} \\
\vdots & \vdots & \ddots & \vdots \\
e^{\lambda_1(N-1)} & e^{\lambda_2(N-1)} & \cdots & e^{\lambda_d(N-1)}
\end{bmatrix}
$$

信号の再構成，システム同定およびその他の信号処理問題において，ヴァンデルモンド行列の逆行列を計算する必要がある．次にヴァンデルモンド行列の逆行列 (inversion of the Vandermonde matrix) を求める公式を与える [156]．

次の $n \times n$ 複素ヴァンデルモンド行列を考える．

$$
A = \begin{bmatrix}
1 & 1 & \cdots & 1 \\
a_1 & a_2 & \cdots & a_n \\
\vdots & \vdots & \ddots & \vdots \\
a_1^{n-1} & a_2^{n-1} & \cdots & a_n^{n-1}
\end{bmatrix}, \quad a_k \in C \tag{2.6.8}
$$

$\det A$ を

$$
\det A = V_n(a_1, \cdots, a_n) \tag{2.6.9}
$$

と定義すると，V_n は以下のようになる．

$$
V_n(a_1, \cdots, a_n) = \prod_{n \geq i > j \geq 1} (a_i - a_j) \tag{2.6.10}
$$

行列式 $V_n^k(a_1, \cdots, a_n)$ について考える．

$1 \leq k \leq n-1$ のとき，

$$
V_n^k(a_1, \cdots, a_n) = \begin{vmatrix}
1 & 1 & \cdots & 1 \\
a_1 & a_2 & \cdots & a_n \\
\vdots & \vdots & \ddots & \vdots \\
a_1^{k-1} & a_2^{k-1} & \cdots & a_n^{k-1} \\
a_1^{k+1} & a_2^{k+1} & \cdots & a_n^{k+1} \\
\vdots & \vdots & \ddots & \vdots \\
a_1^n & a_2^n & \cdots & a_n^n
\end{vmatrix} \tag{2.6.11}
$$

$k = 0$ のとき，

$$V_n^0(a_1, \cdots, a_n) = \begin{vmatrix} a_1 & a_2 & \cdots & a_n \\ a_1^2 & a_2^2 & \cdots & a_n^2 \\ \vdots & \vdots & \ddots & \vdots \\ a_1^n & a_2^n & \cdots & a_n^n \end{vmatrix} \qquad (2.6.12)$$

$k = n$ のとき,

$$V_n^n(a_1, \cdots, a_n) = \begin{vmatrix} 1 & 1 & \cdots & 1 \\ a_1 & a_2 & \cdots & a_n \\ \vdots & \vdots & \ddots & \vdots \\ a_1^{n-1} & a_2^{n-1} & \cdots & a_n^{n-1} \end{vmatrix} \qquad (2.6.13)$$

である.したがって,以下の結果が成り立つのは明らかである.

$$V_n^n(a_1, \cdots, a_n) = V_n(a_1, \cdots, a_n) \qquad (2.6.14)$$

さらに,次のような $(n+1) \times (n+1)$ ヴァンデルモンド行列式

$$V_{n+1}(a_1, \cdots, a_n, z) = \begin{vmatrix} 1 & 1 & \cdots & 1 & 1 \\ a_1 & a_2 & \cdots & a_n & z \\ \vdots & \vdots & \vdots & \ddots & \vdots \\ a_1^n & a_2^n & \cdots & a_n^n & z^n \end{vmatrix} \qquad (2.6.15)$$

について考える.ここで,z は複素変数である.次の関係式が成り立つことは容易に証明できる.

$$V_{n+1}(a_1, \cdots, a_n, z) = V_n(a_1, \cdots, a_n) \times \prod_{i=1}^{n} (z - a_i) \qquad (2.6.16)$$

一方,最後の 1 列にラプラス展開を適用すると,次式が得られる.

$$\begin{aligned} V_{n+1}(a_1, \cdots, a_n, z) = {} & V_n^n(a_1, \cdots, a_n)z^n - V_n^{n-1}(a_1, \cdots, a_n)z^{n-1} + \cdots \\ & + (-1)^n V_n^0(a_1, \cdots, a_n) \end{aligned} \qquad (2.6.17)$$

次に,変数 $a_1, \cdots, a_n$ の $k\,(0 \le k \le n)$ 次多項式

$$\begin{cases} \sigma_0(a_1, \cdots, a_n) = 1 \\ \sigma_1(a_1, \cdots, a_n) = a_1 + \cdots + a_n \\ \sigma_2(a_1, \cdots, a_n) = a_1 a_2 + \cdots + a_1 a_n + a_2 a_3 + \cdots + a_2 a_n + \cdots + a_{n-1} a_n \\ \qquad \vdots \\ \sigma_n(a_1, \cdots, a_n) = a_1 a_2 \cdots a_n \end{cases} \qquad (2.6.18)$$

を考慮すると

$$\prod_{i=1}^{n}(z-a_i) = \sigma_0(a_1,\cdots,a_n)z^n - \sigma_1(a_1,\cdots,a_n)z^{n-1} + \cdots$$
$$+ (-1)^n\sigma_n(a_1,\cdots,a_n) \tag{2.6.19}$$

が成り立つ. 式 (2.6.16)〜(2.6.19) より, 以下の結果が得られる.

$$V_n^k(a_1,\cdots,a_n) = V_n(a_1,\cdots,a_n)\sigma_{n-k}(a_1,\cdots,a_n), \qquad 0 \le k \le n \tag{2.6.20}$$

$A_{ij}(1 \le j \le n, 1 \le i \le n)$ でヴァンデルモンド行列の要素 a_j^{i-1} に対応する余因子[*1] を表すことにする. A_{ij} は

$$A_{ij} = (-1)^{i+j}V_{n-1}^{i-1}(a_1,\cdots,a_{j-1},a_{j+1},\cdots,a_n) \tag{2.6.21}$$

である. 式 (2.6.20) を式 (2.6.21) に代入すると,

$$A_{ij} = (-1)^{i+j}V_{n-1}(a_1,\cdots,a_{j-1},a_{j+1},\cdots,a_n)\sigma_{n-i}(a_1,\cdots,a_{j-1},a_{j+1},\cdots,a_n) \tag{2.6.22}$$

が得られる. したがって,

$$\frac{A_{ij}}{V_n(a_1,\cdots,a_n)} = (-1)^{i+j}\frac{\sigma_{n-i}(a_1,\cdots,a_{j-1},a_{j+1},\cdots,a_n)}{\displaystyle\prod_{k=1}^{j-1}(a_j-a_k)\prod_{k=j+1}^{n}(a_k-a_j)} \tag{2.6.23}$$

が成り立ち, ヴァンデルモンド行列 A の逆行列の (i,j) 要素は

$$A^{-1}(i,j) = (-1)^{i+j}\frac{\sigma_{n-i}(a_1,\cdots,a_{j-1},a_{j+1},\cdots,a_n)}{\displaystyle\prod_{k=1}^{j-1}(a_j-a_k)\prod_{k=j+1}^{n}(a_k-a_j)}, \qquad i,j=1,\cdots,n \tag{2.6.24}$$

と表せる. 明らかに, 上式は

$A^{-1} =$

$$\begin{bmatrix} \dfrac{\sigma_{n-1}(a_2,a_3,\cdots,a_n)}{\displaystyle\prod_{k=2}^{n}(a_k-a_1)} & -\dfrac{\sigma_{n-2}(a_2,a_3,\cdots,a_n)}{\displaystyle\prod_{k=2}^{n}(a_k-a_1)} & \cdots & \dfrac{(-1)^{n+1}}{\displaystyle\prod_{k=2}^{n}(a_k-a_1)} \\[2em] -\dfrac{\sigma_{n-1}(a_1,a_3,\cdots,a_n)}{(a_2-a_1)\displaystyle\prod_{k=3}^{n}(a_k-a_2)} & \dfrac{\sigma_{n-2}(a_1,a_3,\cdots,a_n)}{(a_2-a_1)\displaystyle\prod_{k=3}^{n}(a_k-a_2)} & \cdots & \dfrac{(-1)^{n+2}}{(a_2-a_1)\displaystyle\prod_{k=3}^{n}(a_k-a_2)} \\[2em] \vdots & \vdots & \ddots & \vdots \\[1em] \dfrac{(-1)^{n+1}\sigma_{n-1}(a_1,a_2,\cdots,a_{n-1})}{\displaystyle\prod_{k=1}^{n-1}(a_n-a_k)} & \dfrac{(-1)^{n+2}\sigma_{n-2}(a_1,a_2,\cdots,a_{n-1})}{\displaystyle\prod_{k=1}^{n-1}(a_n-a_k)} & \cdots & \dfrac{1}{\displaystyle\prod_{k=1}^{n-1}(a_n-a_k)} \end{bmatrix} \tag{2.6.25}$$

と書くことができ, ヴァンデルモンド行列 A の逆行列 A^{-1} は A の各要素から直接計算できることが分かる.

[*1] 行列 $A \in C^{n \times n}$ の要素 a_{ij} を交点とする第 i 行と第 j 列を消去して得られる $(n-1) \times (n-1)$ 行列の行列式に $(-1)^{i+j}$ を乗じたものを余因子 (cofactor) という

■ 2.7 ハンケル行列

次のような正方行列 $A \in C^{(n+1) \times (n+1)}$ をハンケル行列 (Hankel matrix) といい，$A = [a_{i+k}]_0^n$ と略記する．

$$A = \begin{bmatrix} a_0 & a_1 & a_2 & \cdots & a_n \\ a_1 & a_2 & a_3 & \cdots & a_{n+1} \\ a_2 & a_3 & a_4 & \cdots & a_{n+2} \\ \vdots & \vdots & \vdots & \ddots & \vdots \\ a_n & a_{n+1} & a_{n+2} & \cdots & a_{2n} \end{bmatrix} \tag{2.7.1}$$

明らかに，$a_0, a_1, \cdots, a_{2n-1}, a_{2n}$ が与えられれば，ハンケル行列の各要素は $a_{ij} = a_{i+j-2}$ で決まる．ハンケル行列は逆対角線に沿って同じ要素を持つ行列である．

ある複素数列 $s_0, s_1, s_2, \cdots$ により無限次元対称行列

$$S = \begin{bmatrix} s_0 & s_1 & s_2 & \cdots \\ s_1 & s_2 & s_3 & \cdots \\ s_2 & s_3 & s_4 & \cdots \\ \vdots & \vdots & \vdots & \ddots \end{bmatrix} \tag{2.7.2}$$

が定義されたとする．行列 S を無限次元ハンケル行列 (infinite Hankel matrix) という．次の定理は無限次元ハンケル行列が有限の階数を持つための必要十分条件を与える．

❑ **定理 2.7.1.** [85] 無限次元ハンケル行列 $S = [s_{i+k}]_0^\infty$ が有限階数 r を持つための必要十分条件は，式

$$s_\ell = \sum_{i=1}^r \alpha_i s_{\ell-i}, \quad \ell = r, r+1, \cdots \tag{2.7.3}$$

を満たすような r 個の係数 $\alpha_1, \cdots, \alpha_r$ が存在することである．ここで，r は上記の性質を持つ最小整数である．

証明 もし行列 $S = [s_{i+k}]_0^\infty$ が有限階数 r を持てば，この行列の上から取った $r+1$ 個の行ベクトル $\gamma_1, \gamma_2, \cdots, \gamma_{r+1}$ は一次従属である．そこで，行ベクトル $\gamma_1, \gamma_2, \cdots, \gamma_h$ が一次独立であり，γ_{h+1} が

$$\gamma_{h+1} = \sum_{i=1}^h \alpha_i \gamma_{h-i+1}$$

と表現できるような，ある正の整数 $h \le r$ が存在するとする．

ここでは，$\gamma_{\ell+1}, \gamma_{\ell+2}, \cdots, \gamma_{\ell+h+1}$ について考える．ただし，ℓ は任意の非負整数である．ハンケル行列 S の構造から分かるように，これらの行の各要素はその上の h 行の要素の一次結合で与えられる．ゆえに，

$$\gamma_{\ell+h+1} = \sum_{i=1}^{h} \alpha_i \gamma_{\ell+h-i+1}, \quad \ell = 0, 1, 2, \cdots$$

となる．これより，行列 S の第 h 行以降のすべての行はその上の h 行，あるいは行列の最初の h 行の一次結合で表すことができる．しかし，最初の h 行は一次独立なので，行列の階数 r は h でなければならない．そこで，一次結合 $\gamma_{\ell+r+1} = \sum_{i=1}^{r} \alpha_i \gamma_{\ell+r-i+1}$ を各行の要素で書き直すと式 (2.7.3) が導かれる．

一方，もし条件 (2.7.3) が満たされれば，行列 S の任意の行 (列) は S の上から r 行 (列) の一次結合である．したがって，S の $(r+1)$ 次以上の小行列式は零となり，S の階数は r より大きくならない．階数はまた r より小さくならない．なぜならば，階数が r より小さいということは式 (2.7.3) が r よりも小さい値についても成立することを意味し，定理の仮定と矛盾するからである． ∎

$D_r = \det[s_{i+k}]_0^{r-1}$ を定義する．関係式 (2.7.3) から次のような結論が得られる：行列 S の任意の行 (列) は最初の r 行 (列) の一次結合である．したがって，r 次の小行列式はすべて αD_r で表現できる．ここで，α は適当な係数である．ゆえに，S の階数は r であるので，$D_r \neq 0$ が得られる．すなわち，

❏ **系 2.7.1.** 無限次元ハンケル行列 S の階数 r が有限であれば，式

$$D_r = \det[s_{i+k}]_0^{r-1} \neq 0$$

が成り立つ．

階数 r の有限ハンケル行列については，$D_r \neq 0$ が成立しないときがあることに注意してほしい．例えば，要素 $s_0 = s_1 = 0, s_2 \neq 0$ の行列

$$S_2 = \begin{bmatrix} s_0 & s_1 \\ s_1 & s_2 \end{bmatrix}$$

は階数 1 であるが，$D_r = s_0 = 0$ になっている．

次は無限次元ハンケル行列と有理関数との関連について考察する．厳密にプロパーな有理関数 $R(z) = g(z)/h(z)$ を仮定する．

$$h(z) = a_0 z^m + a_1 z^{m-1} + \cdots + a_{m-1} z + a_m$$
$$g(z) = b_1 z^{m-1} + \cdots + b_{m-1} z + b_m$$

$R(z)$ を z^{-1} のべき級数に展開する．

$$R(z) = \frac{g(z)}{h(z)} = s_0 z^{-1} + s_1 z^{-2} + \cdots$$

もし関数 $R(z)$ のすべての極が半径 a の円内 $|z| \leq a$ にあるとすると，上記の級数は $|z| > a$ の範囲内で収束する．分母 $h(z)$ を上式の両辺にかけると

$$(a_0 z^m + a_1 z^{m-1} + \cdots + a_{m-1} z + a_m)(s_0 z^{-1} + s_1 z^{-2} + \cdots)$$
$$= b_1 z^{m-1} + \cdots + b_{m-1} z + b_m$$

が得られる．両辺の z の各次の係数を比較すると，次のような関係式を得る．

$$\left. \begin{array}{r} a_0 s_0 = b_1 \\ a_0 s_1 + a_1 s_0 = b_2 \\ \vdots \\ a_0 s_{m-1} + a_1 s_{m-2} + \cdots + a_{m-1} s_0 = b_m \end{array} \right\} \tag{2.7.4}$$

$$a_0 s_\ell + a_1 s_{\ell-1} + \cdots + a_m s_{\ell-m} = 0, \qquad \ell = m, m+1, \cdots \tag{2.7.4$'$}$$

α_i を $\alpha_i = -a_i/a_0, \ (i = 1, \cdots, m)$ とすると，上記の関係は式 (2.7.3) を用いて書くことができる．このとき $r = m$ となる．したがって，定理 2.7.1 により，係数 $s_0, s_1, \cdots$ の無限次元ハンケル行列 $S = [s_{i+k}]_0^\infty$ の階数は有限 $(= m)$ である．

逆に，もし行列 S の階数が有限であれば，(2.7.3) 式は (2.7.4$'$) で書き直せる．ここで，$m = r$ である．したがって，式 (2.7.4) を用いて，$b_1, \cdots, b_m$ を定義すれば，次の関係式が得られる．

$$\frac{b_1 z^{m-1} + \cdots + b_{m-1} z + b_m}{a_0 z^m + a_1 z^{m-1} + \cdots + a_{m-1} z + a_m} = s_0 z^{-1} + s_1 z^{-2} + \cdots$$

この関係式が成り立つような最小の次数 m が式 (2.7.4$'$) あるいは式 (2.7.3) を成立させる最小の m である．定理 2.7.1 により，この最小の m の値が行列 S の階数になる．以上の結果は次の定理にまとめられる．

❑ **定理 2.7.2.** [85] 行列 $S = [s_{i+k}]_0^\infty$ の階数が有限であるための必要十分条件は，級数

$$R(z) = s_0 z^{-1} + s_1 z^{-2} + \cdots$$

を変数 z の有理関数として表現できることである．このとき，行列 S の階数は $R(z)$ の極の数に等しい．

定理 2.7.2 は ARMA モデルを用いたシステム同定に有効である．

■ **例 2.7.1.** ARMA モデルのインパルス応答のハンケル行列：
因果律を満たす線形時不変 ARMA 過程が

$$\sum_{i=0}^{p} a_i x(n-i) = \sum_{j=1}^{q} b_j e(n-j) \tag{2.7.5}$$

によって生成されるとする．ここで，$e(n)$ は白色雑音である．一般性を失わずに，$a_0 = 1$ と仮定し，$q \le p$ とする．ARMA モデルの伝達関数 $H(z)$ は

$$H(z) = \sum_{i=1}^{\infty} h(i) z^{-i} = \frac{b_1 z^{-1} + \cdots + b_q z^{-q}}{a_0 + a_1 z^{-1} + \cdots + a_q z^{-p}}$$

と定義される．ARMA(p,q) モデルに定理 2.7.2 を適用すると，次の重要な結論が得られる：ARMA モデルのインパルス応答 $h(i)$ のハンケル行列は，階数 p である．すなわち，

$$
\text{rank}(H) = \text{rank}
\begin{bmatrix}
h(1) & h(2) & h(3) & \cdots \\
h(2) & h(3) & h(4) & \cdots \\
h(3) & h(4) & h(5) & \cdots \\
\vdots & \vdots & \vdots & \ddots
\end{bmatrix}
= p
$$

この性質は ARMA モデルの可同定性を考察するときに役立つ．

第3章

行列の変換と分解

連立一次方程式の解を求める，あるいはモデルのパラメータを推定するなどの信号処理問題において，ある行列を 2，3 個の特殊な行列の積あるいは和に分解する必要がしばしば生じる．ゆえに，行列の分解，とりわけ特異値分解と固有値分解は，信号処理において，重要な役割を果たす．しかし，既存の専門書では，行列の各分解法はそれぞれ別々の章で議論されることが多く，読者にとっては，整理しにくい感じがする [97]．本章では，種々の行列分解の手法を整理，分類することを試み，各カテゴリーごとに説明する．

行列の分解は，行列に対する線形変換によって実現される．このような変換は，元の行列に対して，一部の特定の位置にある要素を零にすることができる．反射と回転は，線形変換を実現するための最も基本的な手段であるので，本章では，まず反射と回転を紹介してから，行列分解の各手法を解説する．

3.1 直交射影

信号処理における行列演算は，部分空間を求めることを目的とすることが多い．よって，二つの部分空間の距離をはかる必要が出てくる．このような距離は，行列の射影と深く関連する．ベクトル x からベクトル y への射影を $P_y(x)$ と表記する．これは，向きが y と同じで，長さが y に射影された x の長さに等しいベクトルである．この射影は，

$$P_y(x) = y\frac{\langle y, x \rangle}{\|y\|_2^2} = \frac{yy^T}{\|y\|_2^2}x = \frac{yy^T}{y^Ty}x \tag{3.1.1}$$

と表現される．

ここでは，あるベクトルを二つの直交ベクトルに分解するという直交分解 (orthogonal decomposition) について考える．図 3.1.1 に示されるように，ベクトル x と b があるとする．まず，x を b に射影して，$P_b(x)$ を生成する．つぎに，x を b に垂直な直線 $b^\perp$ に

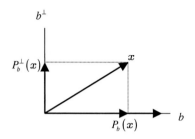

図 3.1.1 ベクトルの直交分解

射影して，$P_b^\perp(x)$ を生成する．$P_b(x)$ と $P_b^\perp(x)$ は，それぞれ x から b と $b^\perp$ への直交射影 (orthogonal projection) である．あるいは，略して射影 (projection) ということもある．この二つの射影は，x を対角線とする長方形の二辺を構成する．x は二つの射影ベクトルの和で表現できる．すなわち，

$$x = P_b(x) + P_b^\perp(x) \tag{3.1.2}$$

以上の例では，$b^\perp$ は直線であり，$P_b^\perp(x)$ はベクトルである．高次元の場合では，$b^\perp$ は超平面となるが，$P_b^\perp(x)$ は依然として，$b^\perp$ に含まれるベクトルである．

もっと一般に，部分空間の直交射影行列を以下のように定義する．

定義 3.1.1. (直交射影行列) $S \subseteq R^n$ をある部分空間とする．range$(P) = S$，$P^2 = P$，$P^T = P$ が成立すれば，$P \in R^{n \times n}$ を部分空間 S への直交射影行列 (orthogonal projection matrix) という．

直交射影行列は，略して，射影行列 (projection matrix) という場合もある．

$x \in R^n$ とすると，$Px \in S$ と $(I - P)x \in S^\perp$ が成立する．ただし，$S^\perp$ は S の直交部分空間である．

P_1 と P_2 を直交射影行列であるとする．任意の $z \in R^n$ に対して，次式が成立する．

$$\|(P_1 - P_2)z\|_2^2 = (P_1 z)^T (I - P_2) z + (P_2 z)^T (I - P_1) z$$

さらに，range(P_1) = range$(P_2) = S$ である場合，上式の右辺は零となる．すなわち，ある部分空間への直交射影行列は一意である．

もし $V = [v_1, \cdots, v_k]$ の列が部分空間 S の正規直交基底 ($V^T V = I$) であれば，$P = VV^T$ は S への一意な直交射影行列である。V がベクトル $v \in R^n$ である場合，$P = vv^T/v^T v$ は $S = \text{span}\{v\}$ への直交射影行列である．

部分空間と直交射影行列との対応関係に基づき，二つの部分空間同士の距離 (distance between subspaces) を定義することができる．部分空間 $S_1, S_2 \subseteq R^n$ に対して，dim$(S_1) =$

$\dim(S_2)$ であるとする．この二つの部分空間同士の距離は，

$$\mathrm{dist}(S_1, S_2) = \|P_1 - P_2\|_2 \tag{3.1.3}$$

と定義される [97]．ここで，$P_i(i = 1, 2)$ は部分空間 S_i への直交射影行列である．

以下の例を用いて，部分空間同士の距離の幾何学的意味を説明する．

$S_1 = \mathrm{span}\{x\}$，$S_2 = \mathrm{span}\{y\}$ とする．ただし，

$$x = \begin{bmatrix} \cos(\theta_1) \\ \sin(\theta_1) \end{bmatrix}, \quad y = \begin{bmatrix} \cos(\theta_2) \\ \sin(\theta_2) \end{bmatrix}, \quad \theta_1, \theta_2 \in [0, 2\pi]$$

直交行列

$$U = \begin{bmatrix} \cos(\theta_1) & -\sin(\theta_1) \\ \sin(\theta_1) & \cos(\theta_1) \end{bmatrix}, \quad V = \begin{bmatrix} \cos(\theta_2) & -\sin(\theta_2) \\ \sin(\theta_2) & \cos(\theta_2) \end{bmatrix}$$

を定義すると，以下の計算結果が得られる．

$$U^T y = \begin{bmatrix} \cos(\theta_2 - \theta_1) \\ \sin(\theta_2 - \theta_1) \end{bmatrix}, \quad V^T x = \begin{bmatrix} \cos(\theta_1 - \theta_2) \\ \sin(\theta_1 - \theta_2) \end{bmatrix}$$

$$U^T(xx^T - yy^T)V = \begin{bmatrix} 0 & \sin(\theta_1 - \theta_2) \\ \sin(\theta_1 - \theta_2) & 0 \end{bmatrix}$$

さらに，スペクトルノルム $\|\cdot\|_2$ のユニタリ不変性 (1.2 節参照) より，$\|xx^T - yy^T\|_2 = \|U^T(xx^T - yy^T)V\|_2 = |\sin(\theta_1 - \theta_2)|$ となる．よって，$\mathrm{dist}(S_1, S_2) = |\sin(\theta_1 - \theta_2)|$ となる．すなわち，部分空間 S_1 と S_2 の距離は，S_1 と S_2 がなす角度 $\theta_1 - \theta_2$ の正弦関数で表される．

3.2 ハウスホルダー変換

ハウスホルダー変換 (Householder transformation) は，1950 年代の末に提案された，ベクトルに対する一種の線形変換である [114, 115, 196]．

図 3.1.1 のように射影 $P_b^\perp(x)$ と $P_b(x)$ の和を求めるのでなく，両者の差を取ることによって，図 3.2.1 のように，ある新しいベクトルが得られる．このベクトルを，ベクトル x のベクトル b に対するハウスホルダー変換といい，以下のように書く．

$$Q_b(x) = P_b^\perp(x) - P_b(x) \tag{3.2.1}$$

図 3.2.1 において，$x = [2, 4]^T$，$b = [2, 1]^T$ であることから，$-P_b(x) = [-16/5, -8/5]^T$，$P_b^\perp(x) = [-6/5, 12/5]^T$，$Q_b(x) = [-22/5, 4/5]^T$ となる．図 3.2.1 に示される $Q_b(x)$ と x それぞれの b への射影は，向きが互いに反対である点だけで相異なっている．また，$Q_b(x)$ は，b に垂直なベクトル $b^\perp$ に関して対称な位置にあるベクトル x の鏡像 (あるい

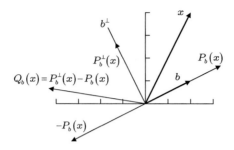

図 3.2.1　ベクトル x のハウスホルダー変換

は反射 (reflection)) である．ゆえに，ハウスホルダー変換はまた鏡像変換 (mirror image transformation) ともいう．

■ 3.2.1　ノルム不変性と疎なベクトルの生成

図 3.2.1 からわかるが，ハウスホルダー変換によって得られたあるベクトルの反射のユークリッドノルム (長さ) はもとのベクトルのそれと同じである．すなわち，ハウスホルダー変換は，ノルム不変性 (norm invariance) を持つ操作である．ベクトル x と y の，同じベクトル b に対する反射は，内積 (あるいはノルム) 不変である．すなわち，

$$\langle Q_b(x), Q_b(y) \rangle = \langle x, y \rangle \tag{3.2.2}$$

データベクトルの共分散 (あるいは相関) は，内積によって計算されるので，上式はまた共分散不変を意味する．これはハウスホルダー変換の応用において，きわめて重要である．

e_k を直交座標系の座標軸上の，単位長さを持つベクトルとする．図 3.2.2 のように，まず x の反射が e_k 上にあるように，x を反射させ，ある (零でない要素が一つしかない) 疎なベクトル (sparse vector) $\|x\|_2 e_k$ を得る．そこで，ベクトル

$$v = x + \|x\|_2 e_k \tag{3.2.3}$$

を定義すると，疎なベクトル $-\|x\|_2 e_k$ を実現するハウスホルダー変換を与えることができる．

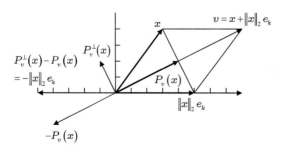

図 3.2.2　疎なベクトルを生成するハウスホルダー変換

3.2 ハウスホルダー変換　57

図 3.2.2 のような例では，$e_k = [1,0]^T$, $x = [3,4]^T$, $v = [8,4]^T$, $P_v(x) = [4,2]^T$, $P_v^\perp(x) = [-1,2]^T$, $Q_v(x) = -[5,0]^T$ である．

v は長さの等しいベクトル x と $\|x\|_2 e_k$ による合成であるので，ある菱形の対角線となる．もう 1 本の対角線は，x と $\|x\|_2 e_k$ の端点を結ぶものであり，v と垂直しており，両者はそれぞれの二分点で交わる．よって，以下の結果が成り立つ．

$$P_v(x) = v/2 \;\rightarrow\; P_v^\perp(x) = x - v/2 \;\rightarrow\; Q_v(x) = -\|x\|_2 e_k$$

したがって，ベクトル x のベクトル v に関して対称な位置にある鏡像である $\|x\|_2 e_k$ の向きを逆にすると，x の v におけるハウスホルダー変換となる．

■ 3.2.2　ハウスホルダー変換のアルゴリズム

行列 $Q \in C^{n \times n}$ において，$Q^T Q = I$ が成り立てば，Q は直交行列である．直交行列は，最小二乗問題や固有値問題などにおいて，重要な役割を果たす．直交行列を求めるのに有効な手法の一つは，ハウスホルダー反射 (Householder reflection) である．

$v \in R^n$ を零でないベクトルとする．$n \times n$ 行列

$$H = I - \frac{2vv^T}{v^T v} \tag{3.2.4}$$

について考える．式 (3.1.1), (3.1.2) と (3.2.1) を利用すると，次式は容易に確かめられる．

$$Hx = x - \frac{2v^T x}{v^T v} v = x - 2P_v(x) = Q_v(x) \tag{3.2.5}$$

よって，行列 H をハウスホルダー反射 (あるいはハウスホルダー行列 (Householder matrix)，ハウスホルダー変換) という．また，ベクトル v をハウスホルダーベクトル (Householder vector) という．ハウスホルダー行列が対称な直交行列であることは容易に証明できる．

ハウスホルダー行列は，ベクトルのユークリッドノルムを不変に保持しながら，その一部の要素を零にすることができる．ある零でないベクトル $x = [x_1, \cdots, x_n]^T \in R^n$ が与えられており，Hx を $e_1 = [1,0,\ldots,0]^T$ の定数倍にしたいとする．そこで，$v = x + \alpha e_1$ とすることによって，以下の式が得られる．

$$v^T x = x^T x + \alpha x_1 \tag{3.2.6}$$

$$v^T v = x^T x + 2\alpha x_1 + \alpha^2 \tag{3.2.7}$$

式 (3.2.6) と式 (3.2.7) を式 (3.2.5) に代入すると，

$$Hx = \left(1 - 2\frac{x^T x + \alpha x_1}{x^T x + 2\alpha x_1 + \alpha^2}\right) x - 2\alpha \frac{v^T x}{v^T v} e_1 \tag{3.2.8}$$

が得られる．x の係数を零にするには，$\alpha = \pm\|x\|_2$ とすればよい．このとき，

$$v = x \pm \|x\|_2 e_1 \;\implies\; Hx = \left(I - \frac{2vv^T}{v^T v}\right) x = \mp\|x\|_2 e_1$$

よって，x を e_1 の定数倍に変換するためには，v を以下のように求めればよい．

$$v = x + \text{sign}(x_1)\|x\|_2 e_1 \tag{3.2.9}$$

実用上，v の一番目の要素を $v(1) = 1$ と正規化したほうが便利である．

今後紹介されるハウスホルダー反射を利用した行列分解のほとんどは，以下のようにハウスホルダー行列の積を用いることと等価である．

$$H = H_r H_{r-1} \cdots H_1 \tag{3.2.10}$$

ただし，$H \in R^{n \times n}$，$r \leq n$ であり，

$$H_k = I - \frac{2v^{(k)}v^{(k)^T}}{v^{(k)^T}v^{(k)}}, \qquad k = 1, \cdots, r$$
$$v^{(k)} = [0, \cdots, 0, 1, v_{k+1}^{(k)}, \cdots, v_n^{(k)}]^T \tag{3.2.11}$$

一般に，H そのものよりも，行列 $A \in R^{n \times m}$ に対する操作の結果 HA に興味を持つ．$A^1 = H_1 A$，$A^k = H_k A^{(k-1)}(k \neq 1)$ とすると，途中の変換結果は以下のように計算される．

$$A^k = H_k A^{(k-1)} = \left(I - \frac{2v^{(k)}v^{(k)^T}}{v^{(k)^T}v^{(k)}} \right) A^{(k-1)} = A^{(k-1)} + v^{(k)}w^{(k)^T}$$
$$w^{(k)} = \beta A^{(k-1)^T} v^{(k)}, \quad \beta = -\frac{2}{v^{(k)^T}v^{(k)}} \tag{3.2.12}$$

最終結果は，$HA = H_r A^{(r-1)}$ である．

3.8 節では，ハウスホルダー変換による QR 変換およびその適応信号処理への応用について紹介する．

3.3　ギブンス回転

あるベクトルのユークリッドノルムの不変性を保持しながら，任意の要素を零にする変換として，前節で紹介したハウスホルダー反射のほかに，本節で紹介されるギブンス回転 (Givens rotation) という手法もある．

2×2 直交行列 Q が以下の形式をとれば，反射である．

$$Q = \begin{bmatrix} \cos(\theta) & \sin(\theta) \\ \sin(\theta) & -\cos(\theta) \end{bmatrix}$$

2×2 直交行列 Q が以下の形式をとれば，回転 (rotation) である．

$$Q = \begin{bmatrix} \cos(\theta) & \sin(\theta) \\ -\sin(\theta) & \cos(\theta) \end{bmatrix}$$

例 3.3.1
ベクトル $x = [\sqrt{3}, 1]^T$ が与えられているとする．

そこで，反射行列を

$$Q = \begin{bmatrix} \cos(30°) & \sin(30°) \\ \sin(30°) & -\cos(30°) \end{bmatrix} = \begin{bmatrix} \sqrt{3}/2 & 1/2 \\ 1/2 & -\sqrt{3}/2 \end{bmatrix}$$

とすると，$Q^T x = [2, 0]^T$ が得られる．すなわち，図 3.2.2 の操作と同じように，x を横軸に反射させることによって，x の 2 番目の要素を 0 にすることができる．

一方，回転行列を

$$Q = \begin{bmatrix} \cos(-30°) & \sin(-30°) \\ -\sin(-30°) & \cos(-30°) \end{bmatrix} = \begin{bmatrix} \sqrt{3}/2 & -1/2 \\ 1/2 & \sqrt{3}/2 \end{bmatrix}$$

とすると，$Q^T x = [2, 0]^T$ が得られる．すなわち，図 3.3.1 に図示されたように，x を時計方向に 30° 回転させることによって，x の 2 番目の要素を 0 にすることができる．

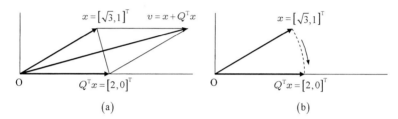

図 3.3.1　ベクトル $x = [\sqrt{3}, 1]^T$ は反射 (a)，あるいは回転 (b) によって，$Q^T x = [2, 0]^T$ に変換される．

3.3.1　ギブンス回転

ギブンス回転 (ギブンス変換 (Givens transformation) ともいう) は，単位行列に対する階数 2 の修正 (rank-two correction) (単位行列の一部の要素をある階数 2 の行列の要素で置き換える) である：

$$G(i, j, \theta) = \begin{bmatrix} 1 & \cdots & 0 & \cdots & 0 & \cdots & 0 \\ \vdots & \ddots & \vdots & & \vdots & & \vdots \\ 0 & \cdots & c & \cdots & s & \cdots & 0 \\ \vdots & & \vdots & \ddots & \vdots & & \vdots \\ 0 & \cdots & -s & \cdots & c & \cdots & 0 \\ \vdots & & \vdots & & \vdots & \ddots & \vdots \\ 0 & \cdots & 0 & \cdots & 0 & \cdots & 1 \end{bmatrix} \begin{matrix} \\ \\ i \\ \\ j \\ \\ \\ \end{matrix} \qquad (3.3.1)$$

ただし，$c = \cos(\theta)$, $s = \sin(\theta)$. $G(i, j, \theta)$ は，単位行列の (i, i) と (j, j) 要素を c, (i, j) と (j, i) 要素をそれぞれ s と $-s$ で置き換えることによって得られた直交行列である．

$x \in R^n$ に対して，$y = G(i,j,\theta)^T x$ は以下のようになる．

$$
y_k = \begin{cases} cx_i - sx_j, & k = i \\ sx_i + cx_j, & k = j \\ x_k, & k \neq i, j \end{cases} \tag{3.3.2}
$$

これは，$[x_i, x_j]^T$ を (i, j) 座標平面上で反時計方向に角度 θ 回転させることになる．また，$G(i,j,\theta)$ は直交行列であるので，$x = G(i,j,\theta)y$ とも書ける．この場合，$[y_i, y_j]^T$ を (i, j) 座標平面上で時計方向に角度 θ 回転させることになる．

ギブンス回転を用いれば，ベクトルのある特定の位置にある要素を零にすることができる．与えられたベクトル $x = [a, b]^T$ に対して，2 番目の要素を零にするには，ギブンス回転のパラメータ $c = \cos(\theta)$, $s = \sin(\theta)$ を以下の関係によって決めればよい．

$$
\begin{bmatrix} c & s \\ -s & c \end{bmatrix}^T \begin{bmatrix} a \\ b \end{bmatrix} = \begin{bmatrix} r \\ 0 \end{bmatrix} \tag{3.3.3}
$$

よって，$|b| > |a|$ のとき，

$$
\tau = -\frac{a}{b}, \quad s = \frac{1}{\sqrt{1 + \tau^2}}, \quad c = s\tau \tag{3.3.4a}
$$

あるいは，$|a| > |b|$ のとき，

$$
\tau = -\frac{b}{a}, \quad c = \frac{1}{\sqrt{1 + \tau^2}}, \quad s = c\tau \tag{3.3.4b}
$$

とすればよい．

$G(i,j,\theta)^T A$ または $AG(i,j,\theta)$ を計算するときに，$G(i,j,\theta)$ の構造を利用することが重要である．$G(i,j,\theta) \in R^{m \times m}, A \in R^{m \times n}$ について，$G(i,j,\theta)^T A$ は A の i 行 と j 行だけに影響を与える (行の回転)．一方，$G(i,j,\theta) \in R^{n \times n}$ の場合，$AG(i,j,\theta)$ は A の i 列 と j 列だけに影響を与える (列の回転)．

したがって，$A([i,j],:)$ を A の i 行 と j 行とすると，$G(i,j,\theta)^T A$ の計算は，

$$
A([i,j],:) = \begin{bmatrix} c & s \\ -s & c \end{bmatrix}^T A([i,j],:)
$$

を計算すればよい．一方，$A(:,[i,j])$ を A の i 列 と j 列とすると，$AG(i,j,\theta)$ の計算は，

$$
A(:,[i,j]) = A(:,[i,j]) \begin{bmatrix} c & s \\ -s & c \end{bmatrix}
$$

を計算すればよい．

ギブンス回転を利用すれば，任意の行列 A を直交行列と上三角行列に分解するという QR 分解を行うことができる．詳細は，3.8.4 項を参照されたい．

対称行列 $A \in R^{n \times n}$ に対して，ギブンス回転を用いて，$G(i,j,\theta)^T A G(i,j,\theta)$ のように操作すれば，要素 a_{ij} と a_{ji} を同時に零にすることができる．次式

$$\begin{bmatrix} \cos(\theta) & \sin(\theta) \\ -\sin(\theta) & \cos(\theta) \end{bmatrix}^T \begin{bmatrix} a_{ii} & a_{ij} \\ a_{ij} & a_{jj} \end{bmatrix} \begin{bmatrix} \cos(\theta) & \sin(\theta) \\ -\sin(\theta) & \cos(\theta) \end{bmatrix} = \begin{bmatrix} a'_{ii} & 0 \\ 0 & a'_{jj} \end{bmatrix}$$

より，ギブンス回転の回転角は，以下を満足すればよい．

$$\tan(2\theta) = \frac{2a_{ij}(a_{ii} + a_{jj})}{a_{jj}^2 - a_{ii}^2} \tag{3.3.5}$$

したがって，ギブンス回転を利用して，対称行列 A を対角化することができる．

■ 3.3.2 高速ギブンス回転

ギブンス回転は，特定の行列要素を零にすることができるので，行列の要素を零化するための重要な道具となっている．ここでは，ギブンス回転の高速アルゴリズムについて説明する．高速ギブンス回転 (fast Givens rotation) には，以下のようなそれぞれタイプ 1 とタイプ 2 とういう二つの形式がある．

$$F_1(i,j,\alpha,\beta) = \begin{bmatrix} 1 & \cdots & 0 & \cdots & 0 & \cdots & 0 \\ \vdots & \ddots & \vdots & & \vdots & & \vdots \\ 0 & \cdots & \beta & \cdots & 1 & \cdots & 0 \\ \vdots & & \vdots & \ddots & \vdots & & \vdots \\ 0 & \cdots & 1 & \cdots & \alpha & \cdots & 0 \\ \vdots & & \vdots & & \vdots & \ddots & \vdots \\ 0 & \cdots & 0 & \cdots & 0 & \cdots & 1 \end{bmatrix} \begin{matrix} \\ \\ i \\ \\ j \\ \\ \\ \end{matrix} \tag{3.3.6}$$

$$F_2(i,j,\alpha,\beta) = \begin{bmatrix} 1 & \cdots & 0 & \cdots & 0 & \cdots & 0 \\ \vdots & \ddots & \vdots & & \vdots & & \vdots \\ 0 & \cdots & 1 & \cdots & \alpha & \cdots & 0 \\ \vdots & & \vdots & \ddots & \vdots & & \vdots \\ 0 & \cdots & \beta & \cdots & 1 & \cdots & 0 \\ \vdots & & \vdots & & \vdots & \ddots & \vdots \\ 0 & \cdots & 0 & \cdots & 0 & \cdots & 1 \end{bmatrix} \begin{matrix} \\ \\ i \\ \\ j \\ \\ \\ \end{matrix} \tag{3.3.7}$$

ベクトル $x = [x_1, \cdots, x_n]^T$ に対する $F_1(i,j,\alpha,\beta)^T x$ と $F_2(i,j,\alpha,\beta)^T x$ の効果を，以下のように 2×2 の例を用いて説明する．まず，行列

$$M_1 = \begin{bmatrix} \beta_1 & 1 \\ 1 & \alpha_1 \end{bmatrix} \tag{3.3.8}$$

を定義する．そして，$x = [x_1, x_2]^T$ について，以下の結果が得られる．

$$M_1^T \begin{bmatrix} x_1 \\ x_2 \end{bmatrix} = \begin{bmatrix} \beta_1 x_1 + x_2 \\ x_1 + \alpha_1 x_2 \end{bmatrix}$$

さらに，与えられた $D = \mathrm{diag}(d_1, d_2)$ に対して，

$$M_1^T D M_1 = \begin{bmatrix} d_2 + \beta_1^2 d_1 & d_1 \beta_1 + d_2 \alpha_1 \\ d_1 \beta_1 + d_2 \alpha_1 & d_1 + \alpha_1^2 d_1 \end{bmatrix}$$

となる．$x_2 \neq 0$ であるときに，$\alpha_1 = -x_1/x_2$，$\beta_1 = -\alpha_1 d_2/d_1$ と選べば，以下の結果が得られる．

$$M_1^T \begin{bmatrix} x_1 \\ x_2 \end{bmatrix} = \begin{bmatrix} x_2(1 + \gamma_1) \\ 0 \end{bmatrix}$$

$$M_1^T D M_1 = \begin{bmatrix} d_2(1 + \gamma_1) & 0 \\ 0 & d_1(1 + \gamma_1) \end{bmatrix} = D_1$$

ただし，$\gamma_1 = -\alpha_1 \beta_1 = (d_2/d_1)(x_1/x_2)^2$ である．

同じように，$x_1 \neq 0$ であるときに，行列 M_2

$$M_2 = \begin{bmatrix} 1 & \alpha_2 \\ \beta_2 & 1 \end{bmatrix} \tag{3.3.9}$$

を定義する．ただし，$\alpha_2 = -x_2/x_1$，$\beta_2 = -\alpha_2 d_1/d_2$ とする．同じように，以下の結果が得られる．

$$M_2^T \begin{bmatrix} x_1 \\ x_2 \end{bmatrix} = \begin{bmatrix} x_1(1 + \gamma_2) \\ 0 \end{bmatrix}$$

$$M_2^T D M_2 = \begin{bmatrix} d_1(1 + \gamma_2) & 0 \\ 0 & d_2(1 + \gamma_2) \end{bmatrix} = D_2$$

ただし，$\gamma_2 = -\alpha_2 \beta_2 = (d_1/d_2)(x_2/x_1)^2$ である．

$J = D^{1/2} M_k D_k^{-1/2} (k = 1, 2)$ が直交行列であること，および $J^T (D^{-1/2} x)$ の 2 番目の要素が零となることを証明するのは容易である．以上より，

$$M_1 = \begin{bmatrix} \beta_1 & 1 \\ 1 & \alpha_1 \end{bmatrix}, \qquad M_2 = \begin{bmatrix} 1 & \alpha_2 \\ \beta_2 & 1 \end{bmatrix}$$

がそれぞれタイプ 1 とタイプ 2 の 2×2 高速ギブンス回転である．それらを $n \times n$ の場合に拡張したものが式 (3.3.6) と (3.3.7) で表される高速ギブンス回転である．式 (3.3.6) と (3.3.7) のような高速ギブンス変換は，3.3.1 項で述べたギブンス回転と比べて，乗算の回数が半分で，しかもベクトルの要素を零化するに当たって，回転行列のパラメータを求め

るときに平方根の計算が必要ではないので，後者より高速である．

■ 3.3.3　Kogbetliantz アルゴリズム

3.3.1 項では，対称行列 $A \in R^{n \times n}$ に対して，$G(i,j,\theta)^T AG(i,j,\theta)$ の結果について検討したが，ここでは，一般の行列 $A \in R^{m \times n}$ に対する操作 $G(i,j,\theta)^T AG(i,j,\phi)$ について検討する．ここでは，$G(i,j,\theta)^T$ は A の i 行 と j 行に影響を与える．一方，$G(i,j,\phi)$ は A の i 列 と j 列に影響を与える．$i < j$ と仮定すると，$G(i,j,\theta)^T AG(i,j,\phi)$ の非対角成分を零にするには，以下の式が成立すればよい．

$$
\begin{bmatrix} \cos(\theta) & \sin(\theta) \\ -\sin(\theta) & \cos(\theta) \end{bmatrix}^T \begin{bmatrix} a_{ii} & a_{ij} \\ a_{ji} & a_{jj} \end{bmatrix} \begin{bmatrix} \cos(\phi) & \sin(\phi) \\ -\sin(\phi) & \cos(\phi) \end{bmatrix} = \begin{bmatrix} a'_{ii} & 0 \\ 0 & a'_{jj} \end{bmatrix} \tag{3.3.10}
$$

上式を満足するギブンス回転の回転角 θ と ϕ は，

$$
\tan(2\theta) = \frac{2(a_{ji}a_{ii} + a_{ij}a_{jj})}{a_{jj}^2 + a_{ji}^2 - a_{ii}^2 - a_{ij}^2} \tag{3.3.11a}
$$

$$
\tan(\phi) = -\frac{a_{ij} - a_{jj}\tan(\theta)}{a_{ii} - a_{ji}\tan(\theta)} = \frac{a_{ji} + a_{ii}\tan(\theta)}{a_{jj} + a_{ij}\tan(\theta)} \tag{3.3.11b}
$$

あるいは，等価的に

$$
\tan(2\phi) = \frac{2(a_{ij}a_{ii} + a_{ji}a_{jj})}{a_{jj}^2 + a_{ij}^2 - a_{ii}^2 - a_{ji}^2} \tag{3.3.12a}
$$

$$
\tan(\theta) = -\frac{a_{ji} - a_{jj}\tan(\phi)}{a_{ii} - a_{ij}\tan(\phi)} = \frac{a_{ij} + a_{ii}\tan(\phi)}{a_{jj} + a_{ji}\tan(\phi)} \tag{3.3.12b}
$$

によって求められる．

数値的安定性の観点から，式 (3.3.11b) と (3.3.12b) のうち，分母の絶対値が大きいほうを使う．もし，0/0 のような商を求めることになったら，式 (3.3.10) の左辺にある 2×2 行列の要素 $a_{ij}(i,j = 1,2)$ がすべて零であることに対応しているので，回転操作を行わずにスキップすべきである．上記の手法による行列の対角化は，Kogbetliantz [124] によって提案され，後に Forsythe と Henrici [84] によって解析された．習慣的に，Kogbetliantz アルゴリズム (Kogbetliantz algorithm) と呼ばれている．式 (3.3.5) と (3.3.11a) あるいは (3.3.12a) を比較すれば分かるが，$a_{ij} = a_{ji}$ (対称行列) であれば，$\theta = \phi$ とすると，式 (3.3.11a) あるいは (3.3.12a) は (3.3.5) となる．第 6 章では，行列積特異値分解の計算における Kogbetliantz アルゴリズムの具体的応用について紹介する．

これまでに紹介したハウスホルダー変換やギブンス回転は，行列分解における基本的な手法である．今後の各節では，これらの応用を紹介する．この二つの手法は普通，正定あるいは準正定行列に適用される．正定性が定まらない行列については，双曲変換による分解が必要であるので，第 9 章の 9.3 節で議論する．

64 第 3 章 行列の変換と分解

3.4 相似変換と行列の標準形

行列の線形変換において，相似変換は重要な役割を果たしている．それぞれの目的に応じて相似変換された後の行列に対して，代表的な形式が必要となる．このような代表的な形式を行列の標準形 (canonical form) という．標準形によって，行列の性質が明白になる．それぞれの標準形に対しては，相似変換に基づいた行列分解も異なる．よって，行列分解を説明する前には，まず行列の相似変換と標準形を紹介しておく．

3.4.1 相似変換

定義 3.4.1. 行列 $A, B \in C^{n \times n}$ に対して，$B = S^{-1}AS$ となるような正則行列 $S \in C^{n \times n}$ が存在するならば，行列 B は行列 A と相似であるといい，$A \to S^{-1}AS$ を相似変換 (similarity transformation) という．また S を相似変換行列という．行列 B が行列 A と相似であることを，$B \sim A$ と書く．

相似の関係は，同値関係であり，以下の性質がある．

(1) 反射性 (reflexive property)：$A \sim A$

(2) 対称性 (symmetric property)：$B \sim A \Longrightarrow A \sim B$

(3) 推移性 (transitive property)：$C \sim A$ and $B \sim A \Longrightarrow C \sim B$

❑ 定理 3.4.1. $A, B \in C^{n \times n}$ とする．B と A が相似ならば，B の特性多項式 $\det(zI - B)$ は A の特性多項式 $\det(zI - A)$ と等しい．

証明 任意の z に対して，以下が成り立つ．

$$\det(zI - B) = \det S^{-1}(zI - A)S$$
$$= \det S^{-1}\det(zI - A)\det S = \det(zI - A)$$

■ 相似性に関しては，ユニタリ相似性 (unitary similarity) は重要である．行列 A がユニタリ行列によって B に相似変換されたとすると，A と B はユニタリ相似である．

❑ 系 3.4.1. $A, B \in C^{n \times n}$ とする．A と B が相似ならば，A と B の固有値 (重複度を含む) は等しい．

上記の結果は，各種の行列分解，とりわけ固有値分解の基礎である．

定義 3.4.2. 行列 $A \in C^{n \times n}$ がある対角行列と相似ならば，A は対角化可能 (diagonalizable) であるという．

定義 3.4.3. 対角化可能な行列 $A, B \in C^{n \times n}$ に対して，$S^{-1}AS$ と $S^{-1}BS$ がともに対角行列となるような相似変換行列 $S \in C^{n \times n}$ が存在するならば，A と B は同時対角化可能 (simultaneously diagonalizable) であるという.

行列の対角化は，特異値分解，固有値分解および CS 分解の基礎である．二つの行列の同時対角化は行列の対の分解 (一般化固有値分解，一般化シューア分解) の基礎である.

■ 3.4.2 行列の標準形

ジョルダン標準形は，ジョルダン行列という「ほとんど対角 (almost diagonal)」であるような行列である．対角行列は最も簡単なジョルダン行列である．与えられた行列 A と相似なジョルダン行列を行列 A のジョルダン標準形 (Jordan canonical form) という．ある行列のジョルダン標準形が分れば，その行列の線形代数的 (線形変換) 情報を知ることができる.

定義 3.4.4. 以下の $k \times k$ 上三角行列をジョルダンブロック (Jordan block) という.

$$J_k(\lambda) = \begin{bmatrix} \lambda & 1 & 0 & \cdots & \cdots & 0 \\ 0 & \lambda & 1 & \ddots & & \vdots \\ \vdots & \ddots & \ddots & \ddots & \ddots & \vdots \\ \vdots & & \ddots & \ddots & \ddots & 0 \\ 0 & \cdots & \cdots & 0 & \lambda & 1 \\ 0 & \cdots & \cdots & 0 & 0 & \lambda \end{bmatrix} \tag{3.4.1}$$

ただし，$J_1(\lambda) = [\lambda]$ である.

ジョルダンブロックを用いて，ジョルダン行列 (Jordan matrix) を定義することができる：

$$J = \begin{bmatrix} J_{n_1}(\lambda_1) & 0 & \cdots & 0 \\ 0 & J_{n_2}(\lambda_2) & \ddots & \vdots \\ \vdots & \ddots & \ddots & 0 \\ 0 & \cdots & 0 & J_{n_k}(\lambda_k) \end{bmatrix}, \quad n_1 + \cdots + n_k = n \tag{3.4.2}$$

ここで，n_i または λ_i が相異なっている必要はない.

式 (3.4.2) において，各ジョルダンブロックが一次元であれば，すなわち，$n_i = 1$ ($i = 1, 2, \cdots, k$) であれば，ジョルダン行列 J は対角行列となる．式 (3.4.2) の中に，$J_m(\lambda)$, $m >$

1 が一つでも存在するならば，J は対角化不可能な非対角行列となる．

以下はジョルダン標準形の定理 (Jordan canonical form theorem) である．

❑ **定理 3.4.2.** 既知の行列 $A \in C^{n \times n}$ に対して，以下を満足する正則行列 $S \in C^{n \times n}$ が存在する．

$$A = S \begin{bmatrix} J_{n_1}(\lambda_1) & 0 & & 0 \\ 0 & J_{n_2}(\lambda_2) & \ddots & \ddots \\ \vdots & \ddots & \ddots & 0 \\ 0 & \cdots & 0 & J_{n_k}(\lambda_k) \end{bmatrix} S^{-1} = SJS^{-1}, \quad n_1 + \cdots + n_k = n \quad (3.4.3)$$

ここで，行列 A のジョルダン行列は一意である (ただし，ジョルダンブロックの順番は変えてもよい)．また，行列 A の固有値 $\lambda_i (i = 1, \cdots, k)$ は重複してもよい．さらに，行列 A が実数固有値を持つ実数行列であれば，相似変換行列 S も実数行列であることが可能である．

定理の証明は文献 [113] を参照されたい．

行列分解と深く関わるほかの行列標準形として，三角行列と三重対角行列が挙げられる．今後の各節で相似変換と行列の標準形を用いながら種々の行列分解の手法を説明する．

■ 3.5 行列分解の分類

行列分解 (matrix decomposition, matrix factorization) とは，線形変換によって，ある行列を 2，3 個の行列標準形による積 (和の場合もある) に分解する操作である．

行列分解は十数種類以上もあり，乱雑であると思われがちであるが，互いに明白な関連性があり，分類することができる．ここでは，行列の分解と行列の対の分解に分けて，行列分解によって得られた行列標準形の形に基づき，行列分解を分類し，整理する[*1]．

1. 行列の分解

行列分解によって得られた行列標準形の種類によって，以下の 4 種類に分けられる．

1) 対角化分解 (diagonal decomposition)

直交変換によって行列を対角化する手法で，以下を含む：

- 特異値分解 (singular value decomposition, SVD)：$A = U \Sigma V^H$，あるいは $U^H A V = \Sigma$，ただし，$A \in C^{m \times n}$，U と V はユニタリ行列で，Σ は対角行列である (一般の行列に対する対角化)．

[*1] 訳注：本章では，一部の行列分解は実行列に対して議論を進めているが，複素行列に対しても分解操作を行うことが可能である

- 固有値分解 (eigenvalue decomposition, EVD)：$A^H A = V\Sigma^2 V^H$，あるいは $AA^H = U\Sigma^2 U^H$，ただし，$A \in C^{m \times n}$，U と V はユニタリ行列で，Σ は対角行列である (対称行列に対する対角化).
- CS 分解 (CS decomposition)：直交行列をブロック分割し，各ブロック行列を同時に対角化する.

2) 三角化分解 (triangular decomposition)

- コレスキー分解 (Cholesky decomposition)：$A = GG^T$，ただし，$A \in R^{n \times n}$，G は下三角行列である (正定行列に対する三角化分解).
- QR 分解 (QR decomposition)：$A = QR$ あるいは $Q^T A = R$，ただし，$A \in R^{m \times n}$，Q は直交行列，R は上三角行列である (一般の行列に対する三角化分解).
- LU 分解 (LU decomposition)：$A = LU$，$A \in R^{n \times n}$，L は単位下三角行列，U は上三角行列である (正方行列に対する三角化分解).

3) 三角 - 対角化分解 (triangular diagonal decomposition) 行列を 3 個の行列標準形 (2 個の三角行列と 1 個の対角行列) の積，あるいは 2 個の行列標準形の和に分解する手法で，以下を含む：

- LDM^T 分解 (LDM^T decomposition)：$A = LDM^T$，ただし，$A \in R^{n \times n}$，L と M は単位下三角行列，D は対角行列である (非対称行列に対する三角−対角化分解).
- LDL^T 分解 (LDL^T decomposition)：$A = LDL^T$，ただし，$A \in R^{n \times n}$，L は単位下三角行列，D は対角行列である (対称行列に対する三角−対角化分解).
- シューア分解 (Schur decomposition)：$Q^H AQ = D + N$，ただし，$A \in C^{m \times n}$，Q はユニタリ行列，D は対角行列，N は狭義上三角行列である (ユニタリ相似変換による複素行列の分解).

4) 三重対角化分解 (tridiagonal decomposition)

- ハウスホルダー三重対角化分解 (Householder tridiagonal decomposition)：$T = H^T AH$，ただし，$A \in R^{n \times n}$ は対称行列，$H = H_1 \cdots H_{n-2}$ はハウスホルダー変換の積，T は三重対角行列である.

2. 行列の対の分解

行列の対の分解は，おもに一般化固有値分解 (generalized eigenvalue decomposition, GEVD) $Ax = \lambda Bx$ を求める QZ 手法の中で用いられている．二つの行列の同時分解を扱い，以下の二つを含む：

68　第 3 章　行列の変換と分解

1)　一般化シューア分解 (generalized Schur decomposition)：$Q^H A Z = T$, $Q^H B Z = S$, ただし，$A, B \in C^{n \times n}$，Q と Z はユニタリ行列，T と S は上三角行列である．

2)　ヘッセンベルグ三角化分解 (Hessenberg triangular decomposition)：$Q^T A Z = H$, $Q^T B Z = T$，ただし，$A, B \in R^{n \times n}$，H はヘッセンベルグ行列，T は上三角行列である．ヘッセンベルグ三角化分解は一般化シューア分解の計算アルゴリズムに用いられる [97]．

以下の各節で行列の各分解手法を具体的に紹介していく．

■ 3.6　対角化分解

　一般の行列の特異値分解と対称行列の固有値分解は，信号処理の分野で最も応用されている行列分解である．特異値分解には，いろいろな拡張がある．例えば，二つの行列の積の特異値分解や行列の対の一般化特異値分解などである．固有値分解にも，行列の対を対象とする一般化固有値分解がある．特異値分解およびその拡張の定義，性質，計算法と応用などは，第 6 章で詳しく紹介する．固有値分解は，主に部分空間の解析に用いられるので，第 10 章で議論する．本節では，CS 分解 [198] だけについて紹介する．

❑ 定理 3.6.1. $(k + j) \times (k + j)$ 行列

$$Q = \begin{bmatrix} Q_{11} & Q_{12} \\ Q_{21} & Q_{22} \end{bmatrix}$$

を直交行列とする．ただし，$Q_{11} \in R^{k \times k}, k \geq j$ である．直交行列 Q に対して，次式を成立させる直交行列 $U_1, V_1 \in R^{k \times k}, U_2, V_2 \in R^{j \times j}$ が存在する．

$$
\begin{bmatrix} U_1 & 0 \\ 0 & U_2 \end{bmatrix}^T \begin{bmatrix} Q_{11} & Q_{12} \\ Q_{21} & Q_{22} \end{bmatrix} \begin{bmatrix} V_1 & 0 \\ 0 & V_2 \end{bmatrix} = \begin{bmatrix} U_1^T Q_{11} V_1 & \vdots & U_1^T Q_{12} V_2 \\ \cdots\cdots\cdots & \cdots & \cdots\cdots\cdots \\ U_2^T Q_{21} V_1 & \vdots & U_2^T Q_{22} V_2 \end{bmatrix}
$$

$$
= \begin{bmatrix} I_{k-j} & 0 & \vdots & 0 \\ 0 & C & \vdots & S \\ \cdots & \cdots & \cdots & \cdots \\ 0 & -S & \vdots & C \end{bmatrix}
\tag{3.6.1}
$$

ただし，

$$C = \mathrm{diag}(c_1, \cdots, c_j), \qquad c_i = \cos(\theta_i)$$
$$S = \mathrm{diag}(s_1, \cdots, s_j), \qquad s_i = \sin(\theta_i)$$

ここで, $0 \leq \theta_1 \leq \theta_2 \leq \cdots \leq \theta_j \leq \pi/2$ である.

定理の証明は文献 [57] を参照されたい.

簡略にいえば, CS 分解は直交行列をブロック分割してから, 各ブロックを特異値分解によって同時に対角化している. ここで, C と S はそれぞれ cos と sin を意味する.

■ 例 3.6.1. 直交行列

$$Q = \begin{bmatrix} -0.7162 & -0.6980 & -0.0060 \\ 0.5472 & -0.5560 & -0.6250 \\ 0.4329 & -0.4509 & 0.7800 \end{bmatrix}$$

に対して, 直交行列

$$U = \begin{bmatrix} 0.9990 & -0.0100 & 0.0000 \\ -0.0100 & -0.9990 & 0.0000 \\ 0.0000 & 0.0000 & 1.0000 \end{bmatrix}, \quad V = \begin{bmatrix} -0.7210 & -0.6920 & 0.0000 \\ -0.6920 & 0.7210 & 0.0000 \\ 0.0000 & 0.0000 & 1.0000 \end{bmatrix}$$

を選ぶと,

$$U^T Q V = \begin{bmatrix} 1.000 & 0.000 & 0.000 \\ 0.000 & 0.780 & 0.625 \\ 0.000 & -0.625 & 0.780 \end{bmatrix}$$

が成り立つ. 定理 3.6.1 に当てはめると, $k = 2, j = 1, c_1 = 0.780, s_1 = 0.625$ となる.

CS 分解を利用すれば, 部分空間同士の距離を求めることができる.

❏ 系 3.6.1. $W = [W_1, W_2]$ と $Z = [Z_1, Z_2]$ を直交行列とする. ただし, $W_1, Z_1 \in R^{n \times k}$, $W_2, Z_2 \in R^{n \times (n-k)}$ である. 部分空間 $S_1 = \mathrm{range}(W_1)$ と $S_2 = \mathrm{range}(Z_1)$ を定義すると, S_1 と S_2 の距離は次式で求められる.

$$\mathrm{dist}(S_1, S_2) = \sqrt{1 - \sigma_{\min}^2(W_1^T Z_1)}$$

ただし, $\sigma_{\min}(W_1^T Z_1)$ は $W_1^T Z_1$ の最小特異値を表す.

証明　$k \geq j = n - k$ の場合, 行列 Q を以下のように定義する.

$$Q = W^T Z = \begin{bmatrix} W_1^T Z_1 & W_1^T Z_2 \\ W_2^T Z_1 & W_2^T Z_2 \end{bmatrix}$$

そこで, Q を式 (3.6.1) のように CS 分解する. ただし, $Q_{pq} = W_p^T Z_q$, $p, q = 1, 2$. よって, 以下が得られる.

$$\|W_1^T Z_2\|_2 = \|W_2^T Z_1\|_2 = \sigma_{\max}(W_1^T Z_2) = \sigma_{\max}(W_2^T Z_1)$$

$$= s_j = \sqrt{1 - c_j^2} = \sqrt{1 - \sigma_{\min}(W_1^T Z_1)}$$

また, $W_1 W_1^T$ と $Z_1 Z_1^T$ は, それぞれ S_1 と S_2 への直交射影行列であるので, 式 (3.1.3) およびスペクトルノルムのユニタリ不変性 (第 1 章の 1.2 節参照) より,

70 第3章 行列の変換と分解

$$\mathrm{dist}(S_1, S_2) = \|W_1 W_1^T - Z_1 Z_1^T\|_2 = \|W^T(W_1 W_1^T - Z_1 Z_1^T)Z\|_2$$

$$= \left\|\begin{bmatrix} 0 & W_1^T Z_2 \\ -W_2^T Z_1 & 0 \end{bmatrix}\right\|_2 = \|W_1^T Z_2\|_2 = \|W_2^T Z_1\|_2 = s_j$$

が成り立つ. $k < j$ の場合, $Q = [W_2, W_1]^T [Z_2, Z_1]$ として, $\sigma_{\max}(W_2^T Z_1) = \sigma_{\max}(W_1^T Z_2)$ に注意すれば, 上記の結論は同様に証明できる. ∎

正規直交な列ベクトルからなる行列に対して, それを上下に分割してから同時に対角化するという細い CS (thin CS decomposition) 分解が以下の定理で与えられる.

❑ **定理 3.6.2.** 行列 Q を

$$Q = \begin{bmatrix} Q_1 \\ Q_2 \end{bmatrix}, \quad Q_1 \in R^{m_1 \times n}, \ Q_2 \in R^{m_2 \times n}, \quad m_1, m_2 \geq n$$

のように分割する. Q の列ベクトルが互いに正規直交であれば, 次式が成り立つような直交行列 $U_1 \in R^{m_1 \times m_1}, U_2 \in R^{m_2 \times m_2}, V_1 \in R^{n \times n}$ が存在する.

$$\begin{bmatrix} U_1 & 0 \\ 0 & U_2 \end{bmatrix}^T \begin{bmatrix} Q_1 \\ Q_2 \end{bmatrix} V_1 = \begin{bmatrix} C \\ S \end{bmatrix} \tag{3.6.2}$$

ただし,

$$C = \mathrm{diag}(c_1, \cdots, c_n), \qquad c_i = \cos(\theta_i)$$
$$S = \mathrm{diag}(s_1, \cdots, s_n), \qquad s_i = \sin(\theta_i)$$

ここで, $0 \leq \theta_1 \leq \theta_2 \leq \cdots \leq \theta_n \leq \pi/2$ である.

証明は 文献 [97] を参照されたい.

より一般的な CS 分解 (general CS decomposition) は, 以下の定理で与えられる [163].

❑ **定理 3.6.3.** 直交行列 Q の (任意の)2×2 ブロック分割を

$$Q = \begin{bmatrix} Q_{11} & Q_{12} \\ Q_{21} & Q_{22} \end{bmatrix} \begin{matrix} m \\ p \end{matrix}$$
$$\phantom{Q = \begin{bmatrix}} k \quad\ \ q$$

とする. このとき

$$
U^T Q V = \begin{bmatrix}
I & 0 & 0 & \vdots & 0 & 0 & 0 \\
0 & C & 0 & \vdots & 0 & S & 0 \\
0 & 0 & 0 & \vdots & 0 & 0 & I \\
\cdots & \cdots & \cdots & & \cdots & \cdots & \cdots \\
0 & 0 & 0 & \vdots & I & 0 & 0 \\
0 & S & 0 & \vdots & 0 & -C & 0 \\
0 & 0 & I & \vdots & 0 & 0 & 0
\end{bmatrix}
\begin{matrix}
r \\ s \\ m-r-s \\ \\ p-k+r \\ s \\ k-r-s
\end{matrix}
$$
$$
\begin{matrix}
r & s & k-r-s & p-k+r & s & m-r-s
\end{matrix}
$$

が成り立つような直交行列

$$
U = \begin{bmatrix} U_1 & 0 \\ 0 & U_2 \end{bmatrix} \quad \text{と} \quad V = \begin{bmatrix} V_1 & 0 \\ 0 & V_2 \end{bmatrix}
$$

が存在する．ただし，$U_1 \in R^{m \times m}$, $U_2 \in R^{p \times p}$, $V_1 \in R^{k \times k}$, $V_2 \in R^{q \times q}$ であり，

$$
C = \mathrm{diag}(c_1, \cdots, c_s), \quad 1 > c_1 \geq \cdots \geq c_s > 0
$$
$$
S = \mathrm{diag}(s_1, \cdots, s_s), \quad 0 < s_1 \leq \cdots \leq s_s < 1
$$
$$
C^2 + S^2 = I
$$

この CS 分解では $U^T Q V$ の各分割ブロックは，それぞれ Q の各分割ブロックの特異値分解による対角化の結果である．

3.7 コレスキー分解と LU 分解

本節では，三角化分解のうちのコレスキー分解と LU 分解について説明する．QR 分解は信号処理の分野で非常に広く応用されているので，3.8 節で詳細に説明する．

3.7.1 コレスキー分解

正定対称行列 $A = [a_{ij}] \in R^{n \times n}$ に対して，$A = GG^T$ をコレスキー分解という．ただし，$G \in R^{n \times n}$ は正の対角要素を持つ下三角行列である：

$$
G = \begin{bmatrix}
g_{11} & & & 0 \\
g_{21} & g_{22} & & \\
\vdots & \vdots & \ddots & \\
g_{n1} & g_{n2} & \cdots & g_{nn}
\end{bmatrix}
\tag{3.7.1}
$$

$A = GG^T$ の両辺を比較すると，以下の関係

$$a_{ij} = \sum_{k=1}^{j} g_{ik} g_{jk}$$

が容易に得られるので，次式が成り立つ．

$$
\begin{cases}
g_{11} g_{i1} = a_{i1} \\
g_{jj} g_{ij} = a_{ij} - \displaystyle\sum_{k=1}^{j-1} g_{jk} g_{ik} = v_{ji}, \quad j = 2, \cdots, n
\end{cases}
\tag{3.7.2}
$$

ただし，$i = 1, \cdots, n$．ゆえに，G の最初の $j-1$ 列を知っていれば，ベクトル $v_j = [v_{j1}, \cdots, v_{jn}]^T$ を計算できる．式 (3.7.2) より，

$$g_{ij} = v_{ji} / \sqrt{v_{jj}} \tag{3.7.3}$$

となる．以上の解析結果を次の定理にまとめる．

❑ **定理 3.7.1.** 正定行列 $A \in R^{n \times n}$ において，コレスキー分解 $A = GG^T$ は一意的に存在する．下三角行列 $G \in R^{n \times n}$ の零でない要素は，式 (3.7.3) で与えられる．

コレスキー分解は平方根手法ともいう．下三角行列 G は行列 A の「平方根」と見なせるからである．

正定行列 A の逆行列 A^{-1} はコレスキー分解で求めることができる．すなわち，

$$A^{-1} = (G^T)^{-1} G^{-1}$$

■ **例 3.7.1.** コレスキー分解を利用して，行列方程式 $Ax = b$ を解く問題を考える．

まず，以下の関係が成り立つ．

$$G^{-1} A x = G^{-1} b \Longrightarrow G^T x = h$$

ここで，$h = G^{-1}b$，あるいは $Gh = b$ である．$Gh = b$ の両辺の要素を比較すると，h_i は以下のように逐次的に計算できる．

$$
\begin{aligned}
h_1 &= b_1 / g_{11} \\
h_i &= \frac{1}{g_{ii}} \left(b_i - \sum_{k=1}^{i-1} g_{ik} h_k \right), \quad i = 2, 3, \cdots, n
\end{aligned}
\tag{3.7.4}
$$

よって，方程式 $Ax = b$ の解は $G^T x = h$ の解と等価である．G^T が上三角行列であることに注意すると，x は以下のように後退代入 (backsubstitution) で逐次的に計算できる．

$$
\begin{aligned}
x_n &= h_n / g_{nn} \\
x_i &= \frac{1}{g_{ii}} \left(h_i - \sum_{k=1}^{n-i} g_{(i+k)i} x_{i+k} \right), \quad i = n-1, n-2, \cdots, 1
\end{aligned}
\tag{3.7.5}
$$

■ **3.7.2 LU 分解**

ベクトル $x \in R^n$ の k 番目の要素 x_k が非零であるとする．そこで，ベクトル

$$\tau^{(k)} = [0, \cdots, 0, \tau_{k+1}, \cdots, \tau_n]^T \in R^n, \quad \tau_i = \frac{x_i}{x_k}, \quad i = k+1, \cdots, n \tag{3.7.6}$$

および行列

$$M_k = I - \tau^{(k)} e_k^T \in R^{n \times n} \tag{3.7.7}$$

を定義すると，以下の関係が成り立つ．ただし，e_k は k 番目の要素だけが 1 で，ほかの要素が零である列ベクトルである．

$$M_k x = \begin{bmatrix} 1 & & 0 & 0 & \cdots & 0 \\ & \ddots & \vdots & \vdots & & \vdots \\ 0 & \cdots & 1 & 0 & \cdots & 0 \\ 0 & \cdots & -\tau_{k+1} & 1 & \cdots & 0 \\ \vdots & & \vdots & \vdots & \ddots & \vdots \\ 0 & \cdots & -\tau_n & 0 & \cdots & 1 \end{bmatrix} \begin{bmatrix} x_1 \\ \vdots \\ x_k \\ x_{k+1} \\ \vdots \\ x_n \end{bmatrix} = \begin{bmatrix} x_1 \\ \vdots \\ x_k \\ 0 \\ \vdots \\ 0 \end{bmatrix}$$

ここで，単位下三角行列 M_k をガウス変換 (Gauss transfromation)，$\tau_{k+1}, \cdots, \tau_n$ を乗数 (multiplier)，ベクトル $\tau^{(k)}$ をガウスベクトル (Gauss vector) という．M_k の逆行列は次式で与えられる．

$$M_k^{-1} = I + \tau^{(k)} e_k^T \tag{3.7.8}$$

ガウス変換の目的は，ベクトル x の一部の要素を零とすることである．ただし，ハウスホルダー変換やギブンス変換と異なり，x のノルム不変性を保つことができない．ガウス変換によって，$n \times n$ 行列 A を $M_{n-1} \cdots M_2 M_1 A = U$ のように上三角行列 U に変換できるとすると，

$$A = LU, \quad L = M_1^{-1} \cdots M_{n-1}^{-1} \tag{3.7.9}$$

となる．各 M_k^{-1} が単位下三角行列であるので，L も単位下三角行列となる．式 (3.7.9) で示される行列分解を行列 A の LU 分解という．行列 A の LU 分解がつねに存在するとは限らない．$A^{(k-1)} = M_{k-1} \cdots M_1 A$ が得られたとすると，その左から $k-1$ 番目の列までは上三角となっており，M_k は，$A^{(k-1)}(k+1:n,k)$ に基づいて構成される．ただし，$a_{kk}^{(k-1)} \neq 0$ が必要である．$a_{kk}^{(k-1)} = 0$ となるようなケースは，首座小行列 (leading principal submatrix) $A(1:k, 1:k)$ $(k = 1 \cdots n-1)$ の特異性で検出できる．

❑ **定理 3.7.2.** 行列 $A \in R^{n \times n}$ において，$\det A(1:k, 1:k) \neq 0$ $(k = 1, \cdots, n-1)$ が成立すれば，A が LU 分解を持つ．A の LU 分解が存在し，かつ A が正則であれば，A の LU 分解は一意であり，しかも $\det(A) = u_{11} \cdots u_{nn}$ が成り立つ．

証明 $A^{(k-1)} = M_{k-1} \cdots M_1 A$ が得られたとすると，M_k が構成できるためには，$a_{kk}^{(k-1)} \neq 0$ でなければならない．M_i $(i = 1, \cdots, k-1)$ は単位下三角行列であるので，$\det(M_{k-1} \cdots M_1) = 1$ となる．よって，$A^{(k-1)}$ は上三角行列であるので，$\det A(1:k, 1:k) = a_{11}^{(k-1)} \cdots a_{kk}^{(k-1)}$ となる．ゆえに，$A(1:k, 1:k) \neq 0$ $(k = 1, \cdots, n-1)$ が正則，すなわち，$\det A(1:$

74 第 3 章 行列の変換と分解

$k, 1 : k) \neq 0$ $(k = 1, \cdots, n-1)$ であれば，$a_{kk}^{(k-1)} \neq 0$ となるので，M_k が構成できる．

$A = L_1 U_1$ と $A = L_2 U_2$ を正則な行列 A の二つの LU 分解であるとする．そこで，$L_2^{-1} L_1 = U_2 U_1^{-1}$ が成り立つ．$L_2^{-1} L_1$ と $U_2 U_1^{-1}$ がそれぞれ単位下三角行列と上三角行列であるので，どちらも単位行列と等しくなければならない．すなわち，$L_1 = L_2$, $U_1 = U_2$ が成り立つ．よって，A の LU 分解は一意である．さらに，$A = LU$ であれば，$\det(A) = \det(L)\det(U) = \det(U) = u_{11} \cdots u_{nn}$ が成り立つ． ∎

■ **例 3.7.2.** 連立方程式 $Ax = b$ の解を求める問題を考える．ただし，$A \in R^{n \times n}$ が正則行列であり，$x, b \in R^n$ はベクトルである．具体的アルゴリズムは以下のようになる．

$$A = LU \quad \text{を計算する}；$$
$$Ly = b \quad \text{を解く}；$$
$$Ux = y \quad \text{を解く}．$$

ここで，$Ly = b$ は単位下三角行列による連立方程式であるので，y は以下のように直接に計算できる．

$$y_1 = b_1$$
$$y_i = b_i - \sum_{k=1}^{i-1} l_{ik} y_k, \quad i = 2, \cdots, n \tag{3.7.10}$$

一方，$Ux = y$ は上三角行列による連立方程式であるので，x は式 (3.7.5) のように後退代入で逐次に計算できる．

上に紹介した LU 分解の手法では，途中で $a_{kk}^{(k-1)} = 0$ となったら，M_k を計算することができない．しかし，$a_{kk}^{(k-1)} = 0$ のときには，必ずしも連立方程式に解がないわけではない．この場合，ピボット選択 (pivoting) という手法が用いられる．すなわち，M_k を計算する前に，$|a_{ik}^{(k-1)}|$ $(i = k, \cdots, n)$ のうちの最大のものを見つけ，そのときの i を $i = p$ とする．そして，行列 A_{kk} の p 行と k 行を交換してから M_k を計算すればよい．これは，連立方程式の p 番目の方程式と k 番目の方程式を交換することを意味する．

■ 3.8　QR 分解およびその応用

行列の QR 分解は，信号処理の分野で最も応用される行列分解の一つである．ここでは，まず QR 分解の性質について述べる．

■ 3.8.1　QR 分解の性質

❑ **定理 3.8.1.** 行列 $A \in R^{m \times n}$ $(m \geq n)$ について，$A = QR$ となるような列直交行列 $Q \in R^{m \times n}$ と上三角行列 $R \in R^{n \times n}$ が存在する[*1]．ただし，$m = n$ のとき，Q は直交行

[*1] 訳注：定理 3.8.1 の QR 変換では，$Q \in R^{m \times n}$ は縦長い行列であり，Q が正方行列である定理 3.8.2 の場合と異なる．Q が縦長い行列となるような QR 分解を細い (thin) QR 分解という．本

列となる．さらに，A が正則であれば，R のすべての対角成分が正であり，Q と R はともに一意である．

定理の証明は文献 [113] を参照されたい．

$A^T A = (QR)^T(QR) = R^T R$ に注意すると，$G = R^T$ が $A^T A$ のコレスキー因子であることがわかる．よって，文献では，R はしばしば平方根フィルタと呼ばれる．

❏ **定理 3.8.2.** $A = QR$ を最大列階数の行列 $A \in R^{m \times n}(m \geq n)$ の QR 分解であるとする．ただし，$Q \in R^{m \times m}, R \in R^{m \times n}$，$R_1 = R(1:n, 1:n)$ は上三角行列であり，$R(n+1:m, 1:n) = 0$．A と Q をそれぞれ列ブロック形式 $A = [a_1, \cdots, a_n]$ と $Q = [q_1, \cdots, q_m]$ で表現すると，以下の結果が成立する．

$$\text{span}\{a_1, \cdots, a_k\} = \text{span}\{q_1, \cdots, q_k\}, \quad k = 1, \cdots, n$$

とくに，直交行列 Q を $Q = [Q_1, Q_2]$，$Q_1 \in R^{m \times n}, Q_2 \in R^{m \times (m-n)}$ とブロック分割すると，以下の結果が成立する．

$$\text{range}(A) = \text{range}(Q_1), \quad \text{range}(A)^\perp = \text{range}(Q_2)$$

さらに，$A = Q_1 R_1$ となる．

証明 等式 $A = QR$ の両辺の第 k 番目の列を比較すると，以下の結果が得られる．

$$a_k = \sum_{i=1}^{k} r_{ik} q_i \in \text{span}\{q_1, \cdots, q_k\}$$

ゆえに，$\text{span}\{a_1, \cdots, a_k\} \subseteq \text{span}\{q_1, \cdots, q_k\}$ となる．しかし，$\text{rank}(A) = n$ であることより，$\text{span}\{a_1, \cdots, a_k\}$ の次元数は k である．よって，$\text{span}\{a_1, \cdots, a_k\}$ は $\text{span}\{q_1, \cdots, q_k\}$ と等しくなければならない．定理のほかの結論は，容易に導出できる． ∎

以下は 3 種類の主要な QR 分解を実現するアルゴリズム (修正グラム - シュミット法を用いた QR 分解，ハウスホルダー変換を用いた QR 分解，ギブンス回転を用いた QR 分解) を紹介し，適応信号処理における応用についても述べる．

■ 3.8.2　修正グラム - シュミット法を用いた QR 分解

まず，グラム - シュミット直交化 (Gram-Schmidt orthogonalization) を利用した行列 $A \in R^{m \times n}$ の QR 分解手法について述べる．グラム - シュミット直交化は，行列 A の n 個の列ベクトル $a_1, a_2, \cdots, a_n$ より，互いに正規直交なベクトル $q_1, q_2, \cdots, q_n$ を構築する手法である．まずは，a_1 を正規化し，q_1 と表す．すなわち，

$$R_{11} = \|a_1\|_2$$
$$q_1 = a_1/R_{11}$$

(3.8.1)

章では，この 2 種類の 形式が混在しているので，Q と R のサイズを随時確認されたい．

76 第3章 行列の変換と分解

次に，a_2 から，a_1 に平行な成分 (次式の中の q_1R_{12}) を除去し，正規化する．結果を q_2 とする．

$$R_{12} = q_1^T a_2$$
$$R_{22} = \|a_2 - q_1 R_{12}\|_2 \qquad (3.8.2)$$
$$q_2 = (a_2 - q_1 R_{12})/R_{22}$$

さらに，a_3 から，a_1 と a_2 に平行する成分を除去し，正規化する．結果を q_3 とする．

$$R_{13} = q_1^T a_3$$
$$R_{23} = q_2^T a_3$$
$$R_{33} = \|a_3 - q_1 R_{13} - q_2 R_{23}\|_2 \qquad (3.8.3)$$
$$q_3 = (a_3 - q_1 R_{13} - q_2 R_{23})/R_{33}$$

このように続けると，以下のように $q_k (2 \le k \le n)$ が得られる．

$$R_{jk} = q_j^T a_k, \qquad 1 \le j \le k-1$$
$$R_{kk} = \left\| a_k - \sum_{j=1}^{k-1} q_j R_{jk} \right\|_2 \qquad (3.8.4)$$
$$q_k = \left(a_k - \sum_{j=1}^{k-1} q_j R_{jk} \right) \Big/ R_{kk}$$

$q_1, q_2, \cdots, q_n$ が正規直交基底をなすことを確認することができる．すなわち，

$$q_i^T q_j = \delta_{ij} \qquad (3.8.5)$$

ここで，δ_{ij} はクロネッカーのデルタである．$a_1, a_2, \cdots, a_n$ と $q_1, q_2, \cdots, q_n$ をそれぞれ行列 $A \in R^{m \times n}$ と $Q \in R^{m \times n}$ の列ベクトルとすると，A と Q については，以下の関係が成り立つ．

$$A = QR \qquad (3.8.6)$$

ただし，R は $R = [R_{ij}]$ で与えられる．また，$q_1, q_2, \cdots, q_n$ は正規直交基底を構成しているので，$Q^T Q = I$ が成り立つ．

　上記の直交化過程を古典的グラム - シュミット直交化 (classical Gram-Schmidt orthogonalization) 手法という．A が Q によって上書きされていく様子を図 3.8.1 に示す．

　Brörck [27] は，上三角行列 R を列ごとでなく，行ごとに計算するという修正グラム - シュミット直交化手法 (modified Gram-Schmidt orthogonalization) を提案した．修正グラム - シュミット直交化手法の方が，丸め誤差などの影響が小さい．

　修正グラム - シュミット直交化では，まず a_1 を正規化し，q_1 と表してから，$a_2, \cdots, a_n$ から a_1 と平行する成分を除去する．すなわち，

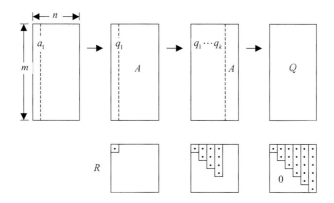

図 **3.8.1** 古典的グラム - シュミット直交化手法

$$R_{11} = \|a_1\|_2, \quad q_1 = a_1/R_{11}$$
$$R_{1j} = q_1^T a_j, \quad a_j^{(1)} = a_j - q_1 R_{1j}, \quad 2 \leq j \leq n \tag{3.8.7}$$

以上の計算によって, $a_2^{(1)}, \cdots, a_n^{(1)}$ が q_1 と直交することになる. 次に, $a_2^{(1)}$ を正規化し, q_2 と表してから, $a_3^{(1)}, \cdots, a_n^{(1)}$ から $a_2^{(1)}$ と平行する成分を除去する.

$$R_{22} = \|a_2^{(1)}\|_2, \quad q_2 = a_2^{(1)}/R_{22}$$
$$R_{2j} = q_2^T a_j^{(1)}, \quad a_j^{(2)} = a_j^{(1)} - q_2 R_{2j}, \quad 3 \leq j \leq n \tag{3.8.8}$$

以上の計算によって, $a_3^{(2)}, \cdots, a_n^{(2)}$ が q_1, q_2 と直交することになる. さらに, $a_3^{(2)}$ を正規化し, q_3 と表してから, $a_4^{(2)}, \cdots, a_n^{(2)}$ から $a_3^{(2)}$ と平行する成分を除去する.

$$R_{33} = \|a_3^{(2)}\|_2, \quad q_3 = a_3^{(2)}/R_{33}$$
$$R_{3j} = q_3^T a_j^{(2)}, \quad a_j^{(3)} = a_j^{(2)} - q_3 R_{3j}, \quad 4 \leq j \leq n \tag{3.8.9}$$

以上の計算によって, $a_4^{(3)}, \cdots, a_n^{(3)}$ が q_1, q_2, q_3 と直交することになる. 上記の計算を繰り返すと, 以下のように $q_k (2 \leq k \leq n)$ が得られる.

$$R_{kk} = \|a_k^{(k-1)}\|_2, \quad q_k = a_k^{(k-1)}/R_{kk}$$
$$R_{kj} = q_k^T a_j^{(k-1)}, \quad a_j^{(k)} = a_j^{(k-1)} - q_k R_{kj}, \quad k+1 \leq j \leq n \tag{3.8.10}$$

A が Q によって上書きされ, 列ベクトルが直交化されていく様子を図 3.8.2 に示す.

誤差の影響について解析するため, q_2 に, q_1 と平行する成分がわずかに含まれているとする. すなわち, q_2 は $q_2 + \epsilon q_1$ となるとする. 古典的グラム - シュミット直交化手法を用いるときに, R_{23} の計算は,

$$R_{23} = (q_2^T + \epsilon q_1^T) a_3 = q_2^T a_3 + \epsilon q_1^T a_3 \tag{3.8.11}$$

となる. 一方, 修正グラム - シュミット直交化手法では, R_{23} の計算は,

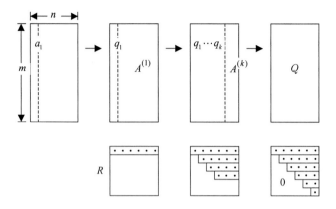

図 3.8.2 修正グラム - シュミット直交化手法

$$R_{23} = (q_2^T + \epsilon q_1^T)(a_3 - q_1 R_{13}) = q_2^T a_3 + \epsilon q_1^T a_3 - \epsilon R_{13} = q_2^T a_3 \qquad (3.8.12)$$

となる．式 (3.8.11) と (3.8.12) を比較すれば，$|R_{23}| \ll |R_{13}|$ のとき，修正グラム - シュミット直交化手法による誤差低減の効果がより顕著になる．

■ 3.8.3 ハウスホルダー変換を用いた QR 分解

行列 $A \in R^{m \times n}$ の QR 分解をハウスホルダー変換によって実現する手法について説明する．行列 A がハウスホルダー変換によって $k-1$ 回操作されたものを $A^{(k-1)}$ とする：

$$A^{(k-1)} = H_{k-1} A^{(k-2)} = H_{k-1} \cdots H_1 A$$
$$= \left[a_1^{(k-1)}, a_2^{(k-1)}, \cdots, a_n^{(k-1)} \right], \quad k = 2, 3, \cdots$$

$A^{(k-1)}$ の列ベクトルのうち，最初の $k-1$ 本は以下のように変換されている．

$$a_j^{(k-1)} = \left[a_{1j}^{(k-1)}, \cdots, a_{jj}^{(k-1)}, 0, \cdots, 0 \right]^T, \quad j = 1, \cdots, k-1$$

このとき，第 k 回目のハウスホルダー変換 H_k は以下のように構成すればよい．

$$H_k = \begin{bmatrix} I_{k-1} & 0 \\ 0 & \widetilde{H}_k \end{bmatrix}$$

ただし，$\widetilde{H}_k$ は，以下のように k 番目の列ベクトルの $k+1$ 番目から最後までの要素を零にするように構成される．

$$\widetilde{H}_k \begin{bmatrix} a_{k,k}^{(k-1)} \\ a_{k+1,k}^{(k-1)} \\ \vdots \\ a_{m,k}^{(k-1)} \end{bmatrix} = \begin{bmatrix} a_{k,k}^{(k)} \\ 0 \\ \vdots \\ 0 \end{bmatrix}$$

最後に,

$$R = H_t H_{t-1} \cdots H_1 A \in R^{m \times n}, \quad Q = H_1 H_2 \cdots H_t \in R^{m \times m}$$

とすれば, 行列 A の QR 分解が得られる. ただし, t はハウスホルダー変換の総回数である.

■ 3.8.4　ギブンス回転を用いた QR 分解

ギブンス回転も QR 分解の実現に用いられる. ここでは, 4×3 の行列を持って, ギブンス QR 分解の計算過程について説明する.

$$
\begin{bmatrix} \times & \times & \times \\ \times & \times & \times \\ \otimes & \times & \times \\ \otimes & \times & \times \end{bmatrix}
\xrightarrow{G_1(3,4,\theta_1)}
\begin{bmatrix} \times & \times & \times \\ \otimes & \times & \times \\ \otimes & \times & \times \\ 0 & \times & \times \end{bmatrix}
\xrightarrow{G_2(2,3,\theta_2)}
\begin{bmatrix} \otimes & \times & \times \\ \otimes & \times & \times \\ 0 & \times & \times \\ 0 & \times & \times \end{bmatrix}
\xrightarrow{G_3(1,2,\theta_3)}
$$

$$
\begin{bmatrix} \times & \times & \times \\ 0 & \times & \times \\ 0 & \otimes & \times \\ 0 & \otimes & \times \end{bmatrix}
\xrightarrow{G_3(3,4,\theta_4)}
\begin{bmatrix} \times & \times & \times \\ 0 & \otimes & \times \\ 0 & \otimes & \times \\ 0 & 0 & \times \end{bmatrix}
\xrightarrow{G_5(2,3,\theta_5)}
\begin{bmatrix} \times & \times & \times \\ 0 & \times & \times \\ 0 & 0 & \otimes \\ 0 & 0 & \otimes \end{bmatrix}
\xrightarrow{G_6(3,4,\theta_6)}
$$

$$
\begin{bmatrix} \times & \times & \times \\ 0 & \times & \times \\ 0 & 0 & \times \\ 0 & 0 & 0 \end{bmatrix} = R
$$

ただし, $\otimes$ はこれから変換されようとする要素を表す.

上記の例より, G_j を j 回目のギブンス変換, $Q = G_1 \cdots G_t \in R^{m \times m}$ とすると, $Q^T A = R \in R^{m \times n}$ は上三角行列となる. ただし, t はギブンス変換の総回数である. よって, $A \in R^{m \times n}$ の QR 分解が得られる.

■ 3.8.5　QR 分解に基づいたパラメータ推定問題

連立線形方程式

$$y_i = \phi_i^T \theta + r_i, \quad i = 1, \cdots, k \tag{3.8.13}$$

のパラメータ推定問題を考える [19]. ただし, $i = 1, \cdots, k$ は時刻を表す. ここで, スカラー y_i と r_i はそれぞれ出力と式誤差であり, ベクトル $\phi_i, \theta \in R^n$ はそれぞれ回帰ベクトルとパラメータベクトルである. 未知のパラメータベクトル θ の解は, 最小二乗問題

$$\min_{\theta} \|A\theta - y\|_2^2 \tag{3.8.14}$$

によって得られる．ただし，$A = [\phi_1, \cdots, \phi_k]^T \in R^{k \times n}, y = [y_1, \cdots, y_k]^T \in R^k$．ここで，$k \geq n$ とする．もし A が最大列階数の行列であれば，式 (3.8.14) の一意の最小解は以下のように正規方程式 (normal equation) によって決定される．

$$A^T A \theta = A^T y \tag{3.8.15}$$

上式はまた $P^{-1}\theta = r$ と書ける．ただし，$P = (A^T A)^{-1}$，$r = A^T y$ である．式 (3.8.15) の解を求める手法の一つとして，コレスキー分解を利用することが考えられる．コレスキー分解 $P^{-1} = GG^T$ を求め，後退代入法で三角行列方程式 $G^T\theta = G^{-1}r$ を解けばよい．しかし，$A^T A$ の条件数[*1] が A の条件数の二乗であるので，たとえ A の条件数がそれほど大きくなくても，式 (3.8.15) を直接解いて得られた解は，悪条件になる可能性が大きい．

　パラメータ θ の適応同定アルゴリズムとして，標準的な逐次最小二乗法（第 1 章で説明したが，詳しくは文献 [98, 247] を参照されたい）あるいは数値的にもっと安定な $U^T DU$ 分解法 [16] は，行列 P を逐次更新している．これらの逐次推定手法にも，条件数が大きくなる欠点がある．

　一方，A 行列の QR 分解は，条件数を大きくすることはない．A の QR 分解より，以下の関係が得られる．

$$Q^T A = \begin{bmatrix} R \\ 0 \end{bmatrix} \tag{3.8.16}$$

ただし，$Q \in R^{k \times k}$ は直交行列であり，$R \in R^{n \times n}$ は上三角行列である．

　ユークリッドノルムのユニタリ不変性より，式 (3.8.14) は，

$$\min_\theta \|Q^T A \theta - Q^T y\|_2^2 \tag{3.8.17}$$

あるいは，

$$\min_\theta \|R\theta - \overline{y}\|_2^2 + \|\widetilde{y}\|_2^2 \tag{3.8.18}$$

と等価である．ただし，$Q^T y = \begin{bmatrix} \overline{y} \\ \widetilde{y} \end{bmatrix}$．よって，$\overline{y} \in R^n$ が分かれば，式 (3.8.14) の最小化問題は，$R\theta = \overline{y}$ の解を求める問題になる．この方程式を解くための計算量は $n(n+1)/2$ フロップである．また，誤差評価の最小値は $\|\widetilde{y}\|_2^2$ となる．

　ゆえに，QR 分解を用いた時変システムパラメータの適応推定においては，QR 分解の逐次計算がキーポイントである．以下では，ギブンス QR 分解 とハウスホルダー QR 分解を用いた時変パラメータの推定法について説明する．

[*1] 訳注：条件数の概念については，第 6 章を参照されたい

■ 3.8.6　ギブンス回転を用いた時変パラメータの推定アルゴリズム

忘却係数 $\lambda, 0 < \lambda \leq 1$ を導入し，時刻 k において，$A_k \in R^{k \times n}$ と $y \in R^k$ を

$$A_k = [\lambda^{k-1}\phi_1, \cdots, \lambda^1\phi_{k-1}, \lambda^0\phi_k]^T, \qquad y = [\lambda^{k-1}y_1, \cdots, \lambda^{k-1}y_1, \lambda^0 y_k]^T$$

と定義する．時刻 $k+1$ においては，最小二乗問題 (3.8.14) は以下のようになる．

$$\min_{\theta} \left\| \begin{bmatrix} \lambda A_k \\ \phi_{k+1}^T \end{bmatrix} \theta - \begin{bmatrix} \lambda y \\ y_{k+1} \end{bmatrix} \right\|_2^2 \tag{3.8.19}$$

以下の補題 [19] で述べられているように，上式の最小解は，式 (3.8.20) の最小解と一致する．ただし，後者のほうが逐次更新に適している．

❏ 補題 3.8.1.　$A_k = Q \begin{bmatrix} R_k \\ 0 \end{bmatrix}$ および $Q^T y = \begin{bmatrix} \overline{y}_k \\ \widetilde{y} \end{bmatrix}$ とする．ただし，$Q \in R^{k \times k}$ は直交行列であり，$R_k \in R^{n \times n}$ は上三角行列である．そのとき，式 (3.8.19) の最小解は次式の最小解に等しい．

$$\min_{\theta} \left\| \begin{bmatrix} \lambda R_k \\ \phi_{k+1}^T \end{bmatrix} \theta - \begin{bmatrix} \lambda \overline{y}_k \\ y_{k+1} \end{bmatrix} \right\|_2^2 \tag{3.8.20}$$

証明　行列 $\overline{A} \in R^{(k+1) \times n}$ と $\overline{R} \in R^{(n+1) \times n}$ を定義する：

$$\overline{A} = \begin{bmatrix} \lambda A_k \\ \phi_{k+1}^T \end{bmatrix}, \quad \overline{R} = \begin{bmatrix} \lambda R_k \\ \phi_{k+1}^T \end{bmatrix}$$

そこで，以下の結果が成り立つ．

$$\overline{A}^T \overline{A} = \lambda^2 A_k^T A_k + \phi_{k+1}\phi_{k+1}^T = \lambda^2 R_k^T R_k + \phi_{k+1}\phi_{k+1}^T = \overline{R}^T \overline{R} \tag{3.8.21}$$

$$\overline{A}^T \begin{bmatrix} \lambda y \\ y_{k+1} \end{bmatrix} = \lambda^2 A_k^T y + \phi_{k+1}y_{k+1} = \lambda^2 \begin{bmatrix} R_k \\ 0 \end{bmatrix}^T Q^T y + \phi_{k+1}y_{k+1}$$

$$= \lambda^2 R_k^T \overline{y}_k + \phi_{k+1}y_{k+1} = \overline{R}^T \begin{bmatrix} \lambda \overline{y}_k \\ y_{k+1} \end{bmatrix} \tag{3.8.22}$$

式 (3.8.19) の最小解が正規方程式 $\overline{A}^T \overline{A}\theta = \overline{A}^T \begin{bmatrix} \lambda y \\ y_{k+1} \end{bmatrix}$ の解であること，および式 (3.8.20) の最小解が正規方程式 $\overline{R}^T \overline{R}\theta = \overline{R}^T \begin{bmatrix} \lambda \overline{y}_k \\ y_{k+1} \end{bmatrix}$ の解であることに注目すると，式 (3.8.21) と (3.8.22) より，補題の結論が成り立つ．　■

　式 (3.8.20) の最小解を θ_{k+1} とする．それを逐次的に推定するためには，$\overline{R}$ を更新し，R_{k+1} を構成してから，三角行列方程式 $R_{k+1}\theta_{k+1} = \overline{y}_{k+1}$ を解けばよい．

82 第3章 行列の変換と分解

逐次推定アルゴリズムでは，θ_{k+1} そのものでなく，θ_k の変化量 δ_k を求める．すなわち，式 (3.8.20) に基づいて，

$$\theta_{k+1} = \theta_k + \delta_k \tag{3.8.23}$$

の中の δ_k を求めることである．まず，次式を満足する直交行列 $\widetilde{Q} \in R^{(n+1))\times(n+1)}$ を既知とする．

$$\widetilde{Q}\begin{bmatrix} \lambda R_k \\ \phi_{k+1}^T \end{bmatrix} = \begin{bmatrix} R_{k+1} \\ 0 \end{bmatrix} \tag{3.8.24}$$

式 (3.8.20), (3.8.23) と (3.8.24) より，δ_k は次式を最小化する．

$$\min_{\theta} \left\| \widetilde{Q}\begin{bmatrix} \lambda R_k \\ \phi_{k+1}^T \end{bmatrix} \delta - \widetilde{Q}\left\{ \begin{bmatrix} \lambda \overline{y}_k \\ y_{k+1} \end{bmatrix} - \begin{bmatrix} \lambda R_k \\ \phi_{k+1}^T \end{bmatrix} \theta_k \right\} \right\|_2^2 \tag{3.8.25}$$

上式はさらに次式のように簡単化できる．

$$\min_{\theta} \left\| \begin{bmatrix} R_{k+1} \\ 0 \end{bmatrix} \delta - \widetilde{Q}\begin{bmatrix} 0 \\ u_{k+1} \end{bmatrix} \right\|_2^2 \tag{3.8.26}$$

ただし，$u_{k+1} = y_{k+1} - \phi_{k+1}^T \theta_k$．ゆえに，$\delta_k$ は，以下の三角行列方程式を解くことによって得られる．

$$R_{k+1}\delta_k = \overline{y}_{k+1} \tag{3.8.27}$$

ただし，$\overline{y}_{k+1}$ は

$$\begin{bmatrix} \overline{y}_{k+1} \\ r_{k+1} \end{bmatrix} = \widetilde{Q}\begin{bmatrix} 0 \\ u_{k+1} \end{bmatrix}$$

を満足する $n \times 1$ ベクトルである．ここで，r_{k+1} は適当な要素である．

式 (3.8.24) を満足する $\widetilde{Q}$ を構成するために，我々は一連のギブンス回転を用いて，式 (3.8.24) の中の ϕ_{k+1}^T を零にする．よって，以下のように $(n+1) \times (n+1)$ 行列に対して一連のギブンス回転操作を施すと，R_{k+1} と $\overline{y}_{k+1}$ を得ることができる．

$$\widetilde{Q}\begin{bmatrix} \lambda R_k & 0 \\ \phi_{k+1}^T & u_{k+1} \end{bmatrix} = \begin{bmatrix} R_{k+1} & \overline{y}_{k+1} \\ 0 & r_{k+1} \end{bmatrix} \tag{3.8.28}$$

δ_k を求める逐次アルゴリズムを以下のようにまとめる：

1) 予測誤差 $y_{k+1} - \phi_{k+1}^T \theta_k$ を計算する．

2) 行列 $\begin{bmatrix} \lambda R_k & 0 \\ \phi_{k+1}^T & u_{k+1} \end{bmatrix}$ を構成する．

3) 上記の行列にある ϕ_{k+1}^T を一連のギブンス回転によって，零にする．

4) 方程式 (3.8.27) を解いて，δ_k を得る．

MATLAB プログラムについては，文献 [19] を参照されたい．

■ 3.8.7　ハウスホルダー変換に基づいた時変パラメータの高速推定アルゴリズム

前出の線形システム $y_i = \phi_i^T \theta + r_i,\ i = 1, \cdots, k$ のパラメータ推定問題を考える．まず，以下のベクトルを定義する [136]．

$$
\begin{aligned}
D_k &= [\lambda^{k-1}\psi_1, \lambda^{k-2}\psi_2, \cdots, \lambda\psi_{k-1}, \psi_k]^T \\
\psi_i &= [\phi_i^T, -y_i]^T \\
\beta &= [\theta^T, 1]^T
\end{aligned}
\tag{3.8.29}
$$

ただし，$0 < \lambda \leq 1$ は忘却係数である．

最小二乗法 (least-squares method) によるパラメータ θ の推定は，誤差ベクトルのノルムの二乗 $\|D_k\beta\|_2^2$ を最小化する θ を求めることになる．そこで，$H_k \in R^{k \times k}$ を行列 $D_k \in R^{k \times (n+1)}$ を上三角行列 (式 (3.8.30) の右辺にある行列は正方行列ではないが，上三角行列と呼ばれることもある) に変換する直交行列とする：

$$
D_k^* = H_k D_k = \begin{bmatrix} R_k & z_k \\ 0 & g_k \end{bmatrix}
\tag{3.8.30}
$$

ただし，0 は適切なサイズを持つ零行列である．また，

$$
R_k = \begin{bmatrix} d_{1,1}^* & d_{1,2}^* & \cdots & d_{1,n}^* \\ 0 & d_{2,2}^* & \cdots & d_{2,n}^* \\ \vdots & \ddots & \ddots & \vdots \\ 0 & \cdots & 0 & d_{n,n}^* \end{bmatrix}, \quad z_k = \begin{bmatrix} d_{1,n+1}^* \\ d_{2,n+1}^* \\ \vdots \\ d_{n,n+1}^* \end{bmatrix}, \quad g_k = \begin{bmatrix} d_{n+1,n+1}^* \\ 0 \\ \vdots \\ 0 \end{bmatrix}
\tag{3.8.31}
$$

H_k が直交行列であるので，以下が成立する．

$$
\|D_k\beta\|_2^2 = \|H_k D_k \beta\|_2^2 = [R_k\theta + z_k]^T [R_k\theta + z_k] + g_k^T g_k
\tag{3.8.32}
$$

$\|D_k\beta\|_2^2$ を最小化するには，

$$
R_k\theta = -z_k
\tag{3.8.33}
$$

とすればよい．よって，時変パラメータのオンライン推定アルゴリズムのキーポイントは，D_k^* の逐次計算にある．D_k^* が計算されると，θ は三角行列方程式を後退代入で解くことによって求められる．以下では，D_k^* の逐次計算アルゴリズムについて説明する．

時刻 $k-1$ における直交行列 H_{k-1} を既知とする．式 (3.8.30) より，

$$
H_{k-1} D_{k-1} = D_{k-1}^*
\tag{3.8.34}
$$

となる．ただし，D_{k-1}^* は上三角行列である．また，以下の関係も成り立つ．

$$\begin{bmatrix} H_{k-1} & 0 \\ 0 & 1 \end{bmatrix} D_k = \begin{bmatrix} H_{k-1} & 0 \\ 0 & 1 \end{bmatrix} \begin{bmatrix} \lambda D_{k-1} \\ \psi_k^T \end{bmatrix} = \begin{bmatrix} \lambda D_{k-1}^* \\ \psi_k^T \end{bmatrix} \tag{3.8.35}$$

上式の右端に直交行列で三角化を施すと，D_k^* は以下となる．

$$D_k^* = \widehat{H}_k \begin{bmatrix} \lambda D_{k-1}^* \\ \psi_k^T \end{bmatrix} = \begin{bmatrix} R_k & z_k \\ 0 & g_k \end{bmatrix} \tag{3.8.36}$$

ここで，$\widehat{H}_k$ は ψ_k^T を含んだ行列を上三角行列に変換する更新行列であり [32]，$n+1$ 個のハウスホルダー行列の積で構成される [105]：

$$\widehat{H}_k = \widehat{H}_k(n+1)\widehat{H}_k(n)\cdots\widehat{H}_k(1) \tag{3.8.37}$$

これによって，以下の変換が行われる．

$$D_k^{(i+1)} = \widehat{H}_k(i)D_k^{(i)}, \quad i = 1, 2, \cdots, n+1 \tag{3.8.38}$$

ただし，

$$D_k^{(1)} = \begin{bmatrix} \lambda D_{k-1}^* \\ \psi_k^T \end{bmatrix}, \quad D_k^{(n+2)} = D_k^* \tag{3.8.39}$$

$\widehat{H}_k(i)$ の要素は，

$$d_{j,i}^{(i+1)} = 0, \quad j = i+1, i+2, \cdots, k-1 \tag{3.8.40}$$

となるように決定される．ただし，$d_{j,i}^{(i+1)}$ は行列 $D_k^{(i+1)} \in R^{k \times (n+1)}$ の (j, i) 位置にある要素である．$\widehat{H}_k(i)$ は対称な直交行列であり，以下のように与えられる [105]．

$$\widehat{H}_k(i) = I - \frac{u^{(i)}u^{(i)T}}{\sigma_i} \tag{3.8.41}$$

ここで，$u^{(i)}$ と σ_i は，以下のように与えられる [227]．

$$\begin{aligned} \alpha_i &= \sqrt{\sum_{j=i}^{k} \left[d_{j,i}^{(i)}\right]^2} \\ \sigma_i &= \alpha_i \left(\alpha_i + \left|d_{i,i}^{(i)}\right|\right) \\ u_j^{(i)} &= \begin{cases} 0, & j < i \\ d_{i,i}^{(i)} + \mathrm{sign}\left(d_{i,i}^{(i)}\right)\alpha_i, & j = i \\ d_{j,i}^{(i)}, & j > i \end{cases} \end{aligned} \tag{3.8.42}$$

ただし，$i = 1, 2, \cdots, n+1$．実際には，$\widehat{H}_k(i)$ そのものの計算を式 (3.8.41) を用いて陽に行う必要がない．ここで，以下の式に注目されたい．

$$D_k^{(i+1)} = D_k^{(i)} - u^{(i)}q_i^T, \tag{3.8.43}$$

ただし，

$$q_i^T = \frac{u^{(i)^T} D_k^{(i)}}{\sigma_i} \tag{3.8.44}$$

$u^{(i)}$ の最初の $(i-1)$ 個の要素が零であること，および $d_{j,i}^{(i)} = 0$ $(j = i+1, i+2, \cdots, k-1)$ より，式 (3.8.42) および (3.8.44) は以下のように簡単化できる．

$$\alpha_i = \sqrt{\left(d_{i,i}^{(i)}\right)^2 + \left(d_{k,i}^{(i)}\right)^2}$$

$$\sigma_i = \alpha_i \left(\alpha_i + \left|d_{i,i}^{(i)}\right|\right)$$

$$u_j^{(i)} = \begin{cases} d_{i,i}^{(i)} + \text{sign}\left(d_{i,i}^{(i)}\right)\alpha_i \stackrel{\triangle}{=} \eta_i, & j = i \\ d_{k,i}^{(i)}, & j = k \\ 0, & \text{その他} \end{cases} \tag{3.8.45}$$

ただし，$i = 1, 2, \cdots, n+1$．そして，

$$q_i^T = \frac{u^{(i)^T} D_k^{(i)}}{\sigma_i} = \frac{1}{\sigma_i}[0, \cdots, 0, \tau_i, \tau_{i+1}, \cdots, \tau_{n+1}] \tag{3.8.46}$$

$$\tau_j = \eta_i d_{i,j}^{(i)} + d_{k,i}^{(i)} d_{k,j}^{(i)}, \quad j = i, i+1, \cdots, n+1 \tag{3.8.47}$$

式 (3.8.43) において，$D_k^{(i)}$ から $D_k^{(i+1)}$ への変換では，$D_k^{(i)}$ の第 i 行と第 k 行だけが操作されることに注目されたい．式 (3.8.45) と (3.8.46) を式 (3.8.43) に代入すると，逐次ハウスホルダ - 三角化アルゴリズムの時刻 k における計算が得られる：

$$\begin{aligned} &\text{for } i = 1 : n+1 \\ &\quad \alpha_i = \sqrt{\left(d_{i,i}^{(i)}\right)^2 + \left(d_{k,i}^{(i)}\right)^2}; \\ &\quad \sigma_i = \alpha_i \left(\alpha_i + \left|d_{i,i}^{(i)}\right|\right); \\ &\quad \eta_i = d_{i,i}^{(i)} + \text{sign}\left(d_{i,i}^{(i)}\right)\alpha_i; \\ &\quad \eta' = \eta_i/\sigma_i; \quad \mu_i' = d_{k,i}^{(i)}/\sigma_i; \\ &\quad \text{for } j = i : n+1 \\ &\qquad \tau_j = \eta_i d_{i,j}^{(i)} + d_{k,i}^{(i)} d_{k,j}^{(i)} \\ &\qquad d_{i,j}^{(i+1)} = d_{i,j}^{(i)} - \eta_i' \tau_j \\ &\qquad d_{k,j}^{(i+1)} = d_{k,j}^{(i)} - \mu_i' \tau_j \\ &\quad \text{end} \\ &\text{end} \end{aligned} \tag{3.8.48}$$

過去の 10 年間で，QR 分解に基づいた適応パラメータ推定アルゴリズムが数多く提案されている [47–49, 137, 138, 174]．これらのアルゴリズムの共通点は，アルゴリズムが以下の

86 第3章 行列の変換と分解

二つの部分からなることである. 1)：QR 分解の上三角行列 $R = Q^T A$ を逐次更新する；
2)：後退代入法によって三角行列方程式を解く. 後退代入の計算量が $O(n^2)$ であるので，
ハウスホルダー変換がいくら高速になっても，アルゴリズム全体の計算量は $O(n^2)$ 以上で
ある. 一方，文献 [136] では，前述のハウスホルダー QR 分解と後退代入法を融合させ，
計算量が $O(n)$ である高速適応アルゴリズムを提案した. 具体的アルゴリズムについては，
文献 [136] を参照されたい.

■ 3.9 三角 - 対角化分解

本節では，行列を 3 個の行列標準形 (2 個の三角行列と 1 個の対角行列) の積，あるい
は 2 個の行列標準形の和に分解するという三角 - 対角化分解の手法について説明する.

■ 3.9.1 $\mathbf{LDM}^T$ と $\mathbf{LDL}^T$ 分解

行列 A を 3 個の行列の積に分解する手法について考える. ただし，3 個の行列のうち，
三角行列と対角行列がそれぞれ少なくとも 1 個存在する. ここでは，LDM^T と LDL^T と
いう二つの分解について説明する. LDM^T 分解は，LU 分解の変型とも見なせる. LDL^T
は，対称行列に対する LDM^T 分解である.

❑ 定理 3.9.1. 行列 $A \in R^{n \times n}$ のすべての首座小行列が正則であれば，$A = LDM^T$ とな
るような単位下三角行列 L と M，および対角行列 $D = \mathrm{diag}(d_1, \cdots, d_n)$ がそれぞれ一意
的に存在する.

証明　条件と定理 3.7.2 より，正則行列 A は LU 分解 $A = LU$ を持つ. そこで，$i = 1, \cdots, n$
に対して，$D = \mathrm{diag}(d_1, \cdots, d_n)$, $d_i = u_{ii}$ とする. ここで，D が正則であること，およ
び $M^T = D^{-1}U$ が単位上三角行列であることより，$A = LU = LD(D^{-1}U) = LDM^T$
となる. さらに，定理 3.7.2 の結果より，ここでの行列分解は一意である. ∎

上記の証明過程より，行列の LDM^T 分解は LU 分解を利用して求めることができる.
しかし，L, D と M を直接求めるアルゴリズムもある. 行列 L の最初の $j - 1$ 列の要素，
対角行列 D の対角要素 $d_1, \cdots, d_{j-1}$ および行列 M の最初の $j - 1$ 行の要素が既知であ
るとする. ただし，$1 \leq j \leq n$ である. $L(j+1 : n, j), M(j, 1 : j-1)$ と d_j を求めるた
めに，等式 $A = LDM^T$ の両辺の第 j 列が等しいとする. すなわち，

$$A(1 : n, j) = Lv \tag{3.9.1}$$

ただし，$v = DM^T e_j$ である. ここで，e_j は標準正規直交基底ベクトルである. 式 (3.9.1)
の両辺の上の j 個の要素より，$v(1 : j)$ は下三角行列方程式

$$L(1:j, 1:j)v(1:j) = A(1:j, j) \tag{3.9.2}$$

の解である．一方，式 (3.9.1) の両辺の下の $n-j$ 個の要素より，次式が成り立つ．

$$L(j+1:n, 1:j)v(1:j) = A(j+1:n, j) \tag{3.9.3}$$

この式はまた以下のように書ける．

$$L(j+1:n, j)v(j) = A(j+1:n, j) - L(j+1:n, 1:j-1)v(1:j-1) \tag{3.9.4}$$

式 (3.9.2) から v を計算すると，我々は以下の解を得る．

$$\begin{aligned} d(j) &= v(j) \\ M(j, i) &= v(i)/d(i), \quad i = 1, \cdots, j-1 \end{aligned} \tag{3.9.5}$$

さらに，L の第 j 列を式 (3.9.4) より求めることができる．

もし A が対称行列であれば，LDM^T 分解は LDL^T 分解になる：

❑ **定理 3.9.2.** $A = LDM^T$ が正則対称行列 A の LDM^T 分解であれば，$L = M$ である．

証明 行列 $M^{-1}A(M^T)^{-1} = M^{-1}LD$ が対称で，かつ下三角行列であるので，対角行列である．また，対角行列 D が正則であるので，$M^{-1}L$ も対角行列である．しかし，$M^{-1}L$ が単位下三角行列であるので，$M^{-1}L = I$ となる．ゆえに，$L = M$ が成り立つ． ■

▨ 3.9.2 ユニタリ行列の相似変換

第 1 章の 1.4.1 項と本章の 3.4.1 項で紹介した相似変換を利用すれば，与えられた行列を標準形のどれかに変換することができる．

❑ **補題 3.9.1.** 行列 $A \in C^{n \times n}, B \in C^{p \times p}$ と $X \in C^{n \times p}$ が次式を満足するとする．

$$AX = XB, \qquad \mathrm{rank}(X) = p \tag{3.9.6}$$

そのとき，次式を成立させるユニタリ行列 $U \in C^{n \times n}$ が存在する．

$$U^H A U = T = \begin{bmatrix} T_{11} & T_{12} \\ 0 & T_{22} \end{bmatrix} \begin{matrix} p \\ n-p \end{matrix} \tag{3.9.7}$$
$$\quad\quad\quad\quad\quad p \quad\; n-p$$

ここで，$\lambda(T_{11}) = \lambda(A) \cap \lambda(B)$ である．

証明 ベクトル $x \in C^n$ に対して，以下が成立する．

$$Tx = \begin{bmatrix} T_{11} & T_{12} \\ 0 & T_{22} \end{bmatrix} \begin{bmatrix} x_1 \\ x_2 \end{bmatrix} = \lambda \begin{bmatrix} x_1 \\ x_2 \end{bmatrix}$$

ただし，$x_1 \in C^p$, $x_2 \in C^{n-p}$ である．$x_2 \neq 0$ ならば，$T_{22}x_2 = \lambda x_2$ が成り立つので，$\lambda \in \lambda(T_{22})$ となる．$x_2 = 0$ ならば，$T_{11}x_1 = \lambda x_1$ が成り立つので，$\lambda \in \lambda(T_{11})$ となる．

よって，$\lambda(T) \subseteq \lambda(T_{11}) \cup \lambda(T_{22})$ となる．しかし，$\lambda(T)$ と $\lambda(T_{11}) \cup \lambda(T_{22})$ の要素の数は等しいので，集合 $\lambda(T)$ と集合 $\lambda(T_{11}) \cup \lambda(T_{22})$ は等価である．すなわち，

$$\lambda(T) = \lambda(T_{11}) \cup \lambda(T_{22})$$

一方，

$$X = U \begin{bmatrix} R \\ 0 \end{bmatrix}, \quad U \in C^{n \times n},\ R \in C^{p \times p}$$

を X の QR 分解とし，さらに式 (3.9.6) に代入して，整理すると，次式が得られる．

$$U^H A U \begin{bmatrix} R \\ 0 \end{bmatrix} = \begin{bmatrix} T_{11} & T_{12} \\ T_{21} & T_{22} \end{bmatrix} \begin{bmatrix} R \\ 0 \end{bmatrix} = \begin{bmatrix} R \\ 0 \end{bmatrix} B$$

R の正則性および等式 $T_{21}R = 0$ と $T_{11}R = RB$ より，$T_{21} = 0$ と $\lambda(T_{11}) = \lambda(B)$ が成り立つ．また，式 (3.9.7) より，$\lambda(A) = \lambda(T) = \lambda(T_{11}) \cup \lambda(T_{22})$ が成り立つので，$\lambda(T_{11}) = \lambda(A) \cap \lambda(B)$ が成り立つ． ■

▓ 3.9.3　シューア分解

シューア (Schur) が 1909 年に提案した行列分解は，典型的なユニタリ相似変換である．補題 3.9.1 を用いて，シューア分解に関する以下の定理を証明することができる．

❏ **定理 3.9.3.** (シューア分解) 行列 $A \in C^{n \times n}$ に対して，次式を成立させるユニタリ行列 $U \in C^{n \times n}$ が存在する：

$$U^H A U = T = D + N \tag{3.9.8}$$

ただし，$D = \mathrm{diag}(\lambda_1, \cdots, \lambda_n)$ は行列 A の固有値を対角成分とする対角行列であり，N は狭義上三角行列である．

証明　補題 3.9.1 に基づき，数学的帰納法を用いて証明する．まず，$n = 1$ のときに，定理が成立するのは明らかである．つぎに，$n-1$ まで定理が成立するとする．A の任意の一つの固有値を λ とすると，補題 3.9.1 ($B = \lambda$ とする) より，次式を満足するユニタリ行列 $\overline{U}$ が存在する．

$$\overline{U}^H A \overline{U} = \begin{bmatrix} \lambda & w^H \\ 0 & C \end{bmatrix} \begin{matrix} 1 \\ n-1 \end{matrix}$$
$$\begin{matrix} 1 & n-1 \end{matrix}$$

行列 C に対して，$\widetilde{U}^H C \widetilde{U}$ を対角成分が C の固有値からなる上三角行列にすることができるユニタリ行列 $\widetilde{U}$ が存在する．よって，$U = \overline{U}\mathrm{diag}(1, \widetilde{U})$ であれば，$U^H A U$ は上三角行列となる：

$$U^H A U = \begin{bmatrix} \lambda & w^H \widetilde{U} \\ 0 & \widetilde{U}^H C \widetilde{U} \end{bmatrix} = T$$

また，補題 3.9.1 の証明過程より，A のほかの固有値は C の固有値と一致する．よって，$U^H A U = D + N$ と書ける． ▧

$U = [u_1, \cdots, u_n]$ の列 u_k をシューアベクトル (Schur vector) という．$AU = UT$ の両辺の各列ベクトルがそれぞれ等しいとする．式 (3.9.8) より，u_k は次式を満足する．

$$Au_k = \lambda_k u_k + \sum_{i=1}^{k-1} n_{ik} u_i, \qquad k = 1, \cdots, n \tag{3.9.9}$$

よって，部分空間 $S_k = \mathrm{span}\{u_1, \cdots, u_k\}(k = 1, \cdots, n)$ は A-不変である．

行列 $A \in C^{n \times n}$ とユニタリ行列 $U_0 \in C^{n \times n}$ が与えられたとする．以下のハウスホルダー変換による QR 分解 (QR decomposition) を用いた反復演算を考える．

$$T_0 = U_0^H A U_0$$
$$\text{for } k = 1, 2, \cdots$$
$$T_{k-1} = U_k R_k \quad \text{(QR 分解)} \tag{3.9.10}$$
$$T_k = R_k U_k$$
$$\text{end}$$

反復演算を k 回実行した後，$T_k = R_k U_k = U_k^H (U_k R_k) U_k = U_k^H T_{k-1} U_k$ より，

$$T_k = (U_0 U_1 \cdots U_k)^H A (U_0 U_1 \cdots U_k) \tag{3.9.11}$$

となる．ここで，各 T_k は A とユニタリ相似である．A が固有値の絶対値が相異なる正則行列であるとき，T_k は上三角行列に収束する，すなわち，行列 A のシューア分解に収束することが知られている．上記の反復を QR 反復 (QR iteration) といい，固有値を求める有効な手法である．行列の固有値を求める反復手法として，QR 反復のほかに，べき乗法や直交反復などもある [97]．

定理 3.9.3 で紹介したシューア分解では，行列 A が実行列であっても，それが複素固有値を持つとき，複素行列の演算が必要となる．複素行列の演算を行わずに済むために，以下の実シューア分解 (real Schur decomposition) も用いられている．

❏ **定理 3.9.4.** (実シューア分解) 行列 $A \in R^{n \times n}$ に対して，次式を成立させる直交行列 $Q \in R^{n \times n}$ が存在する：

$$Q^H A Q = R = \begin{bmatrix} R_{11} & R_{12} & \cdots & R_{1m} \\ 0 & R_{22} & \cdots & R_{2m} \\ \vdots & \vdots & \ddots & \vdots \\ 0 & 0 & \cdots & R_{mm} \end{bmatrix} \tag{3.9.12}$$

90 第 3 章 行列の変換と分解

ただし，R_{ii} は 1×1 行列，あるいは複素固有値を持つ 2×2 行列である．

定理の証明は文献 [97] を参照されたい．ここで，行列 R を上準三角行列 (upper quasi-triangular) という．この定理は以下のことを意味する．任意の実正方行列は，直交行列によって準三角行列に相似変換することができる．

実対称行列については，以下の対称実シューア分解 (symmetric real Schur decomposition) に関する定理がある．

❑ **定理 3.9.5.** (対称実シューア分解) 実対称行列 $A \in R^{n \times n}$ に対して，次式を成立させる直交行列 $Q \in C^{n \times n}$ が存在する．

$$Q^T A Q = \mathrm{diag}(\lambda_1, \cdots, \lambda_n) \tag{3.9.13}$$

証明 $Q^T A Q = R$ を対称行列 A の実シューア分解であるとする．R も対称であるので，1×1 または 2×2 行列による直和 (direct sum) で構成されなければならない．しかし，2×2 対称行列は複素固有値を持つことがないので，対称行列 R は，2×2 対角ブロック行列を持つことがない．よって，定理の結論が成り立つ． ■

3.10 三重対角化分解

実対称行列の固有値と固有ベクトルを求めるとき，行列をまず三重対角化してから，さらに QR 反復法，二分法 (bisection)，分割統合法 (divide and conquer) などによって固有値と固有ベクトルを求めるという効率的な計算アルゴリズムがよく用いられている [97,228].

三重対角行列 (tridiagonal matrix) とは，以下のような，対角要素と上下対角以外のすべての要素が零である行列である．

$$T = \begin{bmatrix} a_1 & b_1 & 0 & \cdots & 0 \\ c_1 & a_2 & \ddots & \ddots & \vdots \\ 0 & \ddots & \ddots & \ddots & 0 \\ \vdots & \ddots & \ddots & \ddots & b_{n-1} \\ 0 & \cdots & 0 & c_{n-1} & a_n \end{bmatrix} \tag{3.10.1}$$

実対称行列 $A \in R^{n \times n}$ に対して，

$$Q^T A Q = T \tag{3.10.2}$$

と三重対角化する直交行列 Q を見つけることができる．ここでは，ハウスホルダー変換による三重対角化の計算について説明する．ハウスホルダー行列 $H_1, \cdots, H_{k-1}$ がすでに確定されており，A を以下のように変換したとする．

$$A_{k-1} = (H_1, \cdots, H_{k-1})^T A (H_1, \cdots, H_{k-1}) = \begin{bmatrix} B_{11} & B_{12} & 0 \\ B_{21} & B_{22} & B_{23} \\ 0 & B_{32} & B_{33} \end{bmatrix} \begin{matrix} k-1 \\ 1 \\ n-k \end{matrix} \tag{3.10.3}$$
$$\phantom{A_{k-1}} \begin{matrix} k-1 & 1 & n-k \end{matrix}$$

ただし，B_{11} は三重対角行列である．そこで，$\overline{H}_k \in R^{(n-k) \times (n-k)}$ が $\overline{H}_k B_{32}$ を標準正規直交基底ベクトル $e_1 \in R^{n-k}$ の定数倍にするハウスホルダー行列であるとする．$H_k = \mathrm{diag}(I_k, \overline{H}_k)$ のときに，行列

$$A_k = H_k^T A_{k-1} H_k = \begin{bmatrix} B_{11} & B_{12} & 0 \\ B_{21} & B_{22} & B_{23}\overline{H}_k \\ 0 & \overline{H}_k^T B_{32} & \overline{H}_k^T B_{33}\overline{H}_k \end{bmatrix} \begin{matrix} k-1 \\ 1 \\ n-k \end{matrix}$$
$$ \begin{matrix} k-1 & 1 & n-k \end{matrix}$$

の $k \times k$ 首座小行列が三重対角行列となる．明らかに，$k = n-2$ であるとき $(H_1, \cdots, H_{n-2})^T A (H_1, \cdots, H_{n-2}) = T$ が三重対角行列となる．また，$\overline{H}_k^T B_{33} \overline{H}_k$ の計算は，対称性を利用して，以下のように行われる．

まず，$\overline{H}_k$ の表現を以下のようにする．

$$\overline{H}_k = I - \frac{2}{v^T v} v v^T, \quad 0 \neq v \in R^{n-k} \tag{3.10.4}$$

そこで，$p = 2/(v^T v) B_{33} v$，$w = p - p^T v/(v^T v) v$ とおくと，

$$\overline{H}_k^T B_{33} \overline{H}_k = B_{33} - v w^T - w v^T \tag{3.10.5}$$

となる．以上の議論より，$H = H_1 \cdots H_{n-2}$，$H_k = \mathrm{diag}(I_k, \overline{H}_k)$ として，変換を行うと，$H^T A H$ は三重対角行列に変換される．

3.11　行列の対の分解

再び第 1 章の 1.4.2 項の一般化固有値について考える．式 (1.4.14) は，$\lambda \neq 0$ のとき，

$$A^{-1} B x = \frac{1}{\lambda} x \tag{3.11.1}$$

と書ける．また，行列 B が正則であるとき，

$$B^{-1} A x = \lambda x \tag{3.11.2}$$

と書ける．すなわち，一般化固有値問題は，$A^{-1}B$ または $B^{-1}A$ の固有値問題として解くことが可能である．しかし，A または B が悪条件 (悪条件の概念については，第 6 章を参照されたい．ここでは，A または B が特異に近いと理解すればよい) であるとき，$A^{-1}B$ または $B^{-1}A$ の計算を経由して固有値を計算すると，計算誤差の影響が大きくなるおそれがある．よって，行列束 $A - \lambda B$ の一般化固有値問題と等価な別表現を考える必要が生じ

てくる．一つの手法として，行列

$$A_1 = Q^{-1}AZ, \qquad B_1 = Q^{-1}BZ \tag{3.11.3}$$

が標準形となるように，悪条件でない行列 Q と Z を見つけることである．以下の等価関係

$$Ax = \lambda Bx \quad \Longleftrightarrow \quad A_1 y = \lambda B_1 y, \quad x = Zy \tag{3.11.4}$$

より，$\lambda(A,B) = \lambda(A_1, B_1)$ が成り立つ．すなわち，式 (3.11.3) を成立させる正則行列 Q と Z が存在すれば，行列束 $A - \lambda B$ と $A_1 - \lambda B_1$ は，同じ固有値を持つという意味で等価である．ゆえに，行列の対 (A, B) の同時分解を考える必要がある．

数値計算の観点から，Moler と Stewart [149] が提案した一般化シューア分解 (generalized Schur decomposition) は有用である：

❏ **定理 3.11.1.** 行列 $A, B \in C^{n \times n}$ に対して，$Q^H AZ = T$ と $Q^H BZ = S$ が上三角行列となるようなユニタリ行列 Q と Z が存在する．ある k において，$t_{kk} = s_{kk} = 0$ のとき，$\lambda(A, B)$ は任意の値を取る．そうでないときに，$\lambda(A, B)$ は

$$\lambda(A, B) = \{t_{ii}/s_{ii}, \ s_{ii} \neq 0\}$$

で与えられる．

定理の証明は文献 [97, 149] を参照されたい．なお，$\lambda(A, B)$ の解は，関係式

$$\det(A - \lambda B) = \det(QZ^H) \prod_{i=1}^{n} (t_{ii} - \lambda s_{ii}) \tag{3.11.5}$$

から得られたものである．

行列 A と R がともに実数行列であるときに，定理 3.9.4 に対応する一般化実シューア分解 (generalized real Schur decomposition) がある：

❏ **定理 3.11.2.** 行列 $A, B \in R^{n \times n}$ に対して，$Q^T AZ$ が上準三角行列，$Q^T BZ$ が上三角行列となるような直交行列 Q と Z が存在する．

証明は文献 [197] を参照されたい．文献 [97] では，一般化実シューア分解の計算アルゴリズムが与えられている．まず，行列の対 (A, B) に対して，ヘッセンベルグ三角化分解を施し，A と B をそれぞれヘッセンベルグ行列と上三角行列に変換する．なお，ヘッセンベルグ三角化分解は，ギブンス回転によって実現できる．その後，QZ 反復 (QZ iteration) 計算によって，上準三角行列と上三角行列が得られる [97].

第4章

テープリッツ行列

　テープリッツ行列は，信号処理の分野で最も広く使われている特殊行列の一つである．したがって，テープリッツ行列の特性 (準正定性や固有値，固有ベクトル) を詳しく検討する必要がある．また，パラメータ推定などの問題は，ユール - ウォーカ方程式を解くことと深く関連しているので，ユール - ウォーカ方程式の解法について詳しく解説する．テープリッツ行列は非常に特殊な構造を持っており，この構造の特殊性を生かしていろいろな高速解法を導くことが可能である．本章では，その中のいくつかの典型的なアルゴリズムについて詳細に説明する．最後の節では，テープリッツ行列の高速コサイン変換について紹介する．

▌4.1　準正定性

　信号処理論やシステム工学において，しばしば $Ax = b$ のような線形方程式を解く必要がある．ここで，A は

$$A = \begin{bmatrix} a_0 & a_{-1} & a_{-2} & \cdots & a_{-n} \\ a_1 & a_0 & a_{-1} & \cdots & a_{-n+1} \\ a_2 & a_1 & a_0 & \ddots & \vdots \\ \vdots & \vdots & \ddots & \ddots & a_{-1} \\ a_n & a_{n-1} & \cdots & a_1 & a_0 \end{bmatrix} = [a_{i-j}]_{i,j=0}^n \tag{4.1.1}$$

のような形をとり，テープリッツ行列 (Toeplitz matrix) という．このような行列では，対角線に平行な要素が等しい．テープリッツ行列をよく見ると，逆対角線に関して対称であることが分かる．このような対称を交差対称という．一般にテープリッツ行列は対称行列ではないが，交差対称行列である．しかし，もっともよく見られるテープリッツ行列は，

$A = [a_{|i-j|}]_{i,j=0}^{n}$ のような対称テープリッツ行列 (symmetric Toeplitz matrix) である. すなわち, それぞれの要素には, $a_{-i} = a_i,\ i = 1, \cdots, n$ の関係がある. この場合, 対称テープリッツ行列は, その 1 行目の要素によって完全に記述できる. したがって, 対称テープリッツ行列 A は $A = \mathrm{Toep}[a_0, a_1, \cdots, a_n]$ と略記されることもよくある.

■ **例 4.1.1.** 次のような AR モデル (AR model) について考える.

$$x(t) + \sum_{i=1}^{p} a_i x(t-i) = e(t) \tag{4.1.2}$$

ここで, $e(t)$ は平均零, 分散 σ^2 の白色雑音である. 上式の両辺に $x(t-\ell)$ をかけて期待値をとると

$$\sum_{i=0}^{p} a_i r_{\ell-i} = E\left\{ e(t) \left[e(t-\ell) - \sum_{i=1}^{p} a_i x(t-\ell-i) \right] \right\}$$

$$= \sigma^2 \delta(\ell) - \sum_{i=1}^{p} a_i E\{e(t)x(t-\ell-i)\} \quad (a_0 = 1)$$

となる. ここで, $r_k = E\{x(t)x(t+k)\}$ は AR 過程 $\{x(t)\}$ の自己相関関数であり, $\delta(\ell)$ はクロネッカーのデルタである. $E\{e(t)x(t-k)\} = 0, \forall\, k > 0$ を考慮すると, 上式は

$$\sum_{i=0}^{p} a_i r_{\ell-i} = \sigma^2 \delta(\ell) \tag{4.1.3}$$

となる. ここで, $\ell = 0, 1, \cdots, p$ をとると, 行列方程式

$$Rx = b \tag{4.1.4}$$

が得られる. ただし,

$$R = \begin{bmatrix} r_0 & r_{-1} & \cdots & r_{-p} \\ r_1 & r_0 & \cdots & r_{-p+1} \\ \vdots & \vdots & \ddots & \vdots \\ r_p & r_{p-1} & \cdots & r_0 \end{bmatrix}, \quad x = \begin{bmatrix} 1 \\ a_1 \\ \vdots \\ a_p \end{bmatrix}, \quad b = \begin{bmatrix} \sigma^2 \\ 0 \\ \vdots \\ 0 \end{bmatrix}$$

明らかに, 自己相関行列 $R = [r_{i-j}]_{i,j=0}^{p}$ はテープリッツ行列である. 実自己相関関数は偶関数, すなわち, $r_{-k} = r_k, k = 1, 2, \cdots$ であるため, AR モデルの自己相関行列 R はまた対称テープリッツ行列である.

　ここでは, 対称テープリッツ行列 R について考察する. 対称テープリッツ行列の首座小行列式 (leading principal minor) を

$$D_k = |R_k|, \qquad k = 0, 1, \cdots, p \tag{4.1.5}$$

とする. R_k が正定であるのための必要十分条件は, $D_k > 0\ (0 \le k \le p)$ である. しかし, この結論からは, 対称テープリッツ行列の準正定性について類推することができない. 一般に, ある行列が準正定であるための必要十分条件は, すべての主小行列式 (principal minor) が非負であることであるので, $D_k \ge 0\ (0 \le k \le p)$ は, R_k の準正定性の十分条件ではない. 反例を示そう [143]:

$$R_2 = \begin{bmatrix} 0 & 0 & a \\ 0 & 0 & 0 \\ a & 0 & 0 \end{bmatrix} \tag{4.1.6}$$

この例では，$D_0 = D_1 = D_2 = 0$ である．しかし，行列 A_2 の第 2 行と第 2 列を取り除いてできた主小行列式は $-a^2$ となり，A_2 は準正定ではない．明らかにすべての主小行列式を計算して準正定性を判別するのは面倒である．次の定理は，対称テープリッツ行列の準正定性の判別について，すべての主小行列式を計算しないで済む簡単な方法を与えている．

❏ 定理 4.1.1. $R_p = [r_{|i-j|}]$, $i, j = 0, \cdots, p$ を対称テープリッツ行列とする．m が，R_{m-1} が正定でかつ $D_m = 0$ であることを満たす最小正整数であれば，行列 $R_p, p > m$ が準正定であるための必要十分条件は，係数 $\{r_i,\ i > m\}$ が次の回帰式

$$r_i = -\sum_{k=1}^{m} a_m(k) r_{i-k}, \qquad i = m+1, \cdots, p \tag{4.1.7}$$

を満たすことである．ここで，$a_m(k), 1 \le k \le m$ は AR パラメータである．

　証明は文献 [143] を参照されたい．

4.2　固有値と固有ベクトル

　信号処理などの分野で見られるテープリッツ行列はほとんど対称であり，しかも多くの問題の解析と解法は対称テープリッツ行列の固有値と固有ベクトルの問題と切り離せないので，ここでは，対称テープリッツ行列の固有値問題について議論する．

　便利のため，本節では，$B \in R^{N \times N}$ を対称テープリッツ行列，$C \in R^{N \times N}$ を非対称テープリッツ行列，$J \in R^{N \times N}$ を交換行列と記す．第 2 章の 2.2 節で述べた交換行列の定義より，対称テープリッツ行列 B については

$$JBJ = B, \quad BJ = JB \tag{4.2.1}$$

が成り立ち，非対称テープリッツ行列 C については

$$C^T = JCJ, \quad C^T J = JC \tag{4.2.2}$$

が成り立つ．ここで，JC は C の行を交換したものであり，$C^T J$ は C^T の列を交換したものである．C の行は C^T の列であるため，$C^T J = JC$ が成り立つ．

　R を実対称テープリッツ行列として，以下の二つの場合に分けて議論する．

■ 偶数次元の場合

　任意の $2N \times 2N$ の対称テープリッツ行列 R_{2N} は，次のようにブロック分割できる．

$$R_{2N} = \begin{bmatrix} B & C^T \\ C & B \end{bmatrix} \tag{4.2.3}$$

❏ **定理 4.2.1.** 式 (4.2.3) の対称テープリッツ行列 R_{2N} の固有値分解について, 以下の結果が成り立つ.

(1) (λ_i, u_i) が $N \times N$ 行列 $B + JC$ の固有ペアであれば, $\left(\lambda_i, [\frac{1}{\sqrt{2}}u_i^T, \frac{1}{\sqrt{2}}(Ju_i)^T]^T\right)$ は R_{2N} の固有ペアである.

(2) (μ_i, v_i) が $N \times N$ 行列 $B - JC$ の固有ペアであれば, $\left(\mu_i, [\frac{1}{\sqrt{2}}v_i^T, -\frac{1}{\sqrt{2}}(Jv_i)^T]^T\right)$ は R_{2N} の固有ペアである.

証明 (1) と (2) の証明は類似しているので, (1) のみを証明する. 仮定および固有ペアの定義より,

$$(B + JC)u_i = \lambda_i u_i \tag{4.2.4}$$

が成り立つ. 式 (4.2.1) と (4.2.2), および $J^2 = I$ を用いると,

$$\begin{bmatrix} B & C^T \end{bmatrix} \begin{bmatrix} \dfrac{1}{\sqrt{2}}u_i \\ \dfrac{1}{\sqrt{2}}Ju_i \end{bmatrix} = \frac{1}{\sqrt{2}}(B + C^T J)u_i = \frac{1}{\sqrt{2}}(B + JC)u_i = \frac{1}{\sqrt{2}}\lambda_i u_i \tag{4.2.5a}$$

$$\begin{bmatrix} C & B \end{bmatrix} \begin{bmatrix} \dfrac{1}{\sqrt{2}}u_i \\ \dfrac{1}{\sqrt{2}}Ju_i \end{bmatrix} = \frac{1}{\sqrt{2}}(BJ + C)u_i = \frac{1}{\sqrt{2}}J(JBJ + JC)u_i = \frac{1}{\sqrt{2}}\lambda_i Ju_i \tag{4.2.5b}$$

が容易に得られる. 式 (4.2.5a) と式 (4.2.5b) をまとめると,

$$\begin{bmatrix} B & C^T \\ C & B \end{bmatrix} \begin{bmatrix} \dfrac{1}{\sqrt{2}}u_i \\ \dfrac{1}{\sqrt{2}}Ju_i \end{bmatrix} = \lambda_i \begin{bmatrix} \dfrac{1}{\sqrt{2}}u_i \\ \dfrac{1}{\sqrt{2}}Ju_i \end{bmatrix} \tag{4.2.6a}$$

が得られる. 次に, ベクトル $\begin{bmatrix} \frac{1}{\sqrt{2}}u_i \\ \frac{1}{\sqrt{2}}Ju_i \end{bmatrix}$ の直交性を証明する. u_i は対称行列の固有ベクトルであるので, $u_i^T u_i = 1$ および $u_i^T u_j = 0$ $(i \neq j)$ であり, 以下の関係が成り立つ.

$$\begin{bmatrix} \dfrac{1}{\sqrt{2}}u_i^T & \dfrac{1}{\sqrt{2}}(Ju_i)^T \end{bmatrix} \begin{bmatrix} \dfrac{1}{\sqrt{2}}u_i \\ \dfrac{1}{\sqrt{2}}Ju_i \end{bmatrix} = \frac{1}{2}u_i^T u_i + \frac{1}{2}u_i^T J^T Ju_i = 1 \tag{4.2.6b}$$

$$\begin{bmatrix} \dfrac{1}{\sqrt{2}}u_i^T & \dfrac{1}{\sqrt{2}}(Ju_i)^T \end{bmatrix} \begin{bmatrix} \dfrac{1}{\sqrt{2}}u_j \\ \dfrac{1}{\sqrt{2}}Ju_j \end{bmatrix} = \frac{1}{2}u_i^T u_j + \frac{1}{2}u_i^T J^T Ju_j = 0 \tag{4.2.6c}$$

以上より, $\left(\lambda_i, [\frac{1}{\sqrt{2}}u_i^T, \frac{1}{\sqrt{2}}(Ju_i)^T]^T\right)$ は確かに R_{2N} の固有ペアであることが分かる. ■

この定理は，任意の $2N \times 2N$ 対称テープリッツ行列 R_{2N} の固有値分解が 二つの $N \times N$ テープリッツ行列の固有値分解から得られることを示している.

■ 奇数次元の場合

任意の $(2N+1) \times (2N+1)$ 次元対称テープリッツ行列 R_{2N+1} は，次のようにブロック分割できる.

$$R_{2N+1} = \begin{bmatrix} B & x & C^T \\ x^T & r_0 & x^T J \\ C & Jx & B \end{bmatrix} \tag{4.2.7}$$

ただし，$x \in R^{N \times 1}$.

上記のブロック分割に対して，次のような固有値分解の結果が存在する.

❏ **定理 4.2.2.** $(2N+1) \times (2N+1)$ テープリッツ行列 R_{2N+1} が式 (4.2.7) のようにブロック分割されたとする. このとき,

(1) $(\lambda_i, [u_i^T, \alpha_i]^T)$ が $(N+1) \times (N+1)$ 行列

$$A_1 = \begin{bmatrix} B + JC & \sqrt{2}x \\ \sqrt{2}x^T & r_0 \end{bmatrix}$$

の固有ペア (α_i はスカラー) であれば, $\left(\lambda_i, [\frac{1}{\sqrt{2}}u_i^T, \alpha_i, \frac{1}{\sqrt{2}}(Ju_i)^T]^T\right)$ は R_{2N+1} の固有ペアである.

(2) (μ_i, v_i) が $N \times N$ 行列 $A_2 = B - JC$ の固有ペアであれば, $\left(\mu_i, [\frac{1}{\sqrt{2}}v_i^T, 0, -\frac{1}{\sqrt{2}}(Jv_i)^T]^T\right)$ は R_{2N+1} の固有ペアである.

証明 (2) の部分の証明は (1) の部分の証明と類似しているので，(1) の部分のみを証明する. 仮定より,

$$Bu_i + JCu_i + \sqrt{2}x\alpha_i = \lambda_i u_i \tag{4.2.8a}$$

$$\sqrt{2}x^T u_i + r_0 \alpha_i = \lambda_i \alpha_i \tag{4.2.8b}$$

が成り立つ. 式 (4.2.1) と (4.2.2)，および $J^2 = I$ を用いると，

$$\begin{bmatrix} B & x & C^T \end{bmatrix} \begin{bmatrix} \frac{1}{\sqrt{2}}u_i \\ \alpha_i \\ \frac{1}{\sqrt{2}}Ju_i \end{bmatrix} = \frac{1}{\sqrt{2}}(Bu_i + \sqrt{2}x\alpha_i + C^T Ju_i)$$

$$= \frac{1}{\sqrt{2}}(Bu_i + \sqrt{2}x\alpha_i + JCu_i) = \frac{1}{\sqrt{2}}\lambda_i u_i \tag{4.2.9a}$$

$$\begin{bmatrix} C & Jx & B \end{bmatrix} \begin{bmatrix} \dfrac{1}{\sqrt{2}}u_i \\ \alpha_i \\ \dfrac{1}{\sqrt{2}}Ju_i \end{bmatrix} = \frac{1}{\sqrt{2}}(Cu_i + \sqrt{2}Jx\alpha_i + BJu_i)$$

$$= \frac{1}{\sqrt{2}}J(JBJu_i + \sqrt{2}x\alpha_i + JCu_i) = \frac{1}{\sqrt{2}}\lambda_i Ju_i \tag{4.2.9b}$$

が導ける．また，式 (4.2.8b) より，

$$\begin{bmatrix} x^T & r_0 & x^T J \end{bmatrix} \begin{bmatrix} \dfrac{1}{\sqrt{2}}u_i \\ \alpha_i \\ \dfrac{1}{\sqrt{2}}Ju_i \end{bmatrix} = \frac{1}{\sqrt{2}}(x^T u_i + \sqrt{2}r_0\alpha_i + x^T J^2 u_i)$$

$$= (\sqrt{2}x^T u_i + r_0\alpha_i) = \lambda_i \alpha_i \tag{4.2.9c}$$

が得られる．式 (4.2.9a)～(4.2.9c) をまとめると，

$$\begin{bmatrix} B & x & C^T \\ x^T & r_0 & x^T J \\ C & Jx & B \end{bmatrix} \begin{bmatrix} \dfrac{1}{\sqrt{2}}u_i \\ \alpha_i \\ \dfrac{1}{\sqrt{2}}Ju_i \end{bmatrix} = \lambda_i \begin{bmatrix} \dfrac{1}{\sqrt{2}}u_i \\ \alpha_i \\ \dfrac{1}{\sqrt{2}}Ju_i \end{bmatrix}$$

となり，$\left(\lambda_i, [\frac{1}{\sqrt{2}}u_i^T, \alpha_i, \frac{1}{\sqrt{2}}(Ju_i)^T]^T\right)$ は R_{2N+1} の固有ペアである．また，$[u_i^T, \alpha_i]^T$ は直交ベクトルであることから，ベクトル $\left[\frac{1}{\sqrt{2}}u_i^T, \alpha_i, \frac{1}{\sqrt{2}}(Ju_i)^T\right]^T$ が直交であることは容易に検証できる． ∎

　定理 4.2.2 は任意の $(2N+1) \times (2N+1)$ 対称テープリッツ行列 R_{2N+1} の固有値分解が $(N+1) \times (N+1)$ の行列 A_1 と $N \times N$ 行列 $A_2 = B - JC$ の 二つの小さい行列の固有値分解から求められることを示している。

▌ 4.3　ユール‐ウォーカ方程式のレビンソン逐次解法

　統計的信号処理およびその関連分野において，しばしば $Tx = b$ のような連立一次方程式を解く必要がある．T がテープリッツ行列であるような方程式をテープリッツ連立一次方程式という．とくに，線形予測問題において，予測器パラメータや反射係数を求めるときに，T が対称テープリッツ行列であるユール‐ウォーカ方程式を解く必要がある．我々はユール‐ウォーカ方程式の次数逐次解法に興味を持つ．次数逐次解法は本質的には逐次

計算アルゴリズムであり，しかも単位円周上での直交多項式 (レビンソン (Levison) 多項式あるいはセゲー (Szegö) 多項式という [118]) の逐次計算アルゴリズムと密接に関係しており，その計算量は，対称テープリッツ行列の次数を $n+1$ としたときに $O(n^2)$ である．逐次計算アルゴリズムの基礎は，テープリッツ行列が特殊な構造を持っていることにある．レビンソンの逐次計算アルゴリズムは，テープリッツ連立一次方程式を解く有効な計算法の一つである．古典的レビンソン逐次アルゴリズム [134] には冗長な計算があるので，Delsarte と Genin は，分割レビンソンアルゴリズム [61] および分割シューア (Schur) アルゴリズム [62] を提案した．その後に， Krishna と Morgera [125] は分割レビンソンアルゴリズムを実ユール - ウォーカ方程式から複素ユール - ウォーカ方程式に拡張した．

　本節では，まず古典的レビンソン逐次アルゴリズム，次に実数の場合の分割レビンソン逐次アルゴリズムと分割 シューアアルゴリズム，最後に，複素数の場合の分割レビンソンアルゴリズムについて説明する．

■ 4.3.1　古典的レビンソン逐次アルゴリズム

時系列 $\{x(n)\}$ の k 次前向き線形予測

$$\hat{x}_f(n) = -\sum_{i=1}^{k} a_i^{(k)} x(n-i) \tag{4.3.1a}$$

と k 次後向き線形予測

$$\hat{x}_b(n-k) = -\sum_{i=1}^{k} a_i^{*(k)} x(n-k+i) \tag{4.3.1b}$$

について考える [62, 205, 247]．ここで， $a_i^{(k)}$ は k 次予測器の i 番目の係数，$*$ は共役複素数を表す．前向き線形予測誤差を $\epsilon(n) = x(n) - \hat{x}_f(n)$ と定義する．$E\{\epsilon^2(n)\}$ を最小化するようにパラメータを定めると，次の予測方程式 (すなわち，有名なユール - ウォーカ方程式 (Yule-Walker equation)) [247] が得られる．

$$\begin{bmatrix} R(0) & R(-1) & \cdots & R(-k) \\ R(1) & R(0) & \cdots & R(-k+1) \\ \vdots & \vdots & \ddots & \vdots \\ R(k) & R(k-1) & \cdots & R(0) \end{bmatrix} \begin{bmatrix} 1 \\ a_1^{(k)} \\ \vdots \\ a_k^{(k)} \end{bmatrix} = \begin{bmatrix} E_k \\ 0 \\ \vdots \\ 0 \end{bmatrix} \tag{4.3.2}$$

ここで， $R(i) = E\{x(n)x^*(n-i)\} = R^*(-i)$ は $x(n)$ の自己相関関数であり，$E_k = E\{\epsilon^2(n)\} = \sum_{i=0}^{k} a_k(i) R(-i)$ は k 次予測器の平均二乗誤差である．式 (4.3.2) を簡潔に書くと，前向き予測器のユール - ウォーカ方程式は

$$\sum_{i=0}^{k} a_i^{(k)} R(j-i) = \begin{cases} E_k, & j = 0 \\ 0, & j = 1, \cdots, k \end{cases} \tag{4.3.3a}$$

となる．ただし，$a_0^{(k)} = 1$. 式 (4.3.2) について複素共役をとり，$R^*(j-i) = R(i-j)$ に注意すると，

$$
\begin{bmatrix}
R(0) & R(1) & \cdots & R(k) \\
R(-1) & R(0) & \cdots & R(k-1) \\
\vdots & \vdots & \ddots & \vdots \\
R(-k) & R(-k+1) & \cdots & R(0)
\end{bmatrix}
\begin{bmatrix}
1 \\
a_1^{*(k)} \\
\vdots \\
a_k^{*(k)}
\end{bmatrix}
=
\begin{bmatrix}
E_k \\
0 \\
\vdots \\
0
\end{bmatrix}
$$

が得られる．上式はまた

$$
\begin{bmatrix}
R(0) & R(-1) & \cdots & R(-k) \\
R(1) & R(0) & \cdots & R(-k+1) \\
\vdots & \vdots & \ddots & \vdots \\
R(k) & R(k-1) & \cdots & R(0)
\end{bmatrix}
\begin{bmatrix}
a_k^{*(k)} \\
\vdots \\
a_1^{*(k)} \\
1
\end{bmatrix}
=
\begin{bmatrix}
0 \\
\vdots \\
0 \\
E_k
\end{bmatrix}
$$

と書ける．すなわち，

$$
\sum_{i=0}^{k} a_{k-i}^{*(k)} R(j-i) =
\begin{cases}
0, & j = 0, \cdots, k-1 \\
E_k, & j = k
\end{cases}
\tag{4.3.3b}
$$

ただし，$a_0^{*(k)} = 1$. これが後向き予測器のユール - ウォーカ方程式であることが知られている [62, 205, 247].

同様に，$k-1$ 次の前向き予測器と後向き予測器のユール - ウォーカ方程式はそれぞれ

$$
\sum_{i=0}^{k-1} a_i^{(k-1)} R(j-i) =
\begin{cases}
E_{k-1}, & j = 0 \\
0, & j = 1, \cdots, k-1
\end{cases}
\tag{4.3.4a}
$$

と

$$
\sum_{i=0}^{k-1} a_{k-1-i}^{*(k-1)} R(j-i) =
\begin{cases}
0, & j = 0, \cdots, k-2 \\
E_{k-1}, & j = k-1
\end{cases}
\tag{4.3.4b}
$$

で与えられる．また，方程式

$$
\sum_{i=0}^{k-1} a_{k-1-i}^{*(k-1)} R(k-i) = -\beta_k E_{k-1}
\tag{4.3.5a}
$$

およびその複素共役

$$
\sum_{i=0}^{k-1} a_i^{*(k-1)} R(i-k) = -\beta_k^* E_{k-1}
\tag{4.3.5b}
$$

を定義する．ただし，β_k は偏相関係数 (partial correlation coefficient)，あるいは反射係数 (reflection coefficient) という．式 (4.3.2)〜(4.3.5) を以下のようにまとめる．

$$
\begin{bmatrix} R(0) & R(-1) & \cdots & R(-k) \\ R(1) & R(0) & \cdots & R(-k+1) \\ \vdots & \vdots & \ddots & \vdots \\ R(k) & R(k-1) & \cdots & R(0) \end{bmatrix} \left(\begin{bmatrix} 1 \\ a_1^{(k-1)} \\ \vdots \\ a_{k-1}^{(k-1)} \\ 0 \end{bmatrix} + \beta_k \begin{bmatrix} 0 \\ a_{k-1}^{*(k-1)} \\ \vdots \\ a_1^{*(k-1)} \\ 1 \end{bmatrix} \right)
$$

$$
= \begin{bmatrix} E_{k-1} \\ 0 \\ \vdots \\ 0 \end{bmatrix} + \beta_k \begin{bmatrix} -\beta_k^* E_{k-1} \\ 0 \\ \vdots \\ 0 \\ E_{k-1} \end{bmatrix} \tag{4.3.6}
$$

式 (4.3.2) と (4.3.6) の両辺を比較すると,以下の次数逐次アルゴリズムが得られる.

$$
a_i^{(k)} = a_i^{(k-1)} + \beta_k a_{k-i}^{*(k-1)}, \quad i = 0, \cdots, k \tag{4.3.7a}
$$

$$
\beta_k = -\frac{R(k) + \sum_{i=1}^{k-1} a_i^{(k-1)} R(k-i)}{E_{k-1}} = a_k^{(k)} \tag{4.3.7b}
$$

$$
E_k = (1 - |\beta_k|^2) E_{k-1} \tag{4.3.7c}
$$

ただし,$a_k^{(k-1)} = 0$,初期値は $\beta_1 = -R(1)/R(0)$,$E_1 = (1 - \beta_1^2)R(0)$ で与えられる.これが,ユール - ウォーカ方程式 (4.3.2) の解を求めるための古典的レビンソンアルゴリズム (classical Levinson algorithm) (Levinson-Durbin アルゴリズムともいう) である.予測誤差の分散 $E_m > 0$ より,$|\beta_m| < 1$ であることに注意されたい.

▩ 4.3.2 分割レビンソンアルゴリズム

前の小節では,複素数の場合のレビンソン逐次アルゴリズムを導出した.ここでは,$x(n)$ と係数 a_i^k が実数の場合について考える.分割レビンソンアルゴリズム (split Levinson algorithm) [205] を用いれば,乗算の回数を半減することができる.以下では,行列法 [205] と多項式法 [61] という 二つの異なるアプローチについてそれぞれ説明する.

▩ 行列法

実数の場合では,ユール - ウォーカ方程式 (4.3.3a) と (4.3.3b) はそれぞれ

$$
T^{(k)} \begin{bmatrix} 1 \\ a^{(k)} \end{bmatrix} = \begin{bmatrix} E_k \\ 0 \\ \vdots \\ 0 \end{bmatrix}, \qquad T^{(k)} \begin{bmatrix} \breve{a}^{(k)} \\ 1 \end{bmatrix} = \begin{bmatrix} 0 \\ \vdots \\ 0 \\ E_k \end{bmatrix} \tag{4.3.8}
$$

と書ける. ただし,

$$
a^{(k)} = [a_1^{(k)}, \cdots, a_k^{(k)}]^T, \quad \breve{a}^{(k)} = [a_k^{(k)}, \cdots, a_1^{(k)}]^T
$$

$T^{(k)} \in R^{(k+1) \times (k+1)}$ は式 (4.3.2) にあるような対称テープリッツ行列であり, その 1 行目を $[c_0, c_1, \cdots, c_k]$ と表す. ただし, $c_i = R(i)$.

J を交換行列とする. $JTJ = T$ (対称テープレッツ行列の交換不変性) と $JJ = I$ (交換行列の対合性) より, 式 (4.3.8) の二つの方程式が同じ問題に対して等価な表現であることが示せる [205]. また, 両者を足し合わせると,

$$
T^{(k)} \left(\begin{bmatrix} 1 \\ a^{(k)} \end{bmatrix} + \begin{bmatrix} \breve{a}^{(k)} \\ 1 \end{bmatrix} \right) = [E_k, 0, \cdots, 0, E_k]^T \tag{4.3.9}
$$

となる. 式 (4.3.7a) を用いると, 関係式

$$
\begin{bmatrix} 1 \\ a^{(z)} \end{bmatrix} + \begin{bmatrix} \breve{a}^{(k)} \\ 1 \end{bmatrix} = \begin{bmatrix} 1 + a_k^{(k)} \\ a_1^{(k)} + a_{k-1}^{(k)} \\ \vdots \\ a_{k-1}^{(k)} + a_1^{(k)} \\ a_k^{(k)} + 1 \end{bmatrix} = (1 + \beta_k) \begin{bmatrix} 1 \\ a_1^{(k-1)} + a_{k-1}^{(k-1)} \\ \vdots \\ a_{k-1}^{(k-1)} + a_1^{(k-1)} \\ 1 \end{bmatrix}
$$

が得られる. 式 (4.3.9) を

$$
T^{(k)} p^{(k)} = [\tau_k, 0, \cdots, 0, \tau_k]^T \tag{4.3.10}
$$

と書き直す. ただし, $\tau_k = E_k / (1 + \beta_k)$ であり, $p^{(k)}$ は以下のように定義される.

$$
p^{(k)} = \begin{bmatrix} p_0^{(k)} \\ p_1^{(k)} \\ \vdots \\ p_k^{(k)} \end{bmatrix} = \begin{bmatrix} 1 \\ a_1^{(k-1)} + a_{k-1}^{(k-1)} \\ \vdots \\ a_{k-1}^{(k-1)} + a_1^{(k-1)} \\ 1 \end{bmatrix} \tag{4.3.11a}
$$

すなわち, ベクトル $p^{(k)}$ の要素が対称であることが容易に分かる:

$$
p_i^{(k)} = a_i^{(k-1)} + a_{k-i}^{(k-1)}, \quad i = 1, \cdots, k-1 \tag{4.3.11b}
$$

普通のユール-ウォーカ方程式 (4.3.8) では, $a^{(k)}$ は対称ではないが, 式 (4.3.10) では, $p^{(k)}$ はその要素に関して対称である. それらを上下に分割すれば, $p^{(k)}$ を逐次更新するた

めの乗算の回数が半分になる．これが「分割」の意義である．式 (4.3.10) より，

$$\tau_k = [c_0, c_1, \cdots, c_k] p^{(k)} \tag{4.3.12}$$

が得られる．$p^{(k)}$ の対称性より，式 (4.3.12) の乗算の回数が半分になる：

$$
\begin{aligned}
\tau_k &= \sum_{i=0}^{(k-1)/2} (c_i + c_{k-i}) p_i^{(k)}, & k = \text{奇数} \\
\tau_k &= c_{k/2} p_{k/2}^{(k)} + \sum_{i=0}^{(k-2)/2} (c_i + c_{k-i}) p_i^{(k)}, & k = \text{偶数}
\end{aligned}
\tag{4.3.13}
$$

次に，ベクトル $p^{(k)}$ の逐次更新式を導出する．逐次更新式が対称性を保つ必要があることはいうまでもない．そのため，以下の逐次更新式を考える．

$$
p^{(k+1)} = \begin{bmatrix} p^{(k)} \\ 0 \end{bmatrix} + \begin{bmatrix} 0 \\ p^{(k)} \end{bmatrix} - \alpha_k \begin{bmatrix} 0 \\ p^{(k-1)} \\ 0 \end{bmatrix}
\tag{4.3.14}
$$

これがいわゆる分割レビンソン逐次 (split Levinson recursion) 式である [205]．$p^{(k)}$ の対称性によって，分割レビンソン逐次式では，乗算の回数が古典的レビンソン逐次式の半分である．なお，分割レビンソン逐次式にある係数 α_k は古典的レビンソン逐次式 (4.3.7a) の中の反射係数 (あるいは偏相関係数) β_k と同様な役割をしているので，α_k を分割反射係数 (split reflection coefficient) (あるいは分割偏相関係数) という．

分割レビンソンアルゴリズムで，まだ導出されていない計算式は，分割反射係数 α_k の逐次計算式の導出である．そこで，式 (4.3.14) の両辺に左から対称テープリッツ行列 $T^{(k+1)}$ をかける．式 (4.3.14) の各項に対する計算結果は以下のようになる．

$$
T^{(k+1)} \begin{bmatrix} p^{(k)} \\ 0 \end{bmatrix} = [\tau_k, 0, \cdots, 0, \tau_k, \gamma_k]^T
\tag{4.3.15a}
$$

$$
T^{(k+1)} \begin{bmatrix} 0 \\ p^{(k)} \end{bmatrix} = [\gamma_k, \tau_k, 0, \cdots, 0, \tau_k]^T
\tag{4.3.15b}
$$

$$
T^{(k+1)} \begin{bmatrix} 0 \\ p^{(k-1)} \\ 0 \end{bmatrix} = [\gamma_{k-1}, \tau_{k-1}, 0, \cdots, 0, \tau_{k-1}, \gamma_{k-1}]^T
\tag{4.3.15c}
$$

以上より，式 (4.3.14) の両辺に左から $T^{(k+1)}$ をかけると，

$$
\begin{bmatrix} \tau_{k+1} \\ 0 \\ \vdots \\ 0 \\ \tau_{k+1} \end{bmatrix} = \begin{bmatrix} \tau_k \\ 0 \\ \vdots \\ 0 \\ \tau_k \\ \gamma_k \end{bmatrix} + \begin{bmatrix} \gamma_k \\ \tau_k \\ 0 \\ \vdots \\ 0 \\ \tau_k \end{bmatrix} - \alpha_k \begin{bmatrix} \gamma_{k-1} \\ \tau_{k-1} \\ 0 \\ \vdots \\ 0 \\ \tau_{k-1} \\ \gamma_{k-1} \end{bmatrix}
\tag{4.3.16}
$$

となる. 上式の 2 行目より, 以下の結果がただちに得られる.

$$
\alpha_k = \tau_k / \tau_{k-1}
\tag{4.3.17}
$$

これまでの議論をまとめると, 分割レビンソンアルゴリズムは, おもに分割レビンソン逐次式 (4.3.14), 分割内積計算式 (4.3.13) および分割反射係数の計算式 (4.3.17) からなる[*1].

■ 多項式法

上記では, 行列法で分割レビンソン逐次式を導出した. ここでは, 多項式法 [61] による導出を示す. 任意の $(k+1)$ 次元の列ベクトル $x^{(k)} = [x_0^{(k)}, x_1^{(k)}, \cdots, x_k^{(k)}]^T$ について考える. ベクトル $x^{(k)}$ は k 次の多項式 $x_k(z) = \sum_{i=0}^{k} x_i^{(k)} z^i$ で表現することもできる. 逆に, 多項式をベクトルで表現することもできる. 与えられた多項式 $x_k(z) = \sum_{i=0}^{k} x_i^{(k)} z^i$ に対して, その相反多項式 (reciprocal polynomial) を $\breve{x}_k(z)$ と表す:

$$
\breve{x}_k(z) = z^k x_k(z^{-1}) = \sum_{i=0}^{k} \breve{x}_i^{(k)} z^i = \sum_{i=0}^{k} x_{k-i}^{(k)} z^i
\tag{4.3.18}
$$

交換行列 J とベクトル表現を用いると, 多項式 $x(z)$ とその相反行列 $\breve{x}_k(z)$ との関係は, $\breve{x}^{(k)} = J x^{(k)}$ と表される. $\breve{x}^{(k)} = x^{(k)}$ であるとき, ベクトル $x^{(k)}$ を対称ベクトル (symmetric vector) といい, $x^{(k)} = -\breve{x}^{(k)}$ であるとき, ベクトル $x^{(k)}$ を反対称ベクトル (antisymmetric vector) という. 同様に, $\breve{x}_k(z) = x_k(z)$ であるとき, 多項式 $x_k(z)$ を対称多項式 (symmetric polynomial) といい, $x_k(z) = -\breve{x}_k(z)$ であるとき, 多項式 $x_k(z)$ を反対称多項式 (antisymmetric polynomial) という.

多項式 $a_k(z)$ の係数ベクトルを $a^{(k)} = [a_0^{(k)}, a_1^{(k)}, \cdots, a_k^{(k)}]^T$ とし, 式 (4.3.2) を改めて以下のように表現する.

$$
T^{(k)} a^{(k)} = [E_k, 0, \cdots, 0]^T
\tag{4.3.19}
$$

[*1] 訳注: ここでは, 分割パラメータベクトル $p^{(k)}$ と分割反射係数 $\alpha^{(k)}$ の逐次計算だけを説明している [205]. 一方, 等価な多項式法では, 得られた $p^{(k)}$ と $\alpha^{(k)}$ から予測器パラメータ $a_i^{(k)}, i = 1, \cdots, k$ と反射係数 β_k の計算方法も説明している.

ここで, $k = 1, \cdots, n$ であり, 対称テープリッツ行列 $T^{(k)}$ の 1 行目の要素は $[c_0, c_1, \cdots, c_k]$ である. ただし, $c_i = R(i)$. また, E_k は, $E_k = \det(T^{(k)})/\det(T^{(k-1)})$ とも表される [61, 62].

レビンソン逐次式 (4.3.7a) も多項式

$$a_k(z) = a_{k-1}(z) + \beta_k z \breve{a}_{k-1}(z) \tag{4.3.20}$$

で表現できる. 反射係数 β_k は, 数学の分野では一般にシューア - セゲー (Schur-Szegö) パラメータという. 式 (4.3.20) の多項式 $a_k(z)$ は, 信号処理の分野で一般に予測多項式 (predictor polynomial) といい, 数学の分野で一般にレビンソン - セゲー (Levinson-Szegö) 公式という. そこで, 新しい予測多項式

$$p_k(z) = a_{k-1}(z) + z \breve{a}_{k-1}(z), \quad k = 1, 2, \cdots, n+1 \tag{4.3.21}$$

について考える. この多項式が式 (4.3.11b) に対応することに注意されたい. $p_k(z) = z^k p(z^{-1})$ が成り立つので, $p_k(z)$ は対称多項式である. また, 式 (4.3.20) と式 (4.3.21) を比較すれば, 式 (4.3.21) は, 式 (4.3.20) において, $\beta_k = 1$ とおくことによって得られたものであることが分かる. $T^{(k)}$ が正定行列であることが $\beta_k < 1$ と対応し, $T^{(k)}$ が特異な行列であることが $\beta_k = 1$ に対応するので [61], $p_k(z)$ を特異予測多項式 (singular predictor polynomial) と呼ぶ. さらに, 式 (4.3.20) と (4.3.21) より, 関係式

$$\lambda_k p_k(z) = a_k(z) + \breve{a}_k(z), \quad \lambda_k = 1 + \beta_k \tag{4.3.22}$$

が得られる. $p^{(k)} = [p_0^{(k)}, p_1^{(k)}, \cdots, p_k^{(k)}]^T$ を特異予測多項式 $p_k(z) = \sum_{i=0}^k p_i^{(k)} z^i$ の係数ベクトルとする. 式 (4.3.19), (4.3.21) と (4.3.22) より, ベクトル $p^{(k)}$ は対称テープリッツ連立方程式

$$T^{(k)} p^{(k)} = [\tau_k, 0, \cdots, 0, \tau_k]^T, \quad \tau_k = E_k/\lambda_k \tag{4.3.23}$$

の解である. また, 式 (4.3.23) より, 以下の結果が得られる.

$$\tau_k = \sum_{i=0}^k c_i p_i^{(k)} \tag{4.3.24}$$

対称テープリッツ連立方程式の解を求める最終目的は, 予測フィルタパラメータ $a^{(k)}$ と反射係数 β_k を求めることである. 興味深いことに, $a_k(z)$ は $p_{k+1}(z)$ と $p_k(z)$ の一次結合から求められる. 式 (4.3.21) 中の k を $k+1$ で置き換え, 式 (4.3.22) を用いて $\breve{a}_k(z)$ を消去すると,

$$(1 - z)a_k(z) = p_{k+1}(z) - \lambda_k z p_k(z) \tag{4.3.25}$$

が得られる. 上式より, 予測器パラメータは以下のように回復される:

$$a_i^{(k)} = a_{i-1}^{(k)} + p_i^{(k+1)} - \lambda_k p_{i-1}^{(k)}, \quad i = 1, \cdots, k \tag{4.3.26}$$

この公式は, 分割レビンソンアルゴリズムと古典的レビンソンアルゴリズムとの関係を表

している．特異予測多項式の三つの項の間の逐次的関係を導いてみる．まず，式 (4.3.25) より，$p_k(z)$ と $p_{k+1}(z)$ を用いて $a_k(z)$ を表す．同じように，$p_{k-1}(z)$ と $p_k(z)$ を用いて $a_{k-1}(z)$ を表す．これらをレビンソン - セゲー公式 (4.3.20) に代入すると，関係式

$$p_{k+1}(z) - (1+z)p_k(z) + \alpha_k z p_{k-1}(z) = 0 \qquad (4.3.27a)$$

$$\alpha_k = \lambda_{k-1}(2 - \lambda_k) \qquad (4.3.27b)$$

が得られる．さらに，λ_k の定義，τ_k の定義および式 (4.3.7c) より，式 (4.3.27) の中の分割反射係数は

$$\alpha_k = \tau_k / \tau_{k-1}, \quad k \geq 2 \qquad (4.3.28)$$

と書ける．τ_k は $p_k(z)$ を用いて式 (4.3.24) より求められるので，多項式 $p_k(z), k = 1, 2, \cdots n+1$ は式 (4.3.28) と (4.3.27) より逐次的に計算できる．ただし，式 (4.3.27) と (4.3.28) の初期値は以下のように与えられる．

$$p_0(z) = 2, \quad p_1(z) = 1 + z, \quad \tau_0 = c_0 \qquad (4.3.29)$$

式 (4.3.24), (4.3.27)〜(4.3.29) をまとめると，分割レビンソンアルゴリズムが得られる：

アルゴリズム **4.3.1.** (分割レビンソンアルゴリズム)

入力：$c_0, c_1, \cdots, c_n$.

初期化：

$p_0^{(k)} = 1 (k \geq 1); \ p^{(0)} = 2; \ p^{(1)} = [1, 1]^T; \ \tau_0 = c_0; \ \lambda_0 = 1; \ k = 1.$

(1) 以下を計算する．

$$\tau_k = \sum_{i=0}^{(k-1)/2} (c_i + c_{k-i}) p_i^{(k)}, \qquad\qquad k = 奇数$$

$$\tau_k = c_{k/2} p_{k/2}^{(k)} + \sum_{i=0}^{(k-2)/2} (c_i + c_{k-i}) p_i^{(k)}, \quad k = 偶数$$

(2) 式 (4.3.28) を用いて α_k を計算する．

(3) 式 (4.3.27a) を用いて $p_i^{(k+1)}$ を計算する．

$$p_i^{(k+1)} = p_i^{(k)} + p_{i-1}^{(k)} - \alpha_k p_{i-1}^{(k-1)}$$

ただし，$i = 1, \cdots, (k+1)/2 (k = 奇数)$，あるいは $i = 1, \cdots, k/2 (k = 偶数)$.

(4) 式 (4.3.27b) を用いて λ_k を計算する．

$$\lambda_k = 2 - \alpha_k / \lambda_{k-1}$$

(5) 反射係数を計算する．

$$\beta_k = \lambda_k - 1$$

(6) $k \leftarrow k + 1$ として，$k = n$ まで (1) にもどる．

必要であれば，予測フィルタパラメータ $a^{(n)}$ は式 (4.3.26) より求められる：

$$a_i^{(n)} = a_{i-1}^{(n)} + p_i^{(n+1)} - \lambda_n p_{i-1}^{(n)}, \quad a_0^{(n)} = 1, \quad i = 1, \cdots, n$$

行列法と多項式法による逐次計算式が等価であることは容易に分かる．

アルゴリズム 4.3.1 は対称型分割レビンソンアルゴリズムである．式 (4.3.21) の双対

$$\bar{p}_k(z) = a_{k-1}(z) - z\breve{a}_{k-1}(z), \quad k = 1, 2, \cdots, m+1 \tag{4.3.30}$$

は反対称である：$\bar{p}_k(z) = -z^k \bar{p}_k(z^{-1})$．反対称多項式を用いた分割レビンソンアルゴリズムの導出は，対称型分割レビンソンアルゴリズムの導出と類似している [61].

■ 4.3.3　分割シューアアルゴリズム

分割レビンソンアルゴリズムと古典的レビンソンアルゴリズムとの関係式 (4.3.26) および $p_i^{(k)}$ と α_k との関係式 (4.3.27) を考察すると，予測器パラメータ $a_i^{(k)}$ を求めるとき，$p_i^{(k)}$ を用いるのを避けて，分割反射係数 α_k だけを用いることが可能と予想できる．分割シューアアルゴリズム (split Schur algorithm) はそのためのアルゴリズムである [62,205]. そのポイントは以下の一般化自己相関の導入にある．

$$\tau_j^{(k)} = \sum_{i=0}^{k} c_{i-j} p_i^{(k)} \tag{4.3.31}$$

式 (4.3.27) より，$p_i^{(k)}$ の逐次計算式は

$$p_i^{(k)} = p_i^{(k-1)} + p_{i-1}^{(k-1)} - \alpha_{k-1} p_{i-1}^{(k-2)} \tag{4.3.32}$$

と書ける．上式を (4.3.31) 式に代入して整理すると，$\tau_j^{(k)}$ の逐次計算式が得られる：

$$\tau_j^{(k)} = \tau_j^{(k-1)} + \tau_{j-1}^{(k-1)} - \alpha_{k-1} \tau_{j-1}^{(k-2)} \tag{4.3.33}$$

分離反射係数は以下のように求められる [62,205].

$$\alpha_k = \frac{\tau_k^{(k)}}{\tau_{k-1}^{(k-1)}} \tag{4.3.34}$$

具体的アルゴリズムは以下のように与えられる [62,205]：

アルゴリズム 4.3.2. (分割シューアアルゴリズム)

入力：$c_0, c_1, \cdots, c_n$.

初期化：

$\alpha_1 = (c_0 + c_1)/c_0; \; a_1^{(1)} = \beta_1 = -c_1/c_0; \; a_0^{(1)} = 1;$
$\tau_j^{(0)} = 2c_j, \; \tau_j^{(1)} = c_j + c_{j-1}, \; j = 1, 2, \cdots, n;$
$k = 2.$

(1)　式 (4.3.33) を用いて $\tau_j^{(k)}, j = k, k+1, \cdots, n$ を計算する．

(2) 式 (4.3.34) を用いて分割反射係数 α_k を計算する.

(3) 反射係数 β_k を計算する:

$$\beta_k = a_k^{(k)} = 1 - \frac{\alpha_k}{1 + \beta_{k-1}}$$

(4) 予測フィルタパラメータ $a^{(k)}$ を計算する:

$$a_i^{(k)} = a_i^{(k-1)} + \beta_k a_{k-i}^{(k-1)}$$

(5) $k \leftarrow k+1$ として, $k = n$ となるまで (1) にもどる.

■ 4.3.4 エルミート - レビンソン逐次アルゴリズム

複素数の場合の分割レビンソンアルゴリズム [125] について考える. $(n+1) \times (n+1)$ 共役対称のテープリッツ行列 T をエルミート - テープリッツ行列 (Hermitian Toeplitz matrix) という. T はエルミート行列であるので, $c_{-i} = c_i^*, i = 0, 1, \cdots, n$ が成り立つ. T の $(k+1) \times (k+1)$ 首座小行列を $T^{(k)}$ と表す. $T_n = T$ に注意されたい.

複素列ベクトル $x^{(k)} = [x_0^{(k)}, x_1^{(k)}, \cdots, x_k^{(k)}]^T$ は, 等価な k 次多項式 $x_k(z) = \sum_{i=0}^{k} x_i^{(k)} z^i$ で表される. 実数の場合と同様に, $x_k(z)$ の相反多項式 $\breve{x}_k(z)$ を

$$\breve{x}_k(z) = z^k x_k^*(z^{-1}) = \sum_{i=o}^{k} x_{k-i}^{*(k)} z^i \tag{4.3.35}$$

とする. ベクトル表現と交換行列を用いると, $\breve{x}_k = J x_k^*$ である. $x^{(k)} = \breve{x}^{(k)}$ であるとき, $x^{(k)}$ をエルミートベクトル (Hermitian vector) という. 同様に, $x_k(z) = \breve{x}_k(z)$ であるとき, 多項式 $x_k(z)$ をエルミート多項式 (Hermitian polynomial) という. $x^{(k)} = -\breve{x}^{(k)}$ であるとき, ベクトル x^k をひずみエルミートベクトル (skew-Hermitian vector) という. 同様に, $x_k(z) = -\breve{x}_k(z)$ であるとき, 多項式 $x_k(z)$ をひずみエルミート多項式 (skew-Hermitian polynomial) という.

エルミート - テープリッツ行列 T は, エルミート中央エルミート行列 (Hermitian centro-Hermitian matrix) という, より大きな行列クラスに属し, 1) $T^H = T$, 2) $JTJ = T^*$ を満足する. 同じように, 実対称テープリッツ行列 T は, 対称中央対称行列 (symmetric centrosymmetric matrix) という, より大きな行列クラスに属し, 1) $T^T = T$, 2) $JTJ = T$ を満足する.

複素数の場合でも, 式 (4.3.20) のレビンソン - セゲー公式が成り立つ [125]:

$$a_k(z) = a_{k-1}(z) + \beta_k z \breve{a}_{k-1}(z), \quad k = 1, \cdots, n \tag{4.3.36a}$$

ただし, $a_0(z) = 1$. また, 式 (4.3.7) より,

$$\beta_k = -E_{k-1}^{-1} \left(\sum_{i=0}^{k-1} c_{k-i} a_i^{(k-1)} \right) \tag{4.3.36b}$$

$$E_k = E_{k-1}(1 - |\beta_k|^2) \tag{4.3.36c}$$

レビンソン逐次計算の計算量を減らすために，エルミート‐テープリッツ行列 T の構造の特徴を利用することが必要である．

P_n を z の $k \le n$ 次の複素多項式空間とする．多項式 $a(z)$ を用いて，エルミート多項式 $s_k(z) \in P_n$ と反エルミート多項式 $\widetilde{s}_k(z) \in P_n$ を定義する：

$$s_k(z) = \frac{1}{2}[a_k(z) + \breve{a}_k(z)], \quad \widetilde{s}_k(z) = \frac{1}{2}[a_k(z) - \breve{a}_k(z)] \tag{4.3.37}$$

$s_k(z)$ と $\widetilde{s}_k(z)$ をそれぞれエルミート‐レビンソン多項式 (Hermitian Levinson polynomial) とひずみエルミート‐レビンソン多項式 (skew Hermitian Levinson polynomial) という．ただし，式 (4.3.37) の定義だけでは，$s_k(z)$ または $\widetilde{s}_k(z)$ の逐次計算はできない．以下のように，式 (4.3.37) は，エルミート‐レビンソン多項式とひずみエルミート‐レビンソン多項式の利点を見るために導入しただけである．

式 (4.3.19) と同じように，$a_k(z)$ は以下のテープリッツ連立一次方程式を満足する [125]．

$$T^{(k)}a^{(k)} = [E_k, 0, \cdots, 0]^T, \quad k = 1, \cdots, n \tag{4.3.38a}$$

式 (4.3.37) と (4.3.38a) より，多項式 $s_k(z)$ と $\widetilde{s}_k(z)$ はそれぞれ以下の関係を満足する．

$$T^{(k)}s^{(k)} = \frac{1}{2}E_k [1, 0, \cdots, 1]^T, \quad k = 1, \cdots, n \tag{4.3.38b}$$

$$T^{(k)}\widetilde{s}^{(k)} = \frac{1}{2}E_k [1, 0, \cdots, -1]^T, \quad k = 1, \cdots, n \tag{4.3.38c}$$

式 (4.3.38b) と (4.3.38c) の右辺がそれぞれ対称とひずみ対称であることに注意されたい．

エルミート‐レビンソン逐次アルゴリズムのための多項式 $s_k(z)$ の逐次更新について検討する．$s_k(z)$ を $a_{k-1}(z)$ で表現する最も一般的な形式は

$$s_k(z) = x_{k-1}a_{k-1}(z) + zx_{k-1}^*\breve{a}_{k-1}(z) \tag{4.3.39}$$

である．ただし，x_{k-1} は複素スカラーである．明らかに，$s_k(z) = \breve{s}_k(z)$ が成り立つ．すなわち，式 (4.3.39) で定義された $s_k(z)$ はエルミート多項式である．また，以下の関係が成り立つことも確認できる．

$$s_k(z) = \alpha_k a_k(z) + \alpha_k^*\breve{a}_k(z) \tag{4.3.40a}$$

$$\alpha_k = (x_{k-1} - x_{k-1}^*\beta_k^*)/(1 - |\beta_k|^2) \tag{4.3.40b}$$

上式は，同じ次数の多項式 $s_k(z)$ と $a_k(z)$ の関係を示している．

$s_k(z)$ の逐次計算式を求めるために，式 (4.3.40a) の k を $k-1$ に置き換えたものと，式 (4.3.39) とを連立させて解くと，$a_{k-1}(z)$ と $\breve{a}_{k-1}(z)$ が得られる．$a_k(z)$ を $a_{k-1}(z)$ と $\breve{a}_{k-1}(z)$ および $s_{k+1}(z)$ と $s_k(z)$ で表現し，式 (4.3.36a) に代入すると，

$$\frac{s_{k+1}(z) - z\mu_k^* s_k(z)}{x_k - zx_k^*\beta_k} = \left[\frac{s_k(z) - z\mu_{k-1}^* s_{k-1}(z)}{x_{k-1} - zx_{k-1}^*\beta_{k-1}}\right] + z\beta_k \left[\frac{s_k(z) - \mu_{k-1}s_{k-1}(z)}{zx_{k-1}^* - x_{k-1}\beta_{k-1}^*}\right] \tag{4.3.41}$$

となる．ただし，$\beta_k = \alpha_k/\alpha_k^*$, $\mu_k = x_k/\alpha_k$．複素スカラー x_k を $x_k = \alpha_k$ とすると，式 (4.3.41) は

$$\frac{s_{k+1}(z) - zs_k(z)}{x_k - zx_k} = \left[\frac{s_k(z) - zs_{k-1}(z)}{x_{k-1} - zx_{k-1}}\right] + z\beta_k\left[\frac{s_k(z) - s_{k-1}(z)}{zx_{k-1}^* - x_{k-1}^*}\right] \tag{4.3.42}$$

と簡単化される．また，$x_k = \alpha_k$ のとき，式 (4.3.40b) は

$$x_k = (x_{k-1} - x_{k-1}^*\beta_k^*)/(1 - |\beta_k|^2) \tag{4.3.43}$$

となる．式 (4.3.42) より $s_{k+1}(z)$ を求めて，さらに式 (4.3.43) を用いて簡単化すると，$s_k(z)$ の 2 次の逐次計算式が得られる：

$$s_{k+1}(z) = (p_k + p_k^*z)s_k(z) - q_k z s_{k-1}(z) \tag{4.3.44a}$$

$$p_k = x_k/x_{k-1}, \quad q_k = |x_k/x_{k-1}|^2(1 - |\beta_k|^2) \tag{4.3.44b}$$

式 (4.3.44) はさらに簡単化できる．そのために，$s_k(z) = l_k\bar{s}_k(z)$ を満足する新しい多項式 $\bar{s}_k(z)$ を定義する．ただし，l_k は実スカラーである．よって，式 (4.3.44) は

$$\bar{s}_{k+1}(z) = (l_k/l_{k+1})(p_k + p_k^*z)\bar{s}_k(z) - (l_{k-1}/l_{k+1})q_k z\bar{s}_{k-1}(z) \tag{4.3.45}$$

となる．式 (4.3.45) の中の $\bar{s}_{k-1}(z)$ の実係数が 1 となるように，l_{k-1}, l_k と l_{k+1} を選ぶ：

$$l_{k+1}^{-1} = (l_{k-1}q_k)^{-1} = l_{k-1}^{-1}(|x_{k-1}/x_k|^2)(1 - |\beta_k|^2)^{-1} \tag{4.3.46}$$

これを式 (4.3.45) に代入すると，

$$\bar{s}_{k+1}(z) = \frac{l_k}{l_{k-1}(1 - |\beta_k|^2)}(p_k^{*-1} + p_k^{-1}z)\bar{s}_k(z) - z\bar{s}_{k-1}(z) \tag{4.3.47}$$

となる．複素スカラー τ_k を定義する：

$$T^{(k)}s^{(k)} = [\tau_k, 0.\cdots, 0, \tau_k^*]^T \tag{4.3.48a}$$

式 (4.3.38b) の導出と同じように，式 (4.3.40a) を $T^{(k)}s^{(k)}$ に代入して計算すると，$\tau_k = \alpha_k E_k$ となることが確認できる．さらに，式 (4.3.40b) を用いると，

$$\tau_k = \alpha_k E_k = (x_{k-1} - x_{k-1}^*\beta_k^*)E_k/(1 - |\beta_k|^2) \tag{4.3.48b}$$

が得られる．式 (4.3.44b), (4.3.48b) と式 (4.3.47) より，$\bar{s}_k(z)$ の逐次計算式は

$$\bar{s}_{k+1}(z) = \left(\frac{\bar{\tau}_{k-1}^*}{\bar{\tau}_k^*} + \frac{\bar{\tau}_{k-1}}{\bar{\tau}_k}z\right)\bar{s}_k(z) - z\bar{s}_{k-1}(z) \tag{4.3.49a}$$

となる．ただし，

$$\bar{\tau}_k = \tau_k/l_k \tag{4.3.49b}$$

式 (4.3.49) はエルミート - レビンソン多項式による逐次計算において重要な式であり，Krishina と Morgera によって提案されたものである [125]．明らかに，式 (4.3.49) は，実数の場合の分離レビンソン逐次計算式 (4.3.27) によく似ており，式 (4.3.27) を複素数の場合への拡張と修正と見なされる．式 (4.3.49) より $\bar{s}_k(z)$ を計算した後，l_k は式 (4.3.36) より計算できるので，求めたい多項式 $s_k(z) = l_k\bar{s}_k(z)$ はすぐに求まる．

$s_k(z)$ から $a_k(z)$ を回復するために, 式 (4.3.39) で k を $k+1$ に置き換え, 式 (4.3.40) と連立させると,

$$a_k(z) = \frac{s_{k+1}(z) - z s_k(z)}{x_k - z x_k} \tag{4.3.50}$$

が得られる. これは, 式 (4.3.42) の左辺と一致する. 予測パラメータ多項式 $a_k(z)$ がこれほど容易に回復できるのは, 式 (4.3.39) に複素スカラー x_{k-1} を導入し, $x_k = \alpha_k, k = 1, \cdots, n$ と選択したことに依る. また, 式 (4.3.50) を考察すると, $s_{k+1}(1) = s_k(1), k = 0, 1, \cdots, n$ という興味深い結果が得られる. $x_k = \alpha_k, k = 1, \cdots, n$ によるもう一つの興味深い結果は

$$\tau_k = x_k E_k \tag{4.3.51}$$

である. この関係は, 式 (4.3.43) と (4.3.48b) より得られる.

さらに, 式 (4.3.48b) と (4.3.49b) より, 反射係数 β_k を回復できる:

$$\beta_k = \frac{x_{k-1}^*}{x_{k-1}} \left(1 - \frac{\bar{\tau}_k^*}{\bar{\tau}_{k-1}^*} \cdot \frac{l_k}{l_{k-1}} \right) \tag{4.3.52}$$

以上の結果をまとめると, エルミート - レビンソン逐次アルゴリズム (Hermitian Levinson recurrence algorithm) が得られる:

アルゴリズム **4.3.3.** (エルミート - レビンソン逐次アルゴリズム)

入力:$c_0, c_1, \cdots, c_n$.

初期化:$s_0(z) = 1 = \bar{s}_0(z)$; $s_1(z) = 0.5(1+z) = \bar{s}_1(z)$; $\tau_0 = c_0/2$; $x_0 = 0.5$; $l_0 = l_1 = 1$; $k = 1$.

(1) 係数の計算:

$$\tau_k = \sum_{i=0}^{k} c_{\mathrm{I}}^* \bar{s}_i^{(k)}, \quad r_k = \bar{\tau}_{k-1}/\bar{\tau}_k$$

(2) 多項式の更新:

$$\bar{s}_{k+1}(z) = (r_k^* + r_k z)\bar{s}_k(z) - z\bar{s}_{k-1}(z)$$

$\bar{s}_{k+1}(z)$ と $\bar{s}_k(z)$ を記憶する.

(3) 補助逐次計算:

$$\beta_k = \frac{x_{k-1}^*}{x_{k-1}} \left(1 - \frac{\bar{\tau}_k^*}{\bar{\tau}_{k-1}^*} \cdot \frac{l_k}{l_{k-1}} \right)$$

$$\delta_k = (1 - |\beta_k|^2)^{-1}$$

$$x_k = (x_{k-1} - x_{k-1}^* \beta_k^*)\delta_k$$

$$l_{k+1}^{-1} = (l_{k-1} q_k)^{-1} = l_{k-1}^{-1}(|x_{k-1}/x_k|^2)\delta_k$$

(4) 繰り返し:

$k \leftarrow k+1$ として, $k = n$ となるまで (1) にもどる.

(5) レビンソン回復 (必要であれば):

$$a_n(z) = (1/x_n)\left[l_{n+1}\bar{s}_{n+1}(z) - zl_n\bar{s}_n(z)\right]/(1-z)$$

$s_k(z)$ のエルミート対称性より，レビンソン回復を含めて，$s_k(z)$ の計算は，総計 $O(n^2/2)$ 回の乗算と $O(1.5n^2)$ 回の加算が必要である．

エルミート - レビンソン逐次アルゴリズムの導出と同様に，ひずみエルミート - レビンソン逐次アルゴリズムも導出できる．この場合，ひずみエルミート - レビンソン多項式は

$$\tilde{s}_k(z) = x_{k-1}a_{k-1}(z) - zx_{k-1}^*\breve{a}_{k-1}(z) = \alpha_k a_k(z) - \alpha_k^*\breve{a}_k(z) = -\breve{\tilde{s}}_k(z) \tag{4.3.53a}$$

となる．ただし，

$$\alpha_k = (x_{k-1} + x_{k-1}^*\beta_k^*)/(1 - |\beta_k|^2) \tag{4.3.53b}$$

となる．具体的アルゴリズムの導出は，文献 [125] を参照されたい．

これまでに，テープリッツ連立一次方程式であるユール - ウォーカ方程式の解を求める次数逐次アルゴリズムについて説明した．対称テープリッツ行列の次数を $n+1$ としたときに，これらのアルゴリズムの計算量は $O(n^2)$ である．一般的なテープリッツ連立一次方程式 $Px = b$（ただし，$P = [\mu_{i-j}]_{i,j=0}^n$）については，高速フーリエ変換 (FFT) のテクニックを用いたテープリッツ連立一次方程式の解法がある [126]．計算量が $O(n(\log n)^2)$ であるので，多くの文献では，このような手法を高速アルゴリズムというが [56, 126]，超高速アルゴリズムという文献もある [7]．詳しくは文献 [126] を参照されたい．

4.4 テープリッツ行列の高速コサイン変換

4.4.1 テープリッツ行列の高速コサイン変換

N 次の離散余弦変換 (discrete cosine transform) は，$N \times N$ 行列 T で表現できる．ただし，行列 $T = [t_{m,l}]_{m,l=0}^{N-1}$ の要素は，

$$t_{m,l} = \tau_m \cos\left(\frac{\pi}{2N}m(2l+1)\right), \quad m, l = 0, 1, \cdots, N-1 \tag{4.4.1}$$

と定義される．ただし，

$$\tau_m = \begin{cases} \sqrt{\dfrac{1}{N}}, & m = 0 \\ \sqrt{\dfrac{2}{N}}, & m = 1, \cdots, N-1 \end{cases} \tag{4.4.2}$$

上記の定義より，$T^{-1} = T^T$ であるので，T は直交行列である．ゆえに，任意の行列 A について，A と TAT^T は同じ固有値を持つ．

$N \times N$ 実テープリッツ行列 A を考える．

$$
A = \begin{bmatrix}
a_0 & a_1 & a_2 & \cdots & a_{N-1} \\
a_{-1} & a_0 & a_1 & \cdots & a_{N-2} \\
a_{-2} & a_{-1} & a_0 & \ddots & \vdots \\
\vdots & \vdots & \ddots & \ddots & a_1 \\
a_{-N+1} & a_{-N+2} & \cdots & a_{-1} & a_0
\end{bmatrix} = [a_{l,k}]_{l,k=0}^{N-1} = [a_{k-l}]_{l,k=0}^{N-1} \tag{4.4.3}
$$

テープリッツ行列 A の離散余弦変換 $\widehat{A} = TAT^T$ について考える. $\widehat{A} = [\widehat{a}_{m,n}]$, $c_{m,n} = \cos\left(\frac{\pi}{2N}m(2n+1)\right)$ とすると,

$$
\widehat{a}_{m,n} = \tau_m \left(\sum_{k=0}^{N-1} \sum_{l=0}^{N-1} c_{m,l} a_{l,k} c_{n,k} \right) \tau_n \tag{4.4.4}
$$

が得られる [158]. 離散余弦変換の高速アルゴリズムを導出するために, まず離散フーリエ変換を用いて余弦変換を表現する. そのために,

$$
x_{m,k} = \sum_{l=0}^{N-1} w^{m(2l+1)} a_{l,k} \tag{4.4.5}
$$

を導入する. ただし, $w = \exp\left(-j\frac{\pi}{2N}\right)$. さらに, A が実行列であることより,

$$
\widehat{a}_{m,n} = \tau_m \tau_n \left(\sum_{k=0}^{N-1} \mathrm{Re}[x_{m,k}] c_{n,k} \right) \tag{4.4.6}
$$

となる. ここで, $\mathrm{Re}[\cdot]$ は複素数の実部を表す. さらに,

$$
y_{m,n} = \sum_{k=0}^{N-1} x_{m,k} w^{2nk} \tag{4.4.7}
$$

を導入する. 関係式

$$
\widehat{a}_{m,n} = \tau_m \tau_n \left(\sum_{k=0}^{N-1} \mathrm{Re}[x_{m,k}] \mathrm{Re}[w^{n(2k+1)}] \right) = \tau_m \tau_n \mathrm{Re}\left[w^n \sum_{k=0}^{N-1} \mathrm{Re}[x_{m,k}] w^{2nk} \right]
$$

および

$$
\begin{aligned}
y_{m,n} + y_{m,-n}^* &= \sum_{k=0}^{N-1} \left[w^{2nk} x_{m,k} + (w^{-2nk})^* x_{m,k}^* \right] \\
&= \sum_{k=0}^{N-1} w^{2nk} \left(x_{m,k} + x_{m,k}^* \right) = \sum_{k=0}^{N-1} 2\mathrm{Re}[x_{m,k}] w^{2nk}
\end{aligned}
$$

より,

$$
\widehat{a}_{m,n} = \tau_m \tau_n \mathrm{Re}\left[w^n \frac{y_{m,n} + y_{m,-n}^*}{2} \right] \tag{4.4.8}
$$

が得られる. 式 (4.4.7) と (4.4.8) より, テープリッツ行列の離散余弦変換の計算は, $x_{m,n}$ と $y_{m,n}$ の計算に依存する. まず, 以下の関係式を導出する.

$$w^{2m}x_{m,k} + w^m\big(a_{k+1} - (-1)^m a_{1-N+k}\big)$$

$$= w^{2m}\sum_{l=0}^{N-1} w^{m(2l+1)}a_{k-l} + w^m\big(a_{k+1} - (-1)^m a_{1-N+k}\big)$$

$$= w^{2m}\sum_{l=0}^{N} w^{m(2l-1)}a_{k-l+1} + w^m\big(a_{k+1} - (-1)^m a_{1-N-k}\big)$$

$$= \sum_{l=0}^{N} w^{m(2l+1)}a_{k-l+1} + w^m\big(a_{k+1} - (-1)^m a_{1-N+k}\big)$$

$$= \sum_{l=0}^{N-1} w^{m(2l+1)}a_{k-l+1} + w^{m(2N+1)}a_{k-N+1} - w^m(-1)^m a_{1-N+k}$$

さらに, $x_{m,k+1} = \sum_{l=0}^{N-1} w^{m(2l+1)}a_{k+1-l}$ および $w^{2N} = -1$ を利用すると,

$$x_{m,k+1} = w^{2m}x_{m,k} + w^m\big(a_{k+1} - (-1)^m a_{1-N+k}\big) \tag{4.4.9}$$

が得られる. ただし, $k = 0,1,\cdots,N-2$, $m = 0,\cdots,N-1$.

以下の変換を定義する.

$$X_m(z) = \sum_{k=0}^{N-1} x_{m,k}z^m, \quad y_{m,n} = X_m(w^{2n}) \tag{4.4.10}$$

式 (4.4.9) の左辺の z 変換は

$$\sum_{k=0}^{N-1} x_{m,k+l}z^k = \sum_{k=-1}^{N-2} x_{m,k+l}z^k - x_{m,0}z^{-1} + x_{m,N}z^{N-1}$$

$$= \sum_{k=0}^{N-1} x_{m,k}z^{k-1} - x_{m,0}z^{-1} + x_{m,N}z^{N-1}$$

$$= z^{-1}X_m(z) - x_{m,0}z^{-1} + x_{m,N}z^{N-1}$$

であり, 右辺の z 変換は

$$w^{2m}X_m(z) + w^m\sum_{k=0}^{N-1} z^k a_{k+1} - w^m(-1)^m\sum_{k=0}^{N-1} z^k a_{1-N+k}$$

であるので,

$$X_m(z)(z^{-1} - w^{2m}) = x_{m,0}z^{-1} - x_{m,N}z^{N-1} + w^m\sum_{k=0}^{N-1} z^k a_{k+1}$$

$$-w^m(-1)^m\sum_{k=0}^{N-1} z^k a_{1-N+k} \tag{4.4.11}$$

が得られる. 上式にある $x_{m,N}$ は, 式 (4.4.9) において, $k = N-1$ とすることによって得られる. このとき, a_N の値が必要である. しかし, a_N は行列 A の要素に含まれていないので, a_N の値を任意にしても, $y_{m,n}$ の値に影響しない. 数値的には, $a_N = 0$ としたほうが望ましい. 一方,

$$v_1(n) = \sum_{k=0}^{N-1} w^{2nk} a_{k+1}, \quad v_2(n) = \sum_{k=0}^{N-1} w^{2nk} a_{1-N+k} \tag{4.4.12}$$

を導入すると，

$$y_{m,n}(w^{-2n} - w^{2m}) = x_{m,0}w^{-2n} - x_{m,N}w^{2n(N-1)} + w^m\big(v_1(n) - (-1)^m v_2(n)\big) \tag{4.4.13}$$

が得られる．上式は重要な結果であり，それを用いて高速離散余弦変換を構築することができる．まず，$n = -m; m = 0, 1, \cdots, N-1$ について，上式より，

$$x_{m,N} = w^{-2n(N-1)}\Big[x_{m,0}w^{-2n} + w^m\big(v_1(n) - (-1)^m v_2(n)\big)\Big]$$

$$= w^{2m(N-1)}\Big[x_{m,0}w^{2m} + w^m\big(v_1(n) - (-1)^m v_2(n)\big)\Big]$$

が得られる．$w^{2N} = -1$ を利用すると，上式はまた

$$x_{m,N} = (-1)^m x_{m,0} + w^{-m}\big((-1)^m v_1(n) - v_2(n)\big) \tag{4.4.14}$$

と書ける．この式は，$x_{m,N}, m = 0, 1, \cdots, N-1$ の計算式を与えている．計算で得られた値と式 (4.4.12) を用いて，$m \neq -n$ のときの $y_{m,n}$ を求めると，

$$y_{m,n} = \frac{x_{m,0}w^{-2n} - x_{m,N}w^{-2n}(-1)^n + w^m\big(v_1(n) - (-1)^m v_2(n)\big)}{w^{-2n} - w^{2m}} \tag{4.4.15}$$

となる．この結果によって，$\widehat{A}$ の対角線以外の要素を計算することができる．しかし，$m = -n$ のとき，結果は 0/0 となってしまう．そこで，ロピタルの定理 (L'Hospital's rule) を適用するために，まず式 (4.4.11) を書き直す：

$$X_m(z) = \frac{x_{m,0}z^{-1} - x_{m,N}z^{N-1} + w^m\left(\sum_{k=0}^{N-1} z^k a_{k+1} - (-1)^m \sum_{k=0}^{N-1} z^k a_{1-N+k}\right)}{z^{-1} - w^{2m}}$$

分子と分母のそれぞれに対して，z に関する微分を求め，$z = z_0$ を代入すると，

$$X_m(z_0) = \frac{-x_{m,0}z_0^{-2} - (N-1)x_{m,N}z_0^{N-2}}{-z_0^{-2}}$$

$$+ \frac{w^m\left(\sum_{k=0}^{N-1} kz_0^{k-1}a_{k+1} - (-1)^m \sum_{k=0}^{N-1} kz_0^{k-1}a_{1-N+k}\right)}{-z_0^{-2}}$$

が得られる．すなわち，

$$X_m(z_0) = x_{m,0} + (N-1)x_{m,N}z_0^N$$

$$-z_0 w^m\left(\sum_{k=0}^{N-1} kz_0^k a_{k+1} - (-1)^m \sum_{k=0}^{N-1} kz_0^k a_{1-N+k}\right)$$

さらに，$z_0 = w^{2n} = w^{-2m}$ を代入すると，$y_{m,-m}$ の計算式が得られる：

$$y_{m,-m} = x_{m,0} + (N-1)(-1)^m x_{m,N} - w^{-m}\big(u_1(-m) - (-1)^m u_2(-m)\big) \tag{4.4.16}$$

ただし,

$$u_1(n) = \sum_{n=0}^{N-1} kw^{2nk}a_{k+1}, \quad u_2(n) = \sum_{n=0}^{N-1} kw^{2nk}a_{1-N+k} \tag{4.4.17}$$

式 (4.4.16) は, $\widehat{A}$ の対角要素の計算式である.

まとめると, $\widehat{A}$ の計算アルゴリズムは以下のようになる [158].

アルゴリズム **4.4.1.**

(1) 式 (4.4.5) において, $k = 0$ として, $x_{m,0}, m = 0, 1, \cdots, N-1$ を計算する (計算量：1 回の $2N$ 点の DFT).

(2) 式 (4.4.12) を用いて, $v_1(n), v_2(n), n = -(N-1), \cdots, (N-1)$ を計算する (計算量：2 回の $2N$ 点 DFT).

(3) 式 (4.4.14) を用いて, $x_{m,N}, m = 0, 1, \cdots, N-1$ を計算する (計算量: N 回の乗算).

(4) 式 (4.4.17) を用いて, $u_1(n), u_2(n), n = -(N-1), \cdots, (N-1)$ を計算する (計算量：2 回の $2N$ 点 DFT).

(5) 式 (4.4.15) と (4.4.16) を用いて, $y_{m,n}$ を計算する (計算量：数回の乗算).

(6) 式 (4.4.8) を用いて, $\widehat{a}_{m,n}$ を計算する (計算量：数回の乗算).

DFT の計算量は $O(N \log N)$ であるので, M 個の $y_{m,n}$ の計算量は, $O(M) + O(N) + O(N \log N)$ である. 中間結果が必要な記憶容量は $O(N)$ である.

■ 4.4.2 応用

テープリッツ行列 A の要素 a_k が帯域制限信号のサンプル値であるとき, 変換された行列 $\widehat{A} = TAT^T$ では, 振幅の大きい要素が小さな正方部分行列に集中する傾向がある. この性質を利用して, さまざまな応用が考えられる [158].

テープリッツ行列 A の固有値は, ギブンス回転を用いたヤコビ法を使って, 非対角要素を零にして対角化を行うことによって計算するのが普通である. 行列 T が直交行列であるので, $\widehat{A} = TAT^T$ は A と同じ固有値を持つ. したがって, A を直接対角化する代わりに, A の離散余弦変換 $\widehat{A}$ を対角化したほうがもっと効果的である. 離散余弦変換 $\widehat{A}$ では, すでに多くの要素の振幅が小さくなっているからである. したがって, 離散余弦変換は, 高速な固有値計算のための前処理として用いることができる [100].

テープリッツ行列 A の階数がサイズよりずっと小さい場合, その離散余弦変換は, 行列 A の近似や部分空間の選択などにも用いることができる. 変換された行列 $\widehat{A}$ では, 振幅の大きい要素が小さな正方部分行列に集中する傾向があるので, A よりは, $\widehat{A}$ のほうが階数を判定しやすい [158] からである.

第5章

ベクトル空間理論とその応用

　ベクトル空間の概念と性質を用いなくても，時系列解析や信号処理の研究は可能であるが，ベクトル空間を適用したほうが便利である．適応フィルタリングにおけるラティスフィルタや高速トランスバーサルフィルタの設計は，ベクトル空間を利用しなければ，有効な手法を見つけることが困難である．ユークリッド幾何学における二次元や三次元空間上の直交性や直交射影はよく知られている概念である．これらを高次元，無限次元ベクトル空間へ拡張すれば，多くの信号処理問題 (有限二次モーメントを持つ確率変数の解析と予測，時変信号に対する適応フィルタリングなど) の解決が可能となる．

　本章は，複雑な信号処理問題で必要な幾何学的意義やベクトル空間理論の応用などに重点をおきながら，ベクトル空間の理論について説明する．5.1 節は，内積空間の定義や性質について説明する．5.2 節はヒルベルト空間の概念を紹介する．5.3 節は，射影定理と線形最小分散推定を説明する．5.4 節は，ヒルベルト空間上の射影行列と直交補空間射影行列を紹介する．そして，5.5 節は，トランスバーサルフィルタ演算子を紹介する．

▋ 5.1 　内積空間およびその性質

定義 5.1.1. 定義 1.1.4 のように内積が定義される体 F (R あるいは C) 上のベクトル空間 X を，その内積 $\langle \cdot, \cdot \rangle$ と合わせて，内積空間 (inner product space) という．

■ **例 5.1.1.** (ユークリッド空間) n 次元の複素ベクトル空間 C^n の要素 $x = [x_1, x_2, \cdots, x_n]^T$，$y = [y_1, y_2, \cdots, y_n]^T$ について，

$$\langle x, y \rangle = \sum_{i=1}^{n} x_i y_i^* \tag{5.1.1}$$

と定義すると，C^n は内積空間となり，n 次元複素ユークリッド空間 (complex Euclidean space)，またはユニタリ空間 (unitary space) という．n 次元の実ベクトル空間 R^n では，内積は $\langle x, y \rangle = \langle y, x \rangle = \sum_{i=1}^{n} x_i y_i$ と定義され，R^n は，n 次元ユークリッド空間 (Euclidean space) という．

定義 5.1.2. (内積空間のノルム，norm on inner product space) 内積空間の要素 x のノルムは，内積によって以下のように定義される．

$$\|x\| = \sqrt{\langle x, x \rangle} \tag{5.1.2}$$

とくに，n 次元のユークリッド空間 R^n では，ベクトルのノルムはそのまま長さとなる：

$$\|x\| = \sqrt{\sum_{i=1}^{n} x_i^2} \tag{5.1.3}$$

ここで，内積空間のいくつかの性質を紹介する．

❏ **定理 5.1.1.** (コーシー‐シュワルツの不等式，Cauchy-Schwarz inequality) 内積空間 X の任意の要素 x, y について，以下の不等式が成り立つ．

$$|\langle x, y \rangle| \leq \|x\| \, \|y\|, \quad \forall x, y \in X \tag{5.1.4}$$

ただし，x と y が一次従属のときに限り，等号が成り立つ．

証明 $a = \|x\|^2, b = |\langle x, y \rangle|$ および $c = \|y\|^2$ とする．このとき $\langle x, y \rangle$ を指数関数形式で表すと

$$\langle x, y \rangle = be^{j\theta}, \quad \exists \theta \in (-\pi, \pi]$$

である．任意の実数 r に対して，複素数 α を

$$\alpha = re^{-j\theta}$$

とおくと

$$\langle \alpha x - y, \alpha x - y \rangle = \|\alpha x - y\|^2 \geq 0$$

であり，内積の定義より

$$
\begin{aligned}
\langle \alpha x - y, \alpha x - y \rangle &= |\alpha|^2 \langle x, x \rangle - \alpha \langle x, y \rangle - \overline{\alpha} \overline{\langle x, y \rangle} + \langle y, y \rangle \\
&= r^2 a - re^{-j\theta} be^{j\theta} - re^{j\theta} be^{-j\theta} + c \\
&= ar^2 - 2br + c \geq 0
\end{aligned} \tag{5.1.5}
$$

を得る．r についての二次式なので判別式より $b^2 - ac \leq 0$ である．すなわち，$\langle x, y \rangle^2 \leq \|x\|^2 \|y\|^2$ であるので，不等式 (5.1.4) が成り立つ．

式 (5.1.5) において，等号成立のとき $y = \alpha x$ であるから，x と y は一次従属である．逆に x と y が一次従属ならば，$y = \alpha x, \alpha \in C$ とすると

$$|\langle x, y \rangle|^2 = |\langle x, \alpha x \rangle|^2 = |\alpha|^2 |\langle x, x \rangle|^2 = \langle x, x \rangle \langle \alpha x, \alpha x \rangle = \langle x, x \rangle \langle y, y \rangle \tag{5.1.6}$$

を得る. ▨

❑ **定理 5.1.2.** (三角不等式, triangle inequality) 内積空間 X の任意の要素 x, y について, 以下の三角不等式が成り立つ.

$$\|x + y\| \le \|x\| + \|y\|, \quad \forall\, x, y \in X \tag{5.1.7}$$

証明 コーシー - シュワルツの不等式より

$$\|x + y\|^2 = \langle x + y, x + y \rangle = \langle x, x \rangle + \langle x, y \rangle + \langle y, x \rangle + \langle y, y \rangle$$
$$\le \|x\|^2 + 2\|x\|\,\|y\| + \|y\|^2$$

となるので, 三角不等式が成り立つ. ▨

❑ **定理 5.1.3.** (中線定理, parallelogram law) 内積空間 X の任意の要素 x, y について,

$$\|x + y\|^2 + \|x - y\|^2 = 2\|x\|^2 + 2\|y\|^2 \tag{5.1.8}$$

が成り立つ.

証明

$$\|x + y\|^2 = \langle x + y, x + y \rangle = \|x\|^2 + \langle x, y \rangle + \langle y, x \rangle + \|y\|^2$$
$$\|x - y\|^2 = \|x\|^2 - \langle x, y \rangle - \langle y, x \rangle + \|y\|^2$$

より, 結論が成り立つ. ▨

定義 5.1.3. (ノルム収束) 内積空間 X の要素による点列 $\{x_n, n = 1, 2, \cdots\}$ は, $n \to \infty$ に対して, $\|x_n - x\| \to 0$ であれば, $x \in X$ にノルム収束 (convergence in norm) するといい, $\|x_n\| \to \|x\|$ と表す.

❑ **定理 5.1.4.** (内積の連続性, continuity of the inner product) 内積空間 X の要素による点列 $\{x_n, n = 1, 2, \cdots\}$ と $\{y_n, n = 1, 2, \cdots\}$ が $\|x_n - x\| \to 0$, $\|y_n - y\| \to 0$ を満足するとき, $\langle x_n, y_n \rangle \to \langle x, y \rangle$ となる.

証明 定義 1.1.4 の内積の公理およびコーシー - シュワルツの不等式より

$$\|\langle x_n, y_n \rangle - \langle x, y \rangle\| = \|\langle x_n, y_n - y \rangle + \langle x_n - x, y \rangle\|$$
$$\le \|\langle x_n, y_n - y \rangle\| + \|\langle x_n - x, y \rangle\|$$
$$\le \|x_n\|\,\|y_n - y\| + \|y\|\,\|x_n - x\|$$

が成り立つ. よって, 命題の条件を考えると, 以下の結論が得られる.

$$\|\langle x_n, y_n \rangle - \langle x, y \rangle\| \;\to\; 0, \quad n \to \infty$$

定義 5.1.4. (直交) 内積空間 X の二つの要素 x と y が $\langle x, y \rangle = 0$ となるとき, x と y は互いに直交 (orthogonal) であるといい. $x \perp y$ と表す.

❑ **定理 5.1.5.** (ピタゴラスの定理, Pythagorean theorem) 内積空間 X の二つの要素 x と y が $x \perp y$ であるとき, 以下の関係が成り立つ.

$$\|x + y\|^2 = \|x\|^2 + \|y\|^2$$

証明　$\langle x, y \rangle = \langle y, x \rangle = 0$ より, 結論が成り立つ.

$$\|x + y\|^2 \;=\; \langle x, x \rangle + \langle x, y \rangle + \langle y, x \rangle + \langle y, y \rangle = \|x\|^2 + \|y\|^2$$

5.2　ヒルベルト空間

ヒルベルト空間の定義を導入する前に, まず完備性の概念を与えておく.

定義 5.2.1. (コーシー列) ノルム空間 H の要素による点列 $\{x_n, n = 1, 2, \cdots\}$ について,

$$\|x_n - x_m\| \to 0, \quad m, n \to \infty$$

すなわち, ある正の整数 $N(\epsilon)$ が存在し,

$$\|x_n - x_m\| < \epsilon, \quad \forall\, m, n > N(\epsilon)$$

が成り立つとき, $\{x_n, n = 1, 2, \cdots\}$ をコーシー列 (Cauchy sequence) という.

定義 5.2.2. (完備性) ノルム空間 H の任意のコーシー列 $\{x_n, n = 1, 2, \cdots\}$ が収束するとき, すなわち,

$$\|x_n - x\| \to 0, \quad n \to \infty$$

あるいは, ある正の整数 $N(\epsilon)$ が存在し,

$$\|x_n - x\| < \epsilon, \quad \forall\, n > N(\epsilon)$$

が成り立つとき, H は完備 (complete) であるという.

5.2 ヒルベルト空間　121

定義 5.2.3. (バナッハ空間) 完備なノルム空間をバナッハ空間 (Banaha space) という.

定義 5.2.4. (ヒルベルト空間) 内積空間 H が, その内積によって定められたノルムに関してバナッハ空間となるとき, H をヒルベルト空間 (Hilbert space) という.

■ **例 5.2.1.** k 次元実内積空間 (ユークリッド空間) R^k の完備性は以下のように確認できる.
$x_n = [x_{n1}, x_{n2}, \cdots, x_{nk}]^T \in R^k$ が

$$\|x_n - x_m\|^2 = \sum_{i=1}^{k} |x_{ni} - x_{mi}|^2 \to 0, \quad m, n \to \infty$$

を満足するとすると, 各要素ごとについても,

$$|x_{ni} - x_{mi}| \to 0, \quad m, n \to \infty$$

が成り立つ. 体 R の完備性より, 以下を成立させる $x_i \in R$ が存在する.

$$|x_{ni} - x_i| \to 0, \quad n \to \infty$$

よって, $x = [x_1, x_2, \cdots, x_k]^T$ に対して,

$$|x_n - x| \to 0, \quad n \to \infty$$

が成り立つ. 複素内積空間 C^k の完備性は同様に確かめられる. ゆえに, R^k と C^k はともにヒルベルト空間である.

■ **例 5.2.2.** ($L^2[a,b]$ 空間) 区間 $[a,b]$ 上で, 2 乗がルベーグ積分可能なすなわち 2 乗可積分な複素数値関数の全体 $L^2[a,b]$ は無限次元ヒルベルト空間である. $f, g \in L^2[a,b]$ の内積とノルムはそれぞれ

$$\langle f, g \rangle = \int_a^b f(t)\overline{g(t)}dt, \qquad \|f\| = \sqrt{\int_a^b |f(t)|^2 dt} \tag{5.2.1}$$

で与えられる. また, f と g 間の距離と角度はそれぞれ

$$d = \sqrt{\int_a^b |f(t) - g(t)|^2 dt}, \qquad \cos\theta = \frac{\int_a^b f(t)\overline{g(t)}dt}{\sqrt{\int_a^b |f(t)|^2 dt}\sqrt{\int_a^b |g(t)|^2 dt}} \tag{5.2.2}$$

で与えられる.

■ **例 5.2.3.** ($L^2(\Omega, F, P)$ 空間) 確率論では, 標本空間 Ω の部分集合を事象, 事象の集まり F を Ω 上の σ −集合体, P を F 上の確率測度という. ここでは, 確率空間 (Ω, F, P) 上で定義されるすべての有限二次モーメントを持つ実確率変数 X の集合 C について考える:

$$E\{X^2\} = \int_\Omega X(\omega)^2 P(d\omega) < \infty$$

二次モーメントに関して, スカラー倍

$$E\{aX\}^2 = a^2 E\{X^2\} < \infty, \quad \forall a \in R, \ \forall X \in C$$

と和

$$E\{X+Y\}^2 \le 2E\{X^2\} + 2E\{Y^2\} < \infty, \quad \forall X, Y \in C$$

およびベクトル空間の各公理は容易に確認できるので, C はベクトル空間である.

任意の $X, Y \in C$ について, 内積を

$$\langle X, Y \rangle = E\{XY\} \tag{5.2.3}$$

と定義する. 定義 1.1.4 の各内積の公理の 1a) 以外を満足することが確認できる. $\langle X, X \rangle = 0$ であっても, $X(\omega) = 0$ と結論づけられず, $P(X = 0) = 1$ としかいえないからである. この問題点は, $P(X = Y) = 1$ のとき, 確率変数 X と Y が同値であるとすることによって, 回避される. このような同値関係によって, 集合 C をたくさんの確率同値類に分けることができる. 各同値類においては, 任意の二つの確率変数は確率 1 で等しい. $L^2(\Omega, F, P)$ 空間 は, 内積が式 (5.2.3) のように定義される同値類による集合である. 各同値類は, その中にある一つの確率変数だけによって, 一意に定められるので, 我々は X, Y などで $L^2(\Omega, F, P)$ の要素を表し, これらを確率変数と呼ぶ. ただし, X は X と同値であるすべての確率変数を表す.

$L^2(\Omega, F, P)$ の要素による点列 $\{X_n\}$ の極限 X への収束は,

$$\|X_n - X\|^2 = E|X_n - X|^2 \to 0, \quad n \to \infty$$

を意味する. $L^2(\Omega, F, P)$ 空間におけるノルム収束は, 平均二乗収束 (mean square convergence) ともいい, $X_n \xrightarrow{m.s.} X$ と書く. $L^2(\Omega, F, P)$ 空間の完備性は成り立つ. すなわち, 任意のコーシー列 X_n に対して, $X_n \xrightarrow{m.s.} X$ となる $X \in L^2(\Omega, F, P)$ が存在する. よって, $L^2(\Omega, F, P)$ 空間はヒルベルト空間である [28].

■ 例 5.2.4. (L_2^n 空間) n 次元の実確率変数ベクトル $x_i = [x_{i1}(t), x_{i2}(t), \cdots, x_{in}(t)]^T$ の各要素が $L^2(\Omega, F, P)$ 空間に属するとき, このような実確率変数ベクトルを要素とする L_2^n 空間はヒルベルト空間である. ただし, 内積とノルムはそれぞれ以下のように定義される.

$$\langle x_i, x_j \rangle = E\{x_i^T x_j\}, \quad \|x_i\| = \sqrt{E\{x_i^T x_i\}} \ge 0 \tag{5.2.4}$$

▌ 5.3 射影定理と線形最小分散推定

ヒルベルト空間には, その閉部分空間に対して, 任意のベクトルから下ろした垂線の足が存在し, それによって空間の直和分解が可能であるといった性質がある. 本節では, ヒルベルト空間上の射影定理を説明し, 射影定理の線形最小分散推定への応用などについても紹介する. 線形最小分散推定は, 信号処理, 自動制御とシステム理論などの分野で広く扱われる問題である.

▌ 5.3.1 射影定理

射影定理をについて述べる前に, まずいくつかの用語を紹介しておく.

5.3 射影定理と線形最小分散推定　123

定義 5.3.1. (閉部分空間) ヒルベルト空間 H 上の線形部分空間 M は，すべての極限点を包含している ($x_n \in M$ および $\|x_n - x\| \to 0$ が $x \in M$ を意味する) とき，M を H の閉部分空間 (closed subspace) という.

定義 5.3.2. (直交補空間) ヒルベルト空間 H の部分集合 M の任意の要素と直交するすべての要素からなる集合 $M^\perp$ を M の直交補空間 (orthogonal complement) という.

直交補空間の定義より，すべての $y \in M$ に対して，$x \perp y$ のとき，かつそのときに限って，$x \in M^\perp$ である.

❏ **命題 5.3.1.** M をヒルベルト空間 H の任意の部分集合であるとすると，$M^\perp$ は H の閉部分集合である.

初等幾何学では，点から直線まで下ろした垂線の足までの距離は点から直線までの最短距離であることはよく知られている. それを拡張すると，ある点からある部分空間までの最短距離は，点から部分空間まで下ろした垂線の足までの距離である. そこで，$x \in H$，M を H の閉部分空間であるとする. もし $x \notin M$ であるならば，最短距離問題は，ベクトル $x - m$ の長さが最短となるようなベクトル $m \in M$ を求めることになる. もし，$\hat{x}$ が $\|x - \hat{x}\|$ を最小にするならば，$\hat{x}$ は x の部分空間 M への射影である. そのことを保証するのが以下の定理である.

❏ **定理 5.3.1.** (射影定理, projection theorem) M をヒルベルト空間 H の閉部分空間，$x \in H$ とすると，以下が成り立つ.

1) 次式を成立させる $\hat{x} \in M$ が一意に存在する.

$$\|x - \hat{x}\| = \inf_{y \in M} \|x - y\| \tag{5.3.1}$$

2) $x \in H$ および $(x - \hat{x}) \perp M$ ならば，またはそのときに限って，$\hat{x}$ が式 (5.3.1) を満足する.

ヒルベルト空間の完備性を用いることによって，定理の証明ができる. 具体的証明過程は，文献 [28] を参照されたい. 射影定理の条件を満足する要素 $\hat{x}$ はヒルベルト空間 H 上の閉部分空間 M への直交射影であり，数学記号で

$$P_M x = \hat{x}, \quad x \in H \tag{5.3.2}$$

と表す. ここで，P_M を閉部分空間 M への射影写像 (projection mapping) という. 図 5.3.1 に示すように，$x - \hat{x}$ は x から M までの垂線である. 定理 5.3.1 より，ヒルベル

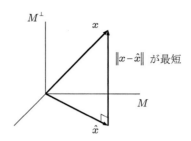

図 **5.3.1** 射影定理の幾何学的解釈

ト空間 H,閉部分空間 M,要素 $x \in H$ が与えられると,M の中で,x に最も近い要素 $\widehat{x} \in M$ が一意に存在し,次式を満足する.

$$\langle x - \widehat{x}, y \rangle = 0, \quad \forall y \in M \tag{5.3.3}$$

射影写像には,以下の性質がある [28].

P.1) $P_M(\alpha x + \beta y) = \alpha P_M x + \beta P_M y, \quad x, y \in H, \quad \alpha, \beta \in C$
P.2) $\|x\|^2 = \|P_M x\|^2 + \|(I - P_M)x\|^2$
P.3) すべての $x \in H$ は以下のように一意に分解できる.

$$x = P_M x + (I - P_M)x \tag{5.3.4}$$

すなわち,x は M の要素と $M^\perp$ の要素の和である.

P.4) $\|x_n - x\| \to 0$ ならば,$P_M x_n \to P_M x$ となる.
P.5) $P_M x = x$ ならば,またはそのときに限って,$x \in M$ である.
P.6) $P_M x = 0$ ならば,またはそのときに限って,$x \in M^\perp$ である.
P.7) すべての $x \in H$ に対して,$P_{M_1} P_{M_2} x = P_{M_1} x$ ならば,またはそのときに限って,$M_1 \subseteq M_2$ である.

式 (5.3.4) は $x \in H$ の直交分解である.直交分解は,信号処理,自動制御やシステム理論などの分野で,広く応用される重要な分解である.

5.3.2 線形最小分散推定

工学では,次の問題によく出会う:データ $\eta_1, \cdots, \eta_n$ が与えられたとする.一次結合 $\widehat{\xi} = \sum_{i=1}^{n} a_i \eta_i$ によって未知の確率変数 ξ を近似するときに,近似誤差

$$\epsilon = \xi - \widehat{\xi} = \xi - \sum_{i=1}^{n} a_i \eta_i \tag{5.3.5}$$

の二乗平均値

$$P = E\left\{\left|\xi - \sum_{i=1}^{n} a_i \eta_i\right|^2\right\} \tag{5.3.6}$$

を最小にする n 個の定数 $a_1, \cdots, a_n$ を見つけよ.

推定理論では, $\widehat{\xi}$ を ξ の線形最小分散推定 (linear minimum mean square estimation) という. ここでは, $L_2(\Omega, F, P)$ 空間上の正規直交系を対象として, 射影定理と直交分解の線形最小分散推定への応用について詳しく説明する. すべての $\eta_i, \eta_j \in M (i \neq j)$ について, $E\{\eta_i \eta_j\} = 0$, すなわち, $\eta_i \perp \eta_j$ であれば, 集合 $M \subseteq L_2(\Omega, F, P)$ は直交系である. とくに, すべての $\eta_i \in M$ について, $\|\eta_i\| = 1$ であるとき, M は正規直交系である.

❑ **定理 5.3.2.** データ $\eta_1, \cdots, \eta_n$ が正規直交系をなすとする. 確率変数 ξ の線形最小分散推定は以下のように与えられる.

$$\widehat{\xi} = \sum_{i=1}^{n} \langle \xi, \eta_i \rangle \eta_i \tag{5.3.7}$$

証明　$M = \{\eta_1, \cdots, \eta_n\}$ が正規直交系であることより,

$$\left\langle \sum_{i=1}^{n} a_i \eta_i, \ \sum_{j=1}^{n} a_j \eta_j \right\rangle = \sum_{i=1}^{n} a_i^2$$

が成り立つ. 一方,

$$a_i^2 - 2a_i \langle \xi_i, \eta_i \rangle = \left|a_i - \langle \xi, \eta_i \rangle\right|^2 - \left|\langle \xi, \eta_i \rangle\right|^2$$

が成り立つ. 上の 2 式を用いると, 以下が得られる.

$$\begin{aligned}
P = E\left\{\left|\xi - \sum_{i=1}^{n} a_i \eta_i\right|^2\right\} &= \left\langle \xi - \sum_{i=1}^{n} a_i \eta_i, \ \xi - \sum_{j=1}^{n} a_j \eta_j \right\rangle \\
&= \|\xi\|^2 - 2\sum_{i=1}^{n} a_i \langle \xi, \eta_i \rangle + \sum_{i=1}^{n} a_i^2 \\
&= \|\xi\|^2 + \sum_{i=1}^{n} \left|a_i - \langle \xi, \eta_i \rangle\right|^2 - \sum_{i=1}^{n} |\langle \xi, \eta_i \rangle|^2 \\
&\geq \|\xi\|^2 - \sum_{i=1}^{n} |\langle \xi, \eta_i \rangle|^2
\end{aligned}$$

ただし, $\sum_{i=1}^{n} \left|a_i - \langle \xi_i, \eta_i \rangle\right|^2 = 0$ のとき, 等号が成り立つ. すなわち, $\widehat{\xi}$ が式 (5.3.7) で表現されるときに, P は最小となる. よって, $\widehat{\xi}$ が ξ の線形最小分散推定である. ∎

定義 5.3.3. (線形多様体) M をヒルベルト空間 H の閉部分空間, $\mathcal{L}$ を M の有限個の要素による一次結合の集合, すなわち, $\mathcal{L} = \left\{\xi \mid \xi = \sum_{i=1}^{n} a_i \eta_i, \ \eta_i \in M\right\}$ とする. $\mathcal{L}$ を M によって張られた線形多様体 (linear manifold) という.

ここでは, 線形最小分散推定 (5.3.7) の幾何学的意義について説明する. まず, 以下の

分解を考える.
$$\xi = \widehat{\xi} + (\xi - \widehat{\xi}) \tag{5.3.8}$$
上記の分解が直交分解 $\widehat{\xi} \perp \xi - \widehat{\xi}$ であることを示そう. そのためには, $\left\langle \widehat{\xi}, (\xi - \widehat{\xi}) \right\rangle = E\{\widehat{\xi}(\xi - \widehat{\xi})\} = 0$ を示せばよい. まず, $E\{\widehat{\xi}(\xi - \widehat{\xi})\}$ を以下のように計算する.

$$\begin{aligned}
E\{\widehat{\xi}(\xi - \widehat{\xi})\} &= E\left\{\left[\sum_{j=1}^n E\{\xi\eta_j\}\eta_j\right]\left[\xi - \sum_{i=1}^n E\{\xi\eta_i\}\eta_i\right]\right\} \\
&= E\left\{\sum_{j=1}^n E\{\xi\eta_j\}\eta_j\left(\xi - \sum_{i=1}^n E\{\xi\eta_i\}\eta_i\right)\right\} \\
&= \sum_{j=1}^n [E\{\xi\eta_j\}]^2 - \sum_{i=1}^n \sum_{j=1}^n E\{\xi\eta_i\}E\{\xi\eta_j\}E\{\eta_i\eta_j\}
\end{aligned}$$

$\eta_1, \cdots, \eta_n$ の正規直交性 $E\{\eta_i\eta_j\} = \delta_{ij}$ より, 上式の右辺が 0 となるが分かる. ここで, δ_{ij} はクロネッカーのデルタである. 図 5.3.2 は, 式 (5.3.8) に示された直交分解を図示している. 明らかに, $\xi - \widehat{\xi}$ は線形多様体 $\mathcal{L}$ と直交しており, $\widehat{\xi}$ は ξ の $\mathcal{L}$ への射影である. ゆえに, 我々はしばしば射影 $\mathrm{Proj}\{\xi | \eta_1, \cdots, \eta_n\}$ で線形最小分散推定を表す. また, 線形最小分散推定を $\widehat{E}\{\xi | \eta_1, \cdots, \eta_n\}$ で表すこともよくある.

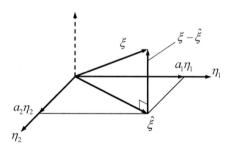

図 **5.3.1** 直交分解

定理 5.3.2 が線形最小分散推定の手法を与えているが, データ $\eta_1, \cdots, \eta_n$ が正規直交であることが必要である. しかし, 一般にデータが必ずしも正規直交であると限らないので, 定理 5.3.2 を適用する前に, まずデータを正規直交に変換する前処理が必要である [28, 247]. $\eta_1, \cdots, \eta_n$ が $L_2(\Omega, F, P)$ 空間上の一次独立な確率変数の系列である場合, グラム - シュミット直交化による正規直交系列 $\beta_1, \cdots, \beta_n$ の計算アルゴリズムは以下のように容易に得られる.

$$\beta_1 = \frac{\eta_1}{\|\eta_1\|}, \quad \beta_k = \frac{\eta_k - \widehat{\eta_k}}{\|\eta_k - \widehat{\eta_k}\|}, \quad k = 2, \cdots, n \tag{5.3.9}$$

ここで, $\widehat{\eta}_k$ は η_k の $\beta_1, \cdots, \beta_{k-1}$ によって張られる部分空間への射影である:

$$\widehat{\eta}_k = \sum_{i=1}^{k-1} \langle \eta_i, \beta_i \rangle \beta_i \tag{5.3.10}$$

上記のアルゴリズムより，$\|\beta_k\| = 1(k \geq 1)$，$\langle \beta_k, \beta_i \rangle = 0(i < k)$ であるので，$\beta_1, \cdots, \beta_n$ は正規直交系となる．

5.4 正規直交集合と正規直交基底

本節では，ヒルベルト空間上の正規直交集合と正規直交基底について説明する．

> **定義 5.4.1.** (閉生成) ヒルベルト空間 H の任意の部分集合 $\{x_t, t \in T\}$ のすべての要素を含む H の最小閉部分集合を閉生成 $\overline{\mathrm{sp}}\{x_t, t \in T\}$ (closed span) という．

集合 $\{x_1, \cdots, x_n\}$ の閉生成は，任意の一次結合 $y = \alpha_1 x_1 + \cdots + \alpha_n x_n$ の集合である．$M = \overline{\mathrm{sp}}\{x_1, \cdots, x_n\}$ とすると，任意の $x \in H$ に対して，射影 $P_M x$ は一意的であり，$P_M x = \alpha_1 x_1 + \cdots + \alpha_n x_n$ と表現され，$\langle x - P_M x, \, y \rangle = 0, \, y \in M$ あるいは等価的に，

$$\langle P_M x, x_j \rangle = \langle x, x_j \rangle, \quad j = 1, \cdots, n \tag{5.4.1}$$

を満足する．上式は，以下のような $\alpha_1, \cdots, \alpha_n$ の連立方程式に書ける．

$$\sum_{i=1}^{n} \alpha_i \langle x_i, x_j \rangle = \langle x, x_j \rangle, \quad j = 1, \cdots, n \tag{5.4.2}$$

射影定理によれば，上の連立方程式は少なくとも 1 組の解 $\alpha_1, \cdots, \alpha_n$ を持つ．また，射影の一意性から，上式のすべての解は，同じ $\alpha_1 x_1 + \cdots + \alpha_n x_n$ を与える．

> **定義 5.4.2.** (直交系と正規直交系) 内積空間の要素による集合 $\{e_t, t \in T\}$ は，任意の $s, t \in T$ に対して，以下を満足するときに，直交系という．
>
> $$\langle e_t, e_s \rangle = \begin{cases} \alpha, & s = t \\ 0, & s \neq t \end{cases} \tag{5.4.3}$$
>
> ただし，$\alpha \neq 0$ である．とくに，$\alpha = 1$ のとき，$\{e_t, t \in T\}$ を正規直交系という．

■ **例 5.4.1.** 独立同一分布 (independently and identically distributed) の確率変数列 $\{X_i, i \in Z\}$ は $L^2(\Omega, F, P)$ 空間上の直交系である．ここで，Z は整数体を表す．とくに，分散が 1 である独立同一分布 (例えば，標準正規分布) は，$L^2(\Omega, F, P)$ 空間上の正規直交系である．

128　第 5 章　ベクトル空間理論とその応用

定義 5.4.3. (完全正規直交系) $\{x_t, t \in T\}$ はヒルベルト空間 $H = \overline{\mathrm{sp}}\{x_t, t \in T\}$ の正規直交系であるときに，完全正規直交系 (complete orthonormal set) という．あるいは，H の正規直交基底 (orthonormal basis) ともいう．

■ **例 5.4.2.** 基本周期が T である周期関数 $x(t)$ について考える．ただし，

$$\int_{\langle T \rangle} |x(t)|^2 dt < \infty$$

ここで，$\langle T \rangle$ は，任意に選んだ時間幅 T の区間で積分することを意味する．$x(t)$ は指数関数列の和に分解できる．

$$x(t) = \sum_{n=-\infty}^{\infty} c_n \left[\frac{1}{\sqrt{T}} e^{jn2\pi f_0 t} \right] \tag{5.4.4}$$

ただし，$f_0 = 1/T$ であり，

$$c_n = \frac{1}{\sqrt{T}} \int_{\langle T \rangle} x(t) e^{-jn2\pi f_0 t} dt \tag{5.4.5}$$

ここで，$x_n = (1/\sqrt{T}) e^{jn2\pi f_0 t}$ とすると，

$$\langle x_m, x_n \rangle = \frac{1}{T} \int_{\langle T \rangle} e^{jm2\pi f_0 t} \left(e^{jn2\pi f_0 t} \right)^* dt = \begin{cases} 1, & m = n \\ 0, & m \neq n \end{cases} \tag{5.4.6}$$

となるので，$\{x_n, n \in Z\}$ は正規直交基底である．

5.5　射影行列とその応用

5.3 節では，閉部分空間 M への射影演算子を定義した．本節では，最小二乗問題と関連づけしながら，射影行列と直交補空間射影行列について説明する．これらは，多くの信号処理問題 (例えば，適応フィルタの設計など) において，重要な役割を果たしている．

5.5.1　射影行列と直交補空間射影行列

例 5.2.1 では，R^n がヒルベルト空間であることを証明した．ベクトルの内積は，

$$\langle x, y \rangle = \sum_{i=1}^{n} x_i y_i \tag{5.5.1}$$

であり，それに対応するノルムの二乗は

$$\|x\|^2 = \sum_{i=1}^{n} x_i^2 \tag{5.5.2}$$

である．ベクトル同士がなす角度は以下のように与えられる．

$$\theta = \mathrm{arc}\,\cos \left(\frac{\langle x, y \rangle}{\|x\|\,\|y\|} \right) \tag{5.5.3}$$

5.5 射影行列とその応用 129

　直交分解によって，任意のベクトル $x \in R^n$ は閉部分空間 M とその直交補空間 (orthogonal complement space) $M^\perp$ のベクトルに一意に分解できる．すなわち，

$$x = P_M x + (I - P_M) x \tag{5.5.4}$$

　以下の定理は，部分空間 M を張るベクトル $x_1, \cdots, x_m$ から直接 $P_M x$ を計算する手法を与える．

❑ **定理 5.5.1.** $x_i \in R^n, i = 1, \cdots, m,\ M = \overline{\mathrm{sp}}\{x_1, \cdots, x_m\}$ とすると，

$$P_M x = X\beta \tag{5.5.5}$$

が成り立つ．ただし，$X \in R^{n \times m}$ は，第 j 列を x_j とする行列であり，以下を満足する．

$$X^T X \beta = X^T x \tag{5.5.6}$$

上式の $\beta \in R^m$ は，少なくとも一つの解があり，しかもすべての β の解に対して，$X\beta$ は同じである．$X^T X$ が正則ならば，またはそのときに限って，方程式 (5.5.6) の解は一意的である．そのとき，$P_M x$ は以下のように与えられる．

$$P_M x = X(X^T X)^{-1} X^T x \tag{5.5.7}$$

証明　$P_M x \in M$ より，ある $\beta = [\beta_1, \cdots, \beta_m]^T$ に対して，次式が書ける．

$$\widehat{x} = P_M x = \sum_{i=1}^{n} \beta_i x_i = X\beta \tag{5.5.8}$$

そのとき，予測方程式 (5.3.3) は $\langle x - \widehat{x}, x_j \rangle = 0,\ \forall\, x_j \in M$ あるいは，

$$\langle X\beta, x_j \rangle = \langle x, x_j \rangle, \quad j = 1, \cdots, m \tag{5.5.9}$$

となる．上式はまた行列の形式に書ける．

$$X^T X \beta = X^T x \tag{5.5.10}$$

射影定理より，β が少なくとも一つの解が存在することは，射影 $P_M x$ の存在によって保証される．すべての β の解に対して，$X\beta$ が同じであることは，射影の一意性によって保証される．最後に，式 (5.5.7) は式 (5.5.8) と (5.5.10) より得られる．

　もし $x_1, \cdots, x_m$ が一次独立であれば，$P_M x = X\beta$ を満足する β が一意に存在する．これは，式 (5.5.6) がかならず一意解を持つことを意味する．すなわち，$X^T X$ が正則であり，定理の結論が成り立つことになる．　　　　　■

注意 1：もし $x_1, \cdots, x_m$ が正規直交系をなすならば，$X^T X$ は単位行列となり，式 (5.5.6) は $P_M x = X X^T x = \sum_{i=1}^{m} \langle x, x_i \rangle x_i$ となる．

注意 2：P_M は R^n で一意に定義された写像であるので，$X(X^T X)^{-1} X^T$ は閉部分空間 M を張るすべての一次独立な集合 $x_1, \cdots, x_m$ に対して，同じでなければならない．

　上記の結論は，確率推定や同定とフィルタリングなどにおいて，重要である．

130　第 5 章　ベクトル空間理論とその応用

これからは，正方行列

$$P_M = X(X^TX)^{-1}X^T = X\langle X, X\rangle^{-1}X^T \tag{5.5.11}$$

を射影行列と呼ぶことにする．ここで，$\langle X, X\rangle = X^TX$ を行列内積 (matrix inner product) という．明らかに，

$$P_M P_M = P_M, \qquad P_M^T = P_M \tag{5.5.12}$$

が成り立つ．一方，$M^\perp$ への射影行列

$$P_M^\perp = I - P_M \tag{5.5.13}$$

を直交補空間射影行列 (orthogonal complement space projection matrix) と呼ぶことにする．明らかに，直交補空間射影行列 $P_M^\perp$ には以下の性質が成り立つ．

$$[P_M^\perp]^T = P_M^\perp, \quad P_M^\perp P_M^\perp = P_M^\perp, \quad P_M^\perp P_M = 0 \tag{5.5.14}$$

■ 5.5.2　射影行列の更新式

時刻 n までのデータサンプル $x_1, x_2, \cdots, x_{n-1}, x_n$ からなるデータベクトル

$$x(n) = [x_1, x_2, \cdots, x_{n-1}, x_n]^T \tag{5.5.15}$$

にいて考える．一般性を失わず，時刻の始まりを 1 とし，後向きシフト演算子 (backward shift operator) を q^{-1} とすると，時間シフトベクトルは

$$q^{-j}x(n) = [0, \cdots, 0, x_1, \cdots, x_{n-j}]^T \tag{5.5.16}$$

となる．そこで，データ行列を以下のように定義する．

$$X_{1,m}(n) = \left[q^{-1}x(n), q^{-2}x(n), \cdots, q^{-m}x(n)\right] = \begin{bmatrix} 0 & 0 & \cdots & 0 \\ x_1 & 0 & \cdots & 0 \\ x_2 & x_1 & \cdots & 0 \\ \vdots & \vdots & \ddots & \vdots \\ x_{n-2} & x_{n-3} & \cdots & x_{n-m-1} \\ x_{n-1} & x_{n-2} & \cdots & x_{n-m} \end{bmatrix} \tag{5.5.17}$$

一般に，データ行列の列ベクトルが一次独立であることが多く，ここでは，$X_{1,m}(n)$ の列ベクトルが独立であるとする．よって，5.5.1 項の注意 2 より，データ部分空間を張るすべての一次独立なデータベクトル集合に対して，$X_{1,m}(n)\big(X_{1,m}^T(n), X_{1,m}(n)\big)^{-1}X_{1,m}^T(n)$ が同じである．よって，式 (5.5.6) に基づいて推定，同定あるいはフィルタリングを行うときに，任意の 1 組の一次独立なデータベクトルがあれば十分である．

便宜上，一次独立なデータベクトルからなるデータ行列を U とし，これらのベクトルによって張られる部分空間を $\{U\}$ とする．射影行列と直交補空間射影行列をそれぞれ P_U

と $P_U^\perp$ と書く．ここで，射影行列は

$$P_U = U\langle U, U\rangle^{-1} U^T \tag{5.5.18}$$

である．そこで，新しいデータベクトル u が $\{U\}$ の基底ベクトルに加わったとする．一般に，u が新しい情報をもたらすので，$\{U\}$ の基底ベクトルに含まれず，データ部分空間が $\{U\}$ から $\{U, u\}$ へ拡張される．ゆえに，射影行列と直交補空間射影行列 P_U と $P_U^\perp$ をそれぞれ P_{Uu} と $P_{Uu}^\perp$ に更新する必要がある．このような更新は，直交分解を用いて容易に導出できる．一般に，u は必ずしも $\{U\}$ と直交するとは限らないので，u から $\{U\}$ の直交補空間への射影

$$w = P_U^\perp u \tag{5.5.19}$$

を導入する．図 5.5.1 のように，部分空間 $\{U, w\}$ と $\{U, u\}$ は等価であるが，ベクトル w は $\{U\}$ に垂直する．よって，射影 P_{Uu} は

$$P_{Uu} = P_U + P_w \tag{5.5.20}$$

のように分解できる．明らかに，

$$P_w = w\langle w, w\rangle^{-1} w^T = P_U^\perp u \langle P_U^\perp u, P_U^\perp u\rangle^{-1} u^T P_U^\perp \tag{5.5.21}$$

よって，射影行列と直交補空間射影行列 P_U と $P_U^\perp$ の更新式は以下のようになる．

$$P_{Uu} = P_U + P_U^\perp u \langle P_U^\perp u, P_U^\perp u\rangle^{-1} u^T P_U^\perp \tag{5.5.22a}$$

$$P_{Uu}^\perp = P_U^\perp - P_U^\perp u \langle P_U^\perp u, P_U^\perp u\rangle^{-1} u^T P_U^\perp \tag{5.5.22b}$$

最小二乗推定値 (least-squares estimate) においては，あるベクトルあるいはスカラーを射影を用いて更新することがしばしばある．式 (5.5.22) の両辺にあるベクトル y をかけると，ベクトルの更新式が得られる：

$$\begin{aligned} P_{Uu} y &= P_U y + P_U^\perp u \langle P_U^\perp u, P_U^\perp u\rangle^{-1} \langle u, P_U^\perp y\rangle \\ P_{Uu}^\perp y &= P_U^\perp y - P_U^\perp u \langle P_U^\perp u, P_U^\perp u\rangle^{-1} \langle u, P_U^\perp y\rangle \end{aligned} \tag{5.5.23}$$

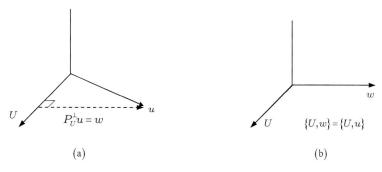

図 **5.5.1** 部分空間 $\{U, w\} = \{U, u\}$ の構成

132　第 5 章　ベクトル空間理論とその応用

また，上記のベクトル更新式から，以下のスカラー更新式が得られる：

$$\langle z, P_{Uu}y\rangle = \langle z, P_U y\rangle + \langle z, P_U^\perp u\rangle\langle P_U^\perp u, P_U^\perp u\rangle^{-1}\langle u, P_U^\perp y\rangle \tag{5.5.24a}$$

$$\langle z, P_{Uu}^\perp y\rangle = \langle z, P_U^\perp y\rangle - \langle z, P_U^\perp u\rangle\langle P_U^\perp u, P_U^\perp u\rangle^{-1}\langle u, P_U^\perp y\rangle \tag{5.5.24b}$$

式 (5.5.23) と (5.5.24) において，U, u, y, z を適切に選べば，最小二乗ラティスフィルタあるいはトランスバーサルフィルタの時間更新と次数更新式が得られる [4,5].

　更新式 (5.5.23) と (5.5.24) の利用に当たって，簡単のため，以下のベクトルと行列を定義する．行列 $X_{1,m}(n)$ に対応する射影行列と直交補空間射影行列をそれぞれ $P_{1,m}(n)$ と $P_{1,m}^\perp(n)$ と書く．とくに，$P_{1,m}(n)$ は以下のように表現される．

$$P_{1,m}(n) = X_{1,m}(n)\langle X_{1,m}(n), X_{1,m}(n)\rangle^{-1}X_{1,m}^T(n) \tag{5.5.25}$$

一方，行列

$$X_{0,m-1}(n) = \left[q^0 x(n), q^{-1}x(n), \cdots, q^{-(m-1)}x(n)\right] = \begin{bmatrix} x_1 & 0 & \cdots & 0 \\ x_2 & x_1 & \cdots & 0 \\ \vdots & \vdots & \ddots & \vdots \\ x_{n-1} & x_{n-2} & \cdots & x_{n-m} \\ x_n & x_{n-1} & \cdots & x_{n-m+1} \end{bmatrix}$$
$$\tag{5.5.26}$$

に対応する射影行列と直交補空間射影行列をそれぞれ $P_{0,m-1}(n)$ と $P_{0,m-1}^\perp(n)$ と書く．以下の三つの公式は，今後の議論に有用である．

$$q^{-1}X_{0,m-1}(n) = X_{0,m-1}(n-1) = X_{1,m}(n) \tag{5.5.27}$$

$$q^{-1}P_{0,m-1}^\perp(n) = P_{0,m-1}^\perp(n-1) = P_{1,m}^\perp(n) \tag{5.5.28a}$$

$$q^{-1}\left[P_{0,m-1}^\perp(n)q^{-m}x(n)\right] = P_{1,m}^\perp(n)q^{-m-1}x(n) \tag{5.5.28b}$$

証明　まず，後向きシフト演算子の定義より，

$$q^{-1}X_{0,m-1}(n) = X_{0,m-1}(n-1)$$

となる．さらに，$X_{0,m-1}(n)$ の構造より，

$$\begin{aligned} X_{0,m-1}(n-1) &= \left[q^0 x(n-1), q^{-1}x(n-1), \cdots, q^{-(m-1)}x(n-1)\right] \\ &= \left[q^{-1}x(n), q^{-2}x(n), \cdots, q^{-m}x(n)\right] \\ &= X_{1,m}(n) \end{aligned}$$

よって，式 (5.5.27) が成り立つ．また，式 (5.5.27) と射影行列の定義より，

$$q^{-1}P_{0,m-1}^{\perp}(n)$$

$$= P_{0,m-1}^{\perp}(n-1)$$

$$= I - X_{0,m-1}(n-1)\langle X_{0,m-1}(n-1), X_{0,m-1}(n-1)\rangle^{-1}X_{0,m-1}^{T}(n-1)$$

$$= I - X_{1,m}(n)\langle X_{1,m}(n), X_{1,m}(n)\rangle^{-1}X_{1,m}^{T}(n)$$

$$= P_{1,m}^{\perp}(n)$$

すなわち，式 (5.5.28a) が成り立つ．最後に，

$$q^{-1}\left[P_{0,m-1}^{\perp}(n)q^{-m}x(n)\right] = P_{0,m-1}^{\perp}(n-1)q^{-m}x(n-1) = P_{1,m}^{\perp}(n)q^{-m-1}x(n)$$

が成り立つので，式 (5.5.28b) が成り立つ． ◾

最後の要素が 1 である n 次元の単位ベクトル

$$\pi(n) = [0, \cdots, 0, 1]^{T} \tag{5.5.29}$$

を導入すると，ベクトル

$$x(n) = [x_1, x_2, \cdots, x_{n-1}, x_n]^{T} \tag{5.5.30}$$

の n 番目の要素，すなわち現時刻 n のデータ x_n を

$$x_n = \langle \pi(n), x(n) \rangle \tag{5.5.31}$$

のように抽出できる．ベクトル $\pi(n)$ によって，射影行列を「過去」と「現在」の部分に分けることができる．部分空間 $\{U\}$ を $\{U, \pi\}$ に拡大すると，以下の結果が成り立つ．

$$P_{U\pi}(n) = \begin{bmatrix} P_U(n-1) & 0 \\ 0 & 1 \end{bmatrix} \tag{5.5.32a}$$

$$P_{U\pi}^{\perp}(n) = \begin{bmatrix} P_U^{\perp}(n-1) & 0 \\ 0 & 0 \end{bmatrix} \tag{5.5.32b}$$

ただし，「0」は，適切な次元を持つ縦あるいは横零ベクトルである．なお，証明は文献 [4] を参照されたい．

▥ 5.5.3 直交補空間射影行列による最小二乗ラティスフィルタの更新式の導出

最小二乗あるいは最小二乗平均適応フィルタには，ラティスフィルタ (lattice filter) 構造とトランスバーサルフィルタ (transversal filter) 構造がある [4,5,47]．ラティスフィルタは，構造が複雑であるが，有限語長演算における雑音や量子化雑音からの影響を受けにくく，次数の更新が行いやすいなどの利点がある．これからは，射影行列の重要な応用例として，図 5.5.2 に示される M 段最小二乗ラティスフィルタ (least-squares lattice filter)

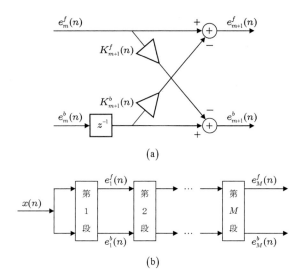

図 5.5.2 最小二乗ラティスフィルタの構造

について,直交補空間射影行列によるフィルタ更新式の導出を説明する.図より,第 m 段フィルタの出力である前向き予測誤差 (forward prediction error) $e_{m+1}^f(n)$ と後向き予測誤差 (backward prediction error) $e_{m+1}^b(n)$ はそれぞれ以下のように与えられる.

$$e_{m+1}^f(n) = e_m^f(n) - K_{m+1}^b(n)e_m^b(n-1) \tag{5.5.33a}$$

$$e_{m+1}^b(n) = -K_{m+1}^f(n)e_m^f(n) + e_m^b(n-1) \tag{5.5.33b}$$

ここで,$K_{m+1}^f(n)$ と $K_{m+1}^b(n)$ はそれぞれ前向き反射係数 (forward reflection factor) と後向き反射係数 (backward reflection factor) である.ここでの目的は,(後に定義される) 前向き向き予測誤差の二乗和 $\epsilon_m^f(n)$ と後向き予測誤差の二乗和 $\epsilon_m^b(n)$ の二乗が最小となるように,$K_{m+1}^f(n)$ と $K_{m+1}^b(n)$ を設計することである.

■ 前向き予測フィルタと後向き予測フィルタ

前向き予測値

$$\widehat{x}_t = \sum_{i=1}^{m} w_m^f(i) x_{t-i} \tag{5.5.34}$$

に対して,$t=1,\cdots,n$ とすると,ベクトル形式に書ける:

$$\widehat{x}(n) = X_{1,m}(n) W_m^f(n) \tag{5.5.35}$$

ただし,$X_{1,m}(n)$ は式 (5.5.17) に示されており,

$$\widehat{x}(n) = \begin{bmatrix} \widehat{x}_1, \cdots, \widehat{x}_n \end{bmatrix}^T, \quad W_m^f(n) = \begin{bmatrix} w_m^f(1), \cdots, w_m^f(m) \end{bmatrix}^T \tag{5.5.36}$$

前向き予測誤差ベクトルは，

$$E_m^f(n) = \left[e_m^f(1), \cdots, e_m^f(n)\right]^T = x(n) - \widehat{x}(n) \tag{5.5.37}$$

と定義される．ただし，$e_m^f(i) = x_i - \widehat{x}_i$ である．また，前向き予測誤差の二乗和は，

$$\epsilon_m^f(n) = \left\langle E_m^f(n), E_m^f(n) \right\rangle \tag{5.5.38a}$$

$$= x^T(n)x(n) - x^T(n)X_{1,m}(n)W_m^f(n) - \left[W_m^f(n)\right]^T X_{1,m}^T(n)x(n)$$

$$+ \left[W_m^f(n)\right]^T X_{1,m}^T(n)X_{1,m}(n)W_m^f(n) \tag{5.5.38b}$$

と定義される．前向き予測フィルタのパラメータベクトル $W_m^f(n)$ は，$\frac{\partial \epsilon_m^f(n)}{\partial W_m^f(n)} = 0$ より求まる．すなわち，

$$W_m^f(n) = \left[X_{1,m}^T(n)X_{1,m}(n)\right]^{-1} X_{1,m}^T(n)x(n)$$
$$= \left\langle X_{1,m}(n), X_{1,m}(n) \right\rangle^{-1} \left\langle X_{1,m}(n), x(n) \right\rangle \tag{5.5.38c}$$

以上より，$x(n)$ の前向き予測および前向き予測誤差ベクトルはそれぞれ

$$\widehat{x}(n) = X_{1,m}W_m^f(n) = P_{1,m}(n)x(n) \tag{5.5.39}$$

$$E_m^f(n) = x(n) - \widehat{x}(n) = P_{1,m}^\perp(n)x(n) \tag{5.5.40}$$

のように与えられる．一方，後向き予測値

$$\widehat{x}_{b(t-m)} = \sum_{i=1}^m w_m^b(i)x_{t-m+i} \tag{5.5.41}$$

に対して，$t = 1, \cdots, n$ とすると，ベクトル－行列の形式は次のようになる．

$$\widehat{x}_b(n-m) = X_{0,m-1}(n)W_m^b(n)$$

ただし，$X_{0,m-1}(n)$ は式 (5.5.26) に示されており，

$$\widehat{x}_b(n-m) = \left[\widehat{x}_{b(n-1)}, \cdots, \widehat{x}_{b(n-m)}\right]^T, \quad W_m^b(n) = \left[w_m^b(m), \cdots, w_m^b(1)\right]^T$$

よって，後向き予測誤差ベクトルは，

$$E_m^b(n) = \left[e_m^b(1), \cdots, e_m^b(n)\right]^T = x(n-m) - \widehat{x}_b(n-m)$$

となる．ただし，$e_m^b(i) = x_{i-m} - \widehat{x}_{b(i-m)}$ である．また，後向き予測誤差の二乗和を以下のように定義する．

$$\epsilon_m^b(n) = \left\langle E_m^b(n), E_m^b(n) \right\rangle$$

後向き予測フィルタのパラメータベクトル $W_m^b(n)$ は，$\frac{\partial \epsilon_m^b(n)}{\partial W_m^b(n)} = 0$ より求まる．以上より，後向き予測誤差パラメータベクトル $W_m^b(n)$，$x(n)$ の後向き予測および後向き予測誤差ベクトル $E_m^b(n)$ は，それぞれ以下のように与えられる．

$$W_m^b(n) = \left\langle X_{0,m-1}(n), X_{0,m-1}(n) \right\rangle^{-1} \left\langle X_{0,m-1}(n), x(n-m) \right\rangle$$

$$\widehat{x}_b(n-m) = P_{0,m-1}(n)x(n-m) = P_{0,m-1}(n)q^{-m}x(n) \qquad (5.5.42)$$

$$E_m^b(n) = P_{0,m-1}^\perp(n)q^{-m}x(n)$$

■ 最小二乗ラティスフィルタの更新式

式 (5.5.40) より，時刻 n における前向き予測誤差

$$e_{m+1}^f(n) = \left\langle \pi(n), E_{m+1}^f \right\rangle = \left\langle \pi(n), P_{1,m+1}^\perp(n)x(n) \right\rangle$$

の更新について考える．式 (5.5.24b) において，$z = \pi(n), U = X_{1,m}(n), u = q^{-m-1}x(n)$ および $y = x(n)$ とすると，

$$\{U, u\} = \{X_{1,m}(n), q^{-m-1}x(n)\} = \{X_{1,m+1}(n)\}$$

$$P_U^\perp = P_{1,m}^\perp(n)$$

$$P_{Uu}^\perp = P_{1,m+1}^\perp(n)$$

$$P_U^\perp u = P_{1,m}^\perp(n)q^{-m-1}x(n) = q^{-1}\left[P_{0,m-1}^\perp(n)q^{-m}x(n)\right] = q^{-1}E_m^b(n)$$

$$P_U^\perp y = P_{1,m}^\perp(n)x(n)$$

$$P_{Uu}^\perp y = P_{1,m+1}^\perp(n)x(n)$$

$$\begin{aligned}
\left\langle u, P_U^\perp y \right\rangle &= \left\langle q^{-m-1}x(n), P_{1,m}^\perp(n)x(n) \right\rangle * \\
&= \left\langle x(n), P_{1,m}^\perp(n)q^{-m-1}x(n) \right\rangle \\
&= \left\langle P_{1,m}^\perp(n)x(n), P_{1,m}^\perp(n)q^{-m-1}x(n) \right\rangle * \\
&= \left\langle P_{1,m}^\perp(n)x(n), q^{-1}\left[P_{0,m-1}^\perp(n)q^{-m}x(n)\right] \right\rangle * \\
&= \left\langle E_m^f(n), q^{-1}E_m^b(n) \right\rangle *
\end{aligned}$$

$$\left\langle P_U^\perp u, P_U^\perp u \right\rangle = \left\langle q^{-1}E_m^b(n), q^{-1}E_m^b(n) \right\rangle$$

$$(5.5.43)$$

などの結果が得られる．式 (5.5.43) を式 (5.5.24b) に代入すると，以下の結果が得られる．

$$\begin{aligned}
e_{m+1}^f(n) &= \left\langle \pi(n), P_{1,m+1}^\perp(n)x(n) \right\rangle \\
&= \left\langle \pi(n), P_{1,m}^\perp(n)x(n) \right\rangle \\
&\quad - \frac{\left\langle \pi(n), q^{-1}E_m^b(n) \right\rangle \left\langle P_{1,m}^\perp(n)x(n), q^{-1}E_m^b(n) \right\rangle}{\left\langle q^{-1}E_m^b(n), q^{-1}E_m^b(n) \right\rangle} \\
&= e_m^f(n) - \frac{e_m^b(n-1)\left\langle E_m^f(n), q^{-1}E_m^b(n) \right\rangle}{\epsilon_m^b(n-1)}
\end{aligned} \qquad (5.5.44)$$

上式の導出には，

$$q^{-1}E_m^b(n) = \left[0, e_m^b(1), \cdots, e_m^b(n-1)\right]^T$$

$$e_m^b(n-1) = \left\langle \pi(n), q^{-1}E_m^b(n) \right\rangle$$

が用いられた．そこで，偏相関係数を

$$\Delta_{m+1}(n) = \left\langle E_m^f(n), q^{-1}E_m^b(n) \right\rangle \tag{5.5.45}$$

と定義し，式 (5.5.44) と (5.5.33a) を比較すると，後向き反射係数 $K_{m+1}^b(n)$

$$K_{m+1}^b(n) = \frac{\Delta_{m+1}(n)}{\epsilon_m^b(n-1)} \tag{5.5.46}$$

が得られる．式 (5.5.33a) の中の $K_{m+1}^b(n)$ は式 (5.5.46) より直接計算できる．

一方，後向き予測誤差

$$e_{m+1}^b(n) = \left\langle \pi(n), E_{m+1}^b \right\rangle = \left\langle \pi(n), P_{0,m}^\perp(n)q^{-m-1}x(n) \right\rangle$$

については，式 (5.5.24b) において，$z = \pi(n), U = X_{1,m}(n), u = x(n)$ および $y = q^{-m-1}x(n)$ とすると，部分空間 $\{U, u\}$ について，

$$\{U, u\} = \{X_{1,m}(x), x(n)\} = \{x(n), X_{1,m}(x)\} = \{X_{0,m}(n)\} \tag{5.5.47}$$

が成り立つ．式 (5.5.46) の導出と類似した手法で，式 (5.5.33b) の中の前向き反射係数の計算式が得られる：

$$K_{m+1}^f(n) = \frac{\Delta_{m+1}(n)}{\epsilon_m^f(n)} \tag{5.5.48}$$

以上の議論より，前向きと後向き反射係数の更新計算は，偏相関係数 $\Delta_{m+1}(n)$ および前向きと後向き予測誤差の二乗和 $\epsilon_m^f(n)$, $\epsilon_m^b(n)$ の更新問題になる．$\epsilon_m^f(n)$ の定義式 (5.5.38a)，および式 (5.5.40)，(5.5.12) より，

$$\epsilon_{m+1}^f(n) = \left\langle P_{1,m+1}^\perp(n)x(n), P_{1,m+1}^\perp(n)x(n) \right\rangle = \left\langle x(n), P_{1,m+1}^\perp(n)x(n) \right\rangle \tag{5.5.49}$$

が得られる．同じように，$\epsilon_m^b(n)$ についても，以下の結果が得られる．

$$\epsilon_{m+1}^b(n) = \left\langle q^{-m-1}x(n), P_{0,m}^\perp(n)q^{-m-1}x(n) \right\rangle \tag{5.5.50}$$

式 (5.5.24b) において，$z = y = x(n), U = X_{1,m}(n)$ および $u = q^{-m-1}x(n)$ とすると，式 (5.5.43) より，以下の結果が得られる．

$$\left\langle z, P_U^\perp u \right\rangle = \left\langle x(n), P_{1,m}^\perp(n)q^{-m-1}x(n) \right\rangle = \left\langle u, P_U^\perp y \right\rangle = \Delta_{m+1}(n)$$

となる．以上の結果および式 (5.5.24b) と (5.5.49) より，次式が導出できる．

$$\epsilon_{m+1}^f(n) = \epsilon_m^f(n) - \frac{\Delta_{m+1}^2(n)}{\epsilon_m^b(n-1)} \tag{5.5.51}$$

同様に，式 (5.5.24b) に $z = y = q^{-m-1}x(n), U = X_{1,m}(n)$，および $u = x(n)$ とすると，式 (5.5.50) より，次式が導出できる．

$$\epsilon_{m+1}^b(n) = \epsilon_m^b(n-1) - \frac{\Delta_{m+1}^2(n)}{\epsilon_m^f(n)} \tag{5.5.52}$$

138 第 5 章 ベクトル空間理論とその応用

最後に，偏相関係数 (5.5.45) の更新式は以下のように与えられる．

$$\Delta_{m+1}(n) = \Delta_{m+1}(n-1) + \frac{e_m^f(n)e_m^b(n-1)}{\gamma_m(n-1)} \tag{5.5.53}$$

ここで，$\gamma_m(n-1)$ は，

$$\gamma_m(n-1) = \left\langle \pi(n), P_{1,m}^\perp(n)\pi(n) \right\rangle \tag{5.5.54}$$

で与えられる．以下では，式 (5.5.53) の導出について説明する．式 (5.5.24b) において，$z = x(n), y(n) = q^{-m-1}x(n), U = X_{1,m}(n)$ および $u = \pi(n)$ とすると，以下の結果が得られる．

$$\left\langle z, P_U^\perp u \right\rangle = \left\langle x(n), P_{1,m}^\perp(n)\pi(n) \right\rangle$$
$$= \left\langle \pi(n), P_{1,m}^\perp(n)x(n) \right\rangle = \left\langle \pi(n), E_m^f(n) \right\rangle = e_m^f(n)$$

$$\left\langle P_U^\perp u, P_U^\perp u \right\rangle = \left\langle P_{1,m}^\perp(n)\pi(n), P_{1,m}^\perp(n)\pi(n) \right\rangle = \left\langle \pi(n), P_{1,m}^\perp(n)\pi(n) \right\rangle = \gamma_m(n-1)$$

$$\left\langle u, P_U^\perp y \right\rangle = \left\langle \pi(n), P_{1,m}^\perp(n)q^{-m-1}x(n) \right\rangle = \left\langle \pi(n), q^{-1}E_m^b(n) \right\rangle = e_m^b(n-1)$$

$$\left\langle z, P_U^\perp y \right\rangle = \left\langle x(n), P_{1,m}^\perp(n)q^{-m-1}x(n) \right\rangle = \Delta_{m+1}(n)$$

$$\left\langle z, P_{Uu}^\perp y \right\rangle = \left\langle \begin{bmatrix} x(n-1) \\ x_n \end{bmatrix}, \begin{bmatrix} P_U^\perp(n-1) & 0 \\ 0 & 0 \end{bmatrix} \begin{bmatrix} q^{-m-1}x(n-1) \\ q^{-m-1}x_n \end{bmatrix} \right\rangle$$
$$= \left\langle x(n-1), P_{1,m}^\perp(n-1)q^{-m-1}x(n-1) \right\rangle = \Delta_{m+1}(n-1)$$

最後の結果には，式 (5.5.32b) が用いられた．上記の結果を式 (5.5.24b) に代入し，整理すると，式 (5.5.53) が得られる．同様に，式 (5.5.24b) において，$z = y = \pi(n), U = X_{1,m}(n)$ および $u = q^{-m-1}x(n)$ とすると，$\gamma_m(n-1)$ の更新式が得られる：

$$\gamma_{m+1}(n-1) = \gamma_m(n-1) - \frac{\left[e_m^b(n-1)\right]^2}{\epsilon_m^b(n-1)} \tag{5.5.55}$$

以上のように式 (5.5.24b) を用いて，我々は最小二乗ラティスフィルタのすべての更新式 (5.5.33a)，(5.5.46)，(5.5.33b)，(5.5.48)，(5.5.51)，(5.5.52)，(5.5.53)，(5.5.55) を導出できた．したがって，直交補空間射影行列は，最小二乗ラティスフィルタの更新式の導出においては，きわめて重要な数学道具であるといえる．結果をまとめると，以下のアルゴリズムが得られる [4]．ただし，初期値 δ は，なるべく二乗予測誤差の定常値に近い値となるように選ばれる．

アルゴリズム **5.5.1.** (最小二乗ラティスフィルタアルゴリズム)

初期化：

$$e_m^b(0) = \Delta_m(0) = 0, \ \gamma_m(0) = 1, \ \epsilon_m^f(0) = \epsilon_m^b(0) = \delta$$

for $n = 1, 2, \cdots$

$$e_0^b(n) = e_0^f(n) = x(n)$$

$$\epsilon_0^b(n) = \epsilon_0^f(n) = \epsilon_0^f(n-1) + x^2(n)$$

$$\gamma_0(n) = 1$$

for $m = 0, 1, \cdots, M-1$

$$\Delta_{m+1}(n) = \Delta_{m+1}(n-1) + \frac{e_m^f(n)e_m^b(n-1)}{\gamma_m(n-1)}$$

$$e_{m+1}^f(n) = e_m^f(n) - \frac{\Delta_{m+1}(n)e_{m+1}^b(n-1)}{\epsilon_m^b(n-1)}$$

$$e_{m+1}^b(n) = e_{m+1}^b(n-1) - \frac{\Delta_{m+1}(n)e_m^f(n)}{\epsilon_m^f(n)}$$

$$\epsilon_{m+1}^f(n) = \epsilon_m^f(n) - \frac{\Delta_{m+1}^2(n)}{\epsilon_m^b(n-1)}$$

$$\epsilon_{m+1}^b(n) = \epsilon_m^b(n-1) - \frac{\Delta_{m+1}^2(n)}{\epsilon_m^f(n)}$$

$$\gamma_{m+1}(n-1) = \gamma_m(n-1) - \frac{\left[e_m^b(n-1)\right]^2}{\epsilon_m^b(n-1)}$$

end

end

▓ **5.5.4　射影行列の導関数**

微分可能 $m \times n$ 行列関数 $A(\theta), \theta = [\theta_1, \cdots, \theta_k]^T$ による射影行列 $P_A(\theta) = A(A^H A)^{-1} A^H$ $= AA^+$ について，θ の要素に関する一次と二次導関数の導出を与える．これらの結果は，文献 [94] によって初めて与えられた．便宜上，これからは P_A を P と記述する．まず，一次導関数

$$P_i = \frac{dP}{d\theta_i} = A_i A^+ + AA_i^+ \tag{5.5.56}$$

について考える．ここで，擬似逆行列 A^+ の一次導関数は以下のように計算される．

$$A_i^+ = (A^H A)^{-1} A_i^H P^\perp - A^+ A_i A^+ \tag{5.5.57}$$

よって，以下の結果が得られる．

$$P_i = P^\perp A_i A^+ + \left(P^\perp A_i A^+\right)^H \tag{5.5.58}$$

二次導関数は，

$$P_{ij} = P_j^\perp A_i A^+ + P^\perp A_{ij} A^+ + P^\perp A_i A_j^+ \\ + \left(P_j^\perp A_i A^+ + P^\perp A_{ij} A^+ + P^\perp A_i A_j^+\right)^H \tag{5.5.59}$$

で与えられる．さらに，$P_j^\perp = -P_j$ および式 (5.5.57) より，上式は以下のように表現できる．

$$P_{ij} = -P^\perp A_j A^+ A_i A^+ - A^{+H} A_j^H P^\perp A_i A^+ + P^\perp A_{ij} A^+$$
$$+ P^\perp A_i (A^H A)^{-1} A_j^H P^\perp - P^\perp A_i A^+ A_j A^+$$
$$+ \Big(-P^\perp A_j A^+ A_i A^+ - A^{+H} A_j^H P^\perp A_i A^+ + P^\perp A_{ij} A^+ \tag{5.5.60}$$
$$+ P^\perp A_i (A^H A)^{-1} A_j^H P^\perp - P^\perp A_i A^+ A_j A^+ \Big)^H$$

射影行列の導関数に関する公式は，部分空間法によるセンサアレイ信号処理アルゴリズムの導出と性能解析に有用である．詳細は，文献 [220] を参照されたい．

■ 5.6　トランスバーサルフィルタ演算子およびその応用

高速トランスバーサルフィルタ (fast transversal filter) は，最小二乗ラティスフィルタと同じように，逐次最小二乗アルゴリズムを用いているが，通常の逐次最小二乗アルゴリズムより計算量が少ない．最小二乗ラティスフィルタは，直交補空間射影行列を用いて，最小二乗アルゴリズムの更新式を巧みに導いているのに対して，高速トランスバーサルフィルタは，トランスバーサルフィルタ演算子 (transversal filter operator) を利用して，複雑な問題を解決している [4, 5, 47]．

■ 5.6.1　トランスバーサルフィルタ演算子およびその逐次演算

トランスバーサルフィルタ演算子を，$n \times N$ データ行列 U を用いて定義する：

$$K_U = \langle U, U \rangle^{-1} U^T \tag{5.6.1}$$

K_U は $N \times n$ 行列であり，第 1 章の左擬似逆行列 (最小二乗逆行列) とは，形式が全く同じである．ここでは，K_U の時間逐次更新について考える．

u を行列 $[U, u]$ の最後の列とする．そこで，ベクトル空間 $\{U, u\}$ のトランスバーサルフィルタ演算子 K_{Uu} を式 (5.5.22a) の両辺に左からかけると，

$$K_{Uu} P_{Uu} = K_{Uu} P_U + K_{Uu} P_U^\perp u \langle P_U^\perp u, P_U^\perp u \rangle^{-1} u^T P_U^\perp \tag{5.6.2}$$

となる．一方，トランスバーサルフィルタ演算子と射影行列の定義より，

$$K_{Uu} P_{Uu} = K_{Uu} \tag{5.6.3}$$

$$K_{Uu}[U, u] = I \tag{5.6.4}$$

が成り立つことが確認できる．K_{Uu} は $(N+1) \times n$ 行列，U は $n \times N$ 行列，u は $n \times 1$ ベクトルであるので，式 (5.6.4) を以下のようにブロック分割する．

$$K_{Uu} U = \begin{bmatrix} I_N \\ 0_N^T \end{bmatrix} \tag{5.6.5}$$

$$K_{Uu}u = \begin{bmatrix} 0_N \\ 1 \end{bmatrix} \tag{5.6.6}$$

ただし，I_N は $N \times N$ 単位行列，0_N は $N \times 1$ 零ベクトルである．さらに，

$$K_{Uu}P_U = K_{Uu}U\langle U, U\rangle^{-1}U^T$$

より，式 (5.6.5) は以下のように書ける．

$$K_{Uu}P_U = \begin{bmatrix} I_N \\ 0_N^T \end{bmatrix} K_U = \begin{bmatrix} K_U \\ 0_n^T \end{bmatrix} \tag{5.6.7}$$

よって，式 (5.6.2) に式 (5.6.3)〜(5.6.7) を代入すると，トランスバーサルフィルタ演算子の逐次更新式が得られる：

$$K_{Uu} = \begin{bmatrix} K_U \\ 0_n^T \end{bmatrix} + \left\{ \begin{bmatrix} 0_N \\ 1 \end{bmatrix} - \begin{bmatrix} K_U u \\ 0 \end{bmatrix} \right\} \langle P_U^\perp u, P_U^\perp u \rangle^{-1} u^T P_U^\perp \tag{5.6.8a}$$

同じように，行列 $[u, U]$ に対しては，K_{uU} の逐次更新式は，

$$K_{uU} = \begin{bmatrix} 0_n^T \\ K_U \end{bmatrix} + \left\{ \begin{bmatrix} 1 \\ 0_N \end{bmatrix} - \begin{bmatrix} 0 \\ K_U u \end{bmatrix} \right\} \langle P_U^\perp u, P_U^\perp u \rangle^{-1} u^T P_U^\perp \tag{5.6.8b}$$

と導出できる．式 (5.6.8) において，行列 U と u をうまく選べば，トランスバーサルフィルタ演算子のいろいろな時間逐次更新式が得られる．そこで，

$$X_{1,N}(n) = [q^{-1}x(n), q^{-2}x(n), \cdots, q^{-N}x(n)] \tag{5.6.9a}$$

$$X_{0,N-1}(n) = [q^0 x(n), q^{-1}x(n), \cdots, q^{-(N-1)}x(n)] \tag{5.6.9b}$$

とし，式 (5.5.27) を用いると，重要な関係式が得られる：

$$\begin{aligned} q^{-1}K_{0,N-1}(n) &= K_{0,N-1}(n-1) \\ &= \langle X_{0,N-1}(n-1), X_{0,N-1}(n-1)\rangle^{-1} X_{0,N-1}^T(n-1) \\ &= \langle X_{1,N}(n), X_{1,N}(n)\rangle^{-1} X_{1,N}^T(n) \\ &= K_{1,N}(n) \end{aligned} \tag{5.6.10}$$

■ **例 5.6.1.** $K_{0,N-1}(n)$ 演算子について，$U = X_{0,N-1}(n)$，$u = \pi(n)$，すなわち，

$$\{U, u\} = \{X_{0,N-1}(n), \pi(n)\} \tag{5.6.11}$$

とすると，

$$K_{Uu} = K_{U,\pi} = K_{0,N-1,\pi}(n) \tag{5.6.12}$$

$$P_{Uu} = P_{U,\pi} = P_{0,N-1,\pi}(n) \tag{5.6.13}$$

となる．ここで，「$0, N-1, \pi$」とは，$X_{0,N-1}(n)$ の右側に列ベクトル $\pi(n)$ を付け加えることを意味する．そこで，式 (5.5.32a) より，

142　第 5 章　ベクトル空間理論とその応用

$$P_{0,N-1,\pi}(n) = \begin{bmatrix} P_{0,N-1}(n-1) & 0_{n-1} \\ 0_{n-1}^T & 1 \end{bmatrix} \tag{5.6.14}$$

が得られる．上式を式 (5.6.3) に代入すると，

$$K_{0,N-1,\pi}(n) = \begin{bmatrix} K_{0,N-1}(n-1) & 0_N \\ y^T(n-1) & 1 \end{bmatrix} \tag{5.6.15}$$

となる．ただし，$y^T(n-1)$ は，後に用いられることのない適当なベクトルである．

■ **例 5.6.2.** ベクトル $\pi(n)$ を $\{X_{1,N}(n)\}$ の右側に付け加えた場合，上の例と同じように，

$$K_{1,N,\pi}(n) = \begin{bmatrix} K_{1,N}(n-1) & 0_N \\ b^T(n-1) & 1 \end{bmatrix} \tag{5.6.16}$$

が成り立つ．ただし，$b^T(n-1)$ は適当な，後に用いられることのないベクトルである．

■ 5.6.2　高速トランスバーサルフィルタのパラメータベクトルの更新式

高速トランスバーサルフィルタは，次数の固定した最小二乗適応フィルタであり，以下の四つの N 次トランスバーサルフィルタから構成される：1) 最小二乗予測フィルタ (least-squares prediction filter)，2) 前向き予測誤差フィルタ (forward prediction error filter)，3) 後向き予測誤差フィルタ (backward prediction error filter)，4) ゲイントランスバーサルフィルタ (gain transversal filter) [4,5,47]．以下では，まずこれらのフィルタのパラメータベクトルについて説明する．

■ **最小二乗予測フィルタのパラメータベクトル $W_N(n)$**

観測データ x_n より，所望の信号 d_n を最小二乗の意味で予測することを考える：

$$\widehat{d} = w_1(n)x_n + \cdots + w_N(n)q^{-(N-1)}x_n \tag{5.6.17}$$

時刻 n における所望信号ベクトル $d(n) = [d_1, \cdots, d_n]^T$ の予測誤差ベクトルを $E(n|n) = E[e(1|1), \cdots, e(n|n)]^T$ と定義すると，

$$E(n|n) = d(n) - \widehat{d}(n) \tag{5.6.18}$$

となる．そこで，パラメータベクトルを

$$W_N(n) = [w_1(n), w_2(n), \cdots, w_N(n)]^T \tag{5.6.19a}$$

とすると，予測ベクトルは，

$$\widehat{d}(n) = X_{0,N-1}(n)W_N(n) \tag{5.6.20}$$

と表現される．最小二乗問題 $\dfrac{\partial}{\partial W_N(n)}\langle E(n|n), E(n|n)\rangle = 0$ を解くことより，

$$W_N(n) = \left[X_{0,N-1}^T(n)X_{0,N-1}(n)\right]^{-1}X_{0,N-1}^T(n)d(n) = K_{0,N-1}(n)d(n) \tag{5.6.21a}$$

が得られる．直交補空間射影行列の定義，および式 (5.6.20) と (5.6.21a) より，

$$E(n|n) = P_{0,N-1}^{\perp}(n)d(n) \tag{5.6.21b}$$

が得られる．よって，n 時刻における最小二乗予測誤差は内積によって求められる：

$$e(n|n) = \langle \pi(n), E(n|n) \rangle = \left\langle \pi(n), P_{0,N-1}^{\perp}(n)d(n) \right\rangle \tag{5.6.21c}$$

■ 前向き予測誤差フィルタのパラメータベクトル $F_N(n)$

前向き予測誤差フィルタのパラメータベクトル $F_N(n)$ を

$$F_N(n) = [f_1(n), f_2(n), \cdots, f_N(n)]^T$$

とする定義すると，式 (5.5.35)〜(5.5.38) より (記号は異なるが)，

$$F_N(n) = \left\langle X_{1,N}^T(n), X_{1,N}(n) \right\rangle^{-1} \left\langle X_{1,N}^T(n), x(n) \right\rangle = K_{1,N}x(n) \tag{5.6.22a}$$

となる．また，$x(n)$ の前向き予測および前向き予測誤差ベクトルはそれぞれ以下のように与えられる．

$$\widehat{x}(n) = X_{1,N}F_N(n) = P_{1,N}(n)x(n)$$

$$E_N^f(n|n) = x(n) - \widehat{x}(n) = P_{1,N}^{\perp}(n)x(n)$$

よって，時刻 n における前向き予測誤差 $e^f(n|n)$ とその二乗和 $\epsilon^f(n|n)$ が得られる：

$$e^f(n|n) = \left\langle \pi(n), E^f(n|n) \right\rangle = \left\langle \pi(n), P_{1,N}^{\perp}(n)x(n) \right\rangle \tag{5.6.22b}$$

$$\epsilon^f(n) = \left\langle E_N^f(n|n), E_N^f(n|n) \right\rangle = \left\langle x(n), P_{1,N}^{\perp}(n)x(n) \right\rangle \tag{5.6.22c}$$

■ 後向き予測誤差フィルタのパラメータベクトル $B_N(n)$

後向き予測誤差フィルタのパラメータベクトル $B_N(n)$ を

$$B_N(n) = [b_N(n), \cdots, b_2(n), b_1(n)]^T$$

とする定義すると，式 (5.5.41)〜(5.5.42) より (記号が異なるが)，

$$\begin{aligned} B_N(n) &= \left\langle X_{0,N-1}^T(n), X_{0,N-1}(n) \right\rangle^{-1} \left\langle X_{0,N-1}^T(n), x(n-N) \right\rangle \\ &= K_{0,N-1}q^{-N}x(n) \end{aligned} \tag{5.6.23a}$$

となる．また，$x(n)$ の後向き予測および後向き予測誤差ベクトルはそれぞれ以下のように与えられる．

$$\widehat{x}_b(n-N) = X_{0,N-1}B_N(n) = P_{0,N-1}(n)q^{-N}x(n)$$

$$E_N^b(n|n) = x_b(n-N) - \widehat{x}_b(n-N) = P_{0,N-1}^{\perp}(n)q^{-N}x(n)$$

144　第5章　ベクトル空間理論とその応用

よって，時刻 n における後向き予測誤差 $e^f(n|n)$ と $\epsilon^f(n|n)$ が得られる：

$$e^b(n|n) = \left\langle \pi(n), E^b(n|n) \right\rangle = \left\langle \pi(n), P_{0,N-1}^\perp(n)q^{-N}x(n) \right\rangle \tag{5.6.23b}$$

$$\epsilon^b(n) = \left\langle E_N^b(n|n), E_N^b(n|n) \right\rangle = \left\langle q^{-N}x(n), P_{0,N-1}^\perp(n)q^{-N}x(n) \right\rangle \tag{5.6.23c}$$

■ ゲイントランスバーサルフィルタのパラメータベクトル $G_N(n)$

ここでは，時刻が $n-1$ から n に変わったとき，時刻 n を表す単位ベクトル $\pi(n)$ とデータベクトル $x(n)$ との幾何学的関係について考える [5]．$\pi(n)$ から $x(n)$ への射影 $P_x(n)\pi(n)$，すなわちデータベクトル $x(n)$ における $\pi(n)$ の最小二乗予測を，スカラー $g(n)$ を用いて，$g(n)x(n) = P_x(n)\pi(n)$ と表現する．誤差ベクトルは

$$E_\pi(n) = \pi(n) - P_x(n)\pi(n) = P_x^\perp(n)\pi(n)$$

となる．その時刻 n における要素は，

$$e_\pi(n) = \left\langle \pi(n), P_x^\perp(n)\pi(n) \right\rangle = \gamma_1(n) = 1 - \left\langle \pi(n), x(n)g(n) \right\rangle$$

である．上記の結果を N 次元の部分空間 $\{X_{0,N-1}(n)\}$ に拡張すると，以下の結果が得られる．

$$X_{0,N-1}(n)G_N(n) = P_{0,N-1}(n)\pi(n), \quad \gamma_N(n) = \left\langle \pi(n), P_{0,N-1}^\perp(n)\pi(n) \right\rangle$$

上記の結果を変形すると，

$$G_N(n) = K_{0,N-1}(n)\pi(n) \tag{5.6.24}$$

$$\gamma_N(n) = 1 - x_N^T(n)G_N(n) \tag{5.6.25}$$

が得られる．ただし，$x_N(n) = [x(n), x(n), \cdots, x(n-N+1)]^T$．

■ パラメータベクトルの時間更新式

これからは，トランスバーサルフィルタ演算子の更新式 (5.6.8) を用いて，以上に説明した四つのフィルタのパラメータベクトルの時間更新式を導出する．

式 (5.6.8a) において，$U = X_{0,N-1}(n), u = \pi(n)$ とすると，

$$K_{0,N-1,\pi}(n) = \begin{bmatrix} K_{0,N-1}(n) \\ 0 \end{bmatrix} - \begin{bmatrix} G_N(n) \\ -1 \end{bmatrix} \frac{\pi^T(n)P_{0,N-1}^\perp(n)}{\gamma_N(n)} \tag{5.6.26}$$

が得られる．上式の導出には，式 (5.6.24) および

$$\left\langle P_U^\perp u, P_U^\perp u \right\rangle = \left\langle P_{0,N-1}^\perp(n)\pi(n), P_{0,N-1}^\perp(n)\pi(n) \right\rangle$$
$$= \left\langle \pi(n), P_{0,N-1}^\perp(n)\pi(n) \right\rangle = \gamma_N(n)$$

を用いている．ベクトル $d(n)$ を式 (5.6.26) の両辺に右からかけて，式 (5.6.15) を用いると，

$$
\begin{bmatrix} K_{0,N-1}(n-1) & 0_N \\ y^T(n-1) & 1 \end{bmatrix} \begin{bmatrix} d(n-1) \\ d_n \end{bmatrix}
$$
$$
= \begin{bmatrix} K_{0,N-1}(n) \\ 0 \end{bmatrix} d(n) - \begin{bmatrix} G_N(n) \\ -1 \end{bmatrix} \frac{\langle \pi(n), P_{0,N-1}^\perp(n)d(n) \rangle}{\gamma_N(n)}
$$

となる．ここで，$\langle \pi(n), P_{0,N-1}^\perp(n)d(n) \rangle = e(n|n)$ であることに注意されたい．上式と式 (5.6.21a) より，

$$
W_N(n) = W_N(n-1) + \frac{e(n|n)}{\gamma_N(n)} G_N(n) \tag{5.6.27}
$$

が得られる．これは最小二乗予測フィルタのパラメータベクトルの時間更新式である．

式 (5.6.8a) において，$U = X_{1,N}(n)$，$u = \pi(n)$ とすると，

$$
K_{1,N,\pi}(n) = \begin{bmatrix} K_{1,N}(n) \\ 0 \end{bmatrix} - \begin{bmatrix} G_N(n-1) \\ -1 \end{bmatrix} \frac{\pi^T(n)P_{1,N}^\perp(n)}{\langle \pi(n), P_{1,N}^\perp(n)\pi(n) \rangle} \tag{5.6.28}
$$

が得られる．上式の導出には，関係式

$$
G_N(n-1) = K_{1,N}(n)\pi(n) \tag{5.6.29}
$$

が用いられている．式 (5.6.29) は，式 (5.6.10) を用いて容易に証明できる：

$$
K_{1,N}(n)\pi(n) = q^{-1}\left[K_{0,N-1}(n)\pi(n)\right] = q^{-1}G_N(n) = G_N(n-1)
$$

また，式 (5.5.28a) を用いると，

$$
\left\langle \pi(n), P_{1,N}^\perp(n)\pi(n) \right\rangle = \left\langle \pi(n), q^{-1}\left[P_{0,N-1}^\perp(n)\pi(n)\right] \right\rangle = \gamma_N(n-1) \tag{5.6.30}
$$

となる．ベクトル $x(n)$ を式 (5.6.28) の両辺に右からかけて，式 (5.6.16) を用いると，

$$
\begin{bmatrix} K_{1,N}(n-1) & 0_N \\ b^T(n-1) & 1 \end{bmatrix} \begin{bmatrix} x(n-1) \\ x_n \end{bmatrix}
$$
$$
= \begin{bmatrix} K_{1,N}(n) \\ 0 \end{bmatrix} x(n) - \begin{bmatrix} G_N(n-1) \\ -1 \end{bmatrix} \frac{\langle \pi(n), P_{1,N}^\perp(n)x(n) \rangle}{\gamma_N(n-1)} \tag{5.6.31}
$$

となる．ここで，$\langle \pi(n), P_{1,N}^\perp(n)x(n) \rangle = e^f(n|n)$ であるので，上式と式 (5.6.22a) より，

$$
F_N(n) = F_N(n-1) + \frac{e^f(n|n)}{\gamma_N(n-1)} G_N(n-1) \tag{5.6.32}
$$

が得られる．これは前向き予測誤差フィルタのパラメータベクトルの時間更新式である．

同様に，式 (5.6.8a) において，$U = X_{0,N-1}(n)$，$u = \pi(n)$ とすると，式 (5.6.26) が得られる．その両辺に右からベクトル $q^{-N}x(n)$ をかけて，式 (5.6.15) を用いると，

$$
\begin{bmatrix} K_{0,N-1}(n-1) & 0_N \\ y^T(n-1) & 1 \end{bmatrix} \begin{bmatrix} q^{-N}x(n-1) \\ q^{-N}x_n \end{bmatrix}
$$

$$
= \begin{bmatrix} K_{0,N-1}(n) \\ 0 \end{bmatrix} q^{-N}x(n) - \begin{bmatrix} G_N(n) \\ -1 \end{bmatrix} \frac{\langle \pi(n), P_{0,N-1}^{\perp}(n)q^{-N}x(n) \rangle}{\gamma_N(n)}
$$

ここで，$\langle \pi(n), P_{0,N-1}^{\perp}(n)q^{-N}x(n) \rangle = e^b(n|n)$ であるので，上式と式 (5.6.23a) より，

$$
B_N(n) = B_N(n-1) + \frac{e^b(n|n)}{\gamma_N(n)} G_N(n) \tag{5.6.33}
$$

が得られる．これは後向き予測誤差フィルタのパラメータベクトルの時間更新式である．

式 (5.6.8b) において，$\{u, U\} = \{X_{0,N}(n)\}$ となるように，$U = X_{1,N}(n)$，$u = x(n)$ とし，さらにその両辺に右からベクトル $\pi(n)$ をかけ，式 (5.6.22b)，(5.6.22c) を用いると，

$$
K_{0,N}(n)\pi(n) = \begin{bmatrix} 0_N^T \\ K_{1,N}(n) \end{bmatrix} \pi(n) + \begin{bmatrix} 1 \\ -K_{1,N}(n)x(n) \end{bmatrix} \frac{e^f(n|n)}{\epsilon^f(n)} \tag{5.6.34}
$$

が得られる．式 (5.6.24) と同じく，上式は，データ行列 $X_{0,N}(n)$ による $\pi(n)$ の $N+1$ 次最小二乗予測器を意味しているので，$G_{N+1}(n) = K_{0,N}(n)\pi(n)$ となる．そこで，$G_{N+1}(n)$ を以下のように分割する．

$$
G_{N+1}(n) = \begin{bmatrix} m_N(n) \\ m(n) \end{bmatrix} \tag{5.6.35}
$$

ただし，$m(n)$ は $G_{N+1}(n)$ の最後の要素であり，$m_N(n)$ は $G_{N+1}(n)$ から最後の要素を除いたベクトルである．式 (5.6.29) と (5.6.34) を式 (5.6.35) に代入すると，

$$
G_{N+1}(n) = \begin{bmatrix} m_N(n) \\ m(n) \end{bmatrix} = \begin{bmatrix} 0 \\ G_N(n-1) \end{bmatrix} + \frac{e^f(n|n)}{\epsilon^f(n)} \begin{bmatrix} 1 \\ -F_N(n) \end{bmatrix} \tag{5.6.36}
$$

となる．また，式 (5.6.8a) において，$\{U, u\} = \{X_{0,N}(n)\}$ となるように，$U = X_{0,N-1}(n)$，$u = q^{-N}x(n)$ とし，さらにその両辺に右からベクトル $\pi(n)$ をかけると，

$$
\begin{bmatrix} G_N(n) \\ 0 \end{bmatrix} = \begin{bmatrix} m_N(n) \\ m(n) \end{bmatrix} + \begin{bmatrix} B_N(n) \\ -1 \end{bmatrix} \frac{e^b(n|n)}{\epsilon^b(n)}
$$

となる．上式より，

$$
G_N(n) = m_N(n) + m(n)B_N(n) \tag{5.6.37}
$$

が得られる．式 (5.6.36) と (5.6.37) はゲイントランスバーサルフィルタのパラメータベクトルの時間更新式である．具体的には，まず式 (5.6.36) から $m_N(n)$ を計算してから，式 (5.6.37) から $G_N(n)$ を計算するという手順になっている．

これまでに，高速トランスバーサルフィルタの各フィルタのパラメータベクトルの時間更新式がトランスバーサルフィルタ演算子の更新式から導出できることを示した．しか

し，高速トランスバーサルフィルタ全体の時間更新アルゴリズムを完成するには，$e(n|n)$，$e^f(n|n)$，$e^b(n|n)$，$\epsilon^f(n)$，$\epsilon^b(n)$ と $\gamma_N(n)$ の時間更新式も必要である．

$e(n|n)$，$e^f(n|n)$ と $e^b(n|n)$ の時間更新式はそれらの定義とパラメータベクトルの時間更新式を用いて導くことができる：

$$
\begin{aligned}
e(n|n) &= \gamma_N(n)e(n|n-1) \\
e(n|n-1) &= d(n-1) - x_N^T(n)W_N(n-1)
\end{aligned}
\tag{5.6.38}
$$

$$
\begin{aligned}
e^f(n|n) &= \gamma_N(n-1)e^f(n|n-1) \\
e^f(n|n-1) &= x(n) - x_N^T(n-1)F_N(n-1)
\end{aligned}
\tag{5.6.39}
$$

$$
\begin{aligned}
e^b(n|n) &= \gamma_N(n)e^b(n|n-1) \\
e^b(n|n-1) &= x(n-N) - x_N^T(n)B_N(n-1)
\end{aligned}
\tag{5.6.40}
$$

式 (5.5.24b) において，$U = X_{1,N}(n), u = \pi(n)$ および $z = y = x(n)$ とし，さらに式 (5.5.32a)，(5.6.22b) と (5.6.22c) を用いると，$\epsilon^f(n)$ の時間更新式を導出できる：

$$
\epsilon^f(n) = \epsilon^f(n-1) + e^f(n|n)e^f(n|n-1)
\tag{5.6.41}
$$

同様に，式 (5.5.24b) において，$U = X_{0,N-1}(n), u = \pi(n)$ および $z = y = q^{-N}x(n)$ とすると，$\epsilon^b(n)$ の時間更新式を導出できる：

$$
\epsilon^b(n) = \epsilon^b(n-1) + e^b(n|n)e^b(n|n-1)
\tag{5.6.42}
$$

$\gamma_N(n)$ の時間更新式は，$\gamma_N(n)$ の定義や，$e^f(n|n)$，$e^b(n|n)$，$\epsilon^f(n)$，$\epsilon^b(n)$ の時間更新式を用いて導出できる：

$$
\begin{aligned}
\gamma_N(n) &= [1 - m(n)e^b(n|n-1)]^{-1}\gamma_{N+1}(n) \\
\gamma_{N+1}(n) &= \gamma_N(n-1)\frac{\epsilon^f(n-1)}{\epsilon^f(n)}
\end{aligned}
\tag{5.6.43}
$$

これまでの結果をまとめると，以下のアルゴリズムが得られる [4]．

アルゴリズム **5.6.1.** (高速トランスバーサルフィルタアルゴリズム)

初期化：

$$B_N(0) = F_N(0) = W_N(0) = G_N(0) = 0$$

$$\gamma_N(0) = 1$$

$$\epsilon^f(0) = \epsilon^b(0) = \delta \text{ (微小な正数)}$$

for $n = 1, 2, \cdots$

$$e^f(n|n-1) = x(n) - x_N^T(n-1)F_N(n-1)$$

$$e^f(n|n) = \gamma_N(n-1)e^f(n|n-1)$$

$$\epsilon^f(n) = \epsilon^f(n-1) + e^f(n|n)e^f(n|n-1)$$

$$F_N(n) = F_N(n-1) + e^f(n|n-1)G_N(n-1)$$

第 5 章　ベクトル空間理論とその応用

$$\gamma_{N+1}(n) = \gamma_N(n-1)\frac{\epsilon^f(n-1)}{\epsilon^f(n)}$$

$$\begin{bmatrix} m_N(n) \\ m(n) \end{bmatrix} = \begin{bmatrix} 0 \\ G_N(n-1) \end{bmatrix} + \frac{e^f(n|n)}{\epsilon^f(n)}\begin{bmatrix} 1 \\ -F_N(n) \end{bmatrix}$$

$$e^b(n|n-1) = x(n-N) - x_N^T(n)B_N(n-1)$$

$$\gamma_N(n) = [1 - m(n)e^b(n|n-1)]^{-1}\gamma_{N+1}(n)$$

$$e^b(n|n) = \gamma_N(n)e^b(n|n-1)$$

$$\epsilon^b(n) = \epsilon^b(n-1) + e^b(n|n)e^b(n|n-1)$$

$$G_N(n) = [m_N(n) + m(n)B_N(n-1)]\frac{\gamma_N(n)}{\gamma_{N+1}(n)}$$

$$B_N(n) = B_N(n-1) + G_N(n)e^b(n|n-1)$$

$$e(n|n-1) = d(n-1) - x_N^T(n)W_N(n-1)$$

$$W_N(n) = W_N(n-1) + G_N(n)e(n|n-1)$$

end

第6章

特異値分解

特異値分解は, 20 世紀の初めにすでに線形代数の分野で現れた古い概念であり [142], 1960 年代以降, 線形代数の数値計算において最もホットな課題である. 現在では, 特異値分解およびその拡張は, 線形代数の数値計算において, 最も重要でかつ有効な道具の一つである. 統計解析, 信号と画像処理, システム理論と自動制御などの分野で広汎に応用されている. 本章では, まず 6.1 節で数値計算法の安定性と数値条件の概念を導入し, それから行列の特異値分解の必要性を論じる. 6.2 節では, 特異値分解 (定義, 解釈と一意性), 特異値の性質および特異値分解を利用した階数落ち最小二乗問題の解法などについて説明する. 数値的性能を考慮すると, 連立一次方程式 $Ax = b$ の行列 A がもし $A = BC$ と表現できるならば, A の特異値分解は, 行列積 BC の特異値分解の問題となる. これは, 6.3 節の議論の焦点である. 6.4〜6.6 節では, 特異値分解のいくつかの拡張について紹介する. 6.4 節は行列対 (A, B) の一般化特異値分解, 6.5 は行列トリプレット (A, B, C) の制約付き特異値分解, 6.6 節は構造化特異値についてそれぞれ紹介する. 6.7 節では, 電気回路, システム同定と信号処理への特異値分解の応用について紹介する. 最後に, 6.8 節では, 一般化特異値分解の応用について紹介する.

▌ 6.1 数値的安定性と条件数

信号処理やシステム同定などの工学的応用問題では, 以下の問題を考えなければならない. 実際のデータには, ある程度の不確かさや誤差が存在する. しかも, これらのデータに対する数値計算も, 何らかの誤差を伴うのである. よって, 数値解析だけでなく, 情報, 制御とシステムなどの工学問題においても, 以下の二つの概念は非常に重要である.

(1) ある計算法の数値的安定性;

(2) 扱う問題の条件と摂動解析.

150 第 6 章 特異値分解

　ある問題の数学的定義を f とする．さらに，この f がデータ $d \in D$ (データ集合) を処理し，解 $f(d) \in F$ (解集合) を与えるとする．$d \in D$ が与えられると，我々は $f(d)$ を計算したいが，一般には，我々は d の近似 d^* だけが入手でき，$f(d^*)$ を計算することになる．もし $f(d^*)$ が $f(d)$ に近ければ，問題は良条件 (well-posed) であるという．もし，d が d^* に近いにもかかわらず，$f(d^*)$ と $f(d)$ が大きく異なるならば，問題は悪条件 (ill-conditioned) であるという．ただし，「近い」かどうかだけでは，問題を正確に記述できない．正確な評価を数学的に与える必要がある．

　$f(d)$ を計算するとき，計算過程がもたらす摂動に対する感度が問題 $f(d)$ 自身固有の感度より大きくなければ，その計算法は数値的安定 (numerically stable) であるという．数値的安定性は，少々の摂動がある問題に対して，計算によって得られた解が問題の解に近いことを保証する．もっと正確にいえば，f を実現あるいは近似する計算法を f^* とすると，すべての $d \in D$ に対して，d に近い $d^* \in D$ が存在し，しかも 計算によって得られた解 $f^*(d)$ が $f(d^*)$ (少々の摂動がある問題の解) に近いならば，f^* は数値的安定であるという．もちろん，少々の摂動がある悪条件問題に対しては，数値的安定な計算法が，データが信頼できる場合よりも精度の高い解を得ることは期待できない．しかし，数値的安定でない計算法が良条件の問題に対しても，悪い結果を出す可能性がある．よって，計算結果の精度を考慮するときに，二つの側面を考慮する必要がある．もし，計算法が数値的安定であれば，$f^*(d)$ が $f(d^*)$ に近いことになる．もし問題が良条件であれば，$f(d^*)$ が $f(d)$ に近いことになる．二つとも満足されると，$f^*(d)$ が $f(d)$ に近いことになる．

　以下では，数値的安定性の数学的表現について検討する．

　n 次元ベクトル x が，$m \times n (m \geq n)$ 行列 A によって，m 次元ベクトル $y = Ax$ に変換されたとする．x の変化を δx とすると，それによる y の変化は $\delta y = A\delta x$ となる．相対的変化量をベクトルノルムで計量すると，$x, y \neq 0$ に対して，

$$\frac{\|\delta y\|}{\|y\|} \bigg/ \frac{\|\delta x\|}{\|x\|} = \frac{\|A\delta x\|}{\|\delta x\|} \bigg/ \frac{\|Ax\|}{\|x\|} \leq \frac{\max\limits_{\|u\|=1} \|Au\|}{\min\limits_{\|v\|=1} \|Av\|} \tag{6.1.1}$$

不等式の右辺を行列 A の条件数 (condition number) といい，$\mathrm{cond}(A)$，あるいは $\kappa(A)$ で表す．$\|A\|$ を $n \times n$ 行列 A の作用素ノルムとすると，A の条件数は

$$\mathrm{cond}(A) = \|A\| \, \|A^{-1}\| \tag{6.1.2}$$

となる．条件数を用いれば，一次方程式の丸め誤差が解にどう伝搬するのかを評価できる．そこで，n 次元の実連立一次方程式

$$Ax = b \tag{6.1.3}$$

を解くことを考える．解を求めるに当たって，丸め誤差 δA と δb がどのように解 x の誤差 δx に伝搬するのかを調べるために，次式を考える．

$$(A + \delta A)(x + \delta x) = b + \delta b \tag{6.1.4}$$

まず，δb の影響について考える．$A(x + \delta x) = b + \delta b$ より，

$$\delta x = A^{-1} \delta b \tag{6.1.5}$$

となる．よって，第 1 章 1.2 節で述べた行列ノルムの劣乗法性公理より，不等式

$$\|\delta x\| \le \|A^{-1}\| \, \|\delta b\| \tag{6.1.6}$$

が成り立つ．また，式 (6.1.3) より，

$$\|A\| \, \|x\| \ge \|b\| \tag{6.1.7}$$

が成り立つので，

$$\frac{\|\delta x\|}{\|x\|} \le \left(\|A\| \, \|A^{-1}\| \right) \frac{\|\delta b\|}{\|b\|} \tag{6.1.8}$$

となる．すなわち，b の相対誤差が x に与える影響は条件数に比例する．

次に，δA による影響を考える．次式

$$(A + \delta A)(x + \delta x) = b \tag{6.1.9}$$

より，

$$\delta x = \left[(A + \delta A)^{-1} - A^{-1} \right] b = \left\{ A^{-1} \left[A - (A + \delta A) \right] (A + \delta A)^{-1} \right\} b$$
$$= -A^{-1} \delta A (A + \delta A)^{-1} b = -A^{-1} \delta A (x + \delta x)$$

となる．よって，$\|\delta x\| \le \|A^{-1}\| \, \|\delta A\| \, \|x + \delta x\|$ となる．すなわち，

$$\frac{\|\delta x\|}{\|x + \delta x\|} \le \left(\|A\| \, \|A^{-1}\| \right) \frac{\|\delta A\|}{\|A\|} \le \mathrm{cond}(A) \frac{\|\delta A\|}{\|A\|} \tag{6.1.10}$$

したがって，行列 A の相対誤差が解 x の誤差に与える影響も A の条件数に比例する．

さらに，最小二乗問題の解に対する誤差による影響を解析するために，過決定方程式 $Ax = b$ の最小二乗解について考える．ここで，A は $m \times n$ 行列であり，しかも $m > n$ である．線形最小二乗解は，方程式

$$A^T A x = A^T b \tag{6.1.11}$$

の解によって与えられる．証明は 6.2.2 項で与えられるが，以下の結果が成り立つ．

$$\mathrm{cond}(A^T A) = \left[\mathrm{cond}(A) \right]^2 \tag{6.1.12}$$

式 (6.1.8) と (6.1.10) より，b の誤差 δb または A の誤差 δA が方程式 (6.1.11) の解 x に与える影響が A の条件数の二乗に比例する．例えば，微小な実数 δ に対して，

$$A = \begin{bmatrix} 1 & 1 \\ \delta & 0 \\ 0 & \delta \end{bmatrix}$$

とすると，A の条件数は δ^{-1} に比例するが，行列

$$B = A^T A = \begin{bmatrix} 1 & 1+\delta^2 \\ 1+\delta^2 & 1 \end{bmatrix}$$

の条件数は δ^{-2} に比例する．一方，3.8.5 節で説明されるように，A の QR 分解を用いて $Ax = b$ を解くときに，$Q^T Q = I$ より，

$$\text{cond}(Q) = 1, \quad \text{cond}(R) = \text{cond}(RQ) = \text{cond}(A) \tag{6.1.13}$$

となるので，b と A の誤差による影響は，A の条件数に比例する．

以上の説明より，過決定方程式を解くときに，QR 分解による解法のほうがより (条件数の意味で) 数値的に安定である．

6.2 特異値分解

数値解析 (とくに数値線形代数) の分野では，特異値分解は，最も基本的でかつ重要な道具の一つである．特異値分解は，18 世紀 70 年代に，Bletrami と Jordan によって，実正方行列について最初に提案されたものである [142]．後に Autonne [11] によって複素正方行列に，さらに Eckart と Young [71] によって一般的な長方行列に拡張された．

6.2.1 特異値分解およびその解釈

特異値分解は，下記の定理 (Autonee-Eckart-Young 定理) に示されるように，任意の行列に適用できる．

❑ **定理 6.2.1.** (行列の特異値分解) 行列 $A \in R^{m \times n}$(あるいは $C^{m \times n}$) について，以下を成立させる直交 (あるいはユニタリ) 行列 $U \in R^{m \times m}$(あるいは $C^{m \times m}$) と $V \in R^{n \times n}$(あるいは $C^{n \times n}$) が存在する：

$$A = U\Sigma V^T \quad (\text{or } U\Sigma V^H) \tag{6.2.1a}$$

ただし，

$$\Sigma = \begin{bmatrix} S & 0 \\ 0 & 0 \end{bmatrix} \tag{6.2.2a}$$

であり，$S = \text{diag}(\sigma_1, \cdots, \sigma_r)$ の対角要素が，降順で並べる：

$$\sigma_1 \geq \sigma_2 \geq \cdots \geq \sigma_r > 0, \quad r = \text{rank } A \tag{6.2.2b}$$

この定理は，Eckart と Young が 1939 年に与えたものであるが，証明は煩雑である．ここでは，Klema と Laub [123] による比較的わかりやすい証明を与えておく．

証明 $A^H A \geq 0$ より，$A^H A$ の固有値は，$\sigma(A^H A) = \{\sigma_1^2, \sigma_2^2, \cdots, \sigma_n^2\} \subseteq [0, +\infty)$ となる．ただし，$\sigma_1 \geq \sigma_2 \geq \cdots \geq \sigma_r > 0 = \sigma_{r+1} = \cdots = \sigma_n$ である．これらの固有値に対応

する固有ベクトルを $v_1, \cdots, v_n$ とし，以下のように行列 V, V_1 と V_2 を定義する．

$$V = [v_1, \cdots, v_n], \quad V_1 = [v_1, \cdots, v_r], \quad V_2 = [v_{r+1}, \cdots, v_n]$$

そこで，$S = \mathrm{diag}(\sigma_1, \cdots, \sigma_r)$ とすると，$A^H A V_1 = V_1 S^2$ となる．よって，

$$S^{-1} V_1^H A^H A V_1 S^{-1} = I \tag{6.2.3}$$

となる．また，$A^H A V_2 = V_2 \times 0$ より，$V_2^H A^H A V_2 = 0$ となるので，$A V_2 = 0$ となる．

一方，$U_1 = A V_1 S^{-1}$ とすると，式 (6.2.3) より，$U_1^H U_1 = I$ が成り立つ．さらに，$U = [U_1, U_2]$ がユニタリ行列となるような U_2 を選ぶことができる．

以上より，以下の結果が成り立つ．

$$U^H A V = \begin{bmatrix} U_1^H A V_1 & U_1^H A V_2 \\ U_2^H A V_1 & U_2^H A V_2 \end{bmatrix} = \begin{bmatrix} S & 0 \\ U_2^H U_1 S & 0 \end{bmatrix} = \begin{bmatrix} S & 0 \\ 0 & 0 \end{bmatrix} = \Sigma$$

ゆえに，$A = U \Sigma V^H$ が成り立つ． ∎

$\sigma_1 \geq \sigma_2 \geq \cdots \geq \sigma_r > 0 = \sigma_{r+1} = \cdots = \sigma_n$ を行列 A の特異値 (singular value) という．特異値は $A^H A$ の固有値 (これらの固有値は零以上の実数である) の正の平方根である．U の各列を A の左特異ベクトル (left singular vector) という．また，V の各列を A の右特異ベクトル (right singular vector) という．右特異ベクトルは，$A^H A$ の固有ベクトルでもある．一方，A^H は m 個の特異値を持ち，AA^H の固有値の正の平方根である．もちろん，A と A^H は，共通の $r = \mathrm{rank}\, A$ 個の非零特異値を持つ．非零特異値の個数と値が変わらないので，$A^H A$ と AA^H のどちらを用いて特異値を定義してもかまわない．ただし，零特異値の個数が異なる．応用上，非零特異値だけが注目されることが多い．行列 A の左特異ベクトルの部分集合によって張られる空間を左特異部分空間 (left singular subspace) といい，右特異ベクトルの部分集合によって張られる空間を右特異部分空間 (right singular subspace) という．

特異ベクトルを用いると，特異値分解 (6.2.1a) は以下の形式に表現できる．

$$A = \sum_{i=1}^{r} \sigma_i u_i v_i^H \tag{6.2.1b}$$

これを行列 A のダイアド分解 (dyadic decomposition) という．

以下の定理のように，行列 A の特異値は，A の特異性を記述することができる [246]．

❏ 定理 6.2.2. $A \in C^{m \times n} (m > n)$ の特異値が

$$\sigma_1 \geq \sigma_2 \geq \cdots \geq \sigma_n \geq 0$$

で与えられるとすると，

$$\sigma_k = \min_{E \in C^{m \times n}} \left\{ \|E\|_2 \big| \mathrm{rank}(A + E) \leq k - 1 \right\}, \quad k = 1, \cdots, n \tag{6.2.4}$$

が成り立つ，さらに，$\|E_k\|_2 = \sigma_k$ を満足し，$\mathrm{rank}(A + E_k) = k - 1$，$i = 1, \cdots, n$ を成立させる行列 E_k が存在する．

上記の定理より，特異値 σ_k は，行列 A が階数 $k - 1$ の行列 B に変化した場合，誤差行列 $A - B$ のスペクトルノルムと定義することもできる．

以下では，特異値分解の連立方程式 (6.1.3) への応用について説明する．

まず，ベクトル x に対して，ユニタリ変換 (x の各要素を $\widetilde{x}$ の要素に回転させる操作と見なすこともできる)

$$\widetilde{x} = V^H x, \qquad x = V \widetilde{x} \tag{6.2.5}$$

を行う．同様に，b に対しても，ユニタリ変換

$$\widetilde{b} = U^H b \tag{6.2.6}$$

を行う．特異値分解 (6.2.1a) を (6.1.3) に代入し，式 (6.2.5) と (6.2.6) を利用すると，

$$\widetilde{b} = \Sigma \widetilde{x}, \qquad \widetilde{x} = \Sigma^+ \widetilde{b}$$

が得られる．よって，連立方程式 (6.1.3) の解を求める過程は，以下のように一連の線形変換と解釈できる．

$$b \xrightarrow{\ U\ } U^H b = \widetilde{b} \xrightarrow{\ \Sigma\ } \Sigma^+ \widetilde{b} = \widetilde{x} \xrightarrow{\ V\ } V^H \widetilde{x} = x$$

ここで，Σ のムーア - ペンローズの逆行列 (擬似逆行列) は，

$$\Sigma^+ = \begin{bmatrix} S^{-1} & 0 \\ 0 & 0 \end{bmatrix} \tag{6.2.7}$$

と計算される．Σ^+ は $n \times m$ 行列である．

行列 A を n 次元 (複素) ベクトル空間 X_n から m 次元 (複素) ベクトル空間 Y_m への線形写像とする．特異値分解の一意性について，以下の結果が知られている [117].

(1) 行列 A について，非零特異値の個数 r と値 $\sigma_1, \cdots, \sigma_r$ は一意に定まる．

(2) $\mathrm{rank}\, A = r$ とすると，$Ax = 0$ を満足する $x \in X_n$ の集合，すなわち A の零空間 $\mathrm{null}\, A \subseteq X_n$ の次元数は $n - r$ であり，$\{v_{r+1}, \cdots, v_n\}$ を $\mathrm{null}\, A$ の基底ベクトルとすることができる．V の列ベクトル $\{v_{r+1}, \cdots, v_n\}$ によって張られる部分空間 $\mathrm{null}\, A$ は一意である．ただし，この部分空間の正規直交基底をなす限り，これらのベクトルの選び方は自由である．

(3) $\mathrm{rank}\, A = r$ とすると，$y = Ax \in Y_m$ の集合による値域空間 $\mathrm{range}A$ の次元数は r である．それに対して，$\mathrm{range}A$ の直交補空間 $(\mathrm{range}A)^\perp$ の次元数は $m - r$ であり，$\{u_{r+1}, \cdots, u_m\}$ を $(\mathrm{range}A)^\perp$ の正規直交基底とすることができる．U の列ベクトル $\{u_{r+1}, \cdots, u_m\}$ によって張られる部分空間 $(\mathrm{range}A)^\perp$ は一意である．ただ

し，この部分空間の正規直交基底をなす限り，これらのベクトルの選び方は自由である．

(4) σ_i が単純な特異値であるとき $(\sigma_i \neq \sigma_j, i \neq j)$，$v_i$ と u_i は，位相の不確定さ (実数行列のとき，符号の不確かさ) を除いて，一意に定まる．すなわち，v_i と u_i に同時に $e^{j\theta}(j = \sqrt{-1}, \theta \in R)$ をかけてもかまわない．

(5) σ_i が k 重特異値 $(\sigma_{i-1} > \sigma_i = \sigma_{i+1} = \cdots = \sigma_{i+k-1} > \sigma_{i+k})$ であるとする．ただし，$\sigma_0 = +\infty, \sigma_{r+1} = 0$ とする．このとき，$\{v_i, \cdots, v_{i+k-1}\}$ によって張られる X_n の部分空間，および $\{u_i, \cdots, u_{i+k-1}\}$ によって張られる Y_m の部分空間はそれぞれ一意に定まる．ただし，$\{v_i, \cdots, v_{i+k-1}\}$ と $\{u_i, \cdots, u_{i+k-1}\}$ のどちらかが自由に選ぶことができ，他方はそれに応じて定められる．

以上は，一般的な行列の特異値分解について紹介した．一方，高木 (T.Takagi) は 1924 年に複素対称行列の特異値分解を発表した [208]．それを高木の特異値分解 (Takagi's singular value decomposition) という．

❑ **定理 6.2.3.** (高木の特異値分解) 複素対称行列 $A \in C^{n \times n}$ について，以下を成立させるユニタリ行列 $U \in C^{n \times n}$ と負でない対角要素を持つ対角行列 $\Sigma = \mathrm{diag}(\sigma_1, \cdots, \sigma_n)$ が存在する．

$$A = U\Sigma U^H$$

ただし，U の列ベクトルは，$A^H A$ の正規直交な固有ベクトルであり，各列ベクトルに対応する Σ の対角要素は，対応する $A^H A$ の固有値の正の平方根である．

■ 6.2.2　特異値分解の性質

■ 行列の変形と特異値の変化

行列の変形と特異値の変化については，以下の性質が成り立つ．

性質 1　A の共役転置 A^H の特異値分解：

$$A^H = V\Sigma^T U^H \tag{6.2.8}$$

性質 2　$A^H A$ と AA^H の特異値分解：

$$A^H A = V\Sigma^T \Sigma V^H, \quad AA^H = U\Sigma\Sigma^T U^H \tag{6.2.9}$$

ただし，

$$\Sigma^T \Sigma = \mathrm{diag}(\sigma_1^2, \sigma_2^2, \cdots, \sigma_r^2, \overbrace{0, \cdots, 0}^{n-r})$$

$$\Sigma\Sigma^T = \mathrm{diag}(\sigma_1^2, \sigma_2^2, \cdots, \sigma_r^2, \overbrace{0, \cdots, 0}^{m-r})$$

ここで, $A^H A$ と AA^H はエルミート行列であることに注意されたい. エルミート行列の特異値分解は, ユニタリ行列による対角化と等価である.

性質 3 PAQ^H の特異値分解:

$$PAQ^H = \tilde{U}\Sigma\tilde{V}^H, \quad \tilde{U} = PU, \quad \tilde{V} = QV \tag{6.2.10}$$

ただし, P と Q はそれぞれ $m \times m$ と $n \times n$ ユニタリ行列である.

性質 4 $m \times n$ 行列 A の特異値分解とムーア - ペンローズの逆行列 A^+ との関係式:

$$A^+ = V\Sigma^+U^H \tag{6.2.11}$$

ここで, Σ^+ は式 (6.2.7) で与えられる.

証明 $G = V\Sigma^+U^H$ とすると, 以下の結果が成り立つ.

$$AGA = (U\Sigma V^H)(V\Sigma^+U^H)(U\Sigma V^H) = U\Sigma\Sigma^+\Sigma V^H = U\Sigma V^H = A$$

$$GAG = (V\Sigma^+U^H)(U\Sigma V^H)(V\Sigma^+U^H) = V\Sigma^+\Sigma\Sigma^+U^H = V\Sigma^+U^H = G$$

$$AG = U\Sigma\Sigma^+U^H = (AG)^H$$

$$GA = V\Sigma^+\Sigma V^H = (GA)^H$$

すなわち, G は式 (1.5.1) を満足するので, 性質 4 が成り立つ. ■

A に対して, V と U は一意に定まらないが, 擬似逆行列 A^+ は一意に定まる. とくに, A が正則な正方行列であるとき, $A^+ = A^{-1}$ となる. また, このとき, A^{-1} の特異値は, $1/\sigma_1, \cdots, 1/\sigma_n$ となる.

■ 行列ノルム, 行列式および条件数との関係

ここでは, 特異値分解と行列ノルム, 行列式および条件数などの行列諸量との関係について説明する [117].

(1) 行列ノルム:

行列の特異値分解の定理および命題 1.2.2 より,

$$\|A\|_F = \left[\sum_{i=1}^{m}\sum_{j=1}^{n}|a_{ij}|^2\right]^{0.5} = \|U\Sigma V^H\|_F = \|\Sigma\|_F = \sqrt{\sigma_1^2 + \cdots + \sigma_r^2} \tag{6.2.12}$$

が成り立つ. すなわち, 行列のフロベニウスノルムは, その行列の非零特異値の二乗和の平方根である. $k < r = \text{rank } A$ に対して,

$$A_k = \sum_{i=1}^{k}\sigma_i u_i v_i^H \tag{6.2.13}$$

と定義すると,

$$\min_{\text{rank } B=k}\|A - B\|_F = \|A - A_k\|_F = \sqrt{\sigma_{k+1}^2 + \cdots + \sigma_r^2} \tag{6.2.14}$$

が成り立つ. 式 (6.2.14) と定理 6.2.2 の結果は, 全最小二乗法, データ圧縮, イメージエンハンスメント, 動的システムの実現理論, 階数落ち最小二乗解などにおいて, 重要な基礎となっている.

(2) 行列式:

A を $n \times n$ 行列とする. ユニタリ行列の行列式の絶対値が 1 であることより,

$$|\det A| = |\det U\Sigma V^H| = |\det \Sigma| = \sigma_1\sigma_2\cdots\sigma_n \tag{6.2.15}$$

となる. もし, すべての σ_i が $\sigma_i \neq 0$ であれば, $|\det A| \neq 0$ となる. このとき, A は正則である. もし, 少なくとも一つの σ_i が $\sigma_i = 0$ であれば, $|\det A| = 0$ となり, A は特異である. これがすべての σ_i を特異値と呼ぶ理由である. さらに, 式 (6.2.12) と (6.2.15) より, $n \times n$ 行列 A に対して, 以下の不等式が成り立つ.

$$n\sigma_1 \geq \|A\|_F \geq \sigma_1$$

$$\sigma_1^n \geq \sigma_1^{n-1}\sigma_n \geq |\det A| \geq \sigma_n^n$$

$$\|A\|_F \geq \sigma_1 \geq |\det A|^{1/n} \tag{6.2.16}$$

$$|\det A|^{1/n} \geq \sigma_n \geq \frac{|\det A|}{\|A\|_F^{n-1}}$$

$$\frac{\|A\|_F^n}{|\det A|} \geq \sigma_1/\sigma_n \geq \max\left\{1, \frac{1}{n}\frac{\|A\|_F}{|\det A|^{1/n}}\right\}$$

(3) 条件数:

$m \times n$ 行列 A について, 条件数は特異値を用いて,

$$\mathrm{cond}(A) = \frac{\sigma_1}{\sigma_h}, \quad h = \min(m, n) \tag{6.2.17}$$

と定義できる. 上式より, 条件数は 1 以上の正数である. 条件数の小さい行列は良条件行列といい, 大きい行列は悪条件行列という. 明らかに, 特異行列の条件数は無限大である. 条件数が有限であるものの, 値が非常に大きいとき, 行列 A はほとんど特異 (nearly singular) という. これは, A の行あるいは列ベクトルの独立性が弱いことを意味する. 一方, 定義式 (6.1.2) より, 直交あるいはユニタリ行列の条件数は 1 である. この意味では, 直交あるいはユニタリ行列の条件は「理想的」である.

6.1 節で検討した過決定方程式 $Ax = b$ について, $A^T A$ の特異値分解は

$$A^T A = V\Sigma^2 V^T \tag{6.2.18}$$

であるので,

$$\mathrm{cond}(A^T A) = \frac{\sigma_1^2}{\sigma_n^2} = \left[\mathrm{cond}(A)\right]^2 \tag{6.2.19}$$

となり, $A^T A$ の条件数は A のそれの二乗になる. A が悪条件であれば, $A^T A$ はより悪条件になる.

158 第 6 章 特異値分解

(4) 固有値：

$n \times n$ 正方行列の固有値を $\lambda_1, \cdots, \lambda_n$ $(|\lambda_1| \geq \cdots \geq |\lambda_n|)$ とし，特異値を $\sigma_1 \geq \cdots \geq \sigma_n \geq 0$ とすると，以下の不等式が成り立つ．

$$\sigma_1 \geq |\lambda_i| \geq \sigma_n, \quad i = 1, \cdots, n \tag{6.2.20}$$

$$\mathrm{cond}(A) \geq |\lambda_1|/|\lambda_n| \tag{6.2.21}$$

■ 6.2.3　階数落ち最小二乗解

信号処理とシステム理論において，連立一次方程式 $Ax = b$ が過決定で，しかも A の階数が n より小さく，階数落ち (rank defficient) である場合はよくある．すなわち，$A \in R^{m \times n}$ の行数 m が列数 n より大きく，rank $A < n$ という場合である．

そこで，A の特異値分解が定理 6.2.1 のように得られたとし，ムーア - ペンローズの逆行列 $G = V\Sigma^+ U^T$ を用いた階数落ち最小二乗解 (rank defficient least-squares solution) の求め方について考える．ただし，$U = [u_1, \cdots, u_m]$，$V = [v_1, \cdots, v_n]$ とする．

任意の R^n に対して，命題 1.2.1 より，二乗評価は，

$$\|Ax - b\|_2^2 = \|U^T (AVV^T x - b)\|_2^2 = \|\Sigma w - U^T b\|_2^2$$
$$= \sum_{i=1}^{r} \left(\sigma_i w_i - u_i^T b\right)^2 + \sum_{i=r+1}^{m} \left(u_i^T b\right)^2 \tag{6.2.22}$$

となる．ただし，$w = V^T x \in R^n$ であり，$x = Vw$ である．よって，$w_i = (u_i^T b)/\sigma_i (i = 1, \cdots, r)$，$w_i = 0 (i = r+1, \cdots, n)$ とすれば，x の最小ノルム最小二乗解は，

$$x_{LS} = \sum_{i=1}^{r} \frac{u_i^T b}{\sigma_i} v_i = Gb \tag{6.2.23}$$

となる．そのとき，最小二乗誤差は以下のようになる．

$$\|Ax_{LS} - b\|_2^2 = \sum_{i=r+1}^{m} \left(u_i^T b\right)^2 \tag{6.2.24}$$

理論的には，$i > r$ のとき，$\sigma_i = 0$ であるが，現実には，データ行列から計算された $\hat{\sigma}_i, i > r$ は完全に零になることはない．したがって，何らかの方法で特異値を適切に打ち切ることによって，階数 r の推定値 $\hat{r}$ を推定する必要がある．このような $\hat{r}$ を有効階数 (effective rank) という．有効階数の決定には，以下の方法がよく用いられている．

(1) 特異値の正規化による手法．

最大特異値を持って，各特異値を正規化すると，

$$\bar{\sigma}_i = \frac{\hat{\sigma}_i}{\hat{\sigma}_1} \tag{6.2.25}$$

となる．そこで，ある小さな正数 ϵ を閾 (しきい) 値とすると，

$$\overline{\sigma}_i \geq \epsilon \tag{6.2.26}$$

を満足する最大の i を有効階数 $\hat{r}$ とする．明らかに，この手法は，

$$\hat{\sigma}_i \geq \epsilon\, \overline{\sigma}_i \tag{6.2.27}$$

を満足する最大の i を選定することになる．

(2) フロベニウスノルム比による手法．

行列 A_k を行列 A の階数 k 近似とする．両者のフロベニウスノルム比は，

$$\nu(k) = \frac{\sqrt{\sigma_1^2 + \cdots + \sigma_k^2}}{\sqrt{\sigma_1^2 + \cdots + \sigma_h^2}}, \quad h = \min(m, n) \tag{6.2.28}$$

となる．そこで，ある 1 に近い正数 α (例えば，$\alpha = 0.997$) を閾値とすると，

$$\nu(k) \geq \alpha \tag{6.2.29}$$

を満足する最大の k を有効階数 $\hat{r}$ とする．

以上のように有効階数 $\hat{r}$ を決定すると，

$$\hat{x}_{LS} = \sum_{i=1}^{\hat{r}} \frac{u_i^T b}{\sigma_i} v_i \tag{6.2.30}$$

は，最小ノルム最小二乗解 X_{LS} の妥当な近似となる．明らかに，これは方程式 $A_{\hat{r}}x = b$ の最小二乗解である．ただし，

$$A_{\hat{r}} = \sum_{i=1}^{\hat{r}} \sigma_i u_i v_i^T \tag{6.2.31}$$

最小二乗問題において，A の代わりに $A_{\hat{r}}$ を用いることは，微小な特異値を切り捨てることを意味する．とくに A が雑音を含むデータから構成されるとき，この手法は大変有用である．しかし，$Ax = b$ が階数落ち方程式であるにもかかわらず，式 (6.2.30) で与えられた最小二乗解 $\hat{x}_{LS} \in R^n$ は依然として，n 個のパラメータを含んでいる．A の階数が $\hat{r}$ であることは，パラメータベクトル x の n 個の要素のうち，$\hat{r}$ 個の零でないパラメータを求めればよく，残りはこれらの $\hat{r}$ 個の要素の一次結合である．実用上，冗長パラメータを含む n 個のパラメータを求めるよりも，最も重要な $\hat{r}$ 個のパラメータだけを求めることはよくある．これは，行列 A の n 本の列ベクトルから，$\hat{r}$ 個の主要な独立な列ベクトルを求めるという，いわゆる部分集合選択 (subset selection) 問題である [93,97]．行列 A の SVD 分解を利用して，行列 AP の最初の $\hat{r}$ 個の列ベクトルが十分に独立であるような置換行列 P を求める手法が提案されている．詳細は文献 [93,97] を参照されたい．

6.3 行列積特異値分解

行列積特異値分解 (product SVD, PSVD) とは，二つの行列 B^H と C の積 $B^H C$ の特異値分解である．理論的には，行列積特異値分解は，行列積そのものに対する特異値分解と等価である．しかし，行列積を計算した後，特異値分解を直接求めると，計算精度が悪化するおそれがある．以下の例 [95] を引用しながら，そのことを説明する．

$$A = \begin{bmatrix} 1 & 1 \\ \delta & 0 \\ 0 & \delta \end{bmatrix} \tag{6.3.1}$$

ただし，$\delta^2 \le \epsilon \ll \delta$. ここで，$\epsilon$ は計算機の浮動小数点精度である．したがって，浮動小数点計算 $fl(\cdot)$ によって，

$$fl(A^T A) = \begin{bmatrix} 1 & 1 \\ 1 & 1 \end{bmatrix} \tag{6.3.2}$$

が得られる．この行列の固有値はそれぞれ 2 と 0 である．しかし，理論的には，$A^T A$ の固有値はそれぞれ $2 + \delta^2$ と δ^2 である．文献 [95] の数値的安定なアルゴリズムで A の特異値を計算すると，少なくともそれぞれ $(2+\delta^2)^{1/2} + O(\epsilon)$ と $\delta + O(\epsilon)$ 以上のよい結果が得られる．これは，式 (6.3.2) の行列の固有値の平方根を直接求めるよりは精度がよい．したがって，標準的特異値分解よりもっと難しい問題を考える必要がある：行列積 $A = B^H C$ の特異値分解を，与えられた行列 B と C の精度と同程度の精度で求めることができるのか．これはいわゆる行列積特異値分解問題である．行列積特異値分解は，1988 年に初めて Fernando と Hammarling によって提案され [74]，次の定理にまとめることができる．

❏ **定理 6.3.1.** (行列積特異値分解) 行列 $B \in C^{p \times m}$ と $C \in C^{p \times n}$ に対して，以下を成立させるユニタリ行列 $U \in C^{m \times m}$ と $V \in C^{n \times n}$，および正則行列 $Q \in C^{p \times p}$ が存在する．

$$UB^H Q = \begin{bmatrix} I & & \\ & 0_B & \\ & & \Sigma_B \end{bmatrix} \tag{6.3.3}$$

$$Q^{-1} C V^H = \begin{bmatrix} 0_C & & \\ & I & \\ & & \Sigma_C \end{bmatrix} \tag{6.3.4}$$

ただし，

$$\Sigma_B = \text{diag}(s_1, \cdots, s_r), \quad \Sigma_C = \text{diag}(t_1, \cdots, t_r)$$
$$1 > s_1 \ge \cdots \ge s_r > 0, \quad 1 > t_1 \ge \cdots \ge t_r > 0$$
$$s_i^2 + t_i^2 = 1, \quad i = 1, \cdots, r$$

定理 6.3.1 より, $UB^H CV^H = \mathrm{diag}(0_C, 0_B, \mathit{\Sigma}_B \mathit{\Sigma}_C)$ の成立は容易に確認できる.

定理 6.3.1 は, 行列積特異値分解を定式化している. しかし, Heath [108] らは 1986 年に, すでに行列積特異値分解の別の形式を提案しており, しかも実用的計算アルゴリズムも与えた. Heath らの手法について述べる前に, まず, 以下の問題について考える. ただし, 簡単のため, 実行列について議論するが, 複素行列に適用する場合, 直交行列と転置をそれぞれユニタリ行列と共役転置に置き換えればよい.

問題：行列 $B \in R^{p \times m}$ と $C \in R^{p \times n}$ が与えられたとする. 行列

$$\widetilde{B} = BU, \qquad \widetilde{C} = CV \tag{6.3.5}$$

について, $\widetilde{B}^T \widetilde{C}$ が対角行列となるように直交行列 $U \in R^{m \times m}$ と $V \in R^{n \times n}$ を求めよ.

理論的には, この問題の解決は簡単である. 特異値分解

$$A = B^T C = U \mathit{\Sigma} V^T \tag{6.3.6}$$

より, $\widetilde{B}^T \widetilde{C} = U^T B^T CV = U^T AV = \mathit{\Sigma}$ が成り立つので, 問題は容易に解決できた. この問題の本質は, 行列積特異値分解と等価である. このような等価性は, Heath らの計算アルゴリズムの基礎である. 以下では, 与えられた B と C の精度と同等の精度を持つ行列積特異値分解の計算アルゴリズムについて説明する.

■ 6.3.1 三角行列の特異値分解

第 3 章の 3.3.3 項では, 行列 $A \in R^{m \times n}$ に対する操作 $G(i,j,\theta)^T AG(i,j,\phi)$ を利用した行列の対角化手法, すなわち, Kogbetliantz アルゴリズムを説明した. この手法は, ヤコビ法 (Jacobi method) と呼ばれることもある [84,108]. そのため, 本章では, ギブンス回転 $G(i,j,\theta)$ を $J(i,j,\theta)$ と表すことにする. 正方行列の特異値分解を計算する手法として, Kogbetliantz アルゴリズム [124] は, よく用いられる有効な手法である. この手法は, Kogbetliantz [124] によって提案され, 後に Forsythe と Henrici [84] によって解析された. この手法のポイントは, $n \times n$ 行列の特異値分解を一連の 2×2 行列の特異値分解に置き換えることである [161]. 正方行列 $A_k = \{\alpha_{ij}^k\} \in R^{n \times n}$ について, $i < j$ として, その (i,j) と (j,i) 要素を同時に零にする操作を (i,j) 消去 (reduction) という. それを実現するためには, 回転を利用して, 以下を満足する操作をすればよい.

$$\begin{bmatrix} c_1 & -s_1 \\ s_1 & c_1 \end{bmatrix} \begin{bmatrix} \alpha_{ii}^{(k)} & \alpha_{ij}^{(k)} \\ \alpha_{ji}^{(k)} & \alpha_{jj}^{(k)} \end{bmatrix} \begin{bmatrix} c_2 & s_2 \\ -s_2 & c_2 \end{bmatrix} = \begin{bmatrix} \alpha_{ii}^{(k+1)} & 0 \\ 0 & \alpha_{jj}^{(k+1)} \end{bmatrix}$$

上式は A_k の 2×2 部分行列の特異値分解に対応する. このような操作を $n \times n$ 行列 $A = A_1$ に対して以下のように一通り操作すると, $n(n-1)/2$ 回の消去操作を含むことになる.

162　第 6 章　特異値分解

$$\text{for } i = 1 : n - 1$$

$$\text{for } j = i + 1 : n$$

$$A_{k+1} = (i, j) \text{ reduction of } A_k$$

$$k = k + 1$$

end

end

以上のように，一通りの消去操作を 1 回の掃き出し (sweep) という．上記の掃き出しによって，行列 A の非対角要素の大きさが減少するので，掃き出しの繰り返しによって，A が最終的に対角行列に収束し，特異値分解が実現できる [84]．経験的に，10 回以内の掃き出しで計算機の計算精度まで収束する [108, 161].

ここでは，$n = 4$ の場合を例にとって，1 回の掃き出しを説明する．2×2 行列の特異値分解を計算することによって，対角線を対称軸とした対角線以外の要素が消去操作によって削除されていく順番を以下のように示す．

$$\begin{bmatrix} 0 & 1 & 2 & 3 \\ 1 & 0 & 4 & 5 \\ 2 & 4 & 0 & 6 \\ 3 & 5 & 6 & 0 \end{bmatrix} \tag{6.3.7}$$

対角線以外の要素はペアで，1, 2 ,$\cdots$, 6 の順に削除されていく．ただし，0 とマークされた対角要素は消去されない．また，2 とマークされた要素を削除したときに，すでに消去された 1 とマークされた位置に要素がまた現れてくる可能性があることに注意されたい．もっと一般に，k とマークされた要素を消去したときに，すでに消去された $k-1$ とマークされた位置に要素がまた現れてくる可能性がある．

一般の行列 $A \in R^{m \times n}$ の特異値分解を計算するときに，まずそれを QR 分解などによって三角行列に変換してから，三角行列に対して，Kogbetliantz アルゴリズムを適用したほうが効率がよいことが知られている [40]．Kogbetliantz アルゴリズムの 1 回の掃き出しを通して，上 (下) 三角行列は下 (上) 三角行列に変換される．対象行列は，掃き出し の繰り返しとともに，上と下三角行列の間で行き来する．ただし，各ステップにおいては，一つの要素だけが 2×2 特異値分解によって消去される．図 6.3.1 は，4×4 行列を例にとって，そのことを説明している．ただし，図においては，非零要素を $\times$，新たに出てきた非零要素を $+$，零要素を空白，これから消去しようとする (零にしようとする) 要素を $\otimes$ でそれぞれ表す．このように，1 回の掃き出しを通して，上三角行列は下三角行列に変換される．次の掃き出しを実行した後では，下三角行列がまた上三角行列に変換される．最終的には，対角行列に収束する．もっと一般な $n \times n$ 三角行列に対しても，同じ変換結果が

成り立つことを数学的帰納法で証明できる [108].

$$
\begin{bmatrix} \times & \otimes & \times & \times \\ & \times & \times & \times \\ & & \times & \times \\ & & & \times \end{bmatrix} \rightarrow \begin{bmatrix} \times & & \otimes & \times \\ & \times & \times & \times \\ & & \times & \times \\ & & & \times \end{bmatrix} \rightarrow \begin{bmatrix} \times & & & \otimes \\ + & \times & \times & \times \\ & & \times & \times \\ & & & \times \end{bmatrix} \rightarrow \begin{bmatrix} \times & & & \\ + & \times & \otimes & \times \\ + & & \times & \times \\ & & & \times \end{bmatrix}
$$

$$
\rightarrow \begin{bmatrix} \times & & & \\ + & \times & & \otimes \\ + & & \times & \times \\ & & & \times \end{bmatrix} \rightarrow \begin{bmatrix} \times & & & \\ + & \times & & \\ + & + & \times & \otimes \\ + & & & \times \end{bmatrix} \rightarrow \begin{bmatrix} \times & & & \\ + & \times & & \\ + & + & \times & \\ + & + & & \times \end{bmatrix}
$$

図 6.3.1　1 回の掃き出しを通して上三角行列が下三角行列に変換される過程

■ 6.3.2　行列積特異値分解

ここでは，行列 B と C が前処理変換が施されていない場合について，Kogbetliantz アルゴリズムを使った行列積 $A = B^T C$ の特異値分解の計算について考察する．行列 $A = A_1$ について，第 k ステップ目の消去操作を，

$$
J(i,j,\theta_1)^T A_k J(i,j,\theta) = A_{k+1} = B_{k+1}^T C_{k+1} \tag{6.3.8a}
$$

と表現する．ただし，$A_k = B_k^T C_k$ である．上式によって，行列 A_{k+1} の (i,j) と (j,i) 要素が零に変換される．すなわち，

$$
\begin{bmatrix} c_1 & -s_1 \\ s_1 & c_1 \end{bmatrix} \begin{bmatrix} \alpha_{ii}^{(k)} & \alpha_{ij}^{(k)} \\ \alpha_{ji}^{(k)} & \alpha_{jj}^{(k)} \end{bmatrix} \begin{bmatrix} c_2 & s_2 \\ -s_2 & c_2 \end{bmatrix} = \begin{bmatrix} \alpha_{ii}^{(k+1)} & 0 \\ 0 & \alpha_{jj}^{(k+1)} \end{bmatrix} \tag{6.3.8b}
$$

となるので，回転行列の要素は，2×2 部分行列の特異値分解で定めることができる．

式 (6.3.8b) においては，A_k の四つの要素は，

$$
\alpha_{ij}^{(k)} = b_i^{(k)T} c_j^{(k)} \tag{6.3.9}
$$

と計算される．ただし，$ij = ii, ij, ji, jj$ であり，$b_i^{(k)}$ と $c_i^{(k)}$ はそれぞれ B_k と C_k の i 番目の列ベクトルである．さらに，式 (6.3.8b) の二つの回転操作をそれぞれ B_k と C_k に施すと，

$$
B_{k+1} = B_k J(i,j,\theta_1), \quad C_{k+1} = C_k J(i,j,\theta_2)
$$

となる．このアプローチはについては，以下の知見が得られている [108].

1)　この計算アルゴリズムは，A_k に Kogbetliantz アルゴリズムを直接適用することとは，理論的に等価である．ゆえに，理論的には，A の非対角要素が零に収束する．

164 第 6 章 特異値分解

2) 各ステップにおいて，B_k と C_k については，それぞれ 2 列のベクトルだけがアクセスあるいは修正される．

3) 各ステップにおいて，A_k については，その 4 個の要素だけが計算される．そのうちの 2 個の対角要素は，前のステップで計算されている．ゆえに，$(i,j) = (1,2)$ のとき，4 回のベクトル内積を計算する必要があるが，対角要素 $\alpha_{ii}^{(k+1)}$ と $\alpha_{jj}^{(k+1)}$ の値を利用すれば，$(i,j) = (1,3), \cdots, (1,n)$ のとき，3 回のベクトル内積の計算が必要である．ほかの (i,j) の組み合わせに対しては，2 回のベクトル内積の計算だけが必要である．

4) 当初の目的は行列積 $B^T C$ を直接構成することを避けることであったのに，各ステップにおいて，$B_k^T C_k$ を構成していることが望ましくないと思われるかもしれない．しかし，この欠点は深刻なものではない．ギブンス回転を設計するときに，式 (6.3.9) のように，いくつかの要素の計算だけが行われており，それから B_k と C_k にそれぞれ回転操作を施している．ゆえに，式 (6.3.9) のように $\alpha_{ij}^{(k)}$ を計算するときに生じる誤差は，収束の速さに多少影響があるものの，最終結果には深刻な影響をもたらすことはない．

5) $B = C$ のとき，上記の手法は，Hestenes が 1958 年に提案した B の特異値分解の計算アルゴリズムになる [109]．Heath らの Kogbetliantz アルゴリズムを用いる手法は，Hestenes の手法の拡張であると考えられる．

■ 6.3.3 行列積特異値分解アルゴリズムの実現

前述のように，ある行列を三角行列に変換してから，特異値分解を行ったほうが効率がよい．ここでは，まず $B^T C$ を三角行列の形に変換する手法について説明する．ただし，$B \in R^{p \times m}$, $C \in R^{p \times n}$, $m \geq n$ である．以下では，$p \geq n$ と $n > p$ という二つのケースについて検討する．

ケース 1 $(p \geq n)$：

以下の結果を満足させる直交行列 $Q \in R^{p \times p}$ を選択する．

$$Q^T C = \begin{bmatrix} C_1 \\ 0 \end{bmatrix}$$

ただし，$C_1 \in R^{n \times n}$ は上三角行列である．$Q^T B$ を

$$Q^T B = \begin{bmatrix} \widehat{B} \\ \overline{B} \end{bmatrix}$$

のようにブロック分割すると，以下の結果が得られる．

$$B^T Q Q^T C = \begin{bmatrix} \widehat{B}^T & \overline{B}^T \end{bmatrix} \begin{bmatrix} C_1 \\ 0 \end{bmatrix} = \widehat{B}^T C_1$$

ケース 2 $(n > p)$：

以下の結果を満足させる直交行列 $Q \in R^{n \times n}$ を選択する．

$$CQ = [C_1 \quad 0]$$

ただし，C_1 は $p \times p$ 上三角行列である．そして，$\widehat{B} = B$ とすると，以下の結果が得られる．

$$B^T C Q = \begin{bmatrix} \widehat{B}^T C_1 & 0 \end{bmatrix}$$

いずれの場合においても，$\widehat{B}^T C_1$ の特異値分解を計算すればよい．そこで，次式を満足させる直交行列 $P \in R^{m \times m}$ を選択する．

$$P^T \widehat{B}^T = \begin{bmatrix} B_1^T \\ 0 \end{bmatrix}$$

ただし，B_1^T は $n \times n$（ケース 1）あるいは $p \times p$（ケース 2）上三角行列である．したがって，いずれの場合においても，上三角行列

$$A_1 = B_1^T C_1 \tag{6.3.10}$$

の特異値分解問題になる．これらの三つの行列は，共に $n \times n$（ケース 1）行列か $p \times p$（ケース 2）上三角行列であり，そのサイズは n と p のどちらが小さいかによって決まる．簡単のため，ここでは行列サイズを $n \times n$ と仮定する．

次に，前述の三角行列に対する Kogbetliantz アルゴリズムを用いた $A_1 = B_1^T C_1$ の対角化について説明する．A_1 に直接操作すると，$\{J(i,j,\theta_1)^T B_1^T\}\{C_1 J(i,j,\theta_2)\}$ となるが，B_1^T と C_1^T に関しては，三角行列の形が必ずしも保たれるとは限らない．ステップ k において，$J(i,j,\theta_1)$ と $J(i,j,\theta_2)$ が $\alpha_{ij}^{(k)}$ と $\alpha_{ji}^{(k)}$ を零にするために用いられたとすると，3番目の回転 $J(i,j,\theta_3)$ を使って，$\{J(i,j,\theta_1)^T B_1^T\}$ と $\{C_1 J(i,j,\theta_2)\}$ の (i,j) 要素を零にする必要が生じる．よって，以下の結果となる．

$$A_{k+1} = \{J(i,j,\theta_1)^T B_k^T J(i,j,\theta_3)^T\}\{J(i,j,\theta_3) C_k J(i,j,\theta_2)\} = B_{k+1}^T C_{k+1} \tag{6.3.11}$$

よって，$A_{k+1}, B_{k+1}, C_{k+1}$ は，掃き出し操作の後でも，三角行列の形が保たれる．

図 6.3.2 は，3×3 行列を例にとって，このことを説明している．ただし，図においては，非零要素を ×，新たに出てきた非零要素を ＋，零要素を空白，これから消去しようとする（零にしようとする）要素を $\otimes$ でそれぞれ表す．また，第 1 列 と 第 2 列はそれぞれ B_k^T と C_k に対する操作の結果であり，第 3 列は，$A_k = B_k^T C_k$ の結果である．このように，1 回の掃き出しを通して，初めに上三角行列であった各行列は下三角行列に変換される．$J(i,j,\theta_1)$ と $J(i,j,\theta_2)$ を適用した後，1 回の回転 $J(i,j,\theta_3)$ だけで，B_1^T と C_1 両方の要素を消去できる原理を理解するため，まず，図 6.3.2 の中の第一歩目の操作について

$$B_k^T \qquad\qquad C_k \qquad = \qquad A_k$$

$$
\begin{bmatrix} \times & \times & \times \\ & \times & \times \\ & & \times \end{bmatrix}
\begin{bmatrix} \times & \times & \times \\ & \times & \times \\ & & \times \end{bmatrix}
=
\begin{bmatrix} \times & \otimes & \times \\ & \times & \times \\ & & \times \end{bmatrix}
$$

$$
\begin{bmatrix} \times & \otimes & \times \\ + & \times & \times \\ & & \times \end{bmatrix}
\begin{bmatrix} \times & \otimes & \times \\ + & \times & \times \\ & & \times \end{bmatrix}
=
\begin{bmatrix} \times & & \times \\ & \times & \times \\ & & \times \end{bmatrix}
$$

$$
\begin{bmatrix} \times & & \times \\ + & \times & \times \\ & & \times \end{bmatrix}
\begin{bmatrix} \times & & \times \\ + & \times & \times \\ & & \times \end{bmatrix}
=
\begin{bmatrix} \times & & \otimes \\ & \times & \times \\ & & \times \end{bmatrix}
$$

$$
\begin{bmatrix} \times & & \otimes \\ + & \times & \times \\ + & & \times \end{bmatrix}
\begin{bmatrix} \times & & \otimes \\ + & \times & \times \\ + & & \times \end{bmatrix}
=
\begin{bmatrix} \times & & \\ + & \times & \times \\ + & & \times \end{bmatrix}
$$

$$
\begin{bmatrix} \times & & \\ + & \times & \times \\ + & & \times \end{bmatrix}
\begin{bmatrix} \times & & \\ + & \times & \times \\ + & & \times \end{bmatrix}
=
\begin{bmatrix} \times & & \\ + & \times & \otimes \\ & & \times \end{bmatrix}
$$

$$
\begin{bmatrix} \times & & \\ + & \times & \otimes \\ + & + & \times \end{bmatrix}
\begin{bmatrix} \times & & \\ + & \times & \otimes \\ + & + & \times \end{bmatrix}
=
\begin{bmatrix} \times & & \\ + & \times & \\ + & & \times \end{bmatrix}
$$

$$
\begin{bmatrix} \times & & \\ + & \times & \\ + & + & \times \end{bmatrix}
\begin{bmatrix} \times & & \\ + & \times & \\ + & + & \times \end{bmatrix}
=
\begin{bmatrix} \times & & \\ + & \times & \\ + & & \times \end{bmatrix}
$$

図 **6.3.2** 1 回の掃き出しを通して A_k, B_k, C_k が上三角行列が下三角行列に変換される過程

考察する. A_1 の $(1,2)$ 要素を消去しても, B_1^T と C_1 の $(1,2)$ 要素は, 一般には零になるとは限らない. また, $(2,1)$ 要素も非零になる可能性がある. もし, C_1 に対して, C_2 の $(1,2)$ 要素 $\gamma_{12}^{(2)}$ を零にし, C_2 の $(2,2)$ 要素 $\gamma_{22}^{(2)}$ が非零になるように回転 $J(1,2,\theta_3)$ を設計したとすると,

$$
\begin{bmatrix} \alpha_{11}^{(2)} & 0 \\ 0 & \alpha_{22}^{(2)} \end{bmatrix}
=
\begin{bmatrix} \beta_{11}^{(2)} & \beta_{21}^{(2)} \\ \beta_{12}^{(2)} & \beta_{22}^{(2)} \end{bmatrix}
\begin{bmatrix} \gamma_{11}^{(2)} & 0 \\ \gamma_{21}^{(2)} & \gamma_{22}^{(2)} \end{bmatrix}
$$

より, B_2^T の $(1,2)$ 要素 $\beta_{21}^{(2)}$ は必ず零である必要がある. 一方, B_1 に対して, B_2^T の $(1,2)$ 要素を零にし, B_2^T の $(1,1)$ 要素が非零になるように回転 $J(1,2,\theta_3)$ を設計したとすると, C_2 の $(1,2)$ 要素は必ず零である必要がある. したがって, β_{11} と γ_{22} の絶対値

の大きさに応じて，B_1 と C_1 のどちらかに基づいて回転 $J(i,j,\theta_3)$ を設計することができる．もし，

$$\left|\beta_{11}^{(1)}\right|^2 + \left|\beta_{21}^{(1)}\right|^2 \geq \left|\gamma_{12}^{(1)}\right|^2 + \left|\gamma_{22}^{(1)}\right|^2$$

であれば，B_1 に基づいて，そうでなければ，C_1 に基づいて回転を設計できる．このようにして，$J(i,j,\theta_3)$ を用いて，$J(i,j,\theta_1)^T B_k^T$ と $C_k J(i,j,\theta_2)$ の (i,j) 要素を零にすることができる [108].

A_k, B_k, C_k の (上三角行列) 形より，すべての (i,j) 消去について，

$$\begin{bmatrix} \alpha_{ii}^{(k)} & \alpha_{ij}^{(k)} \\ 0 & \alpha_{jj}^{(k)} \end{bmatrix} = \begin{bmatrix} \beta_{ii}^{(k)} & \beta_{ji}^{(k)} \\ 0 & \beta_{jj}^{(k)} \end{bmatrix} \begin{bmatrix} \gamma_{ii}^{(k)} & \gamma_{ij}^{(k)} \\ 0 & \gamma_{jj}^{(k)} \end{bmatrix} \tag{6.3.12}$$

が成り立つ．事実上，$J(i,j,\theta_1), J(i,j,\theta_2), J(i,j,\theta_3)$ は上式の右辺にある六つの要素から設計できる．これらの回転によって，上式は以下のように変換される．

$$\begin{bmatrix} \alpha_{ii}^{(k+1)} & 0 \\ 0 & \alpha_{jj}^{(k+1)} \end{bmatrix} = \begin{bmatrix} \beta_{ii}^{(k+1)} & 0 \\ \beta_{ji}^{(k+1)} & \beta_{jj}^{(k+1)} \end{bmatrix} \begin{bmatrix} \gamma_{ii}^{(k+1)} & 0 \\ \gamma_{ji}^{(k+1)} & \gamma_{jj}^{(k+1)} \end{bmatrix}$$

以上より，三角行列に対する Kogbetliantz アルゴリズムは，二つの三角行列による積にも適用できる．しかも，それぞれの行列の三角行列の形も保たれる．ただし，行列積 $B_k^T C_k$ が対角行列に収束しても，B_k^T と C_k のそれぞれは，必ずしも対角行列に収束するとは限らないことに注意されたい．

6.4 一般化特異値分解

6.2 節では，行列 A の特異値分解について述べた．特異値分解には，いろいろな拡張がある．6.3 節で説明した行列積特異値分解はその一つである．本節と次節では，行列対 (A, B) の特異値分解 (一般化特異値分解)，行列トリプレット (matrix triplet) (A, B, C) の特異値分解 (制約付き特異値分解)，構造化特異値分解などについて説明する．これらの拡張された特異値分解に対して，一部の文献では，6.2 節で説明した行列 A の特異値分解を通常特異値分解 (ordinary SVD, OSVD) という．本節では，まず一般化特異値分解 (generalized SVD, GSVD) について紹介する．ほかは 6.5 節で説明する．

6.4.1 対称正定一般化固有問題

第 1 章の 1.4 節で述べた一般化固有値問題 $Ax = \lambda Bx$ については，A が対称行列，B が対称な正定行列である場合が多い．このような行列対を対称正定行列対 (symmetric-definite matrix pair) という．対称正定行列対 (A, B) の一般化固有値と一般化固有ベクトルは，一

般化固有値 - 固有ベクトル方程式

$$Ax = \lambda Bx$$

を満足するスカラー λ と非零ベクトル x で与えられる．これらを求める問題を対称正定一般化固有問題 (symmetric positive definite generalized eigenproblem) という．

対称正定一般化固有問題 $Ax = \lambda Bx$ は，合同変換 (congruence transformation) によってそれと等価な問題に変換できる：

$$A - \lambda B \implies (X^T A X) - \lambda(X^T B X)$$

問題は，$X^T A X$ と $X^T B X$ がともに標準形 (対角行列) となるような X を計算する安定でかつ有効なアルゴリズムを見つけることである [97]．

❑ **定理 6.4.1.** $A, B \in R^{n \times n}$ を対称行列とし，

$$C(\mu) = \mu A + (1 - \mu)B, \quad \mu \in R \tag{6.4.1}$$

を定義する．もし，$C(\mu)$ が負定でなく，しかも

$$\mathrm{null}(C(\mu)) = \mathrm{null}(A) \cap \mathrm{null}(B) \tag{6.4.2}$$

を満足されるような $\mu \in [0,1]$ が存在するならば，$Q^T A Q$ と $Q^T B Q$ を対角化する正規行列 Q が存在する．

証明 $C(\mu)$ が負定でなく，しかも式 (6.4.2) を満足するような $\mu \in [0,1]$ が選ばれたとする．$C(\mu)$ のシューア分解を

$$X_1^T C(\mu) X_1 = \begin{bmatrix} D & 0 \\ 0 & 0 \end{bmatrix}, \quad D = \mathrm{diag}(d_1, \cdots, d_k), \quad d_i > 0$$

とし，$Q_1 = X_1 \mathrm{diag}(D^{-1/2}, I_{n-k})$ を定義する．$A_1 = Q_1^T A Q_1$，$B_1 = Q_1^T B Q_1$ および $C_1 = Q_1^T C(\mu) Q_1$ とすると，対角化された行列が得られる：

$$C_1 = \begin{bmatrix} I_k & 0 \\ 0 & 0 \end{bmatrix} = \mu A_1 + (1 - \mu)B_1$$

標準正規直交基底ベクトル $e_{k+1}, \cdots, e_n$ が張る部分空間は，$\mathrm{span}\{e_{k+1}, \cdots, e_n\} = \mathrm{null}(C_1)$ $= \mathrm{null}(A_1) \cap \mathrm{null}(B_1)$ となるので，A_1 と B_1 は以下のように書くことができる．

$$A_1 = \begin{bmatrix} A_{11} & 0 \\ 0 & 0 \end{bmatrix}, \quad B_1 = \begin{bmatrix} B_{11} & 0 \\ 0 & 0 \end{bmatrix}$$

ただし，$A_1, B_1 \in R^{n \times n}$，$A_{11}, B_{11} \in R^{k \times k}$，$I_k = \mu A_{11} + (1 - \mu)B_{11}$ である．

まず，$\mu \neq 0$ の場合について考える．B_{11} のシューア分解を $Z^T B_{11} Z = \mathrm{diag}(b_1, \cdots, b_k)$ とし，行列 Q を $Q = Q_1 \mathrm{diag}(Z, I_{n-k})$ と選ぶと，

$$Q^T BQ = \mathrm{diag}(b_1, \cdots, b_k, 0, \cdots, 0) = D_B$$

$$Q^T AQ = \frac{1}{\mu} Q^T \big(C(\mu) - (1-\mu)B\big)Q = \frac{1}{\mu}\left(\begin{bmatrix} I_k & 0 \\ 0 & 0 \end{bmatrix} - (1-\mu)D_B \right) = D_A$$

が成り立つ. 一方, $\mu = 0$ の場合では, A_{11} のシューア分解を $Z^T A_{11} Z = \mathrm{diag}(a_1, \cdots, a_k)$ とし, 行列 Q を $Q = Q_1 \mathrm{diag}(Z, I_{n-k})$ と選ぶと, $Q^T AQ$ と $Q^T BQ$ が対角行列であることも容易に確認できる. ▧

上記の定理より, 以下の系が成立する.

❏ **系 6.4.1.** 対称正定一般化固有値問題の行列束 $A - \lambda B \in R^{n \times n}$ について,

$$Q^T AQ = \mathrm{diag}(\alpha_1, \cdots, \alpha_n) \quad \text{と} \quad Q^T BQ = \mathrm{diag}(\beta_1, \cdots, \beta_n)$$

を成立させる正則行列 $Q = [q_1, \cdots, q_n]$ が存在する. さらに, $i = 1, \cdots, n$ に対して, $Aq_i = \lambda_i Bq_i$ が成り立つ. ただし, $\lambda_i = \alpha_i / \beta_i$.

証明 定理 6.4.1 において, $\mu = 0$ として, 対称正定の行列対 (A, B) は容易に対角化される. 系のほかの結果も容易に確かめられる. ▧

■ **6.4.2　一般化特異値分解**

前に説明した対称正定問題の行列束は, $A^T A - \lambda B^T B$ の形式にすることもできる. ただし, $A \in R^{m \times n}$, $B \in R^{p \times n}$ である. 系 6.4.1 より, $Q^T (A^T A)Q$ と $Q^T (B^T B)Q$ が同時に対角行列となるような正則行列 Q が存在する. 一般化特異値分解は, $A^T A$ と $B^T B$ を直接計算しないで対角化を実現する手法である. Van Loan [218] は 1976 年に $m \times n$ 行列 A (ただし, $m \geq n$) と $p \times n$ 行列 B に対する一般化特異値分解を提案した. 後に Paige と Saunder [163] はそれをさらに一般の行列 $A \in C^{m \times n}$, $B \in C^{p \times n}$ に発展させた. ここでは, Zha [246] による結果を紹介する.

❏ **定理 6.4.2.** (一般化特異値分解) [246] $A \in C^{m \times n}$, $B \in C^{q \times n}$ について, 以下の結果を成立させるユニタリ行列 $U \in C^{m \times m}$ と $V \in C^{p \times p}$, および正則行列 $Q \in C^{n \times n}$ が存在する:

$$UAQ = \begin{bmatrix} \overset{k}{\Sigma_A} & \overset{n-k}{0} \end{bmatrix}, \quad \Sigma_A = \begin{bmatrix} I_r & & \\ & S_A & \\ & & 0_A \end{bmatrix} \tag{6.4.3a}$$

$$VBQ = \begin{bmatrix} \overset{k}{\Sigma_B} & \overset{n-k}{0} \end{bmatrix}, \quad \Sigma_B = \begin{bmatrix} 0_B & & \\ & S_B & \\ & & I_{k-r-s} \end{bmatrix} \tag{6.4.3b}$$

ただし,

$$S_A = \text{diag}(\alpha_{r+1}, \cdots, \alpha_{r+s}), \qquad S_B = \text{diag}(\beta_{r+1}, \cdots, \beta_{r+s})$$

$$1 > \alpha_{r+1} \geq \cdots \geq \alpha_{r+s} > 0, \qquad 0 < \beta_{r+1} \leq \cdots \leq \beta_{r+s} < 1 \qquad (6.4.4)$$

$$\alpha_i^2 + \beta_i^2 = 1, \qquad i = r+1, \cdots, r+s$$

整数 k, r, s はそれぞれ以下のように表現される.

$$k = \text{rank} \begin{bmatrix} A \\ B \end{bmatrix}, \quad r = \text{rank} \begin{bmatrix} A \\ B \end{bmatrix} - \text{rank } B$$

$$s = \text{rank } A + \text{rank } B - \text{rank} \begin{bmatrix} A \\ B \end{bmatrix}$$

証明　ここでは,Zha [246] による四つのステップからなる構成的 (constructive) 証明手順を与える.各ステップにおいて,以下の変換が用いられる.

$$A^{(k+1)} = U^{(k)} A^{(k)} Q^{(k)}, \quad B^{(k+1)} = V^{(k)} B^{(k)} Q^{(k)}$$

ただし,$U^{(k)}$ と $V^{(k)}$ はユニタリ行列であり,$Q^{(k)}$ は正則である.ステップ k において,我々は,$U^{(k)}, V^{(k)}, Q^{(k)}$,および変換後の $A^{(k+1)}, B^{(k+1)}$ だけを求めればよい.まず $A^{(1)} = A, B^{(1)} = B$ としてから,ステップごとに説明していく.

ステップ 1：行列 B の特異値分解を $U_1 B V_1 = \text{diag}\big(0, \Sigma_B^{(1)}\big)$ とする.ただし,

$$\Sigma_B^{(1)} = \text{diag}(s_1, \cdots, s_t), \quad s_1 \geq \cdots \geq s_t > 0$$

そこで,

$$U^{(1)} = I, \quad V^{(1)} = U_1, \quad Q^1 = V_1 \text{diag}\big(I, \Sigma_B^{-1}\big)$$

とすると,

$$A^{(2)} = \begin{matrix} {\scriptstyle n-t} & {\scriptstyle t} \\ [\, A_1^{(2)} & A_2^{(2)} \,] \end{matrix}, \quad B^{(2)} = \begin{bmatrix} 0 & 0 \\ 0 & I_t \end{bmatrix}$$

となる.

ステップ 2：行列 $A_1^{(2)}$ の特異値分解を $U_2 A_1^{(2)} V_2 = \text{diag}\big(\Sigma_A^{(2)}, 0\big)$ とする.ただし,

$$\Sigma_A^{(2)} = \text{diag}(t_1, \cdots, t_r), \quad t_1 \geq \cdots \geq t_r > 0$$

そこで,

$$U^{(2)} = U_2, \quad V^{(2)} = I, \quad Q^{(2)} = \text{diag}\big(V_2, I\big) \, \text{diag}\Big(\big(\Sigma_A^{(2)}\big)^{-1}, I\Big)$$

とすると,

$$A^{(3)} = \begin{matrix} {\scriptstyle r} & {\scriptstyle n-r-t} & {\scriptstyle t} \\ \begin{bmatrix} I_r & 0 & A_{13}^{(3)} \\ 0 & 0 & A_{23}^{(3)} \end{bmatrix} & \begin{matrix} r \\ m-r \end{matrix} \end{matrix}, \quad B^{(3)} = B^{(2)}$$

となる.

ステップ 3：行列 $A_{23}^{(3)}$ の特異値分解を $U_3 A_{23}^{(3)} V_3 = \mathrm{diag}\big(\Sigma_A^{(3)}, 0\big)$ とする．ただし，

$$\Sigma_A^{(3)} = \mathrm{diag}(w_1, \cdots, w_s), \quad w_1 \geq \cdots \geq w_s > 0$$

そこで，

$$S_A = \mathrm{diag}(\alpha_{r+1}, \cdots, \alpha_{r+s}), \quad S_B = \mathrm{diag}(\beta_{r+1}, \cdots, \beta_{r+s})$$

$$\alpha_i = w_i(1 + w_i^2)^{-1/2}, \quad \beta_i = (1 + w_i^2)^{-1/2}, \quad i = r+1, \cdots, r+s$$

とする．$\alpha_i, \beta_i (i = r+1, \cdots, r+s)$ が式 (6.4.4) を満足することは容易に確認できる．

さらに，

$$U^{(3)} = \mathrm{diag}(I, U_3), \quad V^{(3)} = \mathrm{diag}(I, V_3^H)$$

$$Q^{(3)} = \begin{bmatrix} I & -A_{13}^{(3)} \\ 0 & I \end{bmatrix} \mathrm{diag}(I, V_3)\mathrm{diag}(I, S_B, I)$$

とすると，

$$A^{(4)} = \begin{matrix} & \overset{r}{} & \overset{n-r-t}{} & \overset{s}{} & \overset{t-s}{} & \\ & \begin{bmatrix} I_r & 0 & 0 & 0 \\ 0 & 0 & S_A & 0 \\ 0 & 0 & 0 & 0 \end{bmatrix} & \begin{matrix} r \\ s \\ m-r-s \end{matrix} \end{matrix}$$

$$B^{(4)} = \begin{matrix} & \overset{n-t}{} & \overset{s}{} & \overset{t-s}{} & \\ & \begin{bmatrix} 0 & 0 & 0 \\ 0 & S_B & 0 \\ 0 & 0 & I_{k-r-s} \end{bmatrix} & \begin{matrix} n-k+r \\ s \\ k-r-s \end{matrix} \end{matrix}$$

となる．

ステップ 4：適切な置換行列 P_1 と P_2 で操作し，$k = t + r$ とすると，以下の結果が得られる．

$$A^{(5)} = A^{(4)} P_1 = \begin{bmatrix} I_r & & & \vdots & \\ & S_A & & \vdots & 0 \\ & & 0_A & \vdots & \end{bmatrix}$$

$$B^{(5)} = P_2 B^{(4)} P_1 = \begin{bmatrix} 0_B & & & \vdots & \\ & S_B & & \vdots & 0 \\ & & I_{k-r-s} & \vdots & \end{bmatrix}$$

最後に，以下の結果は容易に確かめられる．

$$\text{rank } A = r + s, \quad \text{rank } B = k - r, \quad \text{rank } \begin{bmatrix} A \\ B \end{bmatrix} = k$$

以上より，定理の各結論が成り立つ． ∎

文献 [163] より，式 (6.4.3) の中の行列 Σ_A と Σ_B の対角要素は，一般化特異値対 (α_i, β_i) (generalized singular pair) をなす．式 (6.4.3) より，最初の k 個の一般化特異値対 (α_i, β_i) は以下のように与えられる．

$$\alpha_i = 1, \quad \beta_i = 0, \quad i = 1, \cdots, r$$
$$\alpha_i, \beta_i \ (S_A と S_B の対角要素), \quad i = r+1, \cdots, r+s$$
$$\alpha_i = 0, \quad \beta_i = 1, \quad i = r+s+1, \cdots, k$$

これらの (α_i, β_i) を行列対 (A, B) の非平凡一般化特異値対 (nontrivial generalized singular pair) という．また，$\alpha_i/\beta_i (i = 1, \cdots, k)$ を行列対 (A, B) の非平凡一般化特異値 (nontrivial generalized singular value) という．非平凡一般化特異値の各値は，無限大，有限値と零のいずれかになる．一方，式 (6.4.3) の零ベクトルに対応する $n - k$ 個の一般化特異値対は，行列対 (A, B) の微小一般化特異値対 (trivial generalized singular pair) という．第 1 章の 1.4 節より，$A^H A - \lambda B^H B$ の一般化固有値問題は，$\det(A^H A - \lambda B^H B) = 0$ の解を求めることと等価である．$m \times n$ 行列 A と $p \times n$ 行列 B の一般化特異値対を (α, β) とし，$\lambda = \alpha^2/\beta^2$ とすると，一般化固有値問題は，$\det(\beta^2 A^H A - \alpha^2 B^H B) = 0$ の解を求めることと等価になる．とくに，B が正則な正方行列である場合に，

$$\det(\beta^2 A^H A - \alpha^2 B^H B) = 0 \iff \det\left[(AB^{-1})^H AB^{-1} - \alpha^2/\beta^2\right] = 0$$

となる．すなわち，B が正則な正方行列であるときに，行列対 (A, B) の一般化特異値分解は，行列 AB^{-1} の特異値分解と等価である．この点については，以下のコメントを与えておく．

(1) 行列 B が単位行列である場合，行列対 (A, B) の一般化特異値分解と行列 AB^{-1} の特異値分解との等価性より，一般化特異値分解は行列 A の特異値分解になる．

(2) AB^{-1} は行列の商と考えられ，さらに一般化特異値 (generalized singular value) が行列 A と B の特異値の商であるので，一般化特異値分解は，商特異値分解 (quotient singular value decomposition, QSVD) と呼ばれることもある．もし行列 A あるいは B が悪条件であれば，AB^{-1} の計算は深刻な数値的誤差をもたらすことがある．したがって，AB^{-1} 自身に対して特異値分解を直接求めることは，薦められない．そこで，AB^{-1} を計算しなくても，AB^{-1} の特異値分解が得られるのかという問題が出てくる．答えは，「可能」である．AB^{-1} の特異値分解は実際に行列積特異値分解であるからである．Paige [161] は，AB^{-1} の特異値分解と行列積特異値分解との

関係について考察し，B^{-1} の直接計算の回避と B が特異，あるいは正方行列でない場合にも対処できるアルゴリズムを提案した．詳細は文献 [161] を参照されたい．

(3) もし行列 B が正方行列ではない，あるいは，正則でない正方行列であるときに，AB^+（ここで，B^+ は行列 B のムーア‐ペンローズの逆行列である）の特異値は，必ずしも行列対 (A, B) の一般化特異値分解と対応しているとは限らない．厳密な結論は，定理 6.4.3 にまとめられる [246]．

❏ **定理 6.4.3.** 定理 6.4.2 の行列の記号を用い，行列

$$B_A^+ = Q \begin{bmatrix} 0_B^H & & \\ & S_B^{-1} & \\ & & I \end{bmatrix} V$$

を定義する．もし，$\mathrm{rank}\begin{bmatrix} A^H & B^H \end{bmatrix}^H = n$ であれば，B_A^+ は一意に定まり，AB_A^+ の特異値は，行列対 (A, B) のすべての有限な一般化特異値を含む．

証明 $\mathrm{rank}\begin{bmatrix} A^H & B^H \end{bmatrix}^H = n$ より，定理 6.4.2 における二つの変換のどちらも以下の関係式を満たす．

$$Q_1 = Q_2 \mathrm{diag}(U_{11}, U_{22}, V_{33})$$
$$U_1^H = U_2^H \mathrm{diag}(U_{11}, U_{22}, U_{33})$$
$$V_1^H = V_2^H \mathrm{diag}(V_{11}, V_{22}, V_{33})$$

よって，

$$Q_1 \begin{bmatrix} 0_B^H & & \\ & S_B^{-1} & \\ & & I \end{bmatrix} V_1 = Q_2 \begin{bmatrix} U_{11} & & \\ & U_{22} & \\ & & V_{33} \end{bmatrix} \begin{bmatrix} 0_B^H & & \\ & S_B^{-1} & \\ & & I \end{bmatrix} \begin{bmatrix} V_{11}^H & & \\ & U_{22}^H & \\ & & V_{33}^H \end{bmatrix} V_2$$

$$= Q_2 \begin{bmatrix} 0_B^H & & \\ & S_B^{-1} & \\ & & I \end{bmatrix} V_1$$

が成り立つので，B_A^+ は良定義（well defined）されたものである．さらに，$UAB_A^+V^H = \mathrm{diag}(0, S_A S_B^{-1}, 0)$ より，(A, B) の一般化特異値のうち，無限大のものだけが AB_A^+ の零特異値になり，ほかはすべて AB_A^+ の特異値に含まれる． ▮

B_A^+ が以下の等式を満足することは容易に確かめられる．

$$BB_A^+B = B, \quad B_A^+BB_A^+ = B_A^+, \quad \left(BB_A^+\right)^H = BB_A^+ \tag{6.4.5}$$

第 1 章の式 (1.5.1) の (1)，(2)，(3) を満足しているので，B_A^+ は行列 B の $\{1, 2, 3\}$ 逆行列である．左擬似逆行列 [154] が最小二乗問題の一意解を定めるのと同じように，B_A^+ は次

の定理で示されるように，ある制約付き最小化問題 (constrained minimization problem) の一意解を定める [246].

❑ **定理 6.4.4.** 定理 6.4.2 の行列の記号を用いるとする．$\left[A^H, B^H\right]^H$ が最大列階数 n を有するならば，B_A^+ は制約付き最小化問題

$$\min_{X \in C^{n \times q}} \|AX\|_F \tag{6.4.6}$$

の一意な解である．ここで，最小化問題は以下の制約条件に従う．

$$BXB = B \tag{6.4.7a}$$

$$XBX = X \tag{6.4.7b}$$

$$(BX)^H = BX \tag{6.4.7c}$$

$\|AX\|_F$ の最小値は，$\sqrt{\displaystyle\sum_{i=r+1}^{r+s} (\alpha_i/\beta_i)^2}$ で与えられる．

証明 行列 B の特異値分解を式 (6.4.3b) のように与えるとする：$VBQ = [\Sigma_B\ 0]$．ここで，Σ_B の列数は k である．$\mathrm{rank}\left[A^H, B^H\right]^H = n$ より，$k = n$ となる．さらに，$B = V^H \Sigma_B Q^{-1}$ と書ける．Σ_A と Σ_B のブロック分割に適合するように，$Q^{-1} X V^H$ も 3×3 のようにブロック分割する．制約条件 (6.4.7a)〜(6.4.7.c) を満たすために，X は，

$$X = Q \begin{bmatrix} 0 & X_{12} & X_{13} \\ 0 & S_B^{-1} & 0 \\ 0 & 0 & I_{n-r-s} \end{bmatrix} V$$

の形でなければならないことが確認できる．また，

$$\|AX\|_F^2 = \|UAQQ^{-1}XV^H\|_F^2 = \left\| \begin{bmatrix} I_r & & \\ & S_A & \\ & & 0_A \end{bmatrix} \begin{bmatrix} 0 & X_{12} & X_{13} \\ 0 & S_B^{-1} & 0 \\ 0 & 0 & I_{n-r-s} \end{bmatrix} \right\|_F^2$$

$$= \left\| [X_{12}\ X_{13}] \right\|_F^2 + \left\| S_A S_B^{-1} \right\|_F^2 \geq \left\| S_A S_B^{-1} \right\|_F^2 = \sum_{i=r+1}^{r+s} \left(\frac{\alpha_i}{\beta_i} \right)^2$$

より，$X_{12} = 0$ と $X_{13} = 0$，すなわち $X = B_A^+$ が成り立つならば，またはそのときに限って，等号が成り立つ． ∎

■ 6.4.3　一般化特異値分解の計算アルゴリズム

ここでは，Van Loan らの一般化特異値分解の計算アルゴリズムについて紹介する [97, 193, 219]．これらのアルゴリズムは，おもに第 10 章で説明される MUSIC 法に用いられ

る．6.3.1 項で説明した三角行列に対する Kogbetliantz アルゴリズムを用いたより一般的
な計算アルゴリズムについては，文献 [161] を参照されたい．

系 6.4.1 を書き直すと，縦長の行列の一般化特異値分解の別表現が得られる [219]：

❑ **定理 6.4.5.** 行列 $A \in C^{m_1 \times n}(m_1 \geq n)$ と $B \in C^{m_2 \times n}(m_2 \geq n)$ について，以下等式
を満たす正則行列 $X \in C^{n \times n}$ が存在する．

$$X^H(A^H A)X = D_A = \mathrm{diag}(\alpha_1, \cdots, \alpha_n), \quad \alpha_k \geq 0$$

$$X^H(B^H B)X = D_B = \mathrm{diag}(\beta_1, \cdots, \beta_n), \quad \beta_k \geq 0$$

$\beta_k \neq 0(k = 1, \cdots, n)$ とすると，$\lambda_k = \sqrt{\alpha_k / \beta_k}$ は行列対の一般化特異値であり，X の
列ベクトル x_k は λ_k に対応する一般化特異ベクトル (generalized singular vector) であ
る．行列対の一般化特異値 λ_k は，以下の関係を満足する．

$$(A^H A - \lambda_k B^H B)x_k = 0 \tag{6.4.8}$$

定理 6.4.5 より，いくつかの信号処理問題に適用できる一般化特異値分解の計算アルゴリ
ズムが得られる [219]．D_B が単位行列であれば，一般化特異値が $\sqrt{\alpha_k}$ で与えられるの
で，D_B を単位行列にする一般化特異ベクトル行列 X の求め方がポイントとなる．以下は
このような二つのアルゴリズムである [219]．

アルゴリズム **6.4.1.**

(1) 行列積 $S_1 = A^H A$ と $S_2 = B^H B$ を計算する．

(2) S_2 の固有値分解 $U_2^H S_2 U_2 = D = \mathrm{diag}(\gamma_1, \cdots, \gamma_n)$ を計算する．

(3) $Y = U_2 D^{-1/2}$ と $C = Y^H S_1 Y$ を計算する．

(4) C の固有値分解 $Q^H C Q = \mathrm{diag}(\alpha_1, \cdots, \alpha_n)$ を計算する．ただし，$Q^H Q = I$.

(5) 一般化特異ベクトル行列 $X = YQ$ と一般化特異値 $\sqrt{\alpha_k}, k = 1, \cdots, n$ を計算する．

証明 まず，直接計算より，

$$X^H(A^H A)X = Q^H Y^H S_1 Y Q = Q^H C Q = \mathrm{diag}(\alpha_1, \cdots, \alpha_n)$$

が得られる．次に，(2) の結果より，

$$Y^H(B^H B)Y = (U_2 D^{-1/2})^H S_2 (U_2 D^{-1/2}) = I$$

となる．上式の左辺と右辺にそれぞれ Q^H と Q をかけ，さらに $Q^H Q = I$ より，

$$X^H(B^H B)X = Q^H Y^H(B^H B)Y Q = I$$

が得られる．　∎

176 第 6 章 特異値分解

アルゴリズム 6.4.2.

(1) 行列 B の特異値分解 $U_2^H B V_2 = D = \mathrm{diag}(\gamma_1, \cdots, \gamma_n)$ を計算する.

(2) $Y = V_2 D^{-1} = \mathrm{diag}(1/\gamma_1, \cdots, 1/\gamma_n)$ を計算する.

(3) $C = AY$ を計算する.

(4) C の特異値分解 $U_1^H C V_1 = D_A = \mathrm{diag}(\alpha_1, \cdots, \alpha_n)$ を計算する.

(5) 一般化特異ベクトル行列 $X = Y V_1$ を計算する. また, $\alpha_1, \cdots, \alpha_n$ はそのまま一般化特異値となる.

証明 まず, 各計算結果より,

$$X^H(A^H A)X = V_1^H(AY)^H(AY)V_1 = V_1^H(C^H C)V_1 = \mathrm{diag}(\alpha_1^2, \cdots, \alpha_n^2)$$

が得られる. 次に, 等式 $Y^H(B^H B)Y = I$ の両辺に, 左と右からそれぞれ V_1^H と V_1 をかけると,

$$X^H(B^H B)X = V_1^H I V_1 = I$$

が得られる. ∎

アルゴリズム 6.4.1 が $A^H A$ と $B^H B$ の計算を必要とするのに対して, アルゴリズム 6.4.2 はその必要がないところが, 両者の主な相違点である. 前にも説明したように, 行列の積を計算するとき, 数値的誤差が生じるだけでなく, 条件数も悪くなる可能性があるので, 後者のほうが前者よりよい数値的性能が得られる. しかし, いずれのアルゴリズムにおいても, 逆行列 D^{-1} が必要であるので, 数値的性能が低下する可能性がある.

多重信号分類 (MUSIC) 問題では, 以下を満足する正規直交系 $\{z_{d+1}, \cdots, z_n\}$ を求めることが必要である.

$$\mathrm{span}\{z_{d+1}, \cdots, z_n\} = \{x \in C^n \,|\, A^H A x \approx \lambda_{\min} B^H B x\} \tag{6.4.9}$$

ただし, d は信号の個数であり, $\lambda_{\min} \approx \lambda_{d+1} \geq \cdots \geq \lambda_n$ は微小一般化特異値である. これは, 一般化特異値分解の問題に帰着される. そのため, CS 分解などを用いることによって, 逆行列や行列積の計算を必要としない一般化特異値分解アルゴリズムも提案された [219]:

アルゴリズム 6.4.3.

(1) QR 分解

$$\begin{bmatrix} A \\ B \end{bmatrix} = \begin{bmatrix} Q_1 \\ Q_2 \end{bmatrix} R$$

を計算する. ただし, $Q_1 \in C^{m_1 \times n}, Q_2 \in C^{m_2 \times n}$ であり, $R \in R^{n \times n}$ は上三角行列である. ここで, R が正則であるとする. すなわち, $\mathrm{null}(A) \cap \mathrm{null}(B) = \{0\}$.

(2) (縦長行列の) CS 分解

$$\begin{bmatrix} Q_1 \\ Q_2 \end{bmatrix} = \begin{bmatrix} U_1 & 0 \\ 0 & U_2 \end{bmatrix} \begin{bmatrix} C \\ S \end{bmatrix} V^H$$

を計算する. ここで, U_1, U_2 と V はユニタリ行列であり, $C = \mathrm{diag}(c_1, \cdots, c_n)$, $S = \mathrm{diag}(s_1, \cdots, s_n)$, $c_k = \cos(\theta_k)$, $s_k = \sin(\theta_k)$ である. ただし, $0 \le \theta_1 \le \cdots \le \theta_n \le \pi/2$. そこで, $X = R^{-1}V$ とすると, $s_k^2 A^H A x_k = c_k^2 B^H B x_k (k = 1, \cdots, n)$ が満足されるので, 一般化特異値は $\mu_k = c_k/s_k (k = 1, \cdots, n)$ で与えられる.

(3) $c_{\widehat{d}} > \epsilon + c_n \ge c_{\widehat{d}+1} \ge \cdots \ge c_n \ge 0$ を満足する $\widehat{d}$ を定める. ただし, $\epsilon > 0$ は小さな閾値であり, $c_k = \cos(\theta_k)$.

(4) 行列積 $R^H V = ZT$ の QR 分解を計算する. ここで, $Z = [z_1, \cdots, z_n]$ はユニタリ行列, $T \in C^{n \times n}$ は上三角行列である. 一般化特異ベクトル行列は,

$$X = R^{-1}V = (V^H R)^{-1} = \left[(R^H V)^H\right]^{-1} = \left[(ZT)^H\right]^{-1}$$
$$= (T^H Z^H)^{-1} = \left[Z^H\right]^{-1}\left[T^H\right]^{-1} = Z\left[T^H\right]^{-1}$$

で与えられる. $\left[T^H\right]^{-1}$ が下三角行列であることより,

$$\mathrm{span}\{z_{\widehat{d}+1}, \cdots, z_n\} = \mathrm{span}\{x_{\widehat{d}+1}, \cdots, x_n\}$$

となることが確認できる.

■ 6.4.4　二次不等式制約付き最小二乗問題

最小二乗問題においては, $\|Ax - b\|_b$ を最小化する x をある領域の中で求める場合がよくある. 例えば, 雑音に汚されたデータから, ある関数をあてはめるときには, 以下の最小化問題を解くことになる.

$$\text{minimize} \quad \|Ax - b\|_2^2, \quad \text{制約条件} \quad \|Bx\|_2^2 \le \alpha \tag{6.4.10}$$

ただし, $A \in R^{m \times n}, b \in R^m, B \in R^{n \times n}, \alpha \ge 0$ であり, B は正則である. これはいわゆる二次不等式制約付き最小二乗 (least-squares minimization with a quadratic inequality constraint, LSQI) 問題 [97] であり, あてはめた関数の余計な振動を抑制する正則化最小二乗問題と対応している. されに一般化して, 以下のように問題を定式化する.

$$\text{minimize} \quad \|Ax - b\|_2^2, \quad \text{制約条件} \quad \|Bx - d\|_2^2 \le \alpha \tag{6.4.11}$$

ただし, $A \in R^{m \times n}(m \ge n), b \in R^m, B \in R^{p \times n}, d \in R^p, \alpha \ge 0$.

定理 6.4.5 で定義された一般化特異値分解では, $A^H A$ と $B^H B$ を構成する必要がある. A と B について, 一般化特異値分解を直接定義することもできる [97, 218]:

$$
\begin{aligned}
U^T A X &= D_A = \mathrm{diag}(\alpha_1, \cdots, \alpha_n), \quad U^T U = I_m \\
V^T B X &= D_B = \mathrm{diag}(\beta_1, \cdots, \beta_q), \quad V^T V = I_p, \quad q = \min(p, n)
\end{aligned}
\tag{6.4.12}
$$

ただし, $A \in R^{m \times n} (m \geq n), B \in R^{p \times n}$.

一般化特異値分解は, 上の問題の可解性を明らかにすることができる. 一般化特異値分解を用いると, 式 (6.4.11) は次式に変換される.

$$\text{minimize} \quad \|D_A y - \widetilde{b}\|_2^2, \quad \text{制約条件} \quad \|D_B y - \widetilde{d}\|_2^2 \leq \alpha \tag{6.4.13}$$

ただし, $\widetilde{b} = U^T b, \ \widetilde{d} = V^T d, \ y = X^{-1} x$. 評価関数と制約方程式はそれぞれ,

$$\|D_A y - \widetilde{b}\|_2^2 = \sum_{i=1}^{n} \left(\alpha_i y_i - \widehat{b}_i\right)^2 + \sum_{i=n+1}^{m} \widehat{b}_i^2 \tag{6.4.14}$$

$$\|D_B y - \widetilde{d}\|_2^2 = \sum_{i=1}^{r} \left(\beta_i y_i - \widetilde{d}_i\right)^2 + \sum_{i=r+1}^{p} \widetilde{d}_i^2 \leq \alpha^2 \tag{6.4.15}$$

と表現できるので, LSQI 問題の解析はより扱いやすくなる. ただし, $r = \text{rank } B, \ \beta_{r+1} = \cdots = \beta_q = 0$.

まず, $\sum_{i=r+1}^{p} \widetilde{d}_i^2 \leq \alpha^2$ が成立するならば, またはそのときに限って, LSQI 問題は解を持つ. この不等式が等号を取るとき, 式 (6.4.14) と (6.4.15) より,

$$y_i = \begin{cases} \dfrac{\widetilde{d}_i}{\beta_i}, & i = 1, \cdots, r \\[2mm] \dfrac{\widetilde{b}_i}{\alpha_i}, & i = r+1, \cdots, n, \alpha_i \neq 0 \\[2mm] 0, & i = r+1, \cdots, n, \alpha_i = 0 \end{cases}$$

で定義されるベクトル y は LSQI 問題の解を与える. 一方, $\sum_{i=r+1}^{p} \widetilde{d}_i^2 < \alpha^2$ のとき,

$$y_i = \begin{cases} \dfrac{\widetilde{b}_i}{\alpha_i}, & \alpha_i \neq 0 \\[2mm] \dfrac{\widetilde{d}_i}{\beta_i}, & \alpha_i = 0 \end{cases}, \quad i = 1, \cdots, n$$

で定義されるベクトル y は, $\|D_A y - \widetilde{b}\|_2$ を最小化する. もしそれが可能 (feasible) であるとすれば, 我々は 式 (6.4.11) の問題に対して, 解 (最小ノルム解であるとは限らない) を一つ持つことになる. そこで, 以下の不等式を仮定する.

$$\sum_{\substack{i=1 \\ \alpha_i \neq 0}}^{q} \left(\beta_i \frac{\widetilde{b}_i}{\alpha_i} - \widetilde{d}_i\right)^2 + \sum_{i=q+1}^{p} \widetilde{d}_i^2 > \alpha^2 \tag{6.4.16}$$

これは, LSQI 問題の解が可能性集合 (feasible set) の境界上に存在することを意味する. ゆえに, 我々の次の目標は,

$$\text{minimize} \quad \|D_A y - \widetilde{b}\|_2^2, \quad \text{制約条件} \quad \|D_B y - \widetilde{d}\|_2^2 = \alpha$$

を最小化することである. この問題は, ラグランジュ乗数法 (method of Lagrange multipliers) を使えば, 解決できる. そこで,

$$Q(\lambda, y) = \|D_A y - \widetilde{b}\|_2^2 + \lambda(\|D_A y - \widetilde{b}\|_2^2 - \alpha^2)$$

を定義し，$\partial Q / \partial y_i = 0,\ i = 1, \cdots, n$ とすると，以下の連立方程式が得られる．

$$(D_A^T D_A + \lambda D_B^T D_B) y = D_A^T \widetilde{b} + \lambda D_B^T \widetilde{d}$$

係数行列が正則であると仮定すると，以下の解 $y(\lambda)$ が得られる．

$$y_i(\lambda) = \begin{cases} \dfrac{\alpha_i \widetilde{b}_i + \lambda \beta_i \widetilde{d}_i}{\alpha_i^2 + \lambda \beta_i^2}, & i = 1, \cdots, q \\[3mm] \dfrac{\widetilde{b}_i}{\alpha_i}, & i = q+1, \cdots, n \end{cases}$$

そして，ラグランジュ乗数は，方程式

$$\phi(\lambda) = \|D_B y(\lambda) - \widetilde{d}\|_2^2 = \sum_{i=1}^r \left(\alpha_i \frac{\beta_i \widetilde{b}_i - \alpha_i \widetilde{d}_i}{\alpha_i^2 + \lambda \beta_i^2} \right)^2 + \sum_{i=r+1}^p \widetilde{d}_i^2$$

の解で定まる．式 (6.4.16) より，$\phi(0) > \alpha^2$ が成り立つ．しかし，$\phi(\lambda)$ が $\lambda > 0$ に対して，単調減少するので，$\phi(\lambda^*) = \alpha^2$ を満足する $\lambda^* > 0$ は一意に存在する．λ^* はニュートン法などの手法で求めることができる．最後に，LSQI 問題の解は，$x = X y(\lambda^*)$ によって与えられる．

▌ 6.5　制約付き特異値分解

これまでに，特異値分解 (SVD)，行列積特異値分解 (PSVD) と行列対 (A, B) の一般化特異値分解 (GSVD) を紹介し，三者間の関係についても議論した．

ここでは，ある新しい問題を考える：行列 $A_0 = \begin{bmatrix} 0 & 1 \\ a_2 & a_1 \end{bmatrix}$ が二次常微分方程式

$$\frac{d^2 x}{dt^2} - a_2 \frac{dx}{dt} - a_1 x = f$$

から得られたものであるとする．A_0 の四つの要素のうち，a_1 と a_2 だけに誤差があるのに対して，0 は 1 は正確である．行列 $A = A_0 + E$ の誤差行列 E には以下の三つのケースが考えられる．

(1)　a_2 だけに誤差がある：$E = \begin{bmatrix} 0 & 0 \\ e_{21} & 0 \end{bmatrix} = \begin{bmatrix} 0 \\ 1 \end{bmatrix} e_{21} [1\ \ 0]$

(2)　a_1 だけに誤差がある：$E = \begin{bmatrix} 0 & 0 \\ 0 & e_{22} \end{bmatrix} = \begin{bmatrix} 0 \\ 1 \end{bmatrix} e_{22} [0\ \ 1]$

(3)　a_1 と a_2 両方に誤差がある：$E = \begin{bmatrix} 0 & 0 \\ e_{21} & e_{22} \end{bmatrix} = \begin{bmatrix} 0 \\ 1 \end{bmatrix} [e_{21}\ \ e_{22}] \begin{bmatrix} 1 & 0 \\ 0 & 1 \end{bmatrix}$

上記の誤差行列 E の形式 (2) では，e_{22} はどのような値をとっても，A_0 の階数を変えることができない．しかし，前に説明した 3 種類の特異値分解では，この結果を解釈することができないので，別の特異値分解の手法が必要となる．本節では，そのための制約付き特異値分解 (restricted SVD, RSVD) について説明する．これは Zha [246] によって提案され，後に De Moor と Golub [63] によって解析されたものである．

■ 6.5.1 制約付き特異値

一般化特異値に関しては，我々は行列対 (A, B) の特異値について議論した．一方，先に示した例によれば，誤差行列は三つの行列による積，すなわち $E = BDC$ の形式で表現できる．ここで，B と C は既知の行列で，D はスペクトルノルムが上限を持つ任意の行列である．ゆえに，行列 $A = A_0 + E$ の階数を定めるときに，自然に行列トリプレット (A, B, C) の特異値を連想させる．そこで，以下の定義をする．

定義 6.5.1. (制約付き特異値, restricted singular value) $A \in C^{m \times n}, B \in C^{m \times p}, C \in C^{q \times n}$ とする．行列トリプレット (A, B, C) の制約付き特異値は，

$$\sigma_k(A, B, C) = \min_{D \in C^{p \times q}} \left\{ \|D\|_2 \big| \mathrm{rank}(A + BDC) \le k - 1 \right\}, \quad k = 1, \cdots, n$$

で定義される．

上述の定義については，以下の注意点を記しておく．

注意 1： ある $k(1 \le k \le n)$ について，$\mathrm{rank}(A + BDC) \le k - 1$ を満足する行列 D が存在しなければ，制約付き特異値 $\sigma_k(A, B, C)$ は無限大と定義される．

注意 2： $m < n$ の場合では，$m < k \le n$ について，$\sigma_k(A, B, C) = 0$ である．

注意 3： 定義より，制約付き特異値は降順で並べる：

$$\sigma_k(A, B, C) \ge \sigma_{k+1}(A, B, C), \quad k = 1, \cdots, n - 1$$

前の三つのケースについて説明すると，制約付き特異値はそれぞれ以下のようになる．

(1)

$$A = \begin{bmatrix} 0 & 1 \\ a_2 & a_1 \end{bmatrix}, \quad B = \begin{bmatrix} 0 \\ 1 \end{bmatrix}, \quad C = [1 \ 0]$$

$$\sigma_1(A, B, C) = \infty, \quad \sigma_2(A, B, C) = |a_2|$$

(2)

$$A = \begin{bmatrix} 0 & 1 \\ a_2 & a_1 \end{bmatrix}, \quad B = \begin{bmatrix} 0 \\ 1 \end{bmatrix}, \quad C = [0 \ 1]$$

$$\begin{cases} \sigma_1(A,B,C) = \infty, & \sigma_2(A,B,C) = \infty, & a_2 \neq 0 \\ \sigma_1(A,B,C) = \infty, & \sigma_2(A,B,C) = 0, & a_2 = 0 \end{cases}$$

(3)

$$A = \begin{bmatrix} 0 & 1 \\ a_2 & a_1 \end{bmatrix}, \quad B = \begin{bmatrix} 0 \\ 1 \end{bmatrix}, \quad C = \begin{bmatrix} 1 & 0 \\ 0 & 1 \end{bmatrix}$$

$$\sigma_1(A,B,C) = \infty, \quad \sigma_2(A,B,C) = |a_2|$$

以上は，サイズの小さい行列トリプレットに関する例であり，制約付き特異値は簡単な計算で直接得られる．大きいサイズの行列トリプレットについては，6.5.2 項で示す制約付き特異値分解の理論が必要となる．

前に紹介した特異値と一般化特異値は，制約付き特異値の特例と見なすことができる：

1) 行列 A の特異値は，行列トリプル (A, I_m, I_n) の特異値から得られる．

2) 行列対 (A, C) の特異値は，行列トリプル (A, I_m, C) の特異値から得られる．

上記の結論は以下の命題にまとめられる [246]．

❏ **命題 6.5.1.**
$$\sigma_k(A, I_m, I_n) = \sigma_k, \quad k = 1, \cdots, n \tag{6.5.1}$$
ただし，σ_k は行列 A の特異値である．

❏ **命題 6.5.2.** 定義 6.5.1 と定理 6.4.2 の記号を用いるとする．制約付き特異値と一般化特異値の間に，以下の関係が成り立つ．

$$\sigma_i(A, I_m, C) = \begin{cases} \dfrac{\alpha_i}{\beta_i}, & i = 1, \cdots, k \\ 0, & i = k+1, \cdots, n \end{cases} \tag{6.5.2}$$

命題 6.5.1 は，定理 6.2.2 から直接得られた結果である．

■ 6.5.2 　制約付き特異値分解

これまでに，制約付き特異値について紹介し，制約付き特異値と特異値，一般化特異値との関係を整理した．ここでは，制約付き特異値を得るための制約付き特異値分解の実現について検討する．まず，定義 6.5.1 の行列トリプレット (A, B, C) について，以下の重要な結果が成立する [246]．

❏ **補題 6.5.1.** $P \in C^{m \times m}$ と $Q \in C^{n \times n}$ を正則行列，$U \in C^{p \times p}$ と $V \in C^{q \times q}$ をユニタリ行列とすると，以下の関係が成り立つ．

$$\sigma_k(PAQ, PBU, VCQ) = \sigma_k(A, B, C), \quad k = 1, \cdots, n \tag{6.5.3}$$

この補題は，行列トリプレット (A, B, C) に対して線形変換を行う行列のクラスを規定している．すなわち，行列トリプレット (A, B, C) の制約付き特異値の不変性を保つ線形変換でなければならない．ゆえに，制約付き特異値分解の鍵は，このような変換を見つけることにある．

❏ **定理 6.5.1.** $A \in C^{m \times n}, B \in C^{m \times p}, C \in C^{q \times n}$ とする．以下の三つの方程式を成立させるような正則行列 $P \in C^{m \times m}$ と $Q \in C^{n \times n}$，およびユニタリ行列 $U \in C^{p \times p}$ と $V \in C^{q \times q}$ が存在する：

$$PAQ = D_A = \begin{array}{c} \\ \begin{bmatrix} \Sigma_A & \\ & 0_A^{(2)} \end{bmatrix} \end{array} \begin{array}{c} m - t_2 \\ t_2 \end{array} \tag{6.5.4}$$

$$PBU = D_B = \begin{bmatrix} \Sigma_B \\ 0_B^{(2)} \end{bmatrix} \begin{array}{c} m - t_2 \\ t_2 \end{array} \tag{6.5.5}$$

$$VCQ = D_C = \begin{bmatrix} \Sigma_C & 0_C^{(2)} \end{bmatrix} \tag{6.5.6}$$

ただし，

$$\Sigma_A = \begin{bmatrix} I_j & & & & \\ & I_k & & & \\ & & I_l & & \\ & & & S_A & \\ & & & & 0_A^{(1)} \end{bmatrix} \begin{array}{c} j \\ k \\ l \\ r \\ s_2 \end{array} \tag{6.5.7}$$

$$\Sigma_B = \begin{bmatrix} I_j & & & \\ & 0_B^{(1)} & & \\ & & S_B & \\ & & & I_{s_2} \end{bmatrix} \begin{array}{c} j \\ k + l \\ r \\ s_2 \end{array} \tag{6.5.8}$$

$$\Sigma_C = \begin{bmatrix} 0_C^{(1)} & & & \\ & I_l & & \\ & & S_C & \\ & & & I_{s_1} \end{bmatrix} \begin{array}{c} q - l - r - s_1 \\ l \\ r \\ s_1 \end{array} \tag{6.5.9}$$

$$S_A = \operatorname{diag}(\alpha_{s+1} \cdots \alpha_{s+r})$$
$$S_B = \operatorname{diag}(\beta_{s+1} \cdots \beta_{s+r}) \tag{6.5.10}$$
$$S_C = \operatorname{diag}(\gamma_{s+1} \cdots \gamma_{s+r})$$

$$\alpha_i^2 + \beta_i^2 + \gamma_i = 1, \qquad i = s+1, \cdots, s+r, \qquad s = j+k+l$$

$$1 > \alpha_i \geq \alpha_{i+1} > 0, \quad 0 < \beta_i \leq \beta_{i+1} < 1, \quad 1 > \gamma_i \geq \gamma_{i+1} > 0 \tag{6.5.11}$$

$$\frac{\alpha_i}{\beta_i \gamma_i} \geq \frac{\alpha_{i+1}}{\beta_{i+1} \gamma_{i+1}}, \qquad i = s+1, \cdots, s+r-1$$

定理 6.4.2 の証明と同じように，この定理も四つのステップからなる構造的アプローチによって証明される．詳細は文献 [246] を参照されたい．

一般化特異値の場合と類似して，行列トリプレット (A, B, C) の非平凡制約付き特異値 (nontrivial restricted singular value) を以下のように定義する．

$$\begin{aligned}
&\alpha_i = 1, \quad \beta_i = 1, \quad \gamma_i = 0, && i = 1, \cdots, j \\
&\alpha_i = 1, \quad \beta_i = 0, \quad \gamma_i = 0, && i = j+1, \cdots, j+k \\
&\alpha_i = 1, \quad \beta_i = 0, \quad \gamma_i = 1, && i = j+k+1, \cdots, s \\
&\alpha_i, \beta_i, \gamma_i: \ S_A, S_B, S_C \text{の対角要素}, \ i = s+1, \cdots, s+r \\
&\alpha_i = 0, \quad \beta_i = 1, \quad \gamma_i = 1, && i = s+r+1, \cdots, s+r+\min(s_1, s_2)
\end{aligned}$$

制約付き特異値分解のより進んだ解析と応用などについては，文献 [63] を参照されたい．以下の定理のように，行列 A, B, C の選択によって，制約付き特異値分解 (RSVD) は，通常特異値分解 (OSVD)，行列積特異値分解 (PSVD)，または一般化特異値分解 (GSVD) になる [63]．

❏ 定理 **6.5.2.** (制約付き特異値分解の特殊例)

1) 行列トリプレット (A, I_m, I_n) の RSVD は行列 A の OSVD である．
2) 行列トリプレット (I_m, B, C) の RSVD は行列積 $B^H C^H$ の PSVD である．
3) 行列トリプレット (A, B, I_n) の RSVD は行列対 (A^H, B^H) の GSVD である．
4) 行列トリプレット (A, I_m, C) の RSVD は行列対 (A, C) の GSVD である．

証明 定理 6.5.1 の式 (6.5.4)〜(6.5.6) より，

$$A = P^{-1} D_A Q^{-1}, \quad B = P^{-1} D_B U^H, \quad C = V^H D_C Q^{-1} \tag{6.5.12}$$

と書ける．以下では，定理の結論を一つずつ証明していく．

1) $B = I_m$, $C = I_n$ として，(A, I_m, I_n) の RSVD について考える．式 (6.5.12) より，$I_m = P^{-1} D_B U^H$, $I_n = V^H D_C Q^{-1}$ となるので，$P^{-1} = U D_B^{-1}$, $Q^{-1} = D_C^{-1} V$ が得られるので，$A = U\big(D_B^{-1} D_A D_C^{-1}\big)V$ と表現できる．これは行列 A の OSVD と等価である．

2) $A = I_m$ として，(I_m, B, C) の RSVD について考える．式 (6.5.12) より，$I_m = P^{-1}D_A Q^{-1}$ となるので，$Q^{-1} = D_A^{-1} P$ が得られる．$B^H = U D_B^T (P^{-1})^H$，$C^H = P^H (D_C D_A^{-1})^T V$ と表現できるので，$B^H C^H = U [D_B^T (D_C D_A^{-1})^T] V$ となる．これは行列積 $B^H C^H$ の PSVD である．

3) $C = I_n$ として，(A, B, I_n) の RSVD について考える．式 (6.5.12) より，$I_n = V^H D_C Q^{-1}$ となるので，$Q^{-1} = D_C^{-1} V$ が得られる．$A^H = V^H (D_A D_C^{-1})^T P^H$，$B^H = U D_B^T (P^{-1})^H$ と表現できるので，$V A^H P^H = (D_A D_C^{-1})^T$，$U^H B^H P^H = D_B^T$ となる．これは行列対 (A^H, B^H) の GSVD である．

4) $B = I_m$ として，(A, I_m, C) の RSVD について考える．式 (6.5.12) より，$I_m = P^{-1} D_B U^H$ となるので，$P^{-1} = U D_B^{-1}$ が得られる．$A = U (D_B^{-1} D_A) Q^{-1}$，$C = V^H D_C Q^{-1}$ と表現できるので，$U^H A Q = D_B^{-1} D_A$，$V C Q = D_C$ となる．これは行列対 (A, C) の GSVD である． ∎

▌ 6.6　構造化特異値

　構造的不確かさを有するフィードバックシステムの解析と設計のための道具として，Doyle は 1982 年に構造化特異値の概念を提唱した [69]．構造化特異値は，H^∞ 制御と制御性能の指定において，重要な役割を果たしている [70,73]．本節では，構造化特異値に関するいくつかの定義，および構造化特異値の計算をいくつかの平滑な最適化問題に変換する手法について紹介する．

▌ 6.6.1　構造化特異値の定義と性質

　構造化特異値を説明する前に，まずいくつかの定義をしておく．

　任意の $n \times n$ 複素正方行列 M について，そのスペクトル半径を $\rho(M)$，最大特異値を $\bar{\sigma}(M)$ でそれぞれ表す．

　行列 M に対するブロック対角摂動を表現するために，正の整数の組 $\mathcal{K} = (k_1, \cdots, k_m)$ をサイズ m のブロック構造 (block structure) という．ここで，整数 $k_1, \cdots, k_m$ はブロック対角行列の各正方対角ブロックのブロックサイズ (block size) を表しているので，i 番目の対角ブロックは $k_i \times k_i$ である．ブロック構造 $\mathcal{K}$ が与えられると，それに対応するブロック対角構造を持つ行列あるいは行列族を以下のように定義する．

　射影行列 P_i を

$$P_i = \text{block diag}(0_{k_1}, \cdots, 0_{k_{i-1}}, I_{k_i}, 0_{k_{i+1}}, \cdots, 0_{k_m})$$

と定義する．ただし，0_{k_i} は $k_i \times k_i$ 零行列であり，I_{k_i} は $k_i \times k_i$ 単位行列である．

対角行列族 (family of diagonal matrices) を

$$\mathcal{D} = \big\{\text{block diag}(d_1 I_{k_1}, \cdots, d_m I_{k_m}) \big| d_i \in (0, \infty)\big\}$$

と定義する．

ブロックユニタリ行列族 (family of block unitary matrices) を

$$\mathcal{U} = \big\{\text{block diag}(U_1, \cdots, U_m) \big| U_i は k_i \times k_i ユニタリ行列である\big\}$$

と定義する．

任意の正のスカラー δ (∞ であることもありうる) に対して，ブロック対角行列族 (family of block diagonal matrices) を

$$X_\delta = \big\{\text{diag}(\Delta_1, \cdots, \Delta_m) \big| \Delta_i は \overline{\sigma}(\Delta_i) \leq \delta を満足する k_i \times k_i 複素行列である\big\}$$

と定義する．

上に示した各行列のサイズは，すべて $n \times n$ である．ただし，$n = \sum_{j=1}^m k_j$.

定義 6.6.1. (構造化特異値) [73]　　$n \times n$ 複素行列 M およびブロック構造 $\mathcal{K}$ について，

$$\delta\mu < 1$$

が成立するならば，またはそのときに限って，

$$\det(I + M\Delta) \neq 0, \quad \forall \, \Delta \in X_\delta$$

を満足する正数 $\mu(M)$ を行列 M の構造化特異値 (structured singular value) $\mu(M)$ という．いいかえると，集合 X_∞ の中で，$\det(I + M\Delta) = 0$ を満足する摂動 Δ が存在しなければ，

$$\mu(M) = 0$$

である．そうでなければ，

$$\mu(M) = \Big(\min_{\Delta \in X_\infty} \big\{\overline{\sigma}(\Delta) \big| \det(I + M\Delta) = 0\big\}\Big)^{-1}$$

である．

陽には記述していないが，$P_i, \mathcal{D}, \mathcal{U}, X_\delta$ と $\mu(M)$ がブロック構造に依存していることに注意されたい．構造化特異値については，以下の事実を確かめることができる [69, 73].

事実 (1)　すべての $U \in \mathcal{U}$ について，

$$\mu(M) = \mu(MU) = \mu(UM)$$

が成り立つ．さらに，すべての $D \in \mathcal{D}$ について，

$$\mu(M) = \mu\big(DMD^{-1}\big)$$

が成り立つ．

事実 (2)

$$\mu(M) = \max_{u \in \mathcal{U}} \rho(MU) = \max_{u \in \mathcal{U}} \rho(UM) \tag{6.6.1a}$$

事実 (3)

$$\mu(M) \leq \inf_{D \in \mathcal{D}} \overline{\sigma}(DMD^{-1})$$

そして，サイズ 3 以下のブロック構造に対して，

$$\mu(M) = \inf_{D \in \mathcal{D}} \overline{\sigma}(DMD^{-1}) \tag{6.6.1b}$$

が成り立つ.

事実 (2) と (3) による構造化特異値の定義は，定義 6.6.1 より計算しやすい. しかし，以下の定義は，構造化特異値を平滑な最適化 (smooth optimization) 問題と結びつけており，μ の計算を行いやすくしている.

定義 6.6.2. ブロック構造 $\mathcal{K}$ を有する $n \times n$ 複素行列 M の構造化特異値は，

$$\mu(M) = \max_{x \in C^n} \left\{ \frac{\|Mx\|_2}{\|P_i x\|_2} \middle| \|Mx\|_2 = \|P_i Mx\|_2, \ \ i = 1, \cdots, m \right\} \tag{6.6.2a}$$

あるいは，

$$\mu(M) = \max_{x \in C^n} \left\{ \frac{\|Mx\|_2}{\|P_i x\|_2} \middle| \|Mx\|_2 \leq \|P_i Mx\|_2, \ \ i = 1, \cdots, m \right\} \tag{6.6.2b}$$

と定義できる. さらに，上記の最大化問題が単位球内 $\{x \in C^n | \|x\|_2 \leq 1\}$ あるいは単位球面上 $\{x \in C^n | \|x\|_2 = 1\}$ に制約されても，式 (6.6.2a) と (6.6.2b) が成り立つ.

上記の定義は，Fan と Tits [73] によって，定理の形式で与えられた. 以下の系は，式 (6.6.2a) または (6.6.2b) の解候補が大域的最適解であるかどうかをチェックするのに有用である [73].

❏ **系 6.6.1.** $D \in \mathcal{D}$, $x \in C^n$ が式 (6.6.2b) (あるいは式 (6.6.2a)) を満足するとすると，

$$\|Mx\|_2 \leq \mu(M) \leq \overline{\sigma}(DMD^{-1})$$

が成り立つ. とくに，$\|Mx\|_2 = \overline{\sigma}(DMD^{-1})$ のとき，$\mu(M) = \|Mx\|_2 = \overline{\sigma}(DMD^{-1})$ となり，x は式 (6.6.2b) (あるいは式 (6.6.2a) と (6.6.2b)) の解である.

明らかに，式 (6.6.2a) と (6.6.2b) の最大化問題の解は，一意ではない. もし x^* が最大化問題の一つの解であるとすると，振幅が 1 の任意の複素数 θ に対して，θx^* も一つの解である. 構造化特異値の定義式 (6.6.1) と比べて，定義式 (6.6.2) の目標関数と制約条件のほうが計算しやすい. また，ノルムを二乗した後，目標関数と制約条件は滑らかになる.

■ 6.6.2 構造化特異値の計算

これからは，構造化特異値の計算問題について考える [73]．ある複素行列 M とそのブロック構造 $\mathcal{K}$ が与えられたとする．以下のアルゴリズムによって，ある低減行列 (reduced matrix) $\overline{M}$ と低減ブロック構造 $\overline{\mathcal{K}}$ が得られる．ただし，$\overline{M}$ は，M と同じ階数を持つ．また，低減ブロック構造 $\overline{\mathcal{K}}$ のすべてのブロックサイズは M の階数より大きくない．

アルゴリズム **6.6.1.**
データ $M \in C^{n \times n}$, $\mathcal{K} = (k_1, \cdots, k_m)$ が与えられているとする．

(1) M の特異値分解を計算する．$r = \text{rank } M$ とし，$i = 1, \cdots, m$ に対して，$U_i \in C^{k_i \times r}$ と $V_i \in C^{k_i \times r}$ からなる行列

$$\begin{bmatrix} U_1 \\ \vdots \\ U_m \end{bmatrix} \quad \text{と} \quad \begin{bmatrix} V_1 \\ \vdots \\ V_m \end{bmatrix}$$

がそれぞれ M の最初の r 個の左特異ベクトルと最初の r 個の右特異ベクトルによって構成されるようにする．そして，ある正定な対角行列 $\Sigma = \text{diag}(\sigma_1, \cdots, \sigma_r)$ に対して，M は以下のように表現される．

$$M = \begin{bmatrix} U_1 \\ \vdots \\ U_m \end{bmatrix} \Sigma \begin{bmatrix} V_1 \\ \vdots \\ V_m \end{bmatrix}^H$$

(2) $W^U = \text{block diag}(W_1^U, \cdots, W_m^U) \in \mathcal{U}$ と $W^V = \text{block diag}(W_1^v, \cdots, W_m^v) \in \mathcal{U}$ を求める．ただし，$i = 1, \cdots, m$ に対して，行列 $W_i^U U_i$ の最後の $k_i - r_i^U$ 行と行列 $W_i^V V_i$ の最後の $k_i - r_i^V$ 行が零である．ここで，r_i^U と r_i^V はそれぞれ U_i と V_i の階数である．

(3) $i = 1, \cdots, m$ に対して，$\overline{k}_i = \max(r_i^U, r_i^V)$ を定義し，$\overline{U}_i$ と $\overline{V}_i$ をそれぞれ行列 $W_i^U U_i$ と $W_i^V V_i$ の最初の $\overline{k}_i$ 行からなる行列とする．よって，低減行列

$$\overline{M} = \begin{bmatrix} \overline{U}_1 \\ \vdots \\ \overline{U}_m \end{bmatrix} \Sigma \begin{bmatrix} \overline{V}_1 \\ \vdots \\ \overline{V}_m \end{bmatrix}^H$$

およびそれに対応するブロック構造 $\overline{\mathcal{K}} = (\overline{k}_1, \cdots, \overline{k}_m)$ が得られる．

行列 W^U と W^V が一意でないことに注意されたい．ゆえに，$\overline{M}$ は行列 M に対応する低減行列のうちの一つにすぎない．上記のアルゴリズムによる操作を経ても，構造化特異値は不変である [73]：

188　第 6 章　特異値分解

❑ **命題 6.6.1.** アルゴリズム 6.6.1 によって得られた低減行列 $\overline{M}$ とブロック構造 $\overline{\mathcal{K}}$ について，

$$\mu(M) = \overline{\mu}(\overline{M})$$

が成り立つ．ただし，$\overline{\mu}$ は低減行列 $\overline{M}$ とブロック構造 $\overline{\mathcal{K}}$ に対応する構造化特異値である．

以下の命題と定理が，階数 1 行列 (rank-one matrix) の構造化特異値の解析的表現を与える [73]．

❑ **命題 6.6.2.** 行列 $M = uv^T$ とする．ただし，$u, v \in R^n$ の各要素は，$u_i v_i \geq 0 (i = 1, \cdots, n)$ を満足する．さらに，ブロック構造 $\mathcal{K} = (1, \cdots, 1)$ とすると，$\mu(M) = u^T v$ となる．

❑ **定理 6.6.1.** (階数 1 行列の構造化特異値) 行列 M の階数を 1 とする．すなわち，ある $u, v \in C^n$ に対して，$M = uv^H$ である．ベクトル $\overline{u}, \overline{v} \in R^m$ を

$$\overline{u} = \left[\overline{u}_1, \cdots, \overline{u}_m\right]^T, \quad \overline{v} = \left[\overline{v}_1, \cdots, \overline{v}_m\right]^T$$
$$\overline{u}_i = \|P_i u\|_2, \quad \overline{v}_i = \|P_i v\|_2, \quad i = 1, \cdots, m$$

と定義すると，$\mu(M) = \overline{u}_i^T \overline{v}_i$ が成り立つ．

証明　与えられた M に対して，アルゴリズム 6.6.1 によって，以下の低減行列 $\overline{M} = \overline{u}\,\overline{v}^T$ を構築できる．ただし，低減ブロック構造は，$\overline{\mathcal{K}} = (1, \cdots, 1)$ で与えられる．定理の結果は，命題 6.6.1 と 6.6.2 から直接得られる．∎

定義 6.6.2 より，$x \in C^n$ が式 (6.6.2a) を最大化するならば，それがまた式 (6.6.2b) の解となる．式 (6.6.2b) の最適化問題を実ベクトル空間 R^{2n} における最適化問題と見なすことができるので，$z = \begin{bmatrix} \mathrm{Re}\,x \\ \mathrm{Im}\,x \end{bmatrix} \in R^{2n}$ を定義すると，式 (6.6.2b) の制約条件は，

$$g_i(z) = \|P_i x\|_2^2 \|Mx\|_2^2 - \|P_i Mx\|_2^2 \leq 0, \quad i = 1, \cdots, m$$

と書ける．最適化問題の結果について述べる前にまず以下の定義と命題を与えておく [73]．

定義 6.6.3. (正則点) 任意の $x \in C^n$ に対応する $z \in R^{2n}$ について，$\{\nabla g_i(z), i = 1, \cdots, m\}$ が実数体において，一次独立のベクトルの集合を形成するならば，x を式 (6.6.2a) の正則点 (regular point) という．

❑ **命題 6.6.3.** $x \in C^n$ が式 (6.6.2a) の正則点であり，式 (6.6.2a) を最大化するとする．以下の関係を成立させる m 個の実数 $\lambda_1, \cdots, \lambda_m$ が一意に存在する．

$$M^H Mx + \sum_{i=1}^m \lambda_i \left(M^H P_i Mx - \|P_i x\|_2^2 M^H Mx - \|Mx\|_2^2 P_i x\right) = 0$$

ただし，$\lambda_j \geq 0$ $(j = 1, \cdots, m)$ を x に対応する乗数 (multipliers) という．

構造化特異値の計算と最適化問題との関係を以下の定理にまとめる [73]．

❏ **定理 6.6.2.** 以下の最適化問題を考える (定義 6.6.2，事実 (3)，事実 (2))．

(P1) $\quad \max\limits_{x \in C^n} \left\{ \|Mx\|_2 \,\middle|\, \|P_i x\|_2 \|Mx\|_2 = \|P_i Mx\|_2, \ i = 1, \cdots, m \right\}$

(P2) $\quad \inf\limits_{D \in \mathcal{D}} \overline{\sigma}\left(DMD^{-1}\right)$

(P3) $\quad \max\limits_{U \in \mathcal{U}} \rho(MU)$

ここで以下の仮定をする．

(i) 問題 (P1) の一意な大域的最適解が θx^* の形をとる．ただし，θ は振幅 1 の複素数であり，x^* は問題 (P1) の正則点である．

(ii) 式 (6.6.1b) が成立する．

(iii) 問題 (P3) の下界 inf が達成できる．

上記の仮定の下で，以下の結果が成り立つ．

(1) $D^* \in \mathcal{D}$ を問題 (P2) の解とする．$x = \left(D^{*-1}y^*\right)/\left\|D^{*-1}y^*\right\|_2$ が問題 (P1) の解となるような，D^*MD^{*-1} の最大特異値に対応する右特異ベクトル y^* が存在する．

(2) $\lambda^* = \left[\lambda_1^*, \cdots, \lambda_m^*\right]^T$ を x^* に対応する (一意な) 乗数ベクトルとする．ブロック対角行列 $D = \text{block diag}\left\{\lambda_i^{*1/2}I_{k_i}\right\} \in \mathcal{D}$ は，(スカラー倍を除いて) 問題 (P2) の解である．

(3) $i = 1, \cdots, m$ に対して，P_i の第 $\sum_{j=1}^{i-1} k_j + 1$ 行から第 $\sum_{j=1}^{i} k_j$ 行までのすべての行からなる $k_i \times n$ 行列を Q_i とする．すなわち，Q_i は P_i の i 番目の行ブロックである．さらに，$U = \text{block diag}(U_1, \cdots, U_m)$ を定義する．ただし，$i = 1, \cdots, m$ に対して，U_i は，$U_i = V_i W_i^H$ を満足する $k_i \times k_i$ 行列である．ここで，V_i と W_i はユニタリ行列である．$Q_i x^* \neq 0$ のとき，V_i と W_i の第 1 列はそれぞれ $Q_i x^*/\|Q_i x^*\|_2$ と $Q_i Mx^*/\|Q_i Mx^*\|_2$ である．以上のように定義された U は問題 (P3) の解である．

(4) $U^* \in \mathcal{U}$ が問題 (P3) の解であるとする．行列 MU^* について，振幅がそのスペクトル半径と等しい固有値に対応する固有ベクトルを z とすると，$x = U^* z$ は問題 (P1) の解である．

定理 6.6.2 の条件が成立すると仮定し，問題 (P1) (あるいは (P3)) の解候補 x^* (あるいは U^*) が得られたとする．それで $\mu(M)$ が得られたかどうかを調べるためには，解候補が大域的最適解であることかどうかをチェックする必要がある．定理 6.6.2 は確かな判定基

190 第 6 章 特異値分解

準を提供しているが，定理の条件を事前にチェックするのが困難である．ブロック構造 $\mathcal{K}$ を有する行列 M の構造化特異値 $\mu(M)$ を計算するための妥当なアルゴリズムは，以下のように与えられる [73]．

アルゴリズム 6.6.2.

(1) M の階数が 1 であるとき，定理 6.6.1 に基づいて，$\mu(M)$ を計算する．そして，アルゴリズムは成功裡に終了する．そうでないときに，ある i に対して，M の階数が k_i より小さければ，アルゴリズム 6.6.1 を用いて低減行列 $\overline{M}$ を計算し，$\overline{M}$ とそのブロック構造をあらたに M と $\mathcal{K}$ と書く．

(2) 問題 (P1) を解き，(局所解であるかもしれない) 極大解 $\widehat{x}$ を得る．

(3) 定理 6.6.3 の (2) にしたがい，$\widehat{x}$ より $\widehat{D}$ を計算する．もし $\|M\widehat{x}\|_2 = \overline{\sigma}(\widehat{D}M\widehat{D}^{-1})$ が成立すれば，$\mu(M) = \|M\widehat{x}\|_2$ となり，アルゴリズムはは成功裡に終了する[*1]．

(4) 問題 (P2) の解を求め，大域的極小解を D^* を得る[*2]．

(5) (i) $\max(\rho(M), \|M\widehat{x}\|_2) = \overline{\sigma}(D^*MD^{*-1})$ が成立するかどうか[*3]；あるいは (ii) D^*MD^{*-1} の最大特異値が単純 (1 個しかない) であるかどうか；あるいは (iii) 文献 [69] で示された方法で $\mu(M) = \overline{\sigma}(D^*MD^{*-1})$ が成立するかどうかをチェックする[*4]．(i), (ii), (iii) のうち，どれかが満足されれば，$\mu(M) = \overline{\sigma}(D^*MD^{*-1})$ が得られ，アルゴリズムは成功裡に終了する．そうでなければ，$\mu(M)$ の探索は失敗に終わる．そのときにいえる結果は，$\max(\rho(M), \|M\widehat{x}\|_2) \leq \mu(M) < \overline{\sigma}(D^*MD^{*-1})$ だけである．

6.7 特異値分解の応用

これまでに，行列の特異値分解およびその拡張について紹介し，それらの性質について分析した．特異値分解は，工学問題，とくに信号処理の問題に広く応用されている [219]．本節では，システム同定や信号処理におけるいくつかの応用例を取り上げながら，特異値分解の応用について紹介する．

[*1] $\widehat{D}$ の任意の対角要素が零であるとき，その要素を微小な ϵ で置き換えて，$\widehat{D}M\widehat{D}^{-1}$ の代わりに $\widehat{D}(\epsilon)M\widehat{D}(\epsilon)^{-1}$ を用いる．
[*2] ここで，D^* の要素は，0 と ∞ の値を取ることも許される．
[*3] D^* の任意の要素が ∞ であるとき，その要素を $1/\epsilon$ で置き換える。また，式 (6.6.1b) が成立し，定理 6.6.2 のほかの条件のうちのどれかが成立しないときに，$\mu(M) = \overline{\sigma}(D^*MD^{*-1})$ が成立する．
[*4] これらの三つのテストは，計算量の増加順に順番付けられている．

■ **6.7.1　静的システムの特異値分解**

電気回路の問題を例に取って，静的システムの特異値分解について考える．具体例として，以下の関係式 (静的システムモデル) を考える．

$$\underbrace{\begin{bmatrix} 1 & -1 & 0 & 0 \\ 0 & 0 & 1 & 1 \end{bmatrix}}_{F} \begin{bmatrix} v_1 \\ v_2 \\ i_1 \\ i_2 \end{bmatrix} = \begin{bmatrix} 0 \\ 0 \end{bmatrix} \tag{6.7.1}$$

ただし，v_1, v_2 と i_1, i_2 はそれぞれ回路素子の電圧と電流を表す．行列 F の要素 (モデルパラメータ) は回路素子の電圧と電流の取りうる値を制約している．

もし，電圧都電流の測定装置が同等の精度 (例えば 1 %) を持つならば，ある 1 組の測定値 v_1, v_2, i_1, i_2 が期待された誤差範囲で式 (6.7.1) の解となっているかどうかを容易にチェックできる．しかし，もし我々は何らかの手法で別のモデル

$$\begin{bmatrix} 1 & -1 & 10^6 & 10^6 \\ 0 & 0 & 1 & 1 \end{bmatrix} \begin{bmatrix} v_1 \\ v_2 \\ i_1 \\ i_2 \end{bmatrix} = \begin{bmatrix} 0 \\ 0 \end{bmatrix} \tag{6.7.2}$$

を得たときには，明らかに，電流値が非常によい精度で測定された場合のみ，v_1, v_2 と i_1, i_2 の測定値が妥当な誤差範囲で式 (6.7.2) を満足できる．電流の測定値に 1% の誤差があるときに，それが式 (6.7.1) と (6.7.2) に与える影響は大きく異なる．式 (6.7.1) では，電圧の関係が $v_1 - v_2 =$ であるのに対して，式 (6.7.2) では，それが $v_1 + v_2 + 10^6(i_1 + i_2) = 0$ であるからである．しかし，代数的には，式 (6.7.1) と (6.7.2) はまったく等価である．ゆえに，いくつかの代数的に等価なモデルを比較し，どれが信頼性があり，実用的であるのかを見極める必要がある．そのための数学の道具は特異値分解である．

もっと一般に，n 個の変数からなる静的システム方程式

$$F \begin{bmatrix} v \\ i \end{bmatrix} = 0 \tag{6.7.3}$$

について考える．ただし，F は $m \times n$ 行列である．このような方程式は一般性があり，一部の物理装置 (線形物理方程式) あるいは回路網方程式 [45] を表すことができる．

そこで，行列 F の特異値分解を

$$F = U \Sigma V^T \tag{6.7.4}$$

とする．式 (6.7.3) のパラメータ行列 F が正確である場合に，行列 F の特異値分解は，代数的に等価でありながら，数値的により信頼性のある連立方程式を与えることができる．U が直交行列であるので，式 (6.7.3) と式 (6.7.4) より，

192　第 6 章　特異値分解

$$\Sigma V^T \begin{bmatrix} v \\ i \end{bmatrix} = 0 \tag{6.7.5}$$

が得られる．そこで，Σ を $\Sigma = \begin{bmatrix} \Sigma_1 & 0 \\ 0 & 0 \end{bmatrix}$ とブロック分割する．ただし，$\Sigma_1 = \mathrm{diag}(\sigma_1,$ $\cdots, \sigma_r)$ は F の正の特異値を対角要素とする対角行列であり，r は F の階数である．また，Σ のブロック分割と対応して，V^T も $V^T = \begin{bmatrix} A & B \\ C & D \end{bmatrix}$ のようにブロック分割する．ただし，A と B はそれぞれ $r \times r$ と $r \times (n-r)$ 行列である．以上より，式 (6.7.5) は，

$$\begin{bmatrix} \Sigma_1 & 0 \\ 0 & 0 \end{bmatrix} \begin{bmatrix} A & B \\ C & D \end{bmatrix} \begin{bmatrix} v \\ i \end{bmatrix} = 0 \tag{6.7.6}$$

と書ける．ゆえに，式 (6.7.3) と代数的に等価でありながら，数値的に最も信頼性のある方程式が得られる[*1]：

$$\begin{bmatrix} A & B \end{bmatrix} \begin{bmatrix} v \\ i \end{bmatrix} = 0 \tag{6.7.7}$$

　式 (6.7.3) のモデルにおいて，パラメータ行列 F が誤差を含むとき，特異値は完全に零にならない．この場合，式 (6.7.6) をそのまま利用することができないので，微小特異値 $\sigma_s, \sigma_{s+1}, ..., \sigma_n$ を零として打ち切る必要がある．ここで，s は σ_s/σ_1 がある閾値より小さいことを満足させる最小の整数である．このとき，式 (6,7,6) の中の $[A\ B]$ は V^T の上から第 1 行目から第 $s-1$ 行目までからなる行列である．

■ 6.7.2　システム同定

　線形時不変離散時間多変数システムの状態空間モデルを考える：

$$\begin{aligned} x(k+1) &= Ax(k) + Bu(k) \\ y(k) &= Cx(k) + Du(k) \end{aligned} \tag{6.7.8}$$

ここで，$u(k) \in R^m, y(k) \in R^l$ と $x(k) \in R^n$ はそれぞれ時刻 k におけるシステムの入力，出力と状態変数ベクトルである．n はシステムの最小実現の次数である．A, B, C, D はシステム行列である．ここでのシステム同定問題は，入出力データ $u_k, u_{k+1}, \cdots$ と $y_k, y_{k+1}, \cdots$

[*1] 訳者の一人 (楊) が式 (6.7.2) を MATLAB で計算した結果，

$$\begin{bmatrix} A & B \end{bmatrix} \begin{bmatrix} v_1 \\ v_2 \\ i_1 \\ i_2 \end{bmatrix} = \begin{bmatrix} -7.0711e-007 & 7.0711e-007 & -7.0711e-001 & -7.0711e-001 \\ -7.0711e-001 & 7.0711e-001 & 7.0711e-007 & 7.0711e-007 \end{bmatrix} \begin{bmatrix} v_1 \\ v_2 \\ i_1 \\ i_2 \end{bmatrix} = 0$$

が得られた．ここで，行列 $[A\ B]$ の行ベクトルが互いに正規直交であるので，条件数は 1 である．式 (6.7.2) よりは，こちらのほうが電流値の測定誤差の影響を受けにくいことが容易に分かる．

を用いて，システム行列 A, B, C, D を同定することである．

入出データによるブロックハンケル行列 (block Hankel matrix) H_1 と H_2 をそれぞれ以下のように定義する．

$$
H_1 = \begin{bmatrix} u_k & u_{k+1} & \cdots & u_{k+j-1} \\ y_k & y_{k+1} & \cdots & y_{k+j-1} \\ u_{k+1} & u_{k+2} & \cdots & u_{k+j} \\ y_{k+1} & y_{k+2} & \cdots & y_{k+j} \\ \vdots & \vdots & \vdots & \\ u_{k+i-1} & u_{k+i} & \cdots & u_{k+j+i-2} \\ y_{k+i-1} & y_{k+i} & \cdots & y_{k+j+i-2} \end{bmatrix}, \quad H_2 = \begin{bmatrix} u_{k+i} & u_{k+i+1} & \cdots & u_{k+i+j-1} \\ y_{k+i} & y_{k+i+1} & \cdots & y_{k+i+j-1} \\ u_{k+i+1} & u_{k+i+2} & \cdots & u_{k+i+j} \\ y_{k+i+1} & y_{k+i+2} & \cdots & y_{k+i+j} \\ \vdots & \vdots & \vdots & \\ u_{k+2i-1} & u_{k+2i} & \cdots & u_{k+2i+j-2} \\ y_{k+2i-1} & y_{k+2i} & \cdots & y_{k+2i+j-2} \end{bmatrix}
$$

ただし，i はシステムの次数 n より十分大きく，$j \gg i$ である．さらに，l 列の状態ベクトルを横に並べて，$\mathcal{X} = [x_{k+i}, x_{k+i+1}, \cdots, x_{k+i+j-1}]$ を定義する．もし $\mathcal{X}$ を何らかの手法で得られたら，システム行列は以下の過決定方程式を解くことによって得られる．

$$
\begin{bmatrix} x_{k+i+1} & \cdots & x_{k+i+j-1} \\ y_{k+i} & \cdots & y_{k+i+j-2} \end{bmatrix} = \begin{bmatrix} A & B \\ C & D \end{bmatrix} \begin{bmatrix} x_{k+i} & \cdots & x_{k+i+j-2} \\ u_{k+i} & \cdots & u_{k+i+j-2} \end{bmatrix}
$$

Moonen ら [150, 151] は，行列 H_1 と H_2 から $\mathcal{X}$ の情報が抽出できることを示した．Moonen らは，いくつかの条件 (入力信号が状態変数のすべてのモードを十分に励振している) のもとで，$\mathrm{span}_{\mathrm{row}}(\mathcal{X}) = \mathrm{span}_{\mathrm{row}}(H_1) \cap \mathrm{span}_{\mathrm{row}}(H_2)$ が成り立つこと，および $\dim(\mathrm{span}_{\mathrm{row}}(H_1) \cap \mathrm{span}_{\mathrm{row}}(H_2)) = n$ を示した．すなわち，二つの行列の行 (部分) 空間の交わり (intersection of subspaces) [97] の任意の基底から，適切な状態系列 $\mathcal{X}$ を構成することができる．$\mathcal{X}$ の行ベクトルはこれらの基底ベクトルで構成される．ただし，基底は一意ではないので，実際に構成できるのは，$T^{-1}\mathcal{X}$ である．ここで，T はある正則な変換行列である．したがって，実際に同定できるのは，等価なシステム行列 $T^{-1}AT, T^{-1}B, CT, D$ である．

状態系列 $\mathcal{X}$ を構成するためには，特異値分解が 2 回行われる．H_1 の行空間と H_2 の行空間の交わりを求めるためには，まず行列 $H = \begin{bmatrix} H_1 \\ H_2 \end{bmatrix}$ の特異値分解

$$
H = U_H \Sigma_H V_H^T = \begin{bmatrix} U_{11} & U_{12} \\ U_{21} & U_{22} \end{bmatrix} \begin{bmatrix} \Sigma_{11} & 0 \\ 0 & 0 \end{bmatrix} V_H^T
$$

を計算する．ただし，

$$\dim(U_{11}) = i(m+l) \times (2mi+n)$$
$$\dim(U_{12}) = i(m+l) \times (2li-n)$$
$$\dim(U_{21}) = i(m+l) \times (2mi+n)$$
$$\dim(U_{22}) = i(m+l) \times (2li-n)$$
$$\dim(\Sigma_{11}) = (2mi+n) \times (2mi+n)$$

さらに，直交行列の性質から，

$$\begin{bmatrix} U_{12}^T & U_{22}^T \end{bmatrix} \begin{bmatrix} H_1 \\ H_2 \end{bmatrix} = 0$$

が成り立つ．ゆえに，$U_{12}^T H_1 = -U_{22}^T H_2$ が成り立つので，$U_{12}^T H_1$（あるいは $U_{22}^T H_2$）の行空間が $\mathrm{span}_{\mathrm{row}}(H_1) \cap \mathrm{span}_{\mathrm{row}}(H_2)$ に等しい．しかし，$U_{12}^T H_1$（あるいは $U_{22}^T H_2$）には $2li-n$ 本の行ベクトルがあり，その中には，n 本の行ベクトルだけが一次独立である．よって，$U_{12}^T H_1$ の行ベクトルから n 本の一次独立なベクトルを選び出せば，それらを $\mathrm{span}_{\mathrm{row}}(\mathcal{X})$ の基底ベクトルとすることができる．

そこで，行列 $\begin{bmatrix} U_{12} & U_{11} \\ U_{22} & U_{21} \end{bmatrix}$ の CS 分解 (定理 3.6.3) を用いると，U_{12} と U_{22} の特異値分解が以下のようになることが証明できる．

$$U_{12} = \begin{bmatrix} U_{12}^{(1)} & U_{12}^{(2)} & U_{12}^{(3)} \end{bmatrix} \begin{bmatrix} I_{(li-n)\times(li-n)} & & \\ & C_{n\times n} & \\ & & 0_{(li-n)\times(li-n)} \end{bmatrix} V_*^T$$

$$U_{22} = \begin{bmatrix} U_{22}^{(1)} & U_{22}^{(2)} & U_{22}^{(3)} \end{bmatrix} \begin{bmatrix} 0_{(li-n)\times(li-n)} & & \\ & S_{n\times n} & \\ & & I_{(li-n)\times(li-n)} \end{bmatrix} V_*^T$$

$$C = \mathrm{diag}(c_1, \cdots, c_n), \quad S = \mathrm{diag}(s_1, \cdots, s_n), \quad I_{n\times n} = C^2 + S^2$$

実際には，二つの SVD を同時に求める必要なく，U_{12} の SVD 分解だけを計算すればよい．U_{12} の SVD 分解については，$U_{12}^{(1)T} H_1 = 0$ が証明できる．すなわち，$U_{12}^{(1)}$ は H_1 の直交補空間の基底を構成しており，H_1 と H_2 の行空間の交わりの基底にはならない．ゆえに，$\mathcal{X}$ は，$U_{12}^{(2)}$ を用いて，$\mathcal{X} = U_{12}^{(2)T} H_1$ のように構成できる．このように，H_1 と H_2 の行空間の交わりは，H と U_{12} の特異値分解によって求められる[1]．

最後に，システム行列は以下の過決定方程式を解くことによって得られる．

---

[1] 訳注：ここの結果の証明は，「システム同定入門」（片山徹著，朝倉書店，1994）の第 9 章の付録 9B に詳しく示されている．

$$
\begin{bmatrix}
U_{12}^{(2)T}U_H\big(m+l+1:(i+1)(m+l),1:2mi+n\big)\Sigma_{11} \\
U_H\big(mi+li+m+1:(m+l)(i+1),1:2mi+n\big)\Sigma_{11}
\end{bmatrix}
$$

$$
=
\begin{bmatrix}
A & B \\
C & D
\end{bmatrix}
\begin{bmatrix}
U_{12}^{(2)T}U_H\big(1:(m+l)i,1:2mi+n\big)\Sigma_{11} \\
U_H\big(mi+li+1:mi+li+m,1:2mi+n\big)\Sigma_{11}
\end{bmatrix}
$$

■ 6.7.3 次数決定問題

ここでは，安定な線形時不変の定常 ARMA 過程について考える [256]：

$$
x(n)+\sum_{i=1}^{p}a(i)x(n-i)=\sum_{j=0}^{q}b(j)e(n-j) \tag{6.7.9}
$$

ただし，$a(0)=1, a(p)\neq0, b(q)\neq0$；$e(n)$ は平均零，分散 σ_e^2 の正規性白色雑音である．我々の目的は，観測データから ARMA モデルの AR 次数 p と MA 次数 q を決定することである．ARMA モデルの次数決定法は，数多く提案されている．それらは，情報量基準に基づく手法と線形代数に基づく手法に分類できる．

情報量基準に基づく手法には，有名な AIC 基準およびその改良である BIC 基準，最終予測誤差基準 (FPE)，最小記述長基準 (MDL) などによる手法がある [247]．一方，線形代数に基づく手法には，行列式検査法 [44]，グラム - シュミット直交化法 [42]，特異値分解法 [34, 256, 257] などがある．行列式検査法は，いろいろな次数の行列式の値をチェックして，行列式が零となる (行列が特異となる) 最小次数からモデル次数を決定する．グラム - シュミット直交化法は，ARMA モデルの正規方程式に対応するデータ行列の列ベクトル間の一次独立性を調べることによって，次数を決定している．数値的ロバスト性の観点からみると，これらの手法は特異値分解法に劣る．

$R(\tau)=E\{x(n)x(n-\tau)\}$ を $x(n)$ の自己相関関数とすると，式 (6.7.9) の ARMA モデルについて，修正ユール - ウォーカ方程式 (modified Yule-Walker (MYW) equation) が成り立つ [34, 256]：

$$
\sum_{i=0}^{p}a(i)R(\tau-i)
\begin{cases}
\neq 0, & \tau \leq q \\
= 0, & \tau > q
\end{cases} \tag{6.7.10}
$$

ただし，$a(0)=1$. MYW 方程式を利用して，Cadzow は以下の結果を証明した [34, 256].

❏ 命題 6.7.1. $t \times (p_e+1)$ 行列

$$
R_e=
\begin{bmatrix}
R(q_e-p_e+1) & R(q_e-p_e+2) & \cdots & R(q_e+1) \\
R(q_e-p_e+2) & R(q_e-p_e+3) & \cdots & R(q_e+2) \\
\vdots & \vdots & \ddots & \vdots \\
R(q_e-p_e+t) & R(q_e-p_e+t+1) & \cdots & R(q_e+t)
\end{bmatrix} \tag{6.7.11}
$$

を定義する．ただし，$t \geq p_e$. もし，p_e と q_e が $p_e \geq p$, $q_e \geq q$, $q_e - p_e \geq q - p$ を満足すれば，rank $R_e = p$ となる．

　上の結果は，ARMA モデル (6.7.9) の AR 次数 p を決定する手法を与えた [34]．$R(\tau)$ を標本自己相関関数 (sample autocorrelation function) $\widehat{R}(\tau) = \frac{1}{N} \sum_{n=1}^{N-\tau} x(n)x(n+\tau)$ で置き換え，$\widehat{R}_e$ の有効階数を求めれば，それが p の推定値となる．$\widehat{R}_e$ の有効階数は，特異値分解によって求めることができる．また，$p_e \geq p$, $q_e \geq q$, $q_e - p_e \geq q - p$ を満足する p_e と q_e の選択はそれほど難しくない．一般性を失わず，$q \leq p$ と仮定しても差し支えないので，$p_e = q_e \gg p$ とすればよい．通常，$t \gg p_e$ とすることによって，数多くの標本自己相関関数を用いたほうがよい．

　AR 次数 p を決定した後，MA 次数 q も特異値分解を用いて決定することができる．特異値分解による ARMA モデルの MA 次数の決定法には，原著者らによって提案された二つの手法がある [250,256,257]．1 番目の手法は AR 次数 p だけが必要で，ARMA モデルのパラメータは必要ではない．2 番目の手法は，AR 次数 p と AR パラメータ $a(i)$, $i = 1, \cdots, p$ が必要である．以下では，それぞれの手法について説明する．

　1 番目の手法は，以下の命題のように MA 次数 q に関する情報が別の自己相関行列 R_1 に含まれるという事実に基づいている [256]．

❑ **命題 6.7.2.** $(p+1) \times (p+1)$ 行列

$$R_1 = \begin{bmatrix} R(q-p) & R(q-p+1) & \cdots & R(q) \\ R(q-p+1) & R(q-p+2) & \cdots & R(q+1) \\ \vdots & \vdots & \ddots & \vdots \\ R(q) & R(q+1) & \cdots & R(q+p) \end{bmatrix} \tag{6.7.12}$$

について，rank $R_1 = p + 1$ が成り立つ．

　上の結果はこれから決定しようとする MA 次数 q を含んでいるので,, そのままでは使えない．しかし，以下のように $q_e \geq q$ の行列に容易に拡張できる．

❑ **命題 6.7.3.** AR 次数 p がすでに与えられており，$q_e \geq q$ と仮定する．$(p+1) \times (p+1)$ 行列

$$R_{1e} = \begin{bmatrix} R(q_e-p) & R(q_e-p+1) & \cdots & R(q_e) \\ R(q_e-p+1) & R(q_e-p+2) & \cdots & R(q_e+1) \\ \vdots & \vdots & \ddots & \vdots \\ R(q_e) & R(q_e+1) & \cdots & R(q_e+p) \end{bmatrix} \tag{6.7.13}$$

について，$q_e > q$ のとき，rank $R_{1e} = p$ となる．$q_e = q$ のときにのみ，rank $R_{1e} = p+1$ となる．

明らかに，MA 次数 q に関する情報は R_{1e} の中に含まれる．理論的には，次数 q は次のように決定すればよい：

ある次数 $q_e > q$ から始め，特異値分解によって R_{1e} の階数を決定する．それから，$q_e \leftarrow q_e - 1$ として，R_{1e} の階数決定を繰り返して行う．$q_e = q$ になったときに，階数が初めて p から $p+1$ になるので，次数 q が特定できる．しかし，現実には，標本自己相関関数を用いるときに，階数の変化を明確に特定するのは容易ではない．実用的 MA 次数の決定手法を確立するために，ある拡大した行列 $R_{2e}(i,j) = R(q_e - p + i + j - 2), i = 1, \cdots, t; j = 1, \cdots, p_e + 1$，すなわち，

$$
R_{2e} = \begin{bmatrix}
R(q_e - p) & R(q_e - p + 1) & \cdots & R(q_e - p + p_e) \\
R(q_e - p + 1) & R(q_e - p + 2) & \cdots & R(q_e - p + p_e + 1) \\
\vdots & \vdots & \ddots & \vdots \\
R(q_e - p + t - 1) & R(q_e + t) & \cdots & R(q_e - p + t + p_e + 1)
\end{bmatrix}
$$

を用いることにする．ここでは，$t \gg p_e$ であるので，より多くの標本自己相関関数を用いることになる．R_{1e} は R_{2e} の部分行列であり，しかも，MYW 方程式から，$k(k \geq p + 2)$ 番目の行ベクトル (あるいは列ベクトル) はそれより上の p 行のベクトル (あるいは左の p 列ベクトル) と一次従属であるので，rank $R_{2e} =$ rank R_{1e} が容易に確認できる．

以下は MA 次数の探索アルゴリズムである：

アルゴリズム **6.7.1.**

(1) 行列 $\hat{R}_e$ に対して，特異値分解の手法を用いて，AR 次数 p を決定する．そして，$q_e > q$ を選ぶ．

(2) 標本自己相関関数を用いて行列 $\hat{R}_{2e}$ を構成し，その特異値分解を求める．

(3) $\hat{R}_{2e}$ の $p+1$ 番目の特異値が著しく大きくなったら，$q = q_e$ とし，アルゴリズムを終了する．そうでなければ，$q_e \leftarrow q_e - 1$ として，(2) に戻る．

アルゴリズムの (3) で，$p+1$ 番目の特異値 σ_{p+1} の変化を正確に検出することが重要である．そのため，以下のような相対変化率

$$
\alpha = \frac{\sigma_{p+1}^{q_e} - \sigma_{p+1}^{q_e + 1}}{\sigma_{p+1}^{q_e + 1}}
$$

が事前に設定した閾値を越えたかどうかを調べればよい．

2 番目の MA 次数の決定手法は，AR 次数 p のみならず，AR パラメータ $a(i), i = 1, \cdots, p$ も必要である (AR パラメータの SVD-TLS 推定手法は，次章の 7.2 節で紹介する)．MYW 方程式の残差 $f(\tau) = \sum_{i=0}^{p} a(i) R(\tau - i)$ は，

$$f(\tau) \begin{cases} \neq 0, & \tau = 0, 1 \cdots, q \\ = 0, & \tau = q+1, q+2, \cdots \end{cases} \tag{6.7.14}$$

を満足しているので，MA 次数 q は $f(\tau) = 0$ を満足する最小の整数 $\tau = q + 1$ から決定できる．しかし，実際には，AR パラメータや標本自己相関関数から計算した $\widehat{f}(\tau)$ に無視できない誤差が存在する場合が多い．したがって，$\widehat{f}(\tau) \approx 0$ かどうかを判定することによって MA 次数を決定する手法は，数値的には，ロバスト性に欠ける．

文献 [250] は，残差 $f(\tau)$ による行列の階数を調べることによって，q を決定する手法を提案した．この手法では，自己相関行列の特異値分解を計算する必要がない．その原理は簡単である：

三角行列

$$R_q = \begin{bmatrix} f(q) & f(q-1) & \cdots & f(0) \\ & f(q) & \cdots & f(1) \\ & & \ddots & \vdots \\ 0 & & & f(q) \end{bmatrix} \tag{6.7.15}$$

の対角要素は $f(q) \neq 0$ であるので，階数は明らかに $q+1$ である．MA 次数の決定のため，1 番目の手法と同じように，q を直接含まない $(q_e + 1) \times (q_e + 1)$ 拡大行列を用いる：

$$R_{qe} = \begin{bmatrix} f(q_e) & f(q_e-1) & \cdots & f(0) \\ & f(q_e) & \cdots & f(1) \\ & & \ddots & \vdots \\ 0 & & & f(q_e) \end{bmatrix} \tag{6.7.16}$$

ただし，$q_e > q$．式 (6.7.14) を用いれば，rank $R_{qe} = $ rank $R_q = q+1$ であることを証明できる．特異値分解を用いて，$\widehat{R}_{qe}$ の有効階数を求めれば，MA 次数 q を決定することができる．しかし，R_{qe} の階数の決定は，その対角要素の積 (product of diagonal entries) が零になるかどうかをチェックすることと等価である．すなわち，

$$f^{q_e+1}(q_e) = \underbrace{f(q_e) \cdots f(q_e)}_{q_e+1} \begin{cases} \neq 0, & q_e = 0, 1 \cdots, q \\ 0, & q_e = q+1, q+2, \cdots \end{cases} \tag{6.7.17}$$

この手法を PODE テストという．明らかに，PODE テストのほうが，式 (6.7.14) を直接チェックすることより数値的にロバストである．また，特異値分解と PODE テストを併用すれば，数値的ロバスト性を高めることができる [257]．

これまでに紹介した自己相関関数を用いる手法は，安定な最小位相 ARMA モデルを対象としている．非最小位相モデルに対しては，高次の統計量を用いる必要がある．詳細は，文献 [89, 249, 257] を参照されたい．

■ 6.7.4 システムの可制御性

連続時間システム $\mathcal{S}$

$$\dot{x}(t) = Ax(t) + bu(t), \quad x(0) = x_0$$

が与えられたとする．ただし，$A \in R^{n \times n}, b \in R^n, x_0 \in R^n$．

時刻 $T > 0$ において，システムの状態変数 $x(T)$ がある望ましい状態 X_T と等しくなるように，入力関数 $u(t)$ を見つけることができるかどうかを判定するのが可制御性の問題である．明らかに，それがすべての場合において可能であるとは限らない．例えば，$b = 0$ のとき，制御は不可能である．可制御性 (controllability) の記述はいろいろあるが，ここでは以下の二つを取り上げる [162]：

(1) 行列 $W_1 = [b, Ab, A^2b, \cdots, A^{n-1}b]$ が正則であるならば，またはそのときに限って，システム $\mathcal{S}$ は可制御である．

(2) 行列 $W_2 = \displaystyle\int_0^t e^{At}bb^T e^{A^T t} dt$ が正則であるならば，またはそのときに限って，システム $\mathcal{S}$ は可制御である．

上記の記述に基づき，システムが「可制御」あるいは「可制御ではない」という二者択一の判定ができる．しかし，直感的には，W_1 あるいは W_2 が特異に近い (nearly singular) であれば，システムの制御が難しくなることが分かる．このような状況は，特異値分解によって解析できる．我々は，W_1 あるいは W_2 の最小特異値を用いて，システムの「不可制御への近さ」を評価することができる．ロバスト制御系の設計において，このような評価は重要である．制御理論における数値的線形代数の有用性については，文献 [162] を参照されたい．

■ 6.8 一般化特異値分解の応用

ここでは，再びシステム (6.7.8) の同定問題について考える．入出力データが白色雑音に汚されたときに，すなわち，行列 H の各列ベクトルに，平均零の独立同一分布雑音による誤差が存在し，誤差共分散行列 (covariance matrix) が単位行列のスカラー倍であるときに，6.7.2 項で紹介した同定手法が一致推定値を与えることが知られている [151]．このとき，H の特異値分解で得られた左特異ベクトル行列 U_H が一致に計算される (データ数が無限大であるときに，誤差の影響を受けない) からである [151]．そうでないときには (例えば，入出力雑音が有色であるとき)，誤差の共分散行列は単位行列のスカラー倍にならず，ある行列 Δ (あるいはそのスカラー倍) で表現され，そのコレスキー分解は，$\Delta = R_\Delta R_\Delta^T$ で与えられる．ただし，R_Δ は下三角行列であり，行列 Δ の平方根という．

200 第6章 特異値分解

しかし，$R_\Delta^{-1}H$ の列ベクトルの誤差共分散行列が単位行列のスカラー倍であることは容易に確認できる．よって，6.7.2 項の場合と同じように，$R_\Delta^{-1}H$ の特異値分解で得られた左特異ベクトル行列も一致に計算されるので，システム行列の一致推定値が得られる．しかしながら，R_Δ が特異あるいは悪条件であるときに，R_Δ^{-1} は直接計算できないので，$R_\Delta^{-1}H$ の特異値分解を直接計算する代わりに，行列対 (H, R_Δ) の一般化特異値分解を計算すればよい．すなわち，特異値分解を用いる同定手法から，一般化特異値分解を用いる同定手法に拡張されることになる．

行列対 (H, R_Δ) の一般化特異値分解を

$$X^T H Q_H = \Sigma_H, \quad X^T R_\Delta Q_{R_\Delta} = \Sigma_{R_\Delta}$$

とする．ただし，

$$\Sigma_H = \mathrm{diag}(\alpha_1, \cdots, \alpha_{2li+2mi}), \quad \Sigma_{R_\Delta} = \mathrm{diag}(\beta_1, \cdots, \beta_{2li+2mi})$$

$$\frac{\alpha_1}{\beta_1} > \frac{\alpha_2}{\beta_2} > \cdots > \frac{\alpha_{2li+2mi}}{\beta_{2li+2mi}}$$

ここで，X は正則行列であり，Q_H と Q_{R_Δ} は直交行列である．6.7.2 項では，データ行列 $H = \begin{bmatrix} H_1 \\ H_2 \end{bmatrix}$ について，H_1 と H_2 の行空間の交わりは，$\begin{bmatrix} U_{12} \\ U_{22} \end{bmatrix}$ から計算されたが (等式 $U_{12}^T H_1 = -U_{22}^T H_2$ を思い出してもらいたい)，ここでは，行空間の交わりは，後に定義される $\begin{bmatrix} X_{12} \\ X_{22} \end{bmatrix}$ から計算される [151]．

まず，わかりやすくするために，雑音がない場合 (誤差共分散行列が Δ に比例し，比例定数が零) について説明する．誤差共分散零でないときにも，結論が成り立つ [151]．

雑音がない場合，一般化特異値分解の結果より，行列 H は以下のように表現できる．

$$H = X \Sigma_H Q_H^T = \begin{bmatrix} X_{11} & X_{12} \\ X_{21} & X_{22} \end{bmatrix} \begin{bmatrix} \Sigma_{11} & 0 \\ 0 & 0 \end{bmatrix} Q_H^T$$

ただし，

$$\dim(X_{11}) = i(m+l) \times (2mi+n)$$
$$\dim(X_{12}) = i(m+l) \times (2li-n)$$
$$\dim(X_{21}) = i(m+l) \times (2mi+n)$$
$$\dim(X_{22}) = i(m+l) \times (2li-n)$$
$$\dim(\Sigma_{11}) = (2mi+n) \times (2mi+n)$$

さらに，直交行列の性質から，$X_{12}^T H_1 = -X_{22}^T H_2$ が成り立つので，$X_{12}^T H_1$ の行空間が $\mathrm{span}_{\mathrm{row}}(H_1) \cap \mathrm{span}_{\mathrm{row}}(H_2)$ に等しい．しかし，$X_{12}^T H_1$ には $2li-n$ 本の行ベクトルがあり，その中には，n 本の行ベクトルだけが一次独立である．よって，$X_{12}^T H_1$ の行ベクトル

6.8 一般化特異値分解の応用 201

から n 本の一次独立なベクトルを選び出せばよい．そこで，行列 $\begin{bmatrix} X_{12} & X_{11} \\ X_{22} & X_{21} \end{bmatrix}$ の CS 分解 (定理 3.6.3) を用いると，X_{12} と X_{22} の特異値分解が以下のようになる．

$$X_{12} = \begin{bmatrix} X_{12}^{(1)} & X_{12}^{(2)} & X_{12}^{(3)} \end{bmatrix} \begin{bmatrix} I_{(li-n)\times(li-n)} & & \\ & C_{n\times n} & \\ & & 0_{(li-n)\times(li-n)} \end{bmatrix} Q_*^T$$

$$U_{22} = \begin{bmatrix} X_{22}^{(1)} & X_{22}^{(2)} & X_{22}^{(3)} \end{bmatrix} \begin{bmatrix} 0_{(li-n)\times(li-n)} & & \\ & S_{n\times n} & \\ & & I_{(li-n)\times(li-n)} \end{bmatrix} Q_*^T$$

$$C = \mathrm{diag}(c_1, \cdots, c_n), \quad S = \mathrm{diag}(s_1, \cdots, s_n), \quad I_{n\times n} = C^2 + S^2$$

実際には，二つの SVD を同時に求める必要がなく，X_{12} の SVD 分解だけを計算すればよい．$\mathcal{X}$ は，$X_{12}^{(2)}$ を用いて，$\mathcal{X} = X_{12}^{(2)T} H_1$ のように構成できる．

最後に，システム行列は以下の過決定方程式を解くことによって得られる [151]．

$$\begin{bmatrix} X_{12}^{(2)T} X\big(m+l+1 : (i+1)(m+l), 1 : 2mi+n\big) \Sigma_{11} \\ X\big(mi+li+m+1 : (m+l)(i+1), 1 : 2mi+n\big) \Sigma_{11} \end{bmatrix}$$

$$= \begin{bmatrix} A & B \\ C & D \end{bmatrix} \begin{bmatrix} X_{12}^{(2)T} X\big(1 : (m+l)i, 1 : 2mi+n\big) \Sigma_{11} \\ X\big(mi+li+1 : mi+li+m, 1 : 2mi+n\big) \Sigma_{11} \end{bmatrix}$$

第 **7** 章

全最小二乗法

最小二乗法は，ガウスの時代からすでに平面上の点に対する直線の当てはめ，および高次元空間上の点に対する超平面の当てはめに応用されてきた．第 1 章の 1.5 節で説明したように，与えられたデータベクトル b とデータ行列 A に対して，過決定行列方程式 $Ax = b$ を解くことは，工学の分野でよくある問題である．そのような問題には，最小二乗法は最もよく用いられる手法である．後に詳しく説明するが，ベクトル b の誤差あるいは雑音が平均零の正規性白色雑音であるような場合に限って，最小二乗解は最尤法の解となる．しかし，行列 A にも雑音が存在するとき，最小二乗解 $X_{LS} = (A^T A)^{-1} A^T b$ は統計的に最適にならず，バイアスを持つ．しかも A の誤差が大きくなれば，バイアスの分散もそれに応じて大きくなる．よって，このような場合には，最小二乗法を改良した手法を用いる必要がある．本章では，全最小二乗法およびその拡張である制約付き全最小二乗法，構造化全最小二乗法などについて紹介する．多変量時系列のモデリングに用いられるグローバル全最小二乗法 (global total least-squares method) については，文献 [179] を参照されたい．

▌ 7.1 最小二乗法

全最小二乗法を紹介する前に，我々はまず通常の最小二乗法について議論する．過決定方程式の解の可同定性，および信号処理問題における可同定性の重要性などについて説明する．また，最小二乗解の性能についても詳細に解析する．

▌ 7.1.1 行列方程式の解の可同定性

データベクトル $b \in R^n$ とデータ行列 $A \in R^{m \times n}$ が与えられたときに，行列方程式 $Ax \approx b$ を解く問題について考える．行列方程式が過決定 $(m > n)$ で，b に雑音が存

在するときに，すなわち，誤差のない行列方程式 $Ax = b_0$ に対して，データベクトルが $b = b_0 + \Delta b$ であるときに，我々は，二乗誤差評価

$$\phi = \|\widehat{\Delta b}\|_2^2 = (\widehat{\Delta b})^T \widehat{\Delta b} = (b - Ax)^T (b - Ax) \tag{7.1.1}$$

を最小化することを考える．そして，解 x を最小二乗解という．

通常の最小二乗問題は，以下の最小化問題

$$\min_{\widehat{b}, x} \|\widehat{\Delta b}\|_2^2, \quad \text{制約条件} \quad Ax = \widehat{b} = b - \widehat{\Delta b} \tag{7.1.2}$$

と等価である．最小二乗法は，$\widehat{b} = b - \widehat{\Delta b}$ が行列 A の列空間上にあるように，強制的に $Ax = \widehat{b} = b - \widehat{\Delta b}$ とすると同時に，摂動項 $\widehat{\Delta b}$ のノルムの二乗を最小化することによって，雑音誤差 Δb による影響を補償している．最小二乗解を得るために，まず，式 (7.1.1) を

$$\phi = b^T b - b^T Ax - x^T A^T b + x^T A^T Ax \tag{7.1.3}$$

のように展開してから，さらに ϕ の導関数を求めて，零にすると，

$$\frac{d\phi}{dx} = -2A^T b + 2A^T Ax = 0$$

となる．解 x は，正規方程式

$$A^T Ax = A^T b \tag{7.1.4}$$

を満足する．以下は，$A \in R^{m \times n} (m \geq n)$ の階数について二つの場合に分けて，正規方程式の解について検討する．

(1) rank $A = n$：

$A^T A$ が正則であるので，方程式は一意解

$$\widehat{x}_{LS} = \left(A^T A \right)^{-1} A^T b \tag{7.1.5}$$

を持つ．これは，第 1 章の 1.5 節で紹介した最小二乗解である．パラメータ推定理論では，一意に推定できるパラメータ x は同定可能 (identifiable) であるという．

(2) rank $A < n$：

異なる x の解から，同じ Ax の値を得ることができる．明らかに，データベクトル b が Ax に関する情報を与えることはできるものの，同じ Ax の値を与える複数の異なる x の値を区別することはできない．このような x は同定不可能 (unidentifiable) であるという．もっと一般に，あるパラメータの異なる値がデータのサンプル空間上に同じデータ分布を与えるとき，そのパラメータは同定不可能であるという [184]．

■ **例 7.1.1.** 第 6 章の 6.7.3 項で検討した ARMA モデル

$$x(n) + \sum_{i=0}^{p} a(i)x(n - i) = \sum_{j=0}^{q} b(j)e(n - j) \tag{7.1.6}$$

を考える．ただし，$a(0) = 1, a(p) \neq 0, b(q) \neq 0$；$e(n)$ は平均零，分散 σ_e^2 の正規性白色雑音である．$R(\tau) = E\{x(n)x(n - \tau)\}$ を $x(n)$ の自己相関関数とすると，この ARMA モデルについて，修

正ユール - ウォーカ (MYW) 方程式が成り立つ [34, 256]：

$$\sum_{i=1}^{p} a(i)R(\tau - i) = 0, \quad \tau > q \tag{7.1.7}$$

ただし，$a(1) = 1$．上記の MYW 方程式を行列方程式 $Ra = -r$ に書き直す．ただし，

$$R = \begin{bmatrix} R(q+1-p) & R(q+2-p) & \cdots & R(q) \\ R(q+2-p) & R(q+3-p) & \cdots & R(q+1) \\ \vdots & \vdots & \ddots & \vdots \\ R(q+t-p) & R(q+t-p+1) & \cdots & R(q+t-1) \end{bmatrix}$$

$$a = [a_p, \cdots, a_1]^T, \quad r = [R(q+1), \cdots, R(q+t)]^T$$

ただし，$t \geq p$．行列 R について，その階数が p であることが証明できるので [184, 247]，パラメータベクトル a は可同定である．すなわち，ARMA モデルの AR パラメータは MYW 方程式から一意に同定できる．

■ 7.1.2　ガウス -:マルコフ定理

パラメータの点推定理論では，パラメータ x の推定値 $\hat{x}$ の数学的期待値がパラメータの真値に等しいとき，x は不偏推定値 (unbiased estimate) であるという．

ここでは，過決定方程式 $Ax = b + \epsilon$ の最小二乗解の不偏性について検討する．下のガウス - マルコフ定理によれば，誤差ベクトルの各要素が無相関，平均零で，しかも同じ分散を持つ場合にのみ，最小二乗推定値は最小分散の不偏推定値である．

❑ 定理 7.1.1.　(ガウス - マルコフ定理, Gauss-Markov Theorem) ベクトル $b \in R^m$ が線形確率モデル $b = Ax + \epsilon$ で表現されるとする．ただし，行列 $A \in R^{m \times n}(m \geq n)$ は既知であり，その階数は n である．また，x は未知なパラメータベクトルであり，ϵ は b の確率的誤差ベクトルである．雑音に関して $E\{\epsilon\} = 0$ と $\mathrm{var}(\epsilon) = \sigma^2 I$ が成り立つならば，線形関数 $\beta = c^T x$ の最小二乗推定値 $c^T \hat{x}_{LS}$ について，$E\{c^T \hat{x}_{LS}\} = \beta$ が成り立つ（$c^T \hat{x}_{LS}$ は $c^T x$ の不偏推定値である）．ただし，c はある非零のベクトルであり，$\hat{x}$ は x の最小二乗解である．さらに，線形関数 β の最小二乗推定値 $c^T \hat{x}_{LS}$ の分散は最小である．すなわち，線形関数 β の任意の線形不偏推定値 $\widetilde{\beta}$ について，$\mathrm{var}(c^T \hat{x}_{LS}) \leq \mathrm{var}(\widetilde{\beta})$ である．

証明　$E\{\epsilon\} = 0$ と $\mathrm{var}(\epsilon) = \sigma^2 I$ より，

$$E\{b\} = E\{Ax\} + E\{\epsilon\} = Ax$$

および

$$\mathrm{var}(b) = \mathrm{var}(Ax + \epsilon) = \mathrm{var}(Ax) + \mathrm{var}(\epsilon) = \mathrm{var}(\epsilon) = \sigma^2 I$$

が成り立つ．よって，

$$E\{\hat{x}_{LS}\} = E\{(A^T A)^{-1} A^T b\} = \{(A^T A)^{-1} A^T\} E\{b\} = (A^T A)^{-1} A^T Ax = x$$

が成り立つ. したがって, $c^T \widehat{x}_{LS}$ は β の不偏推定値である:

$$E\{c^T \widehat{x}_{LS}\} = c^T E\{\widehat{x}_{LS}\} = c^T x = \beta$$

$\widetilde{\beta}$ は線形推定値であるので, それを $l^T b$ と表す. また, $\widetilde{\beta}$ は β の不偏推定値であるので, 任意の x に対して,

$$l^T A x = l^T E\{b\} = E\{l^T b\} = E\{\widetilde{\beta}\} = c^T x$$

となるので, $l^T A = c^T$ が成り立つ. さらに, 推定の分散はそれぞれ以下のようになる.

$$\mathrm{var}(\widetilde{\beta}) = \mathrm{var}(l^T b) = l^T \mathrm{var}(b) l = \sigma^2 l^T l$$

$$\mathrm{var}(c^T \widehat{x}_{LS}) = \sigma^2 c^T (A^T A)^{-1} c = \sigma^2 l^T A (A^T A)^{-1} A^T l$$

定理の最後の結論 $\mathrm{var}(c^T \widehat{x}_{LS}) \leq \mathrm{var}(\widetilde{\beta})$ を証明するために, $l^T A (A^T A)^{-1} A^T l \leq l^T l$ が成立すること, すなわち, $I - A(A^T A)^{-1} A^T$ が準正定行列であることを証明する必要がある. 第 2 章の 2.1 節で述べたべき等行列の定義より, $I - A(A^T A)^{-1} A^T$ がべき等行列であることは容易に確かめられる. 命題 2.1.1 (べき等行列は準正定である) より, $I - A(A^T A)^{-1} A^T$ は準正定行列である.

誤差ベクトル ϵ に関する定理の条件は, 誤差が白色雑音であることを要求していることと等価である. すなわち, データベクトル b の誤差が白色雑音であるときのみ, 最小二乗法が最小分散の不偏推定値を与える. また, ガウス - マルコフ定理の線形関数 $\beta = c^T x$ は線形ベクトル関数 $C^T x$ に拡張できる. ここで, C は非零の行列である. そのとき, $E\{C^T \widehat{x}_{LS}\} = C^T x$ が成り立つ. また, 任意の行列 L による線形不偏推定値 Lb について, $\mathrm{cov}(Lb) - \mathrm{cov}(C^T \widehat{x}_{LS})$ は準正定行列となる. すなわち, $\mathrm{cov}(Lb) \geq \mathrm{cov}(C^T \widehat{x}_{LS})$ である. ここで, $\mathrm{cov}(\cdot)$ はベクトル変数の共分散行列を表す. とくに, $C = I$ のとき, $\mathrm{cov}(Lb) \geq \mathrm{cov}(\widehat{x}_{LS})$ となる. すなわち, 雑音が白色であるとき, 最小二乗法はパラメータの最小分散推定を与える.

7.2 全最小二乗法の理論と手法

全最小二乗法 (total least-squares method) は, 実に長い歴史を持っており, その思想は古く 1901 年まで遡る [166]. 当時では, A と b に誤差が同時に存在するときに, 行列方程式 $Ax \approx b$ の近似的解法が考えられていた. 1980 年になってから, Golub と Van Loan が数値解析の観点から初めて, このような解法について詳細に解析し, 全最小二乗法と名付けた [96]. 数理統計の分野では, 直交回帰 (orthogonal regression) , あるいは変数誤差回帰 (errors-in-variables regression) という [90]. 一方, システム同定の分野では, 固有ベクトル法 (eigenvector method) あるいは Koopmans-Levin 法 (Koopmans-Levin method)

206 第 7 章 全最小二乗法

という [215]. 現在では, 全最小二乗法は, スペクトル解析, パラメータ推定, システム同定および適応フィルタリングなどの信号処理の問題に広く応用されている. 本節では, まず理論と手法の視点から全最小二乗法について考察する. 7.3 節以降では, それの応用と種々の拡張について紹介する.

データ行列 $A \in R^{m \times n} (m \geq n)$ とデータベクトル $b \in R^m$ が

$$A = A_0 + \Delta A, \quad b = b_0 + \Delta b \tag{7.2.1}$$

と表されるとする. ただし, A_0 と b_0 は過決定行列方程式 $A_0 x = b_0$ を満足し, ΔA と Δb は雑音による誤差である. ここで, A_0 が最大列階数を有するとする. 7.1 節の場合と違って, 行列 A にも誤差項 ΔA が含まれるので, 通常の最小二乗解 $\hat{x}_{LS} = (A^T A)^{-1} A^T b$ はバイアスを持ち, 最小分散推定値あるいは最尤推定値 (maximum likelihood estimate) と等価にはならない. 誤差が微小で, $(A_0^T A_0)^{-1}(\Delta A^T A_0 + A_0^T \Delta A + \Delta A^T \Delta A)$ のスペクトル半径が 1 以下であるとすると, 我々は, $(A^T A)^{-1}$ を

$$(A^T A)^{-1} \approx (A_0^T A_0)^{-1} - (A_0^T A_0)^{-1} \Delta A^T A_0 (A_0^T A_0)^{-1}$$
$$- (A_0^T A_0)^{-1} A_0^T \Delta A (A_0^T A_0)^{-1}$$

のように展開し, X_{LS} の近似式を求めることができる (二次以上の誤差項は切り捨てる) [112]:

$$x_{LS} \approx (A_0^T A_0)^{-1} A_0^T b_0 + (A_0^T A_0)^{-1} A_0^T \Delta b$$
$$+ (A_0^T A_0)^{-1} \Delta A^T [I - A_0 (A_0^T A_0)^{-1} A_0^T] b_0 \tag{7.2.2}$$
$$- (A_0^T A_0)^{-1} A_0^H \Delta A (A_0^T A_0)^{-1} A_0^T b_0$$

ΔA の各要素が平均零で, 分散 σ_1^2 の独立同一分布雑音, Δb の各要素が平均零で, 分散 σ_2^2 の独立同一分布雑音であり, しかも ΔA と Δb が互いに独立であるときに, $\Delta A = 0$ の場合と比較して, x_{LS} の分散が $1 + (\sigma_1/\sigma_2)^2 \|(A_0^T A_0)^{-1} A_0^T b_0\|_2^2$ 倍になることが証明できる [112].

■ 7.2.1 全最小二乗解

通常の最小二乗法は, ベクトル b に対し, ノルムの二乗が最小な摂動項 $\Delta \hat{b}$ を用いて, 雑音を補償している. これと似たように, 全最小二乗法の基本的な考え方は, 行列 A とベクトル b に対し, 摂動項 $\Delta \hat{A}$ と $\Delta \hat{b}$ を同時に用いて, $\Delta \hat{A}$ と $\Delta \hat{b}$ のノルムの二乗を最小にしながら, A と b に含まれる雑音を補償するというである. そこで, 我々は行列方程式

$$\hat{A} x = \hat{b} \tag{7.2.3}$$

の解を求める問題について考える. ただし, $\hat{A} = (A - \Delta \hat{A})$, $\hat{b} = b - \Delta \hat{b}$.

上の行列方程式は,

$$(C - D)z = 0 \tag{7.2.4}$$

と書き直せる. ただし, $C = [A \vdots b], \quad D = [\Delta\widehat{A} \vdots \Delta\widehat{b}], \quad z = \begin{bmatrix} x \\ -1 \end{bmatrix}$.

斉次方程式 (7.2.4) に対して, 全最小二乗問題 (total least-squares problem) は, 以下の最小化問題となる.

$$\min_{D} \|D\|_F^2, \quad 制約条件 \quad \widehat{b} \in \text{range } \widehat{A} \tag{7.2.5}$$

ここで, $\|D\|_F$ は行列 D のフロベニウスノルムである. また, 制約条件 $\widehat{b} \in \text{range}\widehat{A}$ は,

$$\widehat{b} = \widehat{A}x, \quad \exists x \in R^n \tag{7.2.6}$$

を意味する. 解 x を全最小二乗解 (total least-squares solution) という.

式 (7.2.5) より, 全最小二乗問題は, $C - D$ が最大列階数行列にならないような (最大列階数であれば, 自明解 $z = 0$ しか得られない), フロベニウスノルムの二乗が最小の摂動行列 $D \in C^{m \times (n+1)}$ を求める問題に帰着する. この問題の解法には, 特異値分解が用いられる. 行列方程式を過決定 $(m > n)$ とし, 拡大データ行列 C の特異値分解を

$$C = U\Sigma V^T \tag{7.2.7}$$

とする. ただし,

$$U = [u_1, \cdots, u_m] \in R^{m \times m}, \quad V = [v_1, \cdots, v_{n+1}] \in R^{(n+1) \times (n+1)}$$

$$\Sigma = \begin{bmatrix} S \\ 0 \end{bmatrix} \in R^{m \times (n+1)}, \quad S = \text{diag}(\sigma_1, \cdots, \sigma_{n+1})$$

以下では, C の最小特異値が単一, あるいは重複であるという二つのケースに分けて検討する.

■ ケース 1：最小特異値が一意に決定できる場合

$\sigma_n \gg \sigma_{n+1}$ であり, rank $C = n$ となるので, 式 (6.2.13) と (6.2.14) より, 最小化問題 (7.2.5) の最小値は

$$\sigma_{n+1} = \min_{\text{rank}(C-D)=n} \|D\|_F^2$$

となり, 摂動行列 $D = [\Delta\widehat{A} \vdots \Delta\widehat{b}]$ および拡大データ行列 $C = [A \vdots b]$ の全最小二乗近似 (total least-squares approximation) $[\widehat{A} \vdots \widehat{b}]$ は,

$$[\Delta\widehat{A} \vdots \Delta\widehat{b}] = \sigma_{n+1} u_{n+1} v_{n+1}^T, \quad [\widehat{A} \vdots \widehat{b}] = \sum_{i=1}^{n} \sigma_i u_i v_i^T$$

で与えられる. このとき, $\|D\|_F = \sigma_{n+1}$ となる. よって, 方程式 (7.2.4) の解 $\widehat{z}$ は, $C - D$ の零空間上にあるので, 行列 V の最後の列ベクトルで与えられる. すなわち,

$$\widehat{z} = \begin{bmatrix} \widehat{x}_{TLS} \\ -1 \end{bmatrix} = \frac{-1}{v_{n+1}(n+1)} \begin{bmatrix} v_{n+1}(1) \\ v_{n+1}(2) \\ \vdots \\ v_{n+1}(n) \\ v_{n+1}(n+1) \end{bmatrix}$$

ここで，$-1/v_{n+1}(n+1)$ をかけることによって，$\widehat{z}$ の最後の要素を -1 にできる．以上より，全最小二乗解は，以下のように与えられる．

$$\widehat{x}_{TLS} = \frac{-1}{v_{n+1}(n+1)} [v_{n+1}(1), v_{n+1}(2), \cdots, v_{n+1}(n)]^T \tag{7.2.8}$$

■ ケース 2：最小特異値が複数個ある場合

C の最小特異値が複数個ある場合，ある整数 $p \leq n$ に対して，

$$\sigma_1 \geq \sigma_2 \geq \cdots \geq \sigma_p > \sigma_{p+1} = \cdots = \sigma_{n+1}$$

とする．そこで，v を C の微小特異値に対応する右特異ベクトルによって張られる部分空間 $S_p = \mathrm{span}\{v_{p+1}, \cdots, v_{n+1}\}$ 上の任意の列ベクトルであるとする．すなわち，$v = \sum_{i=p+1}^{n+1} g_i v_i$ である．ここで，$g_i (i = p+1, \cdots, n+1)$ は任意の一次結合の係数である．そこで，

$$\left[\Delta\widehat{A} \vdots \Delta\widehat{b}\right] = \frac{\left[A \vdots b\right] vv^T}{\|v\|_2^2}, \qquad \widehat{z} = \begin{bmatrix} \widehat{x}_{TLS} \\ -1 \end{bmatrix} = \frac{-1}{v(n+1)} v$$

とすると，$\left\|\left[\Delta\widehat{A} \vdots \Delta\widehat{b}\right]\right\|_F^2 = \sigma_{n+1}^2$ と最小化され，さらに，

$$\left[\widehat{A} \vdots \widehat{b}\right] \begin{bmatrix} \widehat{x}_{TLS} \\ -1 \end{bmatrix} = \frac{-1}{v(n+1)} \left\{ \left[A \vdots b\right] - \left[\Delta\widehat{A} \vdots \Delta\widehat{b}\right] \right\} v = 0$$

となる．すなわち，任意の $v \in S_p$ によって全最小二乗解が決定できるので，解は一意的ではない [96, 217]．そこで，我々はある評価のもとで一意に決定される全最小二乗解を求めることにする．このような一意解は，最小ノルム全最小二乗解と最適全最小二乗近似解という 2 種類がある．

まず，最小ノルム全最小二乗解 (minimal norm total least-squares solution) について考える．全最小二乗問題の最小ノルム解の求め方は，Golub と Van Loan によって与えられたものであり [96]，以下のアルゴリズムにまとめられる．

アルゴリズム **7.2.1.**

(1) 拡大データ行列 C の特異値分解 $U^T \Sigma V$ を計算し，特異値 $\sigma_1, \cdots, \sigma_{n+1}$ と行列 V を保存する．

(2) 主特異値 (大きな特異値) の個数 p を定める. すなわち, $\sigma_p > \sigma_{n+1} + \epsilon \geq \sigma_{p+1} \geq \cdots \geq \sigma_{n+1}$ を満足する p を決める. ここで, $\epsilon > 0$ はある小さな閾値である.

(3) $V_p = [v_{p+1}, \cdots, v_{n+1}]$ に対して, 以下となるように, ハウスホルダー変換を行う.

$$
V_p Q =
\begin{bmatrix}
\mathcal{X} & \vdots & y \\
\cdots\cdots & \vdots & \cdots \\
0\cdots 0 & \vdots & \alpha
\end{bmatrix}
$$

ここで, α はスカラーであり, $\mathcal{X}$ は, 後に用いられることのない行列ブロックである. また, 直交行列 Q はハウスホルダー変換行列である.

(4) $\alpha \neq 0$ のとき, $\widehat{x}_{TLS} = -y/\alpha$ で与えられる. $\alpha = 0$ のとき, $p \leftarrow p-1$ として, 全最小二乗解が求まるまで, (3) に戻る.

上のアルゴリズムで求められた $\widehat{x}_{TLS}$ は最小ノルムを有する [96]. 詳細な証明と解析については, 文献 [217] を参照されたい.

一方, ラグランジュ乗数法を用いれば, $\widehat{x}_{TLS}$ の閉形式 (closed-form) を求めることができる. パラメータベクトル $z = \begin{bmatrix} x^T, & -1 \end{bmatrix}^T$ の全最小二乗解を行列 V_p の列ベクトルによる一次結合で表すと,

$$
z = \begin{bmatrix} x^T, & -1 \end{bmatrix}^T = \sum_{i=p+1}^{n+1} g_i v_i = V_p g \tag{7.2.9}
$$

となる. ただし, g は p 次元の係数ベクトルである. 全最小二乗問題の最小ノルム解は, 以下のような制約付き最小化問題の解を求めることと等価である:

$$
\min_g \|z\|_2^2 = g^T g, \quad 制約条件 \quad e_{n+1}^T V_p g = -1
$$

ただし, $e_{n+1} = [0, \cdots, 0, 1]^T$ は $(n+1) \times 1$ ベクトルである. ラグランジュ乗数 λ を用いると, 以下の評価関数を最小化することになる.

$$
J = \left\| \begin{bmatrix} x^T, & -1 \end{bmatrix}^T \right\|_2^2 + \lambda \big(e_{n+1}^T V_p g + 1 \big)
$$

J の g と λ に関する偏微分を零とすることにより,

$$
g = \frac{-V_p^T e_{n+1}}{e_{n+1}^T V_p V_p^T e_{n+1}}
$$

が求まる. よって, 最小ノルム解は

$$
\begin{bmatrix} \widehat{x}_{TLS} \\ -1 \end{bmatrix} = \frac{-1}{e_{n+1}^T V_p V_p^T e_{n+1}} V_p V_p^T e_{n+1} \tag{7.2.10}
$$

となる. すなわち,

$$
V_p =
\begin{bmatrix}
V_p(1:n,:) \\
V_p(n+1,:)
\end{bmatrix}
=
\begin{bmatrix}
\overline{V}_p \\
\underline{v}_p
\end{bmatrix}
$$

のように, 最後の行とほかの行をブロック分割すると,

210 　第 7 章　全最小二乗法

$$\widehat{x}_{TLS} = \frac{-1}{\underline{v}_p \underline{v}_p^T} \, \overline{V}_p \underline{v}_p^T = -\frac{1}{\alpha^2} \, \overline{V}_p \underline{v}_p^T \qquad (7.2.11)$$

となる．ただし，$\alpha^2 = \underline{v}_p \underline{v}_p^T$．式 (7.2.8) の解は，上式の $p = n + 1$ のときの解である．

アルゴリズム 7.2.1 のステップ (3) において $[y^T, \alpha]^T$ を求めるには，直交行列 Q の最後の列だけが分かればよい．Q の最後の列を $\underline{v}_p^T / \|\underline{v}_p\|_2$ としても，式 (7.2.11) と同じ解が得られることが確認できる．したがって，実際には，直交行列 Q のすべての列を求める必要はない [173]．

最小ノルム解 $\widehat{x}_{TLS}$ は行列方程式 $Ax \approx b$ のパラメータベクトル x と同じく，n 個のパラメータを有することに注意されたい．しかし，拡大行列 C の階数が $p < n$ であるにもかかわらず，最小ノルム解は依然として，n 個の独立なパラメータがあると仮定している．事実 C と A の階数がともに p であるので，行列 A においては，p 個の列ベクトルだけが一次独立である．よって，$Ax \approx b$ の中で，独立なパラメータの数は p であり，n ではないため，最小ノルム解の中に，ほかのパラメータの一次結合で表現できるいくつかのパラメータが存在することがいえる．信号処理とシステム理論の問題では，冗長パラメータを含まない一意な全最小二乗解に興味を持つ．これは以下に説明する最適全最小二乗近似解である [34]．まず，$m \times (n + 1)$ 行列 $\widehat{C}$ を拡大行列 C の階数 p (フロベニウスノルムの意味での) 最適全最小二乗近似であるとする：

$$\widehat{C} = U \Sigma_p V^T = \sum_{i=1}^{p} \sigma_i u_i v_i^T \qquad (7.2.12)$$

ただし，Σ_p の対角成分は $\mathrm{diag}(\sigma_1, \cdots, \sigma_p, 0, \cdots, 0)$ である．

さらに，行列 $\widehat{C}$ の $m \times (p + 1)$ 部分行列

$$\widehat{C}_j^{(p)} = \widehat{C}(:, j : p + j) \qquad (7.2.13)$$

を定義する．すなわち，$\widehat{C}_j^{(p)}$ は $\widehat{C}$ の第 j 列から $p + j$ 列までによる部分行列である．このような部分行列は全部で $n + 1 - p$ 個ある．すなわち，$\widehat{C}_1^{(p)}, \widehat{C}_2^{(p)}, \widehat{C}_{n+1-p}^{(p)}$ である．

前に述べたように，行列 C の有効階数が p であるので，パラメータベクトル x の中で，独立なパラメータの個数は p である．そこで，$(p + 1) \times 1$ ベクトル $z^{(p)} = \left[x^{(p)T}, -1 \right]^T$ を定義する．ただし，$x^{(p)}$ は p 個のパラメータを含む未知なベクトルである．よって，もとの全最小二乗問題は，以下のような $n + 1 - p$ 個の全最小二乗問題になる．

$$\widehat{C}_j^{(p)} z^{(p)} \approx 0, \quad j = 1, \cdots, n + 1 - p \qquad (7.2.14)$$

さらに，次式の結果が容易に証明できる．

$$\widehat{C}(:, i : p + i) = \sum_{k=1}^{p} \sigma_k u_k (v_k^i)^T \qquad (7.2.15)$$

ここで，v_k^i はユニタリ行列 V の k 番目の列ベクトルの一部の要素からなるベクトルである：

$$v_k^i = [v(i,k), v(i+1,k), \cdots, v(i+p,k)]^T \tag{7.2.16}$$

ただし，$v(i,k)$ は行列 V の (i,k) 要素である．

最小二乗の原理より，連立方程式 (7.2.14) の解は，以下の最適化問題と等価である．

$$\min_{z^{(p)}} z^{(p)T} S^{(p)} z^{(p)}, \qquad 制約条件 \quad z^{(p)}(n+1) = -1 \tag{7.2.17}$$

ただし，$(p+1) \times (p+1)$ 行列 $S^{(p)}$ は以下のように定義される．

$$S^{(p)} = \left[\sum_{i=1}^{n+1-p} \left[\widehat{C}(:,i:p+i) \right]^T \widehat{C}(:,i:p+i) \right] = \sum_{j=1}^{p} \sum_{i=1}^{n+1-p} \sigma_j^2 v_j^i (v_j^i)^T \tag{7.2.18}$$

ラグランジュ乗数 λ を用いると，以下の評価関数を最小化することになる．

$$f = \frac{1}{2} z^{(p)T} S^{(p)} z^{(p)} + \lambda \big(z^{(p)}(n+1) + 1 \big) \tag{7.2.19}$$

J の $z^{(p)}$ に関する偏微分を零とすることにより，

$$S^{(p)} z^{(p)} + \lambda e_{n+1} = 0 \tag{7.2.20}$$

となる．ここで，$e_{n+1} = [0, \cdots, 0, 1]^T$ は $(n+1) \times 1$ ベクトルであり，λ は $z^{(p)}(n+1)$ を -1 にする定数である．$S^{(p)}$ の逆行列を $S^{-(p)}$ と書くと，式 (7.2.20) より，

$$\begin{bmatrix} \widehat{x}_{TLS}^{(p)} \\ -1 \end{bmatrix} = -S^{-(p)} \lambda e_{n+1} = -S^{-(p)}(:,n+1) \lambda \tag{7.2.21}$$

と書けるので，$x^{(p)}$ の全最小二乗解は，

$$\widehat{x}_{TLS}^{(p)} = -S^{-(p)}(1:p,n+1)/S^{-(p)}(p+1,n+1) \tag{7.2.22}$$

と求められる．このように得られた解を最適全最小二乗近似解 (optimal total least squares approximation solution) という．また，推定されるパラメータの個数と拡大データ行列の有効階数が同じであるので，低次全最小二乗解 (low rank total least squares solution) ともいう．この手法の基本アイデアは Cadzow によって提案された [34]．

具体的なアルゴリズムは以下のようにまとめられる．

アルゴリズム **7.2.2.** (SVD-TLS アルゴリズム，SVD-TLS algorithm)

(1) 拡大データ行列 C の特異値分解を計算し，右特異行列 V を記憶する．

(2) C の有効階数を計算する．

(3) 式 (7.2.18) より行列 $S^{(p)}$ を計算する．

(4) $S^{(p)}$ の逆行列 $S^{-(p)}$ を求め，式 (7.2.22) より $\widehat{x}_{TLS}^{(p)}$ を計算する．

▓ **7.2.2 全最小二乗解の性質**

まず，全最小二乗法の幾何学的解釈について説明する．拡大行列 C の特異値分解が式 (7.2.7) のように与えられたとすると，特異値分解の定義と定理 2.4.2 の結果より，任意の

ベクトル z に対して,

$$\min_{z \neq 0} \frac{\|Cz\|_2}{\|z\|_2} = \sigma_{n+1}$$

が成り立つ. そこで, $z = [x^T, -1]^T$ とすると, 以下の結果が確認できる.

$$\frac{\|Cz\|_2}{\|z\|_2} = \frac{\left\| [A, \; b] \begin{bmatrix} x \\ -1 \end{bmatrix} \right\|_2}{\left\| \begin{bmatrix} x \\ -1 \end{bmatrix} \right\|_2} = \sigma_{n+1}$$

すなわち, 全最小二乗問題は上記の最小化問題とも解釈できる. 行列 A の i 番目の行ベクトルを a_i^T とし, ベクトル b の i 番目の要素を b_i とすると, 全最小二乗問題は,

$$\min_x \sum_{i=1}^{m} \frac{\|a_i^T x - b_i\|_2^2}{x^T x + 1} \tag{7.2.23}$$

という最小化問題になる. ここで, $\dfrac{\|a_i^T x - b_i\|_2}{\sqrt{x^T x + 1}}$ は点 $[a_i, b_i]^T \in R^{n+1}$ から部分空間

$$P_x = \left\{ \begin{bmatrix} a \\ b \end{bmatrix} \;\middle\|\; a \in R^{n+1}, b \in R, \; b = x^T a \right\}$$

までの距離を意味する. よって, 全最小二乗問題は, 点 $[a_i, b_i]^T (i = 1, \cdots, m)$ から部分空間 P_x までの距離の二乗の総和を最小化する問題に等価である. 図 7.2.1 には, $n = 1$ のときにおける最小二乗解と全最小二乗解の幾何学的意味の比較が示されている. 最小二乗解は, 縦軸方向に, 点から直線 $b = xa$ までの距離の二乗の総和を最小化しているのに対して, 全最小二乗法は, 点から直線におろした垂線の長さの二乗の総和を最小化している. 図より, データに誤差や雑音がある場合, 全最小二乗法のほうが当てはめ誤差が小さい.

以下では, 特異値分解と部分空間の概念を用いて, 全最小二乗法の性能について解析する [96, 173]. 式 (7.2.10) で表される最小ノルム全最小二乗解を以下のように書き直す.

$$\begin{bmatrix} \widehat{x}_{TLS} \\ -1 \end{bmatrix} = \sum_{i=p+1}^{n+1} g_i v_i \tag{7.2.24}$$

$$g_i = \frac{-v_i(n+1)}{\alpha^2} \tag{7.2.25}$$

ただし, $\alpha^2 = \sum_{i=p+1}^{n+1} v_i(n+1)^2$. 全最小二乗解のベクトルは, 拡大データ行列 C の微小特異値に対応する右特異ベクトルによって張られる部分空間に属する. すなわち,

$$\begin{bmatrix} \widehat{x}_{TLS} \\ -1 \end{bmatrix} \in \mathrm{span}\{v_{p+1}, \cdots, v_{n+1}\} \tag{7.2.26}$$

行列 $C = [A \vdots b]$ については, 関係式

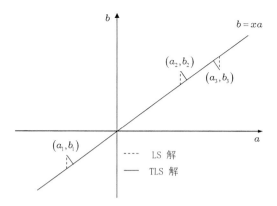

図 **7.2.1** 最小二乗 (LS) 解と全最小二乗 (TLS) 解の幾何学的解釈

$$C^T C v_i = \sigma_i^2 v_i, \quad i = p+1, \cdots, n+1 \tag{7.2.27}$$

が成り立つ．上式は，

$$\begin{bmatrix} A^T A & A^T b \\ b^T A & b^T b \end{bmatrix} \begin{bmatrix} v_i(1:n) \\ v_i(n+1) \end{bmatrix} = \sigma_i^2 \begin{bmatrix} v_i(1:n) \\ v_i(n+1) \end{bmatrix}$$

と書ける．さらに，簡単な計算より，以下の関係式が得られる．

$$(A^T A - \sigma_i^2 I) v_i(1:n) + A^T b v_i(n+1) = 0 \tag{7.2.28a}$$

$$b^T A v_i(1:n) + (b^T b - \sigma_i^2) v_i(n+1) = 0 \tag{7.2.28b}$$

上記の方程式において，行列 A が雑音を含むと仮定しているので，A は最大列階数を有する．すなわち，A のすべての特異値が零より大きい．

A の特異値を $\widehat{\sigma}_1 \geq \widehat{\sigma}_2 \geq \cdots \geq \widehat{\sigma}_n$, C の特異値を $\sigma_1 \geq \sigma_2 \geq \cdots \geq \sigma_{n+1}$ でそれぞれ与えると，特異値に関して以下の関係が成り立つ [229]．

$$\sigma_1 \geq \widehat{\sigma}_1 \geq \widehat{\sigma}_2 \geq \cdots \geq \widehat{\sigma}_n \geq \sigma_{n+1}$$

$\sigma \neq \widehat{\sigma}_i$ であれば, $(A^T A - \sigma_i^2 I)$ は可逆である．$\sigma = \widehat{\sigma}_i$ であれば，擬似逆行列 $(A^T A - \sigma_i^2 I)^+$ を用いる必要がある．式 (7.2.24) と (7.2.25) より，以下の結果が得られる．

$$\begin{aligned} \widehat{x}_{TLS} &= \frac{-1}{\alpha^2} \sum_{i=p+1}^{n+1} v_i(n+1) v_i(1:n) \\ &= \frac{1}{\alpha^2} \sum_{i=p+1}^{n+1} v_i(n+1)^2 (A^T A - \sigma_i^2 I)^+ A^T b = (A^T A - \sigma_i^2 I)^+ A^T b \end{aligned} \tag{7.2.29}$$

よって，$\sigma_p > \sigma_{p+1} = \sigma_{p+2} = \cdots = \sigma_{n+1}$ が満足されるならば，全最小二乗解は，

$$\widehat{x}_{TLS} = (A^T A - \sigma_{n+1}^2 I)^+ A^T b \tag{7.2.30}$$

で与えられる. $\widehat{x}_{TLS}$ と最小二乗解 $\widehat{x}_{LS} = (A^T A)^{-1} A^T b$ を比較すると, $\widehat{x}_{TLS}$ に $-\sigma^2 I$ という項の存在だけが相違点である. この項は, $A^T A = A_0^T A_0 + \Delta A^T A_0 + A_0^T \Delta A + \Delta A^T \Delta A$ にある誤差 ΔA によるバイアスを減らす効果がある. 雑音のレベルが無視できないときに, このような効果は顕著である. 例えば, A_0 と無相関で, 平均零の誤差 ΔA について, $A^T A \approx A_0^T A_0 + \Delta A^T \Delta A \approx A_0^T A_0 + \sigma^2 I$ と表現できるときに, $\|A_0^T A_0\|$ に対して, σ^2 が無視できないときに, 全最小二乗法は非常に効果的であり, 最小二乗法より推定結果がよい.

これまでに扱った行列方程式 $Ax \approx b$ の中のパラメータベクトル x とデータベクトル b はそれぞれ行列 X と B に拡張することができる. すなわち, 以下の行列方程式

$$AX \approx B, \quad A \in R^{m \times n}, \ B \in R^{m \times d}, \ X \in R^{n \times d} \tag{7.2.31}$$

に対する全最小二乗法について考える. 多次元全最小二乗問題 (multidimensional total least squares problem) は, 以下の最小化問題

$$\min_{D} \ \left\| [A \ \vdots \ B] - [\widehat{A} \ \vdots \ \widehat{B}] \right\|_F^2, \quad \text{制約条件} \quad \text{range} \ \widehat{B} \subseteq \text{range} \ \widehat{A} \tag{7.2.32}$$

となる. ただし, $D = [\Delta\widehat{A} \ \vdots \ \Delta\widehat{B}]$, $\widehat{B} = B - \Delta\widehat{B}$, $\widehat{A} = A - \Delta\widehat{A}$. また, 制約条件 range $\widehat{B} \subseteq$ range $\widehat{A}$ は,

$$\widehat{B} = \widehat{A}X, \quad \exists X \in R^{n \times d} \tag{7.2.33}$$

あるいは,

$$[\widehat{B} \ \vdots \ \widehat{A}] [X^T \ \vdots \ -I_d]^T = 0 \tag{7.2.34}$$

を意味する. 解 X を多次元全最小二乗解 (multidimensional total least-squares solution) という [217]. 拡大データ行列 $[A \ \vdots \ B]$ の特異値分解を

$$[A \ \vdots \ B] = U\Sigma V^T \tag{7.2.35}$$

とする. ただし,

$$U = [U_1, U_2], \ U_1 = [u_1, \cdots, u_n], \ U_2 = [u_{n+1}, \cdots, u_m], \ u_i \in R^m, \ U^T U = I_m$$

$$V = \begin{bmatrix} V_{11} & V_{12} \\ V_{21} & V_{22} \end{bmatrix} \begin{matrix} n \\ d \end{matrix} = [v_1, \cdots, v_{n+d}], \ V^T V = I_{n+d}$$
$$\quad \ n \quad \ d$$

$$\Sigma = \begin{bmatrix} \Sigma_1 & 0 \\ 0 & \Sigma_2 \end{bmatrix} = \text{diag}(\sigma_1, \cdots, \sigma_{n+t}) \in R^{m \times (n+d)}, \ t = \min\{m-n, d\}$$

$$\tag{7.2.36}$$

$$\Sigma_1 = \mathrm{diag}(\sigma_1, \cdots, \sigma_n) \in R^{n \times n}$$

$$\Sigma_2 = \mathrm{diag}(\sigma_{n+1}, \cdots, \sigma_{n+t}) \in R^{(m-n) \times d}$$

$$\sigma_1 \geq \cdots \geq \sigma_{n+t} \geq 0$$

ここで, 一般に正方行列にならない $\Sigma_2 = \mathrm{diag}(\sigma_{n+1}, \cdots, \sigma_{n+t}) \in R^{(m-n) \times d}$ については, 正方対角行列と同じように, $\Sigma_2(i,i) = \mathrm{diag}(\sigma_{n+1}, \cdots, \sigma_{n+t})$, $\Sigma_2(i,j) = 0 (i \neq j)$ が成り立つ. $[A \vdots B]$ の特異値が $\sigma_n > \sigma_{n+1} = \cdots = \sigma_{n+d}$ を満足するときに, 微小特異値 $\sigma_{n+i}, i = 1, \cdots, t$ を零とすると, $[A \vdots B]$ の全最小二乗近似 $[\widehat{A} \vdots \widehat{B}]$ は,

$$[\widehat{A} \vdots \widehat{B}] = U_1 \Sigma_1 [V_{11}^T, V_{21}^T] \tag{7.2.37}$$

と表される. このとき,

$$[\Delta\widehat{A} \vdots \Delta\widehat{B}] = U_2 \Sigma_2 [V_{12}^T, V_{22}^T] \tag{7.2.38}$$

となり, 式 (6.2.14) より, そのフロベニウスノルムは,

$$\left\| [\Delta\widehat{A} \vdots \Delta\widehat{B}] \right\|_F = \|\Sigma_2\|_F = \sqrt{\sum_{i=1}^{t} \sigma_{n+i}^2} \tag{7.2.39}$$

と最小化される. 方程式 (7.2.34) の解は, $[\widehat{A} \vdots \widehat{B}]$ の零空間, すなわち右特異ベクトル $[V_{12}^T, V_{22}^T]^T$ によって張られた部分空間に属するので, ある正則な行列 S に対して,

$$\begin{bmatrix} \widehat{X}_{TLS} \\ -I_d \end{bmatrix} = \begin{bmatrix} V_{12} \\ V_{22} \end{bmatrix} S \tag{7.2.40}$$

が成り立つ. よって, 以下の結果が得られる.

$$\widehat{X}_{TLS} = V_{12} S = -V_{12} V_{22}^{-1} \tag{7.2.41}$$

$[A \vdots B]$ の特異値がある整数 $p \leq n$ に対して, $\sigma_p > \sigma_{p+1} = \cdots = \sigma_{p+d}$ を満足するときに, アルゴリズム 7.2.1 と同じように, 最小ノルム全最小二乗解を求めることができる [217]. Q を次式を満足する直交行列 (例えば, ハウスホルダー変換行列) とする.

$$[v_{p+1}, \cdots, v_{n+d}]Q = \begin{bmatrix} \mathcal{C} & \vdots & Z \\ \cdots & \vdots & \cdots \\ 0 & \vdots & \Gamma \end{bmatrix} \begin{matrix} n \\ \\ d \end{matrix}$$

$$\qquad\qquad n-p \quad\;\; d$$

Γ が正則である場合, 多次元最小ノルム全最小二乗解は,

$$\widehat{X}_{TLS} = -Z\Gamma^{-1} \tag{7.2.42}$$

で与えられる [217]. さらに, 式 (7.2.30) と同じように, $\widehat{X}_{TLS}$ は,

216　第 7 章　全最小二乗法

$$\widehat{X}_{TLS} = (A^T A - \sigma_{n+1} I)^+ A^T B \tag{7.2.43}$$

と表せる [217]. Van Huffel と Vandewalle は, 特異部分空間の感度解析を通じて, 全最小二乗法のほうが, 通常の最小二乗法より, 雑音に対する感度が低いと結論付けた. 解析の結果を数値例によって確認した. 詳細は文献 [216, 217] を参照されたい.

　全最小二乗解の一致性 (consistency) について, 以下の結果が知られている.

❏ **定理 7.2.1.** 行列方程式 $A_0 X = B_0$ のサンプルデータ行列を $[A \vdots B] = [A_0 + \Delta A \vdots B_0 + \Delta B]$ と表す. 誤差行列 $[\Delta A \vdots \Delta B]$ の各行が独立同一分布で, 平均零, 共通な共分散行列 $s^2 I$ (s は未知な定数) を持つと仮定する. もし $\lim\limits_{m \to \infty} A_0^T A_0$ が存在し, しかも正定であれば, 全最小二乗解 $\widehat{X}_{TLS}$ は強一致 (strongly consistent) 推定量である. すなわち,

$$\lim_{m \to \infty} \widehat{X}_{TLS} = X, \quad \text{w.p.1}$$

となる. ここで, w.p.1 は with probability one の略記である.

　定理の証明は, 文献 [90] を参照されたい. 上記の定理より, $m \to \infty$ のとき, 関係式 $A_0 X = B_0$ の m 組の観測値から求めた全最小二乗解 $\widehat{X}_{TLS}$ は確率 1 で真値 X に収束する. それに対して, 最小二乗解は通常一致推定値ではない.

7.3　全最小二乗法の応用

7.3.1　全最小二乗法による ARMA モデリング

　式 (7.1.6) で定義された定常離散 ARMA (p, q) 過程について考える. 修正ユール - ウォーカ (MYW) 方程式 (7.1.7) 式より, 標本自己相関関数 $\widehat{R}_x(\tau)$ を用いて, 以下の過決定線形方程式を構築することができる.

$$\sum_{i=0}^{p_e} a(i) \widehat{R}_x(\tau - i) \approx 0, \quad \tau = q_e + 1, \cdots, q_e + t \tag{7.3.1}$$

ただし, $a(0) = 1$, $t \gg p_e$, $p_e \geq p$, $q_e \geq q$, $q_e - p_e \geq q - p$.

　よって, 全最小二乗法に対応する行列方程式は, 以下のようになる.

$$\mathcal{R}_e \begin{bmatrix} a_e \\ -1 \end{bmatrix} \approx 0 \tag{7.3.2}$$

ただし,

$$\mathcal{R}_e = \begin{bmatrix} \widehat{R}_x(q_e) & \cdots & \widehat{R}_x(q_e + 1 - p_e) & -\widehat{R}_x(q_e + 1) \\ \widehat{R}_x(q_e + 1) & \cdots & \widehat{R}_x(q_e + 2 - p_e) & -\widehat{R}_x(q_e + 2) \\ \vdots & \ddots & \vdots & \vdots \\ \widehat{R}_x(q_e + t - 1) & \cdots & \widehat{R}_x(q_e + t - p_e) & -\widehat{R}_x(q_e + t) \end{bmatrix} \tag{7.3.3}$$

$$a_e = [a_1, a_2, \cdots, a_{p_e}]^T \tag{7.3.4}$$

第 6 章の命題 6.7.1 より，$\mathcal{R}_e$ の有効階数は p である．したがって，行列方程式 (7.3.2) に対して，アルゴリズム 7.2.2 によって ARMA モデルの AR 次数 p を確定し，さらに全最小二乗推定値 $\widehat{a}_i, i = 1, \cdots, p$ を得ることができる [34].

■ 7.3.2　全最小二乗法による周波数推定

複素白色雑音に汚された複数個の複素正弦波の重ね合わせ

$$x(n) = \sum_{k=1}^{M} A_k e_n^{j2\pi f_k n} + w(n), \quad n = 0, 1, \cdots, N - 1 \tag{7.3.5}$$

について考える．ここで，$\{x_n\}$ と $\{w_n\}$ はそれぞれ観測信号と白色雑音のサンプル値である．f_k と A_k はそれぞれ k 番目の正弦波の周波数と振幅である．観測雑音が存在しないとき，すなわち，$w(n) \equiv 0$ であるとき，周波数と振幅は，Prony の手法 (Prony's method) によって推定できる．この手法では，まず，前向き線形予測方程式を構築する：

$$\sum_{i=1}^{M} c_i x(M + n - i) = x(M + n), \quad n = 0, 1, \cdots, N - M - 1 \tag{7.3.6}$$

ここで，$\{c_i\}$ は，特性多項式

$$z^M - c_1 z^{M-1} - \cdots - c_{M-1} z - c_M \tag{7.3.7}$$

の係数である．係数 $\{c_i\}$ がいったん推定されると，周波数 f_k は特性多項式の根の偏角から得られる．また，振幅 A_k は，線形方程式 $x(n) = \sum_{k=1}^{M} A_k e_n^{j2\pi f_k n}$ を解くことによって得られる．

しかし，式 (7.3.4) のように雑音が存在するとき，式 (7.3.5) は成立しない．すなわち，Prony の手法は適用できない．そこで，以下の連立線形予測方程式を考える．

$$\begin{bmatrix} x(0) & x(1) & \cdots & x(L-1) \\ x(1) & x(2) & \cdots & x(L) \\ \vdots & \vdots & \ddots & \vdots \\ x(N-L-1) & x(N-L) & \cdots & x(N-2) \end{bmatrix} \begin{bmatrix} c_L \\ c_{L-1} \\ \vdots \\ c_1 \end{bmatrix} \approx \begin{bmatrix} x(L) \\ x(L+1) \\ \vdots \\ x(N-1) \end{bmatrix} \tag{7.3.8}$$

文献 [173] では，上記の予測方程式に対して，アルゴリズム 7.2.1 を適用した TLS-Prony 手法 (TLS-Prony method) が提案された．まず，アルゴリズム 7.2.1 によって，予測係

数 $\{c_i\}_{i=1}^{L}$ の全最小二乗解が求まる. ただし, データ行列が複素行列であるので, アルゴリズム 7.2.1 においては, 転置を共役転置に置き換える必要がある. そして, 特性多項式 (7.3.6) の根より, L 個の複素正弦波の周波数を求めることができる. ただし, L の根のうち, 信号に対応するものは M 個であり, 残りの $L-M$ 個は余計なものである. L の根から M 個の信号に対応するものを選び出す方針については, 文献 [195] で紹介されている.

TLS-Prony 手法では, データ数が多いときに, 式 (7.3.7) にあるデータ行列の行数も多くなる. さらに, 良好な予測係数の推定精度を得るために, 予測次数 L を十分大きく, $L \approx N/3$ とする必要がある. 結果として, 次数の高い全最小二乗問題を解くことになるので, 計算量が大きい. Steedly らは, 観測データの間引きを利用した修正 TLS-Prony 手法を提案し, 計算量の低減を図った. 詳しくは文献 [194] を参照されたい.

式 (7.3.4) の複素正弦波の周波数は, ARMA モデリングの手法を用いて推定することもできる. 雑音が存在するときに, 式 (7.3.5) は以下の特殊な ARMA モデルとなる [247].

$$\sum_{i=0}^{M} a_i x(n-i) = \sum_{i=0}^{M} a_i w(n-i) \tag{7.3.9}$$

ただし, $a_0 = 1$ であり, 複素正弦波の周波数は特性多項式

$$A(z) = z^M + a_1 z^{M-1} + \cdots + a_{M-1} z + a_M \tag{7.3.10}$$

の根より求められる. 7.3.1 項で説明したアルゴリズム 7.2.2 (SVD-TLS アルゴリズム) による ARMA モデリングの手法を用いれば, AR パラメータ $a_i(i = 1, \cdots, M)$ を求めることができる. ただし, データは複素データであるので, アルゴリズム 7.2.2 においては, 転置を共役転置に置き換える必要がある. この手法は, TLS-Prony 手法より計算量がはるかに少ない.

■ 7.3.3 全最小二乗法による適応 FIR フィルタリング

図 7.3.1 のように, 適応フィルタリングの応用 (インパルス応答推定) において, 入力信号にも雑音がある場合について考える. 適応フィルタは, 未知システムの入出力データの観測値に基づいてシステムインパルス応答を推定している. インパルス応答推定の応用例としては, 電磁パルス信号に対する応答に基づいたレーダー目標の推定 [147,157], 地殻の地質的構造を推定するための地震反射波観測 [146,224], 通信路のインパルス応答推定 [170], ディジタル信号符号器のモデリングと同定 [172] などがあげられる.

図 7.3.1 に示される未知システムの有限インパルス応答 (finite impulse response, FIR) を

$$\theta^* = [b_0^*, b_1^*, \cdots, b_{M-1}^*]^T \tag{7.3.11}$$

とする. ここでは, インパルス応答を時不変とする. 所望の出力信号は,

$$d(t) = \phi_t^T \theta^* + n_o(t) \tag{7.3.12}$$

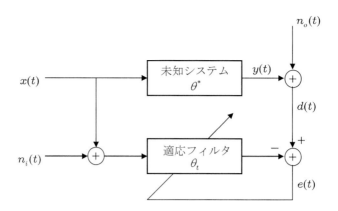

図 **7.3.1** 入力観測雑音が存在する場合のインパルス応答推定

で与えられる．ここで，出力側の観測雑音 $n_o(t)$ は平均零，分散 σ_o^2 の白色雑音であり，入力信号 $x(t)$ および入力雑音 $n_i(t)$ とは独立である．また，回帰ベクトル ϕ_t は，

$$\phi_t = [x(t), x(t-1), \cdots, x(t-M+1)]^T \tag{7.3.13}$$

で与えられる．一般には，適応フィルタの入力ベクトルを ϕ_t とすることが一般的である．しかし，入力信号も出力信号のように，サンプルされ，量子化された場合では，適応フィルタの入力信号にも広帯域の量子化雑音が加えられることになる．

以下では，まず通常の最小二乗法によるインパルス応答の推定値における入力雑音の影響について解析する．ここでは，入力雑音 $n_i(t)$ が平均零，分散 σ_i^2 の白色雑音であり，入力信号 $x(t)$ および出力雑音 $n_o(t)$ とは独立であると仮定する．時刻 t において，通常の最小二乗法の正規方程式は，

$$R_t \theta_t = p_t \tag{7.3.14}$$

となる．ただし，

$$R_t = \frac{1}{t}\sum_{j=1}^{t} \gamma_j \gamma_j^T, \quad p_t = \frac{1}{t}\sum_{j=1}^{t} d(j)\gamma_j^T \tag{7.3.15}$$

であり，γ_j は入力雑音があるときの，時刻 j における適応フィルタの入力ベクトルである：

$$\gamma_j = [x(j)+n_i(j),\ x(j-1)+n_i(j-1),\cdots,x(j-M+1)+n_i(j-M+1)]^T \tag{7.3.16}$$

θ_t は第 1 章の 1.3 節で紹介した逐次最小二乗アルゴリズムでオンラインで推定することができる．時刻 t が十分大きいとすると，式 (7.3.14) は期待値で置き換えることができる：

$$E\{\gamma_t \gamma_t^T\} = R_\phi + \sigma_i^2 I_M, \quad E\{d(t)\gamma_t\} \equiv p = R_\phi \theta^* \tag{7.3.17}$$

ただし，$R_\phi = E\{\phi_t \phi_t^T\}$．よって，正規方程式 (7.3.13) は，

$$(R_\phi + \sigma_i^2 I_M)\theta_t = R_\phi \theta^* \tag{7.3.18}$$

220　第 7 章　全最小二乗法

となる．最後に，最小二乗解は，

$$\theta_t = (R_\phi + \sigma_i^2 I_M)^{-1} R_\phi \theta^* \tag{7.3.19}$$

で与えられる．明らかに，入力雑音が存在しないときに，θ_t はバイアスがなく，不偏推定値である．入力信号ベクトル ϕ_t が持続励振であるとすると，R_ϕ は正定となるので，$R_\phi + \sigma_i^2 I_M$ に対して，逆行列の補題を適用すると，

$$(R_\phi + \sigma_i^2 I_M)^{-1} = R_\phi^{-1} - R_\phi^{-1}(R_\phi^{-1} + \sigma_i^{-2} I_M)^{-1} R_\phi^{-1} \tag{7.3.20}$$

となる．上式を式 (7.3.18) に代入すると，

$$\theta_t = \theta^* - R_\phi^{-1}(R_\phi^{-1} + \sigma_i^{-2} I_M)^{-1} \theta^* \tag{7.3.21}$$

となる．よって，最小二乗解のバイアス項は，

$$\theta_{\text{bias}} = R_\phi^{-1}(R_\phi^{-1} + \sigma_i^{-2} I_M)^{-1} \theta^* \tag{7.3.22}$$

となる．ゆえに，入力雑音が存在するとき，通常の最小二乗解はバイアスを持つ．

　拡大データベクトル $\overline{\gamma}_j$ と拡大パラメータベクトル $\overline{\theta}_\perp$ を

$$\overline{\gamma}_j = \left[d(j),\ \gamma_j^T \right]^T, \quad \overline{\theta}_\perp = \left[1,\ -\theta^T \right]^T \tag{7.3.23}$$

と定義して，以下の最小化問題について検討する：

$$\min_\theta \frac{\overline{\theta}_\perp^T \overline{R}_t \overline{\theta}_\perp}{\overline{\theta}_\perp^T \overline{D}\ \overline{\theta}_\perp} \tag{7.3.24}$$

ただし，$\overline{R}_t = \frac{1}{t} \sum_{j=1}^t \overline{\gamma}_j \overline{\gamma}_j^T$ である．行列 $\overline{D}$ の取り方によって，上記の最小化問題は通常の最小二乗問題あるいは全最小二乗問題になる．仮に行列 $\overline{D}$ を

$$\overline{D} = \begin{bmatrix} 1 & 0 \\ 0 & 0 \end{bmatrix} \begin{matrix} 1 \\ M \end{matrix} \tag{7.3.25}$$
$$\quad\ \ 1 \quad M$$

とすると，上記の最小化問題は通常の最小二乗問題になり，行列 $\overline{D}$ を

$$\overline{D} = \begin{bmatrix} 1 & 0 \\ 0 & I \end{bmatrix} \begin{matrix} 1 \\ M \end{matrix} \tag{7.3.26}$$
$$\quad\ \ 1 \quad M$$

とすると，上記の最小化問題は式 (7.2.23) のような全最小二乗問題になる．

　しかし，7.2.2 項では，拡大データ行列の各行の雑音成分の共分散行列が共通の単位行列の整数倍であると仮定しているのに対して，ここでは，入力雑音の分散 σ_i^2 と出力雑音の分散 σ_o^2 が必ずしも等しいであるわけではないので，この仮定がつねに成立するとはいえない．成立しない場合でも一致推定値を得るためには，行列 $\overline{D}$ を

$$\overline{D} = \begin{bmatrix} \beta & 0 \\ 0 & I \end{bmatrix} \begin{matrix} 1 \\ M \end{matrix} \qquad (7.3.27)$$
$$\phantom{\overline{D} = } \begin{matrix} 1 & M \end{matrix}$$

と修正する．ただし，$\beta = \sigma_o^2/\sigma_i^2$．

そこで，行列 $\overline{D}$ が上式で与えられたときの全最小二乗解の一致性について検討する [55]．式 (7.3.23) の最小化問題は，行列対 $(\overline{R}_t, \overline{D})$ の最小一般化固有値 $\lambda_{\min}(t)$ を求めることに帰着できる[*1]．すなわち，評価関数の最小値は最小一般化固有値 $\lambda_{\min}(t)$ で与えられ，それに対応する $\overline{\theta}_\perp$ は $\lambda_{\min}(t)$ に対応する一般化固有ベクトルで与えられる．t が十分大きく，標本共分散行列 (sample covariance matrix) $\overline{R}_t$ が期待値で表現できるとする：

$$E\{\overline{R}_t\} = \begin{bmatrix} \sigma_y^2 & p^T \\ p & R_\phi \end{bmatrix} + \begin{bmatrix} \sigma_o^2 & 0_{1 \times M}^T \\ 0_{M \times 1} & \sigma_i^2 I_{M \times M} \end{bmatrix} \qquad (7.3.28)$$

ただし，$\sigma_y^2 = E\{y(t)^2\}$，$y(t) = \phi_t^T \theta^*$ である．式 (7.3.23) の最小化問題は，以下の一般化固有値問題を満足する $\overline{\theta}_\perp$ を求めることになる．

$$E\{\overline{R}_t\} \begin{bmatrix} 1 \\ -\theta \end{bmatrix} = \lambda \overline{D} \begin{bmatrix} 1 \\ -\theta \end{bmatrix} \qquad (7.3.29)$$

上式について，$\theta = \theta_t^* \equiv R_\phi^{-1} p$ とすると，$\begin{bmatrix} 1, & -\theta_t^{*T} \end{bmatrix}^T$ が $\lambda = \lambda_{\min}^*(t) \equiv \sigma_i^2$ に対応する一般化固有ベクトルであることが確認できる．すなわち，有限インパルス応答の全最小二乗解は，入力雑音がないときの (一致推定値である) 最小二乗解と等しい．以上の議論より，以下の定理が得られる [55]．

❏ **定理 7.3.1.** フィルタ入力に加法性の平均零の白色雑音が含まれるときに，式 (7.3.23) と (7.3.26) によって与えられた全最小二乗解 θ_t^* は未知システムのインパルス応答の一致推定値である．そのとき，平均全最小二乗誤差 (7.3.23) は，$\lambda_{\min}(t) = \sigma_i^2$ となる．

全最小二乗法の逐次アルゴリズムについては，文献 [55] を参照されたい．

▐ 7.4 制約付き全最小二乗法

7.2 節で説明した全最小二乗法では，定理 7.2.1 のように，拡大データ行列の雑音成分の各行が独立同一分布で，平均零，単位行列のスカラー倍という共通の共分散行列を持つことなどを仮定した．しかし，実際の応用問題では，雑音成分の各要素は互いに無関係でな

[*1] 訳注：本書では詳しく説明していないが，式 (7.3.23) の最小化問題と最小一般化固有値との関係は，定理 2.4.2 (レイリー - リッツの定理) の拡張 (一般化レイリー商の最大化あるいは最小化問題) と考えてよい．

222   第 7 章   全最小二乗法

く，互いに何らかの代数的関係を持ったり，あるいは一次従属性を持つことがある．このような場合，これらの関係を積極的に利用しないと，全最小二乗法では統計的に最適な推定値を得ることができない．例えば，システムの入力 $u(t)$ と出力 $y(t)$ のサンプル値からシステムのインパルス応答 $h = [h(0), h(1), \cdots, h(n)]^T$ を推定する場合，以下の行列方程式

$$y \approx Uh \tag{7.4.1}$$

より，h を推定することになる．ただし，

$$y = [y(t-m), y(t+1-m), \cdots, y(t)]^T, \qquad h = [h(0), h(1), \cdots, h(n)]^T$$

$$U = \begin{bmatrix} u(t-m) & u(t-m-1) & \cdots & u(t-m-n) \\ u(t+1-m) & u(t-m) & \cdots & u(t+1-m-n) \\ \vdots & \vdots & \ddots & \vdots \\ u(t) & u(t-1) & \cdots & u(t-n) \end{bmatrix}$$

である．このとき，行列 U に含まれる雑音成分による行列がテープリッツ行列であることは明らかであるにもかかわらず，従来の全最小二乗法はこの構造に関する事前情報を利用していない．

ほかの例として，平均零の複素白色雑音 $v(n)$ に汚された受信信号

$$y(n) = \sum_{k=1}^{n} S_k e^{j2\pi n f_k} + v(n), \quad n = 1, \cdots, N \tag{7.4.2}$$

から周波数を推定する問題について考える．そのための前 - 後向き線形予測方程式 (forward-backward linear prediction (FBLP) equation) は，以下のように与えられる [3]：

$$C \begin{bmatrix} x \\ -1 \end{bmatrix} = 0 \tag{7.4.3}$$

ただし，

$$x = [x_1, x_2, \cdots, x_L]^T$$

$$C = \begin{bmatrix} y(1) & y(2) & \cdots & y(L+1) \\ y(2) & y(3) & \cdots & y(L+2) \\ \vdots & \vdots & \ddots & \vdots \\ y(N-L) & y(N-L+1) & \cdots & y(N) \\ \cdots\cdots & \cdots\cdots & \cdots\cdots & \cdots\cdots \\ y^*(L+1) & y^*(L) & \cdots & y^*(1) \\ y^*(L+2) & y^*(L+1) & \cdots & y^*(2) \\ \vdots & \vdots & \ddots & \vdots \\ y^*(N) & y^*(N-1) & \cdots & y^*(N-L) \end{bmatrix}$$

であり，ここで，$y^*(t)$ は $y(t)$ の複素共役である．拡大データ行列 C の上の半分はハンケル行列である．一方，下の半分はテープリッツ行列である[*1]．しかし，従来の全最小二乗法では，このようなデータ構造に関する事前情報は利用されていない．

x のより精確な推定値を得るために，Abatzoglou らは，雑音成分の構造的事前情報を取り入れた制約付き全最小二乗法 (constrained total least squares method, CTLS method) を提案した [1–3]．本節では，この Abatzoglou らの手法について解説する．

■ 7.4.1　制約付き全最小二乗法

文献 [1–3] の記述に合わせるため，全最小二乗問題の方程式 (7.2.4) を新たに

$$(C + \Delta C) \begin{bmatrix} x \\ -1 \end{bmatrix} = 0 \tag{7.4.4}$$

と書き直す．ここで，$C \in C^{M \times (L+1)}$ は拡大データ行列，$\Delta C \in C^{M \times (L+1)}$ は雑音による摂動項，$x \in C^{L \times 1}$ は未知なパラメータベクトルである．

雑音による摂動項を $\Delta C = [\Delta C_1, \cdots, \Delta C_{L+1}]$ と記述する．ただし，$\Delta C_i \in C^{M \times 1}$ は ΔC の第 i 番目の列ベクトルであり，事前の構造的情報に基づき，

$$\Delta C_i = F_i v, \quad i = 1, \cdots, L+1 \tag{7.4.5}$$

と記述する．ここで，$F_i \in C^{M \times K}$ は既知の行列であり，$v = [v_1, v_2, \cdots, v_K]^T$．$\{v_1, v_2, \cdots, v_K\}$ は一次独立の確率変数の最小集合である．もし v が白色雑音ベクトルではないときは，それを白色化すればよい．ここで，$R = E\{vv^H\} = PP^H$ を R のコレスキー分解であるとすると，ベクトル $u = P^{-1}v$ は共分散行列が $\sigma^2 I$ である白色雑音ベクトルとなり，結果的に ΔC_i は

$$\Delta C_i = F_i P u = G_i u, \quad i = 1, \cdots, L+1 \tag{7.4.6}$$

と表現できる．ただし，$G_i = F_i P \in C^{M \times K}$．

$\Delta C_1, \cdots, \Delta C_{L+1}$ を用いて雑音摂動ベクトル $\overrightarrow{\Delta C}$ を以下のように定義する．

$$\overrightarrow{\Delta C} = \begin{bmatrix} \Delta C_1 \\ \cdots \\ \Delta C_{L+1} \end{bmatrix} = \begin{bmatrix} G_1 u \\ \cdots \\ G_{L+1} u \end{bmatrix} = \tilde{G} u \tag{7.4.7}$$

ベクトル u の次元 K が最小であるという仮定より，$\tilde{G} \in C^{(L+1)M \times K}$ は最大列階数 K を有する．また，K は $K < M(L+1)$ を満足しなければならないことに注意されたい．K が大きくなれば，ΔC の各要素に関する代数的関係による制約も少なくなる．

[*1] 訳注：第 2 章と第 4 章では，正方行列に対して，ハンケル行列とテープリッツ行列をそれぞれ定義して議論したが，長方行列に対しても，対角線方向の要素が等しければ，テープリッツ行列といい，逆対角線方向の要素が等しければ，ハンケル行列ということもある．

224　第 7 章　全最小二乗法

ベクトル $\overrightarrow{\Delta C}$ について，以下の重み付きノルムを定義する．

$$\|\overrightarrow{\Delta C}\|_Q^2 = \overrightarrow{\Delta C}^H Q \overrightarrow{\Delta C} \tag{7.4.8}$$

ここで，u のすべての要素が均等に重みをかけられるように Q を選ぶ．これは以下のように実現される．$\widetilde{G}$ の特異値分解を $\widetilde{G} = U\Sigma V^H$ とすると，

$$\|\overrightarrow{\Delta C}\|_Q^2 = u^H \widetilde{G}^H Q \widetilde{G} u = u^H V \Sigma^T U^H Q U \Sigma V^H u \tag{7.4.9}$$

となる．そこで，$Q = U(\Sigma\Sigma^T)^+ U^H$ とすると，

$$\|\overrightarrow{\Delta C}\|_Q^2 = u^H u \tag{7.4.10}$$

となる．よって，$\|\overrightarrow{\Delta C}\|_Q^2$ の最小化問題は $\|u\|_2^2$ の最小化問題になる．

制約付き全最小二乗問題 (constrained total least squares problem) とは，

$$\left(C + [G_1 u, \cdots, G_{L+1} u]\right) \begin{bmatrix} x \\ -1 \end{bmatrix} = 0 \tag{7.4.11}$$

を満足するベクトル x とノルムが最小となるような摂動ベクトル u を求めることである．数学的には，以下のように記述される．

$$\min_{u,x} \|u\|_2^2, \quad 制約条件 \quad \left(C + [G_1 u, \cdots, G_{L+1} u]\right) \begin{bmatrix} x \\ -1 \end{bmatrix} = 0 \tag{7.4.12}$$

これは二次制約方程式のもとでの二次最小化問題である．このような最小化問題は，閉形式の解が必ずしも存在するとは限らない．しかし，以下の定理より，制約付き全最小二乗問題はある条件の下で，x に対して，制約なしの最小化問題に変換することができる．

❑ 定理 7.4.1. $M \times K$ 行列

$$W_x = \sum_{i=1}^{L} x_i G_i - G_{L+1} \tag{7.4.13}$$

が最大列階数を持ち，$M \leq K$ と仮定する．制約付き全最小二乗解 (constrained total least squares solution) は以下の最小化問題の解として求まる．

$$\min_x \left[\begin{bmatrix} x \\ -1 \end{bmatrix}^H C^H (W_x^+)^H W_x^+ C \begin{bmatrix} x \\ -1 \end{bmatrix} \right] \tag{7.4.14}$$

ただし，W_x^+ は行列 W_x の擬似逆行列である．

証明　関係式

$$[G_1 u, \cdots, G_{L+1} u] \begin{bmatrix} x \\ -1 \end{bmatrix} = \left(\sum_{i=1}^{L} x_i G_i - G_{L+1} \right) u \tag{7.4.15}$$

に式 (7.4.14) を代入すると，

$$C \begin{bmatrix} x \\ -1 \end{bmatrix} + W_x u = 0 \tag{7.4.16}$$

となる．制約付き全最小二乗解は，上式を満足する最小化問題 $\min_{u,x} \|u\|_2^2$ の解によって与えられる．仮定 $M \leq K$ より，第 1 章の 1.5.3 項の結果を用いると，式 (7.4.16) を満足する u の最小ノルム最小二乗解は $-W_x^+ C \begin{bmatrix} x \\ -1 \end{bmatrix}$ で与えられるので，式 (7.4.16) を満足する任意の u と x について，

$$\|u\|_2^2 \geq \min_u \|u\|_2^2 = \begin{bmatrix} x \\ -1 \end{bmatrix}^H C^H (W_x^+)^H W_x^+ C \begin{bmatrix} x \\ -1 \end{bmatrix} \tag{7.4.17}$$

が成り立つ．よって，制約付き全最小二乗解は，

$$F(x) = \begin{bmatrix} x \\ -1 \end{bmatrix}^H C^H (W_x^+)^H W_x^+ C \begin{bmatrix} x \\ -1 \end{bmatrix} \tag{7.4.18}$$

を最小化する x で与えられる． ▪

$M < K$ と $M = K$ のそれぞれの場合において，$F(x)$ の表現はさらに簡単化できる．

$M < K$ のとき，$W_x^+ = W_x^H (W_x W_x^H)^{-1}$ であるので，

$$F(x) = \begin{bmatrix} x \\ -1 \end{bmatrix}^H C^H (W_x W_x^H)^{-1} C \begin{bmatrix} x \\ -1 \end{bmatrix} \tag{7.4.19}$$

となる．$M = K$ のとき，$W_x^+ = W_x^{-1}$ であるので，

$$F(x) = \begin{bmatrix} x \\ -1 \end{bmatrix}^H C^H (W_x^H)^{-1} W_x^{-1} C \begin{bmatrix} x \\ -1 \end{bmatrix} \tag{7.4.20}$$

となる．$M > K$ あるいは W_x に階数落ちがある場合では，ある制約方程式を満足しながら，$F(x)$ を最小化する必要がある．詳細については文献 [3] の付録を参照されたい．しかし，後に紹介する応用例などでは，$M < K$ および rank $W_k = K$ が満足されることが多いので，これからは，$M < K$ および rank $W_k = K$ の仮定のもとで議論を進める．

$F(x)$ の最小化を解析的に計算することは困難であるため，ここでは，ニュートン法による制約付き最小二乗問題の解法について考える．このとき，$F(x)$ は $2L$ 個の実変数 $(x_1, \cdots, x_L$ の実部と虚部) の解析的関数と見すことができ，制約付き最小二乗解を求めるため，これらの $2L$ 個の変数で $F(x)$ を最小化する必要がある．ただし，$F(x)$ の最小化の反復アルゴリズムを得るために，$F(x)$ の一次および二次偏導関数を計算する必要がある場合には，$F(x)$ を $2L$ 個の複素変数 $x_1, \cdots, x_L, x_1^*, \cdots, x_L^*$ の関数と見なしたほうが便利である．$F(x)$ の導関数を計算するとき，すべての n と m に対して，x_n と x_m^* を独立な

変数と見なすことができる [23].

関数の最小化手法として，最急降下法は，収束速度があまり速くない．それに対して，もし最小化される関数が二次微分可能であれば，ニュートン法は二次以上の速さで収束することが知られている [139]．導出は文献 [3] を参照されたいが，$F(x)$ を最小化するためのニュートン法は以下のように与えられる．

$$x = x_0 + \left(A^* B^{-1} A - B^*\right)^{-1} \left(a^* - A^* B^{-1} a\right) \tag{7.4.21}$$

ただし，A^*, B^*, a^* はそれぞれ A, B, a の複素共役である．

$$a = \frac{\partial F^T}{\partial x} = \left[\frac{\partial F^T}{\partial x_1}, \cdots, \frac{\partial F^T}{\partial x_L}\right]^T = F \text{ の複素勾配}$$

$$A = \frac{1}{2}\left(\frac{\partial^2 F}{\partial x^2} + \frac{\partial^2 F^T}{\partial x^2}\right) = F \text{ の非共役ヘシアン (Hessian)} \tag{7.4.22}$$

$$B = \frac{\partial^2 F}{\partial x^H x} = F \text{ の共役ヘシアン}$$

$F(x)$ の一次および二次偏導関数は，以下のように定義される．

$$\frac{\partial F}{\partial x} = \left[\frac{\partial F}{\partial x_1}, \cdots, \frac{\partial F}{\partial x_L}\right]$$

$$\frac{\partial F}{\partial x_i} = \frac{1}{2}\left(\frac{\partial F}{\partial x_{iR}} - j\frac{\partial F}{\partial x_{iI}}\right), \quad x_i = X_{iR} + jx_{iI}$$

$$\frac{\partial^2 F}{\partial x^2} = \left[\frac{\partial^2 F}{\partial x_n \partial x_m}\right]_{n,m} = \left[\frac{1}{4}\left(\frac{\partial}{\partial x_{nR}} - j\frac{\partial}{\partial x_{nI}}\right)\left(\frac{\partial}{\partial x_{mR}} - j\frac{\partial}{\partial x_{mI}}\right)F\right]_{n,m}$$

$$\frac{\partial^2 F}{\partial x^H \partial x} = \left[\frac{\partial^2 F}{\partial x_n^* \partial x_m}\right]_{n,m} = \left[\frac{1}{4}\left(\frac{\partial}{\partial x_{nR}} + j\frac{\partial}{\partial x_{nI}}\right)\left(\frac{\partial}{\partial x_{mR}} - j\frac{\partial}{\partial x_{mI}}\right)F\right]_{n,m} \tag{7.4.23}$$

ただし，$[\,\cdot\,]_{n,m}$ は $L \times L$ 行列の (n,m) 要素を意味する．

なお，a, A, B の閉形式は以下のように与えられる [3]：

$$A = -\tilde{G}^H W_x^H (W_x W_x^H)^{-1}\tilde{B} - \left(\tilde{G}^H W_x^H (W_x W_x^H)^{-1}\tilde{B}\right)^T$$

$$B = \left[\tilde{B}^H (W_x W_x^H)^{-1}\tilde{B}\right]^T + \tilde{G}^H \left[W_x^H (W_x W_x^H)^{-1} W_x - I\right]\tilde{G} \tag{7.4.24}$$

ただし，

$$u = (W_x W_x^H)^{-1} C \begin{bmatrix} x \\ -1 \end{bmatrix}$$

$$\tilde{B} = CI_{L+1,L} - \left[G_1 W_x^H u, \cdots, G_L W_x^H u\right] \tag{7.4.25}$$

$$\tilde{G} = \left[G_1^H u, \cdots, G_L^H u\right]$$

ただし，$(L+1) \times L$ 行列 $I_{L+1,L}$ は，部分行列 $I_{L+1,L}(1:L, 1:L)$ が単位行列で，最後の行 $I_{L+1,L}(L+1, :)$ の要素がすべて零であるような行列である．

上述のニュートン法の収束特性は，行列 B の条件数に大きく依存する．しかし，収束領

域の大きさや形状などの精確な評価はまだ明らかではない.

■ 7.4.2 制約付き全最小二乗法と最尤法の関係

ここでは,制約付き最小二乗解が制約付き最尤推定値 (constrained maximum likelihood estimate) となることを示す.拡大データ行列 C を列ベクトルで

$$C = [A_1, \cdots, A_L, b] \tag{7.4.26}$$

と書き直す.さらに,ベクトル $\widehat{A}_1, \cdots, \widehat{A}_L$ を

$$\widehat{A}_i = A_i + G_i u, \quad i = 1, \cdots, L \tag{7.4.27}$$

と定義する.制約付き最小二乗問題の方程式 (7.4.11) より,解 x は

$$\widehat{A}x - b = G_{L+1} u \tag{7.4.28}$$

を満足する.ただし,$\widehat{A} = [\widehat{A}_1, \cdots, \widehat{A}_L]$.よって,制約付き全最小二乗問題は

$$\min_{u, \widehat{A}, x} \|u\|_2^2 \tag{7.4.29}$$

と記述される.ただし,$u, \widehat{A}, x$ は

$$\begin{bmatrix} \widehat{A}_1 - A_1 \\ \cdots \\ \widehat{A}_L - A_L \\ \widehat{A}x - b \end{bmatrix} = \begin{bmatrix} G_1 u \\ \cdots \\ G_{L+1} u \end{bmatrix} = \widetilde{G}u \tag{7.4.30}$$

を満足する.u は上式より以下のように与えられる.

$$u = \widetilde{G}^+ \begin{bmatrix} \widehat{A}_1 - A_1 \\ \cdots \\ \widehat{A}_L - A_L \\ \widehat{A}x - b \end{bmatrix} \tag{7.4.31}$$

ただし,$\widetilde{G}^+ = V\Sigma^+ U^H$ は $\widetilde{G}$ の疑似逆行列である.そこで,行列 U を $U = [U_1 \vdots U_2]$ とブロック分割する.ただし,$U_1 \in C^{(L+1)M \times K}$ である.よって,$\widehat{A}$ と x は制約条件

$$U_2^H \begin{bmatrix} \widehat{A}_1 - A_1 \\ \cdots \\ \widehat{A}_L - A_L \\ \widehat{A}x - b \end{bmatrix} = 0 \tag{7.4.32}$$

を満足する.最後に,制約付き全最小二乗問題は,以下のようになる.

$$\min_{\widehat{A},x} \left\| \widetilde{G}^+ \begin{bmatrix} \widehat{A}_1 - A_1 \\ \cdots \\ \widehat{A}_L - A_L \\ \widehat{A}x - b \end{bmatrix} \right\|_2^2, \quad \text{制約条件} \quad U_2^H \begin{bmatrix} \widehat{A}_1 - A_1 \\ \cdots \\ \widehat{A}_L - A_L \\ \widehat{A}x - b \end{bmatrix} = 0 \tag{7.4.33}$$

以下では，最尤推定値の観点から制約付き全最小二乗問題について考察する．拡大データ行列 C をベクトル化し，以下のように表現する．

$$\overrightarrow{C} = \begin{bmatrix} A_1 \\ \cdots \\ A_L \\ b \end{bmatrix} = \begin{bmatrix} A_{10} \\ \cdots \\ A_{L0} \\ A_0 x \end{bmatrix} + \widetilde{G}v \tag{7.4.34}$$

ただし，v は K 次元正規性白色雑音，$A_0 = [A_{10}, \cdots, A_{L0}]$ の列ベクトル $A_{10}, \cdots, A_{L0}$ は M 次元の未知ベクトル，x は L 次元の未知ベクトルである．そこで，

$$w = V^H v, \quad \Sigma = \begin{bmatrix} \widetilde{\Sigma} \\ 0 \end{bmatrix}, \quad \widetilde{\Sigma} = \mathrm{diag}(\sigma_1, \cdots, \sigma_K) \tag{7.4.35}$$

とする．観測データベクトル $\overrightarrow{C}$ に左から U^H をかけると，$\overrightarrow{C}$ を雑音の影響を受ける部分と受けない部分にそれぞれ分けることができる：

$$U_1^H \overrightarrow{C} = U_1^H \begin{bmatrix} A_{10} \\ \cdots \\ A_{L0} \\ A_0 x \end{bmatrix} + \widetilde{\Sigma}w, \qquad U_2^H \overrightarrow{C} = U_2^H \begin{bmatrix} A_{10} \\ \cdots \\ A_{L0} \\ A_0 x \end{bmatrix} \tag{7.4.36}$$

式 (7.4.34) において，雑音ベクトル v が正規分布にしたがうとき，その対数尤度関数（定義は第 8 章を参照されたい）の最大化は，以下の二乗誤差関数の最小化になる．

$$\begin{bmatrix} A_1 - A_{10} \\ \cdots \\ A_L - A_{L0} \\ b - A_0 x \end{bmatrix}^H (\widetilde{G}^+)^H \widetilde{G}^+ \begin{bmatrix} A_1 - A_{10} \\ \cdots \\ A_L - A_{L0} \\ b - A_0 x \end{bmatrix}$$

さらに，式 (7.4.5) も考慮すると，制約付き最尤推定値問題は，以下のようになる．

$$\min_{A_0,x} \left\| \widetilde{G}^+ \begin{bmatrix} A_1 - A_1 \\ \cdots \\ A_L - A_{L0} \\ b - A_0 x \end{bmatrix} \right\|_2^2, \quad \text{制約条件} \quad U_2^H \begin{bmatrix} A_1 - A_{10} \\ \cdots \\ A_L - A_{L0} \\ b - A_0 x \end{bmatrix} = 0 \tag{7.4.37}$$

これは，式 (7.4.33) と等価である．すなわち，制約付き全最小二乗問題の統計的性質は，制約付き最尤推定値問題のそれと等価である．

■ 7.4.3 制約付き全最小二乗法の摂動解析

これからは，小さな雑音摂動項による制約付き全最小二乗解への影響について解析する．定理 7.4.1 より，$M \leq K$ および W_x が最大列階数を持つとき，制約付き全最小二乗解は以下の最小化問題の解として求まる：

$$\min_x \left[\begin{bmatrix} x \\ -1 \end{bmatrix}^H C^H \left(W_x W_x^H \right)^{-1} C \begin{bmatrix} x \\ -1 \end{bmatrix} \right] \tag{7.4.38}$$

拡大行列 C に雑音がまったくないときは，一致解 x_0 は次式

$$C_0 \begin{bmatrix} x_0 \\ -1 \end{bmatrix} = 0 \tag{7.4.39}$$

から得られる．そこで，C_0 に小さな雑音項を加えたときに，制約付き最小二乗解の摂動を計算してみる．最小化される関数

$$F(x) = \begin{bmatrix} x \\ -1 \end{bmatrix}^H C^H \left(W_x W_x^H \right)^{-1} C \begin{bmatrix} x \\ -1 \end{bmatrix} \tag{7.4.40}$$

は複素変数 $x_1, \cdots, x_L$ の実解析関数であるので，

$$\frac{\partial F}{\partial x} = \left[\frac{\partial F}{\partial x_1}, \cdots, \frac{\partial F}{\partial x_L} \right] = 0 \tag{7.4.41}$$

は最小化の必要条件である [23]．

第 1 章で紹介した行列関数の偏導関数の計算式 (1.1.7)〜(1.1.10) を利用すれば，

$$\begin{aligned}
\frac{1}{2} \frac{\partial F}{\partial x} = &- \begin{bmatrix} x \\ -1 \end{bmatrix}^H C^H \left(W_x W_x^H \right)^{-1} \frac{\partial W_x}{\partial x} W_x^H \left(W_x W_x^H \right)^{-1} C \begin{bmatrix} x \\ -1 \end{bmatrix} \\
&+ \begin{bmatrix} x \\ -1 \end{bmatrix}^H C^H \left(W_x W_x^H \right)^{-1} C I_{L+1,L} = 0
\end{aligned} \tag{7.4.42}$$

が得られる．そこで，$y = \left(W_x W_x^H \right)^{-1} C \begin{bmatrix} x \\ -1 \end{bmatrix}$ とし，

$$\frac{\partial W_x}{\partial x} W_x^H y = [G_1 W_x^H y, G_2 W_x^H y, \cdots, G_L W_x^H y, 0] \tag{7.4.43}$$

を利用すると，

$$\frac{1}{2} \frac{\partial F}{\partial x} = -y^H [G_1 W_x^H y, G_2 W_x^H y, \cdots, G_L W_x^H y, 0] + y^H C I_{L+1,L} = 0 \tag{7.4.44}$$

となる．雑音がないときは，$C = C_0$，$x = x_0$，$y = 0$ となることに注意されたい．

式 (7.4.44) において，小さな雑音摂動 ΔC による解ベクトル x_0 の摂動 Δx について調べる．ΔC や Δx の二次以上の項を無視すると，

$$
\begin{bmatrix} \Delta x \\ 0 \end{bmatrix}^H C_0^H \left(W_x W_x^H \right)^{-1} C_0 I_{L+1,L} + \begin{bmatrix} x_0 \\ -1 \end{bmatrix}^H \Delta C^H \left(W_x W_x^H \right)^{-1} C_0 I_{L+1,L} \approx 0
$$

$$(7.4.45)$$

となる．共役転置をとると，

$$
I_{L,L+1} C_0^H \left(W_x W_x^H \right)^{-1} \left(C_0 \begin{bmatrix} \Delta x \\ 0 \end{bmatrix} + \Delta C \begin{bmatrix} x_0 \\ -1 \end{bmatrix} \right) \approx 0 \tag{7.4.46}
$$

となる．そこで，行列

$$
D = I_{L,L+1} C_0^H \left(W_x W_x^H \right)^{-1} = A_0^H \left(W_x W_x^H \right)^{-1} \tag{7.4.47}
$$

を定義すると，

$$
D C_0 \begin{bmatrix} \Delta x \\ 0 \end{bmatrix} + D \Delta C \begin{bmatrix} x_0 \\ -1 \end{bmatrix} = A_0^H \left(W_x W_x^H \right)^{-1} A_0 \Delta x + D \Delta C \begin{bmatrix} x_0 \\ -1 \end{bmatrix} \approx 0 \tag{7.4.48}
$$

となる．よって，

$$
\Delta x = -\left(A_0^H \left(W_x W_x^H \right)^{-1} A_0 \right)^{-1} D \Delta C \begin{bmatrix} x_0 \\ -1 \end{bmatrix} \tag{7.4.49}
$$

が得られるので，Δx の共分散行列は，

$$
\begin{aligned}
E\{\Delta x \Delta x^H\} &= \left(A_0^H \left(W_x W_x^H \right)^{-1} A_0 \right)^{-1} D \\
&\cdot E\left\{ \Delta C \begin{bmatrix} x_0 \\ -1 \end{bmatrix} \begin{bmatrix} x_0 \\ -1 \end{bmatrix}^H \Delta C^H \right\} D^H \left(A_0^H \left(W_x W_x^H \right)^{-1} A_0 \right)^{-1}
\end{aligned} \tag{7.4.50}
$$

となる．さらに，式 (7.4.13) と (7.4.15) より，

$$
\Delta C \begin{bmatrix} x_0 \\ -1 \end{bmatrix} = W_x u \tag{7.4.51}
$$

が成り立つので，

$$
E\left\{ \Delta C \begin{bmatrix} x_0 \\ -1 \end{bmatrix} \begin{bmatrix} x_0 \\ -1 \end{bmatrix}^H \Delta C^H \right\} = W_x E\{u u^H\} W_x^H = \sigma^2 W_x W_x^H \tag{7.4.52}
$$

が得られる．最後に，以下の結果が得られる．

$$
E\{\Delta x \Delta x^H\} = \sigma^2 \left(A_0^H \left(W_x W_x^H \right)^{-1} A_0 \right)^{-1} \tag{7.4.53}
$$

上式は，低レベルの雑音が存在する場合の制約付き最小二乗解の共分散の評価を与える．

■ 7.4.4 制約付き全最小二乗法の応用

Abatzoglou らは，高調波の超解度 (superresolution) 回復への応用例を紹介した [3]．直線に一様に配置された N 個の素子からなるアレイアンテナに，L 個の狭帯域信号の波面

(wavefront) が照射されたとする．時刻 k における受信信号データ行列 C_k は，以下のような前－後向き線形予測方程式を満足する [127].

$$C_k \begin{bmatrix} x \\ -1 \end{bmatrix} = 0, \quad k = 1, \cdots, M \tag{7.4.54}$$

ただし，

$$C_k = \begin{bmatrix} y_k(1) & y_k(2) & \cdots & y_k(L+1) \\ y_k(2) & y_3 & \cdots & y_k(L+2) \\ \vdots & \vdots & \ddots & \vdots \\ y_k(N-L) & y_k(N-L+1) & \cdots & y_k(N) \\ \cdots\cdots & \cdots\cdots & \cdots\cdots & \cdots\cdots \\ y_k^*(L+1) & y_k^*(L) & \cdots & y_k^*(1) \\ y_k^*(L+2) & y_k^*(L+1) & \cdots & y_k^*(2) \\ \vdots & \vdots & \ddots & \vdots \\ y_k^*(N) & y_k^*(N-1) & \cdots & y_k^*(N-L) \end{bmatrix}$$

ここで，$y_k(i)$ $(k = 1, \cdots, M,\ i = 1, \cdots, N)$ は時刻 t_k における i 番目のアンテナ要素の受信信号であり，$y_k^*(i)$ は複素共役である．C_k を k 番目のスナップショット (snapshot) データ行列という．また，C_k に含まれる雑音成分は，以下の雑音源ベクトル

$$v_k = [v_k(1), \cdots, v_k(N), v_k^*(1), \cdots, v_k^*(N)]^T \tag{7.4.55}$$

の要素の一次結合によるものである．スナップショット行列を上下に結合すると，$2(N-L)M \times (L+1)$ データ行列

$$C = \begin{bmatrix} C_1 \\ \vdots \\ C_M \end{bmatrix} \tag{7.4.56}$$

が得られる．それに含まれる雑音成分の $2NM \times 1$ 雑音源ベクトルは，

$$v = [v_1^T, \cdots, v_M^T]^T \tag{7.4.57}$$

となる．よって，高調波の超解度回復問題は，行列方程式

$$C \begin{bmatrix} x \\ -1 \end{bmatrix} = 0 \tag{7.4.58}$$

の制約付き全最小二乗解を求めることになる．

データ行列構造より，定理 7.4.1 で定義した行列 W_x は，$2(N-L)M \times 2NM$ ブロック対角行列となり，各 $2(N-L) \times 2N$ 対角ブロックは，

$$\widehat{W}_x = \begin{bmatrix} \widehat{W}_1 & 0 \\ 0 & \widehat{W}_2 \end{bmatrix} \tag{7.4.59}$$

で与えられる．ただし，

$$
\widehat{W_1} = \begin{bmatrix} x_1 & x_2 & \cdots & & x_L & -1 & & & \\ 0 & \ddots & \ddots & & & \ddots & \ddots & & 0 \\ & & x_1 & x_2 & \cdots & & x_L & -1 \end{bmatrix},
$$

$$
\widehat{W_2} = \begin{bmatrix} -1 & & x_L & \cdots & & x_1 & & \\ 0 & \ddots & & & \ddots & & & 0 \\ & & -1 & & x_L & \cdots & & x_1 \end{bmatrix}
$$

よって，定理 7.4.1 で定義した評価関数は，

$$
F(x) = \begin{bmatrix} {}^H x \\ -1 \end{bmatrix} C^H (W_x W_x^H)^{-1} C \begin{bmatrix} x \\ -1 \end{bmatrix} = \begin{bmatrix} x \\ -1 \end{bmatrix}^H \sum_{k=1}^{M} C_m^H (\widehat{W_x} \widehat{W_x}^H)^{-1} C_m \begin{bmatrix} x \\ -1 \end{bmatrix}
$$

(7.4.60)

となる．x の制約付き全最小二乗解は，7.4.1 項で紹介したニュートン法で求めることができる．さらに，波面の入射角度は，$\sum_{k=1}^{L} x_k z^{k-1} - z^L = 0$ の根の偏角より求められる [3].

7.5 構造化全最小二乗法

特殊な構造を持つ行列を構造化行列 (structured matrix) という．信号処理，システム同定や制御理論では，階数落ち構造化行列 (rank deficient structured matrix) の応用が，数多く見られる．

$B(b) = B_0 + b_1 B_1 + \cdots + b_m B_m \in R^{p \times q}$ とする．ただし，$p \geq q$，B_i, $i = 1, \cdots, m$ は与えられた定数行列である．B をパラメータベクトル $[b_1, \cdots, b_m]^T = b \in R^m$ の要素 $b_i (i = 1, \cdots, m)$ のアフィン行列関数 (affine matrix function) という．そこで，$a \in R^m$ をデータベクトル，$w \in R^m$ を重みベクトルとし，以下の問題を考える：二乗評価関数 $[a, b, w]_2^2$ が最小化されるように，アフィン集合 $B(b)$ から，ある階数落ち行列を求めよ．これはいわゆる構造化全最小二乗 (structured total least squares, STLS) 問題であり，De Moor によって提起されたものである [64, 65]．これは，二乗誤差評価を最小化しながら，アフィン構造化行列を，ある構造の類似した階数落ち行列で近似する問題である．

7.5.1 構造化全最小二乗解

ここでは，構造化全最小二乗問題の数学的表現について考える．二乗評価関数を

$$
[a, b, w]_2^2 = \sum_{i=1}^{m} (a_i - b_i)^2
$$

とする．ここでは，重みベクトル w の要素をすべて 1 としている．

以下の定理は，構造化全最小二乗問題と制約付き特異値分解を関係づけている [65].

❑ **定理 7.5.1.** 構造化全最小二乗問題 (structured total least-squares problem)

$$\min_{b \in R^m, y \in R^q} \sum_{i=1}^{m} (a_i - b_i)^2, \quad 制約条件 \quad B(b)y = 0, \quad y^T y = 1 \tag{7.5.1}$$

について考える．ただし，a_i と b_i $(i = 1, \cdots, m)$ はそれぞれデータベクトル $a \in R^m$ とパラメータベクトル $b \in R^m$ の要素である．$B(b)$ は $B(b) = B_0 + b_1 B_1 + \cdots + b_m B_m \in R^{p \times q}$ と定義され，$B_i, i = 1, \cdots, m$ は与えられた定数行列である．

構造化全最小二乗問題の解は，以下の手順で求められる：

(1) (7.5.2) 式を満足するように，最小スカラー τ に対応する $(u, \tau, v), u \in R^p, v \in R^q, \tau \in R$ を求める：

$$Av = D_v u \tau, \quad u^T D_v u = 1 \tag{7.5.2a}$$

$$A^T u = D_u v \tau, \quad v^T D_u v = 1 \tag{7.5.2b}$$

ただし，$A = B_0 + \sum_{i=1}^{m} a_i B_i$，$D_u$ は $\sum_{i=1}^{m} B_i^T (u^T B_i v) u = D_u v$ を満足する対称の準正定行列であり，その要素は，u の要素の二次関数である．同様に，D_v は $\sum_{i=1}^{m} B_i (u^T B_i v) v = D_v u$ を満足する対称の準正定行列であり，その要素は，v の要素の二次関数である．

(2) ベクトル $y = v / \|v\|_2$ を求める．

(3) パラメータベクトル b の要素を計算する：

$$b_k = a_k - u^T R_k v \tau, \quad k = 1, \cdots, m \tag{7.5.3}$$

定理の証明を示す前に，まずいくつかの解釈を与えておく．まず，D_u と D_v が，u と v の値に関係なく，準正定の定数行列であれば，与えられた行列 A に対して，式 (7.5.2) は行列トリプレット $(A, D_v^{1/2}, D_u^{1/2})$ の任意の制約付き特異値分解の結果 (u, τ, v) によって満たされる．ここで，$D_v^{1/2}$ と $D_u^{1/2}$ はそれぞれ D_v と D_u の平方根である．D_u と D_v が定数行列であるという仮定のもとで，式 (7.5.2)

$$\begin{bmatrix} 0 & A \\ A^T & 0 \end{bmatrix} \begin{bmatrix} u \\ v \end{bmatrix} = \begin{bmatrix} D_v & 0 \\ 0 & D_u \end{bmatrix} \begin{bmatrix} u \\ v \end{bmatrix} \tau$$

は非線形一般化固有値問題になる．ここで，「非線形」とは，行列 D_u と D_v が u と v の要素に依存することを指している．

定理 7.5.1 の証明 まず，ラグランジュ乗数ベクトル $l \in R^p$ とラグランジュ乗数 $\lambda \in R$ を用いて，以下のラグランジュ評価関数について考える．

$$\mathcal{L}(b, y, l, \lambda) = \sum_{i=1}^{m} (a_i - b_i)^2 + 2l^T (B_0 + b_1 B_1 + \cdots + b_m B_m) y + \lambda (1 - y^T y) \tag{7.5.4}$$

234 第 7 章 全最小二乗法

証明は，以下のような四つのステップからなる：

ステップ 1：ラグランジュ評価関数 $\mathcal{L}(b, y, l, \lambda)$ の導関数を零にする．

まず，ラグランジュ評価関数 $\mathcal{L}(b, y, l, \lambda)$ の導関数を零にして，整理すると，以下の関係が得られる：

$$a_k - b_k = l^T B_k y, \quad k = 1, \cdots, m \tag{7.5.5a}$$

$$(B_0 + b_B + \cdots + b_m B_m) y = 0 \tag{7.5.5b}$$

$$(B_0^T + b_1 B_1^T + \cdots + b_m B_m^T) l = y \lambda \tag{7.5.5c}$$

$$y^T y = 1 \tag{7.5.5d}$$

式 (7.5.5b) と (7.5.5c) より，$l^T B(b) y = y^T y \lambda = 0$ が成り立つので，$\lambda = 0$ が得られる．

ステップ 2：ベクトル b を消去する．

式 (7.5.5b) と (7.5.5c) に対して，$b_k = a_k - l^T B_k y$ を用いて，b を消去すると，以下の式が得られる．

$$(B_0 + a_1 B + \cdots + a_m B_m) y = \Big[(l^T B_1 y) B_1 + \cdots + (l^T B_m y) B_m \Big] y \tag{7.5.6}$$

$$(B_0^T + a_1 B_1^T + \cdots + a_m B_m^T) l = \Big[(l^T B_1 y) B_1^T + \cdots + (l^T B_m y) B_m^T \Big] l \tag{7.5.7}$$

式 (7.5.6) の右辺は，y の要素の二次関数であり，l に関して線形である．一方，式 (7.5.7) の右辺は，l の要素の二次関数であり，y に関して線形である．そこで，一般性を失わずに，式 (7.5.6) の第一項について検討する．β_{ij} を B_1 の (i, j) 要素とし，$\overline{b_i}^T$ を B_1 の第 i 行のベクトルとすると，ベクトル $B_1 y (l^T B_1 y) \in R^p$ の k 番目の要素は，

$$\big[B_1 y (l^T B_1 y) \big](k) = \sum_{j=1}^{q} \beta_{kj} y_j \sum_{r=1}^{p} \sum_{s=1}^{q} \beta_{rs} l_r y_s = \sum_{r=1}^{p} \big(y^T \overline{b_k} \big) \big(\overline{b_r}^T y \big) l_r$$

となる．よって，

$$B_1 y (l^T B_1 y) = \begin{bmatrix} y^T \overline{b_1} \\ y^T \overline{b_2} \\ \vdots \\ y^T \overline{b_p} \end{bmatrix} \Big[\overline{b_1}^T y, \ \overline{b_2}^T y, \ \cdots, \ \overline{b_p}^T y \Big] l$$

が得られる．上式の右辺の l の前にある行列は，あるベクトルとその自身とのダイアド積である階数 1 の対称行列であるので，準正定行列である．式 (7.5.6) の右辺にあるほかの各項に対して同様の演算を行うと，式 (7.5.6) の右辺は，

$$\sum_{i=1}^{m} \big[B_i (l^T B_i y) \big] y = D_y l \tag{7.5.8}$$

となる．ここで，D_y は，m 個の階数 1 の準正定行列の和による対称行列であるので，D_y 自身も準正定行列である．また，D_y の要素は，ベクトル y の要素の二次関数である．

同じように，式 (7.5.7) の右辺も，以下のように表現できる．

$$\sum_{i=1}^{m} \left[B_i^T (l^T B_i y) \right] l = D_l y \tag{7.5.9}$$

ここで，D_l も準正定行列であり，その要素はベクトル l の要素の二次関数である．

ステップ 3：ベクトル l を正規化する．

l を $x = l/\|l\|_2$ と正規化し，$\sigma = \|l\|_2$ とする．D_l の中にある l の各要素をそれに対応する x の要素に置き換えて得られた行列を D_x とする．D_l は l の要素の二次関数であるので，$D_l = \sigma^2 D_x$ が成り立つことが確かめられる．さらに，$A \in R^{p \times q}$ を $A = B_0 + \sum_{i=1}^{m} a_i B_i$ と定義すると，式 (7.5.6)〜(7.5.9) より，以下の結果が成り立つ．

$$\begin{aligned} Ay &= D_y x\sigma, \quad x^T x = 1 \\ A^T x &= D_x y\sigma, \quad y^T y = 1 \end{aligned} \tag{7.5.10}$$

ステップ 4：二乗評価関数を計算する．

式 (7.5.10) より，

$$x^T Ay = y^T A^T x = x^T D_y x\sigma = y^T D_x y\sigma \tag{7.5.11}$$

が成り立つ．式 (7.5.5)，(7.5.8) と (7.5.11) を利用すると，式 (7.5.1) にある二乗評価関数は以下のように計算される．

$$\begin{aligned} \sum_{i=1}^{m} (a_i - b_i)^2 &= \sum_{i=1}^{m} (l^T B_i y)^2 = \sum_{i=1}^{m} (x^T B_i y)^2 \sigma^2 \\ &= x^T \sum_{i=1}^{m} \left(B_i y (x^T B_i y) \right) \sigma^2 = x^T D_y x\sigma^2 = x^T Ay\sigma \end{aligned} \tag{7.5.12}$$

ステップ 5：式 (7.5.2) から式 (7.5.10) が導けることを示す．

(u, τ, v) を式 (7.5.2) の解とすると，

$$u^T Av = (u^T D_v u)\tau = \tau \tag{7.5.13}$$

が成り立つ．D_u と D_v がそれぞれ u と v の要素の二次関数であることより，u と v を正規化して，以下の結果を得ることができる．

$$A\frac{v}{\|v\|_2} = \left(\frac{D_v}{\|v\|_2^2} \right) \frac{u}{\|u\|_2} (\tau \|u\|_2 |v\|_2), \quad A^T \frac{u}{\|u\|_2} = \left(\frac{D_u}{\|u\|_2^2} \right) \frac{v}{\|v\|_2} (\tau \|u\|_2 \|v\|_2)$$

そこで，$x = u/\|u\|_2$，$y = v/\|v\|_2$ および $\sigma = \tau \|u\|_2 \|v\|_2$ とすると，定理 7.5.1 の中の D_u と D_v の定義より，$D_x = D_u/\|u\|_2^2$ と $D_y = D_v/\|v\|_2^2$ が成り立つことが確かめられる．さらに，$\sigma = \tau \|u\|_2 \|v\|_2$ とすると，式 (7.5.2) から式 (7.5.10) を導ける．

ステップ 6：二乗評価関数が τ^2 となることを示す．

式 (7.5.12) と (7.5.13) より，

$$x^T A y \sigma = \frac{u^T}{\|u\|_2} A \frac{v}{\|v\|_2} (\tau \|u\|_2 |v\|_2) = \frac{u^T}{\|u\|_2} \left(\frac{D_v}{\|v\|_2^2} \right) \frac{u}{\|u\|_2} (\tau \|u\|_2 \|v\|)^2 = \tau^2$$

(7.5.14)

上式より，二乗評価関数の最小化は，τ^2 の最小化と等価である．

ベクトル b の要素は，式 (7.5.5a) より，以下のように得られる．

$$b_k = a_k - \frac{u^T}{\|u\|_2} B_k \frac{v}{\|v\|_2} \sigma = a_k - u^T B_k v \tau$$

ステップ 7：式 (7.5.10) と式 (7.5.2) の等価性を示す．

式 (7.5.2) から式 (7.5.10) が導けることをすでに示したので，(7.5.10) から式 (7.5.2) を導けることを示すだけでよい．(x, τ, y) が式 (7.5.10) を満足するとし，さらに $u = x/\alpha$，$v = y/\beta$ とする．ただし，α と β はスカラーである．式 (7.5.10) より，

$$A v \beta = D_v \beta^2 u \alpha \sigma \iff A v = D_v u (\sigma \alpha \beta)$$

$$A^T u \alpha = D_u \alpha^2 \beta \sigma \iff A^T u = D_u v (\sigma \alpha \beta)$$

が成り立つ．ここで，$\tau = \sigma \alpha \beta$ とおく．

任意のベクトル x と y に対して，$x^T D_y x = y^T D_x y$ (7.5.2 項の性質 4 より) が成り立つ．そこで，$\gamma^2 = x^T D_y x = y^T D_x y$ とすると，

$$u^T D_v u = \frac{x^T}{\alpha} \frac{D_y}{\beta^2} \frac{x}{\alpha} = \frac{y^T}{\beta} \frac{D_x}{\alpha^2} \frac{y}{\beta} = v^T D_u v = \frac{\gamma^2}{\alpha^2 \beta^2}$$

が得られる．さらに，$\gamma^2 = \alpha^2 \beta^2$ となるように，α と β を選ぶと，式 (7.5.10) から式 (7.5.2) が導けることがわかる．

以上より，定理の証明が完成された． ■

■ 7.5.2 構造化全最小二乗解の性質

定理 7.5.1 によって与えられた構造化全最小二乗解 (structured total least-squares solution) には，以下のいくつかの性質がある．

性質 1 (直交性)：$B_0 = 0$ のとき，残差ベクトル $a - b$ と 解ベクトル b が互いに直交する．すなわち，$(a - b) \perp b$.

証明 式 (7.5.5) より，

$$l^T \left(\sum_{i=1}^m B_i b_i + B_0 \right) y = 0 \implies \sum_{i=1}^m (a_i - b_i) b_i + l^T B_0 y = 0$$

が得られる．$B_0 = 0$ のとき (例えば，7.5.4 項の実現問題)，$\sum_{i=1}^m (a_i - b_i) b_i = 0$ であるので，残差ベクトル $a - b$ と 解ベクトル b が互いに直交することになる． ■

性質 2 (等価性)：行列 D_y (あるいは等価的に D_v) が可逆であれば，構造化全最小二乗問

題は，制約条件

$$v^T D_u v = 1 \tag{7.5.15}$$

のもとで，

$$\tau^2 = v^T A^T D_v^{-1} A v \tag{7.5.16}$$

を最小化する問題と等価である．

証明 D_v が可逆であるときに，式 (7.5.2) より，$A^T D_v^{-1} A v = D_u v \tau$，$v^T D_u v = 1$ が得られるので，性質 2 が成り立つ． ■

性質 3 (スケーリング不変性)：評価関数 (7.5.16) において，v を $w = v/\alpha$ とおきかえても，$v^T A^T D_v^{-1} A v = w^T A^T D_w^{-1} A w$ が成り立つ．すなわち，式 (7.5.16) はスケーリング不変 (scaling invariant) である．

証明 D_v が v の要素の二次関数であることより明らかである． ■

性質 4 (正規化)：定理 7.5.1 のように定義された D_u と D_v は，任意の u と v に対して，$u^T D_v u = v^T D_u v$ が成り立つ．

証明 式 (7.5.11) の $x^T D_y x = y^T D_x y$ より明らかである． ■

性質 5 (非一意性)：式 (7.5.2) において，同じ τ に対して，ベクトル u と v は一意ではない．

証明 式 (7.5.2) において，u と v をそれぞれ u/α と v/β (ただし，$\alpha\beta = 1$) とおきかえると，(7.5.2) 式は以下のようになる．

$$A(v/\beta) = (D_v/\beta^2)(u/\alpha)\tau, \quad (v^T/\beta)(D_u/\alpha^2)(v/\beta) = 1$$

$$A^T(u/\alpha) = (D_u/\alpha^2)(v/\beta)\tau, \quad (u^T/\alpha)(D_v/\alpha^2)(u/\alpha) = 1$$

すなわち，$((u/\alpha), \tau, (v/\beta))$ もまた式 (7.5.2) を満足する．よって，ベクトル u と v は，方向が一意に定まるが，ノルムは一意ではない． ■

▨ 7.5.3　逆反復アルゴリズム

ここでは，連立非線形方程式 (7.5.2) の解法について考える．D_u と D_v が u と v に依存しない定数行列であるときに，最小固有値は逆反復 (inverse iteration) 計算によって求められる．そこで，以下の逆反復アルゴリズムが考えられる：固定した D_u と D_v が与えられると，逆反復を 1 ステップだけ実行する．すなわち，行列 A の QR 分解を用いて，u と v の新しい推定値を得る．これらの推定値はまた D_u と D_v の更新に用いられる．行列 A の QR 分解を以下のように表す．

$$A = \begin{bmatrix} Q_1 & Q_2 \end{bmatrix} \begin{bmatrix} R \\ 0 \end{bmatrix} \tag{7.5.17}$$

ただし，$Q_1 \in R^{p \times q}, Q_2 \in R^{p \times (p-q)}, R \in R^{q \times q}$.

u を $u = Q_1 z + Q_2 w$ と分解すると，式 (7.5.2) より，

$$\begin{bmatrix} R^T & 0 & 0 \\ Q_2^T D_v Q_1 & Q_2^T D_v Q_2 & 0 \\ Q_1^T D_v Q_1 \tau & Q_1^T D_v Q_2 \tau & -R \end{bmatrix} \begin{bmatrix} z \\ w \\ v \end{bmatrix} = \begin{bmatrix} D_u v \tau \\ 0 \\ 0 \end{bmatrix} \tag{7.5.18}$$

が得られる．ただし，$z \in R^q, w \in R^{p-q}$．この連立方程式には，$p+q$ 個の方程式があり，未知数の数も $p+q$ である．のちに示す逆反復アルゴリズムでは，まず D_u と D_v を固定して，方程式の解 z, w, v を求める．連立方程式の行列のブロック三角構造より，解 z, w, v を求めるのは容易である．つぎに，$u = Q_1 z + Q_2 w$ として，D_u と D_v を更新する．収束の判定は，アフィン行列 $B(b)$ の条件数に基づく．β_1 と β_q を $B(b)$ の最大と最小特異値とすると，$\beta_q/\beta_1 \le \epsilon_m$ のとき，収束と判定する．ここで，ϵ_m は計算機の浮動小数点表現の精度である．逆反復アルゴリズムは以下のようになる [65]：

アルゴリズム **7.5.1.** (逆反復アルゴリズム)

初期化：$u^{[0]}$ と $v^{[0]}$ を設定し，$D_{u^{[0]}}$ と $D_{v^{[0]}}$ を構成する．そして，

$$(v^{[0]})^T D_{u^{[0]}} v^{[0]} = (u^{[0]})^T D_{v^{[0]}} u^{[0]} = 1$$

となるように正規化する．

反復演算：$k=1$ から収束するまで以下の計算を繰り返す．

(1) $z^{[k]} = R^{-T} D_{u^{[k-1]}} v^{[k-1]} \tau^{[k-1]}$

(2) $w^{[k]} = -(Q_2^T D_{v^{[k-1]}} Q_2)^{-1} (Q_2^T D_{v^{[k-1]}} Q_1) z^{[k]}$

(3) $u^{[k]} = Q_1 z^{[k]} + Q_2 w^{[k]}$

(4) $v^{[k]} = R^{-1} Q_1^T D_{v^{[k-1]}} u^{[k]}$

(5) $v^{[k]} = v^{[k]}/\|v^{[k]}\|_2$

(6) $\gamma^{[k]} = \left((u^{[k]})^T D_{v^{[k]}} u^{[k]}\right)^{1/4}$

(7) $u^{[k]} = u^{[k]}/\gamma^{[k]}$; $v^{[k]} = v^{[k]}/\gamma^{[k]}$

(8) $D_{u^{[k]}} = D_{u^{[k]}}/(\gamma^{[k]})^2$; $D_{v^{[k]}} = D_{v^{[k]}}/(\gamma^{[k]})^2$

(9) $\tau^{[k]} = (u^{[k]})^T A v^{[k]}$

(10) 収束判定：式 (7.5.3) を用いて $B^{[k]}$ を求め，その最大と最小特異値 $\beta_1^{[k]}$ と $\beta_q^{[k]}$ を計算する．$\beta_q^{[k]}/\beta_1^{[k]} \ge \epsilon_m$ であれば，(1) にもどる．そうでなければ，終了する．

上記のアルゴリズムにおいて，1 回の反復は，D_u と D_v を固定した場合の連立方程式 (7.5.18) の解を QR 分解によって求めることと等価である．

(5) の正規化は必要である．正規化を行わないと，アルゴリズムが不安定になる可能性がある．$k \to \infty$ のときに，$\|u^{[k]}\|_2 \|v^{[k]}\|_2$ はある定数であるのに，$\|v^{[k]}\|_2 \to 0$，$\|u^{[k]}\|_2 \to \infty$ となることがあるからである．7.5.2 項の性質 5 より，このような正規化操作は可能である．

初期値の決め方として，A の最小特異値 $\tau_{\min}$ に対応する $u, \tau_{\min}, v$ を選ぶのが自然である．また，7.5.3 項の性質 4 より，初期値 $u^{[0]}$ と $v^{[0]}$ を正規化したほうがよい．

アルゴリズム 7.5.1 の問題点についても注意すべきである．たとえば，$p \gg q$ のとき，$(p-q) \times (p-q)$ 行列 $(Q_2^T D_v Q_2)$ の逆行列の計算は，大変な計算量が必要である．また，収束の評価基準についても，まだ検討の余地がある．最後に，アルゴリズムがかならずしも大域的最適解に収束するという保証はない．

■ 7.5.4　階数落ちハンケル行列近似と雑音が存在する場合の実現問題

これまでに紹介した結果は，一般的なアフィン行列関数に応用することができる．文献 [64] では，数値解析，信号処理，システム同定，線形システムの安定性など，多岐にわたって，豊富な応用例を紹介している．

第 6 章の式 (6.2.14) より，行列 A の階数落ち最小二乗近似は，A の特異値分解によって得ることができる．A を特殊な構造に限定しないとき，構造化全最小二乗解の式 (7.5.2) の中の D_u と D_v は単位行列になる．そのとき，式 (7.5.2) は，$Av = u\tau$，$A^T u = v\tau$，$v^T v = 1$，$u^t u = 1$ となる．これは A の特異値分解に対応する．ここでは，階数落ちハンケル行列の近似問題と雑音実現問題の関連性について説明する [65]．以下の制約付き評価関数を最小化するように，与えられたデータ列 $a \in R^{p+q-1}$ を $b \in R^{p+q-1}$ で近似する問題について考える：

$$\sum_{i=1}^{p+q+1} (a_i - b_i)^2, \quad 制約条件 \quad By = 0, \quad y^T y = 1 \tag{7.5.19}$$

ただし，B は，b の要素から構成される $p \times q$ ハンケル行列である．ハンケル行列 B は階数落ち行列であるので，b はたかだか $q-1$ 次のシステムのインパルス応答である [65]．ゆえに，ハンケル行列 B の列数 q（ユーザーによって選択される）は，近似システムの次数（最高 $q-1$ 次）を定める．

インパルス応答 b をモデリングするシステムの特性多項式を $y(z) = y_q z^{q-1} + \cdots + y_2 z + y_1$ とする．$y(z)$ の根はシステムの極を定める．すなわち，b の z 変換は，

$$b(z) = \frac{t(z)}{y(z)} \tag{7.5.20}$$

の形式で表現できる．ただし，$t(z)$ は次数が q 未満の多項式である．

240　第 7 章　全最小二乗法

　もし a 自身が高次のシステムインパルス応答であれば，ここでの問題はモデルの低次元化問題になる．$p \to \infty$ のとき，H_2 モデル低次元化問題となる [66]．a がインパルス応答そのものでなく，雑音に汚されたインパルス応答の測定値であるとき，ここでの問題は，雑音がある場合の実現問題 (noisy realization problem) となる．

　雑音がある場合の実現問題のラグランジュ評価関数は

$$\mathcal{L}(b, y, l, \lambda) = \sum_{i=1}^{p+q-1} (a_i - b_i)^2 + 2l^T By + \lambda(1 - y^T y) \tag{7.5.21}$$

となる．ただし，B はハンケル行列である．すべての未知数に関する導関数を零にすると，以下の連立方程式が得られる．

$$a_1 - b_1 = l_1 y_1$$
$$a_2 - b_2 = l_1 y_2 + l_2 y_1$$
$$a_3 - b_3 = l_1 y_3 + l_2 y_2 + l_3 y_1$$
$$\vdots$$
$$a_{p+q-1} - b_{p+q-1} = l_p y_q$$
$$B^T l = y\lambda, \quad y^T y = 1, \quad By = 0$$

以上より，連立方程式の個数は $2p + 2q$ である．b, l, y の要素と λ などの未知数の個数も $2p + 2q$ である．$l^T By = \lambda = 0$ より，$\lambda = 0$ を得る．B を b の要素からなる $p \times q$ ハンケル行列とすると，$A - B$ は以下のように表現できる．

$A - B =$

$$\begin{bmatrix} l_1 & l_2 & \cdots & l_{p-2} & l_{p-1} & l_p & 0 & \cdots & 0 & 0 & 0 \\ l_2 & l_3 & \cdots & l_{p-1} & l_p & 0 & 0 & \cdots & 0 & 0 & l_1 \\ l_3 & l_4 & \cdots & l_p & 0 & 0 & 0 & \cdots & 0 & l_1 & l_2 \\ \vdots & \vdots & \ddots & \vdots & \vdots & \vdots & \vdots & \ddots & \vdots & \vdots & \vdots \\ l_p & 0 & \cdots & 0 & 0 & l_1 & l_2 & \cdots & l_{p-3} & l_{p-2} & l_{p-1} \end{bmatrix} \begin{bmatrix} y_1 & y_2 & \cdots & y_{q-1} & y_q \\ 0 & y_1 & \cdots & y_{q-2} & y_{q-1} \\ 0 & 0 & \cdots & y_{q-3} & y_{q-2} \\ \vdots & \vdots & \ddots & \vdots & \vdots \\ 0 & 0 & \cdots & 0 & y_1 \\ \vdots & \vdots & \ddots & \vdots & \vdots \\ y_q & 0 & \cdots & 0 & 0 \\ y_{q-1} & y_q & \cdots & 0 & 0 \\ \vdots & \vdots & \ddots & \vdots & \vdots \\ y_2 & y_3 & \cdots & y_q & 0 \end{bmatrix}$$

$$\tag{7.5.22}$$

すなわち，$A - B$ はあるハンケル行列とあるテープリッツ行列の積で表される．このことから式 (7.5.22) の右辺にベクトル z をかけると，ある有用な性質が成り立つ．以下に $p = 4, q = 3$ の場合を例にして，それを示す．

$$
\begin{bmatrix} l_1 & l_2 & l_3 & l_4 & 0 & 0 \\ l_2 & l_3 & l_4 & 0 & 0 & 0 \\ l_3 & l_4 & 0 & 0 & l_1 & l_2 \\ l_4 & 0 & 0 & l_1 & l_2 & l_3 \end{bmatrix} \begin{bmatrix} y_1 & y_2 & y_3 \\ 0 & y_1 & y_2 \\ 0 & 0 & y_1 \\ 0 & 0 & 0 \\ y_3 & 0 & 0 \\ y_2 & y_3 & 0 \end{bmatrix} \begin{bmatrix} z_1 \\ z_2 \\ z_3 \end{bmatrix} = \begin{bmatrix} z_1 & z_2 & z_3 & 0 & 0 & 0 \\ 0 & z_1 & z_2 & z_3 & 0 & 0 \\ 0 & 0 & z_1 & z_2 & z_3 & 0 \\ l_4 & 0 & 0 & z_1 & z_2 & z_3 \end{bmatrix} \begin{bmatrix} y_1 & 0 & 0 & 0 \\ y_2 & y_1 & 0 & 0 \\ y_3 & y_2 & y_1 & 0 \\ 0 & y_3 & y_2 & y_1 \\ 0 & 0 & y_3 & y_2 \\ 0 & 0 & 0 & y_3 \end{bmatrix} \begin{bmatrix} l_1 \\ l_2 \\ l_3 \\ l_4 \end{bmatrix}
$$
$$
= T_z T_y^T l
$$
$$\tag{7.5.23}$$

ここで, T_z と T_y はそれぞれ z と x の要素からなる帯テープリッツ行列である.

上式は, ハンケル-テープリッツ行列の積がテープリッツ-テープリッツ行列の積へ変換できることを意味する. そこで, この性質を用いて, 行列 B を消去してみる. $A - B$ の右から y をかけると,

$$
(A - B)y = Ay = T_y T_y^T l = D_y l
$$

が得られる. ここで, D_y は $p \times p$ 対称正定な帯テープリッツ行列であり, その要素は y の要素の二次関数である. 一方, $(A - B)^T$ は, テープリッツ行列とハンケル行列の積となるので, 右からベクトル r をかけると, 式 (7.5.23) に対応する性質,

$$
\begin{bmatrix} y_1 & 0 & 0 & 0 & y_3 & y_2 \\ y_2 & y_1 & 0 & 0 & 0 & y_3 \\ y_3 & y_2 & y_1 & 0 & 0 & 0 \end{bmatrix} \begin{bmatrix} l_1 & l_2 & l_3 & l_4 \\ l_2 & l_3 & l_4 & 0 \\ l_3 & l_4 & 0 & 0 \\ l_4 & 0 & 0 & l_1 \\ 0 & 0 & l_1 & l_2 \\ 0 & l_1 & l_2 & l_3 \end{bmatrix} \begin{bmatrix} r_1 \\ r_2 \\ r_3 \\ r_4 \end{bmatrix} = \begin{bmatrix} r_1 & r_2 & r_3 & r_4 & 0 & 0 \\ 0 & r_1 & r_2 & r_3 & r_4 & 0 \\ 0 & 0 & r_1 & r_2 & r_3 & r_4 \end{bmatrix} \begin{bmatrix} l_1 & 0 & 0 \\ l_2 & l_1 & 0 \\ l_3 & l_2 & l_1 \\ l_4 & l_3 & l_2 \\ 0 & l_4 & l_3 \\ 0 & 0 & l_4 \end{bmatrix} \begin{bmatrix} y_1 \\ y_2 \\ y_3 \end{bmatrix}
$$
$$
= T_r T_l^T y
$$
$$\tag{7.5.24}$$

を得る. したがって, $(A - B)^T$ に右から l をかけると, $B^T l = 0$ より

$$
(A - B)^T l = A^T l = T_l T_l^T l = D_l y
$$

となる. ここで, D_l は $q \times q$ 対称正定なテープリッツ行列であり, その要素は l の要素の二次関数である. よって, l を $l/\|l\|_2 = x, \|l\|_2 = \sigma$ と正規化すると, 式 (7.5.10) となる. x と y を再度正規化すると, 式 (7.5.2) となる. すなわち, 雑音がある場合の実現問題は, 定理 7.5.1 の非線形一般化特異値分解の問題に帰着できる.

次に, 重みつき階数落ちハンケル行列近似問題について考える. 重み係数 $w_i > 0$ を用いると, 式 (7.5.19) の近似問題は,

$$
\min_{b \in R^{p+q-1}, y \in R^q} \sum_{i=1}^{p+q-1} (a_i - b_i)^2 w_i, \quad 制約条件 \quad By = 0, \quad y^T y = 1 \tag{7.5.25}
$$

となる。ここで，B はハンケル行列である。重み行列を $W = \mathrm{diag}(w_1, \cdots, w_{p+q-1})$ とすると，定理 7.5.1 の式 (7.5.2) の一般化特異値分解問題において，D_u と D_v は，

$$D_u = T_u W^{-1} T_u^T, \quad D_v = T_v W^{-1} T_v^T$$

と改められる。構造化全最小二乗解の直交性は，$(a - b)^T W b = 0$ となる。とくに，$p \to \infty, w_i = i$ のとき，式 (7.5.25) の問題は，ヒルベルト - シュミット - ハンケルノルム [106] (Hilbert-Schmidt-Hankel norm, HSH-norm) に基づく近似問題になる。

ほかに，雑音がある場合の実現問題を解くためのアルゴリズムとして，Cadzow の複合性質写像アルゴリズム [35]，IQML (iterative quadratic maximum likelihood) 法 [24,51] や，Steiglitz-McBride 法 [145] などの手法も提案されているが，これらの従来の手法が定理 7.5.1 で定義した問題の最適解に収束しないことが De Moor によって指摘されている [64,65]。

第8章

最尤法および最小二乗法の拡張

　第 7 章では，過決定連立方程式 $Ax = b$ に対する最小二乗法と全最小二乗法について検討して，以下の結論を得た：最小二乗法は，定理 7.1.1 の条件のように，ベクトル b の誤差ベクトルの各要素が無相関，平均零で，しかも同じ分散を持つ白色雑音であるとき，最小二乗推定値は最小分散の不偏推定値である．一方，定理 7.2.1 の条件より，全最小二乗法は，A と b の誤差がともに平均零で，共通な共分散行列を持つ白色雑音であるとき，一致推定値を与える．本章では，以下の問題について検討する．

(1) 連立方程式 $A(\lambda)x = b$ の解を求める．ただし，x と λ はともに未知パラメータである．

(2) 連立方程式 $Ax = b$ の解を求める．ただし，b の誤差が有色雑音である．

　前者に対しては，最尤法 (maximum likelihood method) を適用することができる[*1]．後者に対しては，最小二乗法を拡張した手法を用いることができる．本章では，最尤法のほか，一般化最小二乗法と重み付き最小二乗法についても紹介する．

8.1　最尤法

　多くの重要な信号処理問題 (例えば，到来方向推定，雑音環境の中で重畳した複数個の指数信号のパラメータ推定，重畳した反射波の分別など) は，以下のモデルのパラメータ推定問題に帰着できる [203]．

$$x(t) = A(\theta)s(t) + e(t), \qquad t = 1, \cdots, N \tag{8.1.1}$$

[*1] 訳注：8.1 節は，第 10 章の固有空間に関する推定問題を中心に最尤法を説明しているので，第 10 章の 10.1〜 10.3 節の知識が必要である．

244　第 8 章　最尤法および最小二乗法の拡張

ここで, $x(t) \in C^{M \times 1}$ は観測データベクトル, $s(t) \in C^{d \times 1}$ は信号ベクトル, $e(t) \in C^{M \times 1}$ は加法性観測雑音である. 行列 $A(\theta) \in C^{M \times d}$ は以下の特殊な構造を持つ.

$$A(\theta) = [a(\omega_1), a(\omega_2), \cdots, a(\omega_d)] \tag{8.1.2}$$

ただし, $a(\omega_i) \in C^{M \times 1}$ は, i 番目の信号から観測信号 $x(t)$ までの伝達ベクトルであり, $\theta = [\omega_1, \cdots, \omega_d]^T$ は未知パラメータベクトルである. モデル (8.1.1) に対して, 以下の仮定をする:

(1)　$M > d$ であり, ベクトル $a(\omega_1), a(\omega_2), \cdots, a(\omega_d)$ は互いに一次独立である.

(2)　$e(t)$ は白色雑音ベクトルであり, $E\{e(t)e^H(t)\} = \sigma^2 I$, $E\{e(t)e^T(t)\} = 0$ と $E\{e(t)\} = 0$ が成り立つ.

(3)　$t \neq s$ に対して, $E\{e(t)e^H(s)\} = E\{e(t)e^T(s)\} = 0$, しかも $e(t)$ は正規分布に従う.

■ 8.1.1　最尤推定値のための評価関数

簡単のため, $A(\theta)$ を A と書く. 仮定 1 ～ 3 のもとでは, 観測ベクトル $x(t)$ の尤度関数 (likelihood function) は

$$L\{x\} = \frac{1}{(2\pi)^{MN}(\sigma/2)^{MN}} \exp\left\{-\frac{1}{\sigma}\sum_{t=1}^{N}[x(t) - As(t)]^H[x(t) - As(t)]\right\}$$

となる. 指数関数の性質より, 対数尤度関数 (log-likelihood function)

$$\ln L = \text{const} - MN\ln\sigma - \frac{1}{\sigma}\sum_{t=1}^{N}[x(t) - As(t)]^H[x(t) - As(t)] \tag{8.1.3}$$

の形式が便利でよく使う. ただし, const は定数を表す. 最尤推定値を得るためには, まず $\bar{s}(t) = \text{Re}[s(t)]$, $\tilde{s}(t) = \text{Im}[s(t)]$ と θ に対する $\ln L$ の偏微分を計算する [203]:

$$\frac{\partial \ln L}{\partial \sigma} = -\frac{MN}{\sigma} + \frac{1}{\sigma^2}\sum_{t=1}^{N}e^H(t)e(t)$$

$$\frac{\partial \ln L}{\partial \bar{s}(k)} = \frac{1}{\sigma}\left[A^H e(k) + A^T e^*(k)\right] = \frac{2}{\sigma}\text{Re}\left[A^H e(k)\right]$$

$$\frac{\partial \ln L}{\partial \tilde{s}(k)} = \frac{1}{\sigma}\left[-jA^H e(k) + jA^T e^*(k)\right] = \frac{2}{\sigma}\text{Im}\left[A^H e(k)\right]$$

$$\frac{\partial \ln L}{\partial \omega_i} = \frac{2}{\sigma}\sum_{t=1}^{N}\text{Re}\left[s^H(t)\frac{dA^H}{d\omega_i}e(t)\right] = \frac{2}{\sigma}\sum_{t=1}^{N}\text{Re}\left[s_i^*(t)d^H(\omega_i)e(t)\right]$$

ただし, $d(\omega) = da(\omega)/d\omega$, $k = 1, \cdots, N$, $i = 1, \cdots, d$.

$\partial \ln L/\partial s(t) = 0$ より, 信号 $s(t)$ の最尤推定値が得られる:

$$\hat{s}(t) = \left(\hat{A}^H\hat{A}\right)^{-1}\hat{A}^H x(t) \tag{8.1.4}$$

ただし，$\widehat{A}$ は A の最尤推定値である．すなわち，$\widehat{A} = \widehat{A}(\widehat{\theta})$．ここで，$\widehat{\theta}$ は θ の最尤推定値である．$\partial \ln L / \partial \sigma = 0$ に上の結果を代入すると，σ の最尤推定値が得られる：

$$\widehat{\sigma} = \frac{1}{MN} \sum_{t=1}^{N} \left[x(t) - \widehat{A}s(t) \right]^{H} \left[x(t) - \widehat{A}s(t) \right] = \frac{1}{M} \mathrm{trace} \left[I - \widehat{A}\left(\widehat{A}^{H}\widehat{A}\right)^{-1}\widehat{A}^{H} \right] \widehat{R}$$

(8.1.5)

ただし，$\widehat{R} = \dfrac{1}{N} \displaystyle\sum_{t=1}^{N} x(t)x^{H}(t)$．式 (8.1.4) と (8.1.5) を式 (8.1.3) に代入して，$\widehat{A}$ を A で置き換えると，

$$\ln L = \mathrm{const} - MN \ln F(\theta) \tag{8.1.6a}$$

$$F(\theta) = \mathrm{trace} \left[I - A\left(A^{H}A\right)^{-1}A^{H} \right] \widehat{R} \tag{8.1.6b}$$

が得られる．そこで，$P_{A(\theta)}$ と $P_{A(\theta)}^{\perp}$ をそれぞれ $A(\theta)$ の列空間への射影行列と直交補空間射影行列とする：

$$P_{A(\theta)} = A(\theta)A^{+}(\theta) = A\left(A^{H}A\right)^{-1}A^{H}$$
$$P_{A(\theta)}^{\perp} = I - P_{A(\theta)} = I - A\left(A^{H}A\right)^{-1}A^{H} \tag{8.1.7}$$

正規性白色雑音の場合では，信号パラメータベクトル θ の最尤推定値は

$$\widehat{\theta} = \arg \min_{\theta} \mathrm{trace}\left[P_{A(\theta)}^{\perp} \widehat{R} \right] \tag{8.1.8a}$$

あるいは，

$$\widehat{\theta} = \arg \max_{\theta} \mathrm{trace}\left[P_{A(\theta)} \widehat{R} \right] \tag{8.1.8b}$$

で与えられる．式 (8.1.8) の評価関数は一般に多峰性関数であり，高次元の大域的極値を探索する必要があるので，計算は大変複雑である．以下では，到来方向推定問題，および雑音環境の中で重畳した複数個の指数信号のパラメータ推定問題について，実用的な計算アルゴリズムを説明する．

■ 8.1.2 固有構造に基づいた最尤推定値

M 個のセンサからなる受動的センサアレイ (sensor array) について考える．i 番目のセンサの受信信号を

$$x_i(t) = \sum_{k=1}^{d} a_i(\omega_k)s_k(t - \tau_i(\omega_k)) + n_i(t) \tag{8.1.9}$$

とする．$s_k(\cdot)$ はセンサアレイのある基準点からみた k 番目の信号波面であり，$a_i(\omega_k)$ は角度が ω_k である波面に対する i 番目のセンサの応答である．$\tau_i(\omega_k)$ は信号の伝達遅延である．上式を行列 - ベクトル形式で書くと，以下のようになる．

$$x(t) = A(\theta)s(t) + n(t) \tag{8.1.10}$$

246　第 8 章　最尤法および最小二乗法の拡張

ただし，$A(\theta) = [a(\omega_1), \cdots, a(\omega_d)]$ であり，$a(\omega)$ は方向 ω に対するステアリングベクトル (steering vector) である：

$$a(\omega)^T = [a_1(\omega)e^{-j\omega_0\tau_1(\omega)}, \cdots, a_d(\omega)e^{-j\omega_0\tau_M(\omega)}] \tag{8.1.11}$$

雑音 $n_i(\cdot)$ が平均零，分散 σ^2 の独立同一分布正規性白色雑音であるとすると，ω の最尤推定値は式 (8.1.8b) より求められる．すなわち，ω は

$$L(\omega_1, \cdots, \omega_d) = \mathrm{trace}\big[P_{A(\theta)}\widehat{R}\big] \tag{8.1.12}$$

の最大化より求められる．ここで，$\widehat{R} = \dfrac{1}{N}\displaystyle\sum_{t=1}^{N} x(t)x^H(t)$ は標本自己相関行列 (sample autocorrelation matrix) である．$\widehat{R}$ の固有構造 (eigen structure) を用いれば，式 (8.1.12) に対して，興味深い解釈を与えることができる．$\widehat{R}$ の固有値と固有ベクトルをそれぞれ $\lambda_1, \cdots, \lambda_M$ と $u_1, \cdots, u_M$ で表すと，$\widehat{R}$ は

$$\widehat{R} = \sum_{i=1}^{M} \lambda_i u_i u_i^H \tag{8.1.13}$$

と表現できる．式 (8.1.13) を式 (8.1.11) に代入し，trace($\cdot$) の性質を利用すると，

$$L(\omega_1, \cdots, \omega_d) = \sum_{i=1}^{M} \lambda_i \|P_{A(\theta)}u_i\|_2^2 \tag{8.1.14}$$

が得られる．この式は，興味深い幾何学的解釈を与えてくれる．まず，任意の可能な 1 組の信号パラメータ $\omega_1, \cdots, \omega_d$ が部分空間 $\mathrm{span}\{a(\omega_1), \cdots, a(\omega_d)\}$ を定義できることに注意されたい．この部分空間を信号部分空間という．式 (8.1.14) より，信号パラメータ $\omega_1, \cdots, \omega_d$ の評価関数は，標本自己相関行列の固有ベクトル u_i の，$\omega_1, \cdots, \omega_d$ によって定義される信号部分空間 ($A(\theta)$ の列空間) への射影のノルムの重み付き二乗和である．固有値による重み付きは，固有値が大きいほど，対応する固有ベクトルの信号部分空間での影響も大きいことを意味する．

入射信号が一個のみである ($q = 1$) 場合，評価関数は

$$L(\omega) = \lambda_1 \frac{|a^H(\omega)u_1|^2}{a^H(\omega)a(\omega)} + \sum_{i=2}^{M} \lambda_i \frac{|a^H(\omega)u_i|^2}{a^H(\omega)a(\omega)} \tag{8.1.15}$$

と簡単化される．固有ベクトル行列がユニタリ行列であるので，

$$u_1 u_1^H = I - \sum_{i=2}^{M} u_i u_i^H \tag{8.1.16}$$

が成り立つ．この関係を式 (8.1.15) に代入して，定数項を無視すると，

$$L(\omega) = -\sum_{i=2}^{M} (\lambda_1 - \lambda_i) \frac{|a^H(\omega)u_i|^2}{a^H(\omega)a(\omega)} \tag{8.1.17}$$

が得られる．ω の最尤推定値は上式の最大化，あるいは等価的に，

$$F(\omega) = \sum_{i=2}^{M} (\lambda_1 - \lambda_i) \frac{|a^H(\omega)u_i|^2}{a^H(\omega)a(\omega)} \tag{8.1.18}$$

の最小化によって求められる．式 (8.1.18) は，雑音固有ベクトル $u_i,\ i = 2,\cdots, M$ の信号部分空間 ($A(\theta)$ の列空間) への射影のノルムの重み付き二乗和である．固有値が小さいほど，対応する固有ベクトルが信号部分空間との直交性も強いことに注意されたい．

Wax と Kailath は，式 (8.1.17) の結果を d 個の信号の場合に拡張し，以下の擬似尤度関数を定義した [222]．

$$L_n(\omega) = - \sum_{i=d+1}^{M} (\overline{\lambda}_s - \lambda_i) \frac{|a^H(\omega)u_i|^2}{a^H(\omega)a(\omega)} \tag{8.1.19}$$

ただし，$\overline{\lambda}_s$ は信号固有値の平均値である：

$$\overline{\lambda}_s = \frac{1}{d} \sum_{i=1}^{d} \lambda_i \tag{8.1.20}$$

式 (8.1.14) と比較して，式 (8.1.19) は射影行列 $P_{A(\theta)}$ の計算を省けるだけでなく，極値化は一次元の探索問題となる．それに対して，式 (8.1.14) の極値化は多次元の探索問題になる．$d = 1$ の場合では，式 (8.1.19) と (8.1.17) は全く同じであるので，式 (8.1.19) の極値化の結果は最尤推定値と同じであり，最適である．しかし，$d > 1$ の場合では，式 (8.1.19) 極値化の結果は明らかに最尤推定値と異なっており，準最適である．

式 (8.1.19) に基づいた推定は，本質的には雑音固有値と雑音ベクトルを扱う雑音部分空間問題である．同様に，信号固有値と信号ベクトルを扱う信号部分空間問題として扱うこともできる．入射信号が一個のみである ($q = 1$) 場合，評価関数 (8.1.15) を

$$L(\omega) \approx \lambda_1 \frac{|a^H(\omega)u_1|^2}{a^H(\omega)a(\omega)} + \widehat{\sigma}^2 \sum_{i=2}^{M} \lambda_i \frac{|a^H(\omega)u_i|^2}{a^H(\omega)a(\omega)} \tag{8.1.21}$$

と近似する．ただし，$\widehat{\sigma}^2$ は雑音固有値の平均値である：

$$\widehat{\sigma}^2 = \frac{1}{M-1} \sum_{i=2}^{M} \lambda_i \tag{8.1.22}$$

式 (8.1.16) を用いると，式 (8.1.21) は

$$L(\omega) = (\lambda_1 - \widehat{\sigma}^2) \frac{|a^H(\omega)u_i|^2}{a^H(\omega)a(\omega)} \tag{8.1.23}$$

と簡単化される．$d > 1$ の場合，擬似尤度関数は以下のようになる．

$$L_s(\omega) = \sum_{i=1}^{d} (\lambda_i - \widehat{\sigma}^2) \frac{|a^H(\omega)u_i|^2}{a^H(\omega)a(\omega)} \tag{8.1.24}$$

すなわち，パラメータ推定問題は信号部分空間問題として捉えることもできる．

$a^H(\omega)a(\omega)$ が ω に関係なく定数である場合 (例えば，一様線形センサアレイの場合) について考察する．式 (8.1.24) の分母 (定数項) は省くことができるので，擬似尤度関数は

248   第 8 章　最尤法および最小二乗法の拡張

$$\overline{L}_s(\omega) = \sum_{i=1}^{d} (\lambda_i - \widehat{\sigma}^2)|a^H(\omega)u_i|^2 \tag{8.1.25}$$

となる．固有ベクトルの正規直交性

$$\sum_{i=1}^{d} u_i u_i^H + \sum_{i=d+1}^{M} u_i u_i^H = I \tag{8.1.26}$$

より，$\overline{L}_s(\omega)$ は

$$\overline{L}_s(\omega) = a^H(\omega)\left[\sum_{i=1}^{d}(\lambda_i - \widehat{\sigma}^2)u_i u_i^H - \widehat{\sigma}^2 I\right]a(\omega) \tag{8.1.27}$$

と書ける．カギ括弧 [·] の中の項は，雑音がないときの観測データベクトルの標本自己相関行列である，すなわち，

$$A^H(\theta)\widehat{S}A(\theta) = \sum_{i=1}^{d}(\lambda_i - \widehat{\sigma}^2)u_i u_i^H - \widehat{\sigma}^2 I \tag{8.1.28}$$

ただし，$\widehat{S} = \frac{1}{N}\sum_{t=1}^{N} s(t)s^H(t)$.

以上より，式 (8.1.25) は，雑音を含む標本自己相関行列 $\widehat{R} = A^H(\theta)\widehat{S}A(\theta) + \widehat{\sigma}^2 I$ の代わりに，雑音がないときの観測データベクトルの標本自己相関行列 $A^H(\theta)\widehat{S}A(\theta)$ を用いるので，高精度な手法であるといえる [222].

■ 8.1.3　反復二次型最尤法

時刻 t において，雑音環境の中で重畳した $d < M$ 個の指数信号の観測ベクトルを

$$x(t) = \sum_{k=1}^{d} s_k(t)a(\lambda_k) + n(t), \quad t = 1, \cdots, N \tag{8.1.29}$$

とする．ただし，$x(t) = [x_0(t), x_1(t), \cdots, x_{M-1}(t)]^T$, $a(\lambda_k) = [1, \lambda_k, \lambda_k^2, \cdots, \lambda_k^{M-1}]^T$. ここで，$s_k$ は k 番目の信号の複素振幅であり，λ_k は k 番目の信号の複素パラメータである．λ_k は 相異なるとする．すなわち，$\lambda_k \neq \lambda_j, k \neq j$. $n(t) = [n_0(t), n_1(t), \cdots, n_{M-1}(t)]^T$ は平均零の複素正規性白色雑音で，分散行列 $E\{n(t)n^H(t)\} = \sigma^2 I$ を持つ．

上式を行列 - ベクトル形式で書くと，以下のようになる．

$$x(t) = A(\theta)s(t) + n(t) \tag{8.1.30}$$

ここで，$s(t) \in C^{d \times 1}$ は信号ベクトルであり，$A(\theta) = [a(\lambda_1), a(\lambda_2), \cdots, a(\lambda_d)] \in C^{M \times d}$. 式 (8.1.8) 式のようにパラメータベクトル $\theta = [\lambda_1, \cdots, \lambda_d]^T$ の最尤推定値を求めようとすると，高次元の多峰性関数の最適化が必要である [24]. ここでは，ARMA モデル表現を用いて，最尤推定値を導出する．式 (8.1.29) で与えられた信号の観測ベクトルの要素同士は，形式上以下の特殊な ARMA モデルを満足することが知られている [24,213]：

$$b_0 x_k(t) + b_1 x_{k-1}(t) + \cdots + b_d x_{k-d}(t) = b_0 n_k(t) + b_1 n_{k-1}(t) + \cdots + b_d n_{k-d}(t) \tag{8.1.31}$$

信号パラメータは，多項式 $b(z) = b_0 z^d + b_1 z^{d-1} + \cdots + b_d$ の根 $z_i = \lambda_i, i = 1, \cdots, d$ で与えられる．ARMA モデルのパラメータ $b = [b_0, b_1, \cdots, b_d]^T$ の最尤推定値の表現式を得るために，まず $M \times (M - d)$ テープリッツ行列 B を定義する：

$$B = \begin{bmatrix} b_d^* & 0 & \cdots & 0 \\ \vdots & \ddots & \ddots & \vdots \\ b_0^* & & \ddots & 0 \\ 0 & \ddots & & b_d^* \\ \vdots & \ddots & \ddots & \vdots \\ 0 & \cdots & 0 & b_0^* \end{bmatrix} \tag{8.1.32}$$

ただし，$(\cdot)^*$ は複素共役を表す．式 (8.1.8) の射影行列 $P_{A(\lambda)}^\perp$ は B の射影行列で表現できる．すなわち，

$$P_{A(\theta)}^\perp = P_B = B(B^H B)^{-1} B^H \tag{8.1.33}$$

証明　$b(\lambda_i) = 0$ より，$i = 1, \cdots, d$ に対して，

$$B^H a(\lambda_i) = b(\lambda_i)[1, \lambda_i, \cdots, \lambda_i^{M-d-1}]^T = 0$$

が成り立つ．すなわち，B の各列が A の各列と直交する．任意の $b \neq 0$ に対して，B は最大列階数 $M - d$ を持つので，B の列ベクトルは，A の d 個の列ベクトルが張る部分空間の直交補空間を張る．よって，$P_B = P_{A(\theta)}^\perp$ が成り立つ．　∎

以上より，式 (8.1.8a) は

$$\min_{b \in \Omega} J(b) \tag{8.1.34}$$

と書き直せる．ただし，Ω は b の取りうる範囲を制約する集合 [24] であり，

$$J(b) = \mathrm{trace}(P_B \widehat{R}) = \mathrm{trace}[B(B^H B)^{-1} B^H \widehat{R}] \tag{8.1.35}$$

である．上式はさらに計算しやすい形式に変換できる．まず，以下のデータ行列を定義する．

$$X(t) = \begin{bmatrix} x_{d+1}(t) & x_d(t) & \cdots & x_1(t) \\ x_{d+2}(t) & x_d(t+1) & \cdots & x_2(t) \\ \vdots & \vdots & \ddots & \vdots \\ x_M(t) & x_{M-1}(t) & \cdots & x_{M-d}(t) \end{bmatrix} \tag{8.1.36}$$

さらに，式 B の定義より，

$$B^H x(t) = X(t)b \tag{8.1.37}$$

が成り立つ．上式を式 (8.1.35) に代入すると，

$$
\begin{aligned}
N \cdot J(b) &= \text{trace}\left[\sum_{t=1}^{N} B(B^H B)^{-1} B^H x(t) x^H(t)\right] \\
&= b^H \left[\sum_{t=1}^{N} X^H(t)(B^H B)^{-1} X(t)\right] b
\end{aligned}
\tag{8.1.38}
$$

が得られる．よって，最尤推定値は，以下のように与えられる．

$$
\widehat{b} = \arg \min_{b \in \Omega} = b^H \left[\sum_{t=1}^{N} X^H(t)(B^H B)^{-1} X(t)\right] b
\tag{8.1.39}
$$

上式は b の二次型関数を最小化する形になっているが，B 自身も b に依存するので，最尤推定値反復計算によって求められる．反復二次型最尤法 (iterative quadratic maximum likelihood method, IQML method) のアルゴリズムは以下のように与えられる [24]．

アルゴリズム 8.1.1. (反復二次型最尤アルゴリズム)

(1) 初期化： $k = 0,\ b_{(0)} = b^0$.

(2) 計算： $C_X^{(k)} = \sum_{t=1}^{N} X^H(t)(B_{(k)}^H B_{(k)})^{-1} X(t)$

(3) 二次型最小化問題： $\min\limits_{b_{(k+1)} \in \Omega} b_{(k+1)}^H C_X^{(k)} b_{(k+1)}$

(4) $k = k + 1$.

(5) $b_{(k)}$ が収束したら，終了する．収束していなければ，(2) に戻る．

パラメータベクトル b が求まった後，$b_{(k)}(z)$ の根より信号パラメータ λ_i を求めることができる．

8.2 一般化最小二乗法

図 8.2.1 (a) に示される一入力一出力離散時間システムについて考える．システムの出力信号 $x(k)$ は観測雑音 $v(k)$ に汚されているとする．すなわち，$y(k) = x(k) + v(k)$．システムは ARX モデル (autoregressive model with exogenous input) で表現されるとする：

$$
x(k) + \sum_{i=1}^{p} a_i x(k-i) = \sum_{j=0}^{q} b_j u(k-j)
$$

よって，出力の観測値 $y(k)$ を用いると，

$$
A(z)y(k) = B(z)u(k) + \epsilon(k)
\tag{8.2.1}
$$

と書ける．ただし，

$$
\begin{aligned}
A(z) &= 1 + a_1 z^{-1} + \cdots + a_p z^{-p} \\
B(z) &= b_0 + b_1 z^{-1} + \cdots + b_q z^{-q} \\
\epsilon(k) &= A(z)v(k)
\end{aligned}
$$

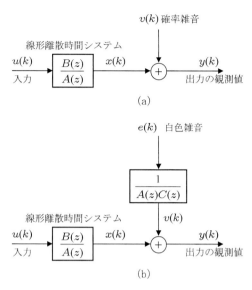

図 **8.2.1** 同定のためのシステムモデル

観測雑音 $v(k)$ が例え白色であっても，残差 $\epsilon(k)$ が有色であることに注意されたい．

入出力データ $\{u(k), y(k)\}_{k=1}^{N}$ が得られたとすると，式 (8.2.1) は行列方程式に書ける：

$$y = \Phi\theta + \epsilon \tag{8.2.2}$$

ただし，

$$y = [y(1), y(2), \cdots, y(N)]^T, \quad \epsilon = [\epsilon(1), \epsilon(2), \cdots, \epsilon(N)]^T$$
$$\Phi^T = [\phi_1^T, \phi_2^T, \cdots, \phi_N^T], \quad \theta = [a_1, \cdots, a_p, b_0, b_1, \cdots, b_q]^T$$
$$\phi_i = [-y(i-1), \cdots, -y(i-p), u(i), \cdots, u(i-q)]$$

残差 $\epsilon(k)$ が有色であるので，通常の最小二乗法は，バイアスのある推定値を与えることになる．一致推定値を得るためには，最小二乗法の拡張と改良が必要である．ここでは，一般化最小二乗法 (generalized least squares method, GLS method) を用いることにする．一般化最小二乗法は，残差が AR 雑音 (AutoRegressive noise) である場合には有効である [253]．残差 $\epsilon(k)$ を AR 雑音 $\epsilon(k) = e(k)/C(z)$ とモデル化すると，一般化最小二乗法の基本アイデアは，フィルタ $C(z)$ を用いて $\epsilon(k)$ を白色化することである：

$$e(k) = C(z)\epsilon(k) \tag{8.2.3}$$

ただし，$C(z) = 1 + c_1 z^{-1} + \cdots + c_n z^{-n}$，$e(k)$ は平均零で，有限な分散を持つ白色雑音である．この場合，図 8.2.1(b) のように，システムモデルは以下のようになる．

$$A(z)C(z)y(k) = B(z)C(z)u(k) + e(k)$$

$k = 1, \cdots, N$ に対して，$\epsilon(k) = e(k)/C(z)$ に関する行列方程式は以下のようになる.

$$\epsilon = \Omega c + e \tag{8.2.4}$$

ただし，

$$\epsilon = [\epsilon(1), \epsilon(2), \cdots, \epsilon(N)]^T, \quad e = [e(1), e(2), \cdots, e(N)]^T$$

$$\Omega^T = [\omega_1^T, \omega_2{}^T, \cdots, \omega_N^T], \quad c = [c_1, c_2 \cdots, c_n]^T$$

$$\omega_i = [-\epsilon(i-1), -\epsilon(i-2), \cdots, -\epsilon(i-n)]$$

我々の目的は，システムの入出力データから，既約の $A(z)$ と $B(z)$ を求めることであり，$A(z)C(z)$ と $B(z)C(z)$ を求めることではない. $A(z)$ と $B(z)$ を推定するためには，残差 $\epsilon(k)$ を白色化するフィルタ $C(z)$ の推定も重要である. したがって，一般化最小二乗法は一種の反復計算アルゴリズムである [116, 253]. まず，方程式 (8.2.2) の最小二乗解 $\widehat{\theta}_{\mathrm{LS}}$ を求める：

$$\widehat{\theta}_{\mathrm{LS}} = (\Phi^T \Phi)^{-1} \Phi^T y$$

行列方程式 (8.2.2) と (8.2.4) より，N が十分大きいときに，最小二乗推定値は

$$\widehat{\theta}_{\mathrm{LS}} = (\Phi^T \Phi)^{-1} \Phi^T y = (\Phi^T \Phi)^{-1} \Phi^T (\Phi\theta + \Omega c + e) = \theta + (\Phi^T \Phi)^{-1} \Phi^T \Omega c$$

となるので，バイアスを持つ. パラメータの真値は，バイアスを推定し，補償することによって得られる：

$$\theta = \widehat{\theta}_{\mathrm{LS}} - (\Phi^T \Phi)^{-1} \Phi^T \Omega c$$

具体的反復計算アルゴリズムは以下のようになる [116, 253].

アルゴリズム 8.2.1.

(1) 最小二乗推定値を計算する：

$$\widehat{\theta}_{\mathrm{LS}} = (\Phi^T \Phi)^{-1} \Phi^T y$$

$\widehat{\theta} = \widehat{\theta}_{\mathrm{LS}}$，$\Phi^+ = (\Phi^T \Phi)^{-1} \Phi^T$ とおく.

(2) すでに得られた $\widehat{\theta}$ を用いて，残差の推定値 $\widehat{\epsilon}(k)$ を計算する：

$$\widehat{\epsilon}(k) = y(k) - \phi_k \widehat{\theta}$$

(3) 白色化フィルタのパラメータを推定し，バイアス項を計算する：

$$\widehat{c}_{\mathrm{LS}} = (\widehat{\Omega}^T \widehat{\Omega})^{-1} \widehat{\Omega}^T \widehat{\epsilon}, \quad \widehat{\theta}_{\mathrm{bias}} = \Phi^+ \widehat{\Omega} \widehat{c}$$

ただし，

$$\widehat{\Omega}^T = [\widehat{\omega}_1^T, \widehat{\omega}_2{}^T, \cdots, \widehat{\omega}_N^T]$$

$$\widehat{\omega}_i = [-\widehat{\epsilon}(i-1), -\widehat{\epsilon}(i-2), \cdots, -\widehat{\epsilon}(i-n)]$$

(4) θ を更新する：

$$\widehat{\theta} = \widehat{\theta}_{\mathrm{LS}} - \widehat{\theta}_{\mathrm{bias}}$$

(5) θ が収束するまで (2) に戻って，上記の手順を繰り返す.

アルゴリズムでは，左擬似逆行列 [154] の計算 $(\Phi^T\Phi)^{-1}\Phi^T$ が必要である．第 1 章の 1.5 節で説明した次数逐次計算アルゴリズム (定理 1.5.1) を用いれば，ARX モデル次数 (p,q) の様々な組み合わせに対応することができるので，AIC などの情報量基準を用いて，次数決定とパラメータ推定を含む実用的アルゴリズムを構築できる [253].

以下では，ARMA モデル

$$A(z)y(k) = B(z)u(k) + \frac{1}{C(z)}w(k) \tag{8.2.5}$$

のパラメータ推定問題について考える [255]．ただし，$A(z)$，$B(z)$ と $C(z)$ はそれぞれ式 (8.2.1) と (8.2.3) にあるものと同じである．$w(k)$ は平均零で，有限な分散を持つ白色雑音である．式 (8.2.1) の場合と異なり，$u(k)$ は平均零，$w(k)$ と無相関で，観測不可能な白色雑音である．AR 雑音を

$$\epsilon(k) = \frac{1}{C(z)}w(k) \tag{8.2.6}$$

と表現する．そこで，ARMA モデルの AR パラメータの推定アルゴリズムを導出する．

式 (8.2.5) の両辺に $y(k-q-l), l \geq 1$ をかけ，期待値を取ると，

$$R_y(q+l) + \sum_{i=1}^{p} a_i R_y(q+l-i) = R_{y\epsilon}(q+l), \quad l \geq 1 \tag{8.2.7}$$

が得られる．ただし，$R_y(i)$ は $y(k)$ の自己相関関数である：

$$R_y(i) = E\{y(k-i)y(k)\}, \quad R_y(i) = R_y(-i)$$

$R_{y\epsilon}(i)$ は $y(k)$ と $\epsilon(k)$ の相互相関関数である：

$$R_{y\epsilon}(i) = E\{y(k-i)\epsilon(k)\}$$

また，式 (8.2.6) の両辺に $y(k-q-l), l \geq 1$ をかけ，期待値を取ると，

$$R_{y\epsilon}(q+l) + \sum_{i=1}^{n} c_i R_{y\epsilon}(q+l-i) = 0, \quad l \geq 1 \tag{8.2.8}$$

が得られる．式 (8.2.7) と (8.2.8) より，有色な AR 雑音が存在する場合の ARMA モデルの AR パラメータを推定することができる．まず，以下のベクトルと行列を定義する．

$$r = [R_y(q+1), R_y(q+2), \cdots, R_y(q+M)]^T$$
$$\phi_i = [-R_y(q+i-1), -R_y(q+i-2), \cdots, -R_y(q+i-p)]$$
$$\Phi^T = [\phi_1^T, \phi_2^T, \cdots, \phi_M^T]$$
$$\epsilon = [R_{y\epsilon}(q+1), R_{y\epsilon}(q+2), \cdots, R_{y\epsilon}(q+M)]^T$$
$$\theta = [a_1, a_2, \cdots, a_p]^T$$
$$\omega_i = [-R_{y\epsilon}(q+i-1), -R_{y\epsilon}(q+i-2), \cdots, R_{y\epsilon}(q+i-n)]$$

254　第 8 章　最尤法および最小二乗法の拡張

$$\Omega^T = [\omega_1^T, \omega_2^T, \cdots, \omega_M^T]$$

$$c = [c_1, c_2, \cdots, c_n]^T$$

よって，式 (8.2.8) と (8.2.7) はそれぞれ以下のように表現できる．

$$\epsilon = \Omega c \tag{8.2.9}$$

$$r = \Phi\theta + \epsilon \tag{8.2.10}$$

Φ の左擬似逆行列 [154] $\Phi^+ = (\Phi^T\Phi)^{-1}\Phi^T$ を式 (8.2.10) に左からかけると，

$$\widehat{\theta}_{\mathrm{LS}} = \theta + \Phi^+\Omega c \tag{8.2.11}$$

となる．$\widehat{\theta}_{\mathrm{LS}}$ は最小二乗推定値であり，バイアス項

$$\theta_{\mathrm{bias}} = \Phi^+\Omega c \tag{8.2.12}$$

を持つ．よって，真のパラメータは

$$\theta = \widehat{\theta}_{\mathrm{LS}} - \theta_{\mathrm{bias}} \tag{8.2.13}$$

で与えられる．以上の導出に基づき，Zhang (原著者) と Takeda は，AR 雑音が存在する場合の ARMA モデルの AR パラメータを推定する一般化最小二乗推定アルゴリズムを提案した [255]．以下のアルゴリズムでは，標本自己相関関数が $\widehat{R}_y(l) = \frac{1}{N}\sum_{k=1}^{N} y(k)y(k+l)$，次数 p, q, n がすでに得られているとする．

> アルゴリズム 8.2.2.

(1)　$\widehat{\theta}_{\mathrm{LS}} = \Phi^+\widehat{r}$ を計算し，$\widehat{\theta} = \widehat{\theta}_{\mathrm{LS}}$ とする．

(2)　式 (8.2.7) より，$\widehat{R}_{y\epsilon}(l+1)$ を計算し，$\widehat{c} = \Omega^+\widehat{\epsilon}$ を計算する．さらに，式 (8.2.8) に基づき，相互相関関数の推定値 $\widehat{R}_{y\epsilon}(q), \widehat{R}_{y\epsilon}(q-1), \cdots, \widehat{R}_{y\epsilon}(q+1-n)$ を計算する：

$$\widehat{R}_{y\epsilon}(q+l-n) = -\frac{1}{\widehat{c}_n}\left[\widehat{R}_{y\epsilon}(q+l) + \sum_{i=1}^{n-1} \widehat{c}_i \widehat{R}_{y\epsilon}(q+l-i)\right]$$

　　　ただし，$l = n, n-1, \cdots, 1$．

(3)　バイアス項 $\widehat{\theta}_{\mathrm{bias}} = \Phi^+\widehat{\Omega}\widehat{c}$ を計算し，パラメータ推定値 $\widehat{\theta} = \widehat{\theta}_{\mathrm{LS}} - \widehat{\theta}_{\mathrm{bias}}$ を更新する：

$$\widehat{c}_{\mathrm{LS}} = (\widehat{\Omega}^T\widehat{\Omega})^{-1}\widehat{\Omega}^T y, \quad \widehat{\theta}_{\mathrm{bias}} = \Phi^+\widehat{\Omega}\widehat{c}$$

　　　ただし，

$$\widehat{\Omega}^T = [\widehat{\omega}_1^T, \widehat{\omega}_2^T, \cdots, \widehat{\omega}_N^T]$$

$$\widehat{\omega}_i = [-\widehat{\epsilon}(i-1), -\widehat{\epsilon}(i-2), \cdots, -\widehat{\epsilon}(i-n)]$$

(4)　θ が収束するまで (2) に戻って，上記の手順を繰り返す．

8.3　重み付き最小二乗法

本節では，重み付き最小二乗法 (weighted least-squares method) について紹介する．観測データを

$$x = A\theta + \epsilon \tag{8.3.1}$$

とする．ただし，

$$x = [x_1, \cdots, x_N]^T, \quad \theta = [\theta_1, \cdots, \theta_m]^T$$

$$\epsilon = [\epsilon_1, \cdots, \epsilon_N]^T, \quad A = [a_{ij}]_{i=1, j=1}^{N, m}$$

ここで，加法性雑音 ϵ は有色であってもよい．出力データ $x_i, i = 1, \cdots, N$ は観測できるものとし，$N \times m$ 行列 A は既知とする．問題はパラメータベクトル θ を推定することである．θ が線形推定で得られたとすると，残差は

$$e = x - A\widehat{\theta} \tag{8.3.2}$$

となる．ここで，残差も有色であることに注意されたい．一般化最小二乗法の考え方と同じように，有色な e を白色にすることが考えられる．そこで，正定行列 W を用いて重み付き誤差関数を

$$Q(\theta) = e^T W e \tag{8.3.3}$$

と定義する．重み付き最小二乗問題 (weighted least-squares problem) とは，上記の重み付き誤差関数を最小化する問題である．その解 $\widehat{\theta}$ を重み付き最小二乗推定値 (weighted least-squares estimate) という．$\widehat{\theta}$ を得るために，まず $Q(\theta)$ を展開する：

$$Q(\theta) = (x - A\theta)^T W(x - A\theta) = x^T W x - \theta^T A^T W x - x^T W A\theta + \theta^T A^T W A\theta$$

$Q(\theta)$ の θ に対する一次導関数 (第 1 章の 1.1 節の公式を参照されたい) を零とする：

$$\frac{\partial Q(\theta)}{d\theta} = -2A^T W x + 2A^T W A\theta = 0$$

すなわち，$A^T W A$ が正則行列であると仮定すると，重み付き最小二乗推定値は

$$\widehat{\theta}_{\mathrm{WLS}} = (A^T W A)^{-1} A^T W x \tag{8.3.4}$$

で与えられる．第 7 章 7.1.2 項のガウス - マルコフ定理より，$E(\epsilon) = 0$ かつ $\mathrm{var}(\epsilon) = \sigma^2 I$ のとき，最小二乗推定値 $\widehat{\theta}_{\mathrm{LS}} = (A^T A)^{-1} A^T x$ は，最小分散推定の意味で最適である．そうでない場合は，最適ではない．重み付き最小二乗問題のポイントは，$\widehat{\theta}_{\mathrm{WLS}}$ が最適，すなわち，最小分散推定となるように，重み付き行列 W を適切に決めることである．

加法性雑音 ϵ の統計量を

$$E\{\epsilon\} = 0, \quad E\{\epsilon\epsilon^T\} = R \tag{8.3.5}$$

とする．式 (8.3.4) の両辺の期待値を取ると，

$$E\{\widehat{\theta}_{\mathrm{WLS}}\} = (A^W A)^{-1} A^T W E\{x\} = (A^W A)^{-1} A^T W A\theta = \theta \tag{8.3.6a}$$

が得られる．上式では，関係式 $E\{x\} = E\{A\theta\} + E\{\epsilon\} = A\theta$ が用いられている．式 (8.3.6a) はこのように言うこともできる：加法性雑音 ϵ が平均零であれば，重み付き最小二乗推定値の誤差 $\bar{\theta}_{\mathrm{WLS}} = \hat{\theta}_{\mathrm{WLS}} - \theta$ の期待値が零である，すなわち，

$$E\{\bar{\theta}_{\mathrm{WLS}}\} = E\{\hat{\theta}_{\mathrm{WLS}} - \theta\} = 0 \tag{8.3.6b}$$

式 (8.3.6) より，加法性雑音が平均零であれば，重み付き最小二乗推定値 $\hat{\theta}_{\mathrm{WLS}}$ は不偏推定値である．重み付き最小二乗推定値が最小分散を持つようにする方法は，以下のようである．R を正定行列と仮定する．そこで，$R = CC^T$ と表される．ただし，C は正則行列である．さらに，$e = C^{-1}\epsilon$ と $y = C^{-1}x$ とすると，もとの行列方程式 $x = A\theta + \epsilon$ は $Cy = A\theta + Ce$，あるいは，

$$y = C^{-1}A\theta + e = B\theta + e \tag{8.3.7}$$

と書ける．ただし，$B = C^{-1}A$．さらに，

$$E\{ee^T\} = C^{-1}E\{\epsilon\epsilon^T\}C^{-T} = \sigma^2 C^{-1}CC^T C^{-T} = \sigma^2 I$$

となる．ただし，$C^{-T} = (C^{-1})^T$．すなわち，y, B と e を用いてモデルを表現すると，式 (8.3.7) は 7.1.2 項のガウス - マルコフ定理 のモデルと一致し，定理の条件を満足する．ガウス - マルコフ定理より，最小二乗推定値

$$\hat{\theta} = (B^T B)^{-1}B^T y = (A^T C^{-T}C^{-1}A)^{-1}A^T C^{-T}C^{-1}x = (A^T R^{-1}A)^{-1}A^T R^{-1}x \tag{8.3.8}$$

は最小分散を持つので，最適推定値である．式 (8.3.4) と (8.3.8) より，最適な重み行列は $W_{\mathrm{opt}} = R^{-1}$ を満足する．

■ 8.4　漸近的最小分散推定

時系列処理や信号処理の分野では，システム同定，高次スペクトル推定，遅延推定，高調波回復やフィルタリングなどにおいて，正規有色雑音の影響の抑制，非最小位相系の同定，非線形特性や信号の非正規性の検出などのために，高次統計量 (主に三次，四次モーメントやキュムラント) が適用されている [249]．本節では，高次モーメントに基づいた定常時系列パラメータの漸近的最小分散推定 (asymptotically minimum variance estimation) [80] について説明する．平均零の信号について，三次のモーメントとキュムラントは同じであるが，四次以上のモーメントとキュムラントは異なることに注意されたい．本章では，高次モーメントを用いた漸近的最適重み付き最小二乗法について説明する．

■ 8.4.1　漸近的最小分散推定

$\{y_t\}$ を次式で与えられる定常エルゴード性線形過程とする [80]．

$$y_t = \sum_i h_i u_{t-i} \tag{8.4.1}$$

ただし，$\{u_t\}$ は独立同一分布の非正規確率変数列である．インパルス応答列 $\{h_i\}$ は，ある次元の固定したパラメータベクトル θ に依存し，$\sum_i |h_i| < \infty$ とする．

u_t のモーメントを

$$\gamma_k = E\{u_t^k\}, \quad k \geq 1, \ -\infty < \gamma_k < \infty \tag{8.4.2}$$

と表現する．ここで，u_t は平均零である，すなわち，$\gamma_1 = 0$ と仮定する．

y_t の k 次モーメント (k th order moment) を

$$\mu_k(\tau_1, \cdots, \tau_{k-1}) = E\{y_t y_{t+\tau_1} \cdots y_{t+\tau_{k-1}}\} \tag{8.4.3}$$

と定義する．u_t に関する仮定のもとでは，y_t の k 次モーメントは有限である．

y_t の k 次標本モーメント (k th order sample moment) を

$$\widehat{\mu}_k(\tau_1, \cdots, \tau_{k-1}) = \frac{1}{N} \sum_{t=1}^{N} y_t y_{t+\tau_1} \cdots y_{t+\tau_{k-1}} \tag{8.4.4}$$

とする．すべての標本モーメントは，統計的モーメントの不偏推定値である．推定値は二乗平均と確率 1（あるいは概収束 (almost sure convergence)）の意味で一致である．すなわち，

$$\lim_{N \to \infty} E\left\{ \left[\widehat{\mu}_k(\tau_1, \cdots, \tau_{k-1}) - \mu_k(\tau_1, \cdots, \tau_{k-1}) \right]^2 \right\} = 0 \tag{8.4.5a}$$

$$\lim_{N \to \infty} \widehat{\mu}_k(\tau_1, \cdots, \tau_{k-1}) = \mu_k(\tau_1, \cdots, \tau_{k-1}) \qquad \text{a.s.} \tag{8.4.5b}$$

ただし，a.s. は almost sure を意味する．

$\widehat{s}$ を式 (8.4.4) の標本モーメントの部分集合を要素とするベクトルとする．s をそれに対応する統計的モーメント (8.4.3) のベクトルとする．我々が興味を持つ問題は，得られた $\widehat{s}$ より，パラメータベクトル θ を推定することである [80]：

$$\widehat{\theta} = g(\widehat{s}) \tag{8.4.6}$$

θ が同定できるためには，式 (8.4.6) の中の $\widehat{s}$ を s で置き換えても，すべての $\hat{\theta}$ に対して，一意解 θ が得られること必要である．このタイプの推定の漸近的統計性質は文献 [168] で詳細に検討され，以下の結果が得られている：

(1) $\widehat{s}$ の漸近的正規化共分散行列は以下のように与えられる．

$$\Sigma(\theta) = \lim_{N \to \infty} N \cdot \left[E\{\widehat{s}\widehat{s}^T\} - ss^T \right] \tag{8.4.7}$$

(2) $\widehat{\theta}$ の漸近的共分散行列は下に有界である：

$$\lim_{N \to \infty} N \cdot \text{cov}\{\widehat{\theta}\} \geq \left[\left(\frac{\partial s(\theta)}{\partial \theta} \right)^T \Sigma^{-1}(\theta) \left(\frac{\partial s(\theta)}{\partial \theta} \right) \right]^{-1} \tag{8.4.8}$$

式 (8.4.8) の下界は，漸近的緊密 (asymptotically tight) である．すなわち，等号が成り立つような推定値 $\widehat{\theta}$ が存在する．

(3) θ と同じ次元のベクトル x について，

$$V(x) = [s(x) - \widehat{s}]^T \Sigma^{-1}(x)[s(x) - \widehat{s}] \tag{8.4.9}$$

とする．$V(x)$ が大域的最小値 (もし存在するならば) に達したときの x を $\widehat{\theta}$ とする．$N \to \infty$ のとき，θ の漸近共分散が式 (8.4.8) の下界に達した場合，θ を漸近的最小分散推定という．

式 (8.4.9) を直接最小化することによって最小分散推定を得ることは困難である．反復演算の度に行列 $\Sigma(x)$ を計算する必要があるからである．しかも，$\Sigma(x)$ は未知パラメータの関数である．実際には，Σ はその推定値 $\widehat{\Sigma}$ で代替することができる．すなわち，データから直接計算するのである．そこで，

$$\widehat{V}(x) = [s(x) - \widehat{s}]^T \widehat{\Sigma}^{-1}[s(x) - \widehat{s}] \tag{8.4.10}$$

を定義する．$V(x)$ が大域的最小値 (ただし，大域的最小値が存在する場合に限る．存在しないときには，問題が悪条件になり，以下の結果は存在しない) に達したときの x を $\widehat{\theta}$ とする．さらに，$\widehat{\Sigma}$ を $\Sigma(\theta)$ の一致推定とする．行列 $\widehat{\Sigma}$ について，以下の条件を仮定する．

(1) $N \to \infty$ のとき，$\widehat{\Sigma}$ が確率 1 (あるいは概収束) で $\Sigma(\theta)$ に収束する．

(2) $\widehat{\Sigma} - \Sigma(\theta)$ の 2 次モーメントは $O(N^{-1})$ である．すなわち，

$$-\infty < \lim_{N \to \infty} N \cdot E\{[\widehat{\Sigma}_{i,j} - \Sigma_{i,j}(\theta)][\widehat{\Sigma}_{k,l} - \Sigma_{k,l}(\theta)]\} < \infty \tag{8.4.11}$$

(3) $\widehat{\Sigma} - \Sigma(\theta)$ の 3 次と 4 次モーメントは $o(N^{-1})$ である．すなわち，

$$\lim_{N \to \infty} N \cdot E\{[\widehat{\Sigma}_{i,j} - \Sigma_{i,j}(\theta)][\widehat{\Sigma}_{k,l} - \Sigma_{k,l}(\theta)][\widehat{\Sigma}_{m,n} - \Sigma_{m,n}(\theta)]\} = 0 \tag{8.4.12}$$

$$\lim_{N \to \infty} N \cdot E\{[\widehat{\Sigma}_{i,j} - \Sigma_{i,j}(\theta)][\widehat{\Sigma}_{k,l} - \Sigma_{k,l}(\theta)] $$
$$[\widehat{\Sigma}_{m,n} - \Sigma_{m,n}(\theta)][\widehat{\Sigma}_{g,h} - \Sigma_{g,h}(\theta)]\} = 0 \tag{8.4.13}$$

Friedlander と Porat [80] は，式 (8.4.10) の大域的最小化によって得られた推定値 $\widehat{\theta}$ が漸近的最小分散推定であると示した：

❑ **定理 8.4.1.** 仮定 1～3 のもとで，式 (8.4.10) の大域的最小化によって得られた推定値 $\widehat{\theta}$ の漸近的共分散は，式 (8.4.8) の右辺で与えられる．

$$\lim_{N \to \infty} N \cdot \text{cov}\{\widehat{\theta}\} = \left[\left(\frac{\partial s(\theta)}{\partial \theta} \right)^T \Sigma^{-1}(\theta) \left(\frac{\partial s(\theta)}{\partial \theta} \right) \right]^{-1} \tag{8.4.14}$$

証明は文献 [80] を参照されたい．

漸近的最小分散推定を得るためには，まず観測データから $\Sigma(\theta)$ の一致推定値 $\widehat{\Sigma}$ を計算する必要がある．関係式

$$E\{(\widehat{s}-s)(\widehat{s}-s)^T\} = E\{\widehat{s}\widehat{s}^T\} - E\{\widehat{s}s^T\} - E\{\widehat{s}^Ts\} + E\{ss^T\}$$
$$= E\{\widehat{s}\widehat{s}^T\} - 2ss^T + ss^T = E\{\widehat{s}\widehat{s}^T\} - ss^T$$

に注意すると，$\Sigma(\theta)$ の定義式 (8.4.7) は

$$\Sigma(\theta) = \lim_{N\to\infty} N \cdot E\{(\widehat{s}-s)(\widehat{s}-s)^T\} \tag{8.4.15}$$

に等価する．ここで，$E\{(\widehat{s}-s)(\widehat{s}-s)^T\}$ は $\widehat{s}$ の共分散行列であるので，$\Sigma(\theta)$ を $\widehat{s}$ の漸近的標準化共分散行列という．式 (8.4.15) より，$\Sigma(\theta)$ の推定値は

$$\widehat{\Sigma} = N \cdot E\{(\widehat{s}-s)(\widehat{s}-s)^T\} \tag{8.4.16}$$

である．結局，$\Sigma(\theta)$ の計算はその各要素の計算に帰着できる．詳しくは文献 [80] の付録を参照されたい．

■ 8.4.2 漸近的最適重み付き最小二乗推定

前に説明した一般的な漸近的最小分散推定は，非線形最適化問題である．線形重み付き最小二乗アルゴリズムのほうは，反復計算でないので，初期値の設定が必要なく，収束性も問題にならない．

パラメータ θ と統計量ベクトル s の (要素の) 関数との間に線形関係が成り立つときに，重み付き最小二乗法は適用できる．このような線形関係は以下の形式で表現できる．

$$A(s)\theta = b(s) \tag{8.4.17}$$

ここで，行列 $A(s)$ とベクトル $b(s)$ は s の関数である．一般には，方程式 (8.4.17) は過決定であり，すなわち，方程式の個数がパラメータ θ の次元より大きいので，$A(s)$ が最大列数を有する必要がある．関係式 (8.4.17) が成り立つとき，その重み付き最小二乗推定値は

$$\widehat{\theta}_{\text{WLS}} = \left[A^T(\widehat{s})WA(\widehat{s})\right]^{-1}A^T(\widehat{s})Wb(\widehat{s}) \tag{8.4.18}$$

で与えられる．ただし，$\widehat{s}$ は標本から計算された s の推定値である．

行列 $D(\theta)$ の i 番目の列ベクトルを

$$[D(\theta)]_i = \frac{\partial b(s)}{\partial s_i} - \frac{\partial A(s)}{\partial s_i}\theta$$

とする．文献 [168] の定理 4 で証明されたように，最適な重み行列 W は

$$W = \left[D(\theta)\Sigma(\theta)D^T(\theta)\right]^{-1} \tag{8.4.19}$$

で与えられる．

漸近的最適重み付き最小二乗推定値の実現における最大な問題点は行列 $\Sigma(\theta)$ の計算である．$\Sigma(\theta)$ は，標本から計算した推定値 $\widehat{\Sigma}$ で代用することができる．それでも，W は依

然として $D(\theta)$ の中の θ に依存する. Friedlander と Porat は, W の近似値の統計的一致性を保ちながら, 上記の問題点を克服できるアルゴリズムを提案した：

アルゴリズム 8.4.1.

(1) $W = I$ を $\widehat{\theta}_{\mathrm{WLS}}$ に代入して, 最小二乗解 $\widehat{\theta}_{\mathrm{LS}}$ を計算する. 標本から $\widehat{\Sigma}$ を計算する.

(2) $\widehat{\theta}_{\mathrm{LS}}$ を用いて行列 $\widehat{D}(\widehat{\theta}_{\mathrm{LS}})$ を計算する.

(3) $\widehat{W} = [\widehat{D}\widehat{\Sigma}\widehat{D}]^{-1}$ を計算し, それを用いて, $\widehat{\theta}_{\mathrm{WLS}}$ を計算する.

　上記のアルゴリズムで得られた推定結果が漸近的最適重み付き最小二乗推定値であることが知られている [80]. 漸近的最適重み付き最小二乗推定値を用いた MA または ARMA モデルパラメータの推定アルゴリズムについては, 文献 [80] を参照されたい.

第9章

補助変数法

　補助変数法は，1941 年にすでに提案され [175]，統計学の分野でよく用いられる手法として，長い歴史を有する [121]．1960 年代以降，補助変数法は経済学や制御工学の分野で広範に応用されてきた [231,241]．これらの歴史については，文献を参照されたい．今日では，多くの分野 (制御工学，経済学，信号処理工学) において，補助変数法は，システム同定，とりわけ動的システムのパラメータ推定のために，最も用いられる手法の一つである [242]．補助変数法は，最尤法ほど精度は高くないが，非常にロバストであり，しかも収束の問題で悩まされることはあまりない．

　本章では，基本的補助変数法およびその拡張，最適補助変数法 (9.1，9.2 節)，過決定補助変数法の時間逐次アルゴリズム (9.3 節)，補助変数法の次数逐次アルゴリズム (9.4 節)，およびモデル次数決定における補助変数法の応用 (9.5 節) などについて説明する．

9.1　補助変数法

　以下の線形モデルのパラメータベクトル θ の推定問題について考える．

$$y(t) = \phi^T(t)\theta + v(t) \tag{9.1.1}$$

ただし，$y(t)$ と $v(t)$ はスカラーであり，$\phi(t), \theta \in R^{n_\theta}$．

　比較のために，まず最小二乗法について振り返る．θ の最小二乗推定値は評価関数

$$V(\theta) = \frac{1}{N}\sum_{t=1}^{N} v^2(t) = \frac{1}{N}\sum_{t=1}^{N}\left[y(t) - \phi^T(t)\theta\right]^2 \tag{9.1.2}$$

を最小化する θ で与えられる．すなわち，

$$\hat{\theta} = \left[\frac{1}{N}\sum_{t=1}^{N}\phi(t)\phi^T(t)\right]^{-1}\left[\frac{1}{N}\sum_{t=1}^{N}\phi(t)y(t)\right] \tag{9.1.3}$$

θ^* を θ の真値とすると，式 (9.1.1) と (9.1.3) より，

$$
\begin{aligned}
\widehat{\theta} &= \left[\frac{1}{N}\sum_{t=1}^{N}\phi(t)\phi^{T}(t)\right]^{-1}\left[\frac{1}{N}\sum_{t=1}^{N}\phi(t)\big(\phi^{T}(t)\theta^* + v(t)\big)\right] \\
&= \theta^* + \left[\frac{1}{N}\sum_{t=1}^{N}\phi(t)\phi^{T}(t)\right]^{-1}\left[\frac{1}{N}\sum_{t=1}^{N}\phi(t)v(t)\right]
\end{aligned}
\tag{9.1.4}
$$

となる．明らかに，最小二乗推定値が強一致推定値，すなわち，$\displaystyle\lim_{N\to\infty}\widehat{\theta} = \theta^*$ が確率 1 で成り立つために，以下の条件が確率 1 で成り立つ必要がある．

$$
\lim_{N\to\infty}\frac{1}{N}\sum_{t=1}^{N}\phi(t)\phi^{T}(t) = E\{\phi(t)\phi^{T}(t)\}\ \text{は正則である．}
\tag{9.1.5}
$$

$$
\lim_{N\to\infty}\frac{1}{N}\sum_{t=1}^{N}\phi(t)v(t) = E\{\phi(t)v(t)\} = 0
\tag{9.1.6}
$$

一般に，$\phi(t)$ は出力の遅延 $y(n-m), m > 0$ を含むことがよくあるので，式 (9.16) は，$v(t)$ が出力と無相関の白色雑音であることを要求する．この欠点を克服するために，補助変数法 (instrumental variable method) が用いられる．

■ 9.1.1　補助変数法

パラメータベクトル θ の補助変数推定値 (instrumental variable estimate) は

$$
\widehat{\theta} = \left[\frac{1}{N}\sum_{t=1}^{N}z(t)\phi^{T}(t)\right]^{-1}\left[\frac{1}{N}\sum_{t=1}^{N}z(t)y(t)\right]
\tag{9.1.7}
$$

で与えられる．ただし，$z(t)$ を補助変数ベクトル (instrumental variable vector) といい，その各要素を補助変数 (instrumental variable) という．式 (9.1.4) と同様に，補助変数推定値 (9.1.7) とパラメータベクトルの真値 θ^* との関係は

$$
\widehat{\theta} = \theta^* + \left[\frac{1}{N}\sum_{t=1}^{N}z(t)\phi^{T}(t)\right]^{-1}\left[\frac{1}{N}\sum_{t=1}^{N}z(t)v(t)\right] = \theta^* + \theta_{\text{bias}}
\tag{9.1.8}
$$

となる．ただし，θ_{bias} はバイアス項である．強一致推定値を得るために，以下の二つの条件を満足する補助変数ベクトル $z(t)$ を選ぶ必要がある．

$$
R = E\{z(t)\phi^{T}(t)\}\ \text{は正則である．}
\tag{9.1.9}
$$

$$
0 = E\{z(t)v(t)\}
\tag{9.1.10}
$$

簡単にいえば，補助変数はデータベクトル $\phi(t)$ の要素と強い相関を持ち，雑音 $v(t)$ と相関を持たないように選ぶべきである．式 (9.1.10) はバイアス項 θ_{bias} が漸近的に零に収束するためであり，式 (9.1.9) は式 (9.1.8) の中の逆行列が存在するためである．

以下では，補助変数の線形変換が $\widehat{\theta}$ に与える影響について検討する．正則な変換行列 Q

を用いて，補助変数推定値 (9.1.7) の中の $z(t)$ を $Qz(t)$ で置き換えると，

$$
\begin{aligned}
\widehat{\theta} &= \left[Q \frac{1}{N} \sum_{t=1}^{N} z(t)\phi^T(t) \right]^{-1} \left[Q \frac{1}{N} \sum_{t=1}^{N} z(t)y(t) \right] \\
&= \left[\frac{1}{N} \sum_{t=1}^{N} z(t)\phi^T(t) \right]^{-1} \left[\frac{1}{N} \sum_{t=1}^{N} z(t)y(t) \right]
\end{aligned}
\tag{9.1.11}
$$

となる．すなわち，行列 Q は推定値 $\widehat{\theta}$ に何らの影響も与えていない．この性質を利用して，補助変数推定値を計算するとき，線形変換を用いて計算を簡単化することができる．

■ 9.1.2 補助変数の選択法

以下では，具体例を用いて補助変数を選択する手法について説明する．

■ **例 9.1.1.** 入出力が観測できる ARX モデル

以下の一入出力システムのモデルについて考える．

$$
\begin{aligned}
y(t) + a_1 y(t-1) + \cdots + a_p y(t-p) \\
= b_0 u(t) + b_1 u(t-1) + \cdots + b_q u(t-q) + v(t)
\end{aligned}
\tag{9.1.12}
$$

入力 $u(t)$ と出力 $y(t)$, $t = 1, \cdots, N$ がともに利用できるとする．ただし，$u(t) = y(t) = 0, t \le 0$.
よって，式 (9.1.12) は行列形式に書ける：

$$
\Phi\theta = y - v
\tag{9.1.13}
$$

ただし，

$$
\theta = [a_1, \cdots, a_p, b_0, b_1, \cdots, b_q]^T, \quad y = [y(1), y(2), \cdots, y(N)]^T
$$

$$
v = [v(1), v(2), \cdots, v(N)]^T
$$

$$
\Phi = \begin{bmatrix}
0 & 0 & \cdots & 0 & u(1) & 0 & \cdots & 0 \\
-y(1) & 0 & \cdots & 0 & u(2) & u(1) & \cdots & 0 \\
\vdots & \vdots & \ddots & \vdots & \vdots & \vdots & \ddots & \vdots \\
-y(N-1) & -y(N-2) & \cdots & y(N-p) & u(N) & u(N-1) & \cdots & u(N-q)
\end{bmatrix}
\tag{9.1.14}
$$

補助変数行列

$$
Z = [z(1), z(2), \cdots, z(N)]^T
\tag{9.1.15}
$$

を定義する．ただし，$z(t) \in R^{p+q+1}$ は補助変数ベクトルである．

まず，Finigan と Rowe [75] が提案した補助変数を説明する．この補助変数法を IV-1 法と呼ぶことにする．この手法では，補助変数を

$$
z_1(t) = [-x(t-1), \cdots, -x(t-p), u(t), u(t-1), \cdots, u(t-q)]^T
\tag{9.1.16}
$$

と選ぶ．ただし，$x(t)$ は入力 $u(t)$ をある安定なフィルタに通して得られたものである：

$$
x(t) + d_1 x(t-1) + \cdots + d_{nd} y(t-nd) = c_0 u(t) + c_1 u(t-1) + \cdots + c_{nc} u(t-nc)
\tag{9.1.17}
$$

ただし、フィルタのモデルは既約である：$d_{nd} \neq 0, c_{nc} \neq 0$. 一般に、$nd = p, nc = q$ とすればよい。$z_1(t)$ を強補助変数 (strong instrumental variable) という [75].

Wong と Polak [231] は、データ長 N に対する推定値の収束速さの意味で、$d_i = a_i, i = 1, \cdots, p$ と $c_i = b_i, i = 1, \cdots, q$ とした場合の補助変数が最適な補助変数であることを証明した。最適な補助変数は推定したいパラメータの真値が必要であるので、実際には、パラメータの推定値で代用するという適応アルゴリズムが用いられる [231,240].

次の IV-2 法は、遅延した入力信号を補助変数とする [233]：

$$z_2(t) = [u(t), \cdots, u(t - p - q)]^T \tag{9.1.18}$$

IV-1 法と IV-2 法は、開ループシステムにおいて、一致性のための 2 番目の条件 (9.1.10) を満足する。これらの補助変数について考察してみる。まず、より一般的な補助変数

$$z(t) = K(q^{-1})[-x(t - 1), \cdots, -x(t - p), u(t), \cdots, u(t - q)]^T \tag{9.1.19}$$

について考える。ただし、$K(q^{-1}) = k_0 + k_1 q^{-1} + \cdots + k_m q^{-m}$. q^{-1} は後退シフト演算子である：$q^{-i}x(t) = x(t - i)$. $x(t)$ は式 (9.1.17) と同じように、入力 $u(t)$ をある安定なフィルタに通して得られたものである：

$$x(t) + d_1 x(t - 1) + \cdots + d_{nd} x(t - nd) = c_0 u(t) + c_1 u(t - 1) + \cdots + c_{nc} u(t - nc) \tag{9.1.20}$$

ただし、多項式 $D(z) = 1 + \sum_{i=1}^{nd} d_i z^{-1}$ と $C(z) = \sum_{i=1}^{nc} c_i z^{-1}$ は共通の零点を持たない、すなわち、既約である。$nc = q, nd = p, K(q^{-1}) = 1$ とすれば、Finigan と Rowe [75] が提案した式 (9.1.16) の強補助変数 $z_1(t)$ が得られる。

$nc = nd = p = q$ の場合では、式 (9.1.19) はもっと使いやすい形に書き直すことができる [192].

$$z(t) = K(q^{-1}) \begin{bmatrix} -x(t - 1) \\ \vdots \\ -x(n - p) \\ u(t) \\ \vdots \\ u(t - p) \end{bmatrix} = \frac{K(q^{-1})}{D(q^{-1})} \begin{bmatrix} -C(q^{-1})u(t - 1) \\ \vdots \\ -C(q^{-1})u(n - p) \\ D(q^{-1})u(t) \\ \vdots \\ D(q^{-1})u(t - p) \end{bmatrix} \tag{9.1.21a}$$

$$= S(-C, D) \frac{K(q^{-1})}{D(q^{-1})} \begin{bmatrix} u(t) \\ \vdots \\ u(t - 2p) \end{bmatrix}$$

ただし、$S(-C, D)$ は多項式 $-C(q^{-1})$ と $D(q^{-1})$ の係数によるシルベスタ行列 (Sylvester matrix) である：

$$S(-C, D) = \begin{bmatrix} 0 & -c_0 & \cdots & -c_p & & 0 \\ \vdots & & \ddots & & \ddots & \\ 0 & 0 & & -c_0 & \cdots & -c_p \\ -1 & d_1 & \cdots & d_p & & 0 \\ & \ddots & & & \ddots & \\ 0 & & -1 & d_1 & \cdots & d_p \end{bmatrix}$$

$C(z)$ と $D(z)$ が既約であるとき，$S(-C, D)$ は正則であるので [192]，式 (9.1.11) の性質より，正則行列 $S(-C, D)$ は補助変数推定値の結果に影響しない．すなわち，以下の $z'(t)$ は (9.1.21a) の $z(t)$ と同じ推定結果を与える．

$$z'(t) = \frac{K(q^{-1})}{D(q^{-1})}[u(t), \cdots, u(t-2p)]^T \tag{9.1.21b}$$

すなわち，多項式 $C(z^{-1})$ は推定結果に影響しないので，式 (9.1.21a) の代わりに式 (9.1.21b) を用いれば，計算が簡単になる．とくに，$K(q^{-1}) = D(q^{-1})$ のとき，$z'(t)$ は式 (9.1.18) のように，遅延した入力信号からなる補助変数ベクトルとなる．

IV-3 法では，入力信号と k ステップ遅延した出力信号を補助変数とする [87]：

$$z_3(t) = [-y(t-k-1), \cdots, -y(t-k-p), u(t), \cdots, u(t-q)]^T \tag{9.1.22}$$

IV-3 法は，$v(k)$ が k 次以下の MA 雑音である開ループシステムにおいて，一致性のための 2 番目の条件 (9.1.10) を満足する．また，後の例題 9.1.2 で説明するように，遅延した出力信号 $[-y(t-k-1), \cdots, -y(t-k-p)]^T$ を補助変数とする補助変数法は，修正ユール - ウォーカ (MYW) 方程式による ARMA モデルの AR パラメータの推定法と等価である [241]．

IV-4 法では，k ステップ遅延した入力信号と出力信号を補助変数とする [87]：

$$z_4(t) = [-y(t-k-1), \cdots, -y(t-k-p), u(t-k), \cdots, u(t-k-q)]^T \tag{9.1.23}$$

IV-4 法は，$v(k)$ が k 次以下の MA 雑音であれば，開ループシステムだけでなく，閉ループシステムにおいても，一致性のための 2 番目の条件 (9.1.10) を満足する．

■ 例 **9.1.2.** 出力信号だけが観測できる ARMA モデル

再び式 (9.1.12) のモデルについて考える．ただし，入力 $u(t)$ は平均零，$v(t)$ と無相関で，観測不可能な白色雑音であり，$v(t)$ は n_v 次の MA 雑音である．そこで，$x(t)$ を $v(t) = 0$ のときの出力とすると，この ARMA モデルについて，修正ユール - ウォーカ (MYW) 方程式が成り立つ [256]：

$$\sum_{i=1}^{p} a_i R_x(m-i) = -R_x(m), \quad m > q$$

ただし，$R_x(\tau) = E\{x(t)x(t+\tau)\} = E\{x(t)x(t-\tau)\}$ は $x(t)$ の自己相関関数である．また，n_v 次の MA 雑音 $v(t)$ の自己相関関数は $R_v(\tau) = 0, \tau > n_v$ を満足するので，出力 $y(t)$ の自己相関関数は $R_y(m) = R_x(m) + R_v(m) = R_x(m), m > n_v$ となる．以上の結果をまとめると，

$$\sum_{i=1}^{p} a_i R_y(m-i) = -R_y(m), \quad m > \max(q, n_v) \tag{9.1.24}$$

が成り立つ．上式に対して，最小二乗法を用いると，AR パラメータベクトル $\theta = [a_1, \cdots, a_p]^T$ を推定できる．

上記の手法と補助変数法との関連性について検討する．y の標本自己相関関数を

$$\widehat{R}(\tau) = \frac{1}{N} \sum_{t=1}^{N} y(t)y(t+\tau)$$

として，式 (9.1.24) の中の m を $m = k, \cdots, k+p-1$ とすると，

$$
\begin{bmatrix}
\widehat{R}_y(k-1) & \widehat{R}_y(k-2) & \cdots & \widehat{R}_y(k-p) \\
\widehat{R}_y(k) & \widehat{R}_y(k-1) & \cdots & \widehat{R}_y(k-p+1) \\
\vdots & \vdots & \ddots & \vdots \\
\widehat{R}_y(k+p-2) & \widehat{R}_y(k+p-3) & \cdots & \widehat{R}_y(k-1)
\end{bmatrix}
\begin{bmatrix}
a_1 \\ a_2 \\ \vdots \\ a_p
\end{bmatrix}
= -
\begin{bmatrix}
\widehat{R}_y(k) \\
\widehat{R}_y(k+1) \\
\vdots \\
\widehat{R}_y(k+p-1)
\end{bmatrix}
\tag{9.1.25}
$$

が得られる. ただし, $k > \max(q, n_v)$. MYW 方程式 (9.1.25) は

$$
\frac{1}{N} Z^T Y \theta = \frac{1}{N} Z^T y
\tag{9.1.26a}
$$

と書ける. ただし,

$$
Y =
\begin{bmatrix}
0 & & \\
-y(1) & & 0 \\
\vdots & \ddots & \\
-y(p) & \cdots & -y(1) \\
\vdots & & \vdots \\
-y(N-1) & \cdots & -y(N-p)
\end{bmatrix}
\tag{9.1.26b}
$$

$$
Z =
\begin{bmatrix}
0 & & \\
\vdots & \ddots & \\
0 & \cdots & 0 \\
-y(1) & & 0 \\
\vdots & \ddots & \\
-y(p) & \cdots & -y(1) \\
\vdots & & \vdots \\
-y(N-k) & \cdots & -y(N-k-p+1)
\end{bmatrix}
\tag{9.1.26c}
$$

$$
y = [y(1), y(2), \cdots, y(N)]^T
\tag{9.1.26d}
$$

式 (9.1.26a) の解は以下のように与えられる.

$$
\widehat{\theta} = \left[\frac{1}{N} Z^T Y \right]^{-1} \left[\frac{1}{N} Z^T y \right]
$$

明らかに, これは式 (9.1.7) の補助変数法と同じ形式である. すなわち, 前に述べたように, 遅延した出力信号を補助変数とする補助変数法は, 修正ユール - ウォーカ (MYW) 方程式による ARMA モデルの AR パラメータの推定法と等価である. 9.3 節で説明するように, MYW 方程式を補助変数方程式に変換することの利点として, 過決定補助変数方程式から, 逐次計算アルゴリズムが容易に導出できる.

補助変数法による ARMA モデルのスペクトル推定については, 文献 [78] を参照されたい.

■ **例 9.1.3.** 出力信号だけが観測できる MA モデル (MA model)

観測される信号を

$$y_t = u_t + \sum_{k=1}^{q} b_k u_{t-k} \tag{9.1.26}$$

とする．ただし，$u(t)$ は平均零の非正規性白色雑音である．さらに，以下を定義する．

$$\sigma^2 = E\{u_t^2\}, \quad \gamma_3 = E\{u_t^3\}, \quad \epsilon = \frac{\sigma^2}{\gamma_3} \tag{9.1.27}$$

また，y_t について，その自己相関関数は

$$r(m) = E\{y_t y_{t+m}\} \tag{9.1.29a}$$

で与えられる．3 次のキュムラントは

$$c_3(m_1, m_2) = E\{y_t y_{t+m_1} y_{t+m_2}\} \tag{9.1.29b}$$

で与えられる．とくに，対角キュムラントは

$$c(m) = c_3(m, m) = E\{y_t y_{t+m}^2\} \tag{9.1.29c}$$

である．自己相関関数と 3 次の対角キュムラントは，以下の線形関係を満足することが証明されている [81]．

$$r(m) + \sum_{k=1}^{q} b_k^2 r(m-k) = \epsilon \left[c(m) + \sum_{k=1}^{q} b_k c(m-k) \right], \quad -q \leq m \leq 2q \tag{9.1.30}$$

行列形式で書くと，次式になる．

$$\begin{bmatrix} c(-q) & & 0 & \vdots & 0 & \cdots & 0 \\ c(-q+1) & \ddots & & \vdots & r(-q) & \ddots & \\ \vdots & \ddots & c(-q) & \vdots & \vdots & \ddots & 0 \\ c(q) & & c(-q+1) & \vdots & r(q) & & r(-q) \\ & \ddots & \vdots & \vdots & & \ddots & \vdots \\ 0 & & c(q) & \vdots & 0 & & r(q) \end{bmatrix} \begin{bmatrix} \epsilon \\ \epsilon b_1 \\ \vdots \\ \epsilon b_q \\ -b_1^2 \\ \vdots \\ -b_q^2 \end{bmatrix} = \begin{bmatrix} r(-q) \\ \vdots \\ r(q) \\ 0 \\ \vdots \\ 0 \end{bmatrix} \tag{9.1.31a}$$

実際には，自己相関関数と 3 次のキュムラントは標本推定値として与えられる：

$$\widehat{r}(m) = \frac{1}{t} \sum_{i=0}^{t} y_i y_{i+m}, \quad \widehat{r}(-m) = \widehat{r}(m)$$

$$\widehat{c}(m) = \frac{1}{t} \sum_{i=0}^{t} y_i y_{i+m}^2, \quad m = -q, \cdots, 0, \cdots, q$$

標本推定値を用いると，式 (9.1.31a) は以下のように簡潔に表現できる．

$$\widehat{M}\theta = \widehat{r} \tag{9.1.31b}$$

ただし，$\widehat{M} \in R^{(3q+1) \times (2q+1)}, \widehat{r} \in R^{(3q+1)}$．パラメータ推定値は方程式に対する最小二乗法で与えられる：

$$\widehat{\theta} = \left(\widehat{M}^T \widehat{M} \right)^{-1} \widehat{M}^T \widehat{r} \tag{9.1.32}$$

興味深いことに，式 (9.1.31b) は補助変数行列方程式に変換することができる．そのためには，まず，以下の行列とベクトルを定義する．

$$Z_t = \begin{bmatrix} y_0 & & 0 \\ \vdots & \ddots & \\ y_{3q} & \cdots & y_0 \\ \vdots & & \vdots \\ y_t & \cdots & y_{t-3q} \end{bmatrix}, \quad y_t = \begin{bmatrix} 0 \\ \vdots \\ 0 \\ y_0 \\ \vdots \\ y_{t-q} \end{bmatrix}$$

$$U_t = \begin{bmatrix} 0 & & 0 \\ \vdots & \ddots & \\ 0 & \cdots & 0 \\ y_0^2 & \ddots & \vdots \\ \vdots & & 0 \\ y_q^2 & \cdots & y_0^2 \\ \vdots & & \vdots \\ y_{t-q}^2 & \cdots & y_{t-2q}^2 \end{bmatrix}, \quad W_t = \begin{bmatrix} 0 & & 0 \\ \vdots & \ddots & \\ 0 & \cdots & 0 \\ y_0 & \ddots & \vdots \\ \vdots & & 0 \\ y_{q-1} & \cdots & y_0 \\ \vdots & & \vdots \\ y_{t-q-1} & \cdots & y_{t-2q} \end{bmatrix}$$

ここで，$Z_t \in R^{(t+1) \times (3q+1)}, y_t \in R^{t+1}, U_t \in R^{(t+1) \times (q+1)}, W_t \in R^{(t+1) \times q}$.

これらの行列とベクトルには，以下の関係が成り立つ：

$$\widehat{M} = Z_t^T X_t, \quad X_t = [U_t, W_t], \quad \widehat{r} = Z_t^T y_t \tag{9.1.33}$$

よって，式 (9.1.31b) は以下の過決定補助変数行列方程式で表現できる：

$$Z_t^T X_t \theta = Z^T y_t$$

$Z_t^T X_t$ の左擬似逆行列 [154] を用いると，パラメータ推定値は

$$\widehat{\theta} = (X_t^T Z_t Z_t^T X_t)^{-1} X_t^T Z_t Z_t^T y_t \tag{9.1.34}$$

となる [81]．式 (9.1.34) は過決定補助変数行列方程式に対する最小二乗法である．このような過決定補助変数方程式については，過決定逐次補助変数アルゴリズムを導出することができる．詳細は 9.3 節を参照されたい．

■ 9.2　最適補助変数法

前節で紹介した基本的補助変数法を拡張することによって，補助変数法のロバスト性を保ちながら，推定精度を向上させることができる．最適な推定精度を得るために，最適な補助変数を設計すればよい．

■ 9.2.1　補助変数法の拡張

推定精度を改善するために，補助変数法に対しては，おもに以下の手段によって，拡張することができる．

(1) データベクトルあるいは補助変数ベクトルをあるフィルタで前処理する.

(2) 拡大補助変数行列を用いて, 過決定補助変数方程式を構築する.

システム (9.1.1) について, 以下のような拡張補助変数推定値を考える.

$$\widehat{\theta} = \arg\min_{\theta} \left\| \left[\sum_{t=1}^{N} z(t) \cdot F(q^{-1})\phi^T(t) \right] \theta - \left[\sum_{t=1}^{N} z(t) \cdot F(q^{-1})y(t) \right] \right\|_Q^2 \tag{9.2.1}$$

ただし, $\|X\|_Q^2 = X^T Q X$, Q は正定重み行列, $F(q^{-1})$ は漸近安定な前処理フィルタ, $z(t)$ は補助変数ベクトルである. $z(t)$ の次元は $\phi(t)$ の次元と等しい, またはそれより大きいとする. 式 (9.2.1) は二次形式の最適化問題であるので, 解は容易に求まる. 推定値は

$$\begin{aligned}
\widehat{\theta} = &\left\{ \left[\sum_{t=1}^{N} z(t) \cdot F(q^{-1})\phi^T(t) \right]^T Q \left[\sum_{t=1}^{N} z(t) \cdot F(q^{-1})\phi^T(t) \right] \right\}^{-1} \\
&\cdot \left\{ \left[\sum_{t=1}^{N} z(t) \cdot F(q^{-1})\phi^T(t) \right]^T Q \left[\sum_{t=1}^{N} z(t) \cdot F(q^{-1})y(t) \right] \right\}
\end{aligned} \tag{9.2.2}$$

で与えられる. 式 (9.1.1) を用いると, (9.2.2) は

$$\widehat{\theta} = \theta + \left[R_N^T Q R_N \right]^{-1} R_N^T Q \left[\frac{1}{N} \sum_{t=1}^{N} z(t) \times F(q^{-1})v(t) \right] \tag{9.2.3}$$

となる. ただし,

$$R_N = \frac{1}{N} \sum_{t=1}^{N} z(t) \cdot F(q^{-1})\phi^T(t) \tag{9.2.4}$$

よって, 一致性条件 (9.1.9) と (9.1.10) は以下のようになる.

$$\lim_{N \to \infty} R_N = R = E\{z(t) \cdot F(q^{-1})\phi^T(t)\} \text{ の階数は } n_\theta(\theta\text{の次元}) \text{ である.} \tag{9.2.5}$$

$$0 = E\{z(t) \cdot F(q^{-1})v(t)\} \tag{9.2.6}$$

$z(t)$ と $\phi^T(t)$ の次元が同じであるとき, 式 (9.2.2) は簡単化でき, しかも Q を規定する必要もない:

$$\widehat{\theta} = \left[\frac{1}{N} \sum_{t=1}^{N} z(t) \times F(q^{-1})\phi^T(t) \right]^{-1} \left[\frac{1}{N} \sum_{t=1}^{N} z(t) \times F(q^{-1})y(t) \right] \tag{9.2.7}$$

一致性条件は式 (9.2.5) と (9.2.6) のままでよいが, R が正方行列となるので, 式 (9.2.5) は R が正則であることを意味する.

■ 9.2.2　最適補助変数法

ARMA モデルについて考える.

270　第 9 章　補助変数法

$$A(q^{-1})y(t) = B(q^{-1})e(t)$$
$$A(q^{-1}) = 1 + a_1 q^{-1} + \cdots + a_{na} q^{-na} \tag{9.2.8}$$
$$B(q^{-1}) = b_0 + b_1 q^{-1} + \cdots + b_{nb} q^{-nb}$$

ただし, $e(t)$ は平均零, 分散 λ^2 の白色雑音である. 以下の仮定をする [204].

(1)　$A(z) = 0 \Rightarrow |z| > 1$; $B(z) = 0 \Rightarrow |z| > 1$. すなわち, ARMA モデル (9.2.8) は安定と逆安定である.

(2)　(na, nb) は ARMA モデル (9.2.8) の最小次数である.

(3)　補助変数ベクトル

$$z(t) = G(q^{-1}) \begin{bmatrix} y(t-nb-1) \\ \vdots \\ y(t-nb-m) \end{bmatrix}, \quad m \geq na \tag{9.2.9}$$

を定義する. ここで, $G(q^{-1})$ が安定でかつ逆安定な有理式で表現されるフィルタであり, $G(0) = 1$ とする.

以下の定義

$$\phi(t) = [-y(t-1), \cdots, -y(t-na)]^T$$
$$\theta = [a_1, \cdots, a_{na}]^T \tag{9.2.10}$$
$$v(t) = B(q^{-1})e(t)$$

を用いると, 式 (9.2.8) は式 (9.1.1) の形式になる.

未知パラメータ θ の補助変数推定値は以下の最適解とする.

$$\widehat{\theta} = \arg \min_{\theta} \left\| \left[\sum_{t=1}^{N} z(t)\phi^T(t) \right] \theta - \left[\sum_{t=1}^{N} z(t)y(t) \right] \right\|_Q^2 \tag{9.2.11}$$

θ が以下の連立方程式の解で与えられることは容易に示せる.

$$Q^{1/2} \left[\sum_{t=1}^{N} z(t)\phi^T(t) \right] \widehat{\theta} = Q^{1/2} \left[\sum_{t=1}^{N} z(t)y(t) \right] \tag{9.2.12}$$

この連立方程式の解は

$$\widehat{\theta} = \left[R_N^T Q R_N \right]^{-1} R_N^T Q \left[\frac{1}{N} \sum_{t=1}^{N} z(t)y(t) \right] \tag{9.2.13}$$

と書ける. ただし,

$$R_N = \sum_{t=1}^{N} z(t)\phi^T(t) \tag{9.2.14}$$

式 (9.2.12) がいくつかの AR パラメータ推定手法を含んでいることに注意されたい.

(1) $G(z) = 1, m = na$ のとき (Q は結果に影響しない), 修正ユール - ウォーカ (MYW) 方程式 が得られる [88].

(2) $G(z) = 1, m > na, Q = I$ のとき, 過決定修正ユール - ウォーカ (MYW) 方程式 が得られる [34].

(3) $G(z) = 1, m > na, Q \neq I$ のとき, 重み付き過決定修正ユール - ウォーカ (MYW) 方程式 が得られる [33].

■ 9.2.3 一致性と精度解析

前に説明したように, 補助変数推定値 (9.2.13) は, 以下の二つの条件が満足されるときに一致推定値である.

$$\lim_{N \to \infty} R_N = R = E\{z^T(t)\phi(t)\} \text{ の階数は } na \text{ である.} \tag{9.2.15}$$

$$\lim_{N \to \infty} \sum_{t=1}^{N} z^T(t)v(t) = E\{z^T(t)v(t)\} = 0 \tag{9.2.16}$$

$z(t)$ と $v(t)$ が無相関であるので, 式 (9.2.16) が成り立つ. $G(z) = 1$ のとき, 式 (9.2.15) も成り立つ [200, 204]. 以下の補題より, $G(z) \neq 1$ のときでも, 式 (9.2.15) が成り立つ [204].

❏ 補題 9.2.1. 仮定 1~3 のもとでは, 以下の結果が成り立つ.

$$\text{rank}(R) = na, \quad \text{ただし, } R = E\{z(t)\phi^T(t)\} \tag{9.2.17}$$

証明 ベクトルと多項式 $x = [x_1, \cdots, x_{na}]^T$, $X(z) = \sum_{i=1}^{na} x_i z^i$ を定義する. 以下の等価関係は明らかである.

$Rx = 0$

$\Leftrightarrow E\{G(q^{-1})y(t - nb - i) \cdot X(q^{-1})y(t)\} = 0, \quad i = 1, \cdots, m$

$\Leftrightarrow \dfrac{1}{2\pi j} \oint G(z) \dfrac{B(z)}{A(z)} z^{nb+i} X(z^{-1}) \dfrac{B(z^{-1})}{A(z^{-1})} \dfrac{dz}{z} = 0, \quad i = 1, \cdots, m$

$\Leftrightarrow \dfrac{1}{2\pi j} \oint G(z) \dfrac{B(z)[z^{na}X(z^{-1})][z^{nb}B(z^{-1})]}{A(z)[z^{na}A(z^{-1})]} z^{i-1} dz = 0$

$$i = 1, \cdots, m \ (m \geq na)$$

文献 [10] の補題 1 より, 最後の式の積分対象関数は, 因子 z^{i-1} を除き, 単位円内で解析的でなければならない. よって, 単位円内部の na 個の極は $z^{na}X(z^{-1})$ の零点と相殺しなければならない. しかし, $z^{na}X(z^{-1})$ は次数 $na - 1$ の多項式であるので, $X(z) = 0$ の場合のみ, 積分値が零になる. したがって, 方程式 $Rx = 0$ の一意解は $x = 0$ である. よって, R は最大階数を有する. ■

条件 (9.2.15) と (9.2.16) がともに満足されるので, 式 (9.2.13) は一致推定値である.

補助変数推定値 (9.2.13) の精度について，以下の結果が得られている [192].

❑ **定理 9.2.1.** 仮定 1~3 のもとで，正規化された補助変数推定値誤差は漸近的に正規分布に従う：

$$\frac{\sqrt{N}}{\lambda}\left(\widehat{\theta}-\theta\right) \xrightarrow[N\to\infty]{\text{dist.}} N(0,P) \tag{9.2.18}$$

ここで，正規分布の平均値は零で，共分散行列は

$$P = \left(R^T Q R\right)^{-1} R^T Q S Q R \left(R^T Q R\right)^{-1} \tag{9.2.19}$$

で与えられる．ただし，

$$S = E\left\{[B(q^{-1})z(t)][B(q^{-1})z(t)]^T\right\} \tag{9.2.20}$$

なお，$\widehat{\theta}$ と R はそれぞれ式 (9.2.13) と (9.2.17) で与えられる．

証明は文献 [192] を参照されたい．

以下では，推定精度の最適化について考える．式 (9.2.12) より求められた推定値から最適な補助変数推定値を求める問題は次のように記述できる．共分散行列が $P \geq P_{\text{opt}}$ となるように，$Q_{\text{opt}}, m_{\text{opt}}$ と $G_{\text{opt}}(q^{-1})$ を求めよ．ここで，P は $Q, m, G(q^{-1})$ と対応しており，P_{opt} は $Q_{\text{opt}}, m_{\text{opt}}, G_{\text{opt}}(q^{-1})$ と対応している．後に 9.2.4 項で説明するが，$Q, m, G(q^{-1})$ による最適化は 三つのステップからなる．ここでは，まず，重み行列 Q による最適化について考える．これについては，以下の結果が得られている [204].

❑ **定理 9.2.2.** 式 (9.2.19) で定義される行列 P について，以下が成り立つ．

$$P \geq (R^T S^{-1} R)^{-1} = \widetilde{P}_m \tag{9.2.21}$$

とくに，条件

$$SQR = R(R^T S^{-1} R)^{-1}(R^T Q R) \tag{9.2.22}$$

が成り立つならば，またはそのときに限って，等式 $P = \widetilde{P}_m$ が成り立つ．

証明　$S > 0$ であるので，直接計算

$$P - \widetilde{P}_m = \left[(R^T Q R)^{-1} R^T Q - (R^T S^{-1} R)^{-1} R^T S^{-1}\right]$$
$$\cdot S\left[(R^T Q R)^{-1} R^T Q - (R^T S^{-1} R)^{-1} R^T S^{-1}\right]^T$$

より，式 (9.2.21) と (9.2.22) の結論が成り立つ．　■

式 (9.2.21) は，ガウス - マルコフ定理 (定理 7.1.1) と密接な関連性がある．8.4.1 項でも説明したように，式 (9.2.22) を満足させるためには，$Q = S^{-1}$ とすればよい．このとき，等式 $P = \widetilde{P}_m$ が成り立つ．

次に，m による $\widetilde{P}_m$ の最適化について考える．後の 9.2.4 項の補題 9.2.2 では，以下の結論を与える．

最適な Q に対して，推定精度は m の増加につれ，単調増加する．すなわち，すべての $m \geq na$ について，$\widetilde{P}_m \geq \widetilde{P}_{m+1}$ が成り立つ．ただし，任意の Q については，この結論が成立しないことに注意されたい．

定理 9.2.2 の証明では，R と S の具体的構造については言及していない．AR モデルでは，$\widetilde{P}_m = \widetilde{P}_{m+1}(m \geq na))$ が成り立つ．しかし，ARMA モデルでは，$\widetilde{P}_m > \widetilde{P}_{m+1}(m \geq na))$ となる [204]．$\widetilde{P}_m$ が単調減少で，かつ $\widetilde{P}_m > 0$ であるので，$m \to \infty$ のとき，$\widetilde{P}_m$ がある極限値に収束する．その極限値は以下のように与えられる [204]．

$$\widetilde{P}_\infty = \lim_{m \to \infty} \widetilde{P}_m = \lambda^2 \left[E\{\phi(t)\psi^T(t)\} E\{\psi(t)\phi^T(t)\} \right]^{-1} \tag{9.2.23}$$

ただし，$\psi(t)$ は無限次元のベクトルである：

$$\psi(t) = \frac{1}{B(q^{-1})} \begin{bmatrix} e(t-nb-1) \\ e(t-nb-2) \\ \vdots \end{bmatrix} \tag{9.2.24}$$

式 (9.2.23) より，$\widetilde{P}_\infty$ はフィルタ $G(q^{-1})$ に無関係である．しかし，後に示すが，$G(q^{-1})$ の選択は $\widetilde{P}_m$ の収束の速さに影響する．

■ 9.2.4　$G(q^{-1})$ の最適な選択

これからは，$G(q^{-1})$ の最適な選択について説明する．補助変数の個数 m との関係を強調するために，$R, S, z(t)$ について，下付添字 m をつける．

❑ **補題 9.2.2.** 行列 $\{\widetilde{P}_m\}$ は非増加列である．すなわち，$\widetilde{P}_{na} \geq \widetilde{P}_{na+1} \geq \cdots \geq \widetilde{P}_\infty$．さらに，条件

$$R_m^T S_m^{-1} x_m = 0, \quad m \geq na \tag{9.2.25}$$

が成り立つならば，またはそのときに限って，すべての等号が成り立つ．ただし，R_m と S_m はそれぞれ式 (9.2.17) と (9.2.20) で定義される．x_m は

$$x_m = E \left\{ B^2(q^{-1})G(q^{-1}) \begin{bmatrix} e(t-1) \\ \cdots \\ e(t-m) \end{bmatrix} \frac{B^2(q^{-1})G(q^{-1})}{A(q^{-1})} e(t-m-1) \right\} \tag{9.2.26}$$

で定義される．

証明は文献 [204] を参照されたい．

明らかに，$G(q^{-1}) = 1/B^2(q^{-1})$ は式 (9.2.25) を満足するので，最適な選択である（一意であるとは限らないが）．この結果は以下の定理で厳密に記述される．

❑ **定理 9.2.3.** 仮定 1〜3 が成り立つとする．補助変数推定値 (9.2.13) について，$m = na$,

274 第 9 章 補助変数法

$G(q^{-1}) = 1/B^2(q^{-1})$ とする (この場合, Q は結果に影響しない). 補助変数推定値は, 漸近的 $(N \to \infty)$ 共分散行列が $\widetilde{P}_\infty$ に等しいという意味で, 最適である.

証明は, 補題 9.2.2 の結果を直接用いればよい.

以上の解析より, ARMA モデル (9.2.8) の AR パラメータの最適な補助変数推定値を得るためには, 以下の二つの方法がある. 具体的アルゴリズムは文献 [202] を参照されたい.

(1) 重み行列を $Q = S^{-1}$ とし, 補助変数の数 m を無限大に近づける. この場合では, $G(q^{-1})$ の選択は重要ではないので, $G(q^{-1}) = 1$ とすればよい (定理 9.2.2).

(2) 最適なフィルタ $G(q^{-1}) = 1/B^2(q^{-1})$ を選ぶ. この場合では, 重み行列の選択は重要でなくなる (定理 9.2.3).

■ 9.3 過決定逐次補助変数法

補助変数ベクトルの次元を増やすことによって, 過決定連立線形方程式を得ることができ, データ長が短いときにパラメータの推定精度を改善することができる. この手法を過決定補助変数法 (overdetermined instrumental variable method) という. 過決定補助変数方程式の解は, 最小二乗の意味で求められる. 本節では, 適応システム同定やスペクトル推定のために提案された過決定逐次補助変数法の逐次アルゴリズムについて説明する [78, 79, 81, 168]. まず, 過決定逐次補助変数法の一般的なアルゴリズムの導出を説明する. ついで, 平方根過決定逐次補助変数アルゴリズムを説明する. 後者は, 過決定逐次補助変数法の数値的性能を改善することができる.

■ 9.3.1 過決定逐次補助変数法

ARMA モデル

$$y(t) = -\sum_{i=1}^{N} a_i y(t-i) + \sum_{i=0}^{M} b_i e(t-i)$$

について考える. ただし, $e(t)$ は平均零, 分散 1 の白色雑音である. 我々の目的は, 有限個のデータ集合 $\{y(0), \cdots, y(t)\}$ から AR パラメータ $\{a_i\}$ を推定することである.

まず, ARMA モデルを行列方程式で表現する:

$$X_t = Y_t \theta + V_t$$

ただし,

$$X_t = [y(0), \cdots, y(t)]^T$$

$$V_t = [v(0), \cdots, v(t)]^T, \quad v(t) = \sum_{i=0}^{M} b_i e(t-i)$$

$$\theta = [a_1, \cdots, a_N]^T$$

$$Y_t = \begin{bmatrix} 0 & \cdots & 0 \\ -y(0) & \ddots & \\ \vdots & \ddots & 0 \\ -y(N-1) & \cdots & -y(0) \\ \vdots & & \vdots \\ -y(t-1) & \cdots & -y(t-N) \end{bmatrix} \in R^{(t+1) \times N}$$

次に，(拡大) 補助変数行列を定義する：

$$Z_t = \begin{bmatrix} 0 & \cdots & 0 \\ z(0) & \ddots & \\ \vdots & \ddots & 0 \\ z(K-1) & \cdots & z(0) \\ \vdots & & \vdots \\ z(t-1) & \cdots & z(t-K) \end{bmatrix} \in R^{(t+1) \times K}$$

ただし，$E\{Z_t^T V_t\} = 0$, $E\{Z_t^T Y_t\}$ は正則である．

基本的補助変数法では，$K = N$ となっているが，ここでは，$K \geq N$ とする．行列方程式 $X_t = Y_t \theta + V_t$ に左から Z_t^T をかけ，$Z_t^T V_t$ を無視すると，過決定補助変数方程式

$$Z_t^T X_t = Z_t^T Y_t \theta \tag{9.3.1}$$

が得られる．時刻 t におけるパラメータ推定値は最小二乗法で与えられる：

$$\widehat{\theta} = \left[Y_t^T Z_t Z_t^T Y_t \right]^{-1} Y_t^T Z_t Z_t^T X_t \tag{9.3.2}$$

この推定は有効推定ではないものの，漸近的一致推定である [191]．以下では，$\widehat{\theta}$ を求める逐次アルゴリズムの導出を示す．まず，行列 Y_t, Z_t, X_t の時間更新式を与えておく．

$$Y_{t+1} = \begin{bmatrix} Y_t \\ y_{t+1}^T \end{bmatrix}, \quad Z_{t+1} = \begin{bmatrix} \lambda Z_t \\ z_{t+1}^T \end{bmatrix}, \quad X_{t+1} = \begin{bmatrix} X_t \\ x_{t+1} \end{bmatrix} \tag{9.3.3}$$

ただし，

$$y_{t+1}^T = [-y(t), \cdots, -y(t+1-N)]$$

$$z_{t+1}^T = [z(t), \cdots, z(t+1-K)]$$

$$x_{t+1} = y(t+1)$$

$0 < \lambda \leq 1$ は指数的忘却係数であり，時変パラメータへの追従を可能にする．忘却係数の

導入は，式 (9.3.1) に左から対角行列 $D = \mathrm{diag}(\lambda^t, \lambda^{t-1}, \cdots, \lambda, 1)$ をかけることによって実現される．行列

$$P_t = \left[Y_t^T Z_t Z_t^T Y_t\right]^{-1} \tag{9.3.4}$$

を定義すると，その逆行列は以下のように更新される．

$$
\begin{aligned}
P_{t+1}^{-1} &= Y_{t+1}^T Z_{t+1} Z_{t+1}^T Y_{t+1} = \left[\lambda Y_t^T Z_t + y_{t+1} z_{t+1}^T\right]\left[\lambda Z_t^T Y_t + z_{t+1} y_{t+1}^T\right] \\
&= \lambda^2 P_t^{-1} + \lambda w_{t+1} y_{t+1}^T + \lambda y_{t+1} w_{t+1}^T + y_{t+1} z_{t+1}^T z_{t+1} y_{t+1}^T
\end{aligned} \tag{9.3.5}
$$

ただし，

$$w_{t+1} = Y_t^T Z_t z_{t+1} \tag{9.3.6}$$

式 (9.3.5) はさらに簡潔な形式で表現できる：

$$P_{t+1}^{-1} = \lambda^2 P_t^{-1} + \phi_{t+1} \Lambda_{t+1}^{-1} \phi_{t+1}^T \tag{9.3.7}$$

ただし，

$$\phi_{t+1} = [w_{t+1}, y_{t+1}] \tag{9.3.8a}$$

$$\Lambda_{t+1}^{-1} = \begin{bmatrix} 0 & \lambda \\ \lambda & z_{t+1}^T z_{t+1} \end{bmatrix} \quad \text{あるいは} \quad \lambda^2 \Lambda_{t+1} = \begin{bmatrix} -z_{t+1}^T z_{t+1} & \lambda \\ \lambda & 0 \end{bmatrix} \tag{9.3.8b}$$

式 (9.3.7) の逆行列を求めると，

$$P_{t+1} = \left[P_t - P_t \phi_{t+1}\left(\lambda^2 \Lambda_{t+1} + \phi_{t+1}^T P_t \phi_{t+1}\right)^{-1} \phi_{t+1}^T P_t\right]/\lambda^2 \tag{9.3.9}$$

が得られる．θ_t の更新式を得るために，

$$L_t = Z_t^T X_t, \quad S_t = Y_t^T Z_t \tag{9.3.10}$$

を定義する．これらは以下のように逐次更新される．

$$L_{t+1} = \lambda L_t + z_{t+1} x_{t+1}, \quad S_{t+1} = \lambda S_t + y_{t+1} z_{t+1}^T \tag{9.3.11}$$

式 (9.3.2) より，

$$
\begin{aligned}
\widehat{\theta}_{t+1} &= P_{t+1} S_{t+1} L_{t+1} = P_{t+1}(\lambda S_t + y_{t+1} z_{t+1}^T)(\lambda L_t + z_{t+1} x_{t+1}) \\
&= \lambda^2 P_{t+1} P_t^{-1} \widehat{\theta}_t + P_{t+1}\left(\lambda y_{t+1} z_{t+1}^T L_t + \lambda w_{t+1} x_{t+1} + y_{t+1} z_{t+1}^T z_{t+1} x_{t+1}\right)
\end{aligned} \tag{9.3.12}
$$

となる．さらに，式 (9.3.5) より，

$$\lambda^2 P_{t+1} P_t^{-1} = I - P_{t+1}\left(\lambda w_{t+1} y_{t+1}^T + \lambda y_{t+1} w_{t+1}^T + y_{t+1} z_{t+1}^T z_{t+1} y_{t+1}^T\right) \tag{9.3.13}$$

が得られる．式 (9.3.12) と (9.3.13) を合わせると，

$$
\begin{aligned}
\widehat{\theta}_{t+1} = \widehat{\theta}_t + P_{t+1}\big[&\lambda y_{t+1}(z_{t+1}^T L_t - w_{t+1}^T \widehat{\theta}_t) \\
&+ (y_{t+1} z_{t+1}^T z_{t+1} + \lambda w_{t+1})(x_{t+1} - y_{t+1}^T \widehat{\theta}_t)\big]
\end{aligned}
$$

となる．上式はより簡潔な形に書ける：

$$\widehat{\theta}_{t+1} = \widehat{\theta}_t + P_{t+1} \phi_{t+1} \Lambda_{t+1}^{-1}(V_{t+1} - \phi_{t+1}^T \widehat{\theta}_t) \tag{9.3.14}$$

ただし,

$$V_{t+1} = \begin{bmatrix} z_{t+1}^T L_t \\ x_{t+1} \end{bmatrix} \tag{9.3.15}$$

式 (9.3.6), (9.3.8), (9.3.9), (9.3.11), (9.3.14) と (9.3.15) は $\widehat{\theta}$ を計算する逐次アルゴリズムを与える. アルゴリズムの初期化のため, 時刻 k までのデータを利用して, 以下をオフラインで計算しておく.

$$S_k = Y_k^T Z_k, \quad L_k = Z_k^T X_k, \quad P_k = (S_k S_k^T)^{-1}, \quad \theta_k = P_k S_k L_k \tag{9.3.16}$$

あるいは厳密な計算をせずに, 近似的に以下のように初期値を設定する.

$$S_k = \mu[I,0], \quad P_k = \frac{1}{\mu^2} I, \quad L_k = 0, \quad \theta_k = 0 \tag{9.3.17}$$

ただし, μ はスカラーである. 過決定逐次補助変数アルゴリズム (overdetermined recursive instrumental variable algorithm) を表 9.3.1 にまとめておく.

表 **9.3.1** 過決定逐次補助変数アルゴリズム

計　算	次元
初期化:	
$\quad S_k = Y_k^T Z_k, \quad L_k = Z_k^T X_k, \quad P_k = (S_k S_k^T)^{-1}, \quad \theta_k = P_k S_k L_k$	
$\quad$あるいは	
$\quad S_k = \mu[I,0], \quad P_k = \dfrac{1}{\mu^2} I, \quad L_k = 0, \quad \theta_k = 0$	
for $t = k+1, k+2, \cdots,$	
$\quad w_{t+1} = S_t z_{t+1}$	$N \times 1$
$\quad S_{t+1} = \lambda S_t + y_{t+1} z_{t+1}^T$	$N \times K$
$\quad \phi_{t+1} = [w_{t+1}, y_{t+1}]$	$N \times 2$
$\quad \lambda^2 \Lambda_{t+1} = \begin{bmatrix} -z_{t+1}^T z_{t+1} & \lambda \\ \lambda & 0 \end{bmatrix}$	2×2
$\quad K_{t+1} = P_t \phi_{t+1} \left(\lambda^2 \Lambda_{t+1} + \phi_{t+1}^T P_t \phi_{t+1} \right)^{-1}$	$N \times 2$
$\quad P_{t+1} = [P_t - K_{t+1} \phi_{t+1}^T P_t]/\lambda^2$	$N \times N$
$\quad V_{t+1} = \begin{bmatrix} z_{t+1}^T L_t \\ x_{t+1} \end{bmatrix}$	2×1
$\quad L_{t+1} = \lambda L_t + z_{t+1} x_{t+1}$	$K \times 1$
$\quad \widehat{\theta}_{t+1} = \widehat{\theta}_t + K_{t+1}(V_{t+1} - \phi_{t+1}^T \widehat{\theta}_t)$	$N \times 1$
end	

このアルゴリズムには, 数値的問題がある. 例えば, 行列 $P_t^{-1} = Y_t^T Z_t Z_t^T Y_t$ は 4 個の行列の積であるので, 条件数が大きくなり, 悪条件になるおそれがある. また, 多くの

278　第 9 章　補助変数法

逐次推定アルゴリズムと同じように，P_t は逆行列の補題に基づいて逐次的に計算されており，P_t の正定性が崩れた場合，アルゴリズムは発散してしまうおそれがある．このような数値的問題を克服するために，Porat と Friedlander [169] は平方根過決定逐次補助変数アルゴリズムを提案した．このアルゴリズムは双曲変換を用いるので，まず双曲変換について説明する．

■ 9.3.2　双曲変換

固有値分解の立場で考えると，固有値がすべて正である対称行列は正定行列であり，負の固有値と正の固有値を持つ対称行列は不定値行列である (第 2 章 2.1 節)．正定行列と不定行列はまた二次形式で定義できる．$x \neq 0$ のすべての x に対して，$x^T A x > 0$ がつねに成り立つとき，A は正定行列である．$x^T A x$ が正の値と負の値のどちらにもなりえる場合，A は不定値行列である．$x \neq 0$ のすべての x に対して，$x^T A x \geq 0$ がつねに成り立つとき，A は準正定行列である．

第 3 章で説明したコレスキー分解を振り返る．正定対称行列 $A \in R^{n \times n}$ に対して，対角要素がすべて正である下三角行列 $G \in R^{n \times n}$ が存在し，$A = GG^T$ を満足する．下三角行列は A の平行根と呼ばれることもある．例として，2×2 行列 $A = \begin{bmatrix} -\alpha^2 & \lambda \\ \lambda & 0 \end{bmatrix}$ について考える．ただし，$\alpha > 0$．$x = [x_1, x_2]^T$ とすると，二次形式

$$x^T A x = -\alpha^2 x_1 \left(x_1 - 2\frac{\lambda}{\alpha^2} x_2 \right)$$

は正の値と負の値のどちらになりえる．ゆえに，A は不定値行列である．明らかに，

$$A = \begin{bmatrix} -\alpha^2 & \lambda \\ \lambda & 0 \end{bmatrix} = \begin{bmatrix} \alpha & 0 \\ -\lambda/\alpha & \lambda/\alpha \end{bmatrix} \begin{bmatrix} -1 & 0 \\ 0 & 1 \end{bmatrix} \begin{bmatrix} \alpha & -\lambda/\alpha \\ 0 & \lambda/\alpha \end{bmatrix} = GJG^T \tag{9.3.18}$$

が成り立つ．ここで，行列 J を A の符号行列 (signature matrix) という．J の対角成分にある -1 は A の不定値性 (indefiniteness) を表す．式 (9.3.18) より，不定値行列はコレスキー分解 $A = GG^T$ ができないので，厳密な意味での平行根は存在しないが，$A = GJG^T$ (G は下三角行列) を (不定値) 行列 A の J 分解 (J-factorization) といい，下三角行列 G を A の平行根という．A が正定であるとき，$J = I$ が単位行列となるので，式 (9.3.18) がコレスキー分解となることに注意されたい．ゆえに，コレスキー分解は J 分解の特例であるといえる．後の 9.3.3 項では，2×2 符号行列 $J = \mathrm{diag}(-1, 1)$ に興味を持つ．すなわち，以下を満足する $(N + 2) \times (N + 2)$ 行列 Q を求める．

$$Q \begin{bmatrix} J & 0 \\ 0 & I_N \end{bmatrix} Q^T = \begin{bmatrix} J & 0 \\ 0 & I_N \end{bmatrix} \tag{9.3.19}$$

もっと一般に，対角成分が $+1$ と -1 からなる任意サイズの対角行列 J を符号行列という．符号行列は行列の J スペクトル分解にも重要な役割を果たしている．J スペクトル分解は H_∞ 制御理論の分野で重要な問題である．興味のある読者は文献を参照されたい [101, 129, 188]．行列 Q が $QJQ^T = J$ を満足するとき，Q を J 直交行列 (J-orthogonal matrix)，あるいは超正規行列 (hypernormal matrix) という [171]．明らかに，直交行列は $J = I$ のときの特例である．すなわち，直交行列は単位直交行列である．J 直交行列には，以下の性質がある．

❑ **補題 9.3.1.** J 直交行列 Q は正則である．

　証明　$QJQ^T = J$ の両辺の行列式を取ると，

$$\det(Q)\det(J)\det(Q^T) = \det(J)$$

が得られる．$\det(J)$ は零ではない (1 または -1) ので，$\det(Q)\det(Q^T) = 1$ となる．さらに，$\det(Q) = \det(Q^T)$ より，$|\det(Q)| = 1$ であるので，Q は正則である．　∎

❑ **補題 9.3.2.** J 直交行列 Q は一般に対称ではないが，双曲対称性を満足する：

$$Q^T J Q = Q J Q^T$$

　証明　$J^2 = I$ であるので，$QJQ^T = J$ の両辺に右から JQ をかけると，

$$QJ(Q^T J Q) = J^2 Q = Q$$

が得られる．Q が正則であるので，式の両辺に左から JQ^{-1} をかけると，$Q^T J Q = J$ が得られる．ゆえに，$Q^T J Q = Q J Q^T$ が成り立つ．　∎

　J 直交行列 Q の固有値について以下の性質がある．

❑ **定理 9.3.1.** J 直交行列 Q の固有値は共役逆数のペアをなす．すなわち，λ が Q の固有値であれば，$1/\lambda^*$ も Q の固有値である．しかも両者の重複度も同じである．

　証明は文献 [171] を参照されたい．

2×2 行列 $X = \begin{bmatrix} x_{11} & x_{12} \\ x_{21} & x_{22} \end{bmatrix}$ の (1,2) 要素を除去する操作について考える．

第 3 章で説明したギブンス回転による直交変換行列は

$$Q_2^{(O)} = \begin{bmatrix} \cos(\theta) & -\sin(\theta) \\ \sin(\theta) & \cos(\theta) \end{bmatrix} = \frac{1}{\sqrt{1+\gamma^2}} \begin{bmatrix} 1 & -\gamma \\ \gamma & 1 \end{bmatrix} \tag{9.3.20}$$

で与えられる．ここで，上付きの (O) は直交変換を意味する．X の要素 x_{12} を消去するために，γ を以下のように選択すればよい．

280 第9章 補助変数法

$$\frac{1}{\sqrt{1+\gamma^2}} \begin{bmatrix} x_{11} & x_{12} \\ x_{21} & x_{22} \end{bmatrix} \begin{bmatrix} 1 & -\gamma \\ \gamma & 1 \end{bmatrix} = \begin{bmatrix} \times & 0 \\ \times & \times \end{bmatrix} \Rightarrow \gamma = \frac{x_{12}}{x_{11}} \tag{9.3.21}$$

一方,双曲変換 (hyperbolic transformation) による $J = \mathrm{diag}(-1, 1)$ に対応する J 直交行列は

$$Q_2^{(H)} = \begin{bmatrix} \cosh(\theta) & -\sinh(\theta) \\ -\sinh(\theta) & \cosh(\theta) \end{bmatrix} = \frac{1}{\sqrt{1-\gamma^2}} \begin{bmatrix} 1 & -\gamma \\ -\gamma & 1 \end{bmatrix}, \quad |\gamma| < 1 \tag{9.3.22}$$

で与えられる.ここで,上付きの (H) は双曲変換を意味する.上式において,双曲関数の性質 $\cosh^2(\theta) - \sinh^2(\theta) = 1$ が満たされている.双曲関数を要素とするので,双曲変換という.$Q_2^{(H)} J Q_2^{(H)T} = J$ は容易に確認できるので,$Q_2^{(H)}$ は J 直交変換行列である.したがって,双曲変換はしばしば J 直交変換と見なされる[*1].

X の要素 x_{12} を消去するために,γ を以下のように選択すればよい[*2]

$$\frac{1}{\sqrt{1-\gamma^2}} \begin{bmatrix} x_{11} & x_{12} \\ x_{21} & x_{22} \end{bmatrix} \begin{bmatrix} 1 & -\gamma \\ -\gamma & 1 \end{bmatrix} = \begin{bmatrix} \times & 0 \\ \times & \times \end{bmatrix} \Rightarrow \gamma = \frac{x_{12}}{x_{11}} \tag{9.3.23}$$

第3章の 3.2 節では,ハウスホルダー (反射) 行列

$$Q = I - 2\frac{vv^T}{v^T v} \tag{9.3.24}$$

について説明した.同じように,対称行列

$$Q = I - 2\frac{vv^T}{v^T J v} \tag{9.3.25}$$

を双曲ハウスホルダー行列 (hyperbolic Householder matrix) という.これは,Bunse-Gertner [31] が固有値計算の研究において初めて定義したものである.

❑ **補題 9.3.3.** 式 (9.3.25) で定義される双曲ハウスホルダー行列 Q は J 直交である.すなわち,$QJQ^T = J$ が成り立つ.

証明

$$QJQ^T = \left(J - 2\frac{vv^T}{v^T J v}\right) J \left(J - 2\frac{vv^T}{v^T J v}\right) = J^3 - 4\frac{vv^T}{v^T J v} + 4\frac{v(v^T J v)v^T}{(v^T J v)^2}$$

$$= J^3 = J$$

より,補題の結論が成り立つ. ∎

$J = I$ のとき,双曲ハウスホルダー行列が通常のハウスホルダー行列になることに注意されたい.双曲ハウスホルダー行列の固有値は以下の定理で与えられる.

[*1] 複素双曲変換は,J ユニタリ変換に対応する.詳しくは第11章の 11.3.1 項を参照されたい.

[*2] 訳注:式 (9.3.23) は,$|x_{12}/x_{11}| < 1$ のときのみ成り立つ.$|x_{11}/x_{12}| < 1$ のとき,

$$Q_2^{(H)} = \frac{1}{\sqrt{1-\gamma^2}} \begin{bmatrix} \gamma & -1 \\ -1 & \gamma \end{bmatrix}, \quad \gamma = \frac{x_{11}}{x_{12}} \quad \text{とすればよい.}$$

9.3 過決定逐次補助変数法   281

❑ **定理 9.3.2.** J を $N \times N$ 対角行列とする. J の k 個の対角要素が -1 で, 残りの $N-k$ 個の要素が 1 であれば, 対応する双曲ハウスホルダー行列 Q の固有値のうち, $N-(k+1)$ 個の固有値は 1 で, $k-1$ 個の固有値は -1 である. 残りの $N-k-1$ 個の固有値は,

$$\lambda = -\zeta \pm \sqrt{\zeta^2 - 1}, \quad \zeta = \frac{v^T v}{v^T J v}$$

で与えられる.

証明は文献 [171] を参照されたい.

ある $N \times M$ データ行列 X が, それと自己相関行列の意味で等価な下三角行列 $N \times N$ $\widehat{X}$ に変換されたとする. $N \times L$ 行列 Y を問題に新しく加えられるデータによる行列, $N \times P$ 行列 Z を問題から除去した古いデータによる行列とする. X, Y, Z による自己相関行列は

$$S = XX^T + YY^T - ZZ^T = \widehat{X}\widehat{X}^T + YY^T - ZZ^T$$

で与えられる. 我々の問題は, $\widehat{X}, Y, Z$ を利用して, J 分解 $S = \widehat{C}J\widehat{C}^T$ の三角因子 $\widehat{C}$ を求めることである. ただし, $\widehat{C}$ は下三角行列である. ハウスホルダー行列は, 直交行列であり, 正の和項には対処できるものの, 負の和項には対処できない. しかし, 符号行列 J による J 直交行列は, これらの両方に対処できる [171]. $(N+L+P) \times (N+L+P)$ 対角行列 J の対角要素を

$$J_{ii} = \begin{cases} 1, & 1 \le i \le N+L \\ -1, & N+L < i \le N+L+P \end{cases} \tag{9.3.26}$$

とする. 行列 $C = \begin{bmatrix} \widehat{X}, Y, Z \end{bmatrix}$ について, 次式が成り立つのは容易に確認できる.

$$CJC^T = S \tag{9.3.27}$$

J 直交行列 Q の定義 $QJQ^T = J$ より, 式 (9.3.27) の中の C を CQ で置き換えても, 方程式は依然として成り立つ (S の双曲変換に対する不変性) :

$$(CQ)J(Q^T C^T) = CJC^T = S \tag{9.3.28}$$

したがって, J 分解の問題は, CQ が下三角行列となるように, Q を求めることになる. そのための変換を双曲ハウスホルダー三角化 (Hyperbolic Householder triangulation) という. 具体的アルゴリズムは以下のようである [171].

アルゴリズム 9.3.1. (双曲ハウスホルダー三角化アルゴリズム) $\widehat{X} \in R^{N \times N}, Y \in R^{N \times L}, Z \in R^{N \times P}$ が与えられたとする. ただし, $\widehat{X}$ は下三角行列である. $S = \widehat{X}\widehat{X}^T + YY^T - ZZ^T$ の J 分解の三角因子 $\widehat{C}$ は以下のアルゴリズムで与えられる.

$C = [\widehat{X}, Y, Z]$ と J 式 (9.3.26) を設定する.

for $i = 1 : N$

$$u = [0, \cdots, 0, C_{ii}, 0, \cdots, 0, C_{i(N+1)}, C_{i(N+2)}, \cdots, C_{i(N+L+P)}]^T$$

$$\sigma = (u_i/|u_i|)\sqrt{u^T J u}, \quad v = Ju + \sigma e_i^T$$

$$Q = J - 2vv^T/(v^T Jv)$$

$$C = CQ$$

end

ただし, e_i は, i 番目の要素が 1 で, ほかの要素がすべて 0 のベクトルである. u_i は, ベクトル u の i 番目の要素である.

双曲変換は, データの増減を伴う最小二乗問題に応用されている [171]. 以下では, 補助変数推定問題における双曲変換の応用, 平方根過決定逐次補助変数法 (square-root overdetermined recursive instrumental variable algorithm) について説明する [169].

■ 9.3.3 平方根過決定逐次補助変数アルゴリズム

最小二乗推定値の平方根アルゴリズムは, Morf と Kailath [153] によって提案されたものであり, 平方根行列の三角化に基づいている. 平方根アルゴリズムは, ある準正定行列 A_t の下三角平方根 $A_t^{1/2}$ を更新することによって, A_t の準正定性を保持している.

一方, 表 9.3.1 で示された過決定逐次補助変数アルゴリズムでは, $\lambda^2 \Lambda_{t+1}$ は不定値行列であるので, その平方根を更新することはできない (そもそも厳密な意味での平方根は存在しない). ゆえに, 双曲変換が必要となる [169]. そのことを説明するために, まず, 次式について考察する.

$$\lambda^2 \Lambda_{t+1} = \begin{bmatrix} -z_{t+1}^T z_{t+1} & \lambda \\ \lambda & 0 \end{bmatrix} = \begin{bmatrix} \alpha & 0 \\ -\lambda/\alpha & \lambda/\alpha \end{bmatrix} \begin{bmatrix} -1 & 0 \\ 0 & 1 \end{bmatrix} \begin{bmatrix} \alpha & -\lambda/\alpha \\ 0 & \lambda/\alpha \end{bmatrix} = AJA^T \quad (9.3.29)$$

ただし, $\alpha = (z_{t+1}^T z_{t+1})^{1/2}$. ゆえに, $\lambda^2 \Lambda_{t+1}$ は不定値行列である.

不定値行列 $\lambda^2 \Lambda_{t+1}$ に対して, J 分解を行い, その J 平方根 (下三角行列) を得るために, 式 (9.3.19) で定義された $(N+2) \times (N+2)$ J 直交行列 Q が次式を満足するとする.

$$\begin{bmatrix} A & \phi_{t+1}^T P_t^{1/2} \\ 0 & P_t^{1/2} \end{bmatrix} Q = \begin{bmatrix} L_1 & 0 \\ M & L_2 \end{bmatrix} \quad (9.3.30)$$

ただし, L_1 と L_2 はそれぞれ 2×2 行列と $N \times N$ 下三角行列である. さらに, 式 (9.3.19) を用いると,

$$
\begin{bmatrix} A & \phi_{t+1}^T P_t^{1/2} \\ 0 & P_t^{1/2} \end{bmatrix} \begin{bmatrix} J & 0 \\ 0 & I_N \end{bmatrix} \begin{bmatrix} A^T & 0 \\ (P_t^{1/2})^T \phi_{t+1} & (P_t^{1/2})^T \end{bmatrix} = \begin{bmatrix} L_1 & 0 \\ M & L_2 \end{bmatrix} \begin{bmatrix} J & 0 \\ 0 & I_N \end{bmatrix} \begin{bmatrix} L_1^T & M^T \\ 0 & L_2^T \end{bmatrix}
$$
$$(9.3.31)$$

が得られる．ゆえに，以下の関係が成り立つ．

$$
AJA^T + \phi_{t+1}^T P_t \phi_{t+1} = \lambda^2 \Lambda_{t+1} + \phi_{t+1}^T P_t \phi_{t+1} = L_1 J L_1^T \tag{9.3.32a}
$$

$$
P_t \phi_{t+1} = M J L_1^T \tag{9.3.32b}
$$

$$
P_t = M J M^T + L_2 L_2^T \tag{9.3.32c}
$$

また，式 (9.3.32b) より，

$$
M = P_t \phi_{t+1} (L_1^T)^{-1} J \tag{9.3.33}
$$

が得られる．これを式 (9.3.32c) に代入すると，

$$
\begin{aligned}
L_2 L_2^T &= P_t - M J M^T = P_t - P_t \phi_{t+1} (L_1^T)^{-1} J L_1^{-1} \phi_{t+1}^T P_t \\
&= P_t - P_t \phi_{t+1} (\lambda^2 \Lambda_{t+1} + \phi_{t+1}^T P_t \phi_{t+1})^{-1} \phi_{t+1}^T P_t \\
&= \lambda^2 P_{t+1}
\end{aligned} \tag{9.3.34}
$$

が成り立つ．L_2 は下三角行列であるので，

$$
P_t^{1/2} = \lambda^{-1} L_2 \tag{9.3.35}
$$

が得られる．さらに，関係式

$$
M L_1^{-1} = P_t \phi_{t+1} (L_1^T)^{-1} J L_1^{-1} = P_t \phi_{t+1} (\lambda^2 \Lambda_{t+1} + \phi_{t+1}^T P_t \phi_{t+1})^{-1} = K_{t+1} \tag{9.3.36}
$$

が成り立つ．式 (9.3.29),(9.3.30),(9.3.35) と (9.3.36) は平方根逐次補助変数アルゴリズムの中核を構成している．具体的アルゴリズムを表 9.3.2 に示す [169].

式 (9.3.32a) が成り立つ条件として，$\lambda^2 \Lambda_{t+1} + \phi_{t+1}^T P_t \phi_{t+1}$ が $\lambda^2 \Lambda_{t+1}$ と同じ符号行列 J を持つことが必要である．この条件が成立するかどうかを調べるために，まず 9.3.1 項の内容より，

$$
\phi_{t+1} = [S_t z_{t+1}, y_{t+1}], \quad P_t = (S_t S_t^T)^{-1}, \quad S_t = Y_t^T Z_t \tag{9.3.37}
$$

であることに留意し，以下の結果が得られる．

$$
\begin{aligned}
&\lambda^2 \Lambda_{t+1} + \phi_{t+1}^T P_t \phi_{t+1} \\
&= \begin{bmatrix} -z_{t+1}^T z_{t+1} & \lambda \\ \lambda & 0 \end{bmatrix} + \begin{bmatrix} z_{t+1}^T S_t^T \\ y_{t+1}^T \end{bmatrix} (S_t S_t^T)^{-1} [S_t z_{t+1}, y_{t+1}] \\
&= \begin{bmatrix} -z_{t+1}^T [I - S_t^T (S_t S_t^T)^{-1} S_t] z_{t+1} & \lambda + z_{t+1}^T S_t^T (S_t S_t^T)^{-1} y_{t+1} \\ \lambda + y_{t+1}^T (S_t S_t^T)^{-1} S_t z_{t+1} & y_{t+1}^T y_{t+1} \end{bmatrix}
\end{aligned} \tag{9.3.38}
$$

行列 $I - S_t^T (S_t S_t^T)^{-1} S_t$ は S_t^T の列の零空間への直交射影行列であるので，準正定行列で

284　第 9 章　補助変数法

表 **9.3.2**　平方根過決定逐次補助変数アルゴリズムの 1 ステップ

$$w_{t+1} = S_t z_{t+1}$$

$$S_{t+1} = \lambda S_t + y_{t+1} z_{t+1}^T$$

$$\phi_{t+1} = [w_{t+1}, y_{t+1}]$$

$$\alpha = (z_{t+1}^T z_{t+1})^{1/2}$$

$$A = \begin{bmatrix} \alpha & 0 \\ -\lambda/\alpha & \lambda/\alpha \end{bmatrix}$$

以下を満足する Q を求める (表 9.3.3 参照).

$$R = \begin{bmatrix} A & \phi_{t+1}^T P_t^{1/2} \\ 0 & P_t^{1/2} \end{bmatrix} Q = \begin{bmatrix} L_1 & 0 \\ M & L_2 \end{bmatrix}$$

$$K_{t+1} = P_t \phi_{t+1} (\lambda^2 \Lambda_{t+1} + \phi_{t+1}^T P_t \phi_{t+1})^{-1}$$

$$P_{t+1} = [P_t - K_{t+1} \phi_{t+1}^T P_t]/\lambda^2$$

$$V_{t+1} = \begin{bmatrix} z_{t+1}^T L_t \\ x_{t+1} \end{bmatrix}$$

$$L_{t+1} = \lambda L_t + z_{t+1} x_{t+1}$$

$$\widehat{\theta}_{t+1} = \widehat{\theta}_t + K_{t+1}(V_{t+1} - \phi_{t+1}^T \widehat{\theta}_t)$$

ある. ゆえに, z_{t+1} が S_t^T の列空間に存在しなければ, 上式の最後の行列の (1,1) 要素は厳密に負になる. z_{t+1} が S_t^T の列空間に存在する場合を除き, 行列 $\lambda^2 \Lambda_{t+1} + \phi_{t+1}^T P_t \phi_{t+1}$ は以下の形に書ける.

$$\lambda^2 \Lambda_{t+1} + \phi_{t+1}^T P_t \phi_{t+1}$$

$$= \begin{bmatrix} -a & b \\ b & c \end{bmatrix} = \begin{bmatrix} \sqrt{a} & 0 \\ -\dfrac{b}{\sqrt{a}} & \sqrt{c + \dfrac{b^2}{a}} \end{bmatrix} \begin{bmatrix} -1 & 0 \\ 0 & 1 \end{bmatrix} \begin{bmatrix} \sqrt{a} & -\dfrac{b}{\sqrt{a}} \\ 0 & \sqrt{c + \dfrac{b^2}{a}} \end{bmatrix} \tag{9.3.39}$$

$a > 0$, $c \geq 0$ なので, 上記の分解は成立する. すなわち, $\lambda^2 \Lambda_{t+1} + \phi_{t+1}^T P_t \phi_{t+1}$ は $\lambda^2 \Lambda_{t+1}$ と同じ符号行列 J を持つことが確認できた. しかし, z_{t+1} が S_t^T の列空間に存在する場合では, 上の分解はできないので, 平方根逐次推定アルゴリズムは, そのままでは成立せず, 修正が必要である [169].

　残りの問題は, 式 (9.3.30) を満足する双曲変換行列 Q を求めることである. 分かりやすくするため, $N = 4$ の場合について, 式 (9.3.30) の中の行列の要素排列を示しておく:

$$
R = \begin{bmatrix} A & \phi_{t+1}^T P_{t+1}^{1/2} \\ 0 & P_t^{1/2} \end{bmatrix} = \begin{bmatrix} \times & 0 & \vdots & \times & \times & \times & \times \\ \times & \times & \vdots & \times & \times & \times & \times \\ \cdots & \cdots & \cdots & \cdots & \cdots & \cdots & \cdots \\ 0 & 0 & \vdots & \times & 0 & 0 & 0 \\ 0 & 0 & \vdots & \times & \times & 0 & 0 \\ 0 & 0 & \vdots & \times & \times & \times & 0 \\ 0 & 0 & \vdots & \times & \times & \times & \times \end{bmatrix}
$$

ここで，$\times$ は零でない要素を表す．部分行列 $R(1, 3 : N + 2)$ の要素は式 (9.3.22) の 2×2 双曲変換 $Q_2^{(H)}$ で消去できる．それから，部分行列 $R(2, 3 : N + 2)$ の要素は式 (9.3.20) の 2×2 ギブンス回転 $Q_2^{(O)}$ で消去できる．具体的アルゴリズムを表 9.3.3 に示す [169].

表 **9.3.3**　J 直交変換と直交変換

J 直交変換 (双曲変換)

for $j = N + 2, N + 1, \cdots, 3$

    $\gamma = R(1, j)/R(1, 1)$

    $R(1, 1) = [R(1, 1) - \gamma R(1, j)]/\sqrt{1 - \gamma^2}$

    for $k = 2$ and for $k = j, \cdots, N + 2$

        $\alpha = [R(k, 1) - \gamma R(k, j)]/\sqrt{1 - \gamma^2}$

        $\beta = [R(k, j) - \gamma R(k, 1)]/\sqrt{1 - \gamma^2}$

        $R(k, 1) = \alpha$

        $R(k, j) = \beta$

    end

end

直交変換 (ギブンス回転)

for $j = N + 2, N + 1, \cdots, 3$

    $\gamma = R(2, j)/R(2, 2)$

    $R(2, 2) = [R(2, 2) + \gamma R(1, j)]/\sqrt{1 + \gamma^2}$

    for $k = j, \cdots, N + 2$

        $\alpha = [R(k, 2) + \gamma R(k, j)]/\sqrt{1 + \gamma^2}$

        $\beta = [R(k, j) - \gamma R(k, 2)]/\sqrt{1 + \gamma^2}$

        $R(k, 2) = \alpha$

        $R(k, j) = \beta$

    end

end

286　第 9 章　補助変数法

　平方根過決定逐次補助変数アルゴリズムを用いれば, 9.3.1 項の過決定補助変数方程式 (9.3.1) の解を逐次的に求めることができ, 文献 [78,81] の問題にも適用できる.

9.4　次数逐次補助変数法

　前節では, 過決定補助変数法の時間逐次アルゴリズムについて紹介した. 本節では, 次数逐次補助変数法 (order-recursive instrumental variable method) について検討する. 補助変数法を適用するとき, 未知パラメータの個数が未知である場合, システムの次数も正確に推定する必要がある. ある情報量基準を用いて次数を推定するときに, いろいろな値の次数候補について, パラメータを同定してから, モデルのパラメータ数を極力減らすというケチの原理にしたがい, 最適な次数を確定するのである. ゆえに, 補助変数法を適用するとき, 階数逐次アルゴリズムも重要である [254]. ここで, 以下の補助変数推定値を考える.

$$\widehat{\theta}_m = \left(Z_m^T \Phi_m\right)^{-1} Z_m^T y \tag{9.4.1}$$

ただし, Z_m と Φ_m は $N \times m$ 行列である. 我々の問題は, $\widehat{\theta}_m, m = 1, \cdots, M$ を計算する次数逐次アルゴリズムを導出することである. ただし, M は実際の次数より大きく選ばれたとする.

❑ **命題 9.4.1.** $Z_{m+1} = [Z_m, z_{m+1}]$, $\Phi_{m+1} = [\Phi_m, \phi_{m+1}]$ とする. ただし, z_{m+1} と ϕ_{m+1} はそれぞれ Z_{m+1} と Φ_{m+1} の最後の列である. さらに, 以下を定義する.

$$C_{m+1}^{-1} = \left(Z_{m+1}^T \Phi_{m+1}\right)^{-1} \tag{9.4.2a}$$

$$R_{m+1} = C_m^{-1} Z_m^T \phi_{m+1} \tag{9.4.2b}$$

$$P_{m+1} = -z_{m+1}^T \Phi_m C_m^{-1} \Delta_{m+1} \tag{9.4.2c}$$

$$\Delta_{m+1} = \frac{1}{z_{m+1}^T \phi_{m+1} - z_{m+1}^T \Phi_m R_{m+1}} \tag{9.4.2d}$$

C_{m+1}^{-1} は C_m^{-1} より逐次的に計算できる :

$$C_{m+1}^{-1} = \begin{bmatrix} C_m^{-1} - R_{m+1} P_{m+1} & -R_{m+1} \Delta_{m+1} \\ P_{m+1} & \Delta_{m+1} \end{bmatrix} \tag{9.4.3}$$

ただし, 初期値は次式で与えられる.

$$C_1^{-1} = \frac{1}{z_1^T \phi_1} \tag{9.4.4}$$

証明　Z_{m+1} と Φ_{m+1} のブロック分割表現を用いると,

$$C_{m+1} = Z_{m+1}^T \Phi_{m+1} = \begin{bmatrix} Z_m^T \\ z_{m+1}^T \end{bmatrix} [\Phi_m, \phi_{m+1}] = \begin{bmatrix} Z_m^T \Phi_m & Z_m^T \phi_{m+1} \\ z_{m+1}^T \Phi_m & z_{m+1}^T \phi_{m+1} \end{bmatrix}$$

が得られる．そこで，C_{m+1} の逆行列を

$$C_{m+1}^{-1} = \begin{bmatrix} X & Y \\ U & V \end{bmatrix} \tag{9.4.5}$$

とする．ただし，$X \in R^{m \times m}$．逆行列の定義より，関係式

$$\begin{bmatrix} Z_m^T \varPhi_m & Z_m^T \phi_{m+1} \\ z_{m+1}^T \varPhi_m & z_{m+1}^T \phi_{m+1} \end{bmatrix} \begin{bmatrix} X & Y \\ U & V \end{bmatrix} = I_{m+1}$$

が得られる．それを連立方程式に書くと，

$$Z_m^T \varPhi_m X + Z_m^T \phi_{m+1} U = I_m \tag{9.4.6a}$$

$$Z_m^T \varPhi_m Y + Z_m^T \phi_{m+1} V = 0 \tag{9.4.6b}$$

$$z_{m+1}^T \varPhi_m X + z_{m+1}^T \phi_{m+1} U = 0 \tag{9.4.6c}$$

$$z_{m+1}^T \varPhi_m Y + z_{m+1}^T \phi_{m+1} V = 1 \tag{9.4.6d}$$

となる．方程式 (9.4.6a) と (9.4.6c) を解くと，

$$X = C_m^{-1} - R_{m+1} P_{m+1}, \quad U = P_{m+1}$$

が得られる．同じように，式 (9.4.6b) と (9.4.6d) を解くと，

$$Y = -R_{m+1} \varDelta_{m+1}, \quad V = \varDelta_{m+1}$$

が得られる．上述の X, Y, U, V を式 (9.4.5) に代入すると，逐次計算式 (9.4.3) が得られる．また，初期値の式 (9.4.4) が成り立つのは自明である．　■

　以上の命題より，補助変数推定値の次数逐次更新式は以下のように得られる．

❑ **定理 9.4.1.** 補助変数推定値 (9.4.1) について，$\widehat{\theta}_{m+1}$ は $\widehat{\theta}_m$ から逐次計算で求められる：

$$\widehat{\theta}_{m+1} = \begin{bmatrix} \widehat{\theta}_m - R_{m+1} \alpha_{m+1} \\ \alpha_{m+1} \end{bmatrix} \tag{9.4.7}$$

ただし，

$$\alpha_{m+1} = (z_{m+1}^T y - z_{m+1}^T \varPhi_m \widehat{\theta}_m) \varDelta_{m+1} \tag{9.4.8}$$

初期値は次式で与えられる．

$$\widehat{\theta}_1 = \frac{z_1^T y}{z_1^T \phi_1} \tag{9.4.9}$$

証明　まず，$\widehat{\theta}_{m+1} = C_{m+1}^{-1} Z_{m+1}^T y$ に対する直接計算より，

$$
\begin{aligned}
\widehat{\theta}_{m+1} &= \begin{bmatrix} C_m^{-1} - R_{m+1}P_{m+1} & -R_{m+1}\Delta_{m+1} \\ P_{m+1} & \Delta_{m+1} \end{bmatrix} \begin{bmatrix} Z_m^T \\ z_{m+1}^T \end{bmatrix} y \\
&= \begin{bmatrix} C_m^{-1}Z_m^T y - R_{m+1}(P_{m+1}Z_m^T y + z_{m+1}^T y \Delta_{m+1}) \\ P_{m+1}Z_m^T y + z_{m+1}^T y \Delta_{m+1} \end{bmatrix}
\end{aligned}
\tag{9.4.10}
$$

が得られる．そこで，$\alpha_{m+1} = P_{m+1}Z_m^T y + z_{m+1}^T y \Delta_{m+1}$ を定義すると，

$$
\begin{aligned}
\alpha_{m+1} &= -z_{m+1}^T \Phi_m C_m^{-1} \Delta_{m+1} Z_m^T y + z_{m+1}^T y \Delta_{m+1} \\
&= (z_{m+1}^T y - z_{m+1}^T \Phi_m \widehat{\theta}_m)\Delta_{m+1}
\end{aligned}
$$

が得られる．すなわち，式 (9.4.8) が成り立つ．さらに，$\widehat{\theta}_m = C_m^{-1}Z_m^T y$ を用いて，式 (9.4.10) を簡単化すると，式 (9.4.7) が得られる．また，初期値の式 (9.4.9) が成り立つのは自明である．　　　　　　　　　　　　　　　　　　　　　　　　　　　▪

❏ **系 9.4.1.** $Z = \Phi$ の場合，定理 9.4.1 は最小二乗解の次数逐次アルゴリズムを与える．

　逆行列は擬似逆行列 (一般化逆行列) の特例であることが知られている．ここでは，より一般な逆行列を導入する：

定義 9.4.1. (補助変数逆行列)　　$N \times M(N \geq M)$ 行列 Z と Φ について，$\mathrm{rank}(Z) = \mathrm{rank}(\Phi) = M$ とする．行列

$$
\Gamma = (Z^T \phi)^{-1} Z^T
\tag{9.4.11}
$$

を補助変数逆行列 (instrumental variable inverse) という．

　補助変数逆行列には以下の性質がある．

(1)　$Z = \Phi$ の場合，補助変数逆行列は，最小二乗逆行列，すなわち，左擬似逆行列 [154] になる．

(2)　$Z_M = \Phi_M = F_M \in R^{M \times M}$，しかも F_M が正則である場合，補助変数逆行列は通常の逆行列になる．

　補助変数逆行列の次数逐次計算には，以下の定理が存在する．

❏ **定理 9.4.2.** 補助変数逆行列 $\Gamma_m = (Z_m^T \Phi_m)^{-1} Z_m^T$ の次数逐次計算公式は以下のように与えられる．

$$
\Gamma_{m+1} = \begin{bmatrix} \Gamma_m - \Gamma_m \phi_{m+1} e_{m+1}\Delta_{m+1} \\ e_{m+1}\Delta_{m+1} \end{bmatrix}
\tag{9.4.12}
$$

ただし，初期値は

$$
\Gamma_1 = \frac{z_1^T}{z_1^T \phi_1}
\tag{9.4.13}
$$

で与えられ, e_{m+1} と Δ_{m+1} は以下のように定義される.

$$e_{m+1} = z_{m+1}^T(I - \Phi_m \Gamma_m) \tag{9.4.14}$$

$$\Delta_{m+1} = \frac{1}{e_{m+1}\phi_{m+1}} \tag{9.4.15}$$

証明 命題 9.4.1 より,

$$
\begin{aligned}
\Gamma_{m+1} &= \begin{bmatrix} C_m^{-1} - R_{m+1}P_{m+1} & -R_{m+1}\Delta_{m+1} \\ P_{m+1} & \Delta_{m+1} \end{bmatrix} \begin{bmatrix} Z_m^T \\ z_{m+1}^T \end{bmatrix} \\
&= \begin{bmatrix} C_m^{-1}Z_m^T - R_{m+1}(P_{m+1}Z_m^T + z_{m+1}^T\Delta_{m+1}) \\ P_{m+1}Z_m^T + z_{m+1}^T\Delta_{m+1} \end{bmatrix}
\end{aligned}
\tag{9.4.16}
$$

が得られる. ただし, $R_{m+1}, P_{m+1}, \Delta_{m+1}$ はそれぞれ式 (9.4.2b)〜(9.4.2d) で与えられており, $C_m^{-1} = (Z_m^T\Phi_m)^{-1}$ である. さらに, 関係式

$$\Gamma_m = C_m^{-1}Z_m^T \tag{9.4.17}$$

$$R_{m+1} = \Gamma_m \phi_{m+1} \tag{9.4.18}$$

および式 (9.4.14) と (9.4.2d) より,

$$
\begin{aligned}
\Delta_{m+1} &= \frac{1}{z_{m+1}^T\phi_{m+1} - z_{m+1}^T\Phi_m\Gamma_m\phi_{m+1}} \\
&= \frac{1}{z_{m+1}^T(I - \Phi_m\Gamma_m)\phi_{m+1}} = \frac{1}{e_{m+1}\phi_{m+1}}
\end{aligned}
$$

が得られる. すなわち, 式 (9.4.15) が成り立つ. 一方, 式 (9.4.2c) より,

$$
\begin{aligned}
P_{m+1}Z_m^T + z_{m+1}^T\Delta_{m+1} &= -z_{m+1}^T\Phi_m C_m^{-1}\Delta_{m+1}Z_m^T + z_{m+1}^T\Delta_{m+1} \\
&= z_{m+1}^T(I - \Phi_m\Gamma_m)\Delta_{m+1} = e_{m+1}\Delta_{m+1}
\end{aligned}
\tag{9.4.19}
$$

が得られる. 式 (9.4.17)〜(9.4.19) を式 (9.4.16) に代入すると, 次数逐次計算式 (9.4.12) が得られる. また, 初期値の式 (9.4.13) が成り立つのは自明である. ∎

■ 9.5 モデル次数決定における補助変数法の応用

前節では, 次数逐次補助変数法について説明した. 次数逐次補助変数法は, 次数を判定する際に必要な各次数に応じたモデルパラメータの推定値を与える. 本節では, 補助変数法を直接利用した次数決定手法について論じる. この手法は, 特異値分解による次数決定手法と情報量基準の一つである最小記述長基準による手法との関係を明らかにしている. もっと具体的にいえば, 特異値分解による次数決定は, 補助変数行列と最小記述長基準による次数決定手法の一特例である.

■ 9.5.1 最小記述長 (MDL) 基準と次数決定

以下のモデルについて考える.

$$\sum_{i=0}^{p} a_i y(n-i) = \sum_{i=0}^{q} b_i e(n-i) \tag{9.5.1}$$

ただし,$a_0 = 1$,$y(n)$ は観測出力,$e(n)$ は入力である.$e(n)$ も観測できる場合,式 (9.5.1) は ARX モデルであり,$e(n)$ が観測できない場合,式 (9.5.1) は ARMA モデルである.モデルは共通の極と零点が存在しないと仮定する.さらに,データ長が N であるとする.すなわち,$n = 1, \cdots, N$.入力 $e(n)$ が観測できないとき,式 (9.5.1) をある次数の高い AR モデルで近似し,$y(n)$ と AR モデルパラメータの最小二乗推定値を用いれば,$e(n)$ の近似推定値を求めることができる [135]:

$$\widehat{e}(n) = \sum_{i=0}^{M} \beta_i y(n-i), \quad n = 1, \cdots, N$$

ただし,$y(n) = 0, n < 1$.よって,一般性を失わず,$e(n)$ も入手できると仮定して議論を進める.式 (9.5.1) は行列方程式で表現できる:

$$\begin{bmatrix} y(1) & 0 & \cdots & 0 & e(1) & 0 & \cdots & 0 \\ y(2) & y(1) & \cdots & 0 & e(2) & e(1) & \cdots & 0 \\ \vdots & \vdots & \ddots & \vdots & \vdots & \vdots & \ddots & \vdots \\ y(N) & y(N-1) & \cdots & y(N-p) & e(N) & e(N-1) & \cdots & e(N-q) \end{bmatrix} \begin{bmatrix} a_0 \\ a_1 \\ \vdots \\ a_p \\ -b_0 \\ -b_1 \\ \vdots \\ -b_q \end{bmatrix} = \begin{bmatrix} v(1) \\ v(2) \\ \vdots \\ v(N) \end{bmatrix} \tag{9.5.2}$$

ただし,$v(n)$ を平均零の正規性白色雑音と仮定する.これは,任意の観測誤差,あるいはモデリング誤差 ($e(n)$ を $\widehat{e}(n)$ で代替する場合の誤差) を表す.式 (9.5.2) はさらに簡潔に

$$D_{p,q}\theta_{p,q} = v \tag{9.5.3}$$

と書ける.ただし,$D_{p,q}$ は $N \times (p+q+2)$ 行列,$\theta_{p,q}$ は $(p+q+2) \times 1$ 行列,v は $N \times 1$ ベクトルである.$(p+q+2) \times (p+q+2)$ 標本自己相関行列を

$$R_{p,q} = \frac{1}{N} D_{p,q}^T D_{p,q} \tag{9.5.4}$$

と定義する.$R_{p,q}$ が準正定行列であることに注意されたい.

最小記述長基準 (minimum description length (MDL) criterion) は 1978 年に Schwatz [187] と Rissanen [177] が独立に提案したものであり,次数の一致推定を与えることができる [104, 178].また,導出過程が異なるものの,MDL 基準は BIC (ベイズ情報量基準) と同じ結果になる.MDL 基準は

$$J_{\mathrm{MDL}}(p,q) = -\log f(y|\widehat{\theta}) + \frac{1}{2}k\log N \tag{9.5.5}$$

で与えられる [135]. ただし, $y = [y(1), \cdots, y(N)]^T$, k はモデルの自由調整パラメータの個数 $(k = p + q + 1)$, $\widehat{\theta}$ は次数 (p, q) に対応する θ の推定値である. $f(\cdot)$ は観測雑音あるいはモデリング誤差ベクトル $v = [v(1), \cdots, v(N)]^T$ の確率密度関数である. $v(n)$ は平均零の正規性白色雑音であるので,

$$f(v) = f(y|\theta) = \frac{1}{(2\pi\sigma^2)^{N/2}} \exp\left[-\frac{1}{2\sigma^2}v^T v\right] = \frac{1}{(2\pi\sigma^2)^{N/2}} \exp\left[-\frac{N}{2\sigma^2}\theta^T R_{p,q}\theta\right] \tag{9.5.6}$$

ただし, σ^2 は $v(n)$ の分散である:

$$\sigma^2 \approx \frac{1}{N}v^T v \tag{9.5.7}$$

$f(y|\theta)$ の定義を用いると,

$$J_{\mathrm{MDL}}(p,q) = \frac{N}{2}\log\sigma^2 + \frac{N}{2}\log 2\pi + \frac{N}{2\sigma^2}\theta^T R_{p,q}\theta + \frac{1}{2}(p+q+1)\log N \tag{9.5.8}$$

となる. ある固定した (p, q) のペアに対して, ユークリッドノルムを 1 と制約した θ を用いて $J_{\mathrm{MDL}}(p,q)$ を最小化すると, 定理 2.4.2 より, 最小解 $\theta_{\min}$ は $R_{p,q}$ の最小固有値 $\lambda_{\min}$ に対応する固有ベクトルになる. このとき,

$$\theta_{\min}^T R_{p,q}\theta_{\min} = \frac{1}{N}v^T v = \lambda_{\min} \approx \sigma^2 \tag{9.5.9}$$

が成り立つ. 式 (9.5.8) に代入して, p, q, θ に無関係な項を省くと,

$$J_{\mathrm{MDL}}(p,q) = \frac{N}{2}\log(\lambda_{\min}) + \frac{1}{2}(p+q)\log N \tag{9.5.10}$$

あるいは,

$$\frac{2}{N}J_{\mathrm{MDL}}(p,q) = \log\left[\lambda_{\min}\left(N^{1/N}\right)^{p+q}\right] \tag{9.5.11}$$

となる. $\log(\cdot)$ は単調増加関数であるので, MDL 基準 J_{MDL} はまた

$$J(p,q) = \lambda_{\min}\left(N^{1/N}\right)^{p+q} \tag{9.5.12}$$

と書ける. $J(p,q)$ と $J_{\mathrm{MDL}}(p,q)$ は同じ (p, q) のペアに対して最小値を持つ. また, N が十分大きいとき, $\left(N^{1/N}\right)^{p+q}$ の値が 1 に近づくことに注意されたい. 上述の結果より, 以下の事実が分かる.

(1) モデル次数の選定は, 漸近的 (N が十分大きい) に (p, q) の種々の値に対応する $R_{p,q}$ の最小固有値を検定することになる.

(2) N が十分大きいとき, MDL 基準は $R_{p,q}$ 以上に情報を提供することができない. いいかえると, MDL 基準と標本自己相関行列 $R_{p,q}$ の最小固有値は, 漸近的に等価である.

292　第 9 章　補助変数法

有限なデータ長 N に対して，MDL 基準に基づくモデル次数の決定は，以下の手順で行われる [135].

(1)　(p,q) の種々の組み合わせに対して，行列 $R_{p,q}$ を計算する．

(2)　各 $R_{p,q}$ の最小固有値を求める．

(3)　式 (9.5.12) を利用して $J(p,q)$ を計算する．

(4)　$J(p,q)$ の最小値に対応する (p,q) をモデル次数とする．

固有値の計算に際して，逐次固有空間分解アルゴリズム [225, 226] を用いると，計算効率の向上を図ることができる．次数を判定するとき，$J(p,q)$ の最小値の代わりに，

$$\frac{J(p,q)}{J(p-1,q)} \quad と \quad \frac{J(p,q)}{J(p,q-1)} \tag{9.5.13}$$

の最小値でそれぞれ p と q を判定することもできる．詳細は文献 [135] を参照されたい．

■ 9.5.2　MDL 基準と補助変数法によるモデル次数決定

MDL 基準と過決定補助変数法を総合すると，ARMA モデル (9.5.1) の AR 次数 p^* を決定する新しい手法を得ることができる．これからは，説明しやすくするため，モデルの真の次数を (p^*, q^*) とする．Liang らの手法 [135] と異なり，ここでは，$e(n)$ が入手できないと仮定する．式 (9.5.1) の行列形式は

$$Y_p \theta_p = W_p \tag{9.5.14}$$

となる．ここで，

$$Y_p = \begin{bmatrix} y(1) & 0 & \cdots & 0 \\ y(2) & y(1) & \cdots & 0 \\ \vdots & \vdots & \ddots & \vdots \\ y(p+1) & y(p) & \cdots & y(1) \\ \vdots & \vdots & \ddots & \vdots \\ y(N) & y(N-1) & \cdots & y(N-p) \end{bmatrix} \tag{9.5.15}$$

$$\theta_p = [a_0, a_1, \cdots, a_p]^T$$

$$W_p = [w(1), w(2), \cdots, w(N)]^T, \quad w(n) = \sum_{i=0}^{q} b_i e(n-i)$$

ただし，$a_0 = 1$. 新しい MDL 基準を導出するために，拡大補助変数行列

$$Z_k = \begin{bmatrix} z(1) & 0 & \cdots & 0 \\ z(2) & z(1) & \cdots & 0 \\ \vdots & \vdots & \ddots & \vdots \\ z(k+1) & z(k) & \cdots & z(1) \\ \vdots & \vdots & \ddots & \vdots \\ z(N) & z(N-1) & \cdots & z(N-k) \end{bmatrix} \tag{9.5.16}$$

を定義する．ここで，$\{z(n)\}$ は補助変数データ列である．

9.1 節でも述べたように，補助変数データ列は，観測データ列 $\{y(n)\}$ と相関が強く，雑音列 $\{w(n)\}$ と無相関となるように選ぶべきである．例えば，$k = p$ とした場合，以下のようにすればよい．この場合，R は $(p+1) \times (p+1)$ 行列である．

$$\lim_{N \to \infty} \frac{1}{N} Z_p^T W_p = 0, \quad \lim_{N \to \infty} \frac{1}{N} Z_p^T Y_p = R, \quad \det R \neq 0 \tag{9.5.17}$$

Y_p と Z_p の次元はそれぞれ $N \times (p+1)$ と $N \times (k+1)$ であることに注意されたい．よって，$Z_k^T Y_p$ は $(k+1) \times (p+1)$ 行列となる．$Z_k^T Y_p$ の行数を増やせば，より多くの情報を含むことになるので，ここでは，過決定補助変数法を用いることにする．すなわち，$k > p$ とする．式 (9.5.14) の両辺に左から $\frac{1}{N} Z_k^T$ をかけ，$V_k = \frac{1}{N} Z_k^T W_p$ と書くと，以下の過決定連立方程式が得られる．

$$\frac{1}{N} Z_k^T Y_p \theta_p = V_k \tag{9.5.18}$$

文献 [191] より，$V_k = [v(1), v(2), \cdots, v(k+1)]^T$ は平均零の漸近的正規分布に従う．$v(i)$ は補助変数の選び方または有限データ長の影響に依存する誤差と見なせる．行列

$$D_p = \frac{1}{N} Z_k^T Y_p \tag{9.5.19}$$

を定義すると，式 (9.5.18) はさらに簡潔な形

$$D_p \theta_p = V_k \tag{9.5.20}$$

で表現できる．さらに，$(p+1) \times (p+1)$ 行列を定義する：

$$R_p = D_p^T D_p = \frac{1}{N^2} Y_p^T Z_k Z_k^T Y_p \tag{9.5.21}$$

R_p は準正定な対称行列であり，AR 次数 p^* の情報を含んでいる．この行列を過決定補助変数積モーメント行列 (overdetermined instrumental variable product moment (OIVPM) matrix) という．Cadzow と Solomon [37] は，$p \geq p^*$ で，観測雑音やモデリング誤差が存在しないとき，データ行列が少なくとも 1 個の零固有値を持つことを証明した．

以下では，行列 R_p と MDL 基準を用いて ARMA モデル (9.5.1) の AR 次数 p^* を決定する手法について説明する [234]．9.5.2 項の議論と同じように，MDL は

$$J_{\mathrm{MDL}}(p) = -\log f(V_k) + \frac{1}{2}(p+1)\log(k+1) \tag{9.5.22}$$

で与えられる．ただし，$f(V_k)$ は V_k の確率密度関数である．$v(i)$ は平均零，分散 σ^2 の正規性白色雑音であるので，

$$
\begin{aligned}
f(V_k) &= \frac{1}{(2\pi\sigma^2)^{(k+1)/2}} \exp\left[-\frac{1}{2\sigma^2} V_k^T V_k\right] \\
&= \frac{1}{(2\pi\sigma^2)^{(k+1)/2}} \exp\left[-\frac{1}{2\sigma^2} \theta_p^T R_p \theta_p\right]
\end{aligned}
\tag{9.5.23}
$$

が得られる．これを式 (9.5.22) に代入すると，$J_{\mathrm{MDL}}(p)$ は

$$
J_{\mathrm{MDL}}(p) = \frac{k+1}{2}\log\sigma^2 + \frac{k+1}{2}\log(2\pi) + \frac{1}{2\sigma^2}\theta_p^T R_p \theta_p + \frac{1}{2}(p+1)\log(k+1) \tag{9.5.24}
$$

と表現できる．式 (9.5.3) と (9.5.20) の類似性から，式 (9.5.12) 式の中の q を 0 とすれば，

$$
J(p) = \lambda_{\min}\left[(k+1)^{1/(k+1)}\right]^p \tag{9.5.25}
$$

が得られる．ただし，$\lambda_{\min}$ は R_p の最小固有値である．

$k \to \infty$ のとき，$J(p)$ は p の値に対応する行列 R_p の最小固有値となる．したがって，最小固有値が最小となるような p を次数とするような新しい AR 次数決定手法が得られた [234]．9.5.3 項でこの手法についてさらに詳しく検討する．

■ 9.5.3 　特異値分解による次数決定との関連性

9.1 節で紹介したように，補助変数の選び方はさまざまである．$z(n) = y(n-l)$ とする場合，式 (9.5.1) と (9.5.15) より，$l > q^*$ とすれば，$z(n)$ は $y(n)$ と強い相関を持ち，$w(n)$ と無相関になる．$z(n) = y(n-l)$ と $l > q^*$ のとき，

$$
D_p = \frac{1}{N} Z_k^T Y_p = \begin{bmatrix}
\widehat{R}(l) & \widehat{R}(l-1) & \cdots & \widehat{R}(l-p) \\
\widehat{R}(l+1) & \widehat{R}(l) & \cdots & \widehat{R}(l+1-p) \\
\vdots & \vdots & \ddots & \vdots \\
\widehat{R}(l+k) & \widehat{R}(l+k-1) & \cdots & \widehat{R}(l+k-p)
\end{bmatrix}, \quad l > q^* \tag{9.5.26}
$$

が得られる．ただし，$\widehat{R}(i)$ は $y(n)$ の標本自己相関関数である：

$$
\widehat{R}(i) = \widehat{R}(-i) = \frac{1}{N}\sum_{t=i+1}^{N} y(t-i)y(t), \quad i \geq 0 \tag{9.5.27}
$$

過決定補助変数積モーメント行列 R_p の最小固有値を調べることは，データ相関行列 D_p の最小特異値を調べることと等価である．6.7.3 項で紹介した特異値分解に基づく ARMA モデルの AR 次数の決定手法を振り返る．命題 6.7.1 から，自己相関行列

$$
R = \begin{bmatrix}
R(l) & R(l-1) & \cdots & R(l-p) \\
R(l+1) & R(l) & \cdots & R(l+1-p) \\
\vdots & \vdots & \ddots & \vdots \\
R(l+k) & R(l+k-1) & \cdots & R(l+k-p)
\end{bmatrix}, \quad l > q^* \tag{9.5.28}
$$

の階数より，真の AR 次数 p^* を定めることができる．また，式 (9.5.26) の行列 D_p は修正ユール‐ウォーカ方程式 (6.7.10) に対応する自己相関行列 R の標本推定である．よって，遅延した出力 $y(n-l)$, $l > q^*$ を補助変数とし，さらに命題 6.7.1 の条件を満足すると，MDL 基準と過決定補助変数法に基づく AR 次数の決定手法が特異値分解に基づく AR 次数の決定手法と一致する．いいかえると，後者が前者の一特例である．このような関係は，原著者らの論文で初めて明らかになった [234]．

Tsay と Tiao は，正準相関解析に基づいて，行列

$$\widehat{A}(m,j) = \widehat{\Gamma}^{-1}(m,0)\widehat{\Gamma}^T(m,j+1)\widehat{\Gamma}^{-1}(m,0)\widehat{\Gamma}^T(m,j+1)$$
$$m = 0, 1, \cdots, M; \quad j = 1, 2, \cdots L \tag{9.5.29}$$

の最小固有値が対応する (m,j) を ARMA 次数 (p^*, q^*) とする手法を提案した [211]．ただし，

$$\widehat{\Gamma}(m,i) = \frac{1}{N} \sum_{t=i+m+1}^{N} Y_{m,t-i} Y_{m,t}^T$$
$$Y_{m,t} = [y(t), y(t-1), \cdots, y(t-m)]^T \tag{9.5.30}$$

明らかに，式 (9.5.21) の R_p の計算は $\widehat{A}(m,j)$ より簡単である．

AIC 基準や FPE 基準などと同じように，MDL 基準もしらみつぶしに次数を探索する手法である．ARMA モデルの次数 (p^*, q^*) を決定するために，$p = 0, 1, \cdots, P; q = 0, 1, \cdots, Q$ によるすべての組み合わせ，すなわち，$(P+1) \times (Q+1)$ 通りのモデルについて調べる必要がある．しかし，MDL 基準と補助変数による次数決定は，p^* と q^* を分離して決定することができる．まず，$(P+1)$ 通りの AR 次数について調べて，AR 次数 p^* を決定する．その後，6.7.3 項で説明した著者らが提案した特異値分解による手法 [256, 257] で，$Q+1$ 通りの MA 次数について調べて，MA 次数 q^* を決定する．

第10章

固有空間の解析

多くの信号処理の応用問題では，雑音に汚された観測信号ベクトルから，有用な情報を抽出する必要がある．データ行列の特異値分解や自己相関行列 (あるいは共分散行列) の固有値分解は，隠された低次元の信号情報の抽出に用いられる．とくに，特異値や固有値の大きさに応じて，我々はデータ行列あるいはその自己相関行列の幾何学的部分空間，すなわち，固有部分空間を信号部分空間と雑音部分空間に分けることができる．いわゆる固有空間法 (幾何学的部分空間法ともいう) (eigenspace method) は，信号部分空間あるいは雑音部分空間を用いて，低次元の信号情報を抽出する手法である．ここ 10 数年で，固有空間法は，高解像度スペクトル推定，ARMA モデリング，高調波回復，センサアレイ信号処理，システム同定，信号強化だけでなく，フィルタ設計やパターン認識などの問題にも広く用いられている．これらの問題では，高次元の線形空間から，低次元の部分空間を抽出する必要がある．この操作を部分空間分解 (subspace decomposition) という．

10.1 節では，まず部分空間の性質について説明し，信号処理におけるいくつかの典型的な固有空間の解析手法について解説する．10.2 節では，ピサレンコ高調波回復法，最小ノルム法などの雑音部分空間の解析手法について検討する．10.3 節では，多重信号分類 (MUSIC) 法について解析する．この手法には，信号部分空間形式と雑音部分空間形式の 2 種類がある．有色雑音の場合では，MUSIC 法はデータ行列の一般化特異値分解に帰着できる．10.4 節では，修正信号部分空間ビームフォーマについて紹介する．10.5 節では，回転不変のテクニックを用いた信号パラメータの推定 (ESPRIT) 法について検討する．この手法は行列束の信号部分空間法である．10.6 節では，部分空間適合の観点からいくつかの固有空間解析法 (確定的最尤法，MUSIC 法および ESPRIT 法) について検討する．これらの手法は，部分空間適合法の特別の場合と見なすことができる．10.7 節では，相関解析の手法について紹介する．相関解析によって，部分空間構造に関するいくつかの興味深い幾何学的性質と漸近的性質を得ることができる．

10.1　固有空間

　各固有空間の解析法について説明する前に，まず，固有空間 (eigenspace) について詳しく説明しておく必要がある．本節では，固有空間の概念，性質および部分空間の回転，部分空間同士の距離，角度，交わりなどについて考察する．

10.1.1　固有空間の性質

　固有空間の概念を導入する前に，まず，複素白色雑音に汚された複数個の複素正弦波の重ね合わせのサンプル値から，正弦波の個数 d と各正弦波の周波数 f_k を推定するという高調波回復問題について考える：

$$x(n) = \sum_{k=1}^{d} A_k e^{j2\pi f_k n + \theta_k} + w(n) \tag{10.1.1}$$

ここで，$\{x_n\}$ と $\{w_n\}$ はそれぞれ観測信号と白色雑音のサンプル値である．k 番目の正弦波の初期位相 $\theta_k \in (-\pi, \pi)$ は一様分布確率変数である．確率変数 A_k と $P_k = E\{A_k^2\}$ はそれぞれ k 番目の正弦波の振幅とパワーを表す．加法性雑音 $w(n)$ は平均値 0，分散 σ^2 の白色雑音である．$x(n)$ のサンプル値からなるベクトルを $X = [x(0), x(1), \cdots, x(M-1)]^T$ とする．その $M \times M$ 自己相関行列は，

$$R = \begin{bmatrix} r_x(0) & \cdots & r_x(M-1) \\ \vdots & \ddots & \vdots \\ r_x(M-1) & \cdots & r_x(0) \end{bmatrix} = \sum_{k=1}^{d} P_k s_k s_k^H + \sigma^2 I \tag{10.1.2}$$

で与えられる．ここで，$r(\tau) = E\{x(n)x(n+\tau)\}$ は $x(n)$ の自己相関関数である．s_k は k 番目の正弦波の周波数情報を含むベクトルである：

$$s_k = \left[1, e^{j2\pi f_k}, \cdots, e^{j2\pi f_k(M-1)}\right]^T \tag{10.1.3}$$

よって，行列 R は信号の自己相関行列 S と雑音共分散行列 W の和で表される：

$$R = S + W \tag{10.1.4}$$

ただし，

$$S = \sum_{k=1}^{d} P_k s_k s_k^H, \quad W = \sigma^2 I \tag{10.1.5}$$

$M > d$ であるときに，S の階数は d である．それに対して，行列 W の階数は M である．行列 S の固有値分解を

$$S = \sum_{k=1}^{M} \lambda_k' u_k u_k^H \tag{10.1.6}$$

とする．だたし，λ'_k と u_k はそれぞれ S の k 番目の固有値とそれに対応する固有ベクトルである．第 6 章の 6.2.1 項で議論したように，階数が $d < M$ である $M \times M$ 対称正方行列 S には，零固有値の個数が $M - d$ 個であるので，上式は以下のように書ける．

$$S = \sum_{i=1}^{d} \lambda'_i u_i u_i^H \tag{10.1.7}$$

ここで、固有値 $\lambda'_1, \cdots, \lambda'_d$ は主固有値であり，$u_1, \cdots, u_d$ は主固有値に対応する主固有ベクトルである．主固有ベクトルが張る部分空間は，信号ベクトル $s_1, \cdots, s_d$ が張る部分空間と同じである [144, 167, 185, 189]．すなわち，任意の主固有ベクトルは，信号ベクトルの一次結合で表される：

$$u_i = \sum_{k=1}^{d} \beta_{ik} s_k, \quad i = 1, \cdots, d \tag{10.1.8}$$

一方，u_i は行列 S の固有ベクトルであるので，

$$S u_i = \lambda'_i u_i \tag{10.1.9}$$

が成り立つ．式 (10.1.5) を用いると，上式は

$$\sum_{k=1}^{d} P_k s_k s_k^H u_i = \lambda'_i u_i \tag{10.1.10}$$

となる．すなわち，

$$u_i = \sum_{k=1}^{d} \left(\frac{P_k}{\lambda'_i} s_k^H u_i \right) s_k, \quad i = 1, \cdots, d \tag{10.1.11}$$

よって，

$$\beta_{ik} = \frac{P_k}{\lambda'_i} s_k^H u_i \tag{10.1.12}$$

が得られる．行列の固有ベクトル行列 $[u_1, \cdots, u_M]$ は直交行列であるので，

$$I = \sum_{i=1}^{M} u_i u_i^H \tag{10.1.13}$$

が成り立つ．式 (10.1.7) と (10.1.13) を式 (10.1.4) に代入すると，自己相関行列 R の固有値分解は

$$\begin{aligned}
R &= \sum_{i=1}^{d} \lambda'_i u_i u_i^H + \sigma^2 \sum_{i=1}^{M} u_i u_i^H = \sum_{i=1}^{d} (\lambda'_i + \sigma^2) u_i u_i^H + \sigma^2 \sum_{i=d+1}^{M} u_i u_i^H \\
&= \sum_{i=1}^{d} \lambda_i u_i u_i^H + \sigma^2 \sum_{i=d+1}^{M} u_i u_i^H
\end{aligned} \tag{10.1.14}$$

となる．式 (10.1.7) と (10.1.14) より，自己相関行列 R の固有値と固有ベクトルには，以下の性質がある [144, 167, 185, 189]．

(1) R の最小固有値は σ^2 に等しい．その重複度は $M - d$ である．よって，固有値を

降順に並べると，以下のようになる．

$$\lambda_1 \geq \lambda_2 \geq \cdots \geq \lambda_d > \lambda_{d+1} = \cdots = \lambda_M = \sigma_n^2 \tag{10.1.15a}$$

(2) 最小固有値に対応する固有ベクトルは信号ベクトルと直交する．すなわち，

$$\{u_{d+1}, u_{d+2}, \cdots, u_M\} \perp \{s_1, s_2, \cdots, s_d\} \tag{10.1.15b}$$

始めの d 個の値の大きな固有値を主固有値といい，残りの $M - d$ 個の値の小さな固有値をマイナー固有値という．また，主固有値に対応する固有ベクトル $u_1, \cdots, u_d$ を主固有ベクトルといい，マイナー固有値に対応する固有ベクトルをマイナー固有ベクトルという．信号処理の分野では，主固有ペア $(\lambda_i, u_i), i = 1, \cdots, d$ を信号固有ペア (signal eigen pairs) (信号固有値 (signal eigenvalues) と信号固有ベクトル (signal eigenvectors) のペア) という．一方，マイナー固有ペア $(\lambda_i, u_i), i = d + 1, \cdots, M$ を雑音固有ペア (noise eigen pairs) (雑音固有値 (noise eigenvalues) と雑音固有ベクトル (noise eigenvectors) のペア) という．行列

$$U_s = [u_1, \cdots, u_d] \tag{10.1.16a}$$

の列ベクトルによって張られた部分空間

$$\mathrm{span}\{U_s\} = \mathrm{span}\{u_1, \cdots, u_d\} = \mathrm{span}\{s_1, \cdots, s_d\} \tag{10.1.16b}$$

を信号 (固有) 部分空間 (signal subspace) という．それに対して，行列

$$U_n = [u_{d+1}, \cdots, u_M] \tag{10.1.17a}$$

の列ベクトルによって張られた部分空間

$$\mathrm{span}\{U_n\} = \mathrm{span}\{u_{d+1}, \cdots, u_M\} \tag{10.1.17b}$$

を雑音 (固有) 部分空間 (noise subspace) という．

スペクトル推定，高調波回復，到来方向推定などの信号処理問題では，自己相関行列の分解式 (10.1.14) について，二つの方法が適用できる．

まず，信号部分空間の情報のみを残すために，行列 R を低階数の行列で近似するという信号部分空間法 (signal subspace method) がある．この方法は，雑音部分空間の雑音パワーを除去するもので，信号雑音比を改善することができる．

一方，固有ベクトルは互いに直交し，主固有ベクトルと信号ベクトル $s_i (i = 1, \cdots, d)$ が同じ信号部分空間を張るので，信号ベクトルは，雑音部分空間のすべてのベクトルおよびそれらの一次結合と直交する．すなわち，

$$s_i^H \left(\sum_{k=d+1}^{M} \alpha_k u_k \right) = 0, \quad i = 1, \cdots, d \tag{10.1.18}$$

この性質を利用した方法を雑音部分空間法 (noise subspace method) という．

行列 R のべき乗については，以下の結果がある [72]．

300　第 10 章　固有空間の解析

❑ **定理 10.1.1.** 自己相関行列 R の最小固有値の重複度が $M-d$ であるとき，l 次のべき乗行列 R^l は有限個のべき乗行列による基底 $\{I, R, \cdots, R^d\}$ の一次結合で表現できる：

$$R^l = c_0^{(l)} I + c_1^{(l)} R + \cdots + c_d^{(l)} R^d \tag{10.1.19}$$

証明　行列 R の特性多項式

$$\phi(\lambda) = \lambda^M - h_1 \lambda^{M-1} - h_2 \lambda^{M-2} - \cdots - h_{M-1}\lambda - h_M \tag{10.1.20}$$

について考える．ここで，$\{h_1, \cdots, h_M\}$ は特性多項式の係数である．ケイリー - ハミルトン (Caley-Hamilton) の定理より，行列 R も特性方程式 $\phi(\lambda) = 0$ を満足する．すなわち，

$$\phi(R) = R^M - h_1 R^{M-1} - h_2 R^{M-2} - \cdots - h_{M-1}R - h_M I = 0 \tag{10.1.21}$$

ただし，式の右辺の 0 は零行列である．

　最小固有値の重複度が 1 より大きく，$M-d$ であるとき，特性多項式 (10.1.20) には，$M-d$ 重根が存在する．そのうちの $M-d-1$ 個の重根を除去すると，特性多項式は，

$$\psi(\lambda) = \lambda^{d+1} - \tilde{h}_1 \lambda^d - \tilde{h}_2 \lambda^{d-1} - \cdots - \tilde{h}_d \lambda - \tilde{h}_{d+1} = 0 \tag{10.1.22}$$

となる．ここで，$\psi(\lambda)$ と $\{\tilde{h}_1, \cdots, \tilde{h}_{d+1}\}$ は行列 R の最小多項式 (minimal polynomial) とその係数である．最小固有値の重複度が 1 であるとき，特性多項式 (10.1.20) 自身も最小多項式である．式 (10.1.22) に対して，ケイリー - ハミルトンの定理を適用すると，

$$R^{d+1} = \tilde{h}_1 R^d + \tilde{h}_2 R^{d-1} + \cdots + \tilde{h}_d R + \tilde{h}_{d+1} I \tag{10.1.23}$$

が得られる．上式より，任意の $l > d$ について，行列 R^l はべき乗行列 $\{I, R, \cdots, R^d\}$ の一次結合で表される． ∎

　上の定理より，任意の $M \times 1$ ベクトル f についても，以下のように有限個のべき乗ベクトル基底で展開できる．

$$R^l f = c_0^{(l)} f + c_1^{(l)} R f + \cdots + c_d^{(l)} R^d f \tag{10.1.24}$$

　現実には，自己相関行列 R そのものは入手できない．ここで，標本自己相関行列 $\widehat{R}$ は有限個のデータ $x(1), \cdots, x(N)$ を用いた計算によって得られたとする：

$$\widehat{R} = \frac{1}{N} X_N X_N^H \tag{10.1.25}$$

データ長 N が無限大に近づくとき，標本自己相関行列は確率 1 でその真値に収束する．すなわち，

$$\widehat{R} \xrightarrow{\text{w.p.1}} R, \qquad N \to \infty \tag{10.1.26}$$

標本自己相関行列の固有値と固有ベクトルを $(\widehat{\lambda}, \widehat{u}_i), i = 1, \cdots, M$ とすると，以下の結果が証明されている [8].

$$R - \widehat{R} = O(N^{-1/2}) \tag{10.1.27}$$

$$u_k - \widehat{u}_k = O(N^{-1/2}), \qquad k = 1, \cdots, d$$
$$\lambda_k - \widehat{\lambda}_k = O(N^{-1/2}), \qquad k = 1, \cdots, M \tag{10.1.28}$$

$$\text{span}\{S\} = \text{span}\{u_1, \cdots, u_d\} = \text{span}\{\widehat{u}_1, \cdots, \widehat{u}_d\} + O(N^{-1/2}) \tag{10.1.29}$$

が成り立つ．さらに，雑音が正規性白色雑音であるとき，$\text{span}\{\widehat{u}_1, \cdots, \widehat{u}_d\}$ は信号部分空間 $\text{span}\{S\}$ の最尤推定値であることも示されている [131]．この事実は，MUSIC や ESPRIT などの信号処理手法と深く関わる．

データ行列の特異値分解を $X_N = U\Sigma_x V^H$ とする．ただし，$\Sigma = \text{diag}(\sigma_1, \cdots, \sigma_M)$．このとき，$\sigma_k^2 = \widehat{\lambda}_k$ より，式 (10.1.29) は以下のように書き直せる．

$$\lambda_k - \sigma_k^2 = \lambda_k - \widehat{\lambda}_k = O(N^{-1/2}), \quad k = 1, \cdots, M \tag{10.1.30}$$

■ 10.1.2 部分空間同士の関係

多くの応用問題では，与えられた二つの部分空間について，それらの関係について分析する必要がある．例えば，二つの部分空間が互いに近いのか，どれほど近いのか，交わるのか，ある部分空間を別の部分空間に回転できるのか，などである．

■ 部分空間の回転

$A, B \in R^{m \times p}$ を，ある実験を 2 回実行することによって得られた二つのデータ行列とする．明らかに，A と B が全く同じであるわけがない．部分空間の回転 (rotation of subspace) とは，B を直交行列によって A に回転させて近似する問題で，以下のように定式化される．

$$\text{minimize} \quad \|A - BQ\|_F, \quad \text{制約条件} \quad Q^T Q = I_p \tag{10.1.31}$$

$Q \in R^{p \times p}$ が直交行列であるので，以下の関係が成り立つ．

$$\|A - BQ\|_F^2 = \text{trace}(A^T A) + \text{trace}(B^T B) - 2\,\text{trace}(Q^T B^T A) \tag{10.1.32}$$

よって，A と B は既知であるので，式 (10.1.31) の最小化問題は，$\text{trace}(Q^T B^T A)$ を最大化する Q を求めることになる．最大化する Q は $B^T A$ の特異値分解を求めることによって得られる．$B^T A$ の特異値分解を $U^T (B^T A) V = \Sigma = \text{diag}(\sigma_1, \cdots, \sigma_p)$ とすると，直交行列 $Z = V^T Q^T U$ を定義することができる．ゆえに，以下の結果が成り立つ．

$$\text{trace}(Q^T B^T A) = \text{trace}(Q^T U \Sigma V^T) = \text{trace}(Z\Sigma) = \sum_{i=1}^{p} z_{ii}\sigma_i \le \sum_{i=1}^{p} \sigma_i \tag{10.1.33}$$

$Q = UV^T$，すなわち，$Z = I_p$ とすれば，$\text{trace}(Q^T B^T A)$ はその上界に達する．

302 第 10 章 固有空間の解析

■ 部分空間同士の距離

第 3 章の 3.1 節ですでに説明したが，部分空間と直交射影との対応関係に基づき，二つの部分空間同士の距離を定義することができる．部分空間 $S_1, S_2 \subseteq R^n$ に対して，$\dim(S_1) = \dim(S_2)$ であるとする．この二つの部分空間同士の距離は

$$\mathrm{dist}(S_1, S_2) = \|P_1 - P_2\|_2 \tag{10.1.34}$$

と定義される [97]．ここで，$P_i (i = 1, 2)$ は部分空間 S_i への直交射影である．

■ 部分空間のなす角度

ベクトル空間 R^n の中の零でないベクトル x と y のなす角度 (angle between vectors) を $\theta(x, y)$ とすると，以下の関係より求めることができる．

$$\cos(\theta(x, y)) = \frac{|\langle x, y \rangle|}{\|x\|_2 \|y\|_2}, \quad 0 \leq \theta(x, y) \leq \frac{\pi}{2} \tag{10.1.35}$$

ベクトル x と部分空間 S のなす角度 (angle between vector and subspace) $\theta(x, S)$ をベクトル x と部分空間 S 上のすべてのベクトルとなす最小角度で定義する．すなわち，

$$\theta(x, S) = \min_{y \in S} \theta(x, y) \tag{10.1.36}$$

さらに，部分空間のなす角度 (angles between subspaces) を定義することができる．部分空間の基底ベクトルが複数個あるときは，部分空間のなす角度も複数個ある．F と G を R^m 内の部分空間とし，それらの次元が以下の関係を満足するとする．

$$p = \dim(F) \geq \dim(G) = q \geq 1 \tag{10.1.37}$$

二つの部分空間の主角度 (principal angles) $\theta_1, \cdots, \theta_q \in [0, \pi/2]$ は，制約条件

$$\begin{aligned} &\|u\|_2 = \|v\|_2 = 1 \\ &u^T u_i = 0, \quad v^T v_i = 0, \quad i = 1, \cdots, k - 1 \end{aligned} \tag{10.1.38}$$

のもとで，以下のように順次求められる．

$$\cos(\theta_k) = \max_{u \in F} \max_{v \in G} u^T v = u_k^T v_k \tag{10.1.39}$$

ここで，$\{u_1, \cdots, u_q\}$，$\{v_1, \cdots, v_q\}$ を部分空間 F と G の主ベクトル (principal vectors) という．とくに，部分空間 F と G の次元が同じ，すなわち $p = q$ のとき，二つの部分空間同士の距離は，$\mathrm{dist}(F, G) = \sqrt{1 - \cos^2(\theta_p)} = \sin(\theta_p)$ と表せる．

■ 部分空間の交わり

行列 $A \in R^{m \times p}$ と $B \in R^{m \times q}$ の列ベクトルが一次独立であるとすると，部分空間 $\mathrm{range}(A)$ と $\mathrm{range}(B)$ の交わり $\mathrm{range}(A) \cap \mathrm{range}(B)$ は以下のように求められる [97]．

□ **定理 10.1.2.** θ_k を部分空間 range(A) と range(B) の主角度, u_k と v_k をそれに対応する主ベクトルとする. このとき, インデックス s が

$$1 = \cos(\theta_1) = \cdots = \cos(\theta_s) > \cos(\theta_{s+1})$$

を満足すれば, 以下の関係が成り立つ.

$$\text{range}(A) \cap \text{range}(B) = \text{span}\{u_1, \cdots, u_s\} = \text{span}\{v_1, \cdots, v_s\}$$

■ 零空間の交わり

行列 $A \in R^{m \times n}$ と $B \in R^{p \times n}$ が与えられたとする. 零空間の交わり (intersection of null spaces) null(A) $\cap$ null(B) の正規直交基底を求めることを考える. 行列 $C = \begin{bmatrix} A \\ B \end{bmatrix}$ に対して, $Cx = 0 \Leftrightarrow x \in$ null(A) $\cap$ null(B) が成り立つので, C の零空間を直接求めることも考えられる. しかし, 以下の定理を利用するのがより便利である [97].

□ **定理 10.1.3.** $\{z_1, \cdots, z_t\}$ を null(A) の正規直交基底とする. ただし, $A \in R^{m \times n}$. 行列 $Z = [z_1, \cdots, z_t]$ を定義し, $\{w_1, \cdots, w_q\}$ を null(BZ) の正規直交基底とする. ただし, $B \in R^{p \times n}$. さらに, 行列 $W = [w_1, \cdots, w_q]$ を定義すると, ZW の列は null(A) $\cap$ null(B) の正規直交基底をなす.

証明 $AZ = 0$ と $(BZ)W = 0$ より, range(ZW) $\subset$ null(A) $\cap$ null(B) が成り立つ. そこで, ベクトル x が null(A) と null(B) の両方にあると仮定すると, ある $0 \neq a \in R^t$ に対して, $x = Za$ とすることができる. 一方, $0 = Bx = BZa$ であるので, ある $0 \neq b \in R^q$ に対して, $a = Wb$ でなければならない. よって, $x = ZWb \in$ range(ZW). ■

■ 10.2 雑音部分空間法

信号処理の分野では, 雑音部分空間法はすべて, データの自己相関行列の雑音部分空間固有ベクトルと信号部分空間固有ベクトル (あるいは信号部分空間固有ベクトルの一次結合) が互いに直交するという性質を利用している. 本節では, ピサレンコ高調波回復法と最小ノルムスペクトル推定という二つの典型的な雑音部分空間法について説明する.

■ 10.2.1 ピサレンコ高調波回復法

ロシアの数学者ピサレンコは, 固有ベクトル解析に基づいたピサレンコ高調波回復法 (Pisarenko's harmonic retrieval method) を提案した [167].

ここでは, p 個の正弦波による高調波信号

$$x(n) = \sum_{i=1}^{p} A_i \sin(2\pi f_i n + \theta_i) \tag{10.2.1}$$

について考える. θ_i が定数であるとき, $x(n)$ は定常過程ではないが, θ_i を $[-\pi, \pi]$ で一様分布する確率変数と仮定すると, $x(n)$ は定常確率過程となる.

高調波信号 $x(n)$ は差分方程式で記述できる. そのため, まず一つの正弦波の場合について説明する. $x(n) = \sin(2\pi f n + \theta)$ とすると, 三角関数の公式より,

$$\sin(2\pi f n + \theta) + \sin[2\pi f(n-2) + \theta] = 2\cos(2\pi f)\sin[2\pi f(n-1) + \theta]$$

が得られる. $x(n) = \sin(2\pi f n + \theta)$ を上式に代入すると, 二次の差分方程式

$$x(n) - 2\cos(2\pi f)x(n-1) + x(n-2) = 0$$

が得られる. それに対応する特性方程式は

$$1 - 2\cos(2\pi f)z^{-1} + z^{-2} = 0$$

となり, その複素共役根が $z = \cos(2\pi f) \pm j\sin(2\pi f) = e^{\pm j 2\pi f}$ となる. 正弦波信号の周波数は上記の複素共役根から求めることができる. 式 (10.2.1) の $x(n)$ の特性方程式は

$$\prod_{i=1}^{p}(z - z_i)(z - z_i^*) = \sum_{i=0}^{2p} a_i z^{2p-i} = 0 \tag{10.2.2a}$$

で与えられる [164]. あるいは

$$\sum_{i=0}^{2p} a_i z^{-i} = 0 \tag{10.2.2b}$$

である. 各正弦波の周波数は, 特性方程式の根 $z_i = e^{j 2\pi f_i}$ によって決定される. 式 (10.2.2b) に対応する差分方程式は

$$x(n) + \sum_{i=1}^{2p} a_i x(n-i) = 0 \tag{10.2.3}$$

である. $x(n)$ と無相関で, 平均値 0, 分散 σ_e^2 の加法性白色観測雑音 $e(n)$ が加わるとすると, $x(n)$ の観測値は

$$y(n) = x(n) + e(n) \tag{10.2.4}$$

となる. 以上より, 以下のような ARMA$(2p, 2p)$ モデルが得られる.

$$y(n) + \sum_{i=1}^{2p} a_i y(n-i) = e(n) + \sum_{i=1}^{2p} a_i e(n-i) \tag{10.2.5}$$

ただし, これは AR パラメータと MA パラメータが等しいという特別な ARMA モデルである. 上式の ARMA モデルをベクトル形式にする:

$$y^T(n)w = e^T(n)w \tag{10.2.6}$$

ただし,

$$y(n) = [y(n), y(n-1), \cdots, y(n-2p)]^T$$

$$w = [1, a_1, \cdots, a_{2p}]^T$$

$$e(n) = [e(n), e(n-1), \cdots, e(n-2p)]^T$$

式の両辺に $y(n)$ をかけて期待値をとると，正規方程式

$$E\{y(n)y^T(n)\}w = E\{y(n)e^T(n)\}w \tag{10.2.7}$$

が得られる．上式は，さらに我々が興味を持つ形式に書ける：

$$R_y w = \sigma_e^2 w \tag{10.2.8}$$

ただし，

$$R_y = E\{y(n)y^T(n)\} = \begin{bmatrix} R_y(0) & R_y(1) & \cdots & R_y(2p) \\ R_y(1) & R_y(0) & \cdots & R_y(2p-1) \\ \vdots & \vdots & \ddots & \vdots \\ R_y(2p) & R_y(2p-1) & \cdots & R_y(0) \end{bmatrix}$$

$$E\{y(n)e^T(n)\} = E\{(x(n)+e(n))e^T(n)\} = E\{e(n)e^T(n)\} = \sigma_e^2 I_{2p}$$

命題 6.7.2 より，R_y は正則行列である．そして，式 (10.2.8) より明らかに，σ_e^2 は自己相関行列 R_y の最小固有値で，w はそれに対応する固有ベクトルである．ゆえに，AR パラメータベクトル w は R_y の固有値分解により求めることができる．そして，各正弦波の周波数は，式 (10.2.2) の特性方程式の根より求められる．また，絶対値が 1 である共役複素根のペアの数が正弦波の個数である．この手法をピサレンコ高調波回復法という．

実用に際しては，正弦波の個数 p が未知であることが多い．そのとき，拡大行列

$$B = \begin{bmatrix} R_y(0) & R_y(1) & \cdots & R_y(m) \\ R_y(1) & R_y(0) & \cdots & R_y(m-1) \\ \vdots & \vdots & \ddots & \vdots \\ R_y(m) & R_y(m-1) & \cdots & R_y(0) \end{bmatrix}, \quad m > 2p \tag{10.2.9}$$

を構成してから以下のように w を求める [148, 167]．

まず，行列 B の最小固有値 μ_0 を求め，その重複度を k とする．

$k > 1$ のとき，行列 $B - \mu_0 I$ の $(m-k+1) \times (m-k+1)$ 首座小行列を B_1 とする．$k = 1$ のとき，そのまま $B_1 = B - \mu_0 I$ とする．それから，B_1 の固有値分解を計算し，零固有値に対応するベクトルをパラメータベクトル w とする．ただし，w の 1 番目の要素が 1 となるように，w の各要素を w の 1 番目の要素で割る必要がある．

また，行列 B の固有値分解を $B = U \Lambda U^T$ とすると，多重最小固有値 μ_0 に対応する雑音部分空間が $U_n = \mathrm{span}\{u_{m-k+1}, \cdots, u_m\}$ となる．そのとき，U_n の任意の基底ベクト

ルが w の推定値になるが，第 7 章の 7.2.1 項で全最小二乗解を求めるのと同様に，ある評価基準のもとで一意解を求めることができる．この観点からも，ピサレンコ高調波回復法は，本質的に雑音部分空間法であるといえる．

■ 10.2.2　最小ノルム法

M 個のアンテナ要素からなる狭帯域アレイアンテナについて考える．時刻 t における受信信号ベクトル $x(t) \in C^M$ は

$$x(t) = A(\theta)s(t) + n(t) \tag{10.2.10}$$

で与えられる．ただし，

$$A(\theta) = [a(\theta_1), \cdots, a(\theta_d)] \in C^{M \times d} \tag{10.2.11}$$

は d 個の到来波の到来方向 (direction of arrival, DOA) $\theta_1, \cdots, \theta_d$ のそれぞれに対するアレイアンテナの応答ベクトル $a(\theta_i)$, $i = 1, \cdots, d$ からなる行列である．これらのベクトルをステアリングベクトルという．ベクトル

$$s(t) = [s_1(t), \cdots, s_d(t)]^T \tag{10.2.12}$$

は時刻 t における到来波信号ベクトルで，その個数 $d < M$ は既知であるとする．$n(t)$ は到来波信号と無相関な，平均値 0，分散 $E\{n(t)n^H(t)\} = \sigma_n^2 I$ の白色雑音ベクトルである．

よって，$x(t)$ の自己相関行列 R は

$$R = E\{x(t)x^T(t)\} = AR_s A^H + \sigma_n^2 I \tag{10.2.13}$$

と書ける．ただし，$R_s = E\{s(t)s^H(t)\}$．

対称行列 R は，信号処理問題でよく出てくる自己相関行列の代表的形式である．λ_i と $u_i(i = 1, \cdots, M)$ をそれぞれ自己相関行列 R の固有値と固有ベクトルとすると，R は

$$R = \sum_{i=1}^{M} \lambda_i u_i u_i^H \tag{10.2.14}$$

と表される．自己相関行列 R の固有値と固有ベクトルには，式 (10.1.15) で示された性質がある．ただし，式 (10.1.15b) に対応する性質は

$$\{u_{d+1}, u_{d+2}, \cdots, u_M\} \perp \{a(\theta_1), a(\theta_2), \cdots, a(\theta_d)\}$$

となる．すなわち，最小固有値に対応する固有ベクトルが行列 A の各列 (ステアリングベクトル) によって張られた信号部分空間

$$\text{span}\{a(\theta_1), a(\theta_2), \cdots, a(\theta_d)\} = \text{span}\{u_1, \cdots, u_d\}$$

に直交する [72]．

自己相関行列 R の固有値と固有ベクトルの性質に基づき，到来方向 θ_i を推定することができる [127]．ステアリングベクトルが

$$a(\theta_i) = \left[1, e^{j\theta_i}, e^{j2\theta_i}, \cdots, e^{j(M-1)\theta_i}\right]^T, \quad i = 1, \cdots, d \tag{10.2.15}$$

で与えられたとする．ベクトル $w = [w_1, w_2, \cdots, w_M]^T$ が各ステアリングベクトルと直交する，すなわち，

$$a^H(\theta_i)w = 0, \quad i = 1, \cdots, d \tag{10.2.16}$$

を満足するとき，多項式

$$W(z) = \sum_{i=0}^{M-1} w_{i+1} z^{-i} \tag{10.2.17}$$

の零点は $e^{j\theta_i}$, $i = 1, \cdots d$ で与えられるので，零点から θ_i を求めることができる．

よって，ベクトル w は R の雑音部分空間の基底ベクトルの一次結合であればよく，信号部分空間の基底ベクトルからなる行列 $U_s = [u_1, \cdots, u_d]$ と直交する．すなわち，

$$U_s^H w = 0 \tag{10.2.18}$$

さらに，ベクトル w に，その 1 番目の要素が 1 であるという制約条件を設けると，ノルムが最小の w を求める問題は，以下の制約付き最小化問題になる．

$$\min_{w} w^H w, \quad 制約条件 \quad U_s^H w = 0, \quad w^H e_1 = 1 \tag{10.2.19}$$

ここで，$e_1 = [1, 0, \cdots, 0]^T$ は $M \times 1$ ベクトルである．式 (10.2.19) の最小化問題は，通常最小ノルム法 (minimum-norm method) とよばれる．w は雑音部分空間の基底ベクトルの一次結合であるので，最小ノルム法は一種の雑音部分空間法である．

実際には，式 (10.2.16) よりも，関数

$$P_{\mathrm{MN}}(\theta) = \frac{1}{\left|a^H(\theta)w\right|^2} \tag{10.2.20}$$

の d 個のピーク値を満足する θ を到来方向の推定値とする．すなわち，最小ノルム法による解は，最小ノルムスペクトル推定 (minimum-norm spectral estimation) の結果を与える [127]．一方，雑音部分空間の基底ベクトルからなる行列を $U_n = [u_{d+1}, \cdots, u_M]$ とすると，文献 [52,157] より，最小ノルム法は，線形予測スペクトル推定の雑音部分空間形式でも表現できる：

$$P_{\mathrm{MN}}(\theta) = \frac{1}{\left|a^H(\theta)U_n U_n^H e_1\right|^2} \tag{10.2.21}$$

ただし，分子にある定数項 $e_1^H U_n U_n^H e_1$ は結果に影響しないので，省略した．式 (10.2.21) による最小ノルム法の解の表現は，線形予測と最小ノルム法の関係をはっきりさせたので，式 (10.2.20) による表現よりもっと明白である．以下の定理は，線形予測スペクトル推定の雑音部分空間形式 (10.2.21) の性質を示している．

❏ 定理 10.2.1. α が標本自己相関行列 $\widehat{R}$ の信号部分空間固有値と雑音部分空間固有値の間の閾値であれば，すなわち，$\widehat{\lambda}_{d+1} < \alpha < \widehat{\lambda}_d$ であれば，

308 第 10 章 固有空間の解析

$$\lim_{m \to \infty} P_m(\theta) = P_{\mathrm{MN}}(\theta) \tag{10.2.22}$$

が成り立つ. ただし,

$$P_m(\theta) = \frac{1}{\left| a^H(\theta) \left(\alpha^{-m} \widehat{R}^m + I \right)^{-1} e_1 \right|^2} \tag{10.2.23}$$

証明 $\widehat{R}$ の固有値分解

$$\widehat{R} = \sum_{i=1}^{M} \widehat{\lambda}_i \widehat{u}_i \widehat{u}_i^H \tag{10.2.24}$$

について考える. ただし, $\widehat{\lambda}_1 \geq \widehat{\lambda}_2 \geq \cdots \geq \widehat{\lambda}_M$. 式 (10.2.24) および固有ベクトル $\widehat{u}_i$ の正規直交性より,

$$\widehat{R}^m = \sum_{i=1}^{M} \widehat{\lambda}_i^m \widehat{u}_i \widehat{u}_i^H \tag{10.2.25}$$

が成り立つので, $\alpha^{-m} \widehat{R}^m + I = \sum_{i=1}^{M} \left[\left(\widehat{\lambda}_i / \alpha \right)^m + 1 \right] \widehat{u}_i \widehat{u}_i^H$ が得られる. その逆行列は

$$\left(\alpha^{-m} \widehat{R}^m + I \right)^{-1} = \sum_{i=1}^{M} \frac{1}{\left(\widehat{\lambda}_i / \alpha \right)^m + 1} \widehat{u}_i \widehat{u}_i^H \tag{10.2.26}$$

である. さらに, $\widehat{\lambda}_{d+1} < \alpha < \widehat{\lambda}_d$ より,

$$\lim_{m \to \infty} \left(\frac{1}{\left(\widehat{\lambda}_i / \alpha \right)^m + 1} \widehat{u}_i \widehat{u}_i^H \right) = \begin{cases} 0, & i = 1, \cdots, d \\ \widehat{u}_i \widehat{u}_i^H, & i = d+1, \cdots, M \end{cases} \tag{10.2.27}$$

以上より, 以下の結果が得られる.

$$\lim_{m \to \infty} \left(\alpha^{-m} \widehat{R}^m + I \right)^{-1} = \sum_{i=d+1}^{M} \widehat{u}_i \widehat{u}_i^H = \widehat{U}_i \widehat{U}_i^H \tag{10.2.28}$$

式 (10.2.23) に式 (10.2.28) を代入し, $m \to \infty$ とすると, 式 (10.2.22) が得られる. ∎

この定理より, 任意の m に対して関数 $P_m(\theta)$ は $P_{MN}(\theta)$ の近似表示であり, m が増大するにつれて両者間の差は小さくなる.

関数 $P_{MN}(\theta)$ の近似表現を用いれば, 以下のように, 高速最小ノルム推定アルゴリズムを導出することができる [72]. $M \times M$ 行列の逆行列を計算しなくても, $\left(\alpha^{-m} \widehat{R}^m + I \right)^{-1} e_1$ を計算できることが, 高速アルゴリズムのポイントである. ベクトル $\widehat{R}^{d+1} e_1$ を有限次のべき乗展開 Bc で表現する. ただし, B は $M \times (d+1)$ 行列である:

$$B = [e_1, \widehat{R} e_1, \cdots, \widehat{R}^d e_1] \tag{10.2.29}$$

また, $c = [c_0, c_1, \cdots, c_d]^T$ は $(d+1) \times 1$ 係数ベクトルである.
 $\| \widehat{R}^{d+1} e_1 - Bc \|_2^2$ を最小化する最小二乗解は, 以下のように与えられる.

$$\widehat{c} = (B^H B)^{-1} B^H B \widehat{R}^{d+1} e_1 \tag{10.2.30}$$

そこで, ベクトル $\left(\alpha^{-m} \widehat{R}^m + I \right)^{-1} e_1$ の有限次のべき乗展開について考える:

$$(\alpha^{-m}\widehat{R}^m + I)^{-1}e_1 = Be \tag{10.2.31}$$

ただし，e はこれから求められる $(d+1) \times 1$ ベクトルである．さらに，行列 $\widehat{R}B$ は

$$\widehat{R}B = [\widehat{R}e_1, \widehat{R}^2 e_1, \cdots, \widehat{R}^{d+1}e_1] \in C^{M \times (d+1)} \tag{10.2.32}$$

と表される．上式で $\widehat{R}^{d+1}e_1$ をその最小二乗近似 $B\widehat{c}$ で置き換えると，

$$\widehat{R}B \approx BG \tag{10.2.33}$$

となる．ここで，G は $(d+1) \times (d+1)$ フロベニウス行列 (Frobenius matrix) である：

$$G = \begin{bmatrix} 0 & 0 & \cdots & 0 & \widehat{c}_0 \\ 1 & 0 & \cdots & 0 & \widehat{c}_1 \\ 0 & 1 & \cdots & 0 & \widehat{c}_2 \\ \vdots & \vdots & \ddots & \vdots & \vdots \\ 0 & 0 & \cdots & 1 & \widehat{c}_d \end{bmatrix} \tag{10.2.34}$$

式 (10.2.33) はまた以下のように書き直せる．

$$\widehat{R}^m B \approx BG^m \tag{10.2.35}$$

さらに，式 (10.2.29) より $e_1 = Bg_1$ が得られる．ただし，$g_1 = [1, 0 \cdots, 0]^T$ は $(d+1) \times 1$ ベクトルである．以上より，以下の結果が得られる．

$$e = (\alpha^{-m}G^m + I)^{-1}g_1 \tag{10.2.36}$$

到来波の数 d と閾値 α が既知であるとき，高速最小ノルムアルゴリズムは以下のようになる．

アルゴリズム 10.2.1.

(1) ベクトル $e_1, \widehat{R}e_1, \cdots, \widehat{R}^{d+1}e_1$ を計算する．

(2) 式 (10.2.29) と (10.2.30) を利用して，ベクトル $\widehat{c}$ を計算する．

(3) $m = 1$ と初期化する．

(4) 式 (10.2.36) を用いて，m の値に対応するベクトル e を計算する．

(5) 式 (10.2.31) を用いて，最小ノルムスペクトル推定 (10.2.23) の近似値を計算する．

(6) m に対応するスペクトル推定の計算値と，$m-1$ に対応するスペクトル推定の計算値を計算する．両者の差が顕著であれば，$m \leftarrow m+1$ として，ステップ (4) にもどる．そうでなければ，終了する．

10.3 多重信号分類 (MUSIC)

多重信号分類 (MUltiple SIgnal Classification, MUSIC) は，Schmidt によって提案された有名な手法である [185]．いくつかの重要な信号処理問題 (例えば，到来方向推定，雑

音環境の中で重畳した複数個の指数信号のパラメータ推定，重畳した反射波の分別など)は，以下のモデルのパラメータ推定問題に帰着できる [203].

$$x(t) = A(\theta)s(t) + e(t), \quad t = 1, \cdots, N \tag{10.3.1}$$

ここで，$x(t) \in C^{M \times 1}$ は観測データベクトル，$s(t) \in C^{d \times 1}$ は信号ベクトル，$e(t) \in C^{M \times 1}$ は加法性観測雑音である．方向行列 $A(\theta) \in C^{M \times d}$ は以下の特殊な構造を持つ．

$$A(\theta) = [a(\omega_1), a(\omega_2), \cdots, a(\omega_d)] \tag{10.3.2}$$

ただし，$a(\omega_i) \in C^{M \times 1}$ は i 番目の信号に対するステアリングベクトルであり，$\theta = [\omega_1, \cdots, \omega_d]^T$ である．ここで，モデル (10.3.1) に対して以下の仮定をする．

仮定 1：$M > d$ であり，ベクトル $a(\omega_1), a(\omega_2), \cdots, a(\omega_d)$ は互いに一次独立である．

仮定 2：行列 $P = E\{x(t)x^H(t)\}$ は正則 (正定) であり，$N > M$ である．

上の二つの仮定が満足されると，観測データベクトル $x(t)$ の自己相関行列は

$$S_1 = E\{x(t)x^H(t)\} = A(\theta)PA^H(\theta) + S_2 \tag{10.3.3}$$

で与えられる．ただし，$S_2 = E\{e(t)e^H(t)\}$ は加法性雑音ベクトルの共分散行列である．

簡単のため，これからはとくに断らない限り，$A(\theta)$ を A，$A(\widehat{\theta})$ を $\widehat{A}$ と略記する．ただし，$\widehat{\theta}$ は θ の推定値である．

■ 10.3.1　白色雑音の場合における MUSIC 法

まず，雑音 $e(t)$ が白色雑音である場合について考える．そのため，以下の仮定をする：

仮定 3：$e(t)$ は白色雑音ベクトルであり，$E\{e(t)\} = 0, E\{e(t)e^H(t)\} = \sigma^2 I$ と $E\{e(t)e^T(t)\} = 0$ が成り立つ．

上記の仮定のもとで，式 (10.3.3) は，以下のようになる．

$$R = E\{x(t)x^H(t)\} = APA^H + \sigma^2 I \tag{10.3.4}$$

仮定 1 より，行列 A は明らかに最大列階数を有する．すなわち，$\mathrm{rank}(A) = d$. さらに，仮定 2 より APA^H の階数も d となる．式 (10.1.15) より，自己相関行列 R の固有値は以下の関係を満足する．

$$\lambda_i > \sigma^2, \qquad i = 1, \cdots, d$$
$$\lambda_i = \sigma^2, \qquad i = d+1, \cdots, M$$

そこで，$s_1, \cdots, s_d$ を固有値 $\lambda_1, \cdots, \lambda_d$ に対応する固有ベクトル，$y_1, \cdots, y_{M-d}$ を固有値 $\lambda_{d+1}, \cdots, \lambda_M$ に対応する固有ベクトルとし，

$$S = [s_1, \cdots, s_d], \quad Y = [y_1, \cdots, y_{M-d}]$$

を定義する．(σ^2, y_i) は R の雑音固有ペアであるので，

$$RY = \sigma^2 Y \tag{10.3.5}$$

が成り立つ．一方，式 (10.3.4) に右から Y をかけると，

$$RY = APA^HY + \sigma^2 Y \tag{10.3.6}$$

が成り立つ．以上の結果より，$APA^HY = 0$ が得られる．よって，

$$G^H APA^H Y = (A^H Y)^H P(A^H Y) = 0$$

となる．P は正定行列であるので，$A^H Y = 0$，あるいは等価的に

$$a^H(\omega)YY^H a(\omega) = 0, \quad \omega = \omega_1, \cdots, \omega_d \tag{10.3.7}$$

が成り立つ．さらに，行列 $U = [S, Y]$ がユニタリ行列であるので，

$$UU^H = \begin{bmatrix} S & Y \end{bmatrix} \begin{bmatrix} S^H \\ Y^H \end{bmatrix} = I \tag{10.3.8}$$

が成り立つ．よって，式 (10.3.7) は

$$a^H(\omega)(I - SS^H)a(\omega) = 0, \quad \omega = \omega_1, \cdots, \omega_d \tag{10.3.9}$$

と書くこともできる．明らかに，パラメータ $\{\omega_1, \cdots, \omega_d\}$ の真値は方程式 (10.3.7) あるいは (10.3.9) の一意解である．このことは，背理法で証明できる．もし余計な解 ω_{d+1} があるとすると，$d+1$ 個の一次独立なベクトル $a(\omega_1), \cdots, a(\omega_{d+1})$ が S の列空間に属することになる．これは，S の次元が d であることに反する．

標本自己相関行列 $\widehat{R}$ の固有ベクトルを $\{\widehat{s}_1, \cdots, \widehat{s}_d, \widehat{y}_1, \cdots, \widehat{y}_{M-d}\}$ とし，

$$f(\omega) = a^H(\omega)\widehat{Y}\widehat{Y}^H a(\omega) \tag{10.3.10a}$$

あるいは

$$f(\omega) = a^H(\omega)\big(I - \widehat{S}\widehat{S}^H\big)a(\omega) \tag{10.3.10b}$$

を定義する．関数 $f(\omega)$ の d 個の最小値に対応する $\{\omega_1, \cdots, \omega_d\}$ をパラメータの推定値とする．一般に，$d > M - d$ のとき，式 (10.3.10a) のほうが簡単であり，$d < M - d$ のとき，式 (10.3.10b) のほうが簡単である．式 (10.3.10a) は雑音部分空間への射影 $\widehat{Y}\widehat{Y}^H$ を用いているのに対して，式 (10.3.10b) は信号部分空間への射影 $\widehat{S}\widehat{S}^H$ を用いている．

MUSIC 法 (MUSIC method) には，種々の計算アルゴリズムが提案されている [183]．MUSIC 法による推定値の性質に関する解析結果は，文献 [203] で与えられている．

■ 10.3.2 　有色雑音の場合における MUSIC 法

雑音 $e(t)$ が有色という一般の場合では，式 (10.3.3) は

$$S_1 = APA^H + S_2 \tag{10.3.11}$$

となる．ここで，S_2 は雑音ベクトルの自己相関行列である．MUSIC 法のポイントは，行列束 $S_1 - \lambda S_2$ の一般化固有値を用いて信号の個数を定めることにある [219]．

312 第 10 章 固有空間の解析

❏ **定理 10.3.1.** $S_2 \in C^{M \times M}$ と $P \in C^{d \times d}$ をエルミート正定行列とする. $S_1 = APA^H + S_2$ において, $\mathrm{rank}(A) = d$ と仮定すると, $\lambda = 1$ は多項式 $p(\lambda) = \det(S_1 - \lambda S_2)$ の最小零点 (すなわち, 行列ペア (S_1, S_2) の最小一般化固有値) であり, その重複度は $M - d$ である.

証明 $S_1 z = \lambda S_2 z$, $0 \neq z \in C^M$ が成立するとすると,

$$z^H S_1 z = z^H (S_2 + APA^H) z = \lambda z^H S_2 z$$

が成り立つ. ゆえに, $\lambda = 1 + z^H (APA^H) z / (z^H S_2 z)$ となる. よって, $A^H z = 0$ ならば, またはそのときに限って, $\lambda = 1$ となる. さらに, $\dim\bigl(\mathrm{null}(A^H)\bigr) = M - d$ が成り立つので, $\lambda = 1$ の重複度は $M - d$ である. ∎

信号の個数 d が確定されると, 信号パラメータ $\omega_1, \cdots, \omega_d$ は, $A^H [z_{d+1}, \cdots, z_M] = 0$ あるいは $a^H(\omega)[z_{d+1}, \cdots, z_M] = 0$ の関係から求めることができる. ここで, $z_{d+1}, \cdots, z_M$ は最小一般化固有値 $\lambda_{\min}$ に対応する一般化固有ベクトルである. すなわち,

$$\mathrm{span}\{z_{d+1}, \cdots, z_M\} = \{z | S_1 z = \lambda_{\min} S_2 z\} \tag{10.3.12}$$

実際には, 観測データの自己相関行列 S_1 と雑音共分散行列 S_2 を推定する必要がある. 観測データ行列を A_S とし, 雑音データ行列を A_N とすると, 以下の結果が得られる.

$$A_S^H A_S \approx E\{x(t)x^H(t)\} = APA^H + E\{e(t)e^H(t)\} \approx APA^H + A_N^H A_N \tag{10.3.13}$$

よって, 自己相関行列ペア (S_1, S_2) の一般化固有値の計算は, データ行列ペア (A_S, A_N) の一般化特異値の計算問題になる. とくに,

$$\mathrm{span}\{z_{d+1}, \cdots, z_M\} = \{z | A_S^H A_S z \approx \lambda_{\min} A_N^H A_N z\} \tag{10.3.14}$$

を満足する正規直交系 $\{z_{d+1}, \cdots, z_M\}$ を計算する必要がある. ここで, $\lambda_{\min}$ は行列ペア $\{A_S^H A_S, A_N^H A_N\}$ の一般化固有値で, すなわち, 行列対 $\{A_S, A_N\}$ の一般化特異値の二乗である. ここで, $\approx$ は「漸近的に等しい」という意味を表す. すなわち, $A_S^H A_S \approx S_1$ および $A_N^H A_N \approx S_2$ である. よって, 実際には, $\lambda_{\min}$ が必ずしも重複するとは限らない. 式 (10.3.14) は式 (10.3.12) の近似であると見なすことができる. 一般化特異値分解に関する定理 6.4.5 を思い出すと, 行列 $A_S \in C^{m_1 \times M} (m_1 \geq M)$ と $A_N \in C^{m_2 \times M} (m_2 \geq M)$ に対して, 以下を満たす正則行列 $X \in C^{M \times M}$ が存在する.

$$X^H (A_S^H A_S) X = D_S = \mathrm{diag}(\alpha_1, \cdots, \alpha_M), \quad \alpha_k \geq 0$$

$$X^H (A_N^H A_N) X = D_N = \mathrm{diag}(\beta_1, \cdots, \beta_M), \quad \beta_k \geq 0$$

$A_N^H A_N$ が正則で, $\beta_k \neq 0 (k = 1, \cdots, M)$ とすると, $\lambda_k = \sqrt{\alpha_k / \beta_k}$ は行列ペアの一般化特異値であり, X の列ベクトル x_k は λ_k に対応する一般化特異ベクトルである. なお, 一般化特異値分解 の計算アルゴリズムについては, 6.4.3 項を参照されたい

以上より, 有色雑音の場合における MUSIC 問題の解法は以下のようになる [219].

(1) 行列ペア $\{A_S, A_N\}$ の一般化特異値を求め，X の列ベクトルを適宜に並べ替えることによって，一般化特異値 λ_k を降順でソートする．

(2) $c_d > \epsilon + c_M \geq c_{d+1} \geq \cdots \geq c_M \geq 0$ を満足する信号の個数 d を定める．ただし，$\epsilon > 0$ は小さな閾値である．

(3) $[x_{d+1}, \cdots, x_M]$ の QR 分解 $ZR = [x_{d+1}, \cdots, x_M]$ を計算する．行列 Z の列は所望の正規直交系 $\{z_{d+1}, \cdots, z_M\}$ である．

(3) $A^H Z = 0$ あるいは $a^H(\omega)Z = 0$ より，パラメータ $\omega_1, \cdots, \omega_d$ の推定値を求める．

　上記の (1)〜(3) は，6.4.3 項のアルゴリズム 6.4.3 を用いて計算することができる．このアルゴリズムでは，相関行列や逆行列の計算を回避することができ，計算結果は，一般化固有ベクトル $\{x_{d+1}, \cdots, x_M\}$ の計算結果に敏感ではない [219]．

10.4　修正信号部分空間ビームフォーマ

　ビームフォーミングは，重要な信号処理問題の一つである．固有空間ビームフォーマ (eigenspace beamformer) は，ほかの種類のビームフォーマに比べてよりよい収束性能が達成でき，誤差にもそれほど敏感ではないので，近年広範に研究され，応用されてきた [244]．ここで紹介する修正信号部分空間ビームフォーマ (modified signal subspace beamformer) は，Yu と Yeh によって提案されたものであり，固有空間ビームフォーマと線形制約最小二乗ビームフォーマの両方の利点を持ち合わせるという特徴がある [244]．

10.4.1　固有空間ビームフォーマ

　M 個のアンテナ要素からなる狭帯域アレイアンテナについて考える．所望信号のほか，J 個の互いに相関のない干渉信号が入射されるとする．観測信号ベクトルは

$$x(t) = As(t) + n(t) \tag{10.4.1}$$

と表される．ここで $s(t)$ は所望信号と干渉信号の波形ベクトルであり，観測雑音 $n(t)$ は空間的に白色で，$s(t)$ とは無相関である．行列 A は

$$A = [a_d, a_1, \cdots, a_J] \tag{10.4.2}$$

である．ただし，a_d と $a_1, \cdots, a_J$ はそれぞれ所望信号と各干渉信号に対するステアリングベクトルである．アレイアンテナの入力信号の自己相関行列は，容易に求められる：

$$R = E\{x(t)x^H(t)\} = ASA^H + \sigma_n^2 I \tag{10.4.3}$$

ここで，σ_n^2 は雑音分散であり，S は信号 $s(t)$ の自己相関行列である．受信信号の信号源の数がアンテナ要素の数より少ない，すなわち $(J+1) < M$ とすると，自己相関行列 R

の固有値分解は以下のように求められる.

$$R = \sum_{i=1}^{M} \lambda_i e_i e_i^H \qquad (10.4.4)$$

ただし, $\lambda_1 \geq \cdots \geq \lambda_{J+1} \geq J_{J+2} = \cdots = \lambda_M = \sigma_n^2$. よって, ベクトル $e_1, \cdots, e_{J+1}$ は信号部分空間を張り, $e_{J+2}, \cdots, e_M$ は雑音部分空間を張る.

アレイアンテナの重みベクトルを $w = [w_1, w_2, \cdots . w_M]^T$ とすると, 出力信号は $y(t) = w^H x(t)$ となる. そのパワーは, $E[|y(t)|^2] = w^H R w$ で与えられる.

最小分散ビームフォーミング (minimum variance beamforming) 問題は, 単位ゲイン制約 (unit gain constraint) $a_s^H w = 1$ のもとで, アレイアンテナの出力パワーが最小となるように, 重みベクトル w_c を求めることになる. すなわち,

$$\text{minimize} \quad w^H R w, \quad \text{制約条件} \quad a_s^H w = 1$$

という制約付き最適化問題を解くことになる. そのとき, 重みベクトルは以下のように与えられる [38].

$$w_c = \mu_c R^{-1} a_s = \mu_c \left(E_s \Lambda_s^{-1} E_s^H + E_n \lambda_n^{-1} E_n^H \right) a_s \qquad (10.4.5)$$

ただし, a_s はステアリングベクトルであり, $\mu_c = 1/(a_s^H R^{-1} a_s)^{-1}$,

$$\Lambda_s = \text{diag}(\lambda_1, \cdots, \lambda_{J+1}), \quad \Lambda_n = \text{diag}(\lambda_{J+2}, \cdots, \lambda_M)$$

$$E_s = [e_1, \cdots, e_{J+1}], \quad E_n = [e_{J+2}, \cdots, e_M]$$

式 (10.4.5) で与えられる w_c を信号部分空間による部分 w_{cs} と雑音部分空間による部分 w_{cn} に分けると, w_c と w_{cn} は以下のように与えられる.

$$w_{cs} = \mu_c E_s \Lambda_s^{-1} E_s^H a_s \qquad (10.4.6)$$

$$w_{cn} = \mu_c E_n \lambda_n^{-1} E_n^H a_s \qquad (10.4.7)$$

理想では, ステアリングベクトルは所望信号のステアリングベクトルと等しく, 式 (10.4.5) の w_c はアレイアンテナの信号対干渉雑音比 (signal-to-interference-noise ratio, SINR) が最大となるように調整される. ただし, 所望信号のパワーを P_s, 雑音出力パワーを P_n, 干渉波出力パワーを P_I とすると, SINR は $P_s/(P_n + P_I)$ と定義される [43]. このとき, $E_n^H a_s = E_n^H a_d = 0$ であるので, $w_{cn} = 0$ となる. したがって, $w_c = w_{cs}$ となる. すなわち, ベクトル w_c は自己相関行列 R の信号部分空間に属する. しかし, 現実には, 有限のデータ標本や誤差とアレイの不完全性などが原因で, w_{cn} が完全に零にならないので, w_c が必ずしも信号部分空間にあるとは限らない. 信号対干渉雑音比の劣化をもたらす主な要因は, w_{cn} による影響である. よって, 固有空間ビームフォーマは, w_{cn} を無視し, w_{cs} のみを重みベクトル w_e とする:

$$w_e = w_{cs} = \mu_c E_s \Lambda_s^{-1} E_s^H a_s \qquad (10.4.8)$$

式 (10.4.5) の両辺に左から $E_s E_s^H$ をかけ，$E_s^H E_n = 0$ に注意すると，式 (10.4.8) は

$$w_e = E_s E_s^H w_c \tag{10.4.9}$$

とも書ける．固有空間ビームフォーマは信号部分空間のみを用いているので，一種の信号部分空間法である．次に説明するビームフォーマは，信号部分空間だけでなく，線形制約条件を表す制約行列の雑音部分空間も用いるので，一種の修正信号部分空間法 (modified signal subspace method) である．

■ 10.4.2 修正信号部分空間ビームフォーマ

アレイアンテナの応答を指定する，あるいはモデルパラメータ誤差に対処するために，ビームフォーミング問題では，線形制約の手法がよく用いられている．線形制約最小分散ビームフォーマ (linearly constrained minimum variance beamformer) は，線形制約条件 $C^H w = f$ のもとで，アレイアンテナの出力が最小となるように，重みベクトルを定める．すなわち，

$$\text{minimize} \quad w^H R w, \quad \text{制約条件} \quad C^H w = f$$

という制約付き最適化問題を解くことになる．最適化問題の解は，以下のように与えられる．

$$w_c = R^{-1} C (C^H R^{-1} C)^{-1} f \tag{10.4.10}$$

ただし，C と f はそれぞれ制約行列と制約応答ベクトルである．重みパラメータ w_c は二つの直交成分の和の形式で表現することができる：

$$w_c = E_s E_s^H w_c + E_n E_n^H w_c \tag{10.4.11}$$

ここで，$E_s E_s^H w_c$ と $E_n E_n^H w_c$ はそれぞれ信号部分空間と雑音部分空間に属する．w_c の雑音部分空間成分は線形制約条件 $C^H w = f$ に何らかの影響を与えることがあり得るが，$a_i^H E_n E_n^H w_c = 0$ $(i = d, 1, 2, \cdots, J)$ であるので，所望信号と干渉信号に対するアレイアンテナの応答には影響しない．しかし，出力雑音のパワーを $\sigma_n^2 \|E_n E_n^H w_c\|_2^2$ ほど増加させる．修正信号部分空間ビームフォーマは，より高い信号対干渉雑音比を得るために提案された．この手法では，重みベクトルの計算は二つのステップからなる．まず，線形制約最小分散ビームフォーマの重みパラメータ w_c を計算する．次に，w_c をあるベクトル空間へ射影する．この射影は，重みベクトルのノルムを低減するだけでなく，所望信号と干渉信号に対するアレイアンテナの応答を不変にすることができる．適切な射影行列を構築することによって，設計者の意志で，線形制約条件を保存，あるいは解除することができる．

■ 線形制約を保存しないビームフォーマ

まず，線形制約条件を保存しない修正信号部分空間ビームフォーマについて考える．単位ゲイン制約 $a_s^H w = 1$ のほか，保存されることのない線形制約 $C_u^H w = f_u$ もあると仮定する．この場合，ビーフォーマはまず線形制約最小分散ビームフォーマの重み付きベクトルを計算する：

$$w_{cu} = R^{-1}[a_s, C_u]\left([a_s, C_u]^H R^{-1}[a_s, C_u]\right)^{-1}\begin{bmatrix} 1 \\ f_u \end{bmatrix} \qquad (10.4.12)$$

さらに，w_{cu} をあるベクトル部分空間に射影して，新しい重みパラメータ w_u を生成する：

$$w_u = P_u w_{cu} \qquad (10.4.13)$$

ここで，P_u は射影行列である．線形制約条件を保存しなくてもよいので，P_u は，制約条件 $w_u^H a_i = w_{cu}^H a_i \ (i = d, 1, \cdots, J)$ のもとで，$\|w_u\|_2^2$ を最小化するように選べばよい．よって，所望信号と干渉信号に対して，w_u と w_{cu} が同じ出力応答をもたらすようになり，出力雑音のパワーを最小にすることができる．射影行列は，$a_d, a_1, \cdots, a_J$ が張る信号部分空間への射影として選ばれる．すなわち，$P_u = E_s E_s^H$ とする．よって，w_u は

$$w_u = E_s E_s^H w_{cu} \qquad (10.4.14)$$

となる．しかし，射影演算の後，単位ゲイン制約 $a_s^H w = 1$ と線形制約 $C_u^H w = f_u$ が保存されなくなる．$a_s^H w = 1$ を回復するためには，以下のようにすればよい．

$$w_u = \frac{1}{a_s^H E_s E_s^H w_{cu}} E_s E_s^H w_{cu} \qquad (10.4.15)$$

■ 線形制約を保存するビームフォーマ

応用によっては，線形制約条件を保存したい場合もある．すなわち，単位ゲイン制約 $a_s^H w = 1$ のほか，K 個の線形制約 $C_p^H w = f_p$ も保存したい．このとき，線形制約最小分散ビームフォーマの重みベクトルは

$$w_{cp} = R^{-1}[a_s, C_p]\left([a_s, C_p]^H R^{-1}[a_s, C_p]\right)^{-1}\begin{bmatrix} 1 \\ f_p \end{bmatrix} \qquad (10.4.16)$$

で与えられる．簡単のため，f_p が零ベクトルである場合を考える．線形制約を保存するビームフォーマの重みベクトルは

$$w_p = P_p w_{cp} \qquad (10.4.17)$$

である．ここで，射影行列 P_p は，制約条件

$$\begin{aligned} a_i^H w_p &= a_i^H w_{cp}, \quad i = d, 1, \cdots, J \\ C_p^H w_p &= C_p^H w_{cp} = f_p = 0_K \end{aligned} \qquad (10.4.18)$$

のもとで，$\|w_p\|_2^2$ を最小化するように求められる．ここで，0_K は $K \times 1$ 零ベクトルを表す．単位ゲイン制約 $a_s^H w = 1$ は式 (10.4.18) に含まれていないことに注意されたい．式 (10.4.17) で計算される w_p に対して，式 (10.4.15) のようにスケーリング操作を行えば，単位ゲイン制約 $a_s^H w = 1$ と線形制約 $C_p^H w = f_p$ の両方を満足することができる．P_p は，$a_d, a_1, \cdots, a_J$ と C_p の列が張る部分空間への射影行列として求められる．この部分空間を修正信号部分空間という．信号部分空間の固有ベクトル $e_1, e_2, \cdots, e_{J+1}$ と C_p の列ベクトルに対して，グラム - シュミット直交化を行うと，修正信号部分空間の正規直交基底を列とする行列を得ることができる：

$$\widehat{E}_s = [e_1, \cdots, e_{J+1}, \widehat{c}_1, \cdots, \widehat{c}_{K'}] \tag{10.4.19}$$

ここで，$\widehat{c}_1, \cdots, \widehat{c}_{K'}$ は雑音部分空間に属する．C_p の一部の列が信号部分空間にある場合，$K' < K$ となる．よって，式 (10.4.17) は以下のようになる．

$$w_p = \widehat{E}_s \widehat{E}_s^H w_{cp} \tag{10.4.20}$$

上式で求められた w_p は線形制約 $C_p^H w = 0$ を満足する．また，それによって得られた出力信号と干渉信号のパワーは線形制約最小分散ビームフォーマの場合と同じである．しかし，出力雑音のパワーは後者の場合より小さい．さらに，単位ゲイン制約条件 $a_s^H w = 1$ を回復するためには，

$$w_p = \frac{1}{a_s^H \widehat{E}_s \widehat{E}_s^H w_{cp}} \widehat{E}_s \widehat{E}_s^H w_{cp} \tag{10.4.21}$$

とスケーリング操作をすればよい．このような操作は，信号対干渉信号雑音比 を変えることはない．線形制約 $C_p^H w = 0$ にも影響を与えない．よって，w_p はすべての線形制約を保存しながら，最小分散ビームフォーマ より高い信号対干渉信号雑音比 に達成できる．

$f_p \neq 0$ という一般の場合では，式 (10.4.20) に対するスケーリング操作は，線形制約 $C_p^H w = f_p$ を破壊する可能性がある．この問題を回避するためには，線形制約 $C_p^H w = f_p$ を新しい線形制約

$$C_p'^H w = 0_K \tag{10.4.22}$$

に変換すればよい．ただし，

$$C_p' = C_p - a_s f_p^H \tag{10.4.23}$$

重みベクトルが $a_s^H w = 1$ と $C_p^H w = f_p$ を満足すれば，$a_s^H w = 1$ と $C_p'^H w = 0_K$ も満足する．逆もまた同様である．このとき，線形制約最小分散ビームフォーマの重みベクトルは

$$w_{cp}' = R^{-1}[a_s, C_p']([a_s, C_p']^H R^{-1}[a_s, C_p'])^{-1} \begin{bmatrix} 1 \\ 0_K \end{bmatrix} \tag{10.4.24}$$

で与えられる．これは，式 (10.4.16) と同じ形であり，対応する射影行列は

$$P_p = \widehat{E}_s' \widehat{E}_s'^H \tag{10.4.25}$$

である．ここで，$\widehat{E}'_s$ は，信号部分空間の固有ベクトル $e_1, e_2, \cdots, e_{J+1}$ と C'_p の列ベクトルが張る部分空間の正規直交基底を列ベクトルとする行列である．最後に，スケーリング操作を施した重みベクトルは以下のようになる．

$$w_p = \frac{1}{a_s^H \widehat{E}'_s \widehat{E}'^H_s w'_{cp}} \widehat{E}'_s \widehat{E}'^H_s w'_{cp} \tag{10.4.26}$$

これは，$a_s^H w = 1$ と $C'^H_p w = 0_K$ を満足する．

　射影行列 P_u の値域は P_p の値域の部分集合であるので，線形制約を保存しないビームフォーマよりも，線形制約を保存するビームフォーマの出力雑音のパワーが大きい．制約条件が単位ゲイン制約だけという特殊な場合では，w_u と w_p は，固有空間ビームフォーマの重みベクトルになる．

　単位ゲイン制約 $a_s^H w = 1$ は式 (10.4.18) に含まれてはいけないことを強調したい．もし，$a_s^H w = 1$ が式 (10.4.18) に含まれたら，線形制約を保存するビームフォーマが線形制約最小分散ビームフォーマに退化するおそれがあるからである．もう少し詳しく説明すると，$a_s^H w = 1$ を式 (10.4.18) に加えた場合には，修正信号部分空間は a_s と $\widehat{E}_s$ によって張られることになる．すなわち，式 (10.4.19) は

$$\widetilde{E}_s = \left[\widehat{E}_s, \widehat{a}_{ns} \right] \tag{10.4.27}$$

になる．ただし，グラム - シュミットの直交化計算より，$\widehat{a}_{ns}$ は

$$\widehat{a}_{ns} = \frac{(I - \widehat{E}_s \widehat{E}_s^H) \widehat{a}_{ns}}{\|(I - \widehat{E}_s \widehat{E}_s^H) \widehat{a}_{ns}\|_2}$$

で与えられる．もし a_s がもとの修正信号部分空間内にあるならば，$\widehat{a}_{ns}$ は式 (10.4.27) から除去すべきである．この操作はこれからの議論には影響しない．式 (10.4.27) より，修正信号部分空間ビームフォーマの重みベクトルは以下のようになる．

$$\widetilde{w}_p = \frac{1}{a_s^H \widetilde{E}_s \widetilde{E}_s^H w_{cp}} \widetilde{E}_s \widetilde{E}_s^H w_{cp} \tag{10.4.28}$$

式 (10.4.16) より，w_{cp} は，ベクトル a_s，行列 C_p と E_s の列ベクトルの一次結合であることが分かる．よって，w_{cp} は $\widetilde{E}_s$ の列ベクトルによって張られた新しい修正信号部分空間にある．さらに，$\widetilde{E}_s \widetilde{E}_s^H$ はこの新しい修正信号部分空間への写像であるので，

$$\widetilde{E}_s \widetilde{E}_s^H w_{cp} = w_{cp} \tag{10.4.29}$$

となる．すなわち，$\widetilde{w}_p$ が線形制約最小分散ビームフォーマの重みベクトル w_{cp} に退化することになる．そのとき，$\widetilde{w}_p$ による信号対干渉信号雑音比は w_{cp} の場合と同じである．

■ 線形制約を部分的に保存するビームフォーマ

　以上では，線形制約を全て保存する，あるいは保存しないという二つの対照的な場合について検討した．応用によっては，一部の線形制約だけを保存したい場合もある．そこで，

保存しない線形制約と保存する線形制約をそれぞれ $C_u^H w = f_u$ と $C_p^H w = f_p$ で表すことにする．なお f_p を零ベクトルとしても，一般性を失わないので以下では $f_p = 0$ の場合を議論する．この 2 組の線形制約と単位ゲイン制約 $a_s^H w = 1$ が適用されるときに，線形制約最小分散ビームフォーマの重みベクトルは

$$w_{cg} = R^{-1}[a_s, C_u, C_p]\left([a_s, C_u, C_p]^H R^{-1}[a_s, C_u, C_p]\right)^{-1}\begin{bmatrix} 1 \\ f_u \\ 0_K \end{bmatrix} \tag{10.4.30}$$

で与えられる．重みベクトル w_{cg} に対して射影操作を行うと，修正部分信号空間ビームフォーマの重みベクトルを得ることができる：

$$w_g = P_g w_{cg} \tag{10.4.31}$$

ここで，射影行列 P_g は，制約条件

$$\begin{aligned} a_i^H w_g &= a_i^H w_{cg}, \quad i = d, 1, \cdots, J \\ C_p^H w_g &= C_p^H w_{cg} = f_p = 0_K \end{aligned} \tag{10.4.32}$$

のもとで，$\|w_g\|_2^2$ を最小化するように求められる．

式 (10.4.32) の制約条件が式 (10.4.18) と同じであるので，射影行列は

$$P_g = \widehat{E}_s \widehat{E}_s^H \tag{10.4.33}$$

となる．ただし，$\widehat{E}_s$ は式 (10.4.19) で与えられる．$a_s^H w = 1$ を満足するためのスケーリング操作を施した修正信号部分空間ビームフォーマ の重みベクトルは以下のようになる．

$$w_g = \frac{1}{a_s^H \widehat{E}_s \widehat{E}_s^H w_{cg}} \widehat{E}_s \widehat{E}_s^H w_{cg} \tag{10.4.34}$$

以下の二つの結論は容易に証明できる．

(1) 保存しない線形制約 $C_u^H w = f_u$ のみが用いられたとき，w_g は式 (10.4.15) の w_u に退化する．

(2) 保存したい線形制約 $C_p^H w = 0_K$ のみが用いられたとき，w_g は式 (10.4.21) の w_p に退化する．

線形制約の保存への代償は，出力雑音パワーの増加である．よって，与えられた線形制約に対して，信号対干渉信号雑音比は以下の順番で小さくなって行く：線形制約を保存しないビームフォーマ，線形制約を部分的に保存するビームフォーマ，線形制約をすべて保存するビームフォーマ，線形制約最小分散ビームフォーマ．

■ 10.4.3　ビームフォーマ重みベクトルの簡単化

これまでに，線形制約最小分散ビームフォーマの重みベクトルをあるベクトル空間に射影することによって修正信号部分空間ビームフォーマ を求める手法を説明した．ここでは，

線形制約最小分散ビームフォーマの重みベクトルを計算しないで済むという別の手法について考える．まず，式 (10.4.21) で与えられた修正信号部分空間ビームフォーマ の重みベクトルについて考える．このとき，式 (10.4.3) の自己相関行列は

$$R = \widehat{E}_s \widehat{\Lambda}_s \widehat{E}_s^H + \widehat{E}_n \widehat{\Lambda}_n \widehat{E}_n^H \tag{10.4.35}$$

と書き直せる．ただし，$\widehat{E}_s$ は式 (10.4.19) で与えられる．$\widehat{E}_n$ の列ベクトルは修正信号部分空間 の直交補空間の正規直交基底を構成する．$\widehat{\Lambda}_s$ と $\widehat{\Lambda}_n$ はそれぞれ $(J+K'+1)\times(J+K'+1)$ と $(M-J-K'-1)\times(M-J-K'-1)$ 対角行列である：

$$\widehat{\Lambda}_s = \mathrm{diag}(\lambda_1, \cdots, \lambda_{J+1}, \sigma_n^2, \cdots, \sigma_n^2) \tag{10.4.36}$$

$$\widehat{\Lambda}_n = \sigma_n^2 I_{M-J-K'-1} \tag{10.4.37}$$

$\widehat{E}_n$ が $[a_s, C_p]$ と直交するので，式 (10.4.35) を利用すれば，式 (10.4.21) は以下のように簡単化される．

$$w_p = \mu_p' \widehat{E}_s \widehat{\Lambda}_s^{-1} \widehat{E}_s^H [a_s, C_p] \Big([a_s, C_p]^H \widehat{E}_s \widehat{\Lambda}_s^{-1} \widehat{E}_s^H [a_s, C_p]\Big)^{-1} \begin{bmatrix} 1 \\ 0_K \end{bmatrix} \tag{10.4.38}$$

ここで，μ_p' はスカラーである．制約条件 $a_s^H w = 1$ と $C_p^H w = 0_K$ より，$\mu_p' = 1$ と示すことができる．上式は式 (10.4.21) より計算量が少ない．また，上式を式 (10.4.16) と比較すれば分かるが，w_p と最小分散ビームフォーマ の重みベクトルの形は似ている．ただし，前者は自己相関行列の修正信号部分空間 を用いているのに対して，後者は自己相関行列そのものを用いている．

同じようにして，w_u と w_g もそれぞれ以下のように表される．

$$w_p = \mu_u \widehat{E}_s \widehat{\Lambda}_s^{-1} \widehat{E}_s^H [a_s, C_u] \Big([a_s, C_u]^H \widehat{E}_s \widehat{\Lambda}_s^{-1} \widehat{E}_s^H [a_s, C_u]\Big)^{-1} \begin{bmatrix} 1 \\ f_u \end{bmatrix} \tag{10.4.39}$$

$$w_g = \mu_g \widehat{E}_s \widehat{\Lambda}_s^{-1} \widehat{E}_s^H [a_s, C_u, C_p] \Big([a_s, C_u, C_p]^H \widehat{E}_s \widehat{\Lambda}_s^{-1} \widehat{E}_s^H [a_s, C_u, C_p]\Big)^{-1} \begin{bmatrix} 1 \\ f_u \end{bmatrix} \tag{10.4.40}$$

μ_u と μ_g は制約条件を満足させるためのスカラーである．

10.5　ESPRIT 法

ESPRIT とは，回転不変のテクニックによる信号パラメータ推定 (Estimating Signal Parameters via Rotational Invariance Techniques) の英語の頭文字である．ESPRIT 法 (ESPRIT method) は Roy らによって最初に提案され [180, 181]，一般化特異値分解の典型的な応用である．

■ 10.5.1 基本 ESPRIT 法

p 個の複素高調波が重畳した信号

$$x_n = \sum_{i=1}^{p} s_i e^{jn\omega_i} + w_n \tag{10.5.1}$$

について考える [180]. ここで, $\omega_i \in [-\pi, \pi)$ と s_i はそれぞれ i 番目の高調波の周波数と振幅である. 加法性雑音 w_n は平均値 0, 分散 σ_w^2 の複素白色雑音である. すなわち,

$$E\{w_k w_l^*\} = \sigma^2 \delta(k-l), \quad E\{w_k w_l\} = 0$$

ここでは, 以下のベクトルを定義する.

$$x(n) = [x_n, x_{n+1}, \cdots, x_{n+m-1}]^T$$

$$w(n) = [w_n, w_{n+1}, \cdots, w_{n+m-1}]^T$$

$$y(n) = [y_n, y_{n+1}, \cdots, y_{n+m-1}]^T = [x_{n+1}, x_{n+2}, \cdots, x_{n+m}]^T$$

$$a(\omega_i) = \left[e^{jn\omega_i}, e^{j(n+1)\omega_i}, \cdots, e^{j(n+m-1)\omega_i}\right]^T$$

ただし, $m > p$. よって, ベクトル $x(n)$ と $y(n)$ は行列－ベクトル形式で表現できる.

$$x(n) = As + w(n) \tag{10.5.2}$$

$$y(n) = A\Phi s + w(n+1) \tag{10.5.3}$$

ただし,

$$A = [a(\omega_1), a(\omega_2), \cdots, a(\omega_p)]$$
$$s = [s_1, s_2, \cdots, s_p]^T \tag{10.5.4}$$
$$\Phi = \mathrm{diag}(e^{j\omega_1}, e^{j\omega_2}, \cdots, e^{j\omega_p})$$

ここで, A は $m \times p$ ヴァンデルモンド行列である. Φ はユニタリ行列であり, ベクトル $x(n)$ と $y(n)$ を関連づけている. $y(n)$ は $x(n)$ を Φ によって回転して得られたものであるので, Φ は回転演算子と呼ばれる. Φ はすべての高調波信号の周波数情報を含んでいる.

ベクトル $x(n)$ の自己相関行列は, 以下のように与えられる.

$$R_{xx} = E\{x(n)x^H(n)\} = ASA^H + \sigma_w^2 I \tag{10.5.5}$$

ここで, S は $p \times p$ 対角行列であり, その対角要素は各高調波のパワーを表す:

$$S = \mathrm{diag}\left(|s_1|^2, |s_2|^2, \cdots, |s_p|^2\right) \tag{10.5.6}$$

行列 S が対角行列となるのは, 異なる周波数の余弦波が無限区間上で互いに直交するからである. しかし, ESPRIT 法自身は, S が対角であることを要求していない. S は正則であればよい (後の定理を参照されたい). 自己相関行列の要素は $[R_{xx}]_{ij} = E\{x(i)x^H(j)\} = r_{j-i} = r_{i-j}^*$ で与えられるので, 自己相関行列 R_{xx} は以下のようになる.

$$R_{xx} = \begin{bmatrix} r_0 & r_1 & \cdots & r_{m-1} \\ r_1^* & r_0 & \cdots & r_{m-2} \\ \vdots & \vdots & \ddots & \vdots \\ r_{m-1}^* & r_{m-2}^* & \cdots & r_0 \end{bmatrix} \tag{10.5.7}$$

$x(n)$ と $y(n)$ の相互相関行列 (crossocorrelation matrix) は，以下のように与えられる．

$$R_{xy} = E\{x(n)y^H(n)\} = AS\Phi^H A^H + \sigma_w^2 Z \tag{10.5.8}$$

ここで，$\sigma_w^2 Z = E\{w(n)w^H(n+1)\}$ である．ただし，

$$Z = \begin{bmatrix} 0 & & & 0 \\ 1 & 0 & & \\ & \ddots & \ddots & \\ 0 & & 1 & 0 \end{bmatrix} \tag{10.5.9}$$

$[R_{xy}]_{ij} = E\{x(i)x^H(j+1)\} = r_{j+1-i} = r_{i-j-1}^*$ より，相互相関行列は

$$R_{xy} = \begin{bmatrix} r_1 & r_2 & \cdots & r_m \\ r^0 & r_1 & \cdots & r_{m-1} \\ \vdots & \vdots & \ddots & \vdots \\ r_{m-2}^* & r_{m-3}^* & \cdots & r_1 \end{bmatrix} \tag{10.5.10}$$

と表される．自己相関行列の要素 $\{r_0, r_1, \cdots, r_m\}$ が与えられたとき，高調波の個数 p，周波数 $\omega_i, i = 1, \cdots, p$ とパワー $|s_i|^2, i = 1, \cdots, p$ をいかに求めるかが問題である．ESPRIT の基本思想は，ベクトル $x(n)$ をベクトル $y(n)$ に回転させる回転演算子 Φ の信号部分空間の回転不変性 (rotational invariance) を利用することにある．信号部分空間の回転不変性とは，Φ が R_{xx} と R_{xy} に関連した行列対の一般化固有値行列によって保存されることを指す．このことを定理として述べると以下のようである [180]．

❏ **定理 10.5.1.** (基本 ESPRIT) 行列対 (C_{xx}, C_{xy}) の一般化固有値行列を Γ とする．ただし，$C_{xx} = R_{xx} - \lambda_{\min} I, C_{xy} = R_{xy} - \lambda_{\min} Z$ であり，$\lambda_{\min}$ は R_{xx} の (重複した) 最小固有値である．行列 S が正則であれば，一般化固有値行列と回転演算子 Φ は，次の関係式を満足する．

$$\Gamma = \begin{bmatrix} \Phi & 0 \\ 0 & 0 \end{bmatrix} \tag{10.5.11}$$

すなわち，行列対 (C_{xx}, C_{xy}) の零でない一般化固有値が Φ の対角要素に等しい．ただし，順番は異なる可能性がある．

証明 各高調波の周波数が相異なるとき，行列 A は最大列階数を持つ．さらに，行列 S も正則と仮定されるので，ASA^H の階数は p である．よって，自己相関行列 R_{xx} は重複度

が $m-p$ である最小固有値 σ_w^2 を持ち，以下の式が成り立つ．

$$C_{xx} = R_{xx} - \lambda_{\min}I = R_{xx} - \sigma_w^2 I = ASA^H$$

$$C_{xy} = R_{xy} - \lambda_{\min}Z = R_{xy} - \sigma_w^2 Z = AS\Phi^H A^H$$

そこで，行列束

$$C_{xx} - \gamma C_{xy} = AS(I - \gamma\Phi^H)A^H \tag{10.5.12}$$

について考える．ある行列に対して，左から最大列階数を持つ行列，右から最大行階数を持つ行列をかけたとしてもその階数は変化しないので，式 (10.5.12) より，

$$\mathrm{rank}(C_{xx} - \gamma C_{xy}) = \mathrm{rank}(I - \gamma\Phi^H) \tag{10.5.13}$$

となる．Φ は対角行列であるり，その対角要素は $e^{j\omega_i}(i=1,\cdots,p)$ であるので，$\gamma \neq e^{j\omega_i}(i=1,\cdots,p)$ のとき，$p \times p$ 対角行列 $(I - \gamma\Phi^H)$ の各対角要素は零にはならない．すなわち，

$$\mathrm{rank}(C_{xx} - \gamma C_{xy}) = p, \quad \gamma \neq e^{j\omega_i} \tag{10.5.14}$$

しかし，$\gamma = e^{j\omega_i}$ のとき，対角行列 $(I - \gamma\Phi^H)$ の i 番目の行の各要素がすべて零になるので，階数は一つ落ちる．すなわち，

$$\mathrm{rank}(C_{xx} - e^{j\omega_i}C_{xy}) = \mathrm{rank}(I - e^{j\omega_i}\Phi^H) = p - 1 \tag{10.5.15}$$

式 (10.5.14) と (10.5.15)，および行列対の一般化固有値の定義より，$\lambda = e^{j\omega_i}$ は行列対 (C_{xx}, C_{xy}) の一般化固有値である．対角行列 $(I - \gamma\Phi^H)$ を特異にする γ の値は p 個，すなわち，$\gamma = \omega_1,\cdots,\omega_p$ である．よって，行列対 (C_{xx}, C_{xy}) の零でない一般化固有値は p 個であり，ほかの一般化固有値はすべて零である．すなわち，p 個の一般化固有値が単位円上に分布しており，しかも回転行列 Φ の対角要素と等しい．ほかの $m-p$ 個の一般化固有値はすべて零である．　　　　　　　　　　　　　　　　　　　　　■

　以下では，高調波パワーの推定について説明する．e_i を一般化固有値 γ_i に対応する一般化固有ベクトルとする．その定義より，e_i は，$AS(I - \gamma_i\Phi^H)A^H e_i = 0$，あるいは

$$e_i^H AS(I - \gamma_i\Phi^H)A^H e_i = 0 \tag{10.5.16}$$

を満足する．対角行列 $S(I - \gamma_i\Phi^H)$ の i 番目の対角要素が零であり，ほかの対角要素が零ではない (零でない要素を $\times$ で表す) ので，

$$S(I - \gamma_i\Phi^H) = \mathrm{diag}(\times,\cdots,\times,0,\times,\cdots,\times)$$

と表される．ゆえに，$e_i^H A$ と $A^H e_i$ は必ず以下の形となる．

$$e_i^H A = [0,\cdots,0,e_i^H a(\omega_i),0,\cdots,0]^T \tag{10.5.17a}$$

$$A^H e_i = [0,\cdots,0,a^H(\omega_i)e_i,0,\cdots,0]^T \tag{10.5.17b}$$

すなわち，e_i はすべての $a(\omega_j), j \neq i$ と直交する．一方，対角行列 $\gamma_i\Phi^H$ の i 番目の対角

要素は 1 であり，

$$\gamma_i \Phi^H = \mathrm{diag}(\times, \cdots, \times, 1, \times, \cdots, \times) \tag{10.5.18}$$

である．$C_{xx} = ASA^H$ を式 (10.5.16) に代入すると，

$$e_i^H AS\gamma_i \Phi^H A^H e_i = e_i^H C_{xx} e_i \tag{10.5.19}$$

が得られる．さらに，式 (10.5.17) と (10.5.18) を式 (10.5.19) に代入し，S が対角行列であることに注意すると，$|s_i|^2 |e_i^H a(\omega_i)|^2 = e_i^H C_{xx} e_i$ を得る．すなわち，

$$|s_i|^2 = \frac{e_i^H C_{xx} e_i}{|e_i^H a(\omega_i)|^2} \tag{10.5.20}$$

これが，i 番目の高調波信号パワー $|s_i|^2$ の計算式である．

■ 10.5.2　拡張 ESPRIT 法

基本 ESPRIT の計算アルゴリズムでは，まず自己相関行列 R_{xx} の固有値分解を計算し，最小固有値を求めてからでないと，行列対 (C_{xx}, C_{xy}) は構築できない．しかも，基本 ESPRIT アルゴリズムを適用できるのは加法性白色雑音の場合のみである．最近，著者らは ESPRIT 法を拡張した [252]．この拡張した ESPRIT 法は，加法性有色 MA 雑音にも適用できる．しかも，R_{xx} の固有値分解を計算しなくても済む．

式 (10.5.1) の観測モデルについて考える．加法性雑音 w_n を移動平均 (moving average, MA) 過程とする．すなわち，

$$w_n = \sum_{i=0}^{q} b_i e_{n-i} \tag{10.5.21}$$

ここで，e_n は独立同一分布 の白色雑音である．

以下のベクトルを定義する．

$$y_1(n) = [x_{n+m+q}, x_{n+m+q+1}, \cdots, x_{n+2m+q-1}]^T \tag{10.5.22a}$$

$$y_2(n) = [x_{n+m+q+1}, x_{n+m+q+2}, \cdots, x_{n+2m+q}]^T \tag{10.5.22b}$$

$$s(n) = [s_1 e^{jn\omega_1}, s_2 e^{jn\omega_2}, \cdots, s_p e^{jn\omega_p}]^T \tag{10.5.22c}$$

明らかに，

$$s(n+m+q+l) = \Phi^{m+q+l} s(n), \quad l = 1, 2 \tag{10.5.23}$$

が成り立つ．式 (10.5.1) を用いると，式 (10.5.22a) と (10.5.22b) は以下のように書き換えることができる．

$$y_1(n) = A\Phi^{m+q} s(n) + w(n+m+q) \tag{10.5.24a}$$

$$y_2(n) = A\Phi^{m+q+1} s(n) + w(n+m+q+1) \tag{10.5.24b}$$

w_n は q 次の MA 雑音 (MA noise) で表されるので，以下の関係が成り立つ．

$$E\{w(n)w^H(n+m+q+\tau)\} = 0, \quad \tau = 0, 1 \tag{10.5.25}$$

基本 ESPRIT 法の場合と異なり，二つの相互相関行列 $E_{xy_i} = E\{x(n)y_i^H(n)\}, i = 1, 2$ について考える．以下の結果は容易に証明できる．

$$R_{xy_1} = E\{x(n)y_1^H(n)\} = AS(\Phi^{m+q})^H A^H \tag{10.5.26a}$$

$$R_{xy_2} = E\{x(n)y_2^H(n)\} = AS(\Phi^{m+q+1})^H A^H \tag{10.5.26b}$$

ここで，対角行列 Φ と S はそれぞれ式 (10.5.4) と (10.5.6) で与えられる．以下の定理は定理 10.5.1 の拡張である．

❏ **定理 10.5.2.** (拡張 ESPRIT) 行列対 (R_{xy_1}, R_{xy_2}) の一般化固有値行列を Γ_1 とする．行列 S が正則であれば，Γ_1 と回転演算子 Φ は，次の関係式を満足する．

$$\Gamma_1 = \begin{bmatrix} \Phi & 0 \\ 0 & 0 \end{bmatrix} \tag{10.5.27}$$

証明 行列束

$$R_{xy_1} - \gamma R_{xy_2} = AS(\Phi^{m+q})^H(I - \gamma\Phi^H)A^H \tag{10.5.28}$$

について考える．定理 10.5.1 の証明と同じように，$\gamma \neq e^{j\omega_i}$ の場合において，

$$\mathrm{rank}(R_{xy_1} - \gamma R_{xy_2}) = \mathrm{rank}(I - \gamma\Phi^H) = p \tag{10.5.29}$$

となる．しかし，$\gamma = e^{j\omega_i}$ のとき，

$$\mathrm{rank}(R_{xy_1} - \gamma R_{xy_2}) = \mathrm{rank}(I - e^{j\omega_i}\Phi^H) = p - 1 \tag{10.5.30}$$

となる．よって，$\gamma = e^{j\omega_i}, i = 1, \cdots, p$ は行列対 (R_{xy_1}, R_{xy_2}) の零でない一般化固有値である．しかもこれらの零でない一般化固有値は p 個だけである．ほかの一般化固有値はすべて零である． ◼

定理の中で用いられた行列対は，MA 雑音のパラメータに依存しない．また，加法性 MA 雑音の未知の次数 q が用いられているが，$\bar{q} > q$ を満足する $\bar{q}$ を用いても，定理の結果は依然として成立する．すなわち，式 (10.5.22) の中の q を $\bar{q} > q$ で置き換え，相互相関行列 R_{xy_1} と R_{xy_2} を以下のようにすればよい．

$$R_{xy_1} = \begin{bmatrix} r_{m+\bar{q}} & r_{m+\bar{q}+1} & \cdots & r_{2m+\bar{q}-1} \\ r_{m+\bar{q}-1} & r_{m+\bar{q}} & \cdots & r_{2m+\bar{q}-2} \\ \vdots & \vdots & \ddots & \vdots \\ r_{\bar{q}+1} & r_{\bar{q}+2} & \cdots & r_{m+\bar{q}} \end{bmatrix} \tag{10.5.31a}$$

$$R_{xy_2} = \begin{bmatrix} r_{m+\bar{q}+1} & r_{m+\bar{q}+2} & \cdots & r_{2m+\bar{q}} \\ r_{m+\bar{q}} & r_{m+\bar{q}+1} & \cdots & r_{2m+\bar{q}-1} \\ \vdots & \vdots & \ddots & \vdots \\ r_{\bar{q}+2} & r_{\bar{q}+3} & \cdots & r_{m+\bar{q}+1} \end{bmatrix} \tag{10.5.31b}$$

ただし，$\bar{q} > q$，$r_{\bar{q}+j-i} = E\{x(n+i)x^H(n+\bar{q}+j)\}$．

拡張 ESPRIT 法は，より一般な ARMA(p, q) 雑音にも適用できる．興味のある読者は，文献 [252] を参照されたい．基本 ESPRIT 法と比較して，加法性雑音 w_n が白色雑音であるとき，拡張 ESPRIT 法は雑音分散 σ_w^2 を必要とせず，上式において，$\bar{q} > 0$ とすればよい．ゆえに，σ_w^2 を推定するための R_{xx} の固有値分解を必要としない．

■ 10.5.3　特異値分解による一般化固有値分解の実現

これまでに紹介した基本 ESPRIT 法と拡張 ESPRIT 法は，$m \times m$ 行列の一般化固有値分解 を計算して，p $(p < m)$ 次元の信号部分空間を求めている．本節では，特異値の打ち切りによって，大きいサイズの $m \times m$ 行列対の一般化固有値分解 問題を小さいサイズの $p \times p$ 行列対の一般化固有値分解 問題に変換する手法について紹介する [252]．行列対 (R_{xy_1}, R_{xy_2}) の一般化固有値分解 について考える．まず，R_{xy_1} の特異値分解を計算する．

$$R_{xy_1} = U \Sigma V^H = [U_1, U_2] \begin{bmatrix} \Sigma_1 & 0 \\ 0 & \Sigma_2 \end{bmatrix} \begin{bmatrix} V_1^H \\ V_2^H \end{bmatrix} \tag{10.5.32}$$

ただし，Σ_1 は p 個の主特異値を含む行列である．そこで，行列束 $R_{xy_1} - \lambda R_{xy_2}$ の左から U_1^H，右から V_1 をかけると，新しい $p \times p$ 行列束 $\Sigma_1 - \gamma U_1^H R_{xy_2} V_1$ が得られる．すなわち，大きいサイズの $m \times m$ 行列対の一般化固有値分解 問題が小さいサイズの $p \times p$ 行列対 $(\Sigma_1, U_1^H R_{xy_2} V_1)$ の一般化固有値分解 問題に変換された [252]．

基本 ESPRIT 法と拡張 ESPRIT 法は，行列対の零でない一般化固有値を用いて信号パラメータを推定している．よって，零でない一般化固有値を信号一般化固有値，零の一般化固有値を雑音一般化固有値とみなすことができる．ESPRIT 法も一種の信号部分空間法である．MUSIC 法とビームフォーマはデータ行列あるいは標本自己相関行列の信号部分空間法 であるのに対して，ESPRIT 法は自己相関行列と相互相関行列の行列対の信号部分空間法である．10.2〜10.5 節で説明した固有空間法を以下のように分類できる：

(1)　ピサレンコ高調波回復法と最小ノルム法は (自己相関行列の) 雑音部分空間法である．

(2)　MUSIC 法は，雑音部分空間法と見なすこともできるし，信号部分空間法と見なすこともできる．

(3)　修正部分空間ビーフォーマは，自己相関行列の信号部分空間と制約行列の雑音部分

空間を合わせた修正信号部分空間法である.

(4) ESPRIT 法は行列対に対する信号部分空間法である.

10.6 部分空間フィッティング法

10.3 節と 10.5 節では, MUSIC 法と ESPRIT 法をそれぞれ紹介した. 到来方向推定と高調波回復の手法の一つとして, 最尤法もある. 本節では, 部分空間フィッティングの視点から, MUSIC 法, ESPRIT 法および最尤法を共通の理論的枠組みで統一するという部分空間フィッティング法 (subspace fitting method) について説明する [220, 221]. 部分空間フィッティングという理論的枠組みは, これらの手法による推定結果の漸近的性質の解析に便利である.

10.6.1 部分空間フィッティング問題

部分空間フィッティング問題は以下のように記述される [220, 221].

$$\widehat{A}, \widehat{T} = \arg \min_{A,T} \|M - AT\|_F^2 \tag{10.6.1}$$

ここで, $m \times q$ 行列 M は既知の行列 (データ行列, 自己相関行列など) を表す. T は任意の $p \times q$ 行列である. ある固定した行列 A に対して, 上式の最小値は, 行列 A と M の値域空間が一致する度合いを表す.

上の最小化問題を部分空間フィッティング問題 (subspace fitting problem) という. より具体的には, 部分空間フィッティング問題は以下のように述べられる：与えられた行列 M に対して, $\widehat{A}$ の値域空間 がなるべく M の値域空間に一致するように, $\widehat{A}$ と $\widehat{T}$ を決めることである. 通常, 行列 A は信号パラメータ θ によってパラメータ化された行列である. 式 (10.2.10) の到来方向 のモデルを例にすると, データの自己相関行列は

$$R = E\{x(t)x^H(t)\} = A(\theta)R_s A^H(\theta) + \sigma_n^2 I \tag{10.6.2}$$

である. DOA パラメータは $\widehat{A}(\theta)$ のパラメータ θ として得られる. 今後は, とくに断らない限り, $A(\theta)$ を A と略記する. 行列 M のサイズや A のパラメータ化形式などの決め方によって, いろいろな信号パラメータの推定手法が得られる. 各推定手法を説明する前に, 部分空間フィッティング問題の中の A と T が分離できることを説明しておく [94]. 式 (10.6.1) より, T の最小二乗解は $\widehat{T} = (A^H A)^{-1} A^H M = A^+ M$ である. それをまた式 (10.6.1) に代入すると, 部分空間フィッティング問題は以下のような等価な問題に変換される.

$$\widehat{A} = \arg \min_A \text{trace}\{(I - P_A)MM^H\} = \arg \max_A \text{trace}(P_A MM^H) \tag{10.6.3}$$

ただし, $P_A = AA^+$ は A の列空間への射影行列である.

328 第 10 章 固有空間の解析

■ 10.6.2 部分空間フィッティング法

ここでは，部分空間フィッティング法とほかの固有空間法との関連性について説明する．

■ 確定的最尤法

式 (10.2.10) のモデルについて，行列 $X_N, S_N, N_N \in C^{M \times N}$ を定義する：

$$X_N = [x(1), x(2), \cdots, x(N)]$$
$$S_N = [s(1), s(2), \cdots, s(N)] \qquad (10.6.4)$$
$$N_N = [n(1), n(2), \cdots, n(N)]$$

このとき，式 (10.2.10) のモデルは以下のようになる．

$$X_N = A(\theta_0)S_N + N_N \qquad (10.6.5)$$

確定的最尤法 (deterministic maximum likelihood method) とは，与えられたデータ行列に対して，その条件付き尤度を最大化する手法であり，以下の最小化問題となる [20]．

$$\min_{\theta, S_N} \ \mathrm{trace}\{[X_N - A(\theta)S_N]^H[X_N - A(\theta)S_N]\} = \min_{\theta, S_N} \ \|X_N - A(\theta)S_N\|_F^2 \qquad (10.6.6)$$

d 個のステアリングベクトルを列とする行列の集合 $\mathcal{A}^d$ を定義する：

$$\mathcal{A}^d = \big\{ A | A = [a(\theta_1), \cdots, a(\theta_d)], \theta_1 < \theta_2 < \cdots < \theta_d \big\} \qquad (10.6.7)$$

式 (10.6.1) において，$M = N^{-1/2}X_N$ および $A \in \mathcal{A}^d$ とすると，式 (10.6.5) の解は確定的最尤推定値となる．$A(\theta)$ の推定値がいったん得られると，信号波形は式 (10.6.6) より以下のように求められる．

$$\widehat{S}_N = A^+(\theta)X_N \qquad (10.6.8)$$

式 (10.6.8) を式 (10.6.6) に代入すると，以下のよく知られた最適化問題になる．

$$\widehat{\theta} = \arg \ \max_A \ \mathrm{trace}\big(P_A(\theta)\widehat{R}\big) \qquad (10.6.9)$$

ここで，$\widehat{R}$ は標本自己相関行列

$$\widehat{R} = \frac{1}{N}X_N X_N^H \qquad (10.6.10)$$

である．その固有値分解は

$$\widehat{R} = \widehat{E}_s \widehat{\Lambda}_s \widehat{E}_s^H + \widehat{E}_n \widehat{\Lambda}_n \widehat{E}_n^H \qquad (10.6.11)$$

で与えられる．ここで，対角行列 $\widehat{\Lambda}_s$ と $\widehat{\Lambda}_n$ の対角成分はそれぞれ信号固有値と雑音固有値に対応する．式 (10.6.3) において，M を $\widehat{R}$ のエルミート平方根，すなわち $\widehat{R} = MM^H$ とすると，式 (10.6.9) の推定手法が得られる．よって，確定的最尤法は，データ行列に行列 $A(\theta)$ の列が張る d 次元の部分空間をフィッティングさせることである．すなわち，$MM^H = \widehat{R}$ と $A \in \mathcal{A}^d$ を選んだときの部分空間フィッティング法である．

10.6 部分空間フィッティング法　329

■ 多次元 MUSIC 法

10.3 節で紹介した MUSIC 法は一次元の探索問題であった．一つの入射信号に複数個の
パラメータがある場合では，MUSIC 法は多次元 MUSIC 法に拡張される [36]．文献 [36]
の多次元 MUSIC 法による推定問題は，以下のように記すことができる．

$$\widehat{\theta} = \arg \min_{A \in \mathcal{A}^d, T} \|\widehat{E}_s - AT\|_F^2 = \arg \max_{A \in \mathcal{A}^d} \mathrm{trace}\left(P_A \widehat{E}_s \widehat{E}_s^H\right) \tag{10.6.12}$$

すなわち，式 (10.6.3) の中で，$M = \widehat{E}_s$ と $A \in \mathcal{A}^d$ を選べばよい．

■ ESPRIT 法

ここでは ESPRIT 法を用いて，アレイアンテナの出力信号から到来方向を推定する問
題について考える [181, 220]．アレイアンテナには二つの同様なサブアレイがあり，各サ
ブアレイには $M/2$ 個のアレイ要素があるとする．二つのサブアレイの出力信号のモデ
ル [181, 220] は

$$x(t) = \begin{bmatrix} \Gamma \\ \Gamma\Phi \end{bmatrix} s(t) + \begin{bmatrix} n_1(t) \\ n_2(t) \end{bmatrix} \tag{10.6.13}$$

となる．ただし，$x(t) \in C^M$ は観測データベクトル，$s(t) \in C^d$ は d 個の入射信号ベク
トル，$n_1(t), n_2(t) \in C^{M/2}$ は各サブアレイの観測雑音ベクトルである．$M/2 \times d$ 行列
Γ は二つのサブアレイの共通のステアリングベクトル を列とする行列である．対角行列
$\Phi = \mathrm{diag}\{e^{j\gamma_1}, \cdots, e^{j\gamma_d}\}$ は二つのサブアレイの間の位相遅れを表す行列である．観測雑
音が空間的に白色性複素雑音，すなわち $E[n(t)n^H(t)] = \sigma_n^2 I$, $n(t) = [n_1^T(t), n_2^T(t)]^T$ と
すると，$x(t)$ の自己相関行列 R は

$$R = E\{x(t)x^T(t)\} = \begin{bmatrix} \Gamma \\ \Gamma\Phi \end{bmatrix} R_s \begin{bmatrix} \Gamma \\ \Gamma\Phi \end{bmatrix}^H + \sigma_n^2 I \tag{10.6.14}$$

と書ける．ただし，$R_s = E\{s(t)s^H(t)\}$．ESPRIT 法では，R_s が正則であると仮定する．
自己相関行列 R の固有値分解は以下のように求められる．

$$R = \sum_{i=1}^M \lambda_i e_i e_i^H = E_s \Gamma_s E_s^H + E_n \Gamma_n E_n^H \tag{10.6.15}$$

ただし，$\lambda_1 \geq \cdots \geq \lambda_d \geq \lambda_{d+1} = \cdots = \lambda_M = \sigma_n^2$．よって，ベクトル $e_1, \cdots, e_d$ は信号
部分空間を張り，$e_{d+1}, \cdots, e_M$ は雑音部分空間を張る．到来方向パラメータ $\theta_1, \cdots, \theta_d$ に
よるステアリングベクトルは信号部分空間 $\mathrm{range}(E_s) = \mathrm{range} \begin{bmatrix} E_1 \\ E_2 \end{bmatrix}$ を張るので，$\begin{bmatrix} E_1 \\ E_2 \end{bmatrix}$

と $\begin{bmatrix} \Gamma \\ \Gamma\Phi \end{bmatrix}$ は同じ値域空間を持つ．すなわち，

$$E_s = \begin{bmatrix} E_1 \\ E_2 \end{bmatrix} = \begin{bmatrix} \varGamma \\ \varGamma\varPhi \end{bmatrix} T \tag{10.6.16}$$

を満足する $d \times d$ 正則行列 T が存在する．式 (10.6.16) の中の $\varGamma$ を消去すると，以下の関係式が得られる．

$$E_2 = E_1 T^{-1}\varPhi T = E_1\varPsi \tag{10.6.17}$$

実際には，標本自己相関行列 $\widehat{R}$ を固有値分解して得られた $\widehat{E}_s = \mathrm{range}\begin{bmatrix} \widehat{E}_1 \\ \widehat{E}_2 \end{bmatrix}$ が用いられる．雑音が存在するときに $\widehat{E}_1$ と $\widehat{E}_2$ の列ベクトルが全く同じ列部分空間を張ることは一般にはないので，(10.6.17) 式をぴったり満足する $\varPsi$ は存在しない．$\widehat{E}_1$ と $\widehat{E}_2$ が与えられたとき，多次元全最小二乗法 (7.2.2 項) を用いると，$\varPsi$ の TLS-ESPRIT 法による推定値

$$\widehat{\varPsi}_{\mathrm{TLS}} = -V_{12}V_{22}^{-1} \tag{10.6.18}$$

が得られる．ただし，V_{12} と V_{22} は固有値分解

$$\begin{bmatrix} \widehat{E}_1^H \\ \widehat{E}_2^H \end{bmatrix}\begin{bmatrix} \widehat{E}_1 & \widehat{E}_2 \end{bmatrix} = \begin{bmatrix} V_{11} & V_{12} \\ V_{21} & V_{22} \end{bmatrix} L \begin{bmatrix} V_{11}^H & V_{12}^H \\ V_{21}^H & V_{22}^H \end{bmatrix} \tag{10.6.19}$$

によって与えられるものである．ここで，L は固有値を対角要素とする対角行列である．

部分空間フィッティング問題 に当てはめると，TLS-ESPRIT 法は式 (10.6.3) の中で $M = \widehat{E}_s$ と $A \in \mathcal{M}$ を選ぶことによって得られる：

$$\min_{A \in \mathcal{M}, T} \|\widehat{E}_s - AT\|_F^2 \tag{10.6.20}$$

ただし，

$$\mathcal{M} = \left\{ A \Big| A = \begin{bmatrix} \varGamma \\ \varGamma\varPhi \end{bmatrix}, \varGamma \in C^{M/2 \times d}, \varPhi = \mathrm{diag}\{e^{j\gamma_1}, \cdots, e^{j\gamma_d}\} \right\} \tag{10.6.21}$$

以下の補題は，TLS-ESPRIT 法と部分空間フィッティング法との等価性を与える．

❏ **補題 10.6.1.** $\varPsi$ の TLS-ESPRIT 推定を式 (10.6.18) と (10.6.19) で定義する．式 (10.6.20) を最小化する $\varPhi$ は $\widehat{\varPsi}_{\mathrm{TLS}}$ の固有値で与えられる．

証明 線形行列方程式 $A_0 X = B_0$ に対する全最小二乗法について考える．A と B をそれぞれ A_0 と B_0 の雑音を含む測定データ行列とする．7.2.2 項で説明したように，全最小二乗法問題は

$$\min_{\widehat{A}, \widehat{B}} \left\| [A \vdots B] - [\widehat{A} \vdots \widehat{B}] \right\|_F^2, \quad \text{制約条件} \quad \mathrm{range}\,\widehat{B} \subseteq \mathrm{range}\,\widehat{A} \tag{10.6.22}$$

ただし，$\widehat{B} = B - \varDelta\widehat{B}$, $\widehat{A} = A - \varDelta\widehat{A}$. 全最小二乗解 X_{TLS} は制約条件 $\widehat{B} = \widehat{A}X_{\mathrm{TLS}}$ を満足する．よって，全最小二乗問題は以下のように表現できる．

$$\min_{\widehat{A},X} \left\| \begin{bmatrix} A \\ B \end{bmatrix} - \begin{bmatrix} \widehat{A} \\ \widehat{A}X \end{bmatrix} \right\|_F^2 \tag{10.6.23}$$

ESPRIT 法では，制約条件は $E_2 = E_1 \Psi$ である．雑音を含んだ標本データから得られた $\widehat{E}_1$ と $\widehat{E}_2$ を用いると，全最小二乗問題は，

$$\min_{E_1,X} \left\| \begin{bmatrix} \widehat{E}_1 \\ \widehat{E}_2 \end{bmatrix} - \begin{bmatrix} E_1 \\ E_1 \Psi \end{bmatrix} \right\|_F^2 \tag{10.6.24}$$

となる．さらに，式 (10.6.16) と $\Psi = T^{-1}\Phi T$ を用いると，

$$\min_{E_1,X} \left\| \begin{bmatrix} \widehat{E}_1 \\ \widehat{E}_2 \end{bmatrix} - \begin{bmatrix} E_1 \\ E_1 \Psi \end{bmatrix} \right\|_F^2 = \min_{\Gamma,\Phi,T} \left\| \begin{bmatrix} \widehat{E}_1 \\ \widehat{E}_2 \end{bmatrix} - \begin{bmatrix} \Gamma \\ \Gamma\Phi \end{bmatrix} T \right\|_F^2 \tag{10.6.25}$$

となる．すなわち，全最小二乗問題は式 (10.6.20) の部分空間フィッティング問題 と一致する．さらに，系 3.4.1 より Ψ の固有値が対角行列 Φ の固有値 (対角成分) と一致するので，補題の結論が成り立つ． ∎

以上の議論より，統一した理論的枠組みとして，部分空間フィッティングは，確定的最尤法，多次元 MUSIC 法，ESPRIT 法などを含むことができる．この理論的枠組みの中で，これらの手法による推定値の漸近的性質の解析が容易になる．興味のある読者は文献 [201, 220] を参照されたい．

10.7　一般化相関分解

本節では，空間的に未知の相関を持つ雑音が存在する場合の到来方向推定問題について考える．この問題を解決するために，Wu と Wong は 2 組のアレイアンテナの間の相互相関行列と一般化相関分解を導入した [230]．一般化相関分解は，固有空間のいくつかの興味深い幾何学的性質と漸近的性質を与えることができる．

10.7.1　問題の記述

図 10.7.1 と 10.7.2 で示されるように，狭帯域の平面波入射信号の観測データが 2 組のアレイアンテナによって受信されるとする．この 2 組のアレイアンテナにはそれぞれ M_1 と M_2 個のアンテナ要素がある．θ_1 と θ_2 でそれぞれ二つのアレイアンテナに入射される K 個の到来方向ベクトルを表すとする：

$$\theta_i = [\theta_{i1}, \theta_{i2}, \cdots, \theta_{iK}]^T \tag{10.7.1}$$

ここで，$\theta_{ik}, i = 1, 2; k = 1, \cdots, K$ は i 番目のアレイアンテナに対する k 番目の信号の到来方向を表す．n 番目のスナップショット で得られた 2 組のアレイアンテナの出力データ

ベクトルは

$$x_1(n) = D_1(\theta)s_1(n) + v_1(n)$$
$$x_2(n) = D_2(\theta)s_2(n) + v_2(n), \quad n = 1, \cdots, N \tag{10.7.2}$$

となる．ここで，$x_1(n) \in C^{M_1}, x_2(n) \in C^{M_2}$，$N$ はスナップショットの総数，$D_i(\theta_i) \in C^{M_i \times K}$ は i 番目のアレイアンテナの方向行列，$s_i(n)$ $(i = 1, 2)$ は 2 組のアレイアンテナへの入射信号で，平均値 0 の複素結合正規性 (jointly Gaussian) ベクトルである．

雑音ベクトル $v_1(n) \in C^{M_1}$ と $v_2(n) \in C^{M_2}$ は平均値 0 の定常正規性雑音であると仮定する．このとき雑音の結合自己相関行列は以下のように与えられる．

$$E\left\{\begin{bmatrix} v_1 \\ v_2 \end{bmatrix} \begin{bmatrix} v_1^H & v_2^H \end{bmatrix}\right\} = \begin{bmatrix} \Sigma_{1v} & 0 \\ 0 & \Sigma_{2v} \end{bmatrix} \tag{10.7.3}$$

ここで，Σ_{1v} と Σ_{2v} は各アレイアンテナの雑音共分散行列である．2 組のアレイアンテナが互いに十分離れていれば，v_1 と v_2 の間には相関がない．

式 (10.7.2) の受信データの結合自己相関行列は

$$\Sigma = E\left\{\begin{bmatrix} x_1 \\ x_2 \end{bmatrix} \begin{bmatrix} x_1^H & x_2^H \end{bmatrix}\right\} = \begin{bmatrix} \Sigma_{11} & \Sigma_{12} \\ \Sigma_{21} & \Sigma_{22} \end{bmatrix} \tag{10.7.4}$$

となる．ただし，各部分行列は以下のように与えられる．

$$\Sigma_{ii} = D_i(\theta_i)\Sigma_{s_i}D_i^H(\theta_i) + \Sigma_{iv}, \quad i = 1, 2 \tag{10.7.5a}$$

$$\Sigma_{12} = \Sigma_{21}^H = D_1(\theta_1)\Sigma_{s_{12}}D_2^H(\theta_2) \tag{10.7.5b}$$

ここで，$\Sigma_{s_i} = E\{s_i s_i^H\}$ と $\Sigma_{s_{12}} = E\{s_1 s_2^H\}$ はそれぞれ信号の自己相関行列と相互相関行列であり，正則と仮定する．実際には，Σ は未知であるので，データベクトルのダイアド積の平均値をその推定値とする．すなわち，

$$\widehat{\Sigma} = \frac{1}{N}\sum_{n=1}^{N} \begin{bmatrix} x_1(n) \\ x_2(n) \end{bmatrix} \begin{bmatrix} x_1^H(n) & x_2^H(n) \end{bmatrix} = \begin{bmatrix} \widehat{\Sigma}_{11} & \widehat{\Sigma}_{12} \\ \widehat{\Sigma}_{21} & \widehat{\Sigma}_{22} \end{bmatrix} \tag{10.7.6}$$

Σ_{12} は信号の情報のみを含んでいるので，信号部分空間 $D_i(\theta_i)$ は $\widehat{\Sigma}_{12}$ の特異値分解などで推定することができる．それから，MUSIC 法や部分空間フィッティング法などを利用すれば，推定した信号部分空間から到来方向を求めることができる．

■ 10.7.2　一般化相関分解

Π_1 と Π_2 をそれぞれ正定な $M_1 \times M_1$ と $M_2 \times M_2$ エルミート行列とする．一般性を失わず，$M_1 \leq M_2$ と仮定する．特異値分解を用いると，

$$\Pi_1^{-1/2}\Sigma_{12}\Pi_2^{-1/2} = U_1\Gamma_0U_2^H \tag{10.7.7}$$

あるいは

10.7 一般化相関分解　333

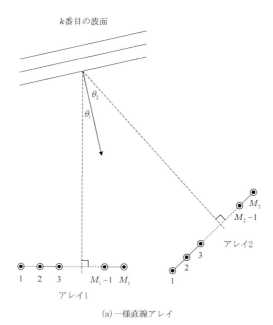

(a) 一様直線アレイ

図 **10.7.1**　到来方向推定のための 2 組のアレイアンテナ (a)

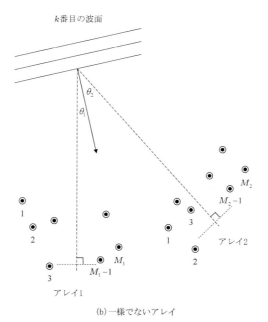

(b) 一様でないアレイ

図 **10.7.2**　到来方向推定のための 2 組のアレイアンテナ (b)

$$\Pi_1^{-1} \Sigma_{12} \Pi_2^{-1} = \Pi_1^{-1/2} U_1 \Gamma_0 U_2^H \Pi_2^{-1/2} \tag{10.7.8}$$

を満足するユニタリ行列 $U_1 \in C^{M_1 \times M_1}$ と $U_2 \in C^{M_2 \times M_2}$ が存在する．ここで，$U_1 \in C^{M_1 \times M_1}$ と $U_2 \in C^{M_2 \times M_2}$ はそれぞれ $\Pi_1^{-1/2} \Sigma_{12} \Pi_2^{-1/2}$ の左と右特異ベクトル行列であり，Γ_0 は $M_1 \times M_2$ 対角行列である：

$$\Gamma_0 = \begin{bmatrix} \Gamma & 0 \\ 0 & 0 \end{bmatrix} \tag{10.7.9}$$

ただし，$\Gamma = \mathrm{diag}(\gamma_1, \cdots, \gamma_K)$ であり，正の実数 γ_k は $\gamma_1 \geq \cdots \geq \gamma_K > 0$ を満足する．一般性を失わず，$\gamma_1, \cdots, \gamma_K$ が相異なると仮定する．ここで，K は Σ_{12} の階数に等しい．

定義 10.7.1. (一般化相関分解 (generalized correlation decomposition, GCD)) 式 (10.7.8) の分解について，

$$L_1 = \Pi_1^{-1/2} U_1, \quad L_2 = \Pi_2^{-1/2} U_2 \tag{10.7.10}$$

とする．L_1 と L_2 をそれぞれ Σ_{12} と Σ_{21} の一般化相関ベクトル行列 (generalized correlation vector matrix) という．パラメータ γ_k $(k = 1, \cdots, K)$ を一般化相関係数 (generalized correlation coefficient) という．同じように，

$$R_1 = \Pi_1^{1/2} U_1, \quad R_2 = \Pi_2^{1/2} U_2 \tag{10.7.11}$$

を定義することができる．R_1 と R_2 をそれぞれ Σ_{12} と Σ_{21} の相反一般化相関ベクトル行列 (reciprocal generalized correlation vector matrix) という．

明らかに，Π_i の様々な選び方によって，様々な分解が得られる．例えば，Σ_{12} の特異値分解を得るために，$\Pi_1 = I_{M_1}$, $\Pi_2 = I_{M_2}$ とすればよい．このとき，$L_i = R_i$ $(k = 1, 2)$ となり，L_1 と L_2 はそれぞれ Σ_{12} の左と右特異ベクトル行列である．

$\Pi_i = \Sigma_{ii}, i = 1, 2$ とすると，正準相関分解 (canonical correlation decomposition, CCD) が得られる [26, 121]．このとき，γ_k $(k = 1, \cdots, K)$ を正準相関係数 (canonical correlation coefficient) という．L_i と R_i, $i = 1, 2$ はそれぞれデータ x_i に対応する正準相関ベクトル行列 (canonical correlation vector matrix) と相反正準相関ベクトル行列 (reciprocal canonical correlation vector matrix) である．

別の興味深い例として，$x_1 = x_2$, $\Pi_1 = I$, $\Pi_2 = I$ と選ぶと，$\Sigma_{12} = \Sigma_{21} = \Sigma_{11}$ が成り立ち，$L_1 = L_2$ は Σ_{11} の固有ベクトル行列である．また，$x_1 = x_2$, $\Pi_1 = \Sigma_{1v}$, $\Pi_2 = \Sigma_{2v}$ と選ぶと，L_1 は行列対 $(\Sigma_{11}, \Sigma_{1v})$ の一般化固有ベクトル行列である．これらの例からも分かるように，一般化相関分解は多くの行列分解手法を包含している．

正準相関分解は，多変数統計，時系列解析などの分野で広く応用されてきた [9,26,121,155]．以降は，正準相関分解を用いるとき，すなわち，$\Pi_i = \Sigma_{ii}$ $(i = 1, 2)$ のとき，$\widetilde{L}_i, \widetilde{R}$ と $\widetilde{\Gamma}$

で L_i, R と Γ を表すことにする．正準相関分解は，x_1 と x_2 という 2 組の変数間の相関構造を表すために，これらの 2 組の変数を別の 2 組の変数で置き換える．$L_i, i = 1, 2$ の列ベクトルを $\{\widetilde{l}_{i1}, \cdots, \widetilde{l}_{iM_i}\}$ とすると，$\widetilde{\gamma}_k$ は，分散が 1 である正準変数 (canonical variable) $\widetilde{l}_{1k}^H x_1$ と $\widetilde{l}_{2k}^H x_2$ の間の最大の相関であり，次式を満足する [155]．

$$\widetilde{\gamma}_k = \frac{\widetilde{l}_{1k}^H \Sigma_{12} \widetilde{l}_{2k}}{\left(\widetilde{l}_{1k}^H \Sigma_{11} \widetilde{l}_{1k} \widetilde{l}_{2k}^H \Sigma_{22} \widetilde{l}_{2k}\right)^{1/2}} = \widetilde{l}_{1k}^H \Sigma_{12} \widetilde{l}_{2k} \tag{10.7.12}$$

しかも，$k \neq l \; (i, j = 1, 2)$ に対して，$\widetilde{l}_{ik}^H x_i$ と $\widetilde{l}_{jk}^H x_j$ は互いに相関をもたない．

ここで，X_i と $\widehat{\Sigma}_{ij}$ を以下のように置く．

$$X_i = [x_i(1), x_i(2), \cdots, x_i(N)] \tag{10.7.13}$$

$$\widehat{\Sigma}_{ij} = \frac{1}{N} X_i X_j^H, \quad i, j = 1, 2 \tag{10.7.14}$$

さらに，$\bar{i}$ をインデックス i の補数とする．すなわち，$i = 1$ ならば $\bar{i} = 2$，$i = 2$ ならば $\bar{i} = 1$ である．Wu と Wong は次のような正準相関分解の計算アルゴリズムを与えた [230]：

アルゴリズム 10.7.1.

(1) X_i の QR 分解を計算する：

$$\frac{1}{N^{1/2}} X_i^H = \widehat{Q}_i \widehat{R}_i, \quad i = 1, 2 \tag{10.7.15}$$

ただし，$\widehat{R}_i$ は $M_i \times M_i$ 上三角行列である．

(2) 行列 $\widehat{Q}_i^H \widehat{Q}_{\bar{i}}$ の特異値分解を計算する：

$$\widehat{Q}_i^H \widehat{Q}_{\bar{i}} = \widehat{\widetilde{V}}_i \left[\widehat{\widetilde{\Gamma}}_i, 0\right] \widehat{\widetilde{V}}_{\bar{i}}^H \tag{10.7.16}$$

ただし，$\widehat{\widetilde{\Gamma}}_i = \mathrm{diag}\big(\widehat{\widetilde{\gamma}}_i, \cdots, \widehat{\widetilde{\gamma}}_{M_1}\big)$．ここで，$M_1 \leq M_2$ と仮定する．

(3) 正準相関ベクトル行列 $\widehat{\widetilde{L}}_i$ と逆正準相関ベクトル行列 $\widehat{\widetilde{R}}_i$ の推定値を計算する：

$$\widehat{\widetilde{L}}_i = \widehat{R}_i^{-1} \widehat{\widetilde{V}}_i, \quad i = 1, 2 \tag{10.7.17}$$

$$\widehat{\widetilde{R}}_i = \widehat{\Sigma}_{ii} \widehat{\widetilde{L}}_i = \widehat{R}_i^H \widehat{\widetilde{V}}_i, \quad i = 1, 2 \tag{10.7.18}$$

L_i と R_i の列ベクトルの幾何学的解釈について検討する．まず，L_i と R_i をブロック分割する：

$$L_i = [L_{is}, L_{iv}] = \left[\Pi_i^{-1/2} U_{is}, \Pi_i^{-1/2} U_{iv}\right] \tag{10.7.19a}$$

$$R_i = [R_{is}, R_{iv}] = \left[\Pi_i^{1/2} U_{is}, \Pi_i^{1/2} U_{iv}\right] \tag{10.7.19b}$$

ここで，L_{is} と L_{iv} はそれぞれ L_i の左からの K 列と残りの $M_i - K$ 列であり，R_{is} と R_{iv} はそれぞれ R_i の左からの K 列と残りの $M_i - K$ 列である．U_i も同じように U_{is} と U_{iv} にブロック分割される．

336 第 10 章 固有空間の解析

❑ **定理 10.7.1.** Π_1 と Π_2 をそれぞれ $M_1 \times M_1$ と $M_2 \times M_2$ 正定行列, $\mathrm{rank}(\Sigma_{12}) = K$ とする. このとき, 以下の関係が成り立つ.

$$\mathrm{span}\{R_{is}\} = \mathrm{span}\{D_i(\theta_i)\}, \quad i = 1, 2 \tag{10.7.20}$$

$$\mathrm{span}\{L_{iv}\} = \overline{\mathrm{span}}\{D_i(\theta_i)\}, \quad i = 1, 2 \tag{10.7.21}$$

ただし, $\overline{\mathrm{span}}\{D_i\}$ は $\mathrm{span}\{D_i\}$ の直交補空間である.

証明 式 (10.7.7) と (10.7.9) より,

$$\Sigma_{i\bar{i}}\Pi_{\bar{i}}^{-1/2} = \Pi_i^{1/2} U_i \Gamma_0 U_{\bar{i}}^H = \Pi^{1/2} U_{is} U_{\bar{i}s}^H = R_{is} \Gamma U_{\bar{i}s}^H \tag{10.7.22}$$

上式に式 (10.7.5b) を用いると,

$$D_i(\theta_i)\Sigma_{s_i\bar{i}} D_{\bar{i}}^H(\theta_{\bar{i}})\Pi_{\bar{i}}^{-1/2} = R_{is}\Gamma U_{\bar{i}s}^H \tag{10.7.23}$$

となる. $D_{\bar{i}}^H(\theta_{\bar{i}})$ の階数が K であるので, $K \times M_{\bar{i}}$ 行列 $D_{\bar{i}}^H(\theta_{\bar{i}})\Pi_{\bar{i}}^{-1/2}$ は, $M_{\bar{i}} \times K$ 一般化逆行列 $H_{\bar{i}}$ を持つ. この一般化逆行列を上式の両辺に右からかけると,

$$D_i(\theta_i)\Sigma_{s_i\bar{i}} = R_{is}\Gamma U_{\bar{i}s}^H H_{\bar{i}} \tag{10.7.24}$$

となる. ここで, $D_i(\theta_i)$ と R_{is} はそれぞれ K 個の一次独立な列ベクトルを含んでいることに注意されたい. 式の左辺の階数は K であるので, $\Gamma U_{\bar{i}s}^H H_{\bar{i}}$ の階数も K である. したがって, 上式の左辺と右辺は, $D_i(\theta_i)$ と R_{is} に含まれる K 個の列ベクトルに対する線形変換である. よって, $D_i(\theta_i)$ の列ベクトルは, R_{is} の列ベクトルと同じ部分空間を張らなければならない. すなわち, 式 (10.7.20) が成り立つ. さらに, U_1 と U_2 がユニタリ行列であるので, 式 (10.7.19) の定義を利用すると,

$$R_{is}^H L_{iv} = U_{is}^H \left(\Pi_i^{1/2}\right)^H \Pi_i^{-1/2} U_{iv} = 0 \tag{10.7.25}$$

が得られる. すなわち, 式 (10.7.21) が成り立つ. ∎

次の定理は L_i と R_i の部分行列の間の関係を示している.

❑ **定理 10.7.2.** 式 (10.7.19) で定義された L_{is}, L_{iv}, R_{is} と R_{iv} の間に, 以下の関係が成り立つ.

$$L_{iv}^H R_{is} = R_{iv}^H L_{is} = 0, \quad i = 1, 2 \tag{10.7.26}$$

$$L_{iv}^H R_{iv} = I_{M_i - K}, \quad i = 1, 2 \tag{10.7.27}$$

$$L_{is}^H R_{is} = I_K, \quad i = 1, 2 \tag{10.7.28}$$

すなわち, L_i と R_i の列ベクトルは, 互いに相反集合 (reciprocal sets) となっている. さらに, 以下の関係が成り立つ.

$$L_{is}R_{is}^H + L_{iv}R_{iv}^H = I_{M_i}, \quad i = 1, 2 \tag{10.7.29}$$

証明 上記の関係式は式 (10.7.19) の定義から直接導くことができる. ∎

■ 10.7.3 一般化エルミート行列と固有射影子

未知の相関のある雑音環境の中で, 定理 10.7.1 と 10.7.2 の結果を用いて到来方向を推定するためには, 一般化エルミート行列と固有射影子の概念を導入する必要がある.

> **定義 10.7.2.** (一般化エルミート行列, generalized Hermitian matrix)　正定なエルミート行列 Π に対して, ΠH もエルミート行列, すなわち $\Pi H = H^H \Pi^H$ ならば, $M \times M$ 行列 H を一般化エルミート行列という. 一般化エルミート行列 H は計量 Π のエルミート行列ともいう.

下記の補題は, L_i と R_i が一般化エルミート行列の固有ベクトル行列であることを示す.

❑ **補題 10.7.1.** 行列 $S_i = \Pi_i^{-1} \Sigma_{i\bar{i}} \Pi_{\bar{i}}^{-1} \Sigma_{\bar{i}i}$ $(i = 1, 2)$ は計量 Π のエルミート行列 (一般化エルミート行列) である. S_i^H も計量 Π のエルミート行列である. さらに, S_i と S_i^H は同じ固有値 $\{\gamma_1^2, \cdots, \gamma_K^2, 0, \cdots, 0\}$ を持ち, 固有ベクトルがそれぞれ L_i と R_i の列ベクトルである.

証明 $\Pi_i^{-1} = \left(\Pi_i^{-1}\right)^H$ と $\Sigma_{12}^H = \Sigma_{21}$, および定義 10.7.2 より, S_i と S_i^H が計量 Π のエルミート行列 (一般化エルミート行列) であることを確かめることができる. S_1 と S_1^H の固有ベクトルを求めるため, 式 (10.7.7) と (10.7.9) を用いると,

$$\Gamma_0 \Gamma_0^H = \left(U_1^H \Pi_1^{-1/2} \Sigma_{12} \Pi_2^{-1/2} U_2\right)\left(U_2^H \Pi_2^{-1/2} \Sigma_{21} \Pi_1^{-1/2} U_1\right) \tag{10.7.30a}$$

$$= L_1^{-1}\left(\Pi_1^{-1} \Sigma_{12} \Pi_2^{-1} \Sigma_{21}\right) L_1 = L_1^{-1} S_1 L_1 \tag{10.7.30b}$$

が得られる. ここで, $\Gamma_0 \Gamma_0^H = \mathrm{diag}(\gamma_1^2, \cdots, \gamma_K^2, 0, \cdots, 0)$ は $M_1 \times M_1$ 行列であるので, 上式は S_1 の相似変換であり, S_1 の固有値は $\{\gamma_1^2, \cdots, \gamma_K^2, 0, \cdots, 0\}$ で与えられる. 対応する固有ベクトルは L_1 の列である. 最後に, 式 (10.7.10) と (10.7.11) より,

$$R_1^H = L_1^{-1} \tag{10.7.31}$$

が得られる. 上式を式 (10.7.30b) に代入し, 共役転置をとると,

$$R_1^{-1} S_1^H R_1 = \mathrm{diag}(\gamma_1^2, \cdots, \gamma_K^2, 0, \cdots, 0) \tag{10.7.32}$$

が成り立つので, S_1^H の固有値も $\{\gamma_1^2, \cdots, \gamma_K^2, 0, \cdots, 0\}$ である. 対応する固有ベクトルは R_1 の列である. $i = 2$ のときにも, 補題の結論が成り立つことを同様に証明できる. ∎

定理 10.7.2 と補題 10.7.1 の結論は観測データから計算された $\hat{L}_i$ と $\hat{R}_i$ に対しても成立する. 式 (10.7.7) の Σ_{ij} を $\hat{\Sigma}_{ij}$ で置き換えればよい. S_i と異なる点は, $\hat{S}_i$ の最後の $M_i - K$ 個の固有値 $\{\hat{\gamma}_{K+1}, \cdots, \hat{\gamma}_{M_i}\}$ は正数で, 零にならないことである.

次に，一般化エルミート行列の固有射影子 [212] について紹介する.

定義 10.7.3. (固有射影子，eigenprojector) 固有値 γ_m^2 に対応する S_i の固有射影子は，対応する固有ベクトル l_{im} が張る部分空間への，Π を計量とする写像として定義される. ここで，l_{im} は L_i の m 番目の列である. このような固有射影子は $l_{im}l_{im}^H\Pi_i$ で与えられる.

上記の定義より，S_i の $m_i - K$ 個の零固有値と対応し，$\{l_{im}\}, m = K + 1, \cdots, M_i$ によって張られる部分空間への固有射影子 P_{iv} を構築するには，

$$P_{iv} = \sum_{m=K+1}^{M_i} l_{im}l_{im}^H\Pi_i = L_{iv}L_{iv}^H\Pi_i = L_{iv}R_{iv}^H, \quad i = 1, 2 \tag{10.7.33}$$

とすればよい. 同様に，S_i の K 個の零でない固有値と対応し，$\{l_{ik}\}, k = 1, \cdots, K$ によって張られる部分空間への固有射影子 P_{is} を構築するには，

$$P_{is} = \sum_{k=1}^{K} l_{ik}l_{ik}^H\Pi_i = L_{is}L_{is}^H\Pi_i = L_{is}R_{is}^H, \quad i = 1, 2 \tag{10.7.34}$$

とすればよい. P_{iv} と P_{is} が一般化エルミート行列 (Π_i を計量とする) であることを確かめることができる. また，P_{iv} と P_{is} ($i = 1, 2$) はそれぞれ左因子 L_{iv} と L_{is}，右因子 R_{iv} と R_{is} によって構成されることが分かる. 同様に，行列 S_i^H の $m_i - K$ 個の零固有値に対応する固有射影子が P_{iv}^H である，K 個の零でない固有値に対応する固有射影子が P_{is}^H であることを示すことができる.

定理 10.7.1 と 10.7.2 に基づき，固有射影子の幾何学的解釈を与えることができる. 式 (10.7.33) より，固有射影子 p_{iv} ($i = 1, 2$) はベクトル $\{l_{im}\}$ ($m = K + 1, \cdots, M_i$) が張る部分空間への射影である. 一方，定理 10.7.1 より，これらのベクトルが信号部分空間 $\text{span}\{D_i(\theta_i)\}$ の直交補空間 $\overline{\text{span}}\{D_i(\theta_i)\}$ を張る. よって，p_{iv} は $\overline{\text{span}}\{D_i(\theta_i)\}$ への射影であるといえる. また，式 (10.7.34) より，固有射影子 P_{is} はベクトル $\{l_{ik}\}$ ($k = 1, \cdots, K$) が張る部分空間への射影である. しかし，この部分空間は必ずしも信号部分空間 $\text{span}\{D_i(\theta_i)\}$ であるとは限らない (定理 10.7.1 より，信号部分空間 $\text{span}\{D_i(\theta_i)\}$ は R_{is} の列ベクトルによって張られる). ゆえに，固有射影子 P_{is} は信号部分空間には射影していない. しかし，固有射影子 P_{is}^H は信号部分空間への射影である. これは以下のように説明される.

$$P_{is}^H = R_{is}L_{is}^H = R_{is}R_{is}^H\Pi_i = \sum_{k=1}^{K} r_{ik}r_{ik}^H\Pi_i \tag{10.7.35}$$

が成り立つので，固有射影子 P_{is}^H は，信号部分空間 $\text{span}\{R_{is}\} = \text{span}\{D_i(\theta_i)\}$ への射影である. ここで，r_{ik} は R_{is} の k 番目の列である.

一方，定理 10.7.2 より，P_{iv} と P_{is} の間に以下の関係が成り立つ.

$$P_{iv} = L_{iv}R_{iv}^H = I_{M_i} - L_{is}R_{is}^H = I_{M_i} - P_{is}, \quad i = 1, 2 \tag{10.7.36}$$

さらに，P_{iv} と P_{is} がべき等行列であることを確かめることができる．すなわち，

$$P_{iv}P_{iv} = P_{iv}, \quad P_{is}P_{is} = P_{is} \tag{10.7.37}$$

しかし，$P_{iv} \neq P_{iv}^H$，$P_{is} \neq P_{is}^H$ であるので，射影は直交射影ではない [77]．観測データから推定された行列 $\widehat{L}_{iv}, \widehat{L}_{is}, \widehat{R}_{iv}$ と $\widehat{R}_{is}$ を用いて，式 (10.7.33) と (10.7.34) より固有射影子 $\widehat{P}_{iv}$ と $\widehat{P}_{is}$ を構築しても，式 (10.7.36) と (10.7.37) が依然として成立する．しかも，$\widehat{P}_{is}^H$ と $\widehat{P}_{iv}$ はそれぞれ信号部分空間とその直交補空間への射影である．

■ 10.7.4　固有空間の漸近的性質

ここでは，$\widehat{P}_{iv}$ と $\widehat{P}_{is}$ が射影する固有空間の漸近的性質について検討する．一般に，データより推定された $\widehat{L}_{iv}, \widehat{L}_{is}, \widehat{R}_{iv}$ と $\widehat{R}_{is}$ には，確率的不確かさによる摂動は避けられない．$\widehat{L}_{iv}$ の摂動を評価するために，部分空間 $\overline{\mathrm{span}}\{D_i\}$ から $\widehat{L}_{iv}$ への射影誤差を計算してみる．$Y_{iv} \subseteq \overline{\mathrm{span}}\{D_i\}$ とすると，射影誤差 (projection error) (Y_{iv} 自身とその射影との差) は

$$Y_{iv} - \widehat{P}_{iv}Y_{iv} = \widehat{P}_{is}Y_{iv} \tag{10.7.38a}$$

と表される．ここでは，式 (10.7.36) の中の $\widehat{P}_{is} = I_{M_i} - \widehat{P}_{iv}$ が用いられた．$\widehat{P}_{iv} = P_{iv}$ のとき，誤差が零になる．同じように，$\widehat{R}_{is}$ の摂動は

$$Y_{is} - \widehat{P}_{is}^H Y_{is} = \widehat{P}_{iv}^H Y_{is} \tag{10.7.38b}$$

で与えられる．ただし，$Y_{is} \subseteq \mathrm{span}\{D_i\}$．以下の補題は $\widehat{P}_{is}Y_{iv}$ の一次摂動を示している．

❏ **補題 10.7.2.** データモデルが式 (10.7.2) で与えられたとする．i 番目のアレイアンテナに対して，$Y_{iv} \subseteq \overline{\mathrm{span}}\{D_i\}$，$\Pi_i$ と $\Pi_{\bar{i}}$ を正定行列 ($O(N^{-1/2})$ の速さで確率収束する確率行列である可能性もある) とする．このとき，関係式

$$\widehat{P}_{is}Y_{iv} = L_{is}\Gamma^{-1}L_{is}^H \Delta\Sigma_{\bar{i}i}Y_{iv} + O(N^{-1}), \quad \mathrm{i.p.} \quad i = 1, 2 \tag{10.7.39}$$

が成り立つ．ここで，$\Delta\Sigma_{\bar{i}i} = \widehat{\Sigma}_{\bar{i}i} - \Sigma_{\bar{i}i}$ であり，i.p. は in probability を意味する．

証明は文献 [232] を参照されたい．
固有空間と固有射影の収束速度について，以下の結果が得られている．

❏ **補題 10.7.3.** $\widehat{L}_{is}, \widehat{R}_{is}, \widehat{P}_{is}$ と $\widehat{P}_{iv}$ はそれぞれ L_{is}, R_{is}, P_{is} と P_{iv} に $O(N^{-1/2})$ の速さで確率収束する．

証明　S_i の定義と $\widehat{\Sigma}_{\bar{i}i}$ が $\Sigma_{\bar{i}i}$ に $O(N^{-1/2})$ の速さで確率収束するという事実から，$\Delta S_i = \widehat{S}_i - S_i$ は同じ速さで確率収束する．$\widehat{L}_{is}$ と $\widehat{R}_{is}$ はそれぞれ $\widehat{S}_i$ と $\widehat{S}_i^H$ の最初の K 個の固有値に対応する固有ベクトルから構成されているので，$\widehat{L}_{is}$ と $\widehat{R}_{is}$ の収束の速さも

$O(N^{-1/2})$ である. また, $\widehat{P}_{is} = \widehat{L}_{is}\widehat{R}_{is}^H$ と $\widehat{P}_{iv} = I - \widehat{P}_{is}$ より, $\widehat{P}_{is}$ と $\widehat{P}_{iv}$ の収束の速さは ΔS_i のそれと同じく, $O(N^{-1/2})$ である. ∎

L_{iv} と R_{iv} は一意に定まるものではないので, 一般には, $\widehat{L}_{iv}$ と $\widehat{R}_{iv}$ は特定の行列に収束するのではなく, 特定の部分空間に収束する. しかし, 上の補題で述べたように $\widehat{L}_{iv}$ と $\widehat{R}_{iv}$ に関わる固有射影子 $\widehat{P}_{iv}(= \widehat{L}_{iv}\widehat{R}_{iv}^H)$ は P_{iv} に収束する.

行列 $A = [a_{ij}] \in C^{m \times n}$ と $B = [b_{ij}] \in C^{p \times q}$ に対して, クロネッカー積を $A \otimes B = [a_{ij}B]$, ベクトル化関数を

$$\mathrm{vec}(A) = [a_{11}, \cdots, a_{m1}, a_{12}, \cdots, a_{m2}, \cdots, a_{1n}, \cdots, a_{mn}]^T \tag{10.7.40}$$

と定義する. 補題 10.7.2 と 10.7.3 より, $P_{iv}Y_{iv}$ の漸近分布を導くことができる. その結果は以下の定理で示される.

❏ **定理 10.7.3.** i $(i = 1, 2)$ 番目のアレイアンテナについて, $Y_{iv} \subseteq \overline{\mathrm{span}}\{D_i\}$ ならば, 確率ベクトル $\mathrm{vec}(\widehat{P}_{is}Y_{iv})$ は漸近的に複素正規分布にしたがう. ただし, 平均値は零で共分散行列は

$$E\big\{\mathrm{vec}\big(\widehat{P}_{is}Y_{iv}\big)\mathrm{vec}^H\big(\widehat{P}_{is}Y_{iv}\big)\big\} = \frac{1}{N}\big[Y_{iv}^H \Sigma_{ii} Y_{iv}\big]^T \otimes \big[L_{is}\Gamma^{-1}L_{\bar{i}s}^H \Sigma_{\bar{i}\bar{i}} L_{\bar{i}s}\Gamma^{-1}L_{is}^H\big] \tag{10.7.41a}$$

で与えられる. さらに, 以下の結果が成り立つ.

$$E\big\{\mathrm{vec}\big(\widehat{P}_{is}Y_{iv}\big)\mathrm{vec}^T\big(\widehat{P}_{is}Y_{iv}\big)\big\} = 0 \tag{10.7.41b}$$

$$E\big\{\mathrm{vec}\big(\widehat{P}_{is}Y_{iv}\big)\mathrm{vec}^H\big(\widehat{P}_{\bar{i}s}Y_{\bar{i}v}\big)\big\} \to 0, \qquad N \to 0 \tag{10.7.41c}$$

証明は文献 [230] を参照されたい. 正準相関分解を用いる場合では,

$$\widetilde{L}_{is}^H \Sigma_{ii} \widetilde{L}_{is} = \widetilde{U}_{is}^H \widetilde{U}_{is} = I, \quad i = 1, 2 \tag{10.7.42}$$

が成り立つので, 式 (10.7.41a) は以下のように簡単化される.

$$E\big\{\mathrm{vec}\big(\widehat{\widetilde{P}}_{is}Y_{iv}\big)\mathrm{vec}^H\big(\widehat{\widetilde{P}}_{is}Y_{iv}\big)\big\} = \frac{1}{N}\big[Y_{iv}^H \Sigma_{ii} Y_{iv}\big]^T \otimes \big[\widetilde{L}_{is}\widetilde{\Gamma}^{-2}\widetilde{L}_{is}^H\big] \tag{10.7.43}$$

■ 10.7.5 到来方向推定への応用

■ UN-MUSIC 法

一般化相関分解を利用して, 雑音の性質が未知 (UN: unknown noise) の場合の MUSIC 法, すなわち, UN-MUSIC 法を導出することができる. 行列 $D_i(\theta)$ のステアリングベクトル $d_i(\theta)$ の信号部分空間への射影誤差は $d_i(\theta) - \widehat{P}_{is}^H d_i(\theta) = \widehat{P}_{iv}^H d_i(\theta)$ $(i = 1, 2)$ であるので, UN-MUSIC 法は, 以下の擬似スペクトル関数

$$S_i(\theta) = \frac{1}{d_i^H(\theta)\widehat{P}_{iv}\widehat{P}_{iv}^H d_i(\theta)} = \frac{1}{d_i^H(\theta)\widehat{L}_{iv}\widehat{R}_{iv}^H \widehat{R}_{iv}\widehat{L}_{iv}^H d_i(\theta)}, \quad i = 1, 2 \tag{10.7.44a}$$

を用いる．$S_i(\theta)$ が $\theta = \theta_{ik}, k = 1, \cdots, K$ でピークを取るときに，θ_{ik} を i 番目のアレイアンテナに対する信号の到来方向の推定値とする．よって，UN-MUSIC 法はまた

$$\widehat{\theta}_{ik} = \arg \min_{\theta_k} \left\{ d_i^H(\theta) \widehat{P}_{iv} \widehat{P}_{iv}^H d_i(\theta) \right\}, \quad k = 1, \cdots, K; \ i = 1, 2 \tag{10.7.44b}$$

と書ける．上式の中の $i = 1, 2$ は 2 組のアレイアンテナに対応している．2 組のアレイアンテナが構造が同じで，同じ方向に向けたときに，$\theta_i = \theta_{\bar{i}} = \theta$ になる．$\widehat{P}_{iv}, i = 1, 2$ に含まれる情報を同時に用いるために，次式によって，到来方向を推定する．

$$\widehat{\theta}_{ik} = \arg \min_{\theta_k} \left\{ \sum_{i=1}^{2} d_i^H(\theta) \widehat{P}_{iv} \widehat{P}_{iv}^H d_i(\theta) \right\}, \quad k = 1, \cdots, K \tag{10.7.45}$$

■ UN-CLE 法

UN-MUSIC 法のほか，一般化相関分解と最尤法を用いた到来方向の推定手法も提案された．これは，雑音の性質が未知な場合における相関位置推定 (correlation and location estimation, CLE) 手法であり，UN-CLE 法という．

$\widehat{R}_{is}^H L_{iv}$ について考える．式 (10.7.7)〜(10.7.10) より，L_{iv} は θ_i を陰に含む行列関数である．ゆえに，確率的行列 $\widehat{R}_{is}^H L_{iv}$ の漸近分布が導出できれば，推定値 $\widehat{\theta}_i$ は尤度関数を最大化するものとして求めることができる．以下では，$\widehat{R}_{is}^H L_{iv}$ の漸近分布を導く．まず，定理 10.7.2 より，i 番目のアレイアンテナについて，$\widehat{L}_{is} \widehat{R}_{is} = I_K$ が成り立つ．さらに，補題 10.7.3 より，

$$\widehat{R}_{is} = R_{is} + O(N^{-1/2}), \ \text{i.p.} \tag{10.7.46}$$

$$\widehat{L}_{is} \widehat{R}_{is}^H L_{iv} = O(N^{-1/2}), \ \text{i.p.} \tag{10.7.47}$$

が成り立つ．$\widehat{R}_{is}$ を R_{is} で置き換えても漸近分布に影響しないので，$O(N^{-1/2})$ の項を省いてもよい．よって，以下の式が得られる．

$$\begin{aligned}
\text{vec}(\widehat{R}_{is}^H L_{iv}) &= \text{vec}(\widehat{R}_{is}^H \widehat{L}_{is} \widehat{R}_{is}^H L_{iv}) \approx \text{vec}(R_{is}^H \widehat{L}_{is} \widehat{R}_{is}^H L_{iv}) \\
&= (I_K \otimes R_{is}^H) \text{vec}(\widehat{L}_{is} \widehat{R}_{is}^H L_{iv}) = (I_K \otimes R_{is}^H) \text{vec}(\widehat{P}_{is} L_{iv}), \ \text{i.p.}
\end{aligned} \tag{10.7.48}$$

上式では，公式

$$\text{vec}(ADB) = (B^T \otimes A) \text{vec}(D) \tag{10.7.49}$$

が用いられている（第 1 章の 1.6 節）．定理 10.7.3 より，$Y_{iv} \subseteq \overline{\text{span}}\{D_1\}$ について，$\text{vec}(\widehat{P}_{is} Y_{iv})$ は漸近的に平均値 0 の複素正規分布にしたがう．また，$\overline{\text{span}}\{L_{iv}\} = \overline{\text{span}}\{D_1\}$ であるので，式 (10.7.48) より，$\text{vec}(\widehat{R}_{is}^H L_{iv})$ が漸近的に平均値 0 の複素正規分布にしたがうことが言える．式 (10.7.48) と定理 10.7.3 より，正規分布の共分散行列は

$$E\left\{ \text{vec}(\widehat{R}_{is}^H L_{iv}) \text{vec}^H(\widehat{R}_{is}^H L_{iv}) \right\} = \frac{1}{N} \left(L_{iv}^H \Sigma_{ii} L_{iv} \right)^T \otimes \left(\Gamma^{-1} L_{\bar{i}s}^H \Sigma_{\bar{i}\bar{i}} L_{\bar{i}s} \Gamma^{-1} \right) \tag{10.7.50}$$

となる．ただし，$i = 1, 2$．よって，$\text{vec}(\widehat{R}_{is} L_{iv})$ の対数尤度関数は

$$L\big(\widehat{R}_{is}^H L_{iv}|\theta_i, \Sigma_{ii}, \Sigma_{\bar{i}\bar{i}}, \Sigma_{i\bar{i}}\big)$$

$$\propto -\log\left\{\det\left[\left(L_{iv}^H \Sigma_{ii} L_{iv}\right)^T \otimes \left(\Gamma^{-1} L_{\bar{i}s}^H \Sigma_{\bar{i}\bar{i}} L_{\bar{i}s}\Gamma^{-1}\right)\right]\right\}$$

$$-N\mathrm{trace}\left\{\mathrm{vec}^H\big(\widehat{R}_{is}^H L_{iv}\big)\left[\left(L_{iv}^H \Sigma_{ii} L_{iv}\right)^T \otimes \left(\Gamma^{-1} L_{\bar{i}s}^H \Sigma_{\bar{i}\bar{i}} L_{\bar{i}s}\Gamma^{-1}\right)\right]^{-1}\mathrm{vec}\big(\widehat{R}_{is}^H L_{iv}\big)\right\}$$

$$\approx -N\mathrm{trace}\left\{\mathrm{vec}^H\big(\widehat{R}_{is}^H L_{iv}\big)\left[\left(L_{iv}^T \Sigma_{ii}^T L_{iv}^{HT}\right)^{-1} \otimes \left(\Gamma^{-1} L_{\bar{i}s}^H \Sigma_{\bar{i}\bar{i}} L_{\bar{i}s}\Gamma^{-1}\right)^{-1}\right]\mathrm{vec}\big(\widehat{R}_{is}^H L_{iv}\big)\right\}$$

$$(10.7.51)$$

となる.上式では,公式 $(A\otimes B)^{-1} = A^{-1}\otimes B^{-1}$ が用いられている.また,N が十分大きいとき,右辺の第 2 項が支配的になるので,第 1 項の対数関数は省略されている.

式 (10.7.49) を用いると,

$$\mathrm{vec}\big(\widehat{R}_{is}^H L_{iv}\big) = \big(L_{iv}^T \otimes \widehat{R}_{is}^H\big)\mathrm{vec}(I) \tag{10.7.52}$$

が得られる.式 (10.7.49) のほか,さらに第 1 章の 1.6 節の公式

$$(A\otimes B)(C\otimes D) = AC \otimes BD \tag{10.7.53}$$

と関係式 [99]

$$\mathrm{trace}\big\{\mathrm{vec}(I)\mathrm{vec}^H(A)\big\} = \mathrm{trace}(A) \tag{10.7.54}$$

(A はエルミート行列である) を用いると,対数尤度関数は以下のように書ける.

$$L\big(\widehat{R}_{is}^H L_{iv}|\theta_i, \Sigma_{ii}, \Sigma_{\bar{i}\bar{i}}, \Sigma_{i\bar{i}}\big)$$

$$\propto -\mathrm{trace}\left\{\mathrm{vec}^H(I)\left[L_{iv}\big(L_{iv}^H \Sigma_{ii} L_{iv}\big)^{-1} L_{iv}^H\right]^* \otimes \left[\widehat{R}_{is}\big(\Gamma^{-1} L_{\bar{i}s}^H \Sigma_{\bar{i}\bar{i}} L_{\bar{i}s}\Gamma^{-1}\big)^{-1}\widehat{R}_{is}^H\right]\mathrm{vec}(I)\right\}$$

$$= -\mathrm{trace}\left\{L_{iv}\big(L_{iv}^H \Sigma_{ii} L_{iv}\big)^{-1} L_{iv}^H \widehat{R}_{is}\big(\Gamma^{-1} L_{\bar{i}s}^H \Sigma_{\bar{i}\bar{i}} L_{\bar{i}s}\Gamma^{-1}\big)^{-1}\widehat{R}_{is}^H\right\} \tag{10.7.55}$$

以上より,ある一般化相関分解のもとで,未知雑音の場合における到来方向の最尤推定値,すなわち,UN-CLE 法は以下の最小化問題になる.

$$\widehat{\theta}_i = \arg\max_{\theta_i} L\big(\widehat{R}_{is}^H L_{iv}|\theta_i, \Sigma_{ii}, \Sigma_{\bar{i}\bar{i}}, \Sigma_{i\bar{i}}\big)$$

$$= \arg\min_{\theta_i}\mathrm{trace}\left\{L_{iv}\big(L_{iv}^H \Sigma_{ii} L_{iv}\big)^{-1} L_{iv}^H \widehat{R}_{is}\big(\Gamma^{-1} L_{\bar{i}s}^H \Sigma_{\bar{i}\bar{i}} L_{\bar{i}s}\Gamma^{-1}\big)^{-1}\widehat{R}_{is}^H\right\} \tag{10.7.56}$$

ただし,$i = 1, 2$.さらに,$R_{iv}^H L_{iv} = I$ を用いると,上式はまた以下のように書ける.

$$\widehat{\theta}_i = \arg\max_{\theta_i} L\big(\widehat{R}_{is}^H L_{iv}|\theta_i, \Sigma_{ii}, \Sigma_{\bar{i}\bar{i}}, \Sigma_{i\bar{i}}\big)$$

$$= \arg\min_{\theta_i}\mathrm{trace}\left\{L_{iv} R_{iv}^H L_{iv}\big(L_{iv}^H \Sigma_{ii} L_{iv}\big)^{-1} L_{iv}^H R_{iv} L_{iv}^H \widehat{R}_{is}\big(\Gamma^{-1} L_{\bar{i}s}^H \Sigma_{\bar{i}\bar{i}} L_{\bar{i}s}\Gamma^{-1}\big)^{-1}\widehat{R}_{is}^H\right\}$$

$$= \arg\min_{\theta_i}\mathrm{trace}\left\{P_{iv} L_{iv}\big(L_{iv}^H \Sigma_{ii} L_{iv}\big)^{-1} L_{iv}^H P_{iv}^H \widehat{R}_{is}\big(\Gamma^{-1} L_{\bar{i}s}^H \Sigma_{\bar{i}\bar{i}} L_{\bar{i}s}\Gamma^{-1}\big)^{-1}\widehat{R}_{is}^H\right\}$$

$$(10.7.57)$$

ただし，$i = 1, 2$. そこで，行列

$$W_{iv} = L_{iv}\left(L_{iv}^H \Sigma_{ii} L_{iv}\right)^{-1} L_{iv}^H, \quad W_{is} = \left(\Gamma^{-1} L_{\bar{i}s}^H \Sigma_{\bar{i}\bar{i}} L_{\bar{i}s} \Gamma^{-1}\right)^{-1} \tag{10.7.58}$$

を定義すると，式 (10.7.57) は以下のような簡潔な表現になる．

$$\widehat{\theta}_i = \arg \min_{\theta_i} \mathrm{trace}\left\{P_{iv} W_{iv} P_{iv}^H \widehat{R}_{is} W_{is} \widehat{R}_{is}^H\right\} = \arg \min_{\theta_i} f\left(\widehat{R}_{is}, W_{iv}, W_{is}\right) \tag{10.7.59}$$

ただし，$i = 1, 2$. $P_{iv}^H \widehat{R}_{is} = [I - P_{is}^H]\widehat{R}_{is}$ より，UN-CLE 法の評価関数は，推定された信号部分空間から真の信号部分空間への，行列 W_{iv} と W_{is} による重み付き射影誤差の尺度である．ゆえに，UN-CLE 法の評価関数は 10.6 節の部分空間フィッティング法の原理で解釈できる．ただし，UN-CLE 法では，二つの重み行列が用いられており，通常の部分空間フィッティング法より複雑である．

第11章

部分空間の追従と更新

第 10 章では，特異値分解，固有値分解や固有空間法などの信号処理への応用について紹介した．これらの手法はいわゆるバッチ処理手法である．すなわち，観測データを全て入手した後のワンショット (one shot) 処理である．明らかに，これらのバッチ処理手法を適用できるのは，パラメータや統計的性質が時不変であるシステムや信号できる．しかし，実際には，統計的性質が時間的に変化する非定常信号も少なくない．例えば，移動中の狭帯域信号源から発する信号の角度や周波数は時変である．非定常信号に対して，固有空間法を適用するときには，あるサンプリング周期で観測信号を取り込みながら，時変のデータ行列あるいは自己相関行列の特異値分解あるいは固有値分解を更新していく手法が必要となる．本章では，このような問題に焦点を当てる．

▌11.1　部分空間の追従と更新について

極値 (最大あるいは最小を意味する) 固有ペア (extreme eigen pair) (固有値と固有ベクトルのペア) を求めるための反復計算は，古くは 1966 年まで遡ることができる [22]．その 10 数年後に，Thompson は 1980 年に標本自己相関行列の最小固有値に対応する固有ベクトルを推定するための LMS タイプの適応手法を提案し，ピサレンコ高調波回復法と組み合わせて，角度と周波数の適応追従アルゴリズムを与えた [209]．Sarkar [182] らは，緩やかな時変信号の自己相関行列の最小固有値に対応する極値固有ベクトルを追従する共役勾配法を提案し，追従性能が Thompson の LMS アルゴリズムより速いことを示した．これらの手法は，一つの極値固有値と固有ベクトルのみを追従するので，応用は限られていたが，後に，固有空間の追従と更新手法に拡張された．また，極値特異値と特異ベクトルを追従するランチョス法も提案された [54]．ランチョス法は，スパースな対称行列の固有値問題 $Ax = \lambda x$ でよく用いられる手法である [97]．

固有値の更新手法は，1973 年に Golub によって最初に提案された [92]．Bunch らは後に Golub の手法を拡張し，発展させた [29,30]．これらの手法はまず，階数 1 更新を行ってから自己相関行列の固有値分解を更新する．それから，インターレース定理 (interlacing theorem) を用いて，行列の固有値を順番付け，反復法で固有値を更新してから，固有ベクトルを更新する．Schreiber は，大部分の複素数演算を実数演算に変換し，Karasalo の部分空間平均法 [119] を適用して，計算量を軽減した [186]．DeGroat と Robert は，グラム - シュミット直交化に基づき，数値的に安定な階数 1 の固有空間更新手法を提案した [59]．Yu は階数 1 の固有空間更新手法をさらに発展させた [243]．

適応信号部分空間追従 (subspace tracking) アルゴリズムは，1978 年に Owsley によって最初に提案された [160]．Owsley の手法は，確率勾配法と直交反復演算を用いている．Yang と Kaveh は，Owsley や Thompson らの手法をさらに発展させ，確率勾配法に基づいて，LMS タイプの部分空間追従アルゴリズムを提案した [238]．この LMS タイプのアルゴリズムは並列計算に適し，計算量も大きくない．また，Karhunen は確率近似法に基づいた部分空間アルゴリズムを提案し，Owsley の手法を発展させた [120]．一方，Fu と Dowling は Sarkar らの手法を発展させ，共役勾配法に基づいた部分空間追従アルゴリズムを提案した [82]．

近年では，固有空間の追従と更新問題は，非常に活発に研究されている分野である．固有空間の追従と更新手法は，以下の四つのカテゴリーに分類できる．

(1) 一部の固有空間法では，雑音部分空間の固有ベクトルの正規直交基底だけがわかれば十分であり，固有ベクトルそのものは必ずしも必要であるとは限らないので，固有空間の適応追従問題は簡単化できる．雑音部分空間の正規直交基底を追従する手法をカテゴリー (1) に分類する．11.2 節では URV 分解に基づいた手法 [199]，11.3 節では階数顕現 QR 分解に基づいた手法 [18] についてそれぞれ説明する．

(2) カテゴリー (2) の手法は，非定常信号の時刻 k の自己相関行列が時刻 $k-1$ の自己相関行列とある階数 1 の行列 (観測データベクトル自身とその共役転置との積) の和であることに基づいた手法である．したがって，自己相関行列の固有値分解の追従と更新は，階数 1 更新と深く関係する．11.4 節 と 11.5 節では，二つの代表的手法 [39,243] について説明する．文献 [39] の手法は，階数 1 更新と一次摂動を用いている．一方，文献 [243] の手法は，階数 1 更新または階数 2 更新による修正固有値分解の逐次更新である．

(3) カテゴリー (3) の手法は，固有空間の計算を最適問題として扱う手法であり，制約付き最適化問題と制約なし最適化問題に分けられる．制約付き最適化問題は確率勾配法 [238] や共役勾配法 [82] で解くことができる．この二つの手法はそれぞれ 11.6

節と 11.7 節で説明する．制約なし最適化によるアプローチは，固有空間に対して新しい解釈を与えており，それに対応する手法は射影近似部分空間追従である．11.8 節では，この手法を説明する．ほかに，ランチョスアルゴリズムを用いて，時変データ行列の部分空間を計算する手法がある [83]．Xu らは文献 [235, 236] でそれぞれランチョスと双ランチョスアルゴリズムによる部分空間追従アルゴリズムを提案した．前者は自己相関行列の固有値分解に用いられ，後者はデータ行列の特異値分解に用いられる．また，ランチョスアルゴリズムの逐次計算の途中で，主固有値または主特異値の個数を推定することができる．これらの手法自身は最適化問題ではないが，ランチョス法は共役勾配法とは深い関係があるので [97]，カテゴリー 3 に分類することにする．これらの手法は 11.9 節で紹介する．

(4) 最後のカテゴリー (4) の手法は，従来の特異値分解あるいは固有値分解のバッチ処理手法を計算量の少ない更新アルゴリズムに修正あるいは拡張する手法である．11.10 節では，QR 分解とヤコビ法に基づいた特異値分解の更新アルゴリズム [151] について説明する．

▍11.2　URV 分解に基づいた雑音部分空間追従

信号処理問題では，$m \times n$ 行列の零空間の近似の計算がしばしば必要となる．具体的には，ユニタリ行列 $V = [V_1, V_2]$ を求め，1) AV_1 が小さな特異値をもたない；2) AV_2 の特異値が小さいとなるようにしたい．このとき，A が有効階数 d を持つという．ただし，d は V_1 の列数である．V_2 の列が張る部分空間を雑音部分空間とする．

信号が変化すれば，雑音部分空間も変化する．しかし，雑音部分空間の計算をまた以前のデータに遡ってやり直すと，計算時間がかかり，適応信号処理に適していない．したがって，雑音部分空間の時間更新計算が望まれる．具体的には，データ行列 A の雑音部分空間

$$A_z = \begin{bmatrix} \beta A \\ z^H \end{bmatrix} \tag{11.2.1}$$

が与えられたときに，新しいデータ行列の雑音部分空間の計算問題を考える．ここで，z は新しいデータベクトルである．$\beta \le 1$ はデータの忘却係数であり，過去のデータの影響を減衰させる作用を持つ．簡単のため，$\beta = 1$ として，議論を進める．

よく用いられる行列分解には，特異値分解と QR 分解がある．本節では，両者の間にある分解である URV 分解について紹介する．URV 分解は Stewart によって提案されたものであり，容易に雑音部分空間追従手法に拡張される [199]．

■ 11.2.1 URV 分解

$n \times p$ 行列 A の階数を d とすると，次式を満足するユニタリ行列 U と V が存在する．

$$A = U \begin{bmatrix} R & 0 \\ 0 & 0 \end{bmatrix} V^H \tag{11.2.2}$$

ここで，R は $d \times d$ 上三角行列である．このような分解を URV 分解 (URV decomposition) という．URV 分解は一意ではない．また，特異値分解自身も一種の (R が対角行列である) URV 分解である．実用上，A の有効階数を d とすると，A の特異値は

$$\sigma_1 \geq \cdots \geq \sigma_d > \sigma_{d+1} \geq \cdots \geq \sigma_p \tag{11.2.3}$$

となる．ただし，$\sigma_d \gg \sigma_{d+1}$．そして，$A$ の URV 分解は以下の形式をとる．

$$A = U \begin{bmatrix} R & F \\ 0 & G \end{bmatrix} V^H \tag{11.2.4}$$

ただし，

(1) R と G は上三角行列である；
(2) $\inf(R) \approx \sigma_d$ ($\inf(R)$ は R の最小特異値)；
(3) $\sqrt{\|F\|_F^2 + \|G\|_F^2} \approx \sqrt{\sigma_{d+1}^2 + \cdots + \sigma_p^2}$

特異値分解は URV 分解の一例である．そのほかにも URV 分解に含まれる分解がたくさんある．このような有効階数 d を持つ行列の URV 分解を階数顕現 URV 分解 (rank revealing URV decomposition) という．特異値分解と同じように，この分解でも雑音部分空間を抽出することができる．しかし，後に説明するように，URV 分解のほうが特異値分解より計算と更新はしやすい．実用上，A の微小特異値は雑音によるものが多いので，これらの微小特異値を信号に対応する特異値から分離するための許容誤差を設定する必要がある．しかし，雑音と微小特異値との関係はそれほど単純ではない．議論しやすくするため，以下の簡単なモデルについて考える．

$$A = \widehat{A} + E \tag{11.2.5}$$

ここで，$\widehat{A}$ は正確な階数 d を持つとする．また，行列の各要素の誤差がほとんど同等な大きさ ϵ を持つとする．忘却係数 β を考慮する場合，誤差行列 E は

$$E = \left[\beta^{n-1}\epsilon_1, \beta^{n-2}\epsilon_2, \cdots, \epsilon_n \right]^H$$

と表される．ここで，ベクトル ϵ_i の各要素の大きさはおよそ ϵ である．V_2 の列ベクトルが $\widehat{A}$ の雑音部分空間の正規直交基底を構成するとすると，この許容誤差は $AV_2 = EV_2$ のフロベニウスノルム ($\widehat{A}V_2 = 0$ を覚えてもらいたい) の近似になる．EV_2 の i 行目の $n-d$ 個の要素は，大きさがおよそ $\beta^{n-i}\epsilon$ ぐらいであるので，

$$\|EV_2\|_F^2 \approx (p-d)\epsilon^2 \sum_{i=1}^{n} \beta^{2(n-i)} < \frac{(p-d)\epsilon^2}{1-\beta^2}$$

となる．よって，許容誤差 (tol と記す) は tol $\geq \sqrt{\frac{(p-d)}{1-\beta^2}}\epsilon$ とすればよい．実際に，tol を大きめにとったほうがよい．小さすぎると，雑音部分空間の次元を少なめに推定してしまうおそれがある．tol を少し大きめにとると，信号対雑音比が十分大きいとき，tol は信号特異値と雑音特異値の間になるので，雑音部分空間の次元を正しく推定することができる．

■ 11.2.2　平面回転

雑音部分空間追従の主な計算道具は平面回転 (plane rotation) である．ここで，平面回転は第 3 章で紹介したギブンス回転を指す．平面回転は，これから更新される行列に選択的に零要素を導入するために用いられる．具体的な計算は第 3 章を参照するとして，ここでは，図 11.2.1 を用いて，ある行列の 2 行が平面回転を施す前後において，各要素の変化の様子について説明する．

```
          回転前                          回転後
   1  2  3  4  5  6  7            1  2  3  4  5  6  7
   ×  ×  ×  0  0  ×  E            ×  ×  ×  ×  0  ×  E
   ×  ×  ×  ×  0  E  E            ×  0  ×  ×  0  ×  E
```

図 11.2.1　1 回の平面回転による操作結果

図では，× は零でない要素，0 は零要素，E は微小要素をそれぞれ表す．この例では，第 2 列の第 2 要素を零にする回転操作が行われている．各要素については，以下の変化のルールが存在することが分かる．

(1)　× のペアはそのまま × のペアとして残る (第 1 列と第 3 列)；

(2)　× と 0 の列は × のペアによって取って代わられる (第 4 列)；

(3)　0 のペアはそのまま 0 のペアとして残る (第 5 列)；

(4)　× と E の列は × のペアによって取って代わられる (第 6 列)；

(5)　E のペアはそのまま E のペアとして残る (第 7 列)．

微小要素のペアがそのまま微小要素のペアとしてペアとして残る (第 7 列) のは，ユニタリ行列である回転行列は，操作対象ベクトルのノルムを変えないからである．微小要素の大きさを微小のままに保つことが更新アルゴリズムのポイントであるので，この性質は重要である．次元が p である二つの行ベクトルに対する 1 回の回転操作は，およそ $4p$ 回の乗算と $2p$ 回の加算が必要である．高速ギブンス回転を使えば乗算の回数を減らすこと

ができるが，いずれにしても計算量は $O(p)$ である．行列 A の左から回転行列をかけるという左回転 (left rotation) を施すと，A の行ベクトルが操作される．行列 A の右から回転行列をかけるという右回転を施すと，A の列ベクトルが操作される．上に述べた要素の変化のルールは，第 2 列の列ベクトルに対する回転操作においても，同じように成立する．

URV 分解を更新するとき，V^H に対して右回転を操作する必要がある．URV 分解の完全な更新を得るためには，U に対して左回転を操作する必要もある．しかし，応用においては，U そのものを必要としない場合も多く，この操作を省略することもできる．

以下では，R がすでに上三角行列であるとき，左回転操作を用いて $\begin{bmatrix} R \\ x^H \end{bmatrix}$ を上三角行列に変換することについて考える．変換の過程を図 11.2.2 に示す．行列 R とベクトル x^H の要素をそれぞれ r と x で表示する．

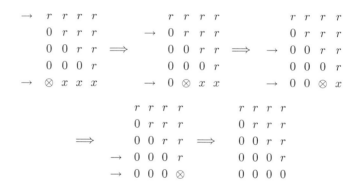

図 **11.2.2** 上三角行列への変換

まず，x^H と R の第 1 行に対して，左回転で x^H の 1 番目の要素を零にする．ここで，これから零化しようとする要素を $\otimes$ で表示し，左回転操作を施される第 2 行の行ベクトルを右矢印 $\rightarrow$ で示す．次に，x^H と R の第 2 行に対して，左回転で x^H の 2 番目の要素を零にする．ここで，(2,1) の位置にある零要素と x^H の 1 番目の要素は 0 のペアをなしているので，操作の後でも零のままである．第 3 ステップと第 4 ステップも同じ要領で行われる．右回転による列ベクトルの操作も類似した要領で行うことができる．

■ 11.2.3 減次と精細化

応用に際して，行列 A の階数が突然変化する可能性がある．階数の増加は容易に検出できるが，階数の減少は，URV 分解の R 行列の中に隠れているので，直接には検出できな

350 第 11 章 部分空間の追従と更新

い．ゆえに，更新アルゴリズムは，R の階数落ちを検出し，相応の措置をとる必要がある．ここでは，$d \times d$ 上三角行列 R の階数顕現 URV 分解の計算について紹介する．

まず，条件数推定の手法を用いて，R に階数落ちがあったかどうかをチェックする [111]．すなわち，$\inf(R)$ が事前に設定した値より小さくなったら，R に階数落ちがあったと判定される [111]．階数落ちがあった場合，R を減次する必要がある．そのために，与えられた上三角行列 R に対して，

$$\eta = \|b\|_2 \approx \inf(R), \quad b = Rw \tag{11.2.6}$$

となるように，ノルムが 1 のベクトル w を作る [111, 199]．なお，三角方程式の解 w の計算では，計算量は $O(d^2)$ である．

次に，w の最初の $d-1$ 個の要素を零にして，最後の要素だけが 1 となるように，回転行列の系列 $V_1^H, V_2^H, \cdots, V_{d-1}^H$ を求める．その過程を図 11.2.3 に示す．回転行列の積を $Q^H = V_{d-1}^H V_{d-2}^H \cdots V_1^H$ と書く．

$$
\begin{matrix}
\rightarrow & \otimes & & 0 & & 0 & & 0 \\
\rightarrow & w & \Longrightarrow & \rightarrow & \otimes & & 0 & \Longrightarrow & 0 \\
& w & & \rightarrow & w & & \rightarrow & \otimes & \Longrightarrow & 0 \\
& w & & & w & & \rightarrow & w & & 1
\end{matrix}
$$

図 **11.2.3** w の変形

さらに，$P^H R Q$ が三角行列となるようにユニタリ行列 P を定める．これは，R に対して右から回転行列 $V_1, V_2, \cdots, V_{d-1}$ を適用することによって実現される．図 11.2.4 のように，まず R の第 2 列に対して，V_i を作用させる．その結果，R の対角線の下に零でない要素が入るので，左回転によって，この零でない要素を消去し，上三角行列を回復する．行列 P^H は左回転の積として得られる．これらの操作の計算量は $O(d^2)$ である．

図 11.2.4 の最後の行列の最後の列にある e は微小な要素を表す．それは，最終結果において，要素 r_{dd} が微小な値でなければならないことを意味する．実際に，この列のノルムは式 (11.2.6) で定義された η と一致する．それは以下のように理解できる．

式 (11.2.6) より，$b' = P^H b = (P^H R Q)(Q^H w) = R' w'$ が成り立つ．ベクトル w' は，最後の要素だけが 1 であり，ほかの要素は全部零である．ゆえに，R' の最後の列は b' となる．P^H はユニタリ行列であり，その操作によるノルムの変化がないので，$\|b'\|_2 = \|b\|_2 = \eta$ となる．$\eta \approx \inf(R)$ より，得られた URV 分解は，R が小さな特異値を持つことを陽に表している．さらに，R' の $d-1$ 首座小行列などに対しても，同じ要領で操作できる．このような操作も減次という．R に階数落ちがあった場合には，上の手法は，R を減次によっ

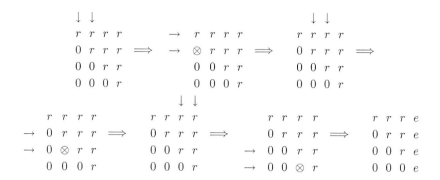

図 11.2.4　RQ の三角化

てより小さなサイズを持つ正則な上三角行列を与えることができる．

URV 分解に対して，さらに精細化 (refinement) を行い，三角行列を対角行列に近い形にすることも可能である．精細化では，まず R の最後の列について，上からの $d-1$ 個の要素を零にする．図 11.2.5 に示されるように，これは数回の右回転によって実現できる．計算量は $O(d^2)$ である．また，これらの右回転行列は行列 V に累積すべきである．

$$
\begin{array}{c}
\downarrow\quad\downarrow \\
\begin{array}{cccc} r & r & r & e \\ 0 & r & r & e \\ 0 & 0 & r & \otimes \\ 0 & 0 & 0 & e \end{array}
\end{array}
\Longrightarrow
\begin{array}{c}
\downarrow\quad\downarrow \\
\begin{array}{cccc} r & r & r & e \\ 0 & r & r & \otimes \\ 0 & 0 & r & 0 \\ 0 & 0 & e & e \end{array}
\end{array}
\Longrightarrow
\begin{array}{c}
\downarrow\quad\downarrow \\
\begin{array}{cccc} r & r & r & \otimes \\ 0 & r & r & 0 \\ 0 & 0 & r & 0 \\ 0 & e & e & e \end{array}
\end{array}
\Longrightarrow
\begin{array}{cccc} r & r & r & 0 \\ 0 & r & r & 0 \\ 0 & 0 & r & 0 \\ e & e & e & e \end{array}
$$

図 11.2.5　最後の列の変形

次に，図 11.2.6 のように，R を数回の左回転によってまた上三角行列にする．これらの操作も $O(d^2)$ の計算量が必要である．そして，最終結果は $d \times d$ 行列 R の URV 分解の形式になっている．また，最後の列のノルムが精細化前の (k,k) 要素より小さくなることがいえる．これは，ノルムのユニタリ不変性より以下のように説明できる．精細化の 1 番目のステップでは，(k,k) 要素は増加しないので，最後の列のノルムは精細化前の (k,k) 要素より小さくなる．また，2 番目のステップでは，左回転が用いられるので，列ベクトルのノルムは変化しない．よって，精細化の後，最後の列のノルムは精細化前の (k,k) 要素より小さくなる．

精細化は，最後の列について，対角要素より上の要素の大きさを対角要素と比較して著しく小さくすることができるので，雑音部分空間の近似をよくする効果がある．精細化が

$$
\begin{array}{c}
\rightarrow r\ r\ r\ 0 \\
0\ r\ r\ 0 \\
0\ 0\ r\ 0 \\
\rightarrow \otimes\ e\ e\ e
\end{array}
\implies
\begin{array}{c}
r\ r\ r\ e \\
\rightarrow 0\ r\ r\ 0 \\
0\ 0\ r\ 0 \\
\rightarrow 0\ \otimes\ e\ e
\end{array}
\implies
\begin{array}{c}
r\ r\ r\ e \\
0\ r\ r\ e \\
\rightarrow 0\ 0\ r\ 0 \\
\rightarrow 0\ 0\ \otimes\ e
\end{array}
\implies
\begin{array}{c}
r\ r\ r\ e \\
0\ r\ r\ e \\
0\ 0\ r\ e \\
0\ 0\ 0\ e
\end{array}
$$

図 **11.2.6** 最後の行の変形

必要かどうかは数値実験によって決められる．部分空間追従を MUSIC 法に適用するときに，精細化を行った URV 分解のほうがよい結果を与えたことが報告されている [199].

■ 11.2.4 URV 分解の更新

行列 A の最後の行の後に，データベクトル z^H が追加されたときの階数顕現 URV 分解の更新手法について説明する．

まず，行列 A の URV 分解が式 (11.2.4) で与えられ，V が既知であるとする．また，事前に設定された許容誤差 tol について，以下の関係を満足するように v を定義する．

$$v = \sqrt{\|F\|_F^2 + \|G\|_F^2} \le \text{tol}$$

許容誤差 tol は A と R のサイズや忘却係数の大きさにも依存する．

更新の最初のステップとして，まず $[x^H, y^H] = z^H V$ を計算する．ただし，x は $d \times 1$ のベクトルである．これからの問題は以下の行列の更新となる．

$$\widehat{A} = \begin{bmatrix} R & F \\ 0 & G \\ x^H & y^H \end{bmatrix}$$

ここでは，二つの場合について考える．まず，もっとも簡単な場合

$$\sqrt{v^2 + \|y\|_2^2} \le \text{tol} \tag{11.2.7}$$

において，図 11.2.2 の方法で一連の左回転を用いて $\widehat{A}$ を上三角行列に変換する．v の新しい値が式 (11.2.7) を満足するという許容誤差 tol の範囲内では，行列の階数は増加しない．しかしながら，階数が減少する可能性があるので，11.2.3 項で説明した手法で R の階数落ちがあったかどうかをチェックし，あった場合には R の階数を反映するように変形させる．このための計算量は $O(p^2)$ である．式 (11.2.7) が満足されないときは，階数が一つ増加した可能性があるので，F と G の中の微小な要素を微小に保ちながら，行列を上三角行列に変換する必要がある．ここでは，まず，図 11.2.7 のように，G を上三角行列のままに維持しながら，最初の要素のほかのすべてを零にするように y^H を変形する．図 11.2.7 の操作では，R と x^H は関わっていないので，図の中で表示していない．また，$f\ f\ f\ f$

は行列 F の各列を意味する．

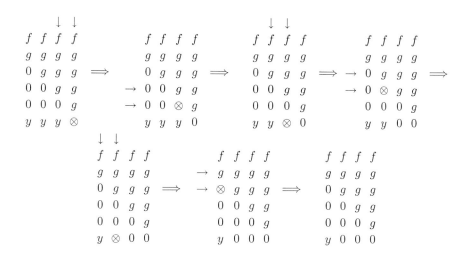

図 **11.2.7** y^H の変形

以上の操作より，行列の全体は

$$\begin{bmatrix} R & f & f & f & f \\ 0 & g & g & g & g \\ 0 & 0 & g & g & g \\ 0 & 0 & 0 & g & g \\ 0 & 0 & 0 & 0 & g \\ x^H & y & 0 & 0 & 0 \end{bmatrix}$$

となる．この行列を通常とおりに三角化すると，最後には以下の行列が得られる．

$$\begin{bmatrix} R & y & f & f & f \\ 0 & y & g & g & g \\ 0 & 0 & g & g & g \\ 0 & 0 & 0 & g & g \\ 0 & 0 & 0 & 0 & g \\ 0 & 0 & 0 & 0 & 0 \end{bmatrix}$$

さらに，d を一つ増やして，拡大された新しい上三角行列に階数落ちがあったかどうかをチェックする．あった場合には，11.2.3 項で説明した手法で上三角行列の階数を落とし，精細化を施せばよい．

　更新計算アルゴリズムは，n 個のプロセッサによる並列処理が可能で，それぞれのプロセッサでの計算量は $O(n)$ とすることは可能である．詳細は文献 [199] を参照されたい．

11.3　階数顕現 QR 分解に基づいた雑音部分空間の更新

11.2 節と同じように，本節でも特異値分解や固有値分解自身の更新演算よりも，雑音部分空間の更新に焦点を当てる．10.3 節の (10.3.1) 式のモデルに対する MUSIC 法を思い出すと，方向行列 $A(\theta) = [a(\omega_1), a(\omega_2), \cdots, a(\omega_d)]$ のパラメータは

$$a^H(\omega)YY^H a(\omega) = 0, \quad \omega = \omega_1, \cdots, \omega_d \tag{11.3.1}$$

の根から求めることができる．ここで，Y は自己相関行列 $S = E\{x(t)x^H(t)\}$ の雑音部分空間の基底ベクトルからなる行列である．

観測データ行列を $X = [x(1), x(2), \cdots, x(N)]^H$ とすると，データ自己相関行列は $\widehat{S} = \frac{1}{N}X^H X$ で与えられる．MUSIC 法のポイントは，$\widehat{S}$ の $M - d$ 個の小さな固有値に対応する固有ベクトルからなる雑音部分空間の基底ベクトル行列を求めることである．ここでは，データ行列 X の階数顕現三角化分解によって，雑音部分空間法で必要な情報を自己相関行列の固有値分解を使わないで求められることを示す．そのため，まず

$$X\Pi = QR \tag{11.3.2}$$

を X の QR 分解とする．ここで，$Q \in C^{N \times M}$ は互いに直交する列ベクトルを持つ行列であり，$R \in C^{M \times M}$ は上三角行列である．また，$\Pi \in C^{M \times M}$ は置換行列である．X が $M - d$ 個の小さな特異値を持つとして，R を以下のようにブロック分割する．

$$R = \begin{bmatrix} R_{11} & R_{12} \\ 0 & R_{22} \end{bmatrix} \tag{11.3.3}$$

ただし，$R_{11} \in C^{d \times d}, R_{12} \in C^{d \times (M-d)}, R_{22} \in C^{(M-d) \times (M-d)}$．

R_{22} のノルムが小さい，すなわち，$\|R_{22}\|_2 \approx \sigma_{M-d+1}(X)$ であるとき，式 (11.3.2) を X の階数顕現 QR 分解 (rank-revealing QR decomposition) という．ノルムの小さい部分行列 R_{22} は置換行列 Π による X に対する操作によって得られる．言い換えると，X の特異値を大きなものと小さなものという二つのグループに分けると，R_{22} ブロックは，小さいものに対応する．階数顕現 QR 分解の計算には，従来の列ピボット選択 (column pivoting) QR 分解がよく用いられている [32, 91, 97]．より信頼性の高い階数顕現の分解は，文献 [41, 76] で与えられている．

ある階数顕現 QR 分解が得られたとする．R^{-11} が存在するので，

$$\begin{bmatrix} R_{11} & R_{12} \\ 0 & R_{22} \end{bmatrix} \begin{bmatrix} R_{11}^{-1} R_{12} \\ -I \end{bmatrix} = \begin{bmatrix} 0 \\ -R_{22} \end{bmatrix} \tag{11.3.4}$$

が成り立ち，

$$\widehat{Y} = \Pi \begin{bmatrix} R_{11}^{-1} R_{12} \\ -I \end{bmatrix} F \tag{11.3.5}$$

は雑音部分空間の基底となる．ここで，F は対角行列で，その対角要素は $\widehat{Y}$ の各列ベクトルが単位ノルムを持つように決められる．

$\widehat{Y}$ が正規直交基底ではないことに注意されたい．グラム - シュミット直交化を用いれば，正規直交基底が得られるが，一般には，式 (11.3.1) の解は雑音部分空間のすべての基底に対して同じであるので，正規直交基底が必ずしも必要であるとは限らない．階数顕現 QR 分解を用いれば，我々はデータ行列 X の特異値分解あるいは標本自己相関行列 $\widehat{R}$ の固有値分解を計算しなくても必要な雑音部分空間の情報を得ることができる．

■ 11.3.1　部分空間の更新問題

ここでの部分空間の更新問題とは，データ行列 $X = [x(1), x(2), \cdots, x(N)]^H$ の雑音部分空間基底 Y が与えられたときに，データ行列

$$\widetilde{X} = [x(2), x(3), \cdots, x(N), x(N+1)]^H \tag{11.3.6}$$

の雑音部分空間基底 $\widetilde{Y}$ を求める問題である．X と比較して，$\widetilde{X}$ はもっとも古い標本 $x(1)$ を捨て，新しい標本 $x(N+1)$ を取り込んでいる．すなわち，$\widetilde{X}$ の階数顕現 QR 分解

$$\widetilde{X}\widetilde{\Pi} = \widetilde{Q}\widetilde{R} \tag{11.3.7}$$

の中の三角行列 $\widetilde{R}$ と 置換行列 $\widetilde{\Pi}$ を求めたい．ここで，$\widetilde{R}$ は式 (11.3.3) の R のように階数顕現の構造を持つ．このような $\widetilde{R}$ が得られれば，式 (11.3.5) と同じ方法で $\widetilde{Y}$ を得ることができる．ただし，$\widetilde{Q}$ は形式的に数式に現れているが，実際に求めたり，記憶したりする必要はない．

更新前の標本自己相関行列 $\widehat{S} = \frac{1}{N} X^H X$ および更新後の標本自己相関行列

$$\widetilde{S} = \frac{1}{N}\widetilde{X}^H \widetilde{X} = \frac{1}{N}\left[X^H X + x(N+1)x^H(N+1) - x(1)x^H(1)\right] \tag{11.3.8}$$

について考える．式 (11.3.2) より，以下の結果が得られる．

$$\widetilde{S}_\pi = \Pi^T \widetilde{S}\Pi = \frac{1}{N}\left[R^H R + ff^H - gg^H\right] \tag{11.3.9}$$

ただし，$f = \Pi^T x(N+1)$，$g = \Pi^T x(1)$．さらに式 (11.3.7) と (11.3.2) より，

$$\widetilde{\Pi}^T \widetilde{S}_\pi \widetilde{\Pi} = \frac{1}{N}\widetilde{R}^H \widetilde{R} \tag{11.3.10}$$

が成り立つ．よって，準正定行列 $\widetilde{\Pi}^T \widetilde{S}_\pi \widetilde{\Pi}$ の三角因子を計算することが必要となる．ただし，$\widetilde{\Pi}$ は，$\widetilde{R}$ が階数顕現の構造を持つように選ぶべきである．以下ではまず，仮に $\widetilde{\Pi}$ が既知であるとして，$\widetilde{R}$ の求め方について説明する．それから $\widetilde{\Pi}$ を選ぶ方法を説明する．

ここでは，Bischof と Shrof [18] が提案した三角行列 R の更新手法について紹介する．この手法は，ユニタリ変換の代わりに J ユニタリ変換を用いると，三角因子 R から $\widetilde{R}$ を計算している．更新に当たって，置換行列 $\widetilde{\Pi}$ を用いて，三角因子の階数顕現構造を保つよ

356 第 11 章 部分空間の追従と更新

うにする. 第 9 章の 9.3.2 項の J 直交行列を複素行列に拡張すると, 以下の定義を与えることができる.

定義 11.3.1. (J ユニタリ行列) 任意の最大階数 (full rank) の行列 J について, 行列 M が $M^H J M = J$ を満足するとき, M を J ユニタリ行列 (J-unitary matrix) という.

ユニタリ行列は, $J = I$ のときの J ユニタリ行列の特別の場合である.

行列 J を

$$J = \begin{bmatrix} I & 0 & 0 \\ 0 & 1 & 0 \\ 0 & 0 & -1 \end{bmatrix} \tag{11.3.11}$$

とする. ただし, I は適当なサイズの単位行列である. また, 行列 $R_u \in C^{(M+2) \times M}$ を

$$R_u = \begin{bmatrix} R \\ f^H \\ g^H \end{bmatrix} \widetilde{\Pi} \tag{11.3.12}$$

と定義すると, その J 内積は

$$R_u^H J R_u = \widetilde{\Pi}^T \left[R^H R + f f^H - g g^H \right] \widetilde{\Pi} = N \widetilde{\Pi}^T \widetilde{S}_\pi \widetilde{\Pi}$$

で与えられる. すなわち, R_u の J 内積は行列 $\widetilde{\Pi}^T \widetilde{S}_\pi \widetilde{\Pi}$ の N 倍である. J ユニタリ行列 M を R_u の左からかけても, J 内積は $(M R_u)^H J (M R_u) = R_u^H J R_u$ が成り立つので, J 内積は不変である. ゆえに, $H R_u$ が上三角行列となるように, すなわち,

$$H \begin{bmatrix} R \\ f^H \\ g^H \end{bmatrix} \widetilde{\Pi} = \begin{bmatrix} T \\ 0 \\ 0 \end{bmatrix}$$

が成り立つように, J ユニタリ行列 H を見つければ, 上三角行列 T は式 (11.3.10) の解 $\widetilde{R}$ である. J ユニタリ行列 H を求めるアルゴリズムは Rader と Steinhardt [171] によって提案された. ここで, H は J ユニタリ行列 $H^{(1)}, H^{(2)}, \cdots, H^{(M)}$ の積で与えられる. これらの行列は, R_u の列を順次 $\widetilde{R}$ の列に変換する. すなわち,

$$H^{(M)} \cdots H^{(2)} H^{(1)} R_u = \begin{bmatrix} \widetilde{R} \\ 0 \\ 0 \end{bmatrix}$$

k $(k = 1, \cdots, M)$ ステップ目の J ユニタリ行列 $H^{(k)}$ は以下のように求められる.

更新途中の R_u について, k 列目の対角線要素より下の要素を零にするためには, 以下の関係を満足する行列 $Z \in C^{(M-k+2) \times (M-k+2)}$ を求める必要がある.

$$Zu = \gamma e_1 \qquad (11.3.13)$$

ただし，γ はスカラー，$u = [u_1, \cdots, u_{M-k+2}]^T$ は k 列目の対角線要素以下の要素からなるベクトル，e_1 は適当なサイズの標準単位ベクトル $e_1 = [1, 0, \cdots, 0]^T$ である．第3章の 3.8.3 項で紹介したハウスホルダー変換による QR 分解との類似性から，Rader と Steinhardt [171] はこれらの行列による変換を双曲ハウスホルダー変換 (hyperbolic Householder transformation) と呼んでいた．3.8.3 項と同じように，$H^{(k)}$ は単位行列の右下の正方ブロックを Z で置き換えることによって得られる．文献 [171] では，Z が存在する必要条件が与えられている：

$$u^H J u = |\gamma|^2 > 0 \qquad (11.3.14)$$

零でない γ に対して，Z は以下の定理によって計算される [171].

❏ **定理 11.3.1.** u が与えられたとき，$b = Ju + \gamma e_1$，$\gamma = \dfrac{u_1}{|u_1|}\sqrt{u^H J u}$ とすると，

$$Z = \frac{2bb^H}{b^H J b} - J \qquad (11.3.15)$$

は式 (11.3.13) の解である．

複素行列の場合，式 (11.3.15) を用いた双曲ハウスホルダー変換を J ユニタリ変換ということもある．$|\gamma|^2 = u^H J u$ が小さい，あるいは零であるとき，計算アルゴリズムが不安定，あるいは崩壊する可能性がある．ただし，J が単位行列であるとき，Z は通常のハウスホルダー変換に退化することになり，このような問題は起こらない．そのとき，$|\gamma| = 0$ は，変換が単位行列になることを意味する．

■ 11.3.2 階数顕現分解法

増加条件推定 (incremental condition estimation, ICE) [17] とは，三角行列の最小特異値を監視する手法であり，しかも，R の三角構造を更新の途中でなるべく保持しながら，階数顕現の構造を維持できるための $\widetilde{\Pi}$ の生成に重要な役割を果たしている．階数顕現の三角因子を生成するためには，良条件な首座小行列 $\widetilde{R}_{11}$ を生成し，悪条件を引き起こそうな列を $\widetilde{R}$ の右の方に移すべきである．よって，小さな行列ブロック $\widetilde{R}_{22}$ は，これらの列が $\widetilde{R}_{11}$ に対応する列に数値的に依存するという事実を反映している．双曲ハウスホルダー変換を用いるとき，$\widetilde{R}$ は 1 列ずつ生成されるが，同時に $\widetilde{R}$ の首座小行列 $\widetilde{R}_{11}$ が悪条件にならないように維持すべきである．そのため，以下の疑問が生じる：

ある良条件な上三角行列 A と新しい列ベクトル $\begin{bmatrix} v \\ \gamma \end{bmatrix}$ が与えられたとする．行列 $A' = $

$\begin{bmatrix} A & v \\ 0 & \gamma \end{bmatrix}$ は依然として良条件なのか.

A が良条件であるという仮定より, A はおそらく $\tilde{R}_{11}$ の一部になると考えられる. 答えが「はい」ならば, A' も $\tilde{R}_{11}$ の一部でなければならない. そうでなければ, $\begin{bmatrix} v \\ \gamma \end{bmatrix}$ は互いに一次従属に近い列に対応する $\begin{bmatrix} \tilde{R}_{12} \\ \tilde{R}_{22} \end{bmatrix}$ の一部であることになる. 増加条件推定 [17] は, A を操作せずに, $O(M)$ の計算量だけでこの問題に答えることができる.

増加条件推定のアイデアを紹介するために, まず下三角行列について考える. ある行列はその共役転置と同じ特異値を持つので, ここでは, $A = L^H$ とする. ただし, L は下三角行列である. さらに, $\sigma_{\min}(L) \approx 1/\|x\|_2$ を満足する近似特異ベクトル x が得られたとする. 増加条件推定手法を用いると, $\sigma_{\min}(L') \approx 1/\|y\|_2$ を満足する行列 L' の近似特異ベクトル y を得ることができる. ただし, 行列 L' は

$$L' = \begin{bmatrix} L & 0 \\ v^H & \gamma^* \end{bmatrix}$$

と定義される. このための計算量は $3M$ フロップだけである. また L そのものをもう1回用いる必要はない. このようにして, 増加条件推定手法は, これから生成する三角行列の条件数を監視することができる.

条件数推定アルゴリズム [53, 110] では, 以下の関係

$$Lx = d \Rightarrow \frac{1}{\sigma_{\min}(L)} = \|L^{-1}\|_2 \geq \frac{\|L^{-1}d\|_2}{\|d\|_2} = \frac{\|x\|_2}{\|d\|_2}$$

に基づいて, ある適切なノルムを持つ d に対して, 大きなノルムを持つ x を生成し, $\hat{\sigma}_{\min}(L) = \frac{\|d\|_2}{\|x\|_2}$ を $\sigma_{\min}(L)$ の推定値とする.

増加条件推定は, ある特定の d に対して, 大きなノルムを持つ x を生成する. 具体的には以下のように説明する. $Lx = d$ を満足する x が与えられたとする. ただし, $\|d\|_2 = 1$, $\sigma_{\min}(L) \approx 1/\|x\|_2$. $\|y\|_2$ を最大化する $s = e^{j\psi}\sin\phi$ と $c = \cos\phi$ を求めよ. ただし, y は以下の方程式の解である.

$$\begin{bmatrix} L & 0 \\ v^H & \gamma^* \end{bmatrix} y = \begin{bmatrix} sd \\ c \end{bmatrix} \tag{11.3.16}$$

そこで, 以下のように β と μ を定義する.

$$\beta = |\gamma|^2 x^H x + 4|\alpha|^2 - 1, \quad \mu = \frac{2\alpha^*}{\sqrt{\beta^2 + 4|\alpha^2|} - \beta} \tag{11.3.17}$$

ただし, $\alpha = x^H v$. 文献 [17] の手法を適用すると, s と c を求めることができる:

$$\begin{bmatrix} s \\ c \end{bmatrix} = \frac{1}{\sqrt{|\mu|^2 + 1}} \begin{bmatrix} \mu \\ -1 \end{bmatrix} \tag{11.3.18}$$

ただし，$\alpha = 0$ という特別な場合では，

$$\begin{bmatrix} s \\ c \end{bmatrix} = \begin{cases} \begin{bmatrix} 1 \\ 0 \end{bmatrix}, & |\gamma| \cdot \|x\|_2 > 1 \\ \begin{bmatrix} 0 \\ 1 \end{bmatrix}, & \text{その他} \end{cases} \tag{11.3.19}$$

最後に，ベクトル y は，以下のように得られる．

$$y = \begin{bmatrix} sx \\ (c - sa)/\gamma^* \end{bmatrix} \tag{11.3.20}$$

従来の列ピボット選択 は，一次独立の列を左のほうに移すことによって，一次従属の列を右のほうに回している．このままでは，対角線の下に零でない要素を導入してしまい，R の上三角の構造を壊してしまう．

以下では，この問題を克服するために，増加条件推定手法を用いて，置換行列 $\widetilde{\Pi}^{(k)}$ を決める方法 (列ベクトルの交換方法) について説明する．k ステップ目の操作の後，k 回の双曲ハウスホルダー変換 $H_1, \cdots, H_k$ が実行されたとする．すなわち，

$$R_u = \widetilde{\Pi}^{(k)} = Q^{(k)} R_u^{(k)}$$

ただし，

$$Q^{(k)} = H_1, \cdots, H_k, \qquad R_u^{(k)} = \begin{bmatrix} \widetilde{R}_{11}^{(k)} & \widetilde{R}_{12}^{(k)} \\ 0 & R_{22}^{(k)} \end{bmatrix} \tag{11.3.21}$$

また，$\widetilde{R}_{11}^{(k)}$ は $\sigma_{\min}\big(\widetilde{R}_{11}^{(k)}\big) > \tau$ を満足する．ここで，τ は雑音レベルに基づいた閾値である．雑音の共分散行列を $\sigma^2 I$ とすると，τ を $\sqrt{N}\sigma$ の適切な倍数と選ぶ．

そこで，新しいベクトル $\begin{bmatrix} v \\ \gamma \end{bmatrix}$ を $\widetilde{R}_{11}^{(k+1)}$ に含ませることを考える．行列 $\widetilde{R}_{11}^{(k+1)} = \begin{bmatrix} \widetilde{R}_{11}^{(k)} & v \\ 0 & \gamma \end{bmatrix}$ の最小特異値が大きいことは保証できないが，増加条件推定を用いて，$\widetilde{R}_{11}^{(k+1)}$ の最小特異値の推定 $\widehat{\sigma}_{\min}\big(\widetilde{R}_{11}^{(k+1)}\big)$ が簡単に求められる．$\widehat{\sigma}_{\min}\big(\widetilde{R}_{11}^{(k+1)}\big) > \tau$ であれば，候補ベクトル $\begin{bmatrix} v \\ \gamma \end{bmatrix}$ が $\widetilde{R}_{11}^{(k)}$ の列ベクトルと独立であることが分かり，受け入れてもよいと判断される．そうでなければ，候補ベクトルが $\widetilde{R}_{11}^{(k)}$ の列ベクトルとの一次従属性が強いと判

360 第 11 章 部分空間の追従と更新

断され，$R_u^{(k)}$ の右の方に移動すべきと判断される．ただし，$R_u^{(k)}$ の三角構造を大きく変化させないため，左循環シフトの手法で一次従属の候補ベクトルを右に移動したほうがよい．

r_{ice} ステップの操作の後，$R_u^{(r_{\mathrm{ice}})}$ の右から $M - r_{\mathrm{ice}}$ 個の列が一次従属になったとする．もっと具体的に，$\hat{\tau}\big(\widetilde{R}_{11}^{(r_{\mathrm{ice}})}\big) > \tau$ となり，しかも $\begin{bmatrix} \widetilde{R}_{12}^{(r_{\mathrm{ice}})} \\ \widetilde{R}_{22}^{(r_{\mathrm{ice}})} \end{bmatrix}$ のすべての列が前述の増加条件推定手法で拒否されたとする．これからは，従来の列ピボット選択 [32, 91, 97] を使って $\widetilde{R}_{22}^{(r_{\mathrm{ice}})}$ の分解を行い，R_u の分解を完成すればよい．数値的には，この段階で初めて従来の列ピボット選択を用いたほうが有利である．従来の列ピボット選択では，早期に列交換を行ってしまうのに対して，増加条件推定による手法では，列交換を遅延することによって，できるだけ長く対象行列の構造を保つことができるので，計算量や記憶容量の面で優れている．

■ **例 11.3.1.** 以下の階数が 2 である複素上三角行列

$$R = \begin{bmatrix} -5.5889 & 2.3957 - j0.1108 & 3.4965 + j0.6803 & -5.3300 - j0.9688 \\ 0 & 0.1277 - j1.9829 & -0.2176 + j1.6811 & -0.1039 + j0.5309 \\ 0 & 0 & -0.0003 - j0.0000 & -0.0000 + j0.0000 \\ 0 & 0 & 0 & -0.0002 + j0.0000 \end{bmatrix}$$

について考える．行列 R は 4 個のセンサからなる線形アレイアンテナモデルの観測データから得たものである．ただし，入射信号の個数は 2 であり，雑音レベルは $\sigma = 10^{-4}$ である．式 (11.3.9) の中のベクトル f と g は

$$f^H = \begin{bmatrix} 1.0222 & -0.4532 + j0.2528 & -0.6140 - j0.3215 & 3.9479 + j0.4597 \end{bmatrix}$$

$$g^H = \begin{bmatrix} 0.9895 & -0.4134 - j0.1479 & -0.6374 + j0.0216 & 0.9349 + j0.2164 \end{bmatrix}$$

で与えられたとする．ここで，新しいデータベクトル f には 3 番目の入射信号が始めて含まれるとする．$\widetilde{\Pi} = I$ の場合では，更新後の行列は

$$\widetilde{R} = \begin{bmatrix} 5.5948 & -2.4029 + j0.1830 & -3.4922 - j0.7422 & 5.8803 + j1.0135 \\ 0 & -0.1281 + j1.9882 & 0.2182 - j1.6855 & 0.4308 - j0.4943 \\ 0 & 0 & 0.0003 + j0.0000 & 0.1578 + j0.0201 \\ 0 & 0 & 0 & 2.9020 + j0.1851 \end{bmatrix}$$

となる．入射信号が 3 個になったので，$\widetilde{R}$ の階数も 3 である．しかし，式 (11.3.3) の R_{22} に相当する $\widetilde{R}(4, 4)$ 成分は小さくなっていないので，階数顕現の分解になっていない．

一方，従来の列ピボット選択を用いた場合，更新後の行列は

$$
\widetilde{R}_{\mathrm{cp}} =
\begin{bmatrix}
6.5645 + j1.1932 & -2.9637 - j0.7585 & -2.3247 + j0.2332 \\
0 & 0.3599 - j2.4792 & -0.0066 + j0.7397 \\
0 & 0 & 1.9362 - j0.1479 \\
0 & 0 &
\end{bmatrix}
$$

$$
\begin{bmatrix}
5.0034 + j0.0457 \\
-0.0736 + j1.8750 \\
-1.6404 + j0.2322 \\
-0.0003 + j0.0000
\end{bmatrix}
$$

となる．対応する置換行列は $\widetilde{\varPi}_{\mathrm{cp}} = \begin{bmatrix} 0 & 0 & 0 & 1 \\ 0 & 0 & 1 & 0 \\ 0 & 1 & 0 & 0 \\ 1 & 0 & 0 & 0 \end{bmatrix}$ である．

最後に，増加条件推定を用いた手法では，更新後の行列は

$$
\widetilde{R}_{\mathrm{ice}} =
\begin{bmatrix}
5.5948 & -2.4029 + j0.1830 & 5.8803 + j1.0135 & -3.4922 - j0.7422 \\
0 & -0.1281 + j1.9882 & 0.4308 - j0.4943 & 0.2182 - j1.6855 \\
0 & 0 & 0.7804 - j2.8057 & 0.0000 - j0.0000 \\
0 & 0 & 0 & -0.0001 - j0.0003
\end{bmatrix}
$$

となる．対応する置換行列は $\widetilde{\varPi}_{\mathrm{ice}} = \begin{bmatrix} 1 & 0 & 0 & 0 \\ 0 & 1 & 0 & 0 \\ 0 & 0 & 0 & 1 \\ 0 & 0 & 1 & 0 \end{bmatrix}$ である．

$\widetilde{R}_{\mathrm{cp}}$ と $\widetilde{R}_{\mathrm{ice}}$ は，どちらも階数顕現の分解になっているが，後者のほうが R の最初の 2 列を置換していおらず，更新した要素の数が少ないことが分かる．

■ 11.3.3　雑音部分空間の更新

これまでに，階数顕現の因子を得るために，増加条件推定を用いて，置換行列 $\widetilde{\varPi}$ を生成する方法について説明した．それによって，分解因子の更新計算の際に，すでに得られた三角因子が利用できるようになる．

階数顕現の因子 $\widetilde{R} = \begin{bmatrix} \widetilde{R}_{11} & \widetilde{R}_{12} \\ 0 & \widetilde{R}_{22} \end{bmatrix}$ が得られ，しかも $\sigma_{\min}(\widetilde{R}_{11})$ が閾値 $\xi\sqrt{n}\sigma$ (ξ は，閾値が大きな特異値と小さな特異値とのギャップの間にあるように選定される) より大きいならば，雑音部分空間の基底は式 (11.3.5) より以下のように与えられる．

$$
\widetilde{Y} = \widetilde{\varPi}
\begin{bmatrix}
\widetilde{R}_{11}^{-1} \widetilde{R}_{12} \\
-I
\end{bmatrix} F
\tag{11.3.22}
$$

$\widetilde{R}_{11}$ が悪条件，すなわち，条件数 $\mathrm{cond}(\widetilde{R}_{11}) = \sigma_{\max}(\widetilde{R}_{11})/\sigma_{\min}(\widetilde{R}_{11})$ が大きい場合で

は，上式による雑音部分空間基底の計算には大きな誤差が伴う．このような状況は望ましくないが，起こらないとは限らない．とくに，入射信号のうちの一つがほかより著しく弱いときに，このような状況は避けられない．したがって，増加条件推定によって得られた情報に基づいてこのような状況を検出して，適切な方策をとる必要がある．詳細なアルゴリズムは文献 [18] を参照されたい．

11.4　一次摂動に基づいた適応固有値分解

前の 2 節は，階数顕現の行列分解を利用した雑音部分空間の追従問題について説明した．多くの信号処理やシステム理論の問題では，信号あるいは雑音部分空間だけでなく，固有値あるいは特異値が必要な場合もある．本節からは，固有値あるいは特異値と固有空間の追従と更新の方法について紹介する．固有値と固有空間の追従には，大きく分けて，2 種類の手法がある．第 1 種類は，固有値問題の階数 1 更新 (rank-one update) に基づいた手法であり，第 2 種類は，固有空間の計算を最適化問題に変換する手法である．本節と 11.5 節は第 1 種類の手法，11.6 と 11.7 節は第 2 種類の手法をそれぞれ紹介する．

固有値問題の階数 1 更新に基づいた手法は Golub によって初めて提案され [92]，後に Bunch らによって改良された [29,30]．最近，Champagne は階数 1 更新と一次摂動との関係を明らかにし，一次摂動に基づいた固有値と固有ベクトルの追従手法を提案した [39]．本節では，これに関する理論と具体的なアルゴリズムについて説明する．

11.4.1　階数 1 更新と摂動

以下の数学モデルについて考える．

$$x(k) = A(k)s(k) + n(k) \tag{11.4.1}$$

ただし，$A(k) \in C^{M \times d}$ は信号の応答ベクトルからなる行列，$x(k) \in C^{M \times 1}$ は観測データベクトル，$s(k) \in C^{d \times 1}$ は信号ベクトル，$n(k) \in C^{M \times 1}$ は分散 σ_n^2 の観測雑音ベクトルである．第 10 章より，自己相関行列は

$$R = A(k)R_s(k)A^H(k) + \sigma_n^2 I \tag{11.4.2}$$

である．ただし，$R(k) = E\{x(k)x^H(k)\}$, $R_s(k) = E\{s(k)s^H(k)\}$.

データ長を K とすると，観測データの標本自己相関行列は

$$\widehat{R}(k) = \frac{1}{K} \sum_{k=1}^{K} x(k)x^H(k) \tag{11.4.3}$$

と計算される．しかし，実際の応用では，定常性は有限の長さの区間だけで成立し，時間がたつと，信号の性質が変わることがある．したがって，応用においては，以下の逐次更

新公式がよく用いられる.

$$\widehat{R}(k) = \mu\widehat{R}(k-1) + (1-\mu)x(k)x^H(k) \tag{11.4.4}$$

ここで，μ は忘却係数であり，$0 \le \mu \le 1$ を満足する．式 (11.4.4) は標本共分散行列の階数 1 更新 であり，系列 $x(k)x^H(k)$ の指数時間平均に相当する．$1/(1-\mu)$ は指数窓の有効な長さのおおよその尺度である.

階数 1 更新は，摂動問題と容易に結びつく．これを説明するため，式 (11.4.4) を

$$\widehat{R}(k) = \widehat{R}(k-1) + \epsilon[x(k)x^H(k) - \widehat{R}(k-1)] \tag{11.4.5}$$

と書き直す．ただし，$0 \le \epsilon = 1 - \mu \le 1$. 十分小さな ϵ に対して，修正項 $\epsilon[x(k)x^H(k) - \widehat{R}(k-1)]$ は，$\widehat{R}(k-1)$ の小さな摂動であると解釈できる．直感的に，$\widehat{R}(k)$ の固有値分解と $\widehat{R}(k-1)$ の固有値分解は，ある小さな修正項で関係づけられることが望ましい.

$\widehat{R}(0)$ をエルミート行列と仮定すると，式 (11.4.5) より，すべての正の整数 k と実数 ϵ に対して，$\widehat{R}(k)$ はエルミート行列である．エルミート行列の摂動理論の基本定理 [176] より，$\widehat{R}(k)$ の固有値と固有ベクトルも ϵ のべき級数で展開できる．しかも，$\epsilon \to 0$ のとき，$\widehat{R}(k-1)$ の固有値と固有ベクトルにそれぞれ収束する．以下では，数式を使ってこの定理の意味をより厳密に説明する．$\gamma_i(k)$ と $u_i(k)$ をそれぞれ式 (11.4.5) の中の $\widehat{R}(k)$ の固有値と固有ベクトルとする．すなわち，

$$\widehat{R}(k)u_i(k) = \gamma_i u_i(k), \qquad u_i^H(k)u_j(k) = \delta_{ij} \tag{11.4.6}$$

ただし，δ_{ij} はクロネッカーのデルタである．文献 [176] の第 1 章の定理 1 より，以下のべき級数が存在する.

$$\begin{aligned}
\gamma_i(k) &= \gamma_{i0} + \gamma_{i1}\epsilon + \gamma_{i2}\epsilon^2 + \cdots, &\qquad \gamma_{i0} &= \gamma_i(k-1)\\
u_i(k) &= u_{i0} + u_{i1}\epsilon + u_{i2}\epsilon^2 + \cdots, &\qquad u_{i0} &= u_i(k-1)
\end{aligned} \tag{11.4.7}$$

上記のべき級数は $\epsilon = 0$ の近傍で収束し，式 (11.4.6) を満足する．$\gamma_{i0} = \gamma_i(k-1)$ と $u_{i0} = u_i(k-1)$ はそれぞれ $\widehat{R}(k-1)$ の固有値と固有ベクトルである．γ_{ij} と u_{ij} $(j \ge 1)$ は未定の係数である．摂動のない固有値 γ_{i0} が重複していても，上記の結果が成り立つ．しかし，重複固有値の場合，式 (11.4.7) が存在するように，摂動のない固有ベクトル $\{u_{i0}, i = 1, \cdots, M\}$ の適切な基底を選定する必要がある [176]. 応用においては，式 (11.4.7) の摂動級数は，実際に使える程度の近似式まで打ち切る必要がある．正の整数 n に対して，すべての $m > n$ 次の摂動項 ϵ^m を省略することによって，n 次の近似式を得ることができる．これが可能であるのは，摂動級数が $\epsilon = 0$ の近傍で収束するからである．ゆえに，ϵ が十分小さければ，低次の近似式でもよい精度が得られる.

以下では，式 (11.4.7) の一次近似，すなわち，一次摂動 (first-order perturbation) を用いて，式 (11.4.5) の標本自己相関行列 $\widehat{R}(k)$ の固有値と固有ベクトルを逐次更新する手法について説明する.

■ 11.4.2 一次摂動解析

まず，式 (11.4.7) の中の一次項の係数 γ_{i1} と u_{i1} の基本連立方程式を導出する．そこで，簡単のため，以下の変数を定義する．

$$R_0 = \widehat{R}(k-1), \quad R_1 = x(k)x^H(k) - \widehat{R}(k-1) \tag{11.4.8}$$

よって，式 (11.4.5) は

$$\widehat{R} = R_0 + \epsilon R_1 \tag{11.4.9}$$

と書き直せる．以下の導出では，簡単のために零次項の係数 $\gamma_{i0} = \gamma_i(k-1)$ と $u_{i0} = u_i(k-1)$ をそれぞれ $R_0 = \widehat{R}(k-1)$ の厳密な固有値と固有ベクトルと仮定する．さらに，重複している固有値がある場合には，式 (11.4.7) が成り立つように，適切な正規直交基底 $\{u_{i0}, i = 1, \cdots, M\}$ が選定されたとする．式 (11.4.7) と式 (11.4.9) を式 (11.4.6) に代入して，整理すると，

$$R_0 u_{i0} + (R_0 u_{i1} + R_1 u_{i0})\epsilon = \gamma_{i0} u_{i0} + (\gamma_{i0} u_{i1} + \gamma_{i1} u_{i0})\epsilon + O(\epsilon^2) \tag{11.4.10}$$

が得られる．ここで，$O(\epsilon^2)$ はオーダー ϵ^2 の項を表す．上式は $\epsilon = 0$ の近傍のすべての ϵ について成立するので，両辺の係数を比較すると，

$$R_0 u_{i0} = \gamma_{i0} u_{i0} \tag{11.4.11}$$

$$R_0 u_{i1} + R_1 u_{i0} = \gamma_{i0} u_{i1} + \gamma_{i1} u_{i0} \tag{11.4.12}$$

が得られる．$R_0 u_{i0} = \gamma_{i0} u_{i0}$ 自身は何も新しい情報ももたらさない．一方，$R_0 u_{i1} + R_1 u_{i0} = \gamma_{i0} u_{i1} + \gamma_{i1} u_{i0}$ は，正規直交基底ベクトル $u_{i0}(i = 1, \cdots, M)$ に射影することによって，より簡潔な形式に変換することができる．

式 (11.4.11) と (11.4.12) の両辺に左から u_{i0}^H をかけると，$u_{i0}^H R_0 = \gamma_{i0} u_{i0}^H$ および $\{u_{i0}, i = 1, \cdots, M\}$ の正規直交性より，

$$\gamma_{i1} = u_{i0}^H R_1 u_{i0} \tag{11.4.13}$$

が得られる．同じように，式 (11.4.12) の両辺に左から u_{j0}^H $(j \neq i)$ をかけると，

$$(\gamma_{j0} - \gamma_{i0}) u_{j0}^H u_{i1} = -u_{j0}^H R_1 u_{i0}, \quad j \neq i \tag{11.4.14}$$

が得られる．一方，式 (11.4.7) の $u_i(k)$ を式 (11.4.6) の右の方程式に代入し，式両辺の ϵ のべき乗項の係数を比較すると，もう一つの式が得られる：

$$u_{i1}^H u_{j0} + u_{i0}^H u_{j1} = 0 \tag{11.4.15}$$

以上より，γ_{i1} と u_{i1} を求めるための基本連立方程式が (11.4.13)〜(11.4.15) で与えられる．γ_{i1} は式 (11.4.13) より直接得られる．u_{i1} を基底 $\{u_{i0}, i = 1, \cdots, M\}$ で展開するときの係数 $b_{ji} = u_{j0}^H u_{i1}$ は式 (11.4.14) と (11.4.15) より得ることができる．b_{ji} が決まると，u_{i1} は以下のように得られる．

$$u_{i1} = \sum_{j=1}^{M} b_{ji} u_{j0} \tag{11.4.16}$$

■ **11.4.3** 適応固有値分解アルゴリズム

γ_{i0} の構成によって，式 (11.4.13)〜(11.4.15) の解も異なる．以下では，三つの場合について，それぞれに応じた適応固有値分解アルゴリズムを与える [39]．

■ 固有値が相異なる場合

摂動がないときの固有値 γ_{i0} を降順で並べておく：

$$\gamma_{10} > \gamma_{20} > \cdots > \gamma_{M0} \tag{11.4.17}$$

式 (11.4.8) を式 (11.4.13) に代入し，さらに式 (11.4.11) と摂動のない固有ベクトルの正規直交性を用いると，

$$\gamma_{i1} = |y_i|^2 - \gamma_{i0} \tag{11.4.18}$$

が得られる．ただし，

$$y_i = u_{i0}^H x(k) \tag{11.4.19}$$

はデータベクトル $x(k)$ の，摂動がない固有ベクトル u_{i0} への直交射影である．

また，式 (11.4.17) の仮定のもとで，$\gamma_{j0} - \gamma_{i0} \neq 0 (i \neq j)$ および式 (11.4.14) より，

$$b_{ji} = -b_{ij}^* = \frac{y_i^* y_j}{\gamma_{i0} - \gamma_{j0}}, \quad j \neq i \tag{11.4.20}$$

が得られる．上式が式 (11.4.15) と一致することに注意されたい．式 (11.4.20) において，$\gamma_{i0} - \gamma_{j0}$ が途中で零に近づいた場合，b_{ji} が非常に大きくなるおそれがある．それに対処するためには，以下の安定化措置は有用である．

$$b_{ji} = \frac{y_i^* y_j}{\max(\delta \gamma_{i0}, \gamma_{i0} - \gamma_{j0})}, \quad i < j$$

通常，$\delta = 0.01$ とする．残りの係数 b_{ii} は以下のように求められる．$j = i$ のとき，式 (11.4.15) は $\mathrm{Re}[b_{ii}] = 0$ となる．一方，$\mathrm{Im}[b_{ii}]$ は任意に選択することができる．もっとも簡単な選択は $\mathrm{Im}[b_{ii}] = 0$ である．すなわち，

$$b_{ii} = 0 \tag{11.4.21}$$

式 (11.4.16) より，式 (11.4.21) は，u_{i1} がそれに対応する u_{i0} と直交することを意味する．

観測データベクトル $x(k)$，摂動のない固有値分解 $\gamma_{i0} = \gamma_i(k-1), u_i(k-1)$ ($i = 1, \cdots, M$)，式 (11.4.16)〜(11.4.21)，および式 (11.4.16) より，一次摂動係数 γ_{i1} と u_{i1} が求まるのは明らかである．したがって，得られた γ_{i1} と u_{i1} をべき級数の展開式 (11.4.7) に代入し，2 次以上の高次項を無視することによって，自己相関行列の特異値分解の推定値を逐次に求める適応アルゴリズムが得られる：

366　第 11 章　部分空間の追従と更新

アルゴリズム **11.4.1.** (適応固有値分解アルゴリズム A)

$x(k) \leftarrow \sqrt{\epsilon}x(k)$

for $i = 1 : M$

　　$\eta = u_i^H(k-1)x(k)$

　　$y_i = |\eta|$

　　$u_i(k-1) \leftarrow (\eta/y_i)u_i(k-1)$

end

for $i = 1 : M$

　　$b_{ii} = 0$

　　for $j = j+1 : M$

　　　　$b_{ji} = y_iy_j/\max\bigl(\delta\gamma_i(k-1), \gamma_i(k-1) - \gamma_j(k-1)\bigr)$

　　　　$b_{ij} = -b_{ji}$

　　end

end

for $i = 1 : M$

　　$\gamma_i(k) = (1-\epsilon)\gamma_i(k-1) + y_i^2$

　　$u_i(k) = u_i(k-1) + \sum_{j=1}^{M} b_{ji}u_j(k-1)$

　　$u_i(k) \leftarrow u_i(k)/\|u_i(k)\|_2$

end

適応アルゴリズムでは，計算量低減のため，$u_{i0} = u_i(k-1)$ に大きさ 1 の複素数をかけることによって，式 (11.4.20) の中の y_i が実数となるようにしている．このような修正は，式 (11.4.11) や $\{u_{i0}, i = 1, \cdots, M\}$ の正規直交性には影響しない [39].

■ 雑音固有値が重複している場合

信号処理の応用問題では，雑音部分空間に対応する最小固有値が重複している場合が多い：

$$\gamma_{d+1} = \cdots = \gamma_M = \rho(k) \tag{11.4.22}$$

ただし，$\rho(k)$ は雑音分散の推定値である．実際には，信号固有値が完全に重複することはまれであるので，簡単のため，ここでは

$$\gamma_1(k) > \cdots > \gamma_d(k) > \rho(k) \tag{11.4.23}$$

と仮定する．摂動のない固有値 $\gamma_{i0} = \gamma_i(k-1)$ を用いると，式 (11.4.22) と (11.4.23) を

$$\gamma_{i0} > \cdots > \gamma_{d0} > \gamma_{d+1,0} = \cdots = \gamma_{M0} = \rho_0 \tag{11.4.24}$$

のようにまとめることができる．$\rho_0 = \rho(k-1)$ は摂動のない雑音分散である．

問題は，式 (11.4.24) の条件のもとで，方程式 (11.4.13)~(11.4.15) を解いて，γ_{i1} と u_{i1} を得ることである．これからは，整数集合 $\Omega_1 = \{1, \cdots, d\}$ と $\Omega_2 = \{d+1, \cdots, M\}$ を定義し，$\{u_{i0}, i \in \Omega_1\}$ と $\{u_{i0}, i \in \Omega_2\}$ をそれぞれ摂動のない信号部分空間と雑音部分空間と呼ぶことにする．

方程式 (11.4.13)~(11.4.15) を解くに当たって，おもな難点は式 (11.4.14) に由来している．$i, j \in \Omega_2$ のとき，$\gamma_{j0} - \gamma_{i0}$ が零になるので，式 (11.4.14) から $u_{j0}^H u_{i1}$ を求めるのは不可能である．この場合，式 (11.4.14) を摂動のない雑音部分空間ベクトル $\{u_{i0}, i \in \Omega_2\}$ に対する制約条件として解釈すべきである．この制約条件の必要性は以下のように説明される．γ_{M0} が重複度 $M - d > 1$ を持つので，摂動のない雑音部分空間の固有ベクトルを決めるとき，大きな自由度がある．すなわち，この部分空間の任意の正規直交基底を固有ベクトルとすることができる．しかし，任意の摂動が加えられたとき，雑音部分空間の固有値が相異なる値になってしまう．それらに対応する固有ベクトルも変わってしまう．これらの摂動のある固有ベクトルを摂動のない固有ベクトルの近傍での ϵ べき級数で表現するためには，摂動のない固有ベクトルからある特定の基底を選ぶ必要がある．$i, j \in \Omega_2$ のときの式 (11.4.14) の制約条件はこのような基底の選択可能性を保証する．

$i, j \in \Omega_2$ のとき，式 (11.4.14) は

$$y_i^* y_j = 0 \tag{11.4.25}$$

と簡単化される．ただし，y_i は式 (11.4.19) で定義される．この制約条件を満足させるためには，以下のように摂動のない固有ベクトル $u_{i0}, i \in \Omega_2$ を選ぶ．まず，ベクトル

$$x_s = \sum_{i=1}^{d} y_i u_{i0}, \quad x_n = x(k) - x_s \tag{11.4.26}$$

を定義する．x_s と x_n はそれぞれデータベクトル $x(k)$ の摂動のない信号部分空間と雑音部分空間への直交射影である．この二つのベクトルは直交している．すなわち，$x_n^H x_s = 0$．次に，ベクトル

$$u_{(d+1)0} = x_n / \|x_n\|_2 \tag{11.4.27}$$

を定義する．さらに，$\{u_{i0}, i \in \Omega_2\}$ が摂動のない雑音部分空間の正規直交基底をなすという制約条件の下で，この部分空間から任意に $u_{i0}, i = d+2, \cdots, M$ を選ぶ．式 (11.4.19) より，以下の結果は容易に確かめられる．

$$y_i = \begin{cases} \|x_n\|_2, & i = d+1 \\ 0, & i = d+2, \cdots, M \end{cases} \tag{11.4.28}$$

さらに，式 (11.4.25) が満足されるのは明らかである．$\{u_{i0}, i \in \Omega_2\}$ がいったん選択されると，式 (11.4.13)~(11.4.15) より γ_{i1} と u_{i1} を決めることができる．式 (11.4.13) より，

$$
\gamma_{i1} = \begin{cases} |y_i|^2 \gamma_{i0}, & i = 1, \cdots, d \\ \|x_n\|_2^2 - \rho_0, & i = d+1 \\ -\rho_0, & i = d+2, \cdots, M \end{cases} \tag{11.4.29}
$$

となる．一次展開に，上式を直接適用して，式 (11.4.24) を満足する固有値 $\gamma_{i0} = \gamma_i(k-1), i = 1, \cdots, M$ を更新した場合，$\gamma_{(d+1)1} > \gamma_{(d+2)1} = \cdots = \gamma_{M1}$ であるので，最小固有値の重複度が一つ減ることになり，条件 (11.4.24) は次の更新の際に満足されない．この問題は以下のように解決される．$\gamma_{i1}(i = d+1, \cdots, M)$ の算術平均

$$
\rho_1 = \frac{1}{M-d} \sum_{i=d+1}^{M} \gamma_{i1} = \frac{y_{d+1}^2}{M-d} - \rho_0 \tag{11.4.30}
$$

をまず計算する．そして，$\gamma_i(k-1)(i = d+1, \cdots, M)$ を直接更新するかわりに，以下の一次展開

$$
\rho(k) = \rho_0 + \epsilon \rho_1 \tag{11.4.31}
$$

を用いて雑音分散 $\rho(k-1)$ を更新する．最後に，式 (11.4.16) の係数 b_{ji} を

$$
b_{ji} = -b_{ij}^* = \begin{cases} y_i^* y_j / (\gamma_{i0} - \gamma_{j0}), & i, j \in \{1, \cdots, d+1\}, i \neq j \\ 0, & \text{その他} \end{cases} \tag{11.4.32}
$$

としたとき，式 (11.4.14) と (11.4.15) が満足されることが確認できる．

具体的アルゴリズムは以下のようにまとめられる．

アルゴリズム **11.4.2.** (適応固有値分解アルゴリズム B)

$x(k) \leftarrow \sqrt{\epsilon} x(k)$

for $i = 1 : d$

$\quad \eta = u_i^H(k-1)x(k)$

$\quad y_i = |\eta|$

$\quad u_i(k-1) \leftarrow (\eta/y_i)u_i(k-1)$

end

$x_n = x(k) - \displaystyle\sum_{i=1}^{d} y_i u_i(k-1)$

$y_{d+1} = \|x_n\|_2$

$u_{d+1}(k-1) = x_n/y_{d+1}$

for $i = 1 : d+1$

$\quad b_{ii} = 0$

$\quad$ for $j = j+1 : d+1$

$\quad\quad b_{ji} = y_i y_j / \max(\delta \gamma_i(k-1), \gamma_i(k-1) - \gamma_j(k-1))$

$$b_{ij} = -b_{ji}$$

end

end

for $i = 1 : d$

$$\gamma_i(k) = (1 - \epsilon)\gamma_i(k-1) + y_i^2$$

$$u_i(k) = u_i(k-1) + \sum_{j=1}^{d+1} b_{ji} u_j(k-1)$$

$$u_i(k) \leftarrow u_i(k)/\|u_i(k)\|_2$$

end

$$\gamma_{d+1}(k) = \rho(k) = (1 - \epsilon)\rho(k-1) + y_{d+1}^2/(M - d)$$

■ 固有値の比が大きい場合

隣り合う固有値の比 $\gamma_{i0}/\gamma_{(i+1)0}, i = 1, \cdots, d$ が 1 よりはるかに大きい，すなわち，

$$\gamma_{10} \gg \cdots \gg \gamma_{(d+1)0} = \cdots = \gamma_{M0} \tag{11.4.33}$$

の場合，アルゴリズム 11.4.2 は大幅に簡単化できる．まず，式 (11.4.32) の係数 b_{ji} $(i, j \in \{1, \cdots, d+1\})$ は

$$b_{ji} \approx y_i^* y_j/\gamma_{i0}, \quad i < j \tag{11.4.34}$$

と近似できる．しかも，$b_{ji} = -b_{ij}^*(i > j)$，$b_{ii} = 0$．アルゴリズム 11.4.2 に上の近似式を適用すれば，アルゴリズムは大幅に簡単化できる．それを説明するために，まず正方行列

$$B = [b_{ji}], \quad i, j = 1, \cdots, d+1 \tag{11.4.35}$$

を定義する．式 (11.4.34) を用いると，行列 B は

$$B = YPZ^H - ZP^T Y^H \tag{11.4.36}$$

と分解できる．ただし，

$$Y = \mathrm{diag}(y_1, \cdots, y_{d+1}), \quad Z = \mathrm{diag}(z_1, \cdots, z_{d+1}), \quad z_i = y_i/\gamma_{i0} \tag{11.4.37}$$

$$P = [p_{ji}], \quad p_{ji} = \begin{cases} 1, & i < j \\ 0, & i \geq j \end{cases} \tag{11.4.38}$$

そこで，

$$U_0 = [u_{10}, \cdots, u_{(d+1)0}], \quad U_1 = [u_{11}, \cdots, u_{(d+1)1}] \tag{11.4.39}$$

を定義して，式 (11.4.16) を行列の形で表し，式 (11.4.36) を用いると，

$$U_1 = U_0 B = VZ^H - WY^H \tag{11.4.40}$$

が得られる．ただし，

$$V = [v_1, \cdots, v_{d+1}] = U_0 Y P, \quad W = [w_1, \cdots, w_{d+1}] = U_0 Z P^T \tag{11.4.41}$$

式 (11.4.38) の行列 P の構造より，式 (11.4.40) の U_1 の計算が大幅に簡単化される．実際に，式 (11.4.41) の行列積 $V = U_0 Y P$ は $O(Md)$ の計算量で，以下の逐次計算式で求められる．

$$v_i = v_{i-1} - y_i u_{i0}, \quad i = 1, \cdots, d+1 \tag{11.4.42}$$

ただし，初期条件は

$$v_0 = \sum_{i=1}^{d+1} y_i u_{i0} = x_s + x_n = x(k) \tag{11.4.43}$$

で与えられる．上式には，式 (11.4.26)〜(11.4.28) が用いられた．また，

$$v_d = x_n \tag{11.4.44}$$

が成り立つことにも注意されたい．同じように，式 (11.4.41) の行列 W も逐次計算式で求められる：

$$w_{i+1} = w_i + z_i u_{i0}, \quad i = 1, \cdots, d \tag{11.4.45}$$

ただし，$w_1 = 0_{M \times 1}$．最後に，式 (11.4.40) より，一次係数ベクトル u_{i1} は

$$u_{i1} = z_i^* v_{i1} - y_i^* w_{i1}, \quad i = 1, \cdots, d+1 \tag{11.4.46}$$

で与えられる．アルゴリズム 11.4.2 の場合と同じく，$u_{i1} = 0, i = d; 2, \cdots, M$．具体的な適応アルゴリズムは以下のようである．

アルゴリズム **11.4.3.** (適応固有値分解アルゴリズム C)

$x(k) \leftarrow \sqrt{\epsilon} x(k)$

for $i = 1 : d$

$\quad \eta = u_i^H(k-1)x(k)$

$\quad y_i = |\eta|$

$\quad z_i = y_i / \gamma_i(k-1)$

$\quad u_i(k-1) \leftarrow (\eta/y_i)u_i(k-1)$

end

for $i = 1 : d$

$\quad \gamma_i(k) = (1-\epsilon)\gamma_i(k-1) + y_i^2$

end

$v = x(k)$

$w = 0_{L \times 1}$

for $i = 1 : d$

$\quad v \leftarrow v - y_i u_i(k-1)$

$\quad u_i(k) = u_i(k-1) + z_i v - y_i w$

$$u_i(k) \leftarrow u_i(k)/\|u_i(k)\|_2$$

$$w \leftarrow w + z_i u_i(k-1)$$

end

$$y_{d+1} = \|v\|_2$$

$$\gamma_{d+1}(k) = \rho(k) = (1-\epsilon)\rho(k-1) + y_{d+1}^2/(M-d)$$

アルゴリズム 11.4.1, 11.4.2 と 11.4.3 の計算量はそれぞれ $(1/2)M^3 + O(M^2)$, $(1/2)Md^2 + O(Md)$, $5Md + O(M)$ である.

11.5 修正固有値分解およびその逐次更新

もっとも用いられる観測データの自己相関行列の更新式は,階数 1 更新である:

$$\widehat{R}(t) = \mu\widehat{R}(t-1) + (1-\mu)x(t)x^H(t) \tag{11.5.1}$$

しかし,指数窓にはいくつかの欠点がある:古いデータの影響が長く続くことおよび忘却係数を事前に指定する必要があるなどである.ここでは,滑走窓 (sliding window) を用いる更新式について考える.これは,短時間信号解析手法のように,非定常信号をある短い時間窓内で定常信号と見なしている.具体的には,滑走窓はデータ行列に新しい行ベクトルを付け加えると同時にもっとも古い行ベクトルを削除している.それに対応して,データの自己相関行列は以下のように更新される.

$$\widehat{R}(t) = \widehat{R}(t-1) + \alpha(t)\alpha^H(t) - \beta(t)\beta^H(t) \tag{11.5.2}$$

ここで,$\alpha(t)$ はこれから付け加えるデータベクトルで,$\beta(t)$ は削除されるデータベクトルである.このような更新方式を階数 2 更新 (rank-two update) という [58].

11.5.1 修正固有値問題

いわゆる修正固有値問題 (modified eigenvalue problem) とは,もとのエルミート行列の固有ペア (固有値と固有ベクトル) が既知の場合,修正されたエルミート行列の固有ペアを求める問題である.ここで,以下のような加法的修正について考える.

$$\widehat{R} = R + E \tag{11.5.3}$$

ただし,$R \in C^{M \times M}$ と $\widehat{R} \in C^{M \times M}$ はそれぞれもとの行列と修正後の自己相関行列,E は修正行列 (式 (11.5.2) の中の $\alpha(t)\alpha^H(t) - \beta(t)\beta^H(t)$) である.$E$ もエルミート行列であるが,固有値の符号が不定である.E の固有値が正数であるとき,R の固有ペアから $\widehat{R}$ の固有ペアを求めることを更新 (updating) という.E の固有値が負数であるとき,R の固有ペアから $\widehat{R}$ の固有ペアを求めることを復旧 (downdating) という.E の階数を $k \ll M$

とする. E がエルミート行列であるので, 以下のように重み付きダイアド積展開できる.

$$E = USU^H \tag{11.5.4}$$

ただし, $U \in C^{M \times k}$ であり, $S \in C^{k \times k}$ は正則行列である. 例えば, 式 (11.5.4) は行列 E の固有値と固有ベクトルによる展開とすることができる. ただし, S は対角行列で, その対角要素は固有値である. U は固有値に対応する固有ベクトルからなる行列である.

別の展開例として, E をデータベクトルで直接表現することもできる. ただし, 対角行列 S の対角要素は, (更新あるいは復旧に対応して) 1 または -1 の値を取る. U は対応するデータベクトルからなる行列であり, その列ベクトルは正規直交であるとは限らない.

さらに, R の固有値分解が事前情報として得られているとする:

$$R = QDQ^H \tag{11.5.5}$$

ただし, $D = \mathrm{diag}(d_1, \cdots, d_M)$ は固有値を対角要素とする対角行列, $Q = [q_1, \cdots, q_M] \in C^{M \times M}$ はそれに対応する固有ベクトル行列であり, $QQ^H = Q^H Q = I$ を満足する.

(λ, x) を $\widehat{R}$ の固有ペアとすると,

$$(\widehat{R} - \lambda I)x = 0 \tag{11.5.6}$$

が成り立つ. 固有値 λ は方程式

$$\det[\widehat{R} - \lambda I] = 0 \tag{11.5.7}$$

の解として求まる. 式 (11.5.3) と (11.5.4) を式 (11.5.6) に代入すると,

$$(R - \lambda I)x + USU^H x = 0 \tag{11.5.8}$$

が得られる. 階数 k 修正問題とほかの問題を分離するために, $y = SU^H x$ とすると, 以下の連立方程式が得られる.

$$(R - \lambda I)x + Uy = 0 \tag{11.5.9a}$$

$$U^H x - S^{-1} y = 0 \tag{11.5.9b}$$

式 (11.5.9a) から x を求め, 式 (11.5.9.b) に代入すると,

$$W(\lambda)y = 0 \tag{11.5.10}$$

となる. ただし,

$$W(\lambda) = S^{-1} + U^H (R - \lambda I)^{-1} U = S^{-1} + U^H Q (D - \lambda I)^{-1} Q^H U \tag{11.5.11}$$

$W(\lambda)$ は行列 $M(\lambda)$ の中の $R - \lambda I$ のシューア補元と見なせる:

$$M(\lambda) = \begin{bmatrix} R - \lambda I & -U \\ U^H & S^{-1} \end{bmatrix} \tag{11.5.12}$$

$W(\lambda) \in C^{k \times k}$ は Weinstein-Aronszajn (W-A) 行列ともいう. 修正固有値は, 式 (11.5.7) からではなく, $\det[W(\lambda)] = 0$ から求めることができる. 事実上, λ が $\widehat{R}$ の固有値, すな

わち，$\lambda \in \lambda\big(\widehat{R}\big)$ であることは，λ が $\det[W(\lambda)] = 0$ の解であることとは等価である．この結論は，以下のように示すことができる．式 (11.5.12) に対するシューアの公式 (Schur formula) [86] を適用すると，

$$\det\big[\widehat{R} - \lambda I\big] = \frac{\det[M(\lambda)]}{\det[S^{-1}]} \tag{11.5.13}$$

が得られる．S が正則であるので，$\det\big[\widehat{R} - \lambda I\big] = 0$ と $\det[M(\lambda)] = 0$ は等価である．一方，$\det[M(\lambda)]$ は

$$\det[M(\lambda)] = (-1)^k \det[R - \lambda I]\det[W(\lambda)]$$

と表現できるので，

$$\det[W(\lambda)] = (-1)^k \frac{\det[M(\lambda)]}{\det[R - \lambda I]} = (-1)^k \frac{\det\big[\widehat{R} - \lambda I\big]\det[S^{-1}]}{\det[R - \lambda I]}$$

$$= (-1)^k \det[S^{-1}] \frac{\displaystyle\prod_{i=1}^{M} \big(\widehat{\lambda}_i - \lambda\big)}{\displaystyle\prod_{i=1}^{M} \big(\lambda_i - \lambda\big)} \tag{11.5.14}$$

となる．ただし，$\widehat{\lambda}_i \in \lambda\big(\widehat{R}\big)$，$\lambda_i \in \lambda(R)$．よって，$\{\widehat{\lambda}_i\}$ と $\{\lambda_i\}$ がそれぞれ有理式 $\det[W(\lambda)]$ の零点と極であることが分かる．しかし，以上の導出は $\widehat{R}$ の固有値が R の固有値と異なる場合だけに有効である．実際に，λ が R の固有値のうちのどれかと一致すれば，式 (11.5.11) の中の $R - \lambda I$ は可逆でなくなる．$\widehat{R}$ と R の一部の固有値が等しい場合では，事前にそれらを減次処理する必要がある．

Yu は，スペクトル分割定理 [12] を用いた修正固有値と修正固有ベクトルを求める高速アルゴリズムを提案した [243]．具体的アルゴリズムは以下のステップからなる．

■ (1) 減次

まず，U と q_i が直交する，すなわち，$q_i^H U = 0$ が成り立つ場合について考える．直交条件および式 (11.5.3)~(11.5.5) より，$\widehat{R}q_i = Rq_i$ が成り立つ．しかし，(d_i, q_i) は R の固有ペアであり，$Rq_i = d_i q_i = \widehat{R}q_i$ が成り立つので，(d_i, q_i) はまた $\widehat{R}$ の固有ペアでもある．

次に，もとの行列 R が重複している固有値を持つ場合について考える．λ を R の重複度 m の固有値，$Q = [q_1, \cdots, q_m]$ をそれに対応する固有ベクトル行列とする．Q に対して，ハウスホルダー変換を行い，2 番目以降の固有ベクトルが $U = [u_1, \cdots, u_k]$ の中の u_1 と直交するようにする．すなわち，

$$QH_1 = \big[q_1^{(1)}, \cdots, q_m^{(1)}\big] = Q^{(1)}$$
$$q_i^{(1)H} u_1 = 0, \quad i = 2, \cdots, m \tag{11.5.15}$$

よって，$\{q_i^{(1)}\}_{i=2}^{m}$ は $\lambda \in \lambda\big(\widehat{R}\big)$ に対応するベクトルとなり，その重複度は $m - 1$ である．

ハウスホルダー変換行列 H_1 は以下のように与えられる.

$$H_1 = I - \frac{2b_1 b_1^H}{b_1^H b_1} \tag{11.5.16}$$

ただし, $b_1 = z + \sigma e_1$, $z = Q^H u_1$, $\sigma = \|z\|_2$, $e_1 = [1, 0, \cdots, 0]^H$.

さらに, $\widehat{Q}_1^{(1)} = [q_2^{(1)}, \cdots, q_m^{(1)}]$ とすると, またハウスホルダー変換行列 H_2 によって以下のように変換される.

$$\widehat{Q}^{(1)} H_2 = [q_2^{(2)}, \cdots, q_m^{(2)}] = Q^{(2)}$$

$$q_i^{(2)H} u_2 = 0, \quad i = 3, \cdots, m$$

同じように, k 回の変換を行った後,

$$\widehat{Q}^{(k-1)} H_k = [q_k^{(k)}, q_{k+1}^{(k)}, \cdots, q_m^{(k)}] = Q^{(k)}$$

$$q_i^{(k)H} u_k = 0, \quad i = k+1, \cdots, m \tag{11.5.17}$$

が得られる. よって, $\{q_i^{(k)}\}_{i=k+1}^m$ は $\widehat{R}$ の重複度 $m-k$ の固有値 $\lambda \in \lambda(\widehat{R})$ に対応する固有ベクトルとなる.

■ (2) スペクトル分割

減次などの工夫を施した後, R の残りの d_i が相異なり, $q_i^H U \neq 0$ が成り立つと仮定する. これからは, 固有値を任意の精度で定める有効なアルゴリズムについて説明する. このアルゴリズムはスペクトル分割公式 (spectrum-slicing formula) に基づいている [12]:

$$N_{\widehat{R}}(\lambda) = N_R(\lambda) + D^+[W(\lambda)] - D^+[S] \tag{11.5.18}$$

ここで, $N_{\widehat{R}}(\lambda)$ と $N_R(\lambda)$ はそれぞれ $\widehat{R}$ と R の λ より小さい固有値の個数であり, $D^+[W(\lambda)]$ と $D^+[S]$ はそれぞれ $W(\lambda)$ と S の正慣性 (正の固有値の数) である. R の固有値分解はすでに分かっているので, $N_R(\lambda)$ は容易に得られる. $D^+[S]$ も E の固有値分解から容易に得られる (零でない固有値の個数 k が M より随分小さいことに注意されたい). $D^+[W(\lambda)]$ は, λ の値を式 (11.5.11) に代入し, $W(\lambda)$ を計算してから, $W(\lambda)$ の LDL^H 分解によって得ることができる.

固有値の探索アルゴリズムは以下のように与えられる.

(1) 式 (11.5.18) に基づき, R の各固有値をそれぞれの相異なる区間に配置する.

(2) 二分探索 (bisection search) の手法を用いて, 区間間隔 (l, u) の中間点を $\lambda = (l+u)/2$ とし, 式 (11.5.18) でそれを検証する. λ が所望の精度で収束するまで繰り返す.

具体的には以下の例題を用いて説明する [243].

■ 例 11.5.1.
もとの行列を $R = \mathrm{diag}(50, 45, 40, 35, 30, 25, 20, 15, 10, 5)$ とする. R の固有値は対角要素そのものであり, 固有ベクトルは標準正規直交基底ベクトル e_i $(i = 1, 2, \cdots, 10)$ である. こ

11.5 修正固有値分解およびその逐次更新　375

こでは，R が階数 3 修正を受けるとする．すなわち，

$$\widehat{R} = R + u_1 u_1^T + u_2 u_2^T + u_3 u_3^T$$

ただし，

$$u_1 = [0.3563, -0.2105, -0.3559, -0.3566, 2.1652,$$
$$-0.5062, -1.1989, -0.8823, 0.7211, -0.0067]^T$$
$$u_2 = [-0.5539, -0.4056, -0.3203, -1.0694, -0.5015,$$
$$1.6070, 0.0628, -1.6116, -0.4073, -0.5950]^T$$
$$u_3 = [0.6167, -1.1828, 0.3437, -0.3574, -0.4066,$$
$$-0.3664, 0.8533, -1.5147, -0.7389, 2.1763]^T$$

式 (11.5.4) において，$S = \mathrm{diag}(1,1,1)$ であるので，$D^+[S] = 3$ である．$\widehat{R}$ の固有値は

$$51.1439, \ 47.1839, \ 40.6324, \ 36.9239, \ 36.0696,$$
$$27.6072, \ 22.1148, \ 20.0423, \ 11.0808, \ 8.6086$$

と計算される．式 (11.5.18) が固有値の探索にどう用いられたのかについて説明する．まず，区間 $(20, 25)$ を考える．$N_{\widehat{R}}(25 - \epsilon) = 4$，$N_{\widehat{R}}(20 + \epsilon) = 2$ より，区間 $(20, 25)$ 内では，固有値の個数は 2 であることが分かる．ここで，ϵ は所望の精度であり，$\epsilon = 0.001$ とする．そこで，区間を $(20, 22.5)$ と $(22.5, 25)$ に二分する．$N_{\widehat{R}}(22.5 - \epsilon) = 3$，$N_{\widehat{R}}(22.5 + \epsilon) = 4$ より，区間 $(20, 22.5)$ と区間 $(22.5, 25)$ 内では，それぞれに 1 個の固有値があることが分かる．このように二分探索を続けると，所望の精度まで固有値を求めることができる．二分探索の計算結果を表 11.5.1 に示す．12 回の反復計算で，固有値は 20.0425 に収束した．収束までのステップ数は探索区間 (l, u) と所望の精度 ϵ に依存する．

表 **11.5.1**　スペクトル分割公式を用いた固有値の二分探索

二分回数	区間	中間点	$N_R(\lambda)$	$D^+[W(\lambda)]$	$N_{\widehat{R}}(\lambda)$
1	$(20, 21.25)$	20.6250	4	2	3
2	$(20, 20.625)$	20.3125	4	2	3
3	$(20, 20.3125)$	20.1563	4	2	3
4	$(20, 20.1563)$	20.0782	4	2	3
5	$(20, 20.0782)$	20.0391	4	1	2
6	$(20.0391, 20.0782)$	20.0587	4	2	3
7	$(20.0391, 20.0587)$	20.0489	4	2	3
8	$(20.0391, 20.0489)$	20.0440	4	2	3
9	$(20.0391, 20.0440)$	20.0416	4	1	2
10	$(20.0416, 20.0440)$	20.0428	4	2	3
11	$(20.0416, 20.0428)$	20.0422	4	1	2
12	$(20.0422, 20.0428)$	20.0425	4	2	3

376　第 11 章　部分空間の追従と更新

■ (3) 固有ベクトルの計算

固有値がいったん計算されると，固有ベクトルは二つのステップで計算できる：

(1) 方程式 (11.5.10) より中間変数ベクトル y を求める．実際に，y は $k \times k$ 行列 $W(\lambda)$ の LDL^H 分解の副産物として得られる．収束した λ を代入して計算した $W(\lambda)$ の零固有値の固有ベクトルが y である．

(2) (11.5.9a) より固有ベクトル x を求める．x と y の関係式は以下のように与えられる．

$$x = -(R - \lambda I)^{-1} U y = -Q(D - \lambda I)^{-1} Q^H U y = -\sum_{i=1}^{M} \frac{q_i^H U y}{d_i - \lambda} q_i \quad (11.5.19)$$

x を正規化すると，更新化された固有ベクトルは，$\hat{q} = \dfrac{x}{\|x\|_2}$ と与えられる．

階数 1 修正と階数 2 修正の場合，行列式 $w(\lambda) = \det[W(\lambda)]$ とその微分は陽に計算できるので，固有値はニュートン法などの反復アルゴリズムで探索できる．

■ 11.5.2　階数 1 修正

階数 1 更新 $\hat{R} = R + \alpha \alpha^H$ では，修正行列は $E = \alpha \alpha^H$ であり，式 (11.5.4) の中の U と S は $U = \alpha$, $S = 1$ である．このとき，$W(z)$ は 1×1 行列であるので，その行列式 $w(\lambda) = \det[W(\lambda)]$ と同じである．すなわち，

$$w(\lambda) = 1 + \alpha^H (R - \lambda I)^{-1} \alpha = 1 + \sum_{i=1}^{M} \frac{|q_i^H \alpha|^2}{d_i - \lambda} \quad (11.5.20)$$

これは M 次の有理多項式であり，その M 個の根は M 個の固有値に対応する．ここでは，減次はもう必要ではない，すなわち，R の固有値 d_i が相異なり，しかも $q_i^H \alpha \neq 0$ と仮定する．これらの条件のもとでは，階数 1 修正エルミート行列の固有値は以下のインターレース性 (interlacing property) を満足する [165].

$$d_i < \lambda_i < d_{i-1}, \quad i = 1, 2, \cdots, M \quad (11.5.21)$$

ただし，$d_0 = d_1 + \|\alpha\|_2^2$. よって，各 λ_i の探索区間は $I_i = (d_i, d_{i-1})$, $i = 1, 2, \cdots, M$ に限定することができる．一方，復旧問題 $\hat{R} = R - \beta \beta^H$ では，インターレース性は

$$d_{i+1} < \lambda_i < d_i, \quad i = 1, 2, \cdots, M \quad (11.5.22)$$

となる．ただし，$d_{M+1} = d_M - \|\beta\|_2^2$. よって，各 λ_i の探索区間は $I_i = (d_{i+1}, d_i)$, $i = 1, 2, \cdots, M$ に限定することができる．

更新された固有値は，関数 $w(\lambda)$ に反復探索手法を適用することによって求められる．関数 $w(\lambda)$ の導関数は

$$w'(\lambda) = \sum_{i=1}^{M} \frac{|q_i^H \alpha|^2}{(d_i - \lambda)^2} > 0 \quad (11.5.23)$$

であるので，$w(\lambda)$ は単調増加関数である．したがって，j 番目の固有値はニュートン法と二分探索法を併用して計算することができる．ただし，便宜上，各区間の端点は $l = d_j$ と $u = d_{j-1}$ と記す．各固有値は以下の反復アルゴリズムで並列に計算することができる [13].

$$\lambda_*^{(k+1)} = \lambda^{(k)} - \frac{w(\lambda^{(k)})}{w'(\lambda^{(k)})} \tag{11.5.24}$$

$$\lambda^{(k+1)} = \begin{cases} \lambda_*^{(k+1)}, & \lambda_*^{(k+1)} \in I_j \\ \dfrac{\lambda^{(k)} + u}{2}, & \lambda_*^{(k+1)} > u, \quad \lambda^{(k)} \text{ replaces } l \\ \dfrac{\lambda^{(k)} + l}{2}, & \lambda_*^{(k+1)} < l, \quad \lambda^{(k)} \text{ replaces } u \end{cases} \tag{11.5.25}$$

反復アルゴリズムは，$|\lambda^{(k+1)} - \lambda^{(k)}| < \delta \lambda^{(k+1)}$ となったら終了する．ここで，δ は収束判定のための閾値である．反復計算の途中，解の候補が限定した探索範囲から出て行ったとき，$w(\lambda)$ が単調増加関数であるので，解の候補が出て行った方向に解が存在することが分かる．ゆえに，探索範囲を再設定する必要がある．ニュートン法は対象関数のテイラー展開を一次項までとり，高次の項を打ち切って導かれたものであり，二次の速さで収束する反復アルゴリズムである．テイラー展開の次数を増やすと，収束速度も速くなる [29]．固有値がいったん十分な精度で得られると，固有ベクトルは式 (11.5.19) のように得られる．すなわち，

$$x = -\sum_{i=1}^{M} \frac{q_i^H \alpha}{d_i - \lambda} q_i, \quad \widehat{q} = \frac{x}{\|x\|_2} \tag{11.5.26}$$

■ 11.5.3　階数 2 修正

階数 2 修正問題では，式 (11.5.3) は

$$\widehat{R} = R + [\alpha, \beta] \begin{bmatrix} 1 & 0 \\ 0 & -1 \end{bmatrix} \begin{bmatrix} \alpha^H \\ \beta^H \end{bmatrix} = R + USU^H \tag{11.5.27}$$

となる．ただし，$U = [\alpha, \beta]$，$S = \operatorname{diag}(1, -1)$．Weinstein-Aronszajn (W-A) 行列 $W(\lambda)$ は次の式で与えられる．

$$W(\lambda) = S^{-1} + U^H Q(D - \lambda I)^{-1} Q^H U \tag{11.5.28}$$

$Q^H U = [y, z] \in C^{M \times 2}$ とすると，$W(\lambda)$ の行列式 $w(\lambda)$ は以下のように計算される．

$$w(\lambda) = \left(1 + \sum_{i=1}^{M} \frac{|y_i|^2}{d_i - \lambda}\right) \left(1 - \sum_{i=1}^{M} \frac{|z_i|^2}{d_i - \lambda}\right) + \left(\sum_{i=1}^{M} \frac{y_i^* z_i}{d_i - \lambda}\right) \left(\sum_{i=1}^{M} \frac{z_i^* y_i}{d_i - \lambda}\right)$$

$$\tag{11.5.29}$$

ここでは，減次がもう必要ではない，すなわち，R の固有値が相異なり，しかも $q_i^H \alpha \neq 0$，$q_i^H \beta \neq 0$ と仮定する．階数 1 修正の場合と比較して，階数 2 修正の場合では，もとの

固有値と修正固有値を関係づけるインターレース性はより複雑である．階数 1 更新のインターレース性 (11.5.21) と階数 1 復旧のインターレース性 (11.5.22) を総合すると，階数 2 更新の一般化インターレース性を得ることができる：

$$d_{i+1} < \lambda_i < d_{i-1} \tag{11.5.30}$$

ただし，$d_{M+1} = d_M - \|\beta\|_2^2, d_0 = d_1 + \|\beta\|_2^2$．すなわち，$i$ 番目の修正固有値は，もとの行列の $i+1$ 番目の固有値と $i-1$ 番目の固有値の間にある．この性質は DeGroat と Roberts [59] によって議論された．よって，もとの行列の二つの隣り合う固有値の間には，修正固有値の個数が 0 個，1 個，2 個のどちらかでもありうる．幸いなことに，我々はスペクトル分割公式を用いて固有値を互いに交わらない区間に隔離することができる．固有値がいったん隔離されると，ニュートン法を用いて各固有値を探索することができる．階数 1 修正の場合と同様に，各固有値を求める非線形反復探索アルゴリズムは並列に実行できる．

固有ベクトルの計算は二つのステップからなる．まず，中間変数ベクトル y を式 (11.5.10) の解として求める．そして，固有ベクトル x を式 (11.5.19) のように計算する．ここでは，$k=2$ であるので，式 (11.5.10) の解の形を $y = [1, v]^H$ とすると，

$$v = -\frac{1+a}{b} \tag{11.5.31}$$

が得られる．ただし，

$$a = 1 + \sum_{i=1}^{M} \frac{|y_i|^2}{d_i - \lambda}, \quad b = \sum_{i=1}^{M} \frac{y_i^* z_i}{d_i - \lambda} \tag{11.5.32}$$

式 (11.5.19) を利用すると，固有ベクトルは以下のように与えられる．

$$x = -\sum_{i=1}^{M} \frac{y_i + v z_i}{d_i - \lambda} q_i, \quad \widehat{q} = \frac{x}{\|x\|_2} \tag{11.5.33}$$

多くの信号処理の応用問題では，信号部分空間と雑音部分空間の固有ペアを分けて処理したほうが便利である．信号源の個数が d であるとすると，始めの d 個の固有値と固有ベクトルが信号部分空間に対応する．残りの $M-d$ 個の固有値と固有ベクトルが雑音部分空間に対応する．すなわち，

$$\lambda_1 \geq \cdots \geq \lambda_d > \lambda_{d+1} \approx \cdots \approx \lambda_M \approx \sigma^2$$

階数 1 更新の場合では，始めの $d+1$ 個の固有値と固有ベクトルは更新する必要があり，残りの $M-d-1$ 個の固有値と固有ベクトルは変化しない．信号源が d 個あるというモデルに合わせるために，以下を満足する固有値を更新する．

$$\widehat{\lambda}_1 \geq \cdots \geq \widehat{\lambda}_d > \widehat{\sigma}^2 = \frac{\widehat{\lambda}_{d+1} + (M-d-1)\sigma^2}{M-d} \tag{11.5.34}$$

同じように，階数 k 更新の場合では，始めの $d+k$ 個の固有値と固有ベクトルは更新する必要があり，残りの固有値と固有ベクトルは変化しない．ゆえに，雑音固有値は以下の

ように更新される.

$$\widehat{\sigma}^2 = \frac{\widehat{\lambda}_{d+1} + \cdots + \widehat{\lambda}_{d+k} + (M - d - k)\sigma^2}{M - d} \qquad (11.5.35)$$

実際,信号源の個数が d であるとき,$\widehat{\lambda}_{d+1} \approx \cdots \approx \widehat{\lambda}_{d+k} \approx \sigma^2$ となるはずである.そうでなければ,別の信号源も存在する可能性がある.このことを新しい信号源の検出に用いることができる.

11.6 確率勾配法による固有空間の推定

本章の 11.2〜11.5 節で紹介した手法のほか,固有空間の計算を最適化問題として扱う手法もある.本節から 11.8 節まで,最適化手法を用いた固有空間追従法について説明する.本節では,まず確率勾配法による固有空間の推定手法について説明する [238].

11.6.1 固有空間計算のための最適化理論の枠組み

図 11.6.1 に示される適応固有空間結合器 (adaptive eigenspace combiner) について考える.適応的に推定される信号あるいは雑音部分空間は,正規直交な重みベクトル $W_i = [W_{i1}, W_{i2}, \cdots, W_{iM}]^T$ $(i = 1, 2, \cdots, m)$ によって張られる.到来波推定問題では,図の中の $X_1, X_2, \cdots, X_M$ はそれぞれ $1, 2, \cdots, M$ 番目のセンサアレイの複素受信信号である.そのとき,遅延素子 z^{-1} は除外される (スイッチが「1」に接続する).時系列の周波数推定問題では,時系列データを観測するために,遅延素子が導入される (スイッチは「2」に接続する).定常性のデータについては,i 番目の線形結合器の出力は

$$y_i(k) = W_i^H x(k), \quad i = 1, 2, \cdots, m \qquad (11.6.1)$$

である.ただし,W_i は重みベクトルで,$x(k) = [X_1, X_2, \cdots, X_M]^T$ は時刻 k における観測データベクトルである.信号源の個数が d であるとすると,信号部分空間を推定するときは,$m = d$ であり,雑音部分空間を推定するときは,$m = M - d$ である.

以下の事実は Yang と Kaveh によって初めて証明された [238].

定常信号の場合では,所望の定常状態の重みベクトルは,結合器の出力の二乗平均 J を最小化 (雑音部分空間推定の場合),あるいは最大化 (信号部分空間推定の場合) することによって求められる.ここで,

$$J = E\{y^H y\} = E\{\mathrm{trace}(yy^H)\} = E\{\mathrm{trace}(W^H xx^H W)\} = \mathrm{trace}(W^H RW) \qquad (11.6.2)$$

ただし,W は正規直交制約 $W^H W = I$ を満足する.ここで,$y = [y_1, y_2, \cdots, y_m]^T$,$W = [W_1, W_2, \cdots, W_m]$ はそれぞれ出力ベクトルと重み行列であり,$R = E\{xx^H\}$ は観測データの自己相関行列である.R の固有値分解を $R = Q\Lambda Q^H$ とすると,評価関数 J は

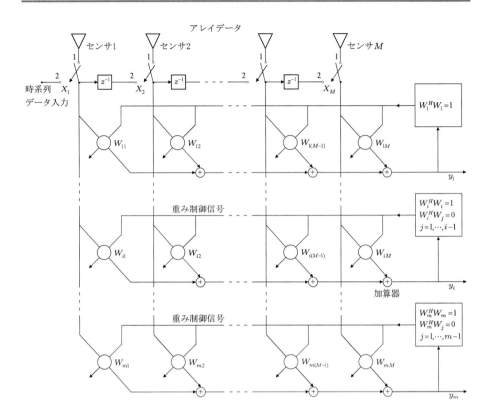

図 11.6.1 適応固有空間結合器

$$J = \mathrm{trace}(V^H \Lambda V) = \sum_{i=1}^{m} V_i^H \Lambda V_i = \sum_{i=1}^{m} J_i \qquad (11.6.3)$$

となる. ただし, V は正規直交制約 $V^H V = I$ を満足する. また,

$$\Lambda = \mathrm{diag}(\lambda_1, \cdots, \lambda_M), \quad V = Q^H W = [V_1, \cdots, V_m], \quad Q = [q_1, \cdots, q_M]$$

$$J_i = V_i^H \Lambda V_i = \sum_{j=1}^{M} |V_{ij}|^2 \lambda_j \qquad (11.6.4)$$

ここで, V_{ij} はベクトル V_i の j 番目の要素である.

図 11.6.1 に示される正規直交制約はグラム - シュミット直交化手法によって実現できる. したがって, 評価関数 J の最小化 (あるいは最大化) は, $V_i^H V_i = 1$, $V_i^H V_j = 0$ ($j = 1, 2, \cdots, i-1$) という制約条件のもとで, 式 (11.6.4) の各 J_i をそれぞれ最小化 (あるいは最大化) することになる.

$V_1^H V_1 = 1$ という制約条件のもとで J_1 を最小化した結果, $V_1 = [0, \cdots, 0, +1]^T$ が

得られる (実際に, $+1$ と -1 のどちらかだけが受け入れられる). V_1 に対応する W_1 は $W_1 = QV_1 = q_M$ となる. すなわち, J_1 を最小化する重みベクトルは R の最小固有ベクトルとなる. 遅延素子を用いる単一の結合器 ($m = 1$) の場合, J の最小化解は Q_M である. これはまさに Thompson が提案した適応ピサレンコ法である [209].

J_2 を最小化するとき, V_2 の M 番目の要素は, V_1 との直交性を満足するためには零でなければならない. 前の議論と同じように, J_2 を最小化する V_2 は $V_2 = [0, 0, \cdots, 0, +1, 0]^T$ となる. すべての V_i ($i = 1, \cdots, m$) に対して類推すると, J を最小化する場合の行列 V は $V = \begin{bmatrix} 0 \\ E_m \end{bmatrix}$ となる. ただし, E_m は $m \times m$ 交換行列である. $m = M - d$ とすると, 最適な重み行列は $W = QV = Q_n = [q_M, q_{M-1}, \cdots, q_{d+1}]$ となる. すなわち, 正規直交制約条件のもとで J を最小化すると, 雑音部分空間を張る重みベクトルを得ることができる. このとき, J_i の最適値は, λ_{M-i+1} ($i = 1, 2, \cdots, M - d$) となる.

一方, 制約条件 $V_1^H V_1 = 1$ のもとで J_1 を最大化する V_1 は $V_1 = [+1, 0, \cdots, 0]^T$ であり, J_2 を最大化するベクトルは $V_2 = [0, +1, 0, \cdots, 0]^T$ である. ゆえに, $m = d$ のとき, J を最大化する場合の行列 V は $V = \begin{bmatrix} I_d \\ 0 \end{bmatrix}$ となる. 最適な重み行列は $W = Q_s = [q_1, \cdots, q_d]$ となる. すなわち, ある適切な制約条件のもとで J を最大化することによって信号固有ベクトルに等しい重みベクトルを得ることができる. また, J_i の最適解は, λ_i ($i = 1, \cdots, d$) となる. J_i は各結合器の出力パワーの平均値であるので, 信号源の個数 d を推定するための適応統計量とすることができる [222].

固有ベクトル行列 Q は以下の性質を持つ.

$$Q^H h(R) Q = \mathrm{diag}[h(\lambda_1), \cdots, h(\lambda_M)] \tag{11.6.5}$$

ただし, 関数 $h(R)$ は $h(R) = \sum_{i=N_2}^{N_1} c_i R^i$ と定義される. ここで, c_i は実数であり, $N_1 \geq N_2$ は正整数, 零あるいは負整数である. この性質は, $h(R)$ と R は同じ固有ベクトル q_i を持ち, 対応する固有値は $h(\lambda_i)$ であることを意味する. ゆえに, $h(\lambda_i)$ を λ_i の単調関数とすると, 前にも議論したように, $h(R)$ の最小 (あるいは最大) 固有値に対応する固有ベクトルは以下の一般化評価関数 J' の最小化 (あるいは最大化) によって求めることができる:

$$J' = \mathrm{trace}[W^H h(R) W] \tag{11.6.6}$$

ただし, 制約条件は $W^H W = I$ である. $h(\lambda_i)$ が λ_i の増加関数であるとき, $h(R)$ の m 個の最小 (最大) 固有値に対応する固有ベクトルは, R の m 個の最小 (最大) 固有値に対応する固有ベクトルと等しい. 逆に, $h(\lambda_i)$ が λ_i の減少関数であるとき, $h(R)$ の m 個の最小 (最大) 固有値に対応する固有ベクトルは, R の m 個の最大 (最小) 固有値に対応す

382　第 11 章　部分空間の追従と更新

る固有ベクトルと等しい．したがって，m を適切に選べば，R の信号あるいは雑音部分空間の固有ベクトルは J' の制約付き最適化によって求められる．適切に選定した一般化評価関数 J' の定常状態での最適解は J のそれと一致するが，適応と近似計算のアルゴリズムによっては，性能が著しく異なる可能性がある．

■ 11.6.2　LMS 型アルゴリズム

一般化評価関数 J' の制約付き最適化は，制約付き勾配探索法によって実現できる．収束係数を定数とすると，重み行列は以下の式で更新される．

$$W'(k) = W(k-1) \pm \mu \nabla(k) \tag{11.6.7}$$

ただし，μ は小さな正数であり，$W(k)$ は $W'(k)$ の列をグラム - シュミット直交化を施して得られたものである．ここで，$\nabla(k)$ は J' の W に対する勾配である．明らかに，式 (11.6.7) の中の ＋ は，J' を最大化するために使われ，－ は最小化するために使われる．$h(\lambda_i)$ が増加関数であるとき，J' の最小化によって，$W(k)$ は雑音固有ベクトルに収束する．このとき，式 (11.6.7) の中で，減算記号 － が使われる．逆に，$h(\lambda_i)$ が減少関数であるとき，J' の最大化によって，$W(k)$ は雑音固有ベクトルに収束する．このとき，式 (11.6.7) の中で，加算記号 ＋ が使われる．

ここでは，$h(R) = R$ と R^{-1} という二つの特別なケースについて考える．

■ $h(R) = R$ の場合

$J' = J$ であり，J の勾配は以下のように計算される．

$$\nabla J = \frac{\partial}{\partial W}\left[\mathrm{trace}(W^H R W)\right] = 2RW \tag{11.6.8}$$

勾配の不偏推定値は，R を標本自己相関行列 $\widehat{R}$ で置き換えることによって得られる．すなわち，

$$\nabla_1(k) = 2\widehat{R}(k)W(k-1) \tag{11.6.9}$$

非定常信号の場合，$\widehat{R}$ は以下のように更新される．

$$\widehat{R}(k) = (1-\alpha)\widehat{R}(k-1) + \alpha x(k)x^H(k) \tag{11.6.10}$$

ただし，α は忘却係数である．このとき，$\widehat{R}(k)$ の固有値の推定値は

$$\widehat{\lambda}_i(k) = J_i(k) = (1-\alpha)J_i(k-1) + \alpha|y_i(k)|^2 \tag{11.6.11}$$

で与えられる．これは文献 [160] で提案された確率勾配法 (stochastic gradient method) である．勾配 ∇J のもっとも簡単な推定値は，式 (11.6.10) の中で $\alpha = 1$ とすることによって得られる．すなわち，以下のような最小二乗平均 (LMS) 型推定値である．

$$\nabla_2(k) = 2x(k)y^H(k) \tag{11.6.12}$$

$\nabla_2(k)$ を信号部分空間の推定に用いるとき，異なる収束係数を用いればよりよい収束性能が得られる．これは，$J_i(k)$ として推定される信号固有値が互いに大きく異なるからである．重みベクトルの正規化 LMS 型適応アルゴリズムは以下のようになる．

$$W_i(k) = W_i(k-1) + 2\mu_i x(k)y_i(k), \quad i = 1, \cdots, d \tag{11.6.13}$$

ただし，

$$\mu_i(k) = \mu\sqrt{\frac{J_d(k)}{J_i(k)}}$$

▓ $h(R) = R^{-1}$ の場合

J' の勾配は

$$\nabla J' = \frac{\partial}{\partial W}\left[\text{trace}(W^H R^{-1} W)\right] = 2R^{-1}W \tag{11.6.14}$$

となる．$h(\lambda_i)$ は減少関数であるので，我々は $-J'$ の推定値に興味がある．$\nabla_1(k)$ および $\nabla_2(k)$ と類似して，$\nabla_3(k)$ および $\nabla_4(k)$ を定義することができる．$-J'$ の不偏推定は，R を標本自己相関行列 $\widehat{R}$ で置き換えることによって得られる．すなわち，

$$\nabla_3(k) = -2\widehat{R}^{-1}(k)W(k-1) = -2T(k)W(k-1) \tag{11.6.15}$$

式 (11.6.10) に対して，逆行列の補題を適用すると，逐次計算式が得られる：

$$T(k) = \frac{1}{1-\alpha}\left[T(k-1) - \frac{z(k)z^H(k)}{(1-\alpha)/\alpha + z^H(k)x(k)}\right] \tag{11.6.16}$$

$$z(k) = T(k-1)x(k) \tag{11.6.17}$$

ただし，$\widehat{R}(k)$ が悪条件であるとき，逐次演算は数値的に不安定になるおそれがある．

しかし，$\alpha = 1$ のとき，式 (11.6.16) は成立しない．そこで，勾配推定の近似を考える：

$$\nabla_4'(k) = -2\left(\epsilon I + x(k)x^H(k)\right)^{-1}W(k-1) \tag{11.6.18}$$

ただし，$0 < \epsilon \ll E\{|X_i|^2\}$．逆行列の補題を適用すると，$\nabla_3(k)$ の瞬時近似が得られる：

$$\nabla_4''(k) = -2\left[I - \frac{x(k)x^H(k)}{x^H(k)x(k)}\right]W(k-1) \tag{11.6.19}$$

ただし，$1/\epsilon$ は収束係数 μ に吸収できるので省いた．

$\nabla_4''(k)$ を式 (11.6.7) に代入して，式の両辺に $(1 \mp 2\mu)$ をかけて整理すると，重み行列の更新式が得られる：

$$W''(k) = W(k-1) \pm \mu'\nabla_4(k) \tag{11.6.20}$$

ただし，$W''(k) = W'(k)/(1 \mp 2\mu)$，$\mu' = 2\mu/(1 \mp 2\mu)$，

$$\nabla_4(k) = \frac{x(k)y^H(k)}{x^H(k)x(k)} \tag{11.6.21}$$

∇_4 は ∇_2 を $[x^H(k)x(k)]^{-1}$ で正規化して得られたものと見なすことができる．

384　第 11 章　部分空間の追従と更新

　文献 [238] では，以上に説明した二つの LMS 型のアルゴリズムの収束速度などを解析している．さらに，並列処理に適したアルゴリズムも提案している．

■ 11.7　共役勾配法による固有空間の追従

　数値解析の分野では，共役勾配法は，大規模なスパース連立方程式の解を求めるためによく用いられる手法の一つである．共役勾配法に基づいたアルゴリズムは信号処理の分野でも数多く報告されてきた．文献 [21] では，共役勾配法による適応フィルタの設計が報告された．対称行列の極値固有ペアに収束する共役勾配アルゴリズムが文献 [239] で解説されている．共役勾配法によるエルミート行列の極値固有ペアを求める反復計算は，文献 [22,182] で報告されている．文献 [22] では，減次の手法を用いて求めた第一極値固有ペアを取り除いてから第二極値固有ペアを得ている．このように繰り返して次々と残りの固有ペアを求めることもできる．一方，文献 [182] では，すでに求められた固有ペアの張る部分空間の直交補空間を用いて次の固有ペアを求めた．これらの手法は時不変のエルミート行列に対しては有効であるが，部分空間追従問題における時変自己相関行列に対しては十分ではない．文献 [103] では，極値特異トリプレット (特異値，左特異ベクトル，右特異ベクトル) を求める共役勾配法が提案された．減次の手法を用いている点で文献 [22] と類似している．この手法も時変行列に不向きである．Fu と Dowling [82] は，時変自己相関行列の部分空間追従のための共役勾配法を提案した．本節では，まず共役勾配法の基本原理 [97] を説明してから Fu と Dowling の手法を説明する．

■ 11.7.1　共役勾配法について

　以下の行列関数の最小化問題について考える．

$$\phi(x) = \frac{1}{2} x^T A x - x^T b$$

ただし，$b \in R^n$，$A \in R^{n \times n}$ は正定対称行列である．$x = A^{-1} b$ とすると，ϕ の最小値は $-\frac{1}{2} b^T A^{-1} b$ となる．ゆえに，ϕ を最小化することと方程式 $Ax = b$ の解を求めることは等価である．

　まず，初期値 x_0 から出発して，探索方向 $\{p_1, p_2, \cdots\}$ に沿って，ϕ を有限回の反復で最小化する手法について説明する．k 回目の修正における x を

$$x_k = x_{k-1} + \alpha_k p_k$$

とする．ただし，α_k は修正の大きさを表す．α_k は $\phi(x_{k-1} + \alpha_k p_k)$ を最小化するように，すなわち，

$$\frac{\partial \phi(x_{k-1} + \alpha_k p_k)}{\partial \alpha_k} = 0$$

となるように決められる：

$$\alpha_k = \frac{p_k^T r_{k-1}}{p_k^T A p_k}$$

ここで，$r_{k-1} = b - Ax_{k-1}$ は x_{k-1} における残差という．以上のように α_k を選ぶと，

$$\phi(x_{k-1} + \alpha_k p_k) = \phi(x_{k-1}) - \frac{1}{2}\frac{(p_k^T r_{k-1})^2}{p_k^T A p_k}$$

が得られる．ゆえに，反復ごとに $\phi(x_k)$ が減少していくことが分かる．ϕ を減少させるために，p_k と r_{k-1} が直交することは避けるべきである．すなわち，$p_k^T r_{k-1} \neq 0$．

点 x_{k-1} において，ϕ が負の勾配 $-\nabla\phi(x_{k-1}) = b - Ax_{k-1}$ の方向でもっとも速く減少する．したがって，ϕ のもっとも簡単な最小化手法は $p_k = r_{k-1}$ とする最急降下法 (steepest decent method) である．しかし，とくに A の条件数が大きいとき，最急降下法は収束が非常に遅いことが知られている [97]．最急降下法の欠点を改善するために探索方向 $p_1, \cdots, p_k$ が互いに一次独立するように選ぶことを考える．すなわち，最小化問題は

$$\min_{x \in x_0 + \mathrm{span}\{p_1, \cdots, p_k\}} \phi(x) \tag{11.7.1}$$

となる．この場合，$\{p_1, \cdots, p_k\}$ が n 次元の空間基底を構成しているので，$k = n$ 回の反復で真値に収束できることが知られている [97]．探索方向ベクトル p_k が

$$p_k \in \mathrm{span}\{Ap_1, \cdots, Ap_{k-1}\}^{\perp}$$

を満足するように選ぶと，

$$p_i^T A p_j = 0, \quad i \neq j \tag{11.7.2}$$

が成り立つ．このとき，探索方向ベクトル $p_1, \cdots, p_k$ が互いに A-共役 (A-conjugate) という．行列 $P_k = [p_1, \cdots, p_k]$ を定義すると，A の正定性より，$p_1, \cdots, p_k$ が A-共役であるならば，

$$P_k^T A P_k = \mathrm{diag}(p_1^T A P_1, \cdots, p_k^T A P_k)$$

は正則である．すなわち，P_k は最大列階数を持つので，$p_1, \cdots, p_k$ は互いに一次独立である．共役勾配法 (conjugate gradient method) は，A-共役条件 (11.7.2) を満足しながら，探索方向 p_k をなるべく最急降下方向 r_{k-1} に近づくように選んで得られたものである：

$$\min_{p_k \in \mathrm{span}\{Ap_1, \cdots, Ap_{k-1}\}^{\perp}} \|p_k - r_{k-1}\|_2^2 \tag{11.7.3}$$

共役勾配法については，以下の結果が知られている：

❏ 定理 11.7.1. 共役勾配法では，k 回の反復の後，以下の結果が成り立つ．

(1)　$r_k = r_{k-1} - \alpha_k A p_k$;

(2)　$[p_1, \cdots, p_k]^T r_k = 0$;

(3)　$\mathrm{span}\{p_1, \cdots, p_k\} = \mathrm{span}\{r_0, \cdots, r_{k-1}\} = \mathrm{span}\{r_0, Ar_0, \cdots, A^{k-1}r_0\}$;

386   第 11 章　部分空間の追従と更新

(4)　残差 $r_0, \cdots, r_k$ は互いに直交する.

❑ **系 11.7.1.** 残差と探索方向ベクトルについては,

$$p_k \in \mathrm{span}\{p_{k-1}, r_{k-1}\}$$

が成り立つ. ただし, $k \geq 2$.

　系 11.7.1 の結果より, p_k を

$$p_k = r_{k-1} + \beta_k p_{k-1} \tag{11.7.4}$$

の形式で表現できる. $p_{k-1}^T A p_k = 0$ より, 上式の両辺に左から $p_{k-1}^T A$ をかけると,

$$\beta_k = -\frac{p_{k-1}^T A r_{k-1}}{p_{k-1}^T A p_{k-1}}$$

が得られる. 一方, $r_k = r_{k-1} - \alpha_k A p_k$ と $p_k = r_{k-1} + \beta_k p_{k-1}$ に残差の直交性を用いると, 以下の関係を導くことができる.

$$r_{k-1}^T r_{k-1} = -\alpha_{k-1} r_{k-1}^T A p_{k-1}, \qquad p_{k-1}^T r_{k-2} = r_{k-2}^T r_{k-2}$$

また, $\alpha_k = p_k^T r_{k-1}/(p_k^T A p_k)$ と $p_{k-1}^T r_{k-2} = r_{k-2}^T r_{k-2}$ より,

$$r_{k-2}^T r_{k-2} = \alpha_{k-1} p_{k-1}^T A p_{k-1}$$

が得られる. 以上の関係を式 β_k に代入すると, 以下の結果が得られる.

$$\beta_k = \frac{r_{k-1}^T r_{k-1}}{r_{k-2}^T r_{k-2}}$$

　行列方程式 $Ax = b$ (A は対称正定行列) の解を求める共役勾配法のアルゴリズムを以下のようにまとめる [97].

アルゴリズム **11.7.1.**

$k = 0$

$r_0 = b - Ax_0$

while $r_k \neq 0$

　　$k = k + 1$

　　if $k = 1$

　　　　$p_1 = r_0$

　　else

　　　　$\beta_k = r_{k-1}^T r_{k-1}/r_{k-2}^T r_{k-2}$

　　　　$p_k = r_{k-1} + \beta_k p_{k-1}$

　　end

　　$\alpha_k = r_{k-1}^T r_{k-1}/p_k^T A p_k$

　　$x_k = x_{k-1} + \alpha_k p_k$

$$r_k = r_{k-1} - \alpha_k A p_k$$

end

$$x = x_k$$

■ 11.7.2　固有空間追従のための評価関数

信号モデル (11.4.1) の性質が緩やかに変化し，雑音が信号と無相関であると仮定する．緩やかに変化するとは，観測データベクトル x_k は指数窓の有効な長さで近似的にエルゴード性を持つことを意味する [82]．時刻 k における標本自己相関行列は

$$\widehat{R}_k = (1 - \alpha) \sum_{j=0}^{k} \alpha^{k-j} x_j x^H = \alpha \widehat{R}_{k-1} + (1 - \alpha) x_k x_k^H \tag{11.7.5}$$

で与えられる．ただし，$0 \leq \alpha \leq 1$ は忘却係数である．

11.6 節で紹介した評価関数 (11.6.2) と類似して，以下の評価関数を定義する．

$$J(U) = \mathrm{trace}(U^H R U) \tag{11.7.6}$$

ただし，制約条件は $U^H U = I$ である．ここで，$R \in C^{M \times M}$ はエルミート自己相関行列である．R の固有値分解を $R = V \Sigma V^H$ とする．固有ベクトル行列 $V = [V_s, V_n]$ について，$V_s \in C^{M \times d}$ と $V_n \in C^{M \times (M-d)}$ はそれぞれ信号と雑音部分空間に対応する固有ベクトルを表す．$Q_s \in C^{d \times d}$ と $Q_n \in C^{(M-d) \times (M-d)}$ を任意の直交回転行列とすると，11.6 節で説明したように，$U = V_s Q_s$ のとき，J は最大化される．一方，$U = V_n Q_n$ のとき，J は最小化される．すなわち，評価関数 $J(U)$ の変数 U が信号部分空間を表すとき，J は最大化され，U が雑音部分空間を表すとき，J は最小化される．したがって，$J(U)$ は一種の部分空間評価関数である．後に示す共役勾配法による部分空間追従アルゴリズムを導出するため，$J(U)$ を以下のように書き直す．

$$J(U) = \mathrm{trace}(U^H R U) = \sum_{i=1}^{m} u_i^H R u_i = \sum_{i=1}^{m} J_i(u_i) \tag{11.7.7}$$

ただし，m は求めたい固有ペアの個数であり，

$$J_i(u_i) = u_i^H R u_i \tag{11.7.8}$$

ゆえに，11.6 節で説明したように，制約条件

$$u_i^H u_i = 1, \quad u_i^H u_j = 0, \quad i \neq j \tag{11.7.9}$$

のもとで，J_i を最大化すると，信号固有ベクトル集合 $(i = 1, \cdots, d)$ が得られ，最小化すると，雑音固有ベクトル集合 $(i = d + 1, \cdots, M)$ が得られる．

■ 11.7.3 固有値反復分解のための共役勾配法アルゴリズム

まず，固定したエルミート行列 R の信号あるいは雑音部分空間に収束する共役勾配法を導出する．k を反復回数とすると，i 番目の固有値の近似値は

$$\lambda_i(k) = J_i(k) = u_i^H(k)Ru_i(k) \tag{11.7.10}$$

で与えられる．一方，$\lambda_i(k)$ と $u_i(k)$ が真の固有ペアであるならば，

$$\lambda_i(k)u_i(k) = Ru_i(k) \tag{11.7.11}$$

の関係が成り立つ．ゆえに，k 回目の反復における残差は

$$r_i(k) = \lambda_i(k)u_i(k) - Ru_i(k) \tag{11.7.12}$$

となる．これは $u_i^H u_i = 1$ という制約条件のもとでの J_i の $u_i(k)$ についての負の勾配である [182, 239]．

$p_i(k)$ を k 回目の探索方向ベクトルとする．ただし，その初期値は $p_i(0) = r_i(0)$ で与えられる．11.7.1 項で説明したように，新しい探索方向の更新は残差 $r(k)$ と現在の探索方向 $p(k)$ の線形結合である：

$$p_i(k+1) = r_i(k) - q_i(k)p_i(k) \tag{11.7.13}$$

共役勾配法では，固有ベクトルは以下のように更新される．

$$v_i(k+1) = u_i(k) + t_i(k)p_i(k) \tag{11.7.14}$$

ただし，修正係数 $t_i(k)$ は評価関数 $J_i(k+1)$ を最大化あるいは最小化するように決められる．

共役勾配法による固有値分解の反復計算は，u_i の正規直交制約条件のもとで J_i を最大化あるいは最小化することによって実現される．しかも，式 (11.7.13) の中の係数 $q_i(k)$ は，新しい探索方向ベクトル $p_i(k+1)$ が R に関して共役条件

$$p_i^H(k+1)Rp_i(k) = 0 \tag{11.7.15}$$

を満足するように選ぶ必要がある．式 (11.7.13) と (11.7.15) より，

$$p_i^H(k+1)Rp_i(k) = [r_i(k) - q_i(k)p_i(k)]^H Rp_i(k) = 0 \tag{11.7.16}$$

が成り立つので，

$$q_i^*(k) = \frac{r_i^H(k)Rp_i(k)}{p_i^H(k)Rp_i(k)} \tag{11.7.17}$$

が得られる．

しかし，式 (11.7.14) のままで固有ベクトルを更新すると，$v_i(k+1)$ は互いに正規直交にならない．ゆえに，式 (11.7.14) の更新の後，$v_i(k+1)$ を正規直交な固有ベクトル $u_i(k+1)$ に変換する必要がある．ここでの問題は，$u_i(k+1)$ が正規直交であるという制約条件のもとで $J_i(k+1)$ を最大化または最小化するように，式 (11.7.14) の中の修正係

数 $t_i(k)$ を決めることである．したがって，更新され，かつ正規直交化された固有ベクトルの表現式が必要である．グラム - シュミット直交化を用いると，$v_i(k+1)$ は以下のように変換される．

$$u_i(k+1) = \frac{B_i v_i(k+1)}{\sqrt{v_i^H(k+1)B_i v_i(k+1)}} \tag{11.7.18}$$

ただし，$B_i = I - \sum_{j=1}^{i-1} u_j(k+1)u_j^H(k+1)$ である．ここで，$v_i(k+1)$ が $t_i(k)$ の関数であることに注意されたい．

これからは，評価関数

$$
\begin{aligned}
J_i(k+1) &= u_i^H(k+1)Ru_i(k+1) \\
&= \frac{v_i^H(k+1)B_i^H RB_i v_i(k+1)}{v_i^H(k+1)B_i v_i(k+1)} \\
&= \frac{[u_i(k)+t_i(k)p_i(k)]^H B_i^H RB_i[u_i(k)+t_i(k)p_i(k)]}{[u_i(k)+t_i(k)p_i(k)]^H B_i[u_i(k)+t_i(k)p_i(k)]} \\
&= \frac{\lambda + t_i(k)a + t_i^*(k)a^* + t_i(k)t_i^*(k)b}{e + t_i(k)c + t_i^*(k)c^* + t_i(k)t_i^*(k)d}
\end{aligned} \tag{11.7.19}
$$

を最小化または最大化するように $t_i(k)$ を決めることについて検討する．ただし，

$$\lambda = u_i^H(k)B_i^H RB_i u_i(k), \quad a = u_i^H(k)B_i^H RB_i p_i(k), \quad b = p_i^H(k)B_i^H RB_i p_i(k)$$

$$e = u_i^H(k)B_i u_i(k), \quad\quad c = u_i^H(k)B_i p_i(k), \quad\quad d = p_i^H(k)B_i p_i(k)$$

$t_i(k) = \sigma + j\rho$ が連立方程式

$$\frac{\partial J_i(k+1)}{\partial \sigma} = 0, \quad \frac{\partial J_i(k+1)}{\partial \rho} = 0 \tag{11.7.20}$$

を満足するとき，$J_i(k+1)$ は最大化または最小化される．上記の連立方程式より，以下の関係式が成り立つ．

$$(bc - ad)t_i^2(k) + (be - \lambda d + a^* c - ac^*)t_i(k) + (a^* e - \lambda c^*) = 0 \tag{11.7.21}$$

二次方程式を解くと，

$$t_i(k) = \frac{-f \pm \sqrt{f^2 - 4hg}}{2h} \tag{11.7.22}$$

と求められる．ただし，

$$f = be - \lambda d + a^* c - ac^*, \quad g = a^* e - \lambda c^*, \quad h = bc - ad$$

しかし，$\sqrt{f^2 - 4hg}$ の前の符号は最大化あるいは最小化の目的に応じて適切に決める必要がある．最大化問題では，$J_i(k+1)$ が $J_i(k)$ より増えるように，最小化問題では，$J_i(k+1)$ が $J_i(k)$ より減るように決める必要がある [82, 182]．

最大化を行うとき，$u_i^H(k+1)Ru_i(k+1) \geq u_i^H(k)Ru_i(k)$ がいつでも満足されるとは限

らないことに注意されたい.

$$u_i^H(k)Ru_i(k) > u_i^H(k+1)Ru_i(k+1) \qquad (11.7.23)$$

のときでは，$u_i(k)$ を探索範囲の端点と見なし，

$$v_i(k+1) = u_i(k) \qquad (11.7.24)$$

とする．最小化するときにも，類似した工夫が必要である．また，正規直交化を行うため，$u_i(k+1)$ は式 (11.7.18) より得られる.

以上の議論をまとめると，ある固定したエルミート行列の d 個の極値固有ペアを求めるアルゴリズムは以下のようになる [82].

アルゴリズム 11.7.2. (共役勾配法による固有値分解反復アルゴリズム)

初期化：

(1) 求めたい固有ベクトルの初期値 $U(0) = [u_1, \cdots, u_2, \cdots, u_d]$ を与える．ただし，$U^H(0)U(0) = I$.

(2) 固有値の近似値 $\lambda_i(0) = u_i^H(0)Ru_i(0)$ を計算する.

(3) 残差 $r_i(0) = \lambda_i(0)u_i(0) - Ru_i(0)$ を計算する.

(4) 初期探索方向ベクトルを $p_i(0) = r_i(0)$ とする.

for $k = 1, 2, 3, \cdots$

　for $i = 1 : d$, 以下を計算する.

(1) 式 (11.7.17) で $q_i(k)$ を計算する．計算量は $O(M^2)$ である.

(2) 式 (11.7.13) で $p_i(k+1)$ を計算する．計算量は $O(M)$ である.

(3) 式 (11.7.22) で $t_i(k)$ を計算する．計算量は $O(M^2)$ である.

(4) 式 (11.7.14) あるいは式 (11.7.24) で $v_i(k+1)$ を計算し，式 (11.7.18) で $u_i(k+1)$ を計算する．計算量はそれぞれ $O(M)$ と $O(M^2)$ である.

(5) 式 (11.7.12) で $r_i(k+1)$ を計算する．計算量は $O(M^2)$ である.

(6) 式 (11.7.10) で $\lambda_i(k+1)$ を計算する．計算量は $O(M^2)$ である.

　end

end

1 回の反復では，$O(dM^2)$ の計算量が必要である.

■ 11.7.4　固有空間追従のための共役勾配アルゴリズム

前節で紹介した固定したエルミート行列 R に対する共役勾配法による固有値分解反復アルゴリズムを式 (11.7.5) で更新される標本自己相関行列の場合にそのまま適用すると，

11.7　共役勾配法による固有空間の追従　391

共役勾配固有空間追従アルゴリズム (CGET1 と記す) が得られる．CGET1 アルゴリズムでは，時刻 k において，$\widehat{R}_k$ を更新してから，直前に求められた固有ペアを初期値として，アルゴリズム 11.7.1 の共役勾配反復を 1 回実行する．この手法は収束が速いが，計算量は $O(dM^2)$ であり，応用状況によっては，計算量が大きすぎると考えられる．

　ここでは，計算量が $O(d^2M)$ である共役勾配固有空間追従アルゴリズム (CGET2 と記す) の導出について説明する．そのために，いくつかの仮定と近似が必要である．まず，式 (11.4.1) のモデルで仮定したように，雑音が白色である必要がある．雑音が白色ではないとき，その共分散行列を推定できれば [119]，雑音を白色化することができる [133]．雑音が白色になると，各雑音固有値をそれらの平均値で近似し，雑音共分散行列の非対角成分をすべて零にすることによって，雑音部分空間を球体化 (sphericalize) することできる．

　この近似手法は部分空間平均 [119] (subspace averaging) といい，更新の度に行われることができる．部分空間平均がいったん更新処理に組み込まれると，減次は可能となる．固有空間の追従アルゴリズムの中で，雑音固有値をすべてそれらの平均値に強制的に置き換え，雑音部分空間の球体化を維持する．雑音部分空間の球体化の利点として，雑音部分空間そのものに影響を与えずに，その固有ベクトルの方向を任意に調整することができる．これは，我々に雑音部分空間基底を回転させる自由度をもたらす．基底回転によって，新しいデータベクトル x_k の雑音部分空間への射影が雑音部分空間の 1 番目の基底ベクトルに投射されるようにすることができる．ゆえに，$M-d$ 次元の雑音部分空間の計算は 1 次元の計算に簡単化できる．この手法も減次といい，計算量を CGET1 の $O(dM^2)$ から CGET2 の $O(d^2M)$ に減らすことができる．以上のアイデアを用いて，平方根減次アルゴリズム (square-root deflated algorithm) の導出について説明する．

　まず，以下の二つの行列を定義する．

$$A_k = \begin{bmatrix} \sqrt{\alpha^k} x_0^H \\ \sqrt{\alpha^{k-1}} x_1^H \\ \vdots \\ \sqrt{\alpha^0} x_k^H \end{bmatrix} \tag{11.7.25}$$

$$A_{k+1} = \begin{bmatrix} \sqrt{\alpha} A_k \\ x_{k+1}^H \end{bmatrix} \tag{11.7.26}$$

そこで，A_k の部分的特異値分解 (partial singular value decomposition) $Q_0^H A_k V = R$ が存在するとする．この分解は，

$$
\begin{bmatrix} \sqrt{\alpha^k}x_0^H \\ \sqrt{\alpha^{k-1}}x_1^H \\ \vdots \\ \sqrt{\alpha^0}x_k^H \end{bmatrix} [V_1, V_2] = Q_0 \begin{bmatrix} R_d & 0 \\ 0 & \sigma_n I \\ 0 & 0 \end{bmatrix} \tag{11.7.27}
$$

とも書ける. ただし, $R_d \in C^{d \times d}$ は上三角行列であり, $V_1 \in C^{M \times d}, V_2 \in C^{M \times (M-d)}$ は
それぞれ信号と雑音部分空間の基底の推定値である. R_d が対角であれば, 上の分解は特異
値分解になる. ゆえに, 反復演算によって R_d を対角行列にする必要がある. ここでの方
針として, A_k の下に行ベクトルを追加してから, 分解を更新することによって, 特異値分
解に近づくようにする. 11.2 節で紹介した URV 分解も一種の部分的特異値分解であるこ
とに注意されたい.

まず, 式 (11.7.27) を考慮して A_{k+1} に対して, 以下の分解をする.

$$
\begin{bmatrix} \sqrt{\alpha^{k+1}}x_0 \\ \sqrt{\alpha^k}x_1 \\ \vdots \\ x_{k+1}^H \end{bmatrix} [V_1, V_2] = \begin{bmatrix} Q_0 & 0 \\ 0 & 1 \end{bmatrix} Q_G Q_G^H \begin{bmatrix} \sqrt{\alpha}R_d & 0 \\ 0 & \sqrt{\alpha}\alpha_n I \\ 0 & 0 \\ x_s^H & x_n^H \end{bmatrix} \tag{11.7.28}
$$

ただし, $x_s^H = x_{k+1}^H V_1 \in C^{1 \times d}$, $x_n^H = x_{k+1}^H V_2 = [\beta, 0, \cdots, 0] \in C^{1 \times (M-d)}$. Q_G^H は $d+1$
個のギブンス回転の積であり, $Q_G Q_G^H = I$ を満足する. Q_G は x_s^H と β を消去するため
に用いられる [132].

V_2 の部分空間が球体化されたとすると, その基底の方向は, V_2 の 1 番目の列ベクトル
v_{d+1} が x_{k+1} の V_2 部分空間への写像と同じ方向となるように, 暗黙裡に調整されている
ので, x_n^H がスパース構造を持つことが可能である. x_{k+1} の V_1 と V_2 部分空間への射影は
それぞれ

$$
V_1 x_s = V_1 V_1^H x_{k+1}, \quad V_2 x_n = V_2 V_2^H x_{k+1}
$$

であること, および V_1 と V_2 部分空間が互いに直交補空間をなしていることより, $V_2 x_n = v_{d+1}\beta = V_2 V_2^H x_{k+1} = x_{k+1} - V_1 V_1^H x_{k+1}$ の関係が成り立つ. ゆえに, $v_{d+1} = (x_{k+1} - V_1 x_s)/\beta$ が得られる. さらに, $\beta = \|V_2 x_n\|_2 = \|x_n\|_2 = \sqrt{\|x_{k+1}\|_2^2 - \|x_s\|_2^2}$ (ピタゴラス
の定理) となる. 回転操作が施された後, 式 (11.7.28) は

$$
A_{k+1}[V_1, V_2] = \begin{bmatrix} Q_0 & 0 \\ 0 & 1 \end{bmatrix} Q_G \begin{bmatrix} R_{d+1} & 0 \\ 0 & \alpha'_n I \\ 0 & 0 \end{bmatrix} = U_0 \begin{bmatrix} R_{d+1} & 0 \\ 0 & \alpha'_n I \\ 0 & 0 \end{bmatrix} \tag{11.7.29}
$$

と書ける. 次の操作は, 共役勾配を用いて式 (11.7.29) を特異値分解に近づけることであ
る. ここでの問題は, R_{d+1} を共役勾配法で対角化することである. 説明の便利のため, ま

ず式 (11.7.29) を以下のように書く.

$$A_{k+1}V = U_0 R_0 \tag{11.7.30}$$

ここで,A_{k+1} が標本自己相関行列 (11.7.5) の平方根であること,すなわち,$\widehat{R}_{k+1} = A_{k+1}^H A_{k+1}$ であることに注意されたい.V によって変換された相関行列を書き出すことができる:

$$(A_{k+1}V)^H(A_{k+1}V) = R_0^H U_0^H U_0 R_0 = R_0^H R_0 \tag{11.7.31}$$

より,V によって変換された標本自己相関行列は

$$\widehat{R}_{k+1}^V = V^H A_{k+1}^H A_{k+1} V = \begin{bmatrix} R_{d+1}^H R_{d+1} & 0 \\ 0 & \sigma_n'^2 I \end{bmatrix} \tag{11.7.32}$$

となる.この結果は興味深いものである.以降の計算は,すべて $d+1$ 次元のデータに対するものになるからである.すなわち,共役勾配法による固有値分解反復アルゴリズムを $R_{d+1}^H R_{d+1}$ に適用すればよい.ユニタリ行列 $Q_R \in C^{(d+1)\times(d+1)}$ を固有ベクトル行列の推定値とすると,初期値 $Q_R = I$ からスタートして,1, 2 回の反復の後,

$$\widetilde{R} = Q_R^H R_{d+1}^H R_{d+1} Q_R \tag{11.7.33}$$

はほとんど対角となるので,

$$\widetilde{R}_{d+1} = \sqrt{\widetilde{R}} \tag{11.7.34}$$

として,$\widetilde{R}$ の非対角成分を零にすればよい.

そこで,式 (11.7.29) を以下のように表現する:

$$A_{k+1}V = U_0 \overline{Q}_L \overline{Q}_L^H R_0 \overline{Q}_R \overline{Q}_R^H \tag{11.7.35}$$

ここで,

$$\overline{Q}_L = \begin{bmatrix} Q_L & 0 \\ 0 & I \end{bmatrix} \in C^{(k+1)\times(k+1)}, \qquad \overline{Q}_R = \begin{bmatrix} Q_R & 0 \\ 0 & I \end{bmatrix} \in C^{M\times M}$$

ただし,$Q_L \in C^{(d+1)\times(d+1)}$ は R_{d+1} の左特異ベクトル行列である.

式 (11.7.29) と (11.7.35) を用いると,

$$A_{k+1}V = U_0 \overline{Q}_L \begin{bmatrix} \widetilde{R}_{d+1} & 0 \\ 0 & \sigma_n' I \\ 0 & 0 \end{bmatrix} \overline{Q}_R^H \tag{11.7.36}$$

あるいは,

$$A_{k+1}[V_1, V_2]\overline{Q}_R = U_0 \overline{Q}_L \begin{bmatrix} \widetilde{R}_{d+1} & 0 \\ 0 & \sigma_n' I \\ 0 & 0 \end{bmatrix} \tag{11.7.37}$$

が得られる.これは再び式 (11.7.27) の形式になる.以上の式はアルゴリズムの数学的表現

を記述しており，実際に部分空間 V_1 を追従するとき，V_2, U_0 と $\overline{Q}_L$ を求める必要はない．まとめると，以下のアルゴリズムが得られる [82]．

アルゴリズム **11.7.3.** (CGET2 アルゴリズム)

(1) $x_s = V_1^H x_{k+1}$ と $\beta = \sqrt{(\|x_{k+1}\|_2 - \|x_s\|_2)(\|x_{k+1}\|_2 + \|x_s\|_2)}$ を計算する．計算量は $O(mr)$ である．

(2) $v_{d+1} = (x_{k+1} - V_1 x_s)/\beta$ を計算する．計算量は $O(M)$ である．

(3)
$$
Q_G^H \begin{bmatrix} \sqrt{\alpha} R_d & 0 \\ 0 & \sqrt{\alpha}\sigma_n \\ x_s & \beta \end{bmatrix} = \begin{bmatrix} R_{d+1} \\ 0 \end{bmatrix}
$$

を計算する．R_{d+1} だけを記憶すればよく，Q_G^H は記憶する必要はない．計算量は $O(d^2)$ である．

(4) $R_{d+1}^H R_{d+1}$ に共役勾配法による固有値分解反復アルゴリズムを適用する．ただし，初期値を $Q_R = I$ とする．計算量は $O(d^3)$ である．

(5) $\widetilde{R}_{r+1} = \sqrt{\widetilde{R}}$ を計算し，$\widetilde{R}$ の非対角成分を零にする．計算量は $O(d)$ である．

(6) $[V_1', v_{d+1}'] = [V_1, v_{d+1}]Q_R$ を計算する．ただし，v_{d+1}' は実際に計算する必要はない．計算量は $O(d^2 M)$ である．

(7) 雑音特異値の平均値を計算する：
$$
\sigma_n = \sqrt{\frac{(M-d-1)\sigma_n^2 + \sigma_x^2}{M-d}}
$$

ただし，σ_x は $\widetilde{R}_{d+1}$ の最後の対角要素である．

アルゴリズム全体の計算量は $O(d^2 M)$ である．

11.8　射影近似による部分空間追従

前の 2 節では，制約付き最適化の視点から，確率勾配法や共役勾配法に基づいた固有空間追従アルゴリズムを与えた．本節では，別の最適化法による信号部分空間を追従する手法について紹介する．この手法は，Yang [237] が 1995 年に提案したものであり，信号部分空間を制約なしの最適化問題の解と見なすという解釈に基づいている．

11.8.1　信号部分空間の新しい解釈

式 (11.4.1) のモデルについて，評価関数

$$J(W) = E\|x - WW^H x\|_2^2$$

$$= \text{trace}(R) - 2\text{trace}(W^H RW) + \text{trace}(W^H RWW^H W) \qquad (11.8.1)$$

を考える．ただし，$R = E\{xx^H\}$ は自己相関行列であり，$W \in C^{M \times d}$ は行列引数である．一般性を失わず，W が最大階数 d を持つと仮定する．もし W の階数が $\widetilde{d} < d$ を満足すれば，式 (11.8.1) の中の W は $\widetilde{W}\widetilde{W}^H = WW^H$ を満足する最大階数を持つ $\widetilde{W} \in C^{M \times \widetilde{d}}$ によって置き換えることは可能である．

W については，最大階数という条件以外に，制約条件を設けていない．とくに，W のノルムについて制約を設けていないので，W の要素が無限大になるにつれ，$J(W)$ も無限大になる．ゆえに，$J(W)$ の最大化は意味がない．我々は $J(W)$ の最小化だけに興味を持ち，以下の問題を明らかにしたい．

(1) $J(W)$ の大域的最小値が存在するのか．

(2) この最小値が存在するならば，R の信号部分空間とはどんな関係があるのか．

(3) ほかにも $J(W)$ の局所的最小値が存在するのか．

以下の二つの定理は以上の問題への解答を与える．証明は文献 [237] を参照されたい．

❏ **定理 11.8.1.** $U_d \in C^{M \times d}$ を R の相異なる d 個の固有値に対応する固有ベクトルを含む行列，$Q \in C^{d \times d}$ を任意のユニタリ行列とする．$W = U_d Q$ のとき，かつそのときに限って，W は $J(W)$ の定常点である．すべての定常点において，$J(W)$ は，U_d に含まれていない固有ベクトルに対応する固有値の和に等しい．

❏ **定理 11.8.2.** U_d が R の d 個の信号固有ベクトルを含む場合を除き，$J(W)$ のすべての定常点は鞍点 (saddle point) である．行列 U_d が R の d 個の信号固有ベクトルを含むとき，$J(W)$ はその大域的最小点に達する．

この二つの定理から，以下のことが分かる．

(1) $J(W)$ は一つの大域的最小値を持つ．そのとき，W の列空間は信号部分空間に等しい．ほかに極小的最小値は存在しない．したがって，R の部分空間を求める問題は，反復アルゴリズムで $J(W)$ の最小値を求めることになる．

(2) W の列ベクトルに対しては，直交性の制約を設けていない．上の二つの定理より，$J(W)$ の最小化は自動的に正規直交な列ベクトルを持つ W を与えることになる．したがって，信号部分空間については，11.6 節と 11.7 節で説明したのと異なる解釈を与えており，制約なしの最適化問題となっている．ゆえに，反復アルゴリズムを用いて $J(W)$ を最小化すれば，自動的に正規直交基底が得られるので，ほかの手法のように反復ごとに正規直交化を行う必要がない．

396 第 11 章 部分空間の追従と更新

(3) $J(W)$ の大域的最小値においては，W が信号固有ベクトルをそのまま含んでいるわけではないことに注意されたい．定理 11.8.1 から分かるように，$Q^H Q = I$ のとき，$J(W) = J(QW)$ であるので，Q によって回転された信号部分空間の任意の正規直交基底が得られているだけである．言い換えると，$J(W)$ の大域的最小値が得られたとき，W は一意に定まらないが，そのダイアド積 WW^H は一意的である．

■ 11.8.2　部分空間追従

■ 最急降下法

式 (11.8.1) の最小化は制約なしの最適化問題であるので，最急降下法を直接用いて部分空間追従アルゴリズムを導出することが考えられる．$J(W)$ の W に対する勾配は

$$\nabla J = \big[-2R + RWW^H + WW^H R \big] W \tag{11.8.2}$$

で与えられるので [237]，部分空間の更新は

$$W(k) = W(k-1) - \mu \big[-2\widehat{R}(k) + \widehat{R}(k)W(k-1)W^H(k-1) \\ + W(k-1)W^H(k-1)\widehat{R}(k) \big] W(k-1) \tag{11.8.3}$$

で与えられる．ここで，μ は適切に選ばれる修正係数である．$\widehat{R}(k)$ は時刻 k における R の推定値である．LMS アルゴリズムのように，もっとも簡単に $\widehat{R}(k) = x(k)x^H(k)$ とすれば，更新式は

$$y(k) = W^H(k-1)x(k) \\ W(k) = W(k-1) + \mu\big[2x(k)y^H(k) - x(k)y^H(k)W^H(k-1)W(k-1) \\ - W(k-1)y(k)y^H(k)\big] \tag{11.8.4}$$

となる．計算量は $O(Md)$ である．さらに，$W^H(k-1)W(k-1) \approx I$ と近似すると，更新式は以下のように簡単化される．

$$y(k) = W^H(k-1)x(k) \\ W(k) = W(k-1) + \mu\big[x(k) - W(k-1)y(k)\big]y^H(k) \tag{11.8.5}$$

この近似は以下の知見に基づいている：定常信号の場合では，$W(k)$ は直交行列（$\mu = \mu(k) \to 0, k \to \infty$ のとき），あるいは直交に近い行列（μ が小さな定数であるとき）に収束する．

$d = 1$ のとき，上式は

$$y(k) = w^H(k-1)x(k) \\ w(k) = w(k-1) + \mu\big[x(k) - w(k-1)y(k)\big]y^*(k) \tag{11.8.6}$$

となる．これは Oja [128,159] の，単一の線形ユニットを持つニューラルネットワークによる第一主成分抽出の学習則と等価である．

11.8 射影近似による部分空間追従　397

■■ 射影近似部分空間追従 (PAST) アルゴリズム

前項では，最急降下法から LMS 型のアルゴリズムの導出について説明したが，以下では，逐次最小二乗型の射影近似部分空間追従 (projection approximation subspace tracking, PAST) アルゴリズムの導出について説明する．

忘却係数 $0 < \beta \le 1$ を用いて，式 (11.8.1) を指数重み付き二乗和に改めると，

$$
\begin{aligned}
J(W(k)) &= \sum_{i=1}^{k} \beta^{k-i} \|x(i) - W(k)W^H(k)x(i)\|_2^2 \\
&= \mathrm{trace}\big[\widehat{R}(k)\big] - 2\mathrm{trace}\big[W^H(k)\widehat{R}(k)W(k)\big] \\
&\quad + \mathrm{trace}\big[W^H(k)\widehat{R}(k)W(k)W^H(k)W(k)\big]
\end{aligned}
\tag{11.8.7}
$$

となる．$J(W(k))$ は，式 (11.8.1) の $J(W)$ の中の $R = E\{xx^H\}$ を

$$
\widehat{R}(k) = \sum_{i=1}^{k} \beta^{k-i} x(i)x^H(i) = \beta\widehat{R}(k-1) + x(k)x^H(k)
\tag{11.8.8}
$$

で置き換えただけであるので，定理 11.8.1 と 11.8.2 は $J(W(k))$ に対してもそのまま成り立つ．すなわち，$J(W(k))$ を最小化する $W(k)$ の列ベクトルが $\widehat{R}(k)$ の r の信号固有ベクトルが張る信号部分空間の正規直交基底になる．

$J(W(k))$ は $W(k)$ の四次の関数であるので，その最小化は反復アルゴリズムによって求められる．PAST アルゴリズムのキーポイントは，データベクトル $x(i)$ の $W(k)$ の列空間への射影 $W(k)W^H(k)x(i)$ を $W(k)y(i) = W(k)W^H(i-1)x(i)$ で近似することにある．ゆえに，評価関数は以下のように修正される．

$$
J'(W) = \sum_{i=1}^{k} \beta^{k-i} \|x(i) - W(k)y(i)\|_2^2
\tag{11.8.9}
$$

これは $W(k)$ の二次関数である．

以上の射影近似は，$J(W(k))$ の誤差性能曲面を変えているが，定常あるいはゆっくりした時変信号では，とくに i が k に近いとき，$W^H(k)x(i)$ と $W^H(i-1)x(i)$ との間の差が小さい．したがって，$J'(W(k))$ は $J(W(k))$ をよく近似できると期待できるので，$J'(W(k))$ を最小化する $W(k)$ は $\widehat{R}(k)$ の信号部分空間のよい推定になる．式 (11.8.9) は重み付き二乗評価となっているので，$W(k)$ は重み付き最小二乗法で求められる：

$$
\begin{aligned}
W(k) &= C_{xy}(k)C_{yy}^{-1}(k) \\
C_{xy}(k) &= \sum_{i=1}^{k} \beta^{k-i} x(i)y^H(i) = \beta C_{xy}(k-1) + x(k)y^H(k) \\
C_{yy}(k) &= \sum_{i=1}^{k} \beta^{k-i} y(i)y^H(i) = \beta C_{yy}(k-1) + y(k)y^H(k)
\end{aligned}
$$

逐次最小二乗法によるアルゴリズムを以下のようにまとめる．

398   第 11 章　部分空間の追従と更新

アルゴリズム **11.8.1.** (信号部分空間追従 PAST アルゴリズム)

$P(0)$ と $W(0)$ の初期化

for $k = 1, 2, \cdots$

$$y(k) = W^H(k-1)x(k)$$

$$h(k) = P(k-1)y(k)$$

$$g(k) = h(k)/[\beta + y^H(k)h(k)]$$

$$P(k) = \frac{1}{\beta}\mathrm{Tri}[P(k-1) - g(k)h^H(k)]$$

$$e(k) = x(k) - W(k-1)y(k)$$

$$W(k) = W(k-1) + e(k)g^H(k)$$

end for

ただし，$\mathrm{Tri}[\cdot]$ は，$P(k) = C_{yy}^{-1}(k)$ の上 (あるいは下) 三角部分のみを計算することを表す．$P(k)$ の下 (あるいは上) 三角部分は，計算された上 (あるいは下) 三角部分の共役転置で得られる．この方針は，計算量を減らすだけでなく，丸め誤差の影響があっても，$P(k)$ がエルミート行列であることを保証する．

初期値 $P(0)$ と $W(0)$ は適切に選ぶ必要がある．$P(0)$ はエルミート正定行列でなければならない．$W(0)$ は d 個の正規直交ベクトルを含むべきである．最も簡単な方法として，$P(0)$ を $d \times d$ 単位行列，$W(0)$ を $M \times M$ 単位行列の左からの d 個の単位ベクトルとすればよい．

PAST アルゴリズムは，評価関数 $J(W(k))$ の代わりに，$J'(W(k))$ の最小化に基づいて導出されたものである．ゆえに，$W(k)$ の列ベクトルが完全に直交するとは限らない．直交性からの乖離は信号雑音比や忘却係数 β に依存する．しかし，逐次計算ごとに $W(k)$ を必ず正規直交化しなければならないというわけではない．

直交化が必要かどうかはその後の信号部分空間の情報を抽出する信号処理手法による．ESPRIT 法を用いて信号部分空間から到来波方向や周波数を推定する場合では，$W(k)$ を正規直交化する必要はない．一方，MUSIC 法や最小ノルムなどを用いるとき，信号部分空間の正規直交基底が必要であるので，$W(k)$ を正規直交化する必要がある．また，ブロックデータ処理 (パラメータ推定やデータ圧縮など) では，最後の更新の後に 1 回だけ正規直交化をすればよく，更新ごとにする必要はない．

■ **減次に基づいた PAST**

減次に基づいた PAST の基本アイデアは以下のようである：まず，$d = 1$ として，最大固有値に対応する固有ベクトル w_1 だけを計算する．それから，x の w_1 への射影成分をデータベクトル x から除く．得られた $x - w_1 w_1^H x$ では，2 番目の信号固有ベクトル w_2

に対応する固有値が最大固有値となるので，前と同じ手法で求められる．この手法を繰り返すと，すべての信号固有ベクトルが求められる．減次に基づいた PAST を PASTd といい，アルゴリズムは以下のようになる．

アルゴリズム **11.8.2.** (PASTd アルゴリズム)

$d_i(0)$ と $w_i(0)$ の初期化

for $k = 1, 2, \cdots$

$\quad x_1(k) = x(k)$

$\quad$ for $i = 1, \cdots, d$

$\qquad y_i(k) = w_i^H(k-1)x_i(k)$

$\qquad d_i(k) = \beta d_i(k-1) + |y_i(k)|^2$

$\qquad e_i(k) = x_i(k) - w_i(k-1)y_i(k)$

$\qquad w_i(k) = w_i(k-1) + e_i(k)[y_i^*(k)/d_i(k)]$

$\qquad x_{i+1}(k) = x_i(k) - w_i(k)y_i(k)$

$\quad$ end for

end for

アルゴリズムの 2 番目の FOR ループは，$d = 1$ の場合の PAST アルゴリズムに相当する．とくに，$d_i(k)$ と $y_i(k)/d_i(k)$ はそれぞれ行列 $C_{yy}(k) = P^{-1}(k)$ とゲインベクトル $g(k) = C_{yy}^{-1}(k)y(k)$ に相当する．アルゴリズムの最後の式は減次操作である．すなわち，$x_i(k)$ から，i 番目の固有ベクトル $w_i(k)$ 方向上の $y_i(k)$ の分量を減じている．

1 回の更新で，PAST アルゴリズムは $3Md + O(d^2)$ の計算量が必要であるのに対して PASTd アルゴリズムの計算量は $4Md + O(d)$ である．PAST あるいは PASTd アルゴリズムを最急降下法と比較するのも興味深い．簡単のため，$d = 1$ の場合を考える．PAST あるいは PASTd アルゴリズムは

$$w(k) = w(k-1) + \frac{1}{d(k)}[x(k) - w(k-1)y(k)]y^*(k) \tag{11.8.10}$$

となる．ただし，$y(k) = w^H(k-1)x(k)$，$d(k) = \beta d(k-1) + |y(k)|^2$．式 (11.8.6) の Oja の学習則と比較すると，修正係数を除けば，両者は同じである．式 (11.8.6) は固定した修正係数 μ を用いており，注意してチューニングする必要がある．一方，式 (11.8.10) では，時変でセルフチューニングの修正係数を用いている．$d(k)$ は対応する固有値の重み付き推定であるので，式 (11.8.10) は信号パワーを正規化した修正係数を用いた最急降下法であると解釈できる．こちらのほうは，収束性能が優れている．

11.9 高速部分空間分解

本節では，別の視点からエルミート自己相関行列 $A \in C^{M \times M}$ の固有値分解について検討する．ここで説明する手法の基本アイデアは，標本自己相関行列 $\widehat{A}$ の主固有ベクトルが張る部分空間と $\widehat{A}$ のレイリー - リッツベクトル (Rayleigh-Ritz (RR) vector) の張る部分空間がともに A の信号部分空間の漸近的推定になることに基づいている．ランチョスアルゴリズム (Lanczos algorithm) を用いると，$\widehat{A}$ を三重対角行列 T_m (T_m では，固有値分解が容易になる) に変換できるので，$\widehat{A}$ の RR ベクトルは，T_m の主固有ベクトルとランチョス基底ベクトルから直接求められる．すなわち，エルミート行列 A の固有値分解は，ランチョスアルゴリズムによって求められる．本節で紹介する高速部分空間分解 (fast subspace decomposition) [235, 236] は，ランチョスアルゴリズムに基づいた RR ベクトルの推定アルゴリズムである．通常の固有値分解の計算量が $O(M^3)$ であるのに対して，高速部分空間分解の計算量は $O(M^2 d)$ である．

11.9.1　レイリー - リッツ近似

エルミート自己相関行列 A の固有値分解を

$$A = \sum_{k=1}^{M} \lambda_k e_k e_k^H \tag{11.9.1}$$

とする．ただし，(λ_k, e_k) は k 番目の固有ペアである．ここで，

$$\lambda_1 > \cdots > \lambda_d > \lambda_{d+1} = \cdots = \sigma^2$$

と仮定する．すなわち，$\{\lambda_k, e_k\}_{k=1}^{d}$ は信号固有ペアである．実際には，有限 (N) 個のデータベクトル $x(k) \in C^M$ から計算された標本自己相関行列 $\widehat{A}$ について，その固有値分解 $\widehat{A} = \sum_{k=1}^{M} \widehat{\lambda}_k \widehat{e}_k \widehat{e}_k^H$ を求めることになる．$\widehat{A}, \widehat{\lambda}_k, \widehat{e}_k$ は式 (10.1.27)~(10.1.29) で記述されているように，$O(N^{-1/2})$ の速さでそれぞれ A, λ_k, e_k に収束する．

まず自己相関行列 A の固有値と固有ベクトルに対するレイリー - リッツ近似 (Rayleigh-Ritz (RR) approximation) 問題について考える．そのために，以下の定義を設ける．

定義 11.9.1. m 次元の部分空間 $\mathcal{S}^m$ について，エルミート行列 A の RR 値 (RR value) $\theta_i^{(m)}$ と RR ベクトル (RR vector) $y_i^{(m)}$ を以下の関係を満足するように定義する．

$$Ay_i^{(m)} - \theta_i^{(m)} y_i^{(m)} \perp \mathcal{S}^m \tag{11.9.2}$$

定義 11.9.2. 行列 $A^{M \times M}$ とベクトル $f \in C^M$ に対して，クリロフ行列 (Krylov matrix) $K^m(A, f)$ を

$$K^m(A, f) = [f, Af, \cdots, A^{m-1}f] \tag{11.9.3}$$

と定義する．また，

$$\mathcal{K}^m(A, f) = \mathrm{span}\{f, Af, \cdots, A^{m-1}f\} \tag{11.9.4}$$

をクリロフ部分空間 (Krylov subspace) という．

RR 値と RR ベクトルについては，以下の結果が証明されている [165].

❑ **補題 11.9.1.** $\left(\theta_i^{(m)}, y_i^{(m)}\right)$ $(i = 1, \cdots, m)$ を部分空間 $\mathcal{S}^m$ の RR 値と RR ベクトル，$Q = [q_1, \cdots, q_m] \in C^{M \times m}$ を同部分空間の正規直交基底とする．(α_i, s_i) が $m \times m$ 行列 $Q^H A Q$ の i 番目の固有ペアであるとき，

$$\theta_i^{(m)} = \alpha_i \tag{11.9.5}$$

$$y_i^{(m)} = Q s_i \tag{11.9.6}$$

が成り立つ．

RR 値と RR ベクトルはランチョスアルゴリズムと深く関わる．後に述べるが，RR 値 $\{\theta_k^{(m)}\}$ と RR ベクトル $\{y_k^{(m)}\}$ はランチョスアルゴリズムの m ステップ目で得られる．ランチョスアルゴリズムには，エルミート行列の三重対角化を実現するランチョス (tri-Lanczos) アルゴリズムと任意の長方形行列の二重対角化を実現する双ランチョス (bi-Lanczos) アルゴリズムがあるが，ここでは前者だけについて説明し，後者は 11.9.3 項で紹介する．

エルミート行列 A を正規直交ベクトルからなる行列 $Q_m = [q_1, \cdots, q_m]$ によって三対角化することを考える [97]．$AQ_m = Q_m T_m$ が成り立つと，Q_m の列ベクトルの直交性より，

$$Q_m^H A Q_m = T_m = \begin{bmatrix} \alpha_1 & \beta_1 & & & \\ \beta_1 & \alpha_2 & \beta_2 & & \\ & \ddots & \ddots & \ddots & \\ & & \ddots & \alpha_{m-1} & \beta_{m-1} \\ & & & \beta_{m-1} & \alpha_m \end{bmatrix} \tag{11.9.7}$$

となる．そこで，$AQ_m = Q_m T_m$ 両辺の列に関する等式を取ると，

$$Aq_j = \beta_{j-1}q_{j-1} + \alpha_j q_j + \beta_j q_{j+1} \tag{11.9.8}$$

が得られる．式の両辺に q_j^H をかけると，正規直交性より $\alpha_j = q_j^H A q_j$ が得られる．さらに，$r_j = (A - \alpha_j I)q_j - \beta_{j-1}q_{j-1}$ が零でなければ，$q_{j+1} = r_j / \beta_j$ が得られる．ただし，

402 第 11 章　部分空間の追従と更新

$\beta_j = \|r_j\|_2$ である．アルゴリズムは以下のようになる．

アルゴリズム **11.9.1.** (ランチョスアルゴリズム)

　　$A, r_0 = f$ (単位ノルムベクトル)，$\beta_0 = 1, j = 0$ を与える．

　　while $(\beta_j \neq 0)$

　　　　$q_{j+1} = r_j / \beta_j$

　　　　$j = j + 1$

　　　　$\alpha_j = q_j^H A q_j$

　　　　$r_j = (A - \alpha_j I) q_j - \beta_{j-1} q_{j-1}$

　　　　$\beta_j = \|r_j\|_2$

　　end

　ランチョスアルゴリズムの第 m ステップ目 $(j = m)$ の後，m 個の正規直交ベクトル $\{q_1, \cdots, q_m\}$ が得られる．これらの正規直交ベクトルは，ランチョス基底 (Lanczos basis) といい，クリロフ部分空間 $\mathcal{K}^m(A, f) = \mathrm{span}\{f, Af, \cdots, A^{m-1}f\}$ の正規直交基底 Q_m を与える．

　三重対角行列 $Q_m^H \widehat{A} Q_m$ が得られると，補題 11.9.1 より，クリロフ部分空間 $\mathcal{K}^m(\widehat{A}, f)$ の RR 値と RR ベクトルは $Q_m^H \widehat{A} Q_m$ の固有値分解によって求められる．後に述べる定理 11.9.1 より，RR 値と RR ベクトルは，以下の漸近的性質を持つ．$m > d$ に対して，

$$\theta_k^{(m)} - \widehat{\lambda}_k = O(N^{-(m-d)}), \quad k = 1, 2, \cdots, d \tag{11.9.9}$$

$$y^{(m)} - \widehat{e}_k = O(N^{-(m-d)/2}), \quad k = 1, 2, \cdots, d \tag{11.9.10}$$

が成り立つ．ゆえに，$m \geq d + 2$ であれば，

$$\lim_{N \to \infty} \sqrt{N}\big(y_k^{(m)} - e_k\big) = \lim_{N \to \infty} \sqrt{N}\big(\widehat{e}_k - e_k\big), \quad k = 1, 2, \cdots, d \tag{11.9.11}$$

が成り立つ．すなわち，$\mathrm{span}\big\{y_k^{(m)}\big\}_{k=1}^d$ と $\mathrm{span}\big\{\widehat{e}_k\big\}_{k=1}^d$ は，A の信号部分空間の漸近的推定の意味で等価である．したがって，行列 A の信号固有値と固有ベクトルは $\mathcal{K}^m(\widehat{A}, f)$ の RR 値と RR ベクトルで近似できる．このことをレイリー - リッツ近似という．ランチョス基底を用いて，$M \times M$ 複素エルミート行列の固有値と固有ベクトルを求める問題は，$m \times m$ 実三重対角行列の固有値分解問題に変換したことがランチョスアルゴリズムの利点である．通常では，$m \ll M$ である．

　レイリー - リッツ近似について，以下の結果が Xu と Kailath [235] によって得られている．

❑ **定理 11.9.1.** $\widehat{\lambda}_1 > \cdots > \widehat{\lambda}_M$ と $\widehat{e}_1, \cdots, \widehat{e}_M$ を行列 $\widehat{A}$ の固有値とベクトルとする．ここで，$\widehat{A}$ は N 個の独立正規分布 $N(0, A)$ のデータベクトルから得られた標本自己相関行列である．ただし，A は構造化相関行列である：$A = SS^H + \sigma^2 I, S \in C^{M \times d}, d \ll M, \mathrm{rank}(S) = d$.

$\lambda_1 > \cdots > \lambda_d > \lambda_{d+1} = \cdots = \lambda_M = \sigma^2$ と $e_1, \cdots, e_M$ を真の自己相関行列 A の固有値と固有ベクトルとする. $\mathcal{K}^m(\widehat{A}, f)$ の RR 値と RR ベクトルをそれぞれ $\theta_1^{(m)} \geq \cdots \geq \theta_m^{(m)}$ と $y_1^{(m)}, \cdots, y_m^{(m)}$ と書く. f が $f^H \widehat{e}_i \neq 0,\ 1 \leq i \leq d$ を満足するように選択されたとする. $k = 1, 2, \cdots, d$ に対して, 以下の結果が成り立つ.

(1) $m \geq d+1$ であれば,
$$\theta_k^{(m)} = \widehat{\lambda}_k + O(N^{-(m-d)}), \quad k = 1, 2, \cdots, d \tag{11.9.12}$$
$$y_k^{(m)} = \widehat{e}_k + O(N^{-(m-d)/2}), \quad k = 1, 2, \cdots, d \tag{11.9.13}$$
が成り立つ.

(2) $m \geq d+1$ ならば, $\theta_k^{(m)}$ と $\widehat{\lambda}_k$ は λ_k の漸近的に等価な推定値である. $m \geq d+2$ ならば, $y_k^{(m)}$ と $\widehat{e}_k$ は e_k の漸近的に等価な推定値である.

■ 11.9.2 ランチョスアルゴリズムによる高速部分空間分解

定理 11.9.1 より, ランチョスアルゴリズムの逐次計算を $m\ (\geq d+1)$ 回実行した後, 最初の d 個の RR 値を信号固有値の近似値とすることができる. しかし, 信号部分空間の次元 d を検出する必要がある. 文献 [235] では, そのための統計量

$$\phi_{\widehat{d}} = N(M - \widehat{d}) \log \left(\frac{\sqrt{\frac{1}{M-\widehat{d}} \left(\|\widehat{A}\|_F^2 - \sum_{k=1}^{\widehat{d}} \theta_k^{(m)\,2} \right)}}{\frac{1}{M-\widehat{d}} \left(\text{trace}(\widehat{A}) - \sum_{k=1}^{\widehat{d}} \theta_k^{(m)} \right)} \right) \tag{11.9.14}$$

が提案されている. ただし,

$$\text{trace}(\widehat{A}) = \sum_{k=1}^{M} \widehat{\lambda}_k, \quad \|\widehat{A}\|_F^2 = \sum_{k=1}^{M} \widehat{\lambda}_k^2 \tag{11.9.15}$$

以下の定理は仮説 $h_0 : \widehat{d} = d$ のもとでの $\phi_{\widehat{d}}$ の極限分布を与えている [235].

❏ **定理 11.9.2.** $m > d+1$ に対して, 仮説 $h_0 : \widehat{d} = d$ のもとでは, $\widehat{A}$ が実行列であるとき, 統計量 $\phi_{\widehat{d}}$ は漸近的に自由度 $\frac{1}{2}(M-d)(M-d+1) - 1$ のカイ二乗分布である. $\widehat{A}$ が複素行列であるとき, $2\phi_{\widehat{d}}$ は漸近的に自由度 $(M-d)^2 - 1$ のカイ二乗分布である.

以上より, 信号部分空間の次元 d の検出アルゴリズムは以下のようになる.

アルゴリズム **11.9.2.**

(1) $\widehat{d} = 1$ とする.
(2) 仮説 $H_0 : \widehat{d} = d$ を設定する.

404 第 11 章 部分空間の追従と更新

(3) 自由度 $\frac{1}{2}(M-d)(M-d+1)-1$ のカイ二乗分布 (実行列の場合)，あるいは自由度 $(M-d)^2-1$ のカイ二乗分布 (複素行列の場合) に対して，信頼区間の閾値 $\gamma_{\hat{d}}$ を選択する．

(4) 統計量 $\phi_{\hat{d}}$ を計算する．

(5) $\phi_{\hat{d}} \le \gamma_{\hat{d}} C(N)$ (実行列の場合)，あるいは $2\phi_{\hat{d}} \le \gamma_{\hat{d}} C(N)$ (複素実行列の場合) が満足されるとき，H_0 を採用し，終了する．そうでなければ，H_0 を棄却する．

(6) $\hat{d} < m-2$ のとき，$\hat{d} = \hat{d}+1$ とし，(2) に戻る．そうでないとき，$m = m+1$ とし，ランチョスアルゴリズムを続ける．

ただし，アルゴリズムの中の $C(N)$ は以下の定理 11.9.3 の条件を満足する (例えば，$C(N) = \sqrt{\log N}$)．

❑ **定理 11.9.3.** $C(N)$ が以下の条件を満足するならば，統計量 $\phi_{\hat{d}}$ に対して，信号部分空間の次元 d の検出アルゴリズム 11.9.2 が与えた d の推定値は，強一致推定量である．

$$\lim_{N \to \infty} \frac{C(N)}{N} = 0, \quad \lim_{N \to \infty} \frac{C(N)}{\log \log N} = \infty \tag{11.9.16}$$

d がいったん確定されると，三重対角行列 T_m の固有値 $\{\theta_k^{(m)}\}_{k=1}^m$ と固有ベクトル $\{s_k^{(m)}\}_{k=1}^m$ を求め，d 個の主固有値に対応する主固有ベクトル $\{s_k^{(m)}\}_{k=1}^d$ を選んで，$y_k^{(m)} = Q_m s_k^{(m)}$ を計算すれば，所望の固有ベクトルが得られる．

信号部分空間の次元検出アルゴリズムを用いると，以下の高速部分空間分解アルゴリズムを得ることができる．

[アルゴリズム] **11.9.3.** (高速部分空間分解アルゴリズム)

(1) 適切な $r_0 = f$ を選択する．ただし，f は定理 11.9.1 の条件を満足する．$m = 1$，$\beta_0 = \|r_0\|_2 = 1$ と $\hat{d} = 1$ とする．

(2) ランチョスアルゴリズム (アルゴリズム 11.9.1) を m 回実行する．

(3) RR 値 $\theta_i^{(m)}, i = 1, 2, \cdots, m$ を計算する．

(4) $\hat{d} = 1, \cdots, m-1$ について，統計量 $\phi_{\hat{d}}$ を計算する．$\phi_{\hat{d}} \le \gamma_{\hat{d}} C(N)$ (実行列の場合)，あるいは $2\phi_{\hat{d}} \le \gamma_{\hat{d}} C(N)$ (複素実行列の場合) が満足されるとき，$d = \hat{d}$ として H_0 を採用し，次の (5) に行く．そうでなければ，$m = m+1$ とし，(2) に戻る．

(5) クリロフ部分空間 $\mathcal{K}^m(\widehat{A}, f)$ の d 個の主 RR ベクトル $y_k^{(m)}$ を計算し，信号部分空間の推定 $\mathrm{span}\{y_1^{(m)}, \cdots, y_d^{(m)}\}$ を得てから終了する．

■ 11.9.3 双ランチョスアルゴリズムによる高速部分空間分解

ランチョスアルゴリズムはエルミート行列の三重対角化だけに用いられ，正方でない行列には適用できない．標本自己相関行列は通常

$$\widehat{A} = \frac{1}{N} \sum_{k=1}^{N} x(k) x^H(k) = \frac{1}{N} X_N X_N^H \tag{11.9.17}$$

と書ける．ただし，データ行列 $X_N \in C^{M \times N} (N > M)$ は長方行列である．しかし，上式による $\widehat{A}$ の計算は，$O(NM^2)$ の計算量が必要であり，それ自身が通常の固有値分解の計算量 $O(M^3)$ より大きい．また，第6章で説明したように，行列の二乗 $X_N X_N^H$ の数値特性も劣化する可能性がある．そこで，標本自己相関行列 $\widehat{A}$ を求めずに，データ行列 X_N 直接から部分空間分解を求める手法について考える．

$N \times M$ 長方行列 X_N^H を双ランチョスアルゴリズムによって，二重対角行列に変換することについて考える [97]．$U_m = [u_1, \cdots, u_m]$ と $V_m = [v_1, \cdots, v_m]$ をそれぞれ正規直交ベクトルを持つ左ランチョス基底と右ランチョス基底とする．ただし，$U_m^H U_m = I_m$, $V_m^H V_m = I_m$. $X_N^H V_m = U_m B_m$ と $X_N U_m = V_m B_m^H$ が成り立てば，

$$U_m^H X_N^H V_m = B_m = \begin{bmatrix} \alpha_1^{(b)} & \beta_1^{(b)} & & \\ & \alpha_2^{(b)} & \ddots & \\ & & \ddots & \beta_{m-1}^{(b)} \\ & & & \alpha_m^{(b)} \end{bmatrix} \tag{11.9.18}$$

となる．そこで，$X_N^H V_m = U_m B_m$ と $X_N U_m = V_m B_m^H$ のそれぞれの両辺の列に関する等式を取ると，

$$X_N^H v_j = \alpha_j^{(b)} u_j + \beta_{j-1}^{(b)} u_{j-1}$$
$$X_N u_j = \alpha_j^{(b)} v_j + \beta_j^{(b)} v_{j+1}$$

が得られる．さらに，

$$r_j = X_N^H v_j - \beta_{j-1}^{(b)} u_{j-1}$$
$$p_j = X_N u_j - \alpha_j^{(b)} v_j$$

を定義する．ベクトルの正規直交性より，$\alpha_j = \|r_j\|_2$, $u_j = r_j/\alpha_j^{(b)}$, $\beta_j^{(b)} = \|p_j\|_2$, $v_{j+1} = p_j/\beta_j^{(b)}$ が得られる．アルゴリズムは以下のようになる．

アルゴリズム **11.9.4.** (双ランチョスアルゴリズム)

X_N^H, $p_0 = f$ (単位ノルムベクトル), $\beta_0^{(b)} = 1$, $u_0 = 0$, $j = 0$ を与える．

while $(\beta_j^{(b)} \neq 0)$

   $v_{j+1} = p_j/\beta_j^{(b)}$

   $j = j + 1$

   $r_j = X_N^H v_j - \beta_{j-1}^{(b)} u_{j-1}$

   $\alpha_j^{(b)} = \|r_j\|_2$

   $u_j = r_j/\alpha_j^{(b)}$

$$p_j = X_N u_j - \alpha_j^{(b)} v_j$$
$$\beta_j^{(b)} = \|p_j\|_2$$

end

以下の定理より，データ行列 X_N^H に対する双ランチョスアルゴリズムは，標本自己相関行列 $\widehat{A}$ に対するランチョスアルゴリズムと等価な結果を与える [236].

❑ **定理 11.9.4.** $N \times M$ 行列 X_N^H について，$X_N X_N^H$ に対してランチョスアルゴリズム，X_N^H に対して双ランチョスアルゴリズムをそれぞれ適用する．それぞれのアルゴリズムの初期値が等しければ，すなわち，$q_1 = v_1$ であれば，以下の結果が成り立つ.

(1) $Q_m = V_m, \quad m = 1, \cdots, M.$

(2) $T_m = B_m^H B_m, \quad m = 1, \cdots, M.$

以上の結果より，$T_m = B_m^H B_m$ であるので，T_m の RR ペアあるいは固有ペアは B_m の特異値分解によって求めることができる．したがって，高速部分空間分解アルゴリズム 11.9.3 の中のランチョスアルゴリズムは双ランチョスアルゴリズムに置き換えることができる．双ランチョスアルゴリズムから分かるが，1 回の実行には，主な計算は行列 - ベクトルの積，$X_N^H v_j$ と $X_N u_j$ であり，計算量は $O(MNd)$ である．残りの問題は信号部分空間次元の検出である．ランチョスアルゴリズムにおける信号部分空間の次元検出アルゴリズム 11.9.2 では，$\mathrm{trace}(X_N X_N^H)$ と $\|X_N X_N^H\|_F^2$ が必要である．$\mathrm{trace}(X_N X_N^H) = \|x_N\|_F^2$ の計算量は $O(NM)$ である．一方，$\|X_N X_N^H\|_F^2$ の計算量は大きく，$O(NM^2)$ にもなる．計算量を減らすためには，次元検出のための新しい統計量が必要である.

文献 [236] では，計算量が $O(NM)$ である統計量

$$\varphi_{\widehat{d}} = \sqrt{N} \left| \log \left(\widehat{\sigma}_{\widehat{d}} / \widehat{\sigma}_{\widehat{d}+1} \right) \right| \tag{11.9.19}$$

が提案された．ただし，

$$\widehat{\sigma}_j = \frac{1}{M-j} \left(\left\| \frac{1}{\sqrt{N}} X_N \right\|_F^2 - \sum_{k=1}^{j} \theta_j^{(m)2} \right)$$

ここで，$\theta_j^{(m)}$ は $m \times m$ 二重対角行列の j 番目の特異値である．この統計量は以下の関係を満足する [236].

$$\varphi_{\widehat{d}} = \begin{cases} O(\sqrt{N}), & \widehat{d} < d \\ O(\sqrt{\log\log N}), & \widehat{d} \geq d \end{cases}$$

閾値 $\gamma_{\widehat{d}} C(N) = \gamma_{\widehat{d}} \sqrt{\log N}$ を $O(\sqrt{N})$ と $O(\sqrt{\log\log N})$ の間に定めると，$\widehat{\sigma}_{\widehat{d}} < \gamma_{\widehat{d}} \sqrt{\log N}$ を満足する最初の $\widehat{d}$ を d の推定値とすればよい．ここで，定数 $\gamma_{\widehat{d}}$ は試行錯誤的に決められる [236]．アルゴリズム 11.9.3 の中の統計量とランチョスアルゴリズムをそれぞれ上の

統計量と双ランチョスアルゴリズムに置き換えると，双ランチョスアルゴリズムに基づいた高速部分空間分解アルゴリズムが得られる．計算量は $O(NMd)$ である．

11.10　QR 分解に基づいた特異値分解とその更新

実行列 $A \in R^{m \times n}(m \geq n)$ の特異値分解を

$$A = U\Sigma V^T$$

とする．ただし，$U \in R^{m \times n}$ と $V \in R^{n \times n}$ は

$$U^T U = I, \quad V^T V = VV^T = I$$

を満足し，$\Sigma \in R^{n \times n}$ は特異値を含む対角行列である：

$$\Sigma = \mathrm{diag}(\sigma_1, \cdots, \sigma_n), \quad \sigma_1 \geq \sigma_2 \geq \cdots \geq \sigma_n$$

行列 A に行ベクトルを加えた後の特異値分解の更新とは，もとの行列 A の特異値分解を利用して，新しい特異値分解を求めることである：

$$A_+ = \begin{bmatrix} A \\ a^T \end{bmatrix} = U_+ \Sigma_+ V_+^T$$

ただし，$U_+ \in R^{(m+1) \times n}, \Sigma_+ \in R^{n \times n}, V_+ \in R^{n \times n}$.

オンライン処理では，新しいサンプルデータが入った後に更新が行われる．時刻 k でのデータ行列は逐次形式で表現される $(k \geq n)$：

$$A_k = \begin{bmatrix} \lambda_k A_{k-1} \\ a_k^T \end{bmatrix} = U_k^0 \Sigma_k^0 V_k^{0T}$$

ただし，$U_k^0 \in R^{k \times n}, \Sigma_k^0 \in R^{n \times n}, V_k^0 \in R^{n \times n}$, λ_k は忘却係数であり，a_k は時刻 k での観測データベクトルである．簡単のため，λ_k が定数 λ を取る場合のみについて考える．結果は時変 λ_k の場合に容易に拡張できる．以下では，特異値分解の近似計算について検討するので，厳密な結果は上記のように上付きの 0 で表示する．また，多くの応用問題では，サイズが増加する U_k^0 を求める必要はないので，ここでは，Σ_k^0 と V_k^0 だけを陽に更新する．

11.10.1　特異値分解の更新

QR 分解と第 6 章で説明したヤコビ法 (三角行列に対する Kogbeliantz アルゴリズム [124]) を合わせると，特異値分解の更新アルゴリズムが得られる [152].

時刻 $k-1$ において，行列 A_{k-1} が U_{k-1} と V_{k-1} によって，上三角でかつほとんど対角な行列 R_{k-1} に縮約されたとする：

$$A_{k-1} = U_{k-1} R_{k-1} V_{k-1}^T$$

408 第 11 章 部分空間の追従と更新

新しいデータベクトル a_k^T が加えられた後，以下の分解が得られる．

$$A_k = \begin{bmatrix} \lambda_k A_{k-1} \\ a_k^T \end{bmatrix} = \begin{bmatrix} U_{k-1} & 0 \\ 0 & 1 \end{bmatrix} \begin{bmatrix} \lambda_k R_{k-1} \\ a_k^T V_{k-1} \end{bmatrix} V_{k-1}^T \tag{11.10.1}$$

更新は以下の三つの手順からなる．

(1) 行列とベクトルの積および指数重み付け：

三角因子 R_{k-1} とデータベクトル a_k にそれぞれ以下の操作をする：

$$\widetilde{R}_{k-1} = \lambda R_{k-1}, \quad \widetilde{a}_k = a_k^T V_{k-1} \tag{11.10.2}$$

(2) QR 更新：

$\begin{bmatrix} \widetilde{R}_{k-1} \\ \widetilde{a}_k^T \end{bmatrix}$ に対して QR 分解を行い，上三角構造を回復する：

$$A_k = \begin{bmatrix} U_{k-1} & 0 \\ 0 & 1 \end{bmatrix} \begin{bmatrix} \widetilde{R}_{k-1} \\ \widetilde{a}_k^T \end{bmatrix} V_{k-1}^T = \begin{bmatrix} U_{k-1} & 0 \\ 0 & 1 \end{bmatrix} Q_k \begin{bmatrix} \widehat{R}_k \\ 0 \end{bmatrix} V_{k-1}^T$$
$$= \begin{bmatrix} U_{k-1} & 0 \\ 0 & 1 \end{bmatrix} Q_k \begin{bmatrix} I_{n\times n} \\ 0 \end{bmatrix} \widehat{R}_k V_{k-1}^T = \widehat{U}_k \widehat{R}_k V_{k-1}^T \tag{11.10.3}$$

QR 分解は一連のギブンス分解によって実現できる．ここで，QR 分解が V 行列に変化をもたらさないことに注意されたい．U 行列には変化があるが，我々は R と V 行列だけに興味があるので，U を記憶する必要がない．

(3) 特異値分解：

$\widehat{R}_k$ を対角化する．この対角化操作は，一連の 2×2 特異値分解に相当する回転操作 (ヤコビ法) によって実現される [124, 140]：

$$R_k \Leftarrow \widehat{R}_k$$
$$V_k \Leftarrow V_{k-1}$$
$$\text{for } j = 1, \cdots, r$$
$$\quad \text{for } i = 1, \cdots, n-1$$
$$\quad\quad R_k \Leftarrow \Theta_{i,j,k}^T R_k \Phi_{i,j,k}$$
$$\quad\quad V_k \Leftarrow V_k \Phi_{i,j,k}$$
$$\quad \text{end}$$
$$\text{end}$$

ただし，$\Theta_{i,j,k}$ と $\Phi_{i,j,k}$ は $(i, i+1)$ 平面回転を表す：

$$
\Theta_{i,j,k} = \begin{bmatrix} I_{i-1} & & & \\ & \cos\theta_{i,j,k} & \sin\theta_{i,j,k} & \\ & -\sin\theta_{i,j,k} & \cos\theta_{i,j,k} & \\ & & & I_{n-i-1} \end{bmatrix}
$$

$$
\Phi_{i,j,k} = \begin{bmatrix} I_{i-1} & & & \\ & \cos\phi_{i,j,k} & \sin\phi_{i,j,k} & \\ & -\sin\phi_{i,j,k} & \cos\phi_{i,j,k} & \\ & & & I_{n-i-1} \end{bmatrix}
$$

ここで，I_l は $l \times l$ 単位行列である．回転角 $\theta_{i,j,k}$ と $\phi_{i,j,k}$ は，R_k の上三角構造を変えずに，その $(i, i+1)$ 成分を消去するように決められる．R_k の非対角成分のノルムは，ヤコビ法による操作が行われるたびに減少していくので，最終的には，R_k は対角行列に収束する [84, 140]．1 回のヤコビ法による操作は，主対角線とその上の成分に対する 2×2 特異値分解とみなすことができる．すなわち，

$$
\begin{bmatrix} r'_{ii} & 0 \\ 0 & r'_{(i+1)(i+1)} \end{bmatrix}
$$
$$
= \begin{bmatrix} \cos\theta_{i,j,k} & \sin\theta_{i,j,k} \\ -\sin\theta_{i,j,k} & \cos\theta_{i,j,k} \end{bmatrix}^T \begin{bmatrix} r_{ii} & r_{i(i+1)} \\ 0 & r_{(i+1)(i+1)} \end{bmatrix} \begin{bmatrix} \cos\phi_{i,j,k} & \sin\phi_{i,j,k} \\ -\sin\phi_{i,j,k} & \cos\phi_{i,j,k} \end{bmatrix}
$$

特異値分解による処理は，$i = 1, \cdots, n-1$ のヤコビ法による操作を r 回繰り返して実行する．最後に，R_k は対角行列に収束する [84]．すなわち，

$$
R_k = \Sigma_k^{(0)}, \quad V_k = V_k^{(0)} \tag{11.10.4}
$$

実際に時刻 k で $i = 1, \cdots, n-1$ の回転操作を何回も繰り返して実行して，R_k を完全に対角化する必要がない．$r = 1$ としても，時刻 k が進むにつれ，R_k は対角化されていく．すなわち，各時刻において，$n-1$ 回のヤコビ操作をすればよい．そのとき，各時刻における計算量は $O(n^2)$ である．

■ 11.10.2　再直交化を取り入れた特異値分解の更新

前に紹介した更新計算では，V_k は直交行列によって $V_k \Leftarrow V_k \Phi_{i,k}$ と更新されている．しかし，初期値 V_0 が直交行列であるにもかかわらず，時間が経つにつれ，$V_k(k \gg 1)$ は丸め誤差などの影響で，直交でなくなる可能性がある．誤差伝搬の安定性の立場から，V_k の直交性を保つことが重要である．以下では，再直交化 (reorthogonalization) 処理を取り入れた特異値分解の更新について説明する．

二つのベクトル x_p と x_q が以下の意味でほとんど正規直交 (almost orthonormal) であ

410　第 11 章　部分空間の追従と更新

るとする.

$$\|x_p\|_2 = 1 + O(\epsilon), \quad \|x_q\|_2 = 1 + O(\epsilon), \quad x_p^T x_q = O(\epsilon) \tag{11.10.5}$$

ただし, ϵ は微小な数である. そこで, (対称化した) グラム - シュミット型の変換

$$[\widetilde{x}_p, \widetilde{x}_q] = [x_p, x_q] \begin{bmatrix} \dfrac{1}{\|x_p\|_2} & -\dfrac{x_p^T x_q}{2} \\[2mm] -\dfrac{x_p^T x_q}{2} & \dfrac{1}{\|x_q\|_2} \end{bmatrix}$$

を適用すると,

$$\|\widetilde{x}_p\|_2 = 1 + O(\epsilon^2), \quad \|\widetilde{x}_q\|_2 = 1 + O(\epsilon^2), \quad \widetilde{x}_p^T \widetilde{x}_q = O(\epsilon^2)$$

が満足されるのが確認できる. それに対して, 厳密なグラム - シュミット直交化について
は, 計算が複雑であるわりには, 結果の改善がそれほど顕著ではないことに注意されたい.

ほとんど直交の $n \times n$ 行列 $X = [x_1, x_2, \cdots, x_n]$ について, 上の 2×2 変換を循環し
て適用することができる. 1 回の捜索は以下のようになる.

$$\text{for } p = 1, \cdots, n-1$$
$$\quad \text{for } q = p+1, \cdots, n$$
$$\quad [\widetilde{x}_p, \widetilde{x}_q] \Leftarrow [x_p, x_q] \begin{bmatrix} \dfrac{1}{\|x_p\|_2} & -\dfrac{x_p^T x_q}{2} \\[2mm] -\dfrac{x_p^T x_q}{2} & \dfrac{1}{\|x_q\|_2} \end{bmatrix}$$
$$\quad \text{end}$$
$$\text{end}$$

再直交化を取り入れた特異値分解の更新アルゴリズムは以下のようにまとめられる.

アルゴリズム **11.10.1.**

初期化

$$V_0 \Leftarrow I_{n \times n}$$
$$R_0 \Leftarrow O_{n \times n}$$

for $k = 1, \cdots, \infty$

(1) 新しい観測データベクトルを入力する:

$$\widetilde{a}_k^T \Leftarrow a_k^T V_{k-1}$$
$$\widetilde{R}_{k-1} \Leftarrow \lambda R_{k-1}$$

(2) QR 更新:

$$\begin{bmatrix} \widehat{R}_k \\ 0 \end{bmatrix} \Leftarrow Q_k^T \begin{bmatrix} \widetilde{R}_{k-1} \\ \widetilde{a}_k^T \end{bmatrix}$$

$$R_k \Leftarrow \widehat{R}_k$$

$$V_k \Leftarrow V_{k-1}$$

(3) 特異値分解：

$$\text{for } i = 1, \cdots, n-1$$

$$R_k \Leftarrow \Theta_{i,k}^T R_k \Phi_{i,k}$$

$$V_k \Leftarrow T_{i,k} V_k \Phi_{i,k}$$

end

end

ただし，$T_{i,k}$ は $n \times n$ 正方行列の二つの列ベクトルの再直交化操作を意味する．このアルゴリズムでは，対角化のためのヤコビ法による操作と二つの列ベクトルの再直交化が交互に行われている．一つの時刻でそれぞれ $n-1$ 回行われる．

本節で紹介した QR 分解に基づいた特異値分解 [152] のほか，転置 QR 分解 [6] に基づいた適応特異値分解アルゴリズムも提案されており，詳しくは文献を参照されたい．

参考文献

[1] T. J. Abatzoglou and J. M. Mendel, Constrained total least squares, In: Proc. 1987 IEEE ICASSP, TX: Dallas, 1485/1488, 1987.

[2] T. J. Abatzoglou and V. Soon, Constrained total least squares approach to frequency estimation of sinusoids, In: Proc. 4th IEEE ASSP Workshop on Spectrum Analysis Modeling, MN: Minneapolis, 250/252, 1988.

[3] T. J. Abatzoglou, J. M. Mendel and G. A. Harada, The constrained total least squares technique and its applications to harmonic superresolution, IEEE Trans. Signal Processing, Vol. 39, 1070/4087, 1991.

[4] S. T. Alexander, Adaptive Signal Processing: Theory and Applications, New York: Springer-Verlag, 1986.

[5] S. T. Alexander, Fast adaptive filters: A geometrical approach, IEEE ASSP Mag., Vol. 3, No.4, 18/28, 1986.

[6] L. P. Ammann. Robust singular value decomposition–A new approach to projection pursuit, J. Amer. Stat. Assoc., Vol. 88, 505/514, 1993.

[7] G. S. Ammar and W. B. Gragg, Superfast solution of real position definite Toeplitz systems, In: Linear Algebra in Signals, Systems and Control (Eds. P. N. Datta et al.), SIAM, 107/125, 1988.

[8] T. W. Anderson, Asymptotic theory for principal component analysis, Ann Math. Stat., Vol. 34, 122/148, 1963.

[9] T. W. Anderson, An Introduction to Multivariate Statistical Analysis, New York: Wiley, 1984.

[10] K. J. Aström and T. Söderstrom, Uniqueness of the maximum likelihood estimates of the parameters of an ARMA model, IEEE Trans. Automatic Control, Vol. 19, 769/773, 1974.

[11] L. Autonne, Sur les groupes lineaires, reelles et orthogonaus, Bull. Soc. Math., France, Vol. 30, 121/133, 1902.

[12] C. Beattie and D. Fox, Schur complements and the Weinstein-Aronszajn theory for modified matrix eigenvalue problems. Univ. Minnesota Supercomputer Institute, Texh. Rep., Feb. 1987.

[13] A. A. Beex, Fast recursive/iterative Toeplitz eigenspace decomposition, In: EURASIP (Ed. I. T. Young et al.). North-Holland, 1001/1004. 1986.

[14] H. Ben-Israel and T. N. E. Greville, Generalized Inverses: Theory and Applicationd, New York: Wiley-Interscience, 1974.

[15] R. Bellman, Introduction to Matrix Analysis, New York: McGraw-Hill, ch.20, 1960.

[16] G. J. Bierman, Factorization Methods for Discrete Sequential Estimation, New York: Academic, 1977.

[17] C. H. Bischof, Incremental condition estimation, SIAM J. Matrix Anal. Appl., Vol. 11, 312/ 322, 1990.

[18] C. H. Bischof and G. M. Shroff, On updating signal processing, IEEE Trans. Signal Processing, V61.40, 96/105, 1992.

[19] J. E. Bobrow and W. Murray, An algorithm for RLS identification of parameters that vary quickly with time, IEEE Trans. Automatic Control, Vol. 38, 351/354, 1993.

[20] J. F. Böhme, Estimation of source parameters by maximum likelihood and nonlinear regression, In: Proc. IEEE ICASSP'84, 7.3.1~7.3.4, 1984.

[21] G. K. Boray and M. D. Srinath, Conjugate gradient techniques for adaptive filtering, IEEE Trans. Circuits and Systems, Vol. 39, 1/10, 1992.

[22] W. W. Bradbury and R. Fletcher, New iterative methods for solution of the eigenproblem, Numerische Mathematik. Vol. 9, 259/266, 1966.

[23] D. H. Brandwood, A complex gradient operator and its application in adaptive array theory, Proc. Inst. Elec. Eng., Vol. 130, 11/16, 1983

[24] Y. Bresler and A. Macovski, Exact maximum likelihood parameter estimation of superimposed exponential signals in noise, IEEE Trans. Acoust., Speech, Signal Processing, Vol. 34, 1081/1089, 1986.

[25] J. W. Brewer, Kronecker products and matrix calculus in system theory, IEEE Trans. Circuits and Systems, Vol. 25, 772/781, 1978.

[26] D. R. Brillinger, Time Series Data Analysis and Theory. San Francisco: Holden Day, 1981.

[27] A. A. Brörck, Solving linear least-squares problems by Gram-Schmidt orthogonalization, BIT, Vol. 7, 1/21, 1967.

[28] P. J. Brockwell and R. A. Davis, Time Series: Theory and Methods, New York: Springer-Verlag, 1987.

[29] J. R. Bunch, C. P. Nielsen and D. C. Sorensen, Rank-one modification of the symmetric eigenproblem, Numer. Math., Vol. 31, 31/48, 1978.

[30] J. R. Bunch and C. P. Nielsen, Updating the singular value decomposition, Numer. Math., Vol. 31, 111/129, 1978.

[31] A. Bunse-Gertner, An analysis of the HR algorithm for computing the eigenvalues of a matrix, Linear Algebra and Its Applications, Vol. 35, 155/173, 1981.

[32] P. Businger and G. H. Golub, Linear least squares solutions by Householder transformations, Nume. Math., Vol. 7, 269/276, 1965.

[33] J. A. Cadzow, High performance spectral estimation–A new ARMA method, IEEE Trans. Acoust., Speech, Signal Processing, Vol. 28, 524/529, 1980.

[34] J. A. Cadzow, Spectral estimation: An overdetermined rational model equation approach, Proc. IEEE, Vol. 70, 907/938, 1982.

[35] J. A. Cadzow, Signal enhancement: A composite property mapping algorithm, IEEE Trans. Acoust., Speech, Signal Processing, Vol. 36, 49/62, 1988.

[36] J. A. Cadzow, A high resolution direction-of-arrival algorithm for narrow-band coherent and incoherent sources, IEEE Trans. Acoust., Speech, Signal Processing, Vol. 36, 965/979, 1988.

[37] J. A. Cadzow and O. M. Solomon, Algebraic approach to system identification, IEEE Trans. Acoust., Speech, Signal Processing, Vol. 34, 462/469, 1996.

[38] J. Capon, High-resolution frequency-wavenumber spectrum analysis, Proc. IEEE, Vol. 57, 1408/1418,1969.

[39] B. Champagne, Adaptive eigendecomposition of data covariance matrices based on first-order perturbations, IEEE Trans. Signal Processing, Vol. 42, 2758/2770, 1994.

[40] T. F. Chan, An improved algorithm for computing the singular value decomposition, ACM Trans. Math. Software, Vol. 8, 72/83, 1982.

[41] T. F. Chan, Rank revealing QR factorization, Linear Alg. Its Appl., Vol. 88/89, 67/82, 1987.

[42] Y. T. Chan and J. C. Wood, A new order determination technique for ARMA processes, IEEE Trans. Acoust., Speech, Signal Processing, Vol. 32, 517/521, 1984.

[43] L. Chang and C. C. Yeh, Performance of DMI and eigenspace-based beamformers, IEEE Trans. Antenn. Propagat., Vol. 40, 1336/1347, 1992.

[44] J. A. Chow, On estimating the orders of an ARMA process with uncertain observations, IEEE Trans. Automatic Control, Vol. 17, 707/709, 1972.

[45] L. O. Chua, Dynamic nonlinear networks: State-of-the-art, IEEE Trans. Circuits and Systems, Vol. 27, 1024/1044, 1980.

[46] M. M. Chansarkar and U. B. Desai, A robust recursive least squares algorithm, In: Proc. IEEE ICASSP, Vol. 111, 432/435, 1993.

[47] J. M. Cioffi, Limited precision effects in adaptive filtering, IEEE Trans. Circuits and Systems, Vol. 34, 821/833, 1987.

[48] J. M. Cioffi, The fast Householder filters-RLS adaptive filter, In: Proc. IEEE ICASSP, New Mexico, 1619/1622, 1990.

[49] J. M. Cioffi, The fast adaptive ROTOR'S RLS algorithm, IEEE Trans. Acoust., Speech, Signal Processing, Vol. 38, 631/653, 1990.

[50] J. M. Cioffi and T. Kailath, Fast recursive least squares filters for adaptive filtering, IEEE Trans. Acdust., Speech, Signal Processing. Vol. 32, 304/317, 1984.

[51] M. P. Clark and L. L. Scharf, On the complexity of IQML algorithms, IEEE Trans. Signal Processing, Vol. 40, 1811/1813, 1992.

[52] H. Clergeot, S. Tressens and A. Ouamri, Performance of high resolution frequencies estimation methods compared to the Cramer-Rao bounds, IEEE Trans. Acoust., Speech, Signal Processing, Vol. 37, 1703/1720, 1989.

[53] A. K. Cline, C. B. Moler. G. W. Stewart and J. H. Wilkinson, An estimate for the condition number of a matrix, SIAM J. Numer. Anal., Vol. 16, 368/375, 1979.

[54] P. Comon and G. H. Golub, Tracking a few extreme singular values and vectors in signal processing, Proc. IEEE, Vol. 78, 1327/1343, 1990.

[55] C. E. Davila, An efficient recursive total least squares algorithm for FIR adaptive filtering, IEEE Trans. Signal Processing, Vol. 42, 268/280, 1994.

[56] G. Davis, A fast algorithm for inversion of block Toeplitz matrices, IEEE Trans. Signal Processing, Vol. 43, 3022/3025, 1995.

[57] C. Davis and W. M. Kahan, The rotation of eigenvectors by a perturbation III, SIAM J. Nume. Anal., Vol. 7, 1/46, 1970.

[58] R. D. DeGroat and R. A. Roberts, SVD update algorithms and spectral estimation application, In: Proc. 19th Asilomar Conf. Circuits. Svst.. Comput., 601/605, 1985.

[59] R. D. DeGroat and R. A. Roberts, Efficient, numerically stabilized rank-one eigenstructure updating, IEEE Trans. Acoust., Speech, Signal Processing, Vol. 38, 301/316, 1990.

[60] F. M. Dowling, L. P. Ammann and S. Shamsunder, A TQR-iteration based adaptive SVD for real time angle and frequency tracking, IEEE Trans. Signal Processing, Vol. 42, 914/926, 1994.

[61] P. Delsarte and Y. Genin, The split Levinson algorithm, IEEE Trans. Acoust., Speech, Signal Processing, Vol. 34, 470/478, 1986.

[62] P. Delsarte and Y. Genin, On the splitting of classical algorithms in linear prediction theory, IEEE Trans. Acoust., Speech, Signal Processing, Vol. 35, 645/653, 1987.

[63] B. De Moor and G. H. Golub, The restricted singular value decomposition: Properties and Applications, SIAM J. Matrix Anal. Appl., Vol. 12, 401/425, 1991.

[64] B. De. Moor, Structured total least squares and L_2 approximation problems, In: Linear Algebra and its Applications, Special Issue on Numerical Linear Algebra Methods in Control, Signal and Systems (Eds. Van Dooren et al.), Vol. 188/189, 163/207, 1993.

[65] B. De. Moor, Total least squares for affinely structured matrices and the noisy realization problem, IEEE Trans. Signal Processing, Vol. 42, 3104/3113, 1994.

[66] B. De. Moor, P. V. Overschee and G. Schelfhout, H_2-model reduction fot SISO systems, In: Proc. 12th World Cong. Int. Fed. Automat. Contr., Australia: Sydney, Vol. 11, 227/230, 1993.

[67] E. Deutsch, On matrix norms and logarithmic norms, Numer. Math., Vol. 24, 49/51, 1975

[68] F. M. Dowling, L. P. Ammann and S. Shamsunder, A TQR-iteration based adaptive SVD for real time angle and frequency tracking, IEEE Trans. Signal Processing, Vol. 42, 914/926, 1994.

[69] J. C. Doyle, Analysis of feedback systems with structured uncertainties, Proc. IEE, Vol. 129, 242/250, 1982.

[70] J. C. Doyle, J. E. Wall and G. Stein, Performance and robustness analysis for structured uncertainty, In: Proc. 21st IEEE Conf. Decision Contr., 629/636, 1982.

[71] C. Eckart and G. Young, A Principal axis transformation for non-Hermitian matrices, Bull Amer. Math. Soc., Vol. 45, 118/121, 1939.

[72] V. T. Ermolaev and A. B. Gershman, Fast algorithm for minimum-norm direction-of-arrival estimation, IEEE Trans. Signal Processing, Vol. 42, 2389/2394, 1994.

[73] M. K. H. Fan and A. L. Tits, Characterization and efficient computation of the structured singular values, IEEE Trans. Automatic Control, Vol. 31, 734/743, 1986.

[74] K. V. Fernando and S. J. Hammarling, A product induced singular value decomposition (ΠSVD) for two matrices and balanced realization, In: Proc. Conference on Linear Algebra in Signals, Systems and Controls, Society for Industrial and Applied Mathematics (SIAM), PA: Philadelphia, 128/140, 1988.

[75] B. M. Finigan and I. H. Rowe, Strongly consistent parameter estimation by the introduction of strong instrumental variables, IEEE Trans. Automatic Control, Vol. 19, 825/830, 1974.

[76] L. V. Foster, Rank and null space calculations using matrix decomposition without column interchanges, Linear Alg. Its Appl., Vol. 74, 47/71, 1986.

[77] L. E. Franks, Signal Theory, Dowden and Culver, 1981.

[78] B. Friedlander, Instrumental variable methods for ARMA spectral estimation, IEEE Trans. Acoust., Speech, Signal Processing, Vol. 31, 404/415, 1983.

[79] B. Friedlander, The overdetermined recursive instrumental variable method, IEEE Trans. Automatic Control, Vol. 29, 353/356, 1984.

[80] B. Frielander and B. Porat, Asymptotically optimal estimation of MA and ARMA parameters of non-Gaussian processes from high-order moments, IEEE Trans. Automatic Control, Vol. 35, 27/35, 1989.

[81] B. Friedlander and B. Porat, Adaptive IIR algorithms based on high-order statistics, IEEE Trans. Acoust., Speech, Signal Processing, Vol. 37, 485/495, 1989.

[82] Z. Fu and E. M. Dowling, Conjugate gradient eigenstructure tracking for adaptive spectral estimation, IEEE Trans. Signal Processing, Vol. 43, 1151/1160, 1995.

[83] D. R. Fuhrmann, An algorithm for subspace computation with applications in signal processing, SIAM J. Matrix Anal. Appl., Vol. 9, 213/220, 1988.

[84] G. E. Forsythe and P. Henrici, The cycle Jacobi method for computing the principal values of a complex matrix, Trans. Amer. Math. Soc., Vol. 94, 1/23, 1960.

[85] F. R. Gantmacher, Applications of the Theory of Matrices, New York: Interscience, 1959.

[86] F. R. Gartmacher, The Theory of Matrices. Chelsea Publishing, 1977.

[87] S. Gentil, J. P. Sandraz and C. Foulard, Different methods for dynamic identification of an experimental paper machine, In: Proc. 3rd IFAC Symp. Identification and System Parameter Estimation, 1973.

[88] W. Gersch, Estimation of the autoregressive parameters of a mixed autoregressive moving-average time series, IEEE Trans. Automatic Control, Vol. 15, 583/588, 1970.

[89] G. B. Giannakis and J. M. Mendel, Cumulant-based order determination of non-Gaussian ARMA models, IEEE Trans. Acoust., Speech, Signal Processing, Vol. 38, 1411/1422, 1990.

[90] L. J. Gleser, Estimation in a multivariate "errors in variables" regression model: large sample results, Ann. Statist., Vol. 9, 24/44, 1981.

[91] G. H. Golub, Numerical methods for solving linear least squares problems, Numer. math., Vol. 7, 206/216, 1965.

[92] G. H. Golub, Some modified matrix eigenvalue problems, SIAM Rev., Vol. 15, 318/334, 1973.

[93] C. H. Golub, V. Klema and G. W. Stewart, Rank degeneracy and least squares problems, Technical Report TR-456, Dept. Computer Science, University of Maryland, College Park, MD, 1986.

[94] G. H. Golub and V. Pereyra, The differentiation of pseudoinverses and nonlinear least squares prqblems whose variables separate, SIAM J. Numer. Anal., Vol. 10, 413/432, 1973.

[95] G. H. Golub and C. Reinsch, Singular value decomposition and least squares solutions, Numer. Math., Vol. 14, 403/420, 1970.

[96] G. H. Golub and C. F. Van Loan, An analysis of the total least squares problem, SIAM J. Numer. Anal., Vol. 17, 883/893, 1980.

[97] G. H. Golub and C. F. Van Loan, Matrix Computations, Baltimore: The John Hopkins University Press, 1989.

[98] G. C. Goodwin and K. S. Sin, Adaptive Filtering Prediction and Control, New York: Prentice-Hall, 1984.

[99] A. Graham, Kronecker Products and Matrix Calculus with Applications, New York: Wiley, 1981.

[100] R. M. Gray, On the asymptotic eigenvalue distribution of Toeplitz matrices, IEEE Trans. Information Theory, Vol. 18, No.6, 267/271, 1972.

[101] M. Green, K. Glover, D. Limerbeer and J. Doyle, A J–spectral factorization approach to H$^\infty$ control, SIAM J. Control Optim., Vol. 28, 1350/1371, 1990.

[102] W. Hahn, Stability of Motion, Springer-Verlag, 1967.

[103] R. Haimi-Cohen and A. Cohere, Gradient-type algorithms for partial singular value decomposition, IEEE Trans. Patters Anal. Machine Intell., Vol. 9, 137/142, 1987.

[104] E. J. Hannan and J. Rissanen, Recursive estimation of mixed autoregressive-moving average order, Biometrika, Vol 69, 81/94, 1982.

[105] R. J. Hanson and C. L. Lawson, Extension and applications of the Householder algorithm for solving linear least squares problems, Math. Comput., Vol. 108, 787/812, 1969.

[106] B. Hanzon, The area enclosed by the (oriented) Nyquist diagram and the Hilbert-Schmidt-Hankel norm of a linear system, IEEE Trans. Automatic Control, Vol. 37, 835/839, 1992.

[107] V. Hari and K. Veselic, On Jacobi methods for singular value decompositions, SIAM J. Sci. Stat. Comput., Vol. 8, 741/754, 1987.

[108] M. T. Heath, A. J. Laub, C. C. Paige and R. C. Ward, Computing the SVD of product of two matrices, SIAM J. Sci. Stat. Comput., Vol. 7, 1147/1159, 1986.

[109] M. R. Hestenes, Inversion of matrices by diagonalization and related results, J. Soc. Indust. Appl. Math., Vol. 6, 51/90, 1958.

[110] N. J. Higham, Efficient algorithms for computing the condition number of a tridiagonal matrix, SIAM J. Scientific Stat. Computing. Vol. 7, 150/165, 1986.

[111] N. J. Higham, A survey of condition number estimation for triangular matrices, SIAM Rev. Vol. 29, 575/596, 1987.

[112] S. D. Hodges and P. G. Moore, Data uncertainties and least squares regression, Applied Statistics, Vol. 21, 185/195, 1972.

[113] R. A. Horn and C. R. Johnson, Matrix Analysis, Cambridge: Cambridge University Press, 1990.

[114] A. S. Householder, Unitary triangularization of a non-symmetric matrix, J. Ass. Comp. Mach., Vol. 5, 1958.

[115] A. S. Householder, The Theory of Matrices in Numerical Analysis, London: Dover, 1964.

[116] T. C. Hsia, On least squares algorithms for system identification, IEEE Trans. Automatic Control, Vol. 21, 104/108, 1976.

[117] 伊理正夫, 児玉慎三, 須田信英, 特異値分解とそのシステム制御への応用, 計測と制御, Vol. 21, 763/772, 1982.

[118] T. Kailath, A. Vieira and M. Morf, Inverses of Toeplitz operators, innovations, and orthogonal polynomials. SIAM Rev., Vol. 20, 106/119, 1978.

[119] I. Karasalo, Estimating the covariance matrix by signal subspace averaging, IEEE Trans. Acoust., Speech, Signal Processing, Vol. 34, 8/12, 1986.

[120] J. Karhunen, Adaptive algorithms for estimating eigenvectors of covariance type matrices, In: Proc. ICASSP-84, 1461/1464, 1984.

[121] M. G. Kendall and S. Stuart, The Advanced Theory of Statistics, Vol. 11, London: Griffin, 1961.

[122] C. G. Khatri and C. R. Rao, Solutions to some functional equations and their applications to characterization of probability distributions, The Indian J. Stat., Series A, Vol. 30, 167/480, 1968.

[123] V. C. Klema and A. J. Laub, The singular value decomposition: Its computation and some applications, IEEE Trans. Automatic Control, Vol. 25, 164/176, 1980.

[124] E. G. Kogbetliantz, Solution of linear equations by diagonalization of coefficients matrix, Quart. Appl. Math., Vol. 13, 123/132, 1955.

[125] H. Krishna and D. Morgera, The Levinson recurrence and fast algorithms for solving Toeplitz systems of linear equations, IEEE Trans. Acoust., Speech, Signal Processing, Vol. 35, 839/847, 1987.

[126] R. Kumar, A fast algorithm for solving a Toeplitz system of equations, IEEE Trans. Acoust., Speech, Signal Processing, Vol. 33, 254/267, 1985.

[127] R. Kumaresan and D. W. Tufts, Estimating the angle of arrival of multiple plane waves, IEEE Trans. Aerospace Electron. Syst., Vol. 19, 134/139, 1983.

[128] S. Y. Kung, Digital Neural Processing, Englewood Cliffs: Prentice-Hall, 1993.

[129] H. Kwakernaak and M. Sebek, Polynomial J–spectral factorization, IEEE Trans. Automatic Control, Vol. 39, 315/328, 1994.

[130] P. Lancaster and M. Tismenetsky, The Theory of Matrices, New York: Academic, 1985.

[131] D. N. Lawley, Test of significance of the latent roots of the covariance and correlation matrices, Biometrica, Vol. 43, 128/136, 1956.

[132] C. L. Lawson and R. J. Hanson, Solving Least Squares Problems, Englewood Cliffs, NJ: Prentice-Hall, 1974.

[133] J. P. Le Cadre, Parametric methods for spatial signal processing in the presence of unknown colored noise fields. IEEE Trans. Acoust., Speech, Signal Processing, Vol. 37, 965/983, 1989.

[134] N. Levinson, The Wiener RMS (root-mean-square) error criterion in filter design and prediction, J. Math. Phys., Vol. 25, 26P/278, 1947.

[135] G. Liang, D. M. Wilkes and J. X. Cadzow, ARMA model order estimation based on the eigenvalues of the covariance matrix, IEEE Trans. Signal Processing, Vol. 41, 3003/3009, 1993.

[136] Z. S. Liu, QR methods of O(N) complexity in adaptive parameter estimation, IEEE Trans. Signal Processing, Vol. 43, 720/729, 1995.

[137] Z. S. Liu, On-Line parameter identification algorithms based on Householder transformation, IEEE Trans. Signal Processing, Vol. 41, 2863/2871, 1993.

[138] S. Ljung and L. Ljung, Error propagation properties of recursive least squares adaptive algorithms, Automatica, Vol. 21, 157/167, 1995.

[139] D. Lueberger, An Introduction to Linear and Nonlinear Programming. MA: Addison-Wesley, 1973.

[140] T. Luk, A triangular processor array for computing singular values, Linear Algebra Appl., Vol. 77, 259/273, 1986.

[141] O. M. Macchi and N. J. Bershad, Adaptive recovery of a chirped sinusoid in noise, Part I: Performance of the RLS algorithm, IEEE Trans. Signal Processing, Vol. 39, 583/594, 1991.

[142] C. C. MacDuffee, The Theory of Matrices. Berlin: Springer, 1933.

[143] J. Makhoul, Toeplitz determinants and positive semidefiniteness, IEEE Trans. Signal Processing, Vol. 39, 743/746, 1991.

[144] S. L. Marple, Digital Spectral Analysis with Applications, Englewood Cliffs: Prentice-Hall, 1987.

[145] J. H. McClellan and D. Lee, Exact equivalence of the Steiglitz-McBride iteration and IQML, IEEE Trans. Signal Processing, Vol. 39, 509/512, 1991.

[146] J. M. Mendel, Some modeling problems in reflection seimology, IEEE ASSP Mag., Vol. 3, No.1, 4/17, 1986.

[147] D. L. Moffatt and R. K. Mains, Detection and discrimination of radar targets, IEEE Trans. Antennas Propagat., Vol. 23, 358/367, 1975.

[148] N. Mohanty, Random Signal Estimation and Identification, Van Nostrand Reinhold, 1986.

[149] C. B. Moler and G. W. Stewart, An algorithm for generalized matrix eigenvalue problem, SIAM J. Num. Anal., Vol. 10, 241/256, 1973.

[150] M. Moonen, B. De Moor, L. Vandenberghe and J. Vandewalle, On- and off-line identification of linear state space models, International J. Control, Vol. 49, No.1, 219/232, 1989.

[151] M. Moonen and J. Vandewalle, QSVD approach to On- and off-line identification of linear state space models, International J. Control, Vol. 51, No.5, 1133/1146, 1990.

[152] M. Moonen, P. V. Dooren and J. Vandewalle, A singular value decomposition updating algorithm for subspace tracking, SIAM J. Matrix Anal. Appl., Vol. 13, 1015/1038, 1992.

[153] M. Morf and T. Kailath, Squares-root algorithms for least-squares estimation, IEEE Trans. Automatic Control, Vol. 20, 487/497, 1975.

[154] 成田誠之助 (張賢達訳), ディジタルシステム制御–理論と応用, 昭晃堂, 1980(北京：機械工業出版社, 1984).

[155] R. J. Muirhead, Aspects of Multivariate Statistical Theory, New York: Wiley, 1982.

[156] V. E. Neagoe, Inversion of the Van der Monde Matrix, IEEE Signal Processing letters, Vol. 3, 119/120, 1996.

[157] U. Nickel, Radar target parameter estimation with antenna arrays, In: Radar Array Processing (Eds. S. Haykin, J. Litva, and T. J. Shephard), New York: Springer-Verlag, 1991.

[158] M. Ohsmann, Fast cosine transform of Toeplitz matrices, algorithm and applications, IEEE Trans. Signal Processing, Vol. 41, 3057/3061, 1993.

[159] E. Oja, A simplified neuron model as a principal component analyzer, J. Math. Bio., Vol. 15, 267/273, 1982.

[160] N. L. Owsley, Adaptive data orthogonalization, In: Proc. ICASSP-78, 1978.

[161] C. C. Paige, Computing the generalized singular value decomposition. SIAM J. Sci. Stat. Comput., Vol. 7, 1126/1146, 1986.

[162] C. C. Paige, Properties of numerical algorithms related to computing controllability, IEEE Trans. Automatic Control, Vol. 26, 130/138, 1981.

[163] C. C. Paige and N. A. Saunders, Towards a generalized singular value decomposition, SIAM J. Numer. Anal., Vol. 18, 269/284, 1981.

[164] A. Papoulis, Probability, Random Variables, and Stochastic Processes, New York: McGraw- Hill, 1984.

[165] B. N. Parlett, The Symmetric Eigenvalue Problems. Engliwood Cliffs: Prentice-Hall, 1980.

[166] K. Pearson, On lines and planes of closest fit to points in space, Phil. Mag., 559/572, 1901.

[167] V. F. Pisarenko, The retrieval of harmonics from a covariance fuction, Geophys. J. Roy. Astron. Soc., Vol. 33, 247/266, 1973.

[168] B. Porat and B. Friedlander, Performance analysis of parameter estimation algorithms based on higher-order moments, Int. J. Adaptive Control, Signal Processing, Vol. 3, 191/229, 1989.

[169] B. Porat and B. Friedlander, The square-root overdetermined recursive instrumental variable algorithm, IEEE Trans. Automatic Control, Vol. 34, 656/658, 1989.

[170] J. G. Proakis, Digital Communications. New York: McGraw-Hill, 1983.

[171] C. M. Rader and A. O. Steinhardt, Hyperbolic Householder transformations, SIAM J. Matrix Anal. Appl., Vol. 9, 269/290, 1988.

[172] L. R. Rabiner, R. E. Crochine and J. B Allen, FIR system modeling and identification in the presence of noise and with band-limited inputs, IEEE Trans. Acoust., Speech, Signal Processing, Vol. 26, 319/333, 1978.

[173] M. A. Rahman and K. B. Yu, Total least squares approach for frequency estimation using linear prediction, IEEE Trans. Acoust., Speech, Signal Processing, Vol. 35, 1440/1454, 1987.

[174] P. A. Regalia and M. G. Bellanger, On the quality between fast QR methods and lattice methods in least squares adaptive filtering, IEEE Trans. Signal Processing, Vol. 39, 879/891, 1991.

[175] O. Reiersol, Confluence analysis by means of lag moments and other confluence analysis, Econometrica, Vol. 9, 1/23, 1941.

[176] F. Rellich, Perturbation Theory of Eigenvalue Problems, New York: Gordon and Breach, 1969.

[177] J. Rissanen, Modeling by shortest data description, Automatica, Vol. 14, 465/471, 1978.

[178] J. Rissanen, An universal prior for integers and estimation by minimum description length, Ann. Stat., Vol. 11, 416/431, 1983.

[179] B. Roorda and C. Heji, Global total least squares modeling of multivariable time series, IEEE Trans. Automatic Control, Vol. 40, 50/63, 1995.

[180] R. Roy, A. Paulraj and T. Kailath, ESPRIT–A subspace rotation approach to estimation of parameters of cisoids in noise, IEEE Trans. Acoust., Speech, Signal Processing, Vol. 34, 1340/1342, 1986.

[181] R. Roy and T. Kailath, ESPRIT–Estimation of signal parameters via rotational invariance techniques, IEEE Trans. Acoust., Speech, Signal Processing, Vol. 37, 984/995, 1989.

参考文献　　421

[182] T. K. Sarkar and X. Yang, Application of the conjugate gradient and steepest descent for computing the eigenvalues of an operator, Signal processing, Vol. 17, 31/38, 1989.

[183] K. Sharman and T. S. Durrani, A comparative study of modern eigenstructure methods for bearing estimation–A new high performance approach, Proc. of 25th IEEE Conference on Decision and control, 1737/1742, 1986.

[184] S. D. Silvery, Statistical Inference, Penguin books, 1970.

[185] R. O. Schmidt, Multiple emitter location and signal parameter estimation, IEEE Trans. Antennas Propagat., Vol. 34 276/280, 1986.

[186] R. Schreiber, Implementation of adaptive array algorithms, IEEE Trans. Acoust., Speech, Signal Processing, Vol. 34, 1038/1045, 1986.

[187] G. Schwatz, Estimation of the dimension of a model, Ann. Stat., Vol. 6, 461/464, 1978.

[188] U. Shaked and I. Yaesh, A simple method for deriving J–spectral factors, IEEE Trans. Automatic Control, Vol. 37, 891/895, 1992.

[189] T. J. Shan, M. Wax and T. Kailath, On spatial smoothing for direction-of-arrival estimation of coherent signals, IEEE Trans. Acoust., Speech, Signal Proccessing, Vol. 33, 806/811, 1985.

[190] T. Söderstrom, Ergodicity results for sample covariances, Problems In Control Information Theory, Vol. 4, 131/138, 1975.

[191] T. Söderstrom and P. Stoica, Comparison of some instrumental variable methods - consistency and accuracy aspects, Automatica, Vol. 17, 101/115, 1981.

[192] T. Söderstrom and P. Stoica, Instrumental Variable Methods for System Identification, New York: Springer-Verlag, 1983.

[193] J. Speiser and C. Van Loan, Signal processing computations using the generalized singular value decomposition, In: Proc. of SPIE, Vol. 495, SPIE International Symposium, San Diego, 1984.

[194] W. M. Steedly, C. H. J. Ying and R. L. Moses, A modified TLS-Prony method using data decimation, IEEE Trnas. Signal Processing, Vol. 42, 2292/2303, 1994.

[195] W. M. Steedly, C. H. J. Ying and R. L. Moses, Statistical analysis of TLS-based Prony techniques, Automatica (Special Issue on Statistical Signal Processing and Control), Vol. 30, 115/129, 1994.

[196] A. O. Steinhardt, Householder transforms in signal processing, IEEE ASSP Mag., Vol. 5, No.3, 4/12, 1988.

[197] G. W. Stewart, On the sensitivity of the eigenvalue problem Ax = ABx, SIAM J. Num. Anal., Vol. 9, 669/686, 1972.

[198] G. W. Stewart, Computing the CS decomposition of a partitioned orthonormal matrix, Numer. Math., Vol. 40, 297/306, 1982.

[199] G. W. Stewart, An updating algorithm for subspace tracking, IEEE Trans. Signal Processing, Vol. 40, 1535/1541, 1992.

[200] P. Stoica, On a procedure for testing the orders of time series, IEEE Trans. Automatic Control, Vol. 26, 572/573, 1981.

[201] P. Stoica and K. C. Sharman, Maximum likelihood methods for direction-of-arrival estimation, IEEE Trans. Acoust., Speech, Signal Processing, Vol. 38, 1132/1143, 1990.

[202] P. Stoica, B. Friedlander and T. Söderstrom, Optimal instrumental variable multistep algorithms for estimation of the AR parameters of an ARMA process, In: Proc. 24th IEEE Conf. Decision Contr., 1985.

[203] P. Stoica and A. Nehorai, MUSIC, maximum likelihood, and Cramer-Rao bound, IEEE Trans. Acoust., Speech, Signal Processing, Vol. 37, 720/741, 1989.

[204] P. Stoica, T. Söderstrom and B. Friedlander, Optimal instrumental variable estimates of the AR parameters of an ARMA process, IEEE Trans. Automatic Control, Vol. 30, 1066/1074, 1985.

[205] P. Strobach, New forms of Levinson and Schur algorithms, IEEE Signal Processing Magazine, Vol. 8, 12/36, 1991.

[206] 「数学ハンドブック」編集委員会, 数学ハンドブック (中国語), 北京, 高等教育出版社, 1979.

[207] A. Swami and J. M. Mendel, Time and lag recursive computation of cumulants from a state space model, IEEE Trans. Automatic Control, Vol. 35, 4/17, 1990.

[208] T. Takagi, On an algebraic problem related to an analytic theorem of Caratheodory and Fejer and on an allied theorem of Landau, Japanese J. Math., Vol. 1, 83/93, 1924.

[209] P. A. Thompson, An adaptive spectral analysis technique for unbiased frequency estimation in the presence of white noise. In: Proc. 13th Asilomar Conf. Circuits, Syst., Comput., Pacific Grove, 1980.

[210] W. F. Trench, An algorithm for the inversion of finite Toeplitz matrices, J. SIAM, Vol. 12, 515/522, 1964.

[211] R. S. Tsay and G. C. Tiao, Use of canonical analysis in time series model identification, Biometrika, Vol. 72, 299/315, 1985.

[212] D. Tyler, Asymptotic inference of eigenvectors, Ann. Stat., Vol. 9, 725/736, 1981.

[213] T. J. Ulrych and R. W. Clayton, Time series modelling and maximum entropy, Phys. Earch Planetary Interiors, Vol. 12, 188/200, 1976.

[214] P. Vaidynathan, Multirate Systems and Filter Banks, Englewood Cliffs: Prentice Hall, 1993.

[215] S. Van Huffel and J. Vandewalle, Analysis and properties of the generalized total least squares problem $AX = B$ when some or all columns in A are subject to error, SIAM J. Matrix Analysis Applic., Vol. 10, 294/315, 1989.

[216] S. Van Huffel and J. Vandewalle, On the accuracy of total least squares and least squares techniques in the presence of errors on all data, Automatica, Vol. 25, 765/769, 1989.

[217] S. Van Huffel and J. Vandewalle, The Total least Squares Problem–Computational Aspects and Analysis–, Philadephia: SIAM, 1991.

[218] C. F. Van Loan, Generalizing the singular value decomposition, SIAM. J. Numer. Anal., Vol. 13, 76/83, 1976.

[219] C. Van Loan, Matrix computations and signal processing, In: Selected Topics in Signal Processing (Ed. S. Haykin), Englewood Cliffs: Prentice-Hall, 1989.

[220] M. Viberg and B. Ottersten, Sensor array processing based on subspace fitting, IEEE Trans. Signal Processing, Vol. 39, 1110/1121, 1991.

[221] M. Viberg, P. Stoica and B. Ottersten, Array processing in correlated noise fields based on instrumental variables and subspace fitting, IEEE Trans. Signal Processing, Vol. 43, 1187/1199, 1995.

[222] M. Wax and T. Kailath, Extending the threshold of the eigenstructure methods, Proc. IEEE ICASSP-85, Tampa, 556/559, 1985.

[223] P. A. Wedin, Perturbation bounds in connection with the singular value decomposition, BIT, Vol. 12, 99/111, 1972.

[224] B. Widrow and S. D. Steams, Adaptive Signal Processing. Englewood Cliffts: Prentice Hall, 1985.

[225] D. M. Wilkes, The RISE algorithm for recursive eigenspace decomposition, IEEE Trans. Signal Processing, Vol. 40, 703/707, 1992.

[226] D. M. Wilkes, A reverse formulation of the RISE algorithm, IEEE Trans. Signal Processing, Vol. 40, 2105/2108, 1992.

[227] J. H. Wilkinson, Householder's method for symmetric matrices, Nume. Math., Vol. 4, 354/361, 1962.

[228] J. H. Wilkinson, Global convergence of tridiagonal QR algorithm with origin shifts, Linear Alg. and Its Appli., Vol. 1, 409/420, 1968.

[229] J. H. Wilkinson, The Algebraic Eigenvalue Problem. Qxford, England: Clarendon, 1965.

[230] Q. Wu and K. M. Wong, UN-MUSIC and UN-CLE: An application of generalized correlation analysis to the estimation of the direction of arrival of signals in unknown correlated noise, IEEE Trans. Signal Processing, Vol. 42, 2331/2343, 1994.

[231] K. Y. Wong and E. Polak, Identification of linear discrete time systems using the instrumental variable approach, IEEE Trans. Automatic Control, Vol. 12, 707/718, 1967.

[232] K. M. Wong, Q. Wu and P. Stoica, Application of generalized correlation decomposition to array processing in unknown noise environments. In: Advances in Spectrum Estimation and Array Processing (Ed. S. Haykin), Englewood Cliffs: Prentice-Hall, Vol. 111, 1994.

[233] W. R. Wouters, On-line identification in an unknown stochastic environment, IEEE Trans. Systems, Man and Cybernetics, Vol. 2, 666/668, 1972.

[234] C. B. Xiao, X. D. Zhang (張賢達) and Y. D. Li, A method for AR order determination of an ARMA process, IEEE Trans. Signal Processing, Vol. 44, 2900/2903, 1996.

[235] G. Xu and T. Kailath, Fast subspace decomposition, IEEE Trans. Signal Processing, Vol. 42, 539/551, 1994.

[236] G. Xu, Y. Cho and T. Kailath, Application of fast subspace decomposition to signal processing and communication problems, IEEE Trans. Signal Processing, Vol. 42, 1453/1461, 1994.

[237] B. Yang, Projection approximation subspace tracking, IEEE Trans. Signal Processing, Vol. 43, 95/107, 1995.

[238] J. F. Yang and M. Kaveh, Adaptive eigensubspace algorithms for direction or frequency estimation and tracking, IEEE Trans. Acoust., Speech, Signal Processing, Vol. 36, 241/251, 1988.

[239] X. Yang, T. K. Sarkar, and E. Arvas, A survey of conjugate gradient algorithms for solution of extreme eigen-problems of a symmetric matrix, IEEE Trans. Acoust., Speech, Signal Processing, Vol. 37, 1550/1556, 1989.

[240] P. C. Young, An instrumental variable method for real time identification of a noisy process, Automatica, Vol. 6, 271/287, 1970.

[241] P. C. Young, Comments on "On-line identification of linear dynamic systems with applications to Kalman filtering", IEEE Trans. Automatic Control, Vol. 17, 269/270, 1972.

[242] P. C. Young, Some observations on instrumental variable methods of time series analysis, Inter. J. Control, Vol. 23, 593/612, 1976.

[243] K. B. Yu, Recursive updating the eigenvalue decomposition of a covariance matrix, IEEE Trans. Signal Processing, Vol. 39, 1136/1145, 1991.

[244] J. L. Yu and C. C. Yeh, Generalized eigenspace-based beamformer, IEEE Trans. Signal Processing, Vol. 43, 2453/2461, 1995.

[245] L. A. Zadeh and C. A. Desoer, Linear System Theory: The State Space Approach, New York: McGraw-Hill, 1963.

[246] H. Zha, The restricted singular value decomposition of matrix triplets, SIAM J. Matrix Anal. Appl., Vol. 12, 172/194, 1991.

[247] 張賢達, 現代信号処理 (中国語), 北京, 清華大学出版社, 1995.

[248] 張賢達, 左, 右疑似逆行列の計算 (中国語), 科学通報, Vol. 27, No.2, 126, 1982.

[249] 張賢達, 時系列解析—高次統計量による手法 (中国語), 北京, 清華大学出版社, 1996.

[250] 張賢達, ARMA モデルの MA 次数確定の一手法 (中国語), 自動化学報, Vol. 20, No.1, 80/84, 1994.

[251] X. D. Zhang (張賢達), On the estimation of two-dimensional moving average parameters, IEEE Trans. Automatic Control, Vol. 36, 1196/1199, 1991.

[252] X. D. Zhang (張賢達) and Y. C. Liang, Prefiltering-based ESPRIT for estimating parameters of sinusoids in non-Gaussian ARMA noise, IEEE Trans. Signal Processing, Vol. 43, 349/353, 1995.

[253] X. D. Zhang (張賢達) and H. Takeda, An order recursive generalized least squares algorithm for system identification, IEEE Trans. Automatic Control, Vol. 30, 1224/1227, 1985.

[254] X. D. Zhang (張賢達) and H. Takeda, Order-recursive methods for instrumental variable estimates and instrumental variable inverses, Int. J. Systems Sci., Vol. 18, 1943/1951, 1987.

[255] X. D. Zhang (張賢達) and H. Takeda, An approach to time series analysis and ARMA spectral estimation, IEEE Trans. Acoust., Speech, Signal Processing, Vol. 35, 1303/1313, 1987.

[256] X. D. Zhang (張賢達) and Y. S. Zhang, Determination of the MA order of an ARMA process using sample correlations, IEEE Trans. Signal Processing, Vol. 41, 2278/2280, 1993.

[257] X. D. Zhang (張賢達) and Y. S. Zhang, Singular value decomposition-based MA order determination of non-Gaussian ARMA models, IEEE Trans. Signal Processing, Vol. 41, 2657/2664, 1993.

監訳者あとがき

　巻頭の訳者序文からも分かるように，本書日本語版発刊は訳者の一人 楊の情熱的な熱意によるものである．翻訳に当たっては，共訳者の金江が担当した第2，4章を除くほとんどの章を楊が訳出した．さらに，楊は原著者の了解を得て，読者の理解の便宜を図るために数式などの適切な追加や削除を行っている．

　監訳者としての私の仕事は，原著の中国語と日本語での微妙な違いの検証や，専門用語の訳語が適切であるかどうかのチェックが主なものであった．もしも不適切な訳語がまだあるとしたら，それは監訳者の責任であり，読者のご容赦とご叱正をお願いする次第である．

　楊による大体の翻訳はほぼ2年前に終わっていたが，監訳者の怠慢と多忙の故に出版が遅れたことをお詫びしたい．なお，上記のような理由から原稿の書き換えが頻繁にあったが，TEX 原稿のバージョン管理や細かな調整は金江が行った事を記しておく．

　最後に，本訳書の出版を引き受けて頂いた森北出版に，特にねばり強くご支援を頂いた小林巧次郎氏および原稿の校正などのお世話を頂いた森崎満氏に深謝したい．

和田　清

索　引

英文索引

A-共役 (A-conjugate)　385

A-不変 (A-invariant)　18, 89

AR パラメータ (AR parameter)　24, 95, 196–198, 204, 218, 253, 254, 265, 266, 270, 274

ARMA モデル (ARMA model)　24, 51, 195–198, 203, 216–218 , 248–254, 260, 265, 266, 269–274, 290–295, 304

ARX モデル (autoregressive model with exogenous input)　250, 253, 263, 290

AR 雑音 (Autoregressive noise)　251

AR モデル (AR model)　94, 273, 290

CS 分解 (CS decomposition)　67–69, 71, 176, 177, 194, 201

ESPRIT 法 (ESPRIT method)　320, 321, 324–327, 329, 331

$\{i, j, k\}$ 逆行列 ($\{i, j, k\}$ inverse)　21, 173

J 直交行列 (J-orthogonal matrix)　279

J 分解 (J-factorization)　278

J ユニタリ行列 (J-unitary matrix)　356

Kogbetliantz アルゴリズム　63, 161

Koopmans-Levin 法 (Koopmans-Levin method)　206

k 次標本モーメント (k th order sample moment)　257

k 次モーメント (k th order moment)　257

l_1 ノルム (l_1 norm)　10, 11

l_2 ノルム (l_2 norm)　10, 11

l_p ノルム (l_p norm)　10

l_∞ ノルム (l_∞ norm)

L_2^n 空間 (L_2^n space)　122

$L^2(\Omega, F, P)$ 空間 ($L^2(\Omega, F, P)$ space)　122

LDL^T 分解 (LDL^T decomposition)　67, 87

LDM^T 分解 (LDM^T decomposition)　67, 86

LMS　4, 344, 396

LU 分解 (LU decomposition)　67 10

MA 雑音 (MA noise)　265, 324, 325

MA モデル (MA model)　266

MDL 基準 (MDL criterion)　290

MUSIC 法 (MUSIC method)　174, 311, 326, 327, 329, 331, 332, 340, 352, 354, 398

PAST　397

PASTd　399

Prony の手法 (Prony's method)　217

QR 反復 (QR iteration)　89

QR 分解 (QR decomposition)　67, 71, 74, 75, 78–80, 85, 86, 88, 89, 152, 176, 177, 237, 239, 313, 335, 346, 354, 357, 408, 411

QZ 反復 (QZ iteration)　92

RR 値 (RR value)　401

RR ベクトル (RR vector)　401

SVD-TLS アルゴリズム (SVD-TLS algorithm)　211

TLS-Prony 手法 (TLS-Prony method)　217

UN-CLE　341

UN-MUSIC　340

URV 分解 (URV decomposition)　347, 349–352, 392

和文索引

あ行

悪条件 (ill-conditioned)　80, 92, 150, 157, 172, 200

アダマール積 (Hadamard product)　3

アフィン行列関数 (affine matrix function)　232

鞍点 (saddle point)　395

一次従属 (linearly dependent)　6

一次摂動 (first-order perturbation)　363–365

一次独立 (linearly independent)　6

一致性 (consistency)　216, 264, 265, 269, 271

一般化エルミート行列 (generalized Hermitian matrix)　337

一般化逆行列 (generalized inverse)　21, 22, 288, 336

一般化固有値 (generalized eigenvalue)　20, 91, 167, 172, 221, 233, 311, 323

一般化固有値分解 (generalized eigenvalue decomposition, GEVD)　67, 68, 326

一般化固有ベクトル (generalized eigenvector)　20, 167, 312, 313, 323, 334

一般化最小二乗法 (generalized least squares method, GLS method)　251, 252, 255

一般化実シューア分解 (generalized real Schur decomposition)　92

一般化シューア分解 (generalized Schur decomposition) 68, 92

一般化相関係数 (generalized correlation coefficient) 334

一般化相関分解 (generalized correlation decomposition, GCD) 334

一般化相関ベクトル行列 (generalized correlation vector matrix) 334

一般化置換行列 (generalized permutation matrix) 35

一般化特異値 (generalized singular value) 172–177, 180–183, 312, 313

一般化特異値対 (generalized singular pair) 172

一般化特異値分解 (generalized SVD, GSVD) 167, 169, 172–179 , 183, 200, 241, 242, 312, 320

一般化特異ベクトル (generalized singular vector) 175–177, 312

一般的な CS 分解 (general CS decomposition) 70

移動平均 (moving average, MA) 324

インターレース性 (interlacing property) 376

ヴァンデルモンド行列 (Vandermonde matrix) 44–46, 48, 321

ヴァンデルモンド行列の逆行列 (inversion of the Vandermonde matrix) 46

上三角行列 (upper triangular matrix) 43

上準三角行列 (upper quasi-triangular) 90, 92

上ヘッセンベルグ行列 (upper Hessenberg matrix) 43

後向きシフト演算子 (backward shift operator) 130

後向き反射係数 (backward reflection factor) 134, 137

後向き予測誤差 (backward prediction error) 134, 135, 137, 143, 144

後向き予測誤差フィルタ (backward prediction error filter) 142, 143, 146

エルミート多項式 (Hermitian polynomial) 108

エルミート行列 (Hermitian matrix) 38

エルミート行列のスペクトル定理 (spectrum theorem of Hermitian matrix) 39

エルミート性 (Hermitian property) 8

エルミート中央エルミート行列 (Hermitian centro Hermitian matrix) 108

エルミート-テープリッツ行列 (Hermitian Toeplitz matrix) 108, 109

エルミートベクトル (Hermitian vector) 108

エルミート-レビンソン多項式 (Hermitian Levinson polynomial) 109, 110

エルミート-レビンソン逐次アルゴリズム (Hermitian Levinson recurrence algorithm) 108, 109, 111

帯行列 (band matrix) 42, 241

重み付き最小二乗推定値 (weighted least-squares estimate) 255, 256, 259

重み付き最小二乗法 (weighted least-squares method) 255, 397

重み付き最小二乗問題 (weighted least-squares problem) 255

か行

概収束 (almost sure convergence) 257, 258

階数 (rank) 7

階数 1 行列 (rank-one matrix) 188

階数 1 更新 (rank-one update) 363, 371, 376, 378

階数 2 更新 (rank-two update) 371, 378

階数 2 修正 (rank-two correction) 59

階数落ち (rank deficient) 158, 159, 225, 232, 239, 241, 350, 352, 353

階数落ち構造化行列 (rank deficient structured matrix) 232

階数落ち最小二乗解 (rank defficient least-squares solution) 158

階数顕現 QR 分解 (rank-revealing QR decomposition) 354, 355

階数顕現 URV 分解 (rank revealing URV decomposition) 347, 350, 352

階数等式 (rank equalities) 8

階数不等式 (rank inequalities) 8

回転 (rotation) 58

回転不変性 (rotational invariance) 322

ガウスベクトル (Gauss vector) 73

ガウス変換 (Gauss transfromation) 73

ガウス-マルコフ定理 (Gauss-Markov Theorem) 204, 255, 256

拡張 Prony 法 (extended Prony method) 45

確定的最尤法 (deterministic maximum likelihood method) 328, 331

確率勾配法 (stochastic gradient method) 382

過決定 (over-determined) 22

過決定逐次補助変数アルゴリズム (overdetermined recursive instrumental variable algorithm) 277

過決定補助変数積モーメント行列 (overdetermined instrumental variable product moment (OIVPM) matrix) 293

過決定補助変数法 (overdetermined instrumental variable method) 274

可制御性 (controllability) 199

滑走窓 (sliding window) 371

可能性集合 (feasible set) 178

加法性 (additive) 8

慣性 (inertia) 42, 374

完全正規直交系 (complete orthonormal set) 128

完備 (complete) 120

擬似逆行列 (pseudo inverse) 21, 27, 139, 156, 213, 224

基底 (basis) 7

ギブンス回転 (Givens rotation) 58–63, 75, 79, 82, 92, 116, 161, 164, 279, 285, 348, 392

ギブンス変換 (Givens transformation) 59

逆行列 (inverse matrix) 13

逆行列の補題 (matrix inversion lemma) 14, 220

逆対角線 (northeast-southwest diagonal) 30, 93

逆反復 (inverse iteration) 237

強一致 (strongly consistent) 216, 262

狭義上三角行列 (strictly upper triangular matrix) 44, 88

狭義下三角行列 (strictly lower triangular matrix) 44

鏡像変換 (mirror image transformation) 56

共分散行列 (covariance matrix) 199, 205, 216, 220, 221, 223, 272, 274, 297, 310, 312, 332, 340, 341

強補助変数 (strong instrumental variable) 264

共役勾配法 (conjugate gradient method) 385

共役転置 (conjugate transposition) 2

行列 (matrix) 1

行列関数の偏導関数 (partial derivative of matrix function) 4, 229

行列式 (determinant) 13

行列指数関数 (matrix exponential function) 3

行列指数関数の導関数 (derivative of matrix exponential function) 4

行列積特異値分解 (product SVD, PSVD) 160, 161, 163, 164, 167, 172, 179, 183

行列積の導関数 (derivative of matrix product) 4

行列束 (matrix pencil) 20, 92, 169, 296, 311, 323, 325, 326

行列単位 (matrix unit) 32

行列トリプレット (matrix triplet) 167, 180, 233

行列内積 (matrix inner product) 130

行列の積分 (integral of matrix) 3

行列の対 (matrix pair) 20

行列の導関数 (derivative of matrix) 3

行列ノルム (matrix norm) 11

行列比の特異値分解 (quotient singular value decomposition, QSVD) 172

行列分解 (matrix decomposition, matrix factorization) 66

極値固有ペア (extreme eigen pair) 344, 384, 390

グラム-シュミット直交化 (Gram-Schmidt orthogonalization) 75, 126, 195, 317, 345, 355, 380, 382, 389, 410

クリロフ行列 (Krylov matrix) 401

クリロフ部分空間 (Krylov subspace) 401

グローバル全最小二乗法 (global total least-squares method) 202

クロネッカー積 (Kronecker product) 26, 27, 29, 340

クロネッカー二乗 (Kronecker square) 28

クロネッカーのデルタ (Kronecker's delta) 35

クロネッカーべき乗 (Kronecker power) 28

クロネッカー和 (Kronecker sum) 26

ゲイントランスバーサルフィルタ (gain transversal filter) 142, 144, 146

結合正規性 (jointly Gaussian) 332

減次 (deflation) 350, 374, 376, 377, 384, 391, 398, 399

交換行列 (exchange matrix) 34, 381

交差対称行列 (persymmetric matrix) 32, 93

更新 (updating) 371

構造化行列 (structured matrix) 232

構造化全最小二乗解 (structured total least-squares solution) 236, 239, 242

構造化全最小二乗問題 (structured total least-squares problem) 233, 237

構造化特異値 (structured singular value) 185–190

高速ギブンス回転 (fast Givens rotation) 61, 348

高速トランスバーサルフィルタ (fast transversal filter) 140, 142, 146, 147

高速部分空間分解 (fast subspace decomposition) 400, 403, 404, 406, 407

交代行列 (alternating matrix) 31

後退代入 (backsubstitution) 72, 74, 80, 83, 86

合同変換 (congruence transformation) 168

コーシー-シュワルツの不等式 (Cauchy-Schwarz inequality) 118

コーシー列 (Cauchy sequence) 120

古典的グラム-シュミット直交化 (classical Gram-Schmidt orthogonalization) 76

古典的レビンソンアルゴリズム (classical Levinson algorithm) 101, 105, 107

固有空間 (eigenspace) 297

固有空間ビームフォーマ (eigenspace beamformer) 313–315, 318

固有空間法 (eigenspace method) 296

索 引　429

固有構造 (eigen structure)　246
固有射影子 (eigenprojector)　338–340
固有値 (eigenvalue)　16
固有値-固有ベクトル方程式 (eigenvalue-eigenvector equation)　16
固有値分解 (eigenvalue decomposition, EVD)　67
固有対 (eigen pair)　16
固有ベクトル (eigenvector)　16
固有ベクトル法 (eigenvector method)　205
コレスキー分解 (Cholesky decomposition)　67, 71, 72, 80, 199, 223, 278

さ行

最急降下法 (steepest decent)　385, 396
最小記述長 (minimum description length (MDL) criterion)　290
最小多項式 (minimal polynomial)　300
最小二乗解 (least-squares solution)　22, 23, 45, 151, 159, 202–204, 206, 214, 220, 221, 252, 260, 288, 308, 327
最小二乗推定値 (least-squares estimate)　131, 204, 243, 252, 254–256, 261, 262, 282, 290
最小二乗平均 (LMS, least mean square)　4, 382
最小二乗法 (least-squares method)　83, 202, 203, 205, 206, 219, 243, 251, 261, 265, 267, 268, 275
最小二乗問題 (least-squares problem)　22, 79, 81, 128, 142, 151, 159, 173, 203, 220, 282
最小二乗予測フィルタ (least-squares prediction filter)　142, 145
最小二乗ラティスフィルタ (least-squares lattice filter)　134, 138, 140
最小ノルム最小二乗解 (minimal norm least-squares solution)　23, 24, 158, 159, 225
最小ノルムスペクトル推定 (minimum-norm spectral estimation)　307, 309
最小ノルム全最小二乗解 (minimal norm total least-squares solution)　208, 212, 215
最小分散ビームフォーミング (minimum variance beamforming)　314, 317, 320
最大階数 (full rank)　356
最大行階数 (row full rank)　8
最大行和行列ノルム (maximum raw matrix norm)　13
最大列階数 (column full rank)　8
最大列和行列ノルム (maximum column sum matrix norm)　12
再直交化 (reorthogonalization)　410
最適全最小二乗近似解 (optimal total least squares approximation solution)　211

最尤推定値 (maximum likelihood estimate)　206, 228, 244–250 , 301, 328, 342
最尤法 (maximum likelihood method)　243, 327, 341
雑音がある場合の実現問題 (noisy realization problem)　240
雑音固有値 (noise eigenvalues)　299, 328, 378, 391
雑音固有ペア (noise eigen pairs)　299, 310
雑音固有ベクトル (noise eigenvectors)　299, 382, 387
雑音部分空間 (noise subspace)　19, 299, 303, 305, 307, 311, 314, 315, 317, 327, 329, 346–348, 351, 354, 355, 361, 362, 366, 367, 378, 379, 381, 382, 387, 388, 391, 392
雑音部分空間法 (noise subspace method)　299, 303, 306, 307, 326
作用素ノルム (operator norm)　12, 150
三角化分解 (triangular decomposition)　67
三角-対角化分解 (triangular diagonal decomposition)　67, 86
三角不等式 (triangle inequality)　10, 11, 119
三重対角化分解 (tridiagonal decomposition)　67
三重対角行列 (tridiagonal matrix)　42, 67, 90
自己回帰移動平均モデル (autoregressive-moving average model, ARMA model)　21, 51, 52
自己相関関数 (autocorrelation function)　18
自己相関行列 (autocorrelation matrix)　5
自己反射性 (reflexive property)　64
次数逐次 (order recursive)　24, 98, 101, 112, 286–289
次数逐次補助変数法 (order-recursive instrumental variable method)　286, 289
下三角行列 (lower triangular marix)　43
下ヘッセンベルグ行列 (lower Hessenberg matrix)　43
実シューア分解 (real Schur decomposition)　89
シフト行列 (shift matrix)　35
射影 (projection)　54, 55, 123, 126, 127, 129, 131, 144, 311, 315, 316, 319, 338, 339, 364, 391, 392, 397, 398
射影行列 (projection matrix)　54, 130–133, 139, 140, 245, 247, 249, 315–319, 327
射影近似部分空間追従 (projection approximation subspace tracking, PAST)　397
射影誤差 (projection error)　339, 340
射影写像 (projection mapping)　123, 124
射影定理 (projection theorem)　123, 125, 127, 129

シューアの公式 (Schur formula) 373
シューアノルム (Schur norm) 11, 156
シューア分解 (Schur decomposition) 67, 88, 89, 168
シューアベクトル (Schur vector) 89
シューア補元 (Schur complement) 15, 372
修正グラム-シュミット直交化 (modified Gram-Schmidt orthogonalization) 76
修正固有値問題 (modified eigenvalue problem) 371
修正信号部分空間 (modified signal subspace) 317, 318, 320
修正信号部分空間ビームフォーマ (modified signal subspace beamformer) 313, 315, 316, 319, 320
修正信号部分空間法 (modified signal subspace method) 315, 327
修正ユール-ウォーカ方程式 (modified Yule-Walker (MYW) equation) 195, 204, 216, 265, 266, 271, 295
主角度 (principal angles) 302
主固有値 (princple eigenvalues) 19, 298, 299, 346, 404
主固有ベクトル (princple eigenvectors) 19, 298, 299, 400, 404
首座小行列 (leading principal submatrix) 73, 86, 91, 108, 305, 350, 357
首座小行列式 (leading principal minor) 94
主対角線 (principle diagonal) 30
主ベクトル (principal vectors) 302
巡回行列 (cyclic matrix) 33
準正定行列 (positive semi-definite matrix) 31
準負定行列 (negative semi-definite matrix) 31
消去 (reduction) 161
主小行列式 (principal minor) 94
小行列式 (minor) 7, 50
条件数 (condition number) 150
乗数 (multiplier) 73, 189
ジョルダン行列 (Jordan matrix) 65
ジョルダン標準形 (Jordan canonical form) 65
ジョルダン標準形の定理 (Jordan canonical form theorem) 66
シルベスタ行列 (Sylvester matrix) 264
信号固有値 (signal eigenvalues) 299, 328, 366, 383, 402, 403
信号固有ペア (signal eigen pairs) 299, 400
信号固有ベクトル (signal eigenvectors) 299, 381, 387, 395–399
信号対干渉雑音比 (signal-to-interference-noise ratio, SINR) 314, 315, 317–319
信号部分空間 (signal subspace) 19, 246, 299, 301, 303, 306, 307, 311, 314–318, 322, 326, 329, 332, 338–340, 367, 378, 379, 383, 387, 394–398, 400, 402–406
信号部分空間法 (signal subspace method) 299, 315, 326, 327
推移性 (transitive property) 64
数値的安定 (numerically stable) 150
スカラー行列 (scalar matrix) 32
スケーリング不変 (scaling invariant) 237
ステアリングベクトル (steering vector) 246, 306, 307, 310, 313, 314, 328, 329, 340
スナップショット (snapshot) 231, 331
スペクトル (spectrum) 16
スペクトルノルム (spectral norm) 12, 55, 69, 154, 180
スペクトル半径 (spectral radius) 16, 184
スペクトル分解 (spectrum decomposition) 39
スペクトル分割公式 (spectrum-slicing formula) 374
正規化ベクトル (normalized vector) 9
正規直交基底 (orthonormal basis) 128
正規直交系 (orthonormal set) 36, 125, 127, 312, 313
正規方程式 (normal equation) 80, 203, 219
精細化 (refinement) 351–353
斉次性 (homogeneous) 8, 10, 11
正準相関係数 (canonical correlation coefficient) 334
正準相関分解 (canonical correlation decomposition, CCD) 334
正準相関ベクトル行列 (canonical correlation vector matrix) 334
正準変数 (canonical variable) 335
正則 (invertible) 13
正則 (normal) 157
正則点 (regular point) 188
正値性 (positive) 8, 10, 11
正定行列 (positive definite matrix) 31
制約付き最小化問題 (constrained minimization problem) 174, 209, 307
制約付き最尤推定値 (constrained maximum likelihood estimate) 227, 228
制約付き全最小二乗解 (constrained total least squares solution) 224, 225, 229, 231
制約付き全最小二乗法 (constrained total least squares method, CTLS method) 223, 227, 229, 230
制約付き全最小二乗問題 (constrained total least squares problem) 224, 227, 228
制約付き特異値 (restricted singular value) 180–182
制約付き特異値分解 (restricted SVD, RSVD) 180–183, 233
零行列 (zero matrix) 31

零空間 (null space) 7
零空間の交わり (intersection of null spaces) 303
漸近的緊密 (asymptotically tight) 258
漸近的最小分散推定 (asymptotically minimum variance estimation) 256, 258, 259
線形最小分散推定 (linear minimum mean square estimation) 125, 126
線形制約最小分散ビームフォーマ (linearly constrained minimum variance beamformer) 315
線形多様体 (linear manifold) 125, 126
センサアレイ (sensor array) 245, 379
全最小二乗解 (total least-squares solution) 207–213, 216, 218, 221
全最小二乗近似 (total least-squares approximation) 207, 210, 215
全最小二乗法 (total least-squares method) 205, 206, 211, 212, 214, 216–218, 221–223, 243
全最小二乗問題 (total least-squares problem) 207–210, 212, 218, 220, 223
増加条件推定 (incremental condition estimation, ICE) 357–362
相関位置推定 (correlation and location estimation, CLE) 341
双曲ハウスホルダー行列 (hyperbolic transformation) 280
双曲ハウスホルダー三角化 (Hyperbolic Householder triangulation) 281
双曲ハウスホルダー変換 (hyperbolic Householder transformation) 357, 359
双曲変換 (hyperbolic transformation) 280–282
相互相関行列 (crosscorrelation matrix) 322
相互相関ベクトル (crosscorrelation vector) 5
相似 (similar) 18, 64
相似行列 (similarity matrix) 64
相似不変量 (similarity invariants) 18
相似変換 (similarity transformation) 64
相反一般化相関ベクトル行列 (reciprocal generalized correlation vector matrix) 334
相反集合 (reciprocal sets) 336
相反正準相関ベクトル行列 (reciprocal canonical correlation vector matrix) 334
相反多項式 (reciprocal polynomial) 104, 108
双ランチョス (bi-Lanczos) 401, 405–407
疎なベクトル (sparse vector) 56

た行

体 (field) 5
ダイアド積 (dyad product) 9
ダイアド分解 (dyadic decomposition) 153
対角化可能 (diagonalizable) 64

対角化分解 (diagonal decomposition) 66
対角行列族 (family of diagonal matrices) 185
対角ブロック行列 (diagonal block matrix) 2
対角要素の積 (product of diagonal entries, PODE) 198
対称行列 (symmetric matrix) 30
対称実シューア分解 (symmetric real Schur decomposition) 90
対称性 (symmetric property) 64
対称正定一般化固有問題 (symmetric positive definite generalized eigenproblem) 168
対称正定行列対 (symmetric positive definite matrix pair) 167
対称多項式 (symmetric polynomial) 104
対称中央対称行列 (symmetric centrosymmetric matrix) 108
対称テープリッツ行列 (symmetric Toeplitz matrix) 94–98, 102, 104, 108, 112
対称ベクトル (symmetric vector) 104
対数尤度関数 (log-likelihood function) 244
高木の特異値分解 (Takagi's singular value decomposition) 155
多次元全最小二乗解 (multidimensional total least-squares solution) 214
多次元全最小二乗問題 (multidimensional total least squares problem) 214
多重信号分類 (multiple signal classification, MUSIC) 309
単位上三角行列 (unit upper triangular matrix) 43
単位行列 (identity matrix) 13, 32
単位ゲイン制約 (unit gain constraint) 314, 316–319
単位下三角行列 (unit lower triangular matrix) 43
単位ベクトル (unit vector) 32, 133
値域空間 (range space) 7, 154, 327, 329
置換行列 (permutaion matrix) 35, 159, 171, 354, 355, 359, 361
逐次最小二乗 (recursive least-squares, RLS) 15, 16, 219, 397
中央対称行列 (centrosymmetric matrix) 33, 35
中線定理 (parallelogram law) 119
超解度 (superresolution) 230
超正規行列 (hypernormal matrix) 279
直和 (direct sum) 2, 90
直交 (orthogonal) 120
直交回帰 (orthogonal regression) 205
直交行列 (orthogonal matrix) 36
直交系 (orthogonal set) 36, 125, 127
直交射影 (orthogonal projection) 54, 123, 302, 365, 367

直交射影行列 (orthogonal projection matrix)
54, 55, 69
直交等値 (orthogonal equivalent) 37
直交分解 (orthogonal decomposition) 53,
124–126, 129, 131
直交補空間 (orthogonal complement space)
123, 129, 249, 320, 336, 338, 339, 384,
392
直交補空間射影行列 (orthogonal comple-
ment space projection matrix) 130–
132, 134, 138, 140, 143, 245
対合性 (involutive property) 34, 102
通常特異値分解 (ordinary SVD, OSVD) 167,
183
低減行列 (reduced matrix) 187
低次全最小二乗解 (low rank total least squares
solution) 211
テープリッツ行列 (Toeplitz matrix) 93–95,
97–99, 112, 113, 116, 222, 223, 241, 249
適応固有空間結合器 (adaptive eigenspace com-
biner) 379
同時対角化可能 (simultaneously diagonaliz-
able) 65
同定可能 (identifiable) 203
同定不可能 (unidentifiable) 203
到来方向 (direction of arrival, DOA) 243,
245, 306, 307, 309, 327, 329, 331, 332,
337, 341, 342
特異 (singular) 13, 157
特異値 (singular value) 153
特異値分解 (singular value decomposition,
SVD) 66, 152
特異に近い (nearly singular) 199
特異予測多項式 (singular predictor polyno-
mial) 105
特性多項式 (characteristic polynomial) 17,
217, 218, 239, 300
独立同一分布 (independently and identically
distributed) 127, 199, 206, 216, 221,
246, 257, 324
トランスバーサルフィルタ (transversal filter)
133
トランスバーサルフィルタ演算子 (transversal
filter operator) 140, 141, 144, 146
トレース (trace) 17

な行

内積 (inner product) 8, 118
内積空間 (inner product space) 117
内積空間ノルム (norm on inner product space)
118
内積の連続性 (continuity of the inner product)
119

二次不等式制約付き最小二乗 (least-squares min-
imization with a quadratic inequality
constraint, LSQI) 177
二分探索 (bisection search) 374
二分法 (bisection) 90
ノルム (norm) 9
ノルム空間 (normed vector space) 10
ノルム収束 (convergence in norm) 119
ノルム不変性 (norm invariance) 56

は行

ハウスホルダー行列 (Householder matrix) 57,
58, 84, 91, 280, 281
ハウスホルダー三重対角化分解 (Householder
tridiagonal decomposition) 67
ハウスホルダー反射 (Householder reflection)
57
ハウスホルダーベクトル (Householder vector)
57
ハウスホルダー変換 (Householder transforma-
tion) 55–57, 63, 67, 73, 75, 78, 79, 83,
86, 89, 91, 209, 215, 357, 373, 374
掃き出し (sweep) 162, 165
バナッハ空間 (Banaha space) 121
波面 (wavefront) 231, 245
反エルミート行列 (anti-Hermitian matrix) 38
ハンケル行列 (Hankel matrix) 49, 223, 239,
240, 242
反射 (reflection) 56, 58
反射係数 (reflection coefficient) 100, 103,
105, 106, 108, 111
反対称行列 (antisymmetric matrix) 31
反対称多項式 (antisymmetric polynomial)
104
反対称ベクトル (antisymmetric vector) 104
反復二次型最尤法 (iterative quadratic
maximum likelihood method, IQML
method) 250
ピサレンコ高調波回復法 (Pisarenko's harmonic
retrieval method) 303, 305
微小一般化特異値対 (trivial generalized singu-
lar pair) 172
ひずみエルミート行列 (skew-Hermitian matrix)
38
ひずみエルミート多項式 (skew-Hermitian poly-
nomial) 108
ひずみエルミートベクトル (skew-Hermitian
vector) 108
ひずみエルミート-レビンソン多項式 (skew Her-
mitian Levinson polynomial) 109, 112
ひずみ対称行列 (skew-symmetric matrix) 31
ピタゴラスの定理 (Pythagorean theorem)
120, 392
左回転 (left rotation) 349–352

索　引　433

左擬似逆行列 (left pseudo inverse)　21, 22, 24, 25, 140, 173, 253, 254, 268, 288
左特異部分空間 (left singular subspace)　153
左特異ベクトル (left singular vector)　153
非負性 (nonnegative)　8, 10, 11
非平凡一般化特異値 (nontrivial generalized singular value)　172
非平凡一般化特異値対 (nontrivial generalized singular pair)　172
非平凡制約付き特異値 (nontrivial restricted singular value)　183
ピボット選択 (pivoting)　74
標準形 (canonical form)　64, 92
標準正規直交基底ベクトル (standard orthonormal basis vector)　13
標本共分散行列 (sample covariance matrix)　221
標本自己相関関数 (sample autocorrelation function)　196
標本自己相関行列 (sample autocorrelation matrix)　246
ヒルベルト空間 (Hilbert space)　121
ヒルベルト-シュミットノルム (Hilbert-Schmidt norm)　11
ヒルベルト-シュミット-ハンケルノルム (Hilbert-Schmidt-Hankel norm, HSH-norm)　156, 242
複素ユークリッド空間 (complex Euclidean space)　118
符号行列 (signature matrix)　278, 279, 281, 283, 284
符号定数 (signature)　42
復旧 (downdating)　371
ブロック構造 (block structure)　184
負定行列 (negative definite matrix)　31
不定値行列 (indefinite matrix)　31
不定値性 (indefiniteness)　278
部分行列 (submatrix)　2
部分空間 (subspace)　6
部分空間追従 (subspace tracking)　345, 346, 352, 384, 387, 394, 396
部分空間同士の距離 (distance between subspaces)　54, 55, 69, 302
部分空間の回転 (rotation of subspace)　301
部分空間のなす角度 (angles between subspaces)　302
部分空間の交わり (intersection of subspaces)　193, 302
部分空間フィッティング法 (subspace fitting method)　327, 328, 330, 332
部分空間フィッティング問題 (subspace fitting problem)　327, 330, 331
部分空間分解 (subspace decomposition)　296

部分空間平均 (subspace averaging)　391
部分集合選択 (subset selection)　159
部分的特異値分解 (partial singular value decomposition)　391
不偏推定値 (unbiased estimate)　204, 205, 220, 243, 256, 257
ブロック行列 (block matrix)　2
ブロック行列の逆行列補題 (block matrix inversion lemma)　14
ブロックサイズ (block size)　184
ブロック対角行列族 (family of block diagonal matrices)　185
ブロックハンケル行列 (block Hankel matrix)　193
ブロックユニタリ行列族 (family of block unitary matrices)　185
フロベニウス行列 (Frobenius matrix)　309
フロベニウスノルム (Frobenius norm)　11, 156
分割シューアアルゴリズム (split Schur algorithm)　107
分割統合法 (divide and conquer)　90
分割反射係数 (split reflection coefficient)　103, 104, 106, 107
分割偏相関係数 (split partial correlation coefficient)　103
分割レビンソンアルゴリズム (split Levinson algorithm)　101, 103–108
分割レビンソン逐次 (split Levinson recursion)　103
閉生成 (closed span)　127
平滑な最適化 (smooth optimization)　186
平均二乗収束 (mean square convergence)　122
閉形式 (closed-form)　209, 226
平方根減次アルゴリズム (square-root deflated algorithm)　391
閉部分空間 (closed subspace)　123
平方根過決定逐次補助変数法 (square-root overdetermined recursive instrumental variable algorithm)　282, 284, 286
平面回転 (plane rotation)　348, 409
べき乗法 (power method)　41
べき等行列 (idempotent matrix)　31, 205, 339
ベクトル (vector)　1
ベクトル化関数 (vector valued function)　26, 340
ベクトル関数の導関数 (derivative of vector function)　4
ベクトル空間 (vector space)　6, 117
ベクトル空間の次元 (dimension of vector space)　7
ベクトルのなす角度 (angle between vectors)　302
ベクトルの半ノルム (vector seminorm)　10

ベクトルノルム (vector norm) 9
ヘッセ行列 (Hessian matrix) 38
ヘッセンベルグ行列 (Hessenberg matrix) 43
ヘッセンベルグ三角化分解 (Hessenberg triangular decomposition) 68, 92
ヘルダーノルム (Hölder norm) 10
変数誤差回帰 (errors-in-variables regression) 205
偏相関係数 (partial correlation coefficient) 100, 137
忘却係数 (forgetting factor) 15, 81, 83, 346, 347, 352, 363, 371, 382, 387, 397, 398, 407
補助変数 (instrumental variable) 262–266, 273, 274
補助変数逆行列 (instrumental variable inverse) 288
補助変数推定値 (instrumental variable estimate) 262, 263, 265, 269–274, 286, 287
補助変数ベクトル (instrumental variable vector) 262, 263, 265, 269, 270, 274
補助変数法 (instrumental variable method) 262, 263, 265, 266, 268
細い CS 分解 (thin CS decomposition) 70
ほとんど正規直交 (almost orthonormal) 410
ほとんど特異 (nearly singular) 157

ま行

マイナー固有値 (minor eigenvalues) 19, 299
マイナー固有ベクトル (minor eigenvectors) 19, 299
前-後向き線形予測方程式 (forward-backward linear prediction (FBLP) equation) 222, 231
前向き反射係数 (forward reflection factor) 134, 137
前向き予測誤差 (forward prediction error) 134–136, 143
前向き予測誤差フィルタ (forward prediction error filter) 142, 143, 145
右回転 (right rotation) 349, 351
右擬似逆行列 (right pseudo inverse) 22, 23, 25
右特異部分空間 (right singular subspace) 153
右特異ベクトル (right singular vector) 153
ムーア-ペンローズの逆行列 (Moore-Penrose inverse) 21, 22, 154, 156, 288
無限次元ハンケル行列 (infinite Hankel matrix) 49

や行

ヤコビ法 (Jacobi method) 116, 161, 408, 409, 411
ユークリッド空間 (Euclidean space) 118
ユークリッド長 (Euclidean length) 9
ユークリッドノルム (Euclidean norm) 10
有限インパルス応答 (finite impulse response, FIR) 218
有効階数 (effective rank) 158, 196, 210, 211, 217, 346, 347
誘導ノルム (induced norm) 12
尤度関数 (likelihood function) 244
ユニタリ行列 (unitary matrix) 36, 92, 155, 160
ユニタリ空間 (unitary space) 118
ユニタリ相似性 (unitary similarity) 64
ユニタリ相似不変量 (unitary similarity invariants) 38
ユニタリ等値 (unitary equivalent) 37
ユニタリ不変 (unitary invariant) 10, 12, 55, 69, 80, 351
ユール-ウォーカ方程式 (Yule-Walker equation) 99–102
予測多項式 (predictor polynomial) 105

ら行

ラグランジュ乗数法 (method of Lagrange multipliers) 178, 209
ラティスフィルタ (lattice filter) 133
ランチョスアルゴリズム (Lanczos algorithm) 400
ランチョス基底 (Lanczos basis) 402
離散余弦変換 (discrete cosine transform) 112, 113, 115, 116
良条件 (well-posed) 150
良定義 (well defined) 173
レイリー商 (Rayleigh quotient) 40, 41
レイリー-リッツ近似 (Rayleigh-Ritz (RR) approximation) 400, 403
レイリー-リッツベクトル (Rayleigh-Ritz (RR) vector) 400
レイレー-リッツの定理 (Rayleigh-Ritz's theorem) 40
劣決定 (under-determined) 22, 23
劣乗法性 (submultiplicative) 11
列ピボット選択 (column pivoting) 354, 359, 360
ロピタルの法則 (L'Hospital's rule) 115

監訳者略歴

和田　清 (わだ・きよし)
1947 年　山口県下関生まれ
1975 年　九州大学大学院工学研究科博士課程単位取得後退学
1975 年　九州大学工学部 助手
　　　　近畿大学第 2 工学部 講師，助教授を経て
1981 年　九州大学工学部 助教授
1993 年　九州大学工学部 教授
1996 年　九州大学大学院システム情報科学研究科 教授
2000 年　九州大学大学院システム情報科学研究院 教授
　　　　現在に至る．工学博士

訳者略歴

楊　子江 (よう・しこう)
1964 年　中国上海市生まれ
1992 年　九州大学大学院工学研究科電気工学専攻博士課程修了
1996 年　九州工業大学情報工学部 助教授
2001 年　九州大学大学院システム情報科学研究院 助教授 (准教授)
　　　　現在に至る．博士（工学）

金江 春植 (かなえ・しゅんしょく)
1961 年　中国吉林省生まれ
1995 年　九州大学大学院工学研究科電気工学専攻博士課程修了
1995 年　九州工業大学情報工学部 助手
1998 年　九州大学大学院システム情報科学研究院 助手 (助教)
　　　　現在に至る．博士（工学）

信号処理のための線形代数　　　　　　　　　　　版権取得 2005

2008 年 1 月 15 日　第 1 版第 1 刷発行　　【本書の無断転載を禁ず】

監　訳　者　和田　清
訳　　　者　楊　子江・金江春植
発　行　者　森北博巳
発　行　所　森北出版株式会社
　　　　　　東京都千代田区富士見 1–4–11 (〒 102–0071)
　　　　　　電話 03–3265–8341／FAX 03–3264–8709
　　　　　　日本書籍出版協会・自然科学書協会・工学書協会　会員
　　　　　　http://www.morikita.co.jp/
　　　　　　JCLS ＜ (株) 日本著作出版権管理システム委託出版物＞

落丁・乱丁本はお取替えいたします 印刷/エーヴィスシステムズ・製本/協栄製本

Printed in Japan /ISBN978–4–627–78551–9

信号処理のための線形代数 ［POD版］

2017年11月15日　　発行	
監訳者	和田　清
訳　者	楊　子江・金江　春植
発行者	森北　博巳
発　行	森北出版株式会社
	〒102-0071
	東京都千代田区富士見1-4-11
	TEL　03-3265-8341　　FAX　03-3264-8709
	http://www.morikita.co.jp/
印刷・製本	ココデ印刷株式会社
	〒173-0001
	東京都板橋区本町34-5
	ISBN978-4-627-78559-5　　　　　　Printed in Japan

JCOPY ＜(社) 出版者著作権管理機構　委託出版物＞